Jetzt helfe ich mir selbst

Motor
buch
Verlag

Umschlagentwurf und Buchgestaltung: Anita Ament.
Umschlagfotos:
Vorderseite: Stuttgarter Motorradarchiv (W. Scheibe).
Rückseite: BMW.

ISBN 3-613-01129-8

Auflage Nr. 102494

Dieser Band entspricht dem Kenntnisstand zum Zeitpunkt der Drucklegung. Abweichungen durch geänderte Anweisungen des Fahrzeug-Herstellers bzw. neuere gesetzliche Bestimmungen sind möglich. Bei einer Neuauflage wird das Buch wieder auf den aktuellen Stand gebracht.
Manuskriptbearbeitung: Redaktion »Jetzt helfe ich mir selbst«.
Fotos: Bayerische Motoren Werke, Bing, Frank Herzog, Hans Georg von der Marwitz, Metzeler, Dr. Paul Simsa, Winnie Scheibe, Mathias Thomaschek, Hans-Joachim Mai.
Zeichnungen: Bayerische Motoren Werke, Bing, Bosch, Hans-Joachim Mai.
Satz: Vaihinger Satz + Druck, 71665 Vaihingen.
Druck: Dr. Cantz'sche Druckerei, 73760 Ostfildern.
Bindung: Wilhelm Nething, 73235 Weilheim/Teck.
Printed in Germany.

Hans-Joachim Mai
Dieter Korp

BMW Motorräder

mit Boxer-Motoren
alle Modelle
1969–1989

Motorbuch Verlag
Stuttgart

Inhaltsverzeichnis

Eine Boxer-Generation

Die berühmten zehn linken Daumen sind selten. Warum sollten ausgerechnet Sie damit geschlagen sein?

Wer bei einer Panne hilflos ist, braucht nur eine verständliche Anleitung und etwas Wissen um die Zusammenhänge, dann findet er die rechte Lösung des Problems meistens auch selbst.

Sich selber helfen ist nicht nur billiger als die Maschine wegen einer Kleinigkeit in die Werkstatt transportieren zu lassen. Es macht durchaus Freude und vermittelt auch die nötige innere Sicherheit.

Werkstätten werden dadurch nicht arbeitslos, so weit wollen wir hier mit unseren Anleitungen gar nicht gehen. Es gibt genügend komplizierte Reparaturen, für die eine Werkstatt immer besser ausgerüstet ist, das sagen wir von Fall zu Fall auch ganz deutlich. Aber warum soll die Werkstatt auch die zeitraubenden und deshalb teuren Nebenarbeiten übernehmen, die der Fahrer durchaus selbst bewältigt? Wenn zum Beispiel die Hinterradbremse verölt ist, muß doch nicht das komplette Motorrad in die Werkstatt. Es genügt, das Hinterachsgetriebe in einer Plastiktüte hinzutragen. Oder: Reifenwechsel ist bei Schlauchlos-Reifen nicht mehr selbst zu schaffen. Aber warum soll deshalb das Motorrad transportiert werden, wenn es genügt, einfach das Rad wegzubringen?

Speziell unter den BMW-Fahrern gibt es viele, die eine eigene, gutausgerüstete Werkstatt haben und die sich in allen Belangen selbst helfen können. Sie brauchen aber Hinweise für die verschiedenen Einstellungen, brauchen Tips und Tricks fürs oft sinnvolle Improvisieren statt teurer Spezialwerkzeuge.

Aber auch allen anderen BMW-Fahrern, die sich selber helfen wollen oder müssen – wenn die Werkstatt weit entfernt ist – soll mit diesem Buch weitergeholfen werden.

Übrigens feiert die neue Generation der BMW-Motorräder, nämlich die mit den Gleitlagermotoren, Jubiläum. Vor zwanzig Jahren kam sie erstmals auf den Markt. Ein Grund für einen Glückwunsch nach München und Berlin, aber auch Anlaß, die Entwicklungsgeschichte in einem Extra-Kapitel zu würdigen.

Die Verfasser

Falls Sie aus eigener Erfahrung einen ergänzenden Tip zu einem der vielen BMW-Modelle wissen oder einen Vorschlag zur Auswahl der Beschreibungen hier im Buch haben, können Sie sich schriftlich direkt an uns wenden. Unsere Redaktionsadresse finden Sie im Impressum auf Seite 2.

Entwicklungsjahre

Es gibt die BMW-Boxer seit 1923. Damals war das erste Modell, das die beiden Zylinder rechts und links in den Fahrtwind hielt, die R32. Max Friz hieß der Mann, der das vorher bereits als Einbaumotor hergestellte Triebwerk überarbeitete und in der neuen Lage ins Fahrwerk hängte. Vorher waren die beiden Zylinder, etwa im Rahmen der Victoria oder der Helios, längs eingebaut, die Kurbelwelle also quer zur Fahrtrichtung. Das gab Probleme mit der Wärmeabführung vom hinteren Zylinder. So war der Schritt zur längsliegenden Kurbelwelle und den querliegenden Zylindern logisch, obwohl für die Kraftübertragung zum Hinterrad ein Umlenkgetriebe nötig wurde. Aber das wurde das zweite Erkennungszeichen für BMW-Motorräder: Kardanwelle für den Hinterradantrieb.

Oben: Im Fahrwerk der Victoria steckte der erste BMW-Motor. Später wurde er unter dem Namen Helios in ein eigenes Fahrwerk gebaut.
Oben rechts: Der erste BMW war die R 32 aus dem Jahr 1923, erstmals quer eingehängter Motor, erstmals Kardanantrieb zum Hinterrad.
Rechts: Mit der R 69 S (hier ein Bild aus dem Baujahr 1962) endete die Ära der Wälzlagermotoren. Mit ihren 42 PS lief sie zwischen 160 und 180 Spitze.

In vielen verschiedenen Modellen wurde das Bauprinzip in den Jahren bis zum Zweiten Weltkrieg verfeinert. Endpunkt der Serie war die berühmt gewordene R75, das Wehrmachtsgespann mit Rückwärtsgang und Seitenradantrieb. Nach dem Krieg begann die BMW-Motorradfertigung mit den R24-Einzylindern und der Zweizylinder R51/2, aufbauend auf den Vorkriegsmodellen. Danach kamen die R51/3 und die R67 mit völlig neuen Motoren, die die Grundlage für die Entwicklung bis 1969 bildeten. Deren Kurbelwellen waren in Kugellagern geführt, entsprechend heißen diese Modelle die »Wälzlagermotoren«. Die Fahrwerke boten bei den letzten Typen dieser Baumuster R50 bis R69 S durch langhubige Federung, vorn und hinten jeweils Langschwinge mit zwei Federbeinen, hervorragenden Fahrkomfort. Diese Modellreihe wurde bis Ende 1968 gebaut, auf der Kölner IFMA (Internationale Fahrrad und Motorrad Ausstellung) 1968 wurden dann schließlich die Motoren vorgestellt, die es heute noch gibt.

1969: Gleitlager

Im September 1969 erscheinen die neuen BMW-Modelle mit Gleitlagermotoren, Doppelschleifen-Hauptrahmen und angeschraubtem Heckteil, vorn Telegabel und hinten die schon von den Vormodellen bekannte Schwinge mit zwei Federbeinen. Die Modelle heißen R 50/5, R 60/5 und R 75/5, Leistung 32 PS, 40 PS bei jeweils 6400/min und 50 PS bei 6200/min.
Während die R 50/5 mit Normalbenzin auskommt, brauchen die beiden anderen Superkraftstoff, die Verdichtung der R 50/5 ist 8,6, die der R 60/5 ist 9,2 und die R 75/5 hat 9,0. Alle Kurbelwellen sind gleich mit 70,6 Hub, die Bohrung ist 67 Millimeter für die R 50/5, dann 73,5 für die R 60/5 und 82 Millimeter für die R 75/5.
Im Getriebe sind nur vier Gänge mit den Stufen 3,896; 2,578; 1,875; 1,50 vorhanden, die Anpassung an die Leistung der verschiedenen Modelle geschieht durch unterschiedliche Hinterachsübersetzungen, nämlich für die R 50/5 ist sie 3,56, für die R 60/5 beträgt sie 3,36, und die R 75/5 hat 2,91 oder auf Wunsch 3,2.
Der Radstand ist zunächst 1385 Millimeter lang, wird aber Anfang 1973 durch eine um 50 Millimeter verlängerte Schwinge auf 1435 Millimeter vergrößert. Damit werden anfangs auftretende Pendelneigungen

Die R 75/5 gehörte zu der ersten Serie der neuen Maschinen mit Gleitlagermotoren ab 1969. Die R 50/5 leistete 32 PS, die R 60/5 kam auf 40 PS und die R 75/5 brachte 50 PS. Und während die ältere R 69 S immerhin 7000/min Drehzahl für die Höchstleistung benötigte, lagen die Gleitlagermotoren bei 6400/min, die große R 75/5 gar nur bei 6200/min.

Die R 60/6 hatte schon die verlängerte Hinterradschwinge, damit waren anfängliche Pendelneigungen behoben. Mit ihren 42 PS Höchstleistung kam sie offiziell auf 155 km/h Höchstgeschwindigkeit, bei Tests erreichte sie aber spielend die 100-Meilen-Grenze (161 km/h). Und wenn sich der Fahrer ganz klein machte, waren auch 180 km/h zu schaffen.

beseitigt. Als sofortige Abhilfe gegen Pendeln auf Autobahnfahrt wird seinerzeit der Lenkungsdämpfer empfohlen, der aber im Stadtverkehr unbedingt wieder abgeschaltet werden muß.

1973: /6-Modelle

1973 werden auf der Zürcher Motorradausstellung überarbeitete /5-Modelle mit der neuen Bezeichnung /6 gezeigt, die unter anderem eine größere Batterie haben. Im selben Jahr gibt es die R 90/6 und die R 90 S, letztere mit Dellorto-Vergasern als Flaggschiffe, die R 50/5 wird aus dem Programm genommen. Neu ist vor allem das Fünfganggetriebe, aber auch die Scheibenbremse vorn für die R 75/6 ist wichtig.

Bis 1976 werden die einzelnen Baumuster vor allem sorgfältig modellgepflegt. Änderungen an den Vergasern und Verbesserungen am Fahrwerk dienen dem Ausmerzen von Kinderkrankheiten. Etwa ab 1976 lohnen sich eher ins Detail gehende Beobachtungen.

1976: /7-Modelle

Die BMW-Modelle nach 1976 waren sicher nicht alle gleichwertig. Zum Beispiel hat die R 75/7 praktisch keine Bedeutung erlangen können. Kein Wunder, sie wurde nur 6264 mal gebaut. Das ist knapp halbsoviel wie andere Baumuster. Die R 75/7 wurde nach einem Jahr von der R 80/7 abgelöst.

R 100-Versionen

Viel wichtiger sind also die R 100-Versionen. Die R 100/7 ist das Basismodell. Ihr Motor leistet 60 PS bei 6500/min, das höchste Drehmoment liegt mit 75 Nm bei 4000/min sehr günstig. Und mit normal sitzendem Fahrer läuft die Tausender rund 180 km/h. Im Vergleich dazu sind die Daten der beiden anderen, R 100 S und R 100 RS, nicht so sehr verschieden. Die Leistung der R 100 S beträgt 65 PS bei 6600/min, das höchste Drehmoment von 77 Nm liegt bei 5500/min. Die R 100 RS hat schließlich 70 PS bei 7250/min und 77 Nm bei 5500/min. In den Fahrleistungen bietet nur die R 100 S eine kleine Überraschung. Sie ist nämlich geringfügig schneller als die R 100 RS, die doch nominell mehr PS hat. Aber da macht sich wohl die sehr schlanke kleine Cockpitverkleidung der S, die nur am Lenker befestigt ist, günstig bemerkbar. Die große, rahmenfeste Schale der RS hat zwar nach Messungen im Windkanal hervorragende Windschlüpfigkeit, aber sichtlich größere Hauptspantfläche.

Links die R 100 RS, das erste Motorrad der Welt mit serienmäßiger Verkleidung. Rechts die R 90 S, die trotz unterlegener Leistung die Höchstgeschwindigkeit der R 100 RS zumindest erreichte: Ihre Verkleidung war eben zierlicher.

Die Motoren

Die Motoren der drei Einliter-Modelle waren weitgehend gleich. Selbstverständlich hatten sie gleiche Kurbelwellen und auch die gleichen Werte für die Bohrung. Unterschiede gab's zum Beispiel in der Verdichtung. Mit 9,0 ist der Motor der R 100/7 der zahmste, die beiden anderen haben höhere Kolben, Verdichtung 9,5.
Die Zylinderköpfe sind ebenfalls verschieden. Das Einlaßventil der R 100/7 hat 42 mm Durchmesser, das Auslaßventil 40 mm. Bei den schnelleren Motoren sind die Einlaßventile um 2 mm größer. Die Nockenwellen hingegen haben wieder dieselben Öffnungswinkel.
Die Vergaser stammen inzwischen wieder allesamt von Bing/Nürnberg. Die R 100/7 saugt durch 32 mm Vergaser, die beiden anderen Modelle haben 40er.
Allen drei Baumustern gleich sind die tiefe Ölwanne (bei der R 100 RS mit zusätzlichen Schwallblechen) und die mit mechanischem Unterbrecher arbeitende Batterie-Spulenzündung.
Erwähnenswert ist, daß die R 100 RS als einzige der Gattung noch einen hydraulischen Lenkungsdämpfer hat. Die anderen müssen ohne auskommen, und Probleme gibt's damit entgegen anfänglichen Befürchtungen auch nicht.

1977: R 80/7

Die R 80/7 mit 55 PS und als gedrosselte Version passend zur Versicherungsklasse mit 50 PS kommt. Sie hat viele Ähnlichkeiten mit den R 100-Baumustern. Kurbelwelle gleich, Nockenwelle gleich, Kupplung gleich, Ölwanne gleich, ja sogar die Vergaser sind die gleichen Bing V 64 mit 32 mm Durchlaß, die auch für die R 100/7 vorgesehen sind. Nur das Auslaßventil ist mit 38 mm Durchmesser um 2 mm kleiner als bei der Großen. Also neue Zylinderköpfe.
Wie weit die gleichen Bauteile verwendet werden, macht das Luftfilterelement deutlich: Die R 80/7 mit 55 PS hat das Filter der R 100 S mit 16 Löchern, die 50 PS-Version das Filter ohne Löcher von der R 100/7.
In der Verdichtung unterscheiden sich die zwei 80er. Mit 9,2 Verdichtung bringt es die Schnellere auf ihre 41 kW bei 7000/min, während die Gedrosselte mit 8,0 Verdichtung auf 37 kW bei 7250/min kommt. Drehmomentwerte: 62,5 Nm bei 5500/min und 56,6 Nm bei 5500/min.
Sicher spielt für manchen Besitzer der zahmen Version auch eine Rolle, daß diese als einzige BMW der /7-Baureihe mit Normalbenzin auskommt, während alle anderen mindestens 98 Oktan, also Superbenzin verlangen. Aber es hat auch alle anderen Motoren mit geringerer Verdichtung für Normalbenzin gegeben, natürlich dann auch mit anderen Leistungsdaten.

Fahren und Schalten

Zur R 80/7: Fürs Fahren und Schalten wichtig: Der Schalthebel liegt nicht mehr direkt auf der ins Getriebe hineinführenden Schaltwelle, sondern ist getrennt gelagert. Eine kurze Hebelei und ein Gestänge (das macht die Fußhebellage einstellbar) bilden die von BMW so genannte Schaltkinematik. Die zum Schalten aufzuwendenden Fußkräfte sind dadurch wesentlich verringert worden. So kracht es viel seltener als früher.
Prinzipiell hat sich das Getriebe jedoch nicht geändert. Mit einer Ausnahme: Der Kickstarter wird nur noch auf

Links die Schaltkinematik der 1977er R 80/7. Der Fußhebel ist am Rahmen gelagert und über Gestänge mit dem Getriebe verbunden. Rechts das filigrane Gußrad der R 100 RS, wie es ab 1977 in Serie geliefert wurde. Zweischeibenbremse.

Wunsch eingebaut. Die Anlasserleistung von 0,6 PS soll im Verein mit der größeren Batterie bequem reichen. Nur winters wird's nach einer Woche Stillstand dann doch gelegentlich heikel.
Der Rahmenaufbau ist bei der R 80/7 wieder derselbe wie bei den Einlitermodellen. Vorn Telegabel, Lenkung in Kegelrollenlagern, hinten Schwinge in Kegelrollenlagern. Federbeine dreifach in der Basis verstellbar. Die Bremse vorn ist noch als Einscheibenanlage ausgeführt, die Bauart ist bekannt: Schwenksattelbremse.

1978: R 45 und R 65

1978 geschieht grundlegend Neues. Die Modellreihe beginnt ab sofort weit unten, nämlich bereits bei 473 cm³.
Die R 45 kommt mit 20 und mit 26 kW, also 27 und 35 PS.
Neu ist auch die R 65 mit 650 cm³, die auf der gleichen Grundlage wie die Kleine aufgebaut ist.
Basis ist eine völlig neue Kurbelwelle. Sie hat nicht mehr 70,6 Millimeter Hub wie alle anderen Boxer bisher, sondern nurmehr 61,5 Millimeter.

Dennoch herrscht das Baukastensystem. Die Lagerdimensionen sind gleich geblieben. Die Kurbelwellen-Hauptlager haben 60 Millimeter Durchmesser und 2,5 Millimeter Wanddicke der Lagerschalen. Die Hubzapfenlager (Pleuelfußlager) haben 48 Millimeter Durchmesser und 22 Millimeter Breite. Selbst die Pleuelaugen für die Kolbenbolzen haben Lagerinnendurchmesser 22 Millimeter wie bisher.
Durch den kürzeren Hub sind die beiden kleinen Motoren um 58 Millimeter schmaler als zum Beispiel die 800er. Da stehen immerhin 688 gegen 746 Millimeter. Das macht sich beim Fahren bereits bemerkbar. Und die Fahrwerke sind kompakter als die der großen BMWs.
Die Motoren haben bei 61,5 mm Hub unterschiedliche Bohrung. Die R 45 = 70 mm, R 65 = 82 mm. Verdichtung der 27-PS-Ausführung ist 8,2; alle anderen sind 9,2 verdichtet.

Leistungsdaten

Die R 45 bringt gedrosselt 27 PS (20 kW) bei 6500/min. Höchstes Drehmoment 31,3 Nm bei 5000/min.
Die R 45 hat ungedrosselt 35 PS (26 kW) bei 7250/min. Höchstes Drehmoment 37,5 Nm bei 5500/min.
Die R 65 leistet 33 kW (45 PS) bei 7250/min und hat ihr höchstes Drehmoment von 50 Nm bei 5500/min.
Die beiden starken Motoren brauchen Superkraftstoff, die 20 kW-R 45 hingegen kommt mit Normalsprit aus.
Bing Gleichdruckvergaser haben alle drei, die R 45 Normal mit 26 mm Durchlaß, die Schnelle mit 28 mm Durchlaß, und die R 65 hat den 32 mm Durchlaß.
Bei den Zylinderköpfen gibt es nur zwei Versionen. Die R 45 hat jeweils 34 mm Einlaßventile und 32 mm für den Auslaß, während die R 65 38er Einlaß- und 34er Auslaßventile besitzt.
Die Drosselung der R 45 auf die versicherungsgünstigen 27 PS (20 kW) geschieht einfach: Die Nockenwelle ist anders. Sie hat nur 284 Grad Öffnungswinkel, während die Nockenwelle sowohl der schnellen R 45 als auch der R 65 mit 308 Grad Öffnungswinkel läuft.

Mit vielen technischen Neuerungen an Motor und Fahrwerk kamen die R 45 und R 65. Die R 45 wurde mit 27 PS und mit 35 PS angeboten, die R 65 nur mit 45 PS. Nicht nur die Telegabel ist neu, auch die Vorderbremse ist jetzt eine Festsattelbremse, zunächst von Ate gebaut, später dann von Brembo. Das Vorderrad ist nur noch 18 Zoll groß.

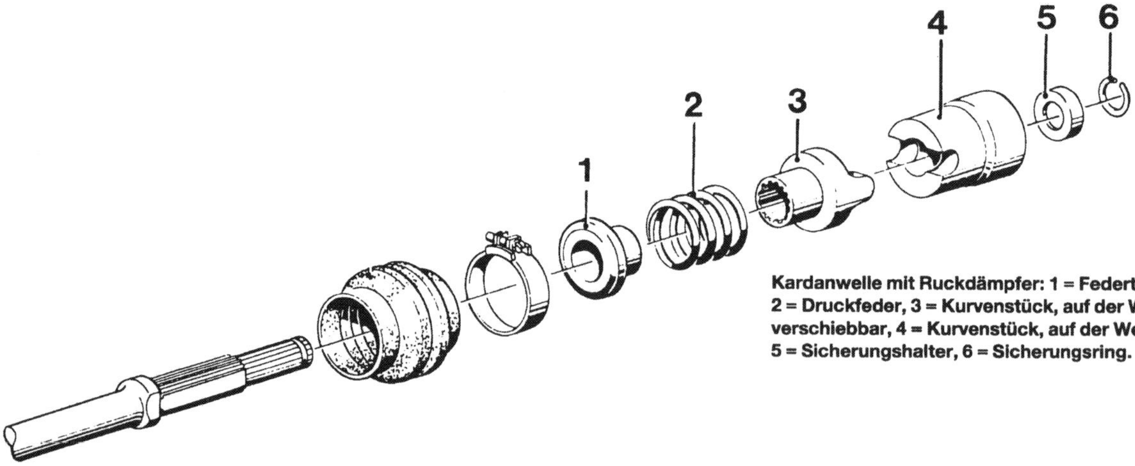

Kardanwelle mit Ruckdämpfer: 1 = Federteller, 2 = Druckfeder, 3 = Kurvenstück, auf der Welle nur verschiebbar, 4 = Kurvenstück, auf der Welle drehbar, 5 = Sicherungshalter, 6 = Sicherungsring.

Kardanwelle neu

Neu ist die Kardanwelle. Sie hat einen Torsionsdämpfer eingebaut. Dieser Dämpfer mit Feder und Knagge ist ab 1978 bei allen anderen Modellen ebenfalls in die Serie gekommen.

Der Rahmen

Die Rahmen sind allesamt gleich. Telegabel mit 175 mm Federweg, sie wurde völlig neu konstruiert und mit Bremssattel-Aufnahme hinterm Gabelholm für die neue Festsattelbremse versehen. Die Schwinge samt Kegelrollen-Lagern ist für die Aufnahme der neuen Gelenkwelle umgebaut. Federweg hinten mit dreifach in der Basis verstellbaren Federbeinen 110 Millimeter.
Der Radstand ist gegenüber den bisherigen Maschinen deutlich kürzer, statt 1465 mm beträgt er nur noch 1390 mm. Der Nachlauf hingegen ist nur um ganze sechs Millimeter gewachsen.
Der Grund für die besondere Handlichkeit der kleinen BMW sind aber sicher die anderen Räder. Die Vorderräder sind auf 1,85B x 18 Felgen mit 3,25-18 oder 3,25 S 18 Reifen bestückt, hinten sind auf 2,50B × 18 Felgen die Reifen 4.00-18 oder 4.00 S 18 aufgezogen.

Die Bremsen

Bei den Bremsen wurde ein bißchen gespart. Alle drei Modelle laufen nur mit einer Scheibenbremse im Vorderrad. Aber die zweite Scheibe fürs Vorderrad gibt's als Sonderausstattung ab Werk.
Neu ist an der Scheibenbremse der kleinen BMW, daß sie nun nicht mehr vom Lenker bis zum Hauptbremszylinder unterm Tank einen Seilzug nutzt. Der Hauptbremszylinder liegt am Handhebel, alles geht hydraulisch. Auf diese Modernisierung müssen die Baumuster ab R 80 aufwärts immerhin noch bis 1981 warten.
Elektrisch bietet die Reihe der kleinen BMWs noch keine Besonderheiten. Der Drehstromgenerator ist aus den großen Maschinen bekannt. Er leistet 280 Watt bei 12 Volt Nennspannung. Scheinwerferdurchmesser 160 mm ist ebenso normal wie die kontaktgesteuerte Zündung. Neu ist allenfalls der Begriff »Zentralelektrik«. Er bedeutet schlicht, daß unterm Tank verschiedene Relais auf Grundplatten zusammengefaßt sind und mit genau bemessenen Kabelbäumen und Spezialsteckern angeschlossen werden.
Eine kleine Eigenart hat die neue Zündanlage dennoch. Sie läßt sich bei laufendem Motor verstellen. Der Unterbrecher ist nämlich in einem eigenen kleinen Gehäuse gekapselt.

1978: R 100 T und RT

Ab 1978 sind die R100 T und die R100 RT lieferbar. Die einfache T ist nur Nachfolger der R100/7. Die RT hingegen sieht richtig wuchtig aus. Die Verkleidung wirkt noch riesiger als die der R100 RS, sie hat Stauraum für Gepäck, ein sogenanntes Handschuhfach, und ist auch mit Instrumenten reich bestückt. Zudem ist die große Windschutzscheibe dreifach verstellbar.
Die Technischen Daten des Motors sind gleich wie bei R100 S und RS. Inzwischen haben diese drei ihre 70 PS, während nur die R100 T mit 65 PS zufrieden sein muß. Sie hat noch den Vergasersatz 94/40/103 und 104 von Bing, die drei Schnelleren verwenden die 94/40/105 und 106.
Zu den kleinen, aber für den Reparateur wichtigen Änderungen gehört, daß ab Ende 1978 völlig neue Kolben verwendet werden. Nur die R60/7 behält die bisherige Bauart.
Anders ist die Sicherung des Kolbenbolzens. Nicht mehr innenliegende Draht-Sprengringe halten den Bolzen seitlich fest, sondern neuerdings werden außenliegende normale Seegerringe eingesetzt.
Der Kolbenbolzen hat also zwei Einstiche für die Ringe. Zusätzlich zu der Modifizierung der Bolzensicherung haben die neuen Kolben auch eine neue Form des Kolbenbodens bekommen.
Die neuen Kolben wurden bei den Modellen R80 / 7 mit 40 und mit 37 kW von Serienbeginn an eingesetzt. Bei den R100-Modellen begann der Einsatz ab den folgenden Fahrgestellnummern:

R 100 / 7	ab 6045408
R 100 S	ab 6065101
R 100 RS	ab 6085018

1979: Gelände-GS 80

Es gibt keine neuen Modelle, aber für den aufmerksamen Beobachter der Motorrad-Szene zeichnen sich Neuerungen ab.
Im Geländesport zum Beispiel läßt BMW eine GS 80 laufen. Der Rahmen ist in Zusammenarbeit mit der italienischen Firma Laverda entstanden und auch dort gebaut worden. Besonderheit ist die einarmige Hinterradschwinge, die auf den Fahrer-Ingenieur Laszlo Peres zurückgeht.

Die Boxer ab 1969 waren schon von Grund auf für gute Geländetauglichkeit konzipiert. Der Fahrer-Ingenieur Laszlo Peres entwickelte darüberhinaus ein Spezialmodell für die Geländemeisterschaft. Es hatte als auffälligste Neuerung die Einarmschwinge (Bild oben und links). Die offizielle Werksmaschine GS 80 (Bild unten) errang 1979 sowohl die Deutsche als auch die Europa Geländemeisterschaft.

Änderungen in der Serie

Für die Serienfertigung gibt es viele kleine Änderungen, die fast stillschweigend in die Serie einfließen. Zum Beispiel werden die Nockenwellen mit anderen Steuerzeiten und der Aufnahme für den neuen Zündauslöser (wie er schon bei den kleinen Baumustern verwendet wird) eingebaut. Statt der Zeiten für Einlaß öffnet/schließt und Auslaß öffnet/schließt von 10/50/50/10 Grad gibt es unsymmetrische Zeiten von 16/44/56/4 Grad. Nockenwellenantrieb vorerst noch mit Duplex-Kette und dem hydraulisch unterstützten Kettenspanner.
Die R 60/7 ist ab Ende 1979 nicht mehr im Programm. Sie hatte ab Fahrgestellnummer 6 007 001 noch leicht verringerte Verdichtung von 9,0 statt 9,2 bekommen. Sicher wegen der recht häufigen Klagen über die Klingelneigung. Und die Steuerzeiten der letzten R 60/7 Modelle lagen bei 6/34/46/6 Grad gegenüber vorher 6/40/40/6 Grad.
Für die Hinterradfederung sind verschiedene Feder-Dämpfer Kombinationen lieferbar. HD-Dämpfer sind etwas härter abgestimmt, passend zu härteren Federn.

Die R 80 G/S war von Anfang an sowohl für den Straßenbetrieb als auch für leichtes Gelände gedacht. Sie entwickelte sich zur ausgesprochenen Langreise-Maschine. Unwegsames Gelände und Schotterpisten haben durch sie ihre Schrecken verloren.

1980: R 80 G/S

1980 hat die R 80 G/S Premiere. Durch die Optik wird überdeckt, daß dieses Modell nicht nur den neuen Rahmen mit der Einarmschwinge, den einseitigen Schalldämpfer, den hohen Geländelenker und den schmalen Geländetank hat.
Die Neuerungen: Zylinder jetzt nicht mehr mit Grauguß-Laufbuchsen, sondern Leichtmetall mit einer Laufbahn aus galvanisch aufgetragenem Nickel mit eingelagerten Siliziumkarbid-Kristallen. Galnikal oder Nikasil heißt diese Beschichtung. Und sie ist so hart, daß fast gar kein Verschleiß mehr auftritt. 3,4 kg werden zudem gegenüber den Zylindern mit Gußbuchsen eingespart.
Die Kupplung wurde radikal geändert. Die leichtere Schwungscheibe besteht nur noch aus dem Anlasserzahnkranz und den Speichen dafür. Dahinter liegt die neuerdings übersetzte Tellerfeder, dann folgt der an drei Stahlbändern tangential aufgehängte innere Kupplungs-Druckring. Er bietet Reibfläche für die Kupplungsreibscheibe, die wie üblich innen mit Verzahnung verschiebbar auf der Getriebewelle sitzt. Den Abschluß bildet der äußere Druckring.
Auch die Kupplungsbetätigung ist rundum neu. Der Hebel am Getriebe hat eine völlig andere Form, ist zudem niedriger übersetzt. Seine Lagerung geschieht in einer extra Buchse, statt wie bisher nur im Grundmaterial. Drucklager und Druckstange sind ebenfalls neu, auch nicht gegen frühere Teile auswechselbar.

Neuer Ölkreislauf

Die nächste wichtige Neuerung betrifft den Ölkreislauf. Von der Ölpumpe am hinteren Ende der Nockenwelle wird das Schmiermittel über den Ölfilter zunächst zu den Kurbelwellenlagern und dann erst zum vorderen Nockenwellenlager geführt. Außerdem gelangt es wie bisher durch die Kanäle der Zylinder-Stehbolzen in die Zylinderköpfe und durch die Stoßstangen-Führungsrohre zurück in die Ölwanne.

Baumuster	Änderung ab Fg.Nr.	Baumuster	Änderung ab Fg.Nr.
R 45 20 kW	6 326 550	R 80 T 37 kW	6 130 069
R 45 26 kW	6 305 573	R 80 T 41 kW	6 132 716
R 65	6 346 311	R 100 / 7	6 051 658
R 60 / 7	6 015 348	R 100 / 7 S	6 070 786
R 60 / 7 T	6 117 246	R 100 RS	6 097 660
R 80 / 7 37 kW	6 205 472	R 100 / 7 T 47 kW	6 150 266
R 80 / 7 41 kW	6 031 545	R 100 RT 51 kW	6 158 745

Achtung bei Reparaturen

Die Motorgehäuse-Änderung bedingt auch bei späteren Reparaturen Aufmerksamkeit. Der vordere Lagerdekkel wurde passend für das neue Gehäuse geändert. Er bekam eine umlaufende Nut von 4,5 mm Breite. Der neue Deckel kann bedenkenlos auch an älteren Maschinen eingebaut werden, nicht aber der alte Deckel bei den neuen Gehäusen. Zum Beispiel darf bei Motoren mit der einreihigen Steuerkette nicht mehr der Deckel für die Duplexketten-Ausführung verwendet werden. Umgekehrt passen die Deckel für die Simplexketten-Version generell.
Eine weitere Änderung fand gleichzeitig statt. Die Kipphebelachsen bekamen eine schräge statt einer geraden Bohrung zur Ölversorgung der Nadellager.
Die Neuerungen an den Boxer-Motoren, zuerst einmal an der R 80 G/S, gehen aber weiter. Wurden bisher die Zünd-Unterbrecher in einem eigenen kleinen Gehäuse gekapselt, das sich Zündauslöser nannte, so gingen die Elektriker bei diesem Modell noch einen Schritt weiter. In dem Unterbrechergehäuse sitzt statt der Kontakte ein sogenannter Hall-Geber, und die Zündung wurde von der Batterie-Spulenzündung auf Transistorzündung umgebaut. Da ist also zwischen Hall-Geber und Zündspule noch eine kleine Box mit Elektronik geschaltet.

Vergaser

Die Vergaser sind die üblichen Bing-Gleichdruckvergaser 64/32/305 (links) und 64/32/306 (rechts). Durchlaß 32 mm, das zeigt die zweite Ziffernfolge in der Bezeichnung. Der kleine Drehschieber der Starteinrichtung hat vier Bohrungen von 2,0/1,2/0,7/0,6 mm Durchmesser. So ist die Gemischanreicherung zum Antreten stufig verstellbar.
Neu ist der Plattenluftfilter. Die neue Filtereinheit besteht ganz aus Kunststoff, die eigentliche Filterplatte kann ganz leicht nach Abschnappen von Klemmfedern herausgezogen werden.

Kickstarter und Anlasser

In der Anfangszeit wurde die R 80 G/S serienmäßig nur mit Kickstarter ausgeliefert, für alte BMW-Kenner kein Problem. Doch die G/S wurde viel verkauft, auch an BMW-Neulinge. Und die wollten auf den Elektrostarter nicht verzichten. So gab's ihn gegen Aufpreis als Sonderausstattung.
Die vielen verschiedenen Getriebe-Änderungen sind heute recht uninteressant geworden. Zwar gab es im Laufe der Zeit 14 verschiedene Getriebe für die unterschiedlichen Baumuster, doch seit 1985 wurde vereinheitlicht. Zwei Ausführungen, einmal mit und einmal ohne Kickstarter, sind übriggeblieben.

Der Rahmen

Die Rohrführung des Rahmens ist auch bei der R 80 G/S die gleiche wie bei allen BMW. Der Vorderbau stammt von der R 65, der Hinterbau wurde auf die Einarmschwinge und das einseitig angelenkte Federbein angepaßt. Die Telegabel ist die gleiche wie bei der R 100, und die Bremse vorn ist eine Festsattelbremse von Brembo wie bei der R 65. Ankerung hinterm Gabelholm.
In der Schwinge läuft jetzt auch bei der R 80 G/S und bei den anderen großen Boxern die von den kleinen Baumustern bekannte Kardanwelle mit Torsions-Ruckdämpfer.

Auspuffanlage

Die neue, einseitige Auspuffanlage bringt zwar keine höhere Leistung als der normale R 80 Motor sie hat, aber durch günstige Abmessungen liegt die Höchstleistungs-Drehzahl bereits 750/min niedriger an als bisher. Auch das Drehmomentmaximum wird 500/min früher erreicht, nämlich bei 5000/min statt bei 5500/min.
Von den Zylinderköpfen führen zwei Auspuffrohrkrümmer unters Getriebe in einen Sammelbehälter, einen Vorschalldämpfer. Dort schwingt sich dann das eine Rohr zum links unterhalb der Sitzbankkante liegenden flachen Dämpfer hoch.

R 100 CS

In der großen Klasse erscheint außer der R 80 G/S noch die R 100 CS. Das Kürzel steht für Classic Sport. Diese Maschine soll all den Kunden Spaß machen, die von der scheinbar überzogenen Modernen nicht viel halten, die außerdem der 1978 aus dem Programm gestrichenen R 100 S nachtrauern. So werden zunächst noch Drahtspeichenräder eingebaut, die kleine Lenkerverkleidung wird wieder hervorgeholt, und die Lackierung der R 100 CS ist ganz schwarz.
Motorisch entspricht die R 100 CS mit 70 PS und allen Neuerungen den beiden anderen 1000ern, das Fahrwerk mit Telegabel und den zwei Brembo-Festsattel Scheibenbremsen und der Trommel hinten ist auch auf dem neuesten Stand. Schon nach kurzer Zeit freilich müssen die Drahtspeichenräder wieder zugunsten der Leichtmetall-Gußräder aufgegeben werden. Die 70 PS verhalfen der R 100 CS zu mehr als 200 km/h Höchstgeschwindigkeit, und da wurden die Drahtspeichen nicht immer den Sicherheitsansprüchen von BMW gerecht.

Die R 100 CS wurde zuerst noch wie die R 90 S mit Drahtspeichenrädern ausgeliefert, bald aber auf Gußräder umgestellt.

R 65 mit 50 PS

Die R 80 G/S ist beileibe nicht die einzige Neuerung der 1980er IFMA. Zum Beispiel bekommt die R 65 jetzt endlich die vollen 50 PS bei 7250/min. Das höchste Drehmoment steigt von 50 Nm bei 5500/min auf 52,3 Nm bei allerdings 6500/min. Die Nockenwelle ist mit 308 Grad Öffnungswinkel geblieben, auch die Verdichtung blieb gleich.
Der Plattenluftfilter und die transistorisierte Zündanlage haben sicher ihren Anteil am Leistungszuwachs. Die Vergaser haben eine andere Düsenbestückung bekommen und ein anderes Drehschieberchen für den Startvergaser, sind aber im Durchlaß bei 32 mm geblieben. Sichtbare Änderung zeigt allein das Auspuffsystem: Hier ist noch ein zweites Zwischenrohr (Interferenzrohr) hinzugekommen, das das rechte mit dem linken Auspuffrohr unterhalb des Getriebes verbindet.

1981: R 65 LS

Als Neuheit wird im BMW-Programm nur die R 65 LS geführt. Sie entspricht der R 65 in nahezu allen technischen Dingen, hat lediglich eine kleine Cockpitverkleidung und eine schwarzverchromte Auspuffanlage bekommen.

An wesentlichen Verbesserungen sind außer der Doppelscheibenbremse vorn die neuen Laufräder zu erwähnen. Sie fallen zunächst durch die Bogenform ihrer Speichen auf. Aber wichtiger ist, daß Felgenkranz und der sternförmige Teil von Nabe mit Speichen aus unterschiedlichem Material bestehen. Der Felgenkranz ist gehärtetes, stranggepreßtes Aluminium, an das formschlüssig der sternförmige Druckgußteil von Nabe mit Speichen angegossen ist. Und die Bogenform der Speichen bringt ein klein wenig Elastizität in die sonst sehr starren Gußräder.
BMW nennt diese neuen Räder Compound-, also Verbundräder. Größe vorn 2.15 B × 18, hinten 2.50 B × 18. (Die R 65 normal hat 1.85 B × 18 Vorderfelge).
Die vielen Änderungen, die im Laufe des Jahres 1981 in die Serie der großen Boxer einflossen, wurden bereits am Beispiel der R 80 G/S beschrieben. Dazu kommen noch neue Hinterradfelgen ab Ende 1981 für die R 80 G/S. Statt der bisherigen 2,15 B × 18 wird für ein Jahr die Größe 2,50 B × 18 eingebaut.

Die R 65 LS kam mit 50 PS (37 kW) und einer Cockpitverkleidung, die den Auftrieb am Vorderrad um ein Drittel verringerte, dazu einer schwarzen Auspuffanlage und neuen Rädern aus zwei verschiedenen Werkstoffen. Compound-Räder hießen sie, ihre Felge aus gehärtetem, stranggepreßtem Leichtmetall war mit einer Schwalbenschwanzverbindung an den Speichenkranz aus Leichtmetall-Druckguß angegossen. Doppelscheibenbremse vorn.

Höheres Gesamtgewicht ab /6

Wichtige Nachricht für alle BMW-Fahrer ab den /6-Modellen: Für alle Motorräder beträgt das zulässige Gesamtgewicht ab 1.4.1981 statt bisher 398 kg nunmehr 440 kg.
Bei allen bisher ausgelieferten /7-Maschinen und den /6-Motorrädern mit Scheibenbremse kann dieses neue Höchstgewicht nachträglich genehmigt werden. Dazu sind nötig:
Unbedenklichkeitsbescheinigung von BMW unter Angabe von:

Name des Fahrzeughalters,
Fahrgestellnummer,
Herstellerangabe nach Typenschild.

Der BMW-Händler bekommt dann von BMW ein neues Typenschild und die nötigen Unterlagen für TÜV und Zulassungsstelle. Das neue Typenschild wird entsprechend beschriftet, das alte vernichtet. Dann wird die Maschine dem TÜV vorgeführt, der das neue Gewicht in den Kraftfahrzeugbrief einträgt, so daß die Zulassungsstelle den neuen Kraftfahrzeugschein ausstellen kann.
Bei dieser Änderung ist noch folgendes zu beachten: Die Achslasten betragen für vorn maximal 190 kg, für hinten maximal 280 kg. Beide zusammen dürfen natürlich nicht die 440 kg-Grenze überschreiten. Und die höchste Tanklast darf 40 kg sein, also den Tankrucksack nicht zu sehr beladen.
Als Reifen wird vorn die Serienbereifung zugelassen, für hinten ebenfalls, nur mit der Auflage, daß nur Reifen mit der Tragfähigkeit von 280 kg verwendet werden dürfen.
Die Pendelsattelbremsen sind mit Belägen der Marke Textar, Typ T 290 auszurüsten. Die BMW-Teilenummer dafür ist 34 11 2 301 358.

Bild rechts: Die R 80 ST war die reine Straßenversion der R 80 G/S, mit der sie auch optisch große Ähnlichkeit hatte. Sie wurde deshalb bald durch die neue R 80 ersetzt.

Bild unten: Die R 80 RT als Langstrecken-Tourer mit ausladender Verkleidung mit integrierten Handschuhfächern.

1982: R 80 ST und RT

1982 zur IFMA kommt der nächste größere Sprung in der technischen Entwicklung. Die zwei neuen Maschinen R 80 ST und R 80 RT bauen auf Erfahrungen mit der R 80 G/S und der R 100 RT auf.

Die R 80 ST ist die Straßenversion der R 80 G/S. Sie hat den gleichen Motor, ebenfalls Monolever-(Einarm)-Schwinge fürs Hinterrad, vorn Einfachscheibenbremse und hinten eine Trommel. Drahtspeichenräder mit Leichtmetallfelgen.

Die Reifen der ST sind auf Straßenbetrieb abgestimmt, vorn 100/90 H 19, hinten 120/90 H 18. Dazu gehört eine neue Felge fürs Hinterrad, Größe 2,50 B × 18. Diese Felge wird gegenüber der Nabe um 3,3 Millimeter nach links versetzt, damit der Niederquerschnittreifen gut an der Schwinge vorbeiläuft.

Dieselbe Felge bekommt dann auch die R 80 G/S, die vorher nur mit 0,3 mm Linksversatz eingespeichte Felge hatte.

Die R 80 RT hingegen hat das Fahrwerk der R 100-Versionen mit der herkömmlichen Zweiarmschwinge und den beiden Federbeinen. Leichtmetall-Gußräder, vorn Doppelscheibenbremse, hinten Trommel. Reifen 3.25 S 19 vorn und 4.00 S 18 hinten.

Insgesamt gibt's jetzt zehn verschiedene BMW: R 45; R 65; R 65 LS; R 80 G/S; R 80 ST; R 80 RT; R 100; R 100 CS; R 100 RS; R 100 RT.

1984: neue R 80 und R 80 RT

Neu sind zur IFMA zwei Boxer-Maschinen der 800er Klasse. Die Namen: R 80 und R 80 RT. Die erste als Motorrad pur gedacht, die zweite als Ablösung für den bisherigen R 80 RT Langstreckentourer. Abgelöst wird die bisherige R 80 ST, die mit kleinem Tank optisch zu sehr der R 80 G/S glich. Die neuen R 80 und R 80 RT haben auch den neuen R 80-Rahmen mit Monolever-Einarmschwinge. Aus dem Programm genommen werden alle R 100 Einliter Boxer.

1986: neue R 100 RS

Eine kleine Sensation erscheint auf der IFMA im Herbst: Die Baureihe der R 100 wird mit einem neuen Modell wiederbelebt: R 100 RS. Der Motor bleibt weitgehend der alte Bekannte, allerdings mit niedrigerer Verdichtung und nur noch mit 60 bis 65 PS. Damit sollen künftige Geräuschgrenzwerte vorab berücksichtigt werden. Auch bleifreier Kraftstoff kann getankt werden, denn die Zylinderköpfe enthalten die gleichen Ventilsitzringe wie die der R 80 Motoren. Auch R 80-Vergaser sind angebaut.
Die geringere Leistung soll durch günstigeren Drehmomentverlauf und höheres Drehmomentmaximum ausgeglichen sein. Von der R 80 stammt im übrigen auch das Fahrwerk mit Monolever-Einarmschwinge.
Die kleinste BMW, die R 45, wird aus dem Programm genommen, ebenso verschwindet die R 65 LS. Dafür gibt es die R 65 jetzt mit dem Fahrwerk der R 80-Modelle mit Monolever Einarmschwinge und zwei Motor-Versionen, einmal mit 48 PS und einmal, nur für den deutschen Markt, mit 27 PS.

Oben die neue R 80 mit Einarmschwinge und den neuen Rädern, unten die neueste R 100 RS, die es in zwei Farben gibt.

1987: R 80 GS

Große Neuigkeit: die R 80 G/S wird überarbeitet und heißt nun R 80 GS (ohne den Schrägstrich). Sie bekommt zudem in der neuen R 100 GS noch eine stärkere Geländesportmaschine vor die Nase gesetzt. Wichtigste technische Neuerung ist die Momentenabstützung der Hinterradschwinge mit einem zusätzlichen Gelenk in der Kardanwelle und im rechten Schwingenholm. Außerdem werden neue Felgen eingeführt, bei denen die Drahtspeichen seitlich neben dem Felgenhorn eingespannt werden. So können schlauchlose Reifen montiert werden.

1988/89: R 100 GS als Paris – Dakar

1988 steht auf der IFMA in Köln eine neuer Variante der R 100 GS, nämlich die Version Paris-Dakar. Charakteristisch ist ihre Verkleidung mit außenliegendem Träger, mit Zylinderschutzbügeln und Unterschutz. Dazu gibt es einen großen Tank mit 35 Litern Fassungsvermögen und eine Einzelsitzbank mit großer Gepäckbrücke für zwei Koffer.
1989 beginnt die Auslieferung der R 100 GS Paris-Dakar, zeitgleich übrigens mit der sensationellsten Neuheit von BMW, der vollverkleideten K1 mit dem Vierzylinder-Vierventiler-Reihenmotor mit satten 100 PS. Auch das Antiblockiersystem ist nun serienreif und wird in die K 100-Modelle auf Wunsch für rund 2000 Mark eingebaut. Für die Boxer ist das System noch nicht vorgesehen.

Oben die neue R 100 GS, unten die Paris – Dakar-Version. Beide mit der Momentenabstützung der Hinterradschwinge.

Fahrgestellnummern und Modelle

Sag' mir wann...

Die nachfolgende Liste der BMW-Boxer gibt Aufschluß darüber, von wann bis wann die einzelnen Modelle gebaut wurden. Das ist wichtig für die Ersatzteilbestellung. Über die tatsächlichen Produktionszahlen sagt die Liste allerdings nichts aus, weil absichtlich sämtliche Behördenmodelle und vor allem die Exportausführungen nicht aufgeführt sind. Die Typnummer wird nur BMW-intern verwendet, hat für den Besitzer eher mäßigen Wert.

Baujahr und Fg.-Nr.

Im Text mögen die Jahreszahlen ein wenig abweichen. Das liegt daran, daß die Vorstellung eines neuen Modells nicht mit dem tatsächlichen Fertigungsbeginn übereinstimmt. Aber im Zusammenhang von Baujahr und Fahrgestellnummer ist zu erkennen, ob ein bestimmtes Motorrad zu der geänderten oder der älteren Version zu rechnen ist.
Die Baumuster R 45 und R 65 wurden am Ende eingeordnet, weil sie mit völlig anderen Motoren (Kurbelwelle mit weniger Hub) ausgestattet, also grundsätzlich eine ganz eigene Baureihe sind.

Abkürzungen

Zu den Kürzeln ist zu sagen, daß die Klammerwerte mit »kW« natürlich die Leistung angeben (1 PS = 0,735 kW, 1 kW = 1,36 PS). Die anderen Klammerwerte klären, ab wann das mit einem bestimmten Baujahr gekennzeichnete Modell tatsächlich hergestellt wurde. Die zusätzliche Bezeichnung »TIC« steht für das »Touring-Integral-Cockpit«, das als Verkleidung auch für das Basismodell ab Werk geliefert wurde.

Modell	Baujahr	Typ	Fahrgestellnummer	
			von	bis
R 50/5	08/69 bis 07/73	0240	2900001	2907865
R 60/5	08/69 bis 07/73	0250	2930001	2952721
R 75/5	08/69 bis 01/73	0260	2970001	3000000
R 75/5	01/73 bis 07/73	0260	4000001	4008371
R 75/5	07/80 bis 07/80	0260	4009001	4010000
R 60/6	07/73 bis 08/74	0251	2910001	2911677
R 60/6	08/74 bis 08/75	0255	2920001	2923868
R 60/6 (76)	08/75 bis 06/76	0281	2960001	2965122
R 75/6	09/73 bis 08/74	0261	4010001	4012831
R 75/6	08/74 bis 08/75	0265	4020001	4023688
R 75/6 (76)	08/75 bis 06/76	0282	4030001	4035306
R 90/6	09/73 bis 08/74	0271	4040001	4044971
R 90/6	06/74 bis 08/75	0275	4050001	4053311
R 90/6 (76)	08/75 bis 06/76	0283	4060001	4063018
R 90 S	09/73 bis 08/74	0272	4070001	4075054
R 90 S	06/74 bis 09/75	0276	4080001	4084675
R 90 S (76)	08/75 bis 06/76	0284	4090001	4093724
R 60/7 (77)	05/76 bis 06/77	0301	6000001	6005517
R 60/7 (78)	07/77 bis 07/78	0321	6007001	6011412
R 60 T	07/78 bis 07/78	0341	6102001	6102014
R 60/7 (29 kW)	09/78 bis 04/80	0371	6015001	6015382
R 60/7 TIC (29 kW)	09/78 bis 06/80	0381	6117001	6117273
R 75/7	05/76 bis 06/77	0302	6020001	6024507
R 75/7	08/77 bis 04/78	0326	6220001	6220278
R 75 /7 (37 kW)	01/79 bis 01/79	0372	6222001	6222005

Modell	Baujahr	Typ	Fahrgestellnummer von	bis
R 80/7 N	08/77 bis 07/78	0327	6200001	6201915
R 80/7 S	04/77 bis 07/78	0322	6025001	6028787
R 80/7 (37 kW)	06/78 bis 07/80	0373	6205001	6206315
R 80/7 (41 kW)	06/78 bis 07/80	0374	6030001	6032475
R 80 TN	06/78 bis 07/78	0342	6105001	6105003
R 80 T	06/78 bis 08/78	0343	6108001	6108276
R 80 T (37 kW)	09/78 bis 07/80	0383	6130001	6130118
R 80 T (41 kW)	09/78 bis 07/80	0384	6132001	6133186
R 80 E (37 kW)	05/80 bis 12/83	0346	6250001	6260000
R 80 TIC (37 kW)	09/80 bis 11/84	0443	6210001	6212790
R 80 (37 kW)	09/80 bis 11/84	0423	6012001	6013899
R 80/Troika	06/81 bis 06/81	0350	4024001	4024500
R 80 RT (37 kW)	06/82 bis 11/84	0444	6420001	6425163
R 80 ST (37 kW)	04/82 bis 08/83	0347	6054001	6058162
R 80 ST (37 kW)	08/83 bis 10/84	0347	6058164	6058984
R 80 E (37 kW)	12/83 bis 06/86	0346	6281001	6289107
R 80 RT (37 kW)	07/84 bis 06/86	0457	6470001	6475619
R 100/7	05/76 bis 06/77	0304	6040001	6043414
R 100/7 (78)	04/77 bis 08/78	0323	6045001	6047995
R 100/7 T	03/78 bis 07/78	0344	6110001	6110088
R 100/7 (47 kW)	06/78 bis 07/80	0375	6050001	6053635
R 100 T	07/78 bis 07/78	0345	6115001	6115002
R 100 T (51 kW)	06/78 bis 03/80	0386	6155001	6160000
R 100 T (47 kW)	11/78 bis 07/80	0385	6150001	6150396
R 100 T (51 kW)	03/80 bis 07/80	0386	6168001	6169354
R 100 (Basis)	06/80 bis 06/82	0425	6035001	6040000
R 100 (Basis)	06/82 bis 10/84	0425	6400001	6401795
R 100 (Basis) TIC	11/80 bis 09/84	0445	6193001	6193894
R 100 S	05/76 bis 06/77	0305	6060001	6063149
R 100 S (78)	04/77 bis 07/78	0324	6065001	6068753
R 100 S (51 kW)	06/78 bis 07/80	0376	6070001	6071951
R 100 CS	06/80 bis 10/84	0426	6135001	6138864
R 100 RS	03/76 bis 06/77	0306	6080001	6085159
R 100 RS (78)	04/77 bis 07/78	0325	6086001	6092865
R 100 RS (51 kW)	06/78 bis 06/80	0377	6095001	6100000
R 100 RS (51 kW)	06/80 bis 07/80	0377	6223001	6223330
R 100 RS	06/80 bis 12/81	0427	6075001	6080000
R 100 RS	12/81 bis 11/84	0427	6390001	6396033
R 100 RT	08/80 bis 10/84	0446	6230001	6237516
R 45	01/78 bis 07/80	0351	6300001	6306430
R 45 N	03/78 bis 07/80	0352	6320001	6329475
R 45 (20 kW)	06/80 bis 07/85	0354	6260001	6266303
R 45 (26 kW)	08/80 bis 07/85	0355	6270001	6275540
R 45 TIC (20 kW)	09/80 bis 07/85	0356	6280001	6280105
R 45 TIC (26 kW)	10/80 bis 06/85	0357	6290001	6290305
R 65	01/78 bis 07/80	0353	6340001	6349336
R 65 (37 kW)	06/80 bis 08/82	0358	6310001	6320000
R 65 (37 kW)	08/82 bis 07/85	0358	6410001	6413588
R 65 LS (37 kW)	03/81 bis 03/85	0359	6350001	6354679
R 65 TIC (37 kW)	11/82 bis 07/85	0360	6330001	6330800
R 65 (20 kW)	04/85 bis 06/86	0451	6430001	6431050
R 65 (35 kW)	06/85 bis 06/86	0452	6073001	6074687

Goldfinger

Von Chirurgen heißt es gelegentlich, sie hätten goldene Hände. Zum Schlossern hingegen sind schwarze Hände schon immer Mode gewesen – Hände mit stählernen Fingern die Werkzeuge.
Wenn Sie Ihre BMW selbst betreuen wollen, dann sollten Sie sich nicht mit billigem Werkzeug zufriedengeben, das satzweise zu Schleuderpreisen feilgeboten wird. Qualität fordert zwar ihren Preis, macht sich aber am Ende doch bezahlt. Werkzeuge lieber einzeln kaufen, in Sätzen sind viele Teile, die zwar bezahlt, aber nie gebraucht werden.

Mindest-Ausstattung

Mit dem BMW-Bordwerkzeug lassen sich viele Pflegearbeiten durchaus schaffen. Das ist die Minimalausstattung. Wer ernsthaft reparieren will, sollte mindestens folgende Werkzeuge zur Hand haben:

- Doppel-Gabelschlüssel SW 5,5x7 / 8x10 / 10x12 / 12x13 / 13x17
- Einfach Gabelschlüssel DIN 894 oder DIN 902, SW 24 und SW 36
- Gabel-Ring-Schlüssel lang SW 8, 10, 12, 13, 15, 17, 19
- Rohrsteckschlüssel geschmiedet SW 5,5x7 / 10x11 / 13x15
- Rohrsteckschlüssel einfach SW 27
- Sechskant-Stiftschlüssel für Schrauben mit Innensechskant SW 3, 4, 5, 6, 8
- Schraubendreher für Schlitzschrauben 3; 6 und 8 mm breit
- Schraubendreher für Kreuzschlitz klein und mittel
- Vielzahn-Stiftschlüssel (XZN) SW 6 und 8
- Rohr- oder Universalzange, mindestens 240 mm lang
- Seitenschneider 160 mm lang
- Schlosserhammer 500 und 1000 Gramm schwer
- Kunststoff-Hammer 32 Durchmesser
- Kreuzmeißel
- Satz Fühlerblattlehren 0,05 bis 0,8 mm
- Elektrik Prüflampe
- Reifen-Luftdruckmesser, Bereich bis 5 bar
- Reißnadel, dünn und schlank
- Seegerringzangen für innen und außen
- BMW Spezial-Auspuffmutternschlüssel

Maß-Systeme

In der mechanischen Technik herrscht das metrische Maßsystem. Alle Bauteile werden in Millimeter gemessen. Zentimeterangaben sind verpönt. Schrauben und Muttern werden nach dem Durchmesser des Schraubengewindes bezeichnet. Eine Schraube M 8 × 30 ist für den Techniker eindeutig benannt, denn:
M heißt metrisches Gewinde
8 ist Gewinde-Außendurchmesser in mm
30 ist Schraubenlänge (ohne Kopf) in mm.

Es gibt Schrauben mit normalem Gewinde und solche mit Feingewinde. Fein heißt, daß die Gewindegänge nicht soweit auseinanderliegen wie bei der normalen Abmessung. Feingewindeschrauben erhalten hinter der Kennzeichnung für den Gewindedurchmesser noch das Steigungsmaß (von einer Gewindespitze zur nächsten). M 8 hat normal die Steigung 1,25 mm, als Feingewindeschraube aber nur 1 mm. Folglich der Name: M 8 × 1 × 30.
Für die Schraubenköpfe gibt es ebenfalls Vorschriften (Normen). Zu den verschiedenen Gewindedurchmessern gehören folgende Kopf-Maße, über die gegenüberliegenden Flächen, nicht über die Spitzen gemessen (Schlüsselweiten = SW):

Gewindedurchmesser:	**M 4**	**M 5**	**M 6**	**M 8**	**M 10**	**M 12**	**M 14**
Schlüsselweite	**7**	**8**	**10**	**13**	**17**	**19**	**22**

Rechts oben die verschiedenen Arten von Schraubendrehern. Viel weniger Platz nehmen die Bits (im Kasten) weg. Ihr einziger Nachteil: sie sind nicht so schlank, brauchen dicken Griff.

Darunter: Zwei Bauarten von sogenannten Wasserpumpenzangen (Hexenzangen). Links mit durchgestecktem Gewerbe (Fachausdruck für das Gelenk), rechts mit aufgelegtem Gewerbe, als Rillen- oder Nutengewerbe ausgeführt. Gut brauchbar nur, wenn die Rillen hinterschnitten sind, sonst rutschen sie bei großer Kraftanwendung doch übereinander weg.

Darunter: Seitenschneider, wird in 160 mm Länge gebraucht. Beim Kauf beachten, daß die Schneiden genau übereinanderstehen. Er muß an der Spitze Papier durchkneifen können.

Ganz unten rechts Seegerringzangen für Innen- und Außen-Seegerringe. Die Spitzen sind empfindlich, nicht verbiegen oder gar abbrechen. Nachschleifen ist sehr schwierig.

Unten: Doppelgabelschlüssel sind sehr kurz, besser sind Gabel-Ringschlüssel, hier von Hazet in besonders langer Form.

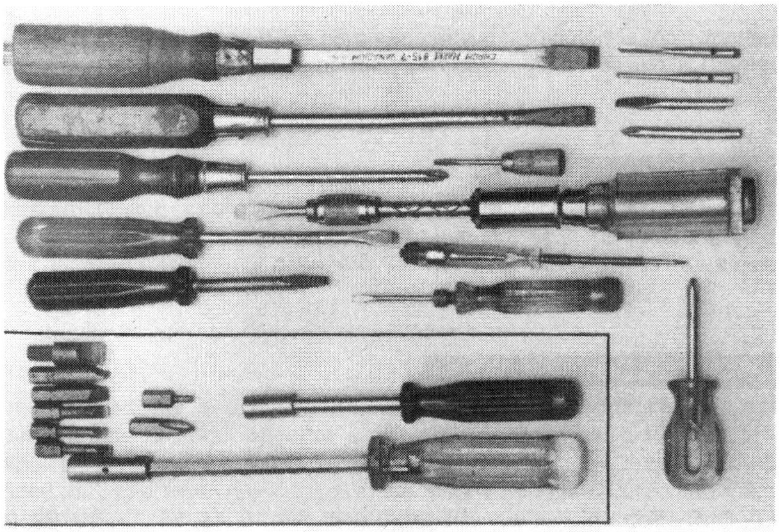

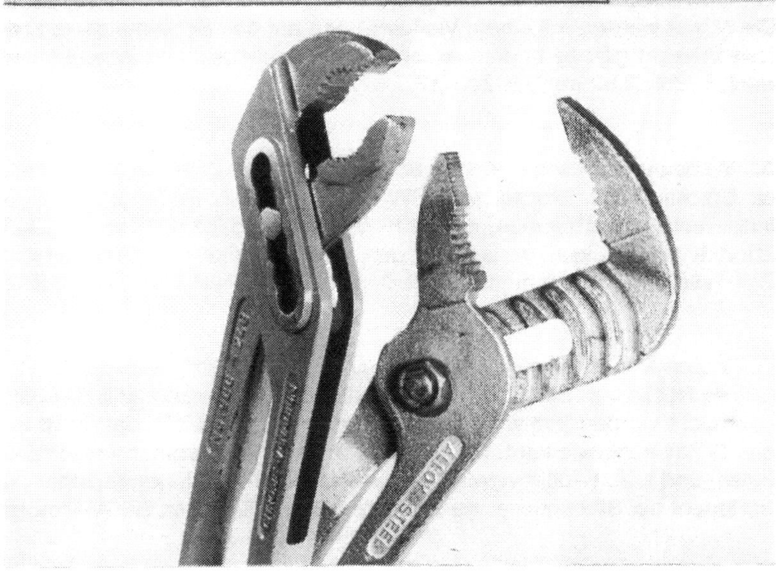

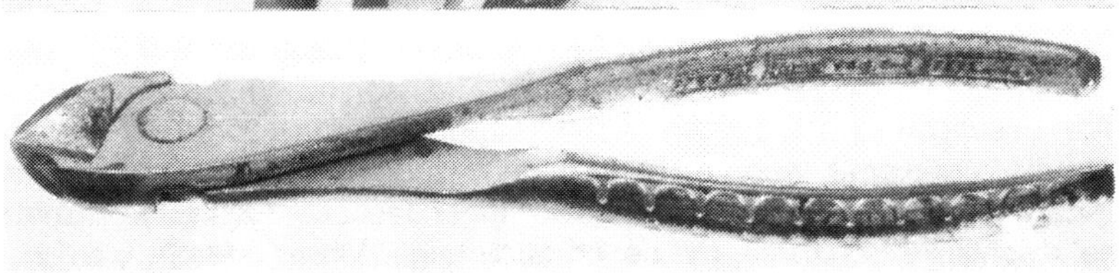

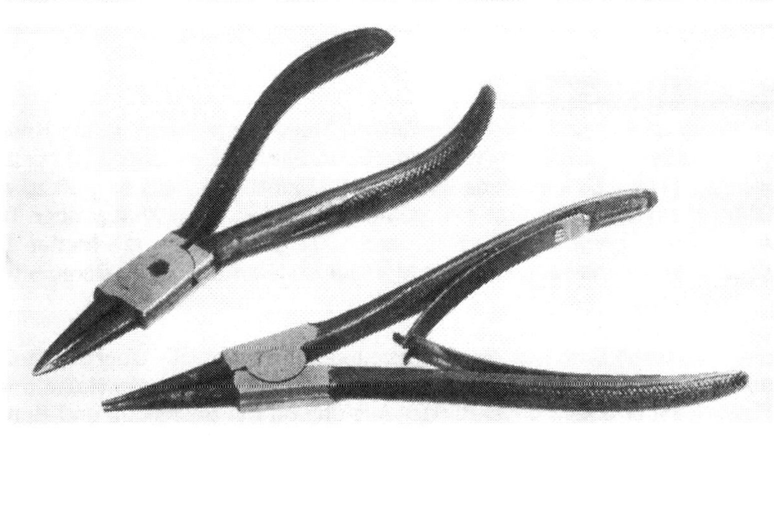

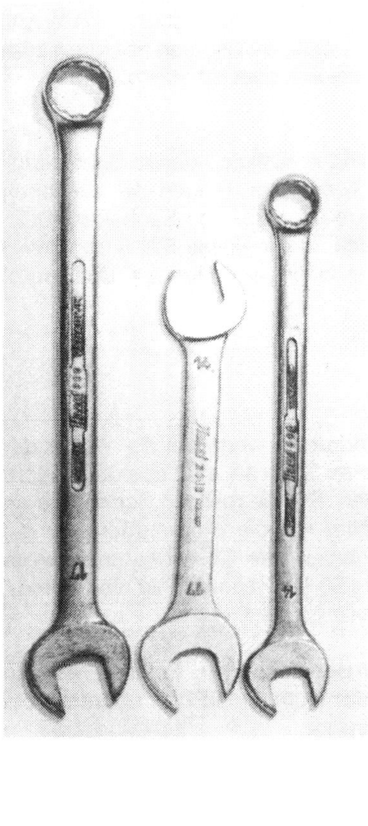

Längst nicht alle Schlüsselweiten stimmen mit dieser Normung überein. Spezialschrauben haben oft deutlich andere Schlüsselweiten, darauf wird im Text jeweils gesondert hingewiesen.

Zusätzliches Werkzeug

Wer außer den Pflegearbeiten auch mal den Motor auseinandernehmen will, um etwa die Kolben zu begutachten oder zu wechseln, muß noch ein paar Werkzeuge mehr haben. Diese zusätzlichen Werkzeuge sind zum Teil nötig, zum anderen Teil aber auch für einfache Arbeiten sehr nützlich und deshalb zu empfehlen.

Steckschlüssel oder Nüsse

Sie sind unentbehrlich für den Drehmomentschlüssel. Mit zwei kurzen Verlängerungen, T-Griff oder Knarre (Rätsche) und Stecknuß arbeitet sich's schneller und sicherer als mit Gabelschlüsseln. Nüsse gibt es mit Zwölfkant und mit Sechskant zum Aufsetzen auf die Schraube. Zwölfkant ist teurer, aber rutscht von nicht mehr ganz maßhaltigen (rostigen) Schraubenköpfen recht leicht ab. Sechskant ist rundherum besser geeignet.
Für BMW-Reparaturen werden gebraucht: SW 10, 13, 15, 17, 19, 22, 27
Die Nüsse werden mit einem Vierkant-Loch auf das Betätigungswerkzeug, also etwa die Knarre aufgesteckt. Den Vierkant gibt es in drei verschiedenen Abmessungen (ausnahmsweise in Zoll angegeben): ¼ Zoll (6,35 mm), ⅜ Zoll (9,52 mm), ½ Zoll (12,7 mm)

Der ½ Zoll-Antrieb

Als Verbindung zwischen Knarre und Nuß ist der ½ Zoll-Vierkant-Antrieb am weitesten verbreitet. Für ihn gibt es Steckeinsätze (Nüsse) von SW 8 bis SW 32. Außerdem sind Nüsse mit Stiftschlüsselansätzen für Innensechskantschrauben, für Flach- und Kreuzschlitz, für Torx und XZN-Vielzahnschrauben zu haben. Auch Zündkerzenschlüssel, Verlängerungen, Gelenkstücke und Reduzierstücke sind im Angebot. Nachteil der ½ Zoll-Teile: Sie sind an manchen Stellen zu klobig (Nuß SW 10 zum Beispiel).

⅜ Zoll-Antrieb

Der ⅜ Zoll Antrieb ist günstiger, weil handlicher und mit deutlich schlankeren Nüssen zu benutzen. Für ⅜ Zoll gibt es Nüsse von SW 6 bis SW 22 und auch Zündkerzenschlüssel SW 20,8. Wenn größere Schlüsselweiten gebraucht werden (Schwingenlager-Kontermutter SW 27), dann hilft ein Verbindungsstück mit ⅜ Zoll Innen- und ½ Zoll Außenvierkant. Für den Gebrauch eines Drehmomentschlüssels gibt es Reduzierstücke mit ½ Zoll Innen- und ⅜ Zoll Außenvierkant. Innensechskant- und Innenvielzahn- (XZN)- Schlüssel gehören ebenfalls zum Sortiment der Stecknüsse, sie erleichtern speziell an den BMW-Motoren viele Arbeiten erheblich.

¼ Zoll-Antrieb

Der ¼ Zoll-Antrieb zählt eher zur Feinmechanik. Nüsse von SW 3,2 bis 14 sind erhältlich, ebenso Sechskant-Stiftschlüssel, Klingen mit Kreuzschlitz, Flachschlitz, Vielzahn-(XZN)- und Torx-Form. Wegen der zierlichen Abmessungen sind ¼ Zoll Antriebswerkzeuge sehr gut zum Gebrauch mit Kreuzschlitz- und Sechskant-Stift-Ansätzen geeignet, wenn nicht zu hohe Anzugskräfte nötig sind. Kleiner Trick: In die Nüsse SW 5 und SW 6 lassen sich kurze Sechskant-Stifte für Innensechskantschrauben einstecken oder gar einkleben. Das ergibt sehr schlanke Schlüssel, mit denen auch enge Winkel erreicht werden.

Drehmomentschlüssel

Er ist für ordentliche Arbeit unerläßlich. Teure signalisieren durch Knackgeräusch, wenn bei der Arbeit der vorher eingestellte Maximalwert erreicht ist. Billige zeigen den Wert nur auf einer Skala an, sind aber auch nicht weniger genau. Es kommt darauf an, den Meßbereich nicht zu groß zu wählen. Für die meisten Schrauben an BMW-Motorrädern genügt ein größter Meßbereich von knapp über 100 Nm, nur die Sternmuttern für die Auspuffrohre brauchen 160 Nm, nach 1981 gar 200 Nm, die Mutter am Flansch der Getriebeabtriebswelle sogar 220 Nm, da kann sich der Monteur anders helfen. Der Bereich 0 bis 150 Nm (15 mkp) ist also richtig.

Schlüssel für Bremsleitungen

Ein Spezialschlüssel für die Bremsleitungen schont die Überwurfmuttern der Leitungen. Er sieht wie ein aufgesägter Ringschlüssel aus. Mit Zwölfkant gibt es ihn bei Hazet unter der Nummer 05202, ebenfalls bei Hazet heißt er 05203 in verstärkter Ausführung mit Sechskant und Rohrführung.

Oben rechts: Vergleich der Antriebsvierkante von Knarren. Die 1/4zöllige gilt als Spielzeug, dagegen ist 3/8 Zoll ganz hervorragend für Motorräder geeignet. Die Anlasserbefestigung zum Beispiel braucht eine sehr schlanke 13er Nuß, für 3/8 Zoll ist gerade noch genug Platz. 1/2 Zoll ist schon zu klobig.

Darunter: Grip-Zange ist universell gut brauchbar. Aber die Backen dürfen nicht wie hier seitlich verrutschen. Diese hier war zu billig und dann lange in Gebrauch.

Darunter: Stroboskop-Lampe der preiswerten Bauart, siehe unten links den Anschluß zwischen Kerzenstecker und Kerze. Schlecht. Besser ist induktiver Abgriff, bei dem mit einer Art Kunststoffzange über das dicke Zündkabel gegriffen wird.

Ganz unten: Wichtig für alle BMW-Reparaturen: Drehmomentschlüssel (links), hier allerdings nur bis 6 mkp (60 Nm), gerade für Zylinderkopf sehr gut. Rechts im Bild der Auspuffmuttern- Spezialschlüssel, für rund 50 Mark im Motorradzubehör-Versandhandel zu bekommen. Improvisation etwa mit Ölfilter-Spannbandschlüssel klappt fast nie, Hammerschläge zerstören die Sternmuttern.

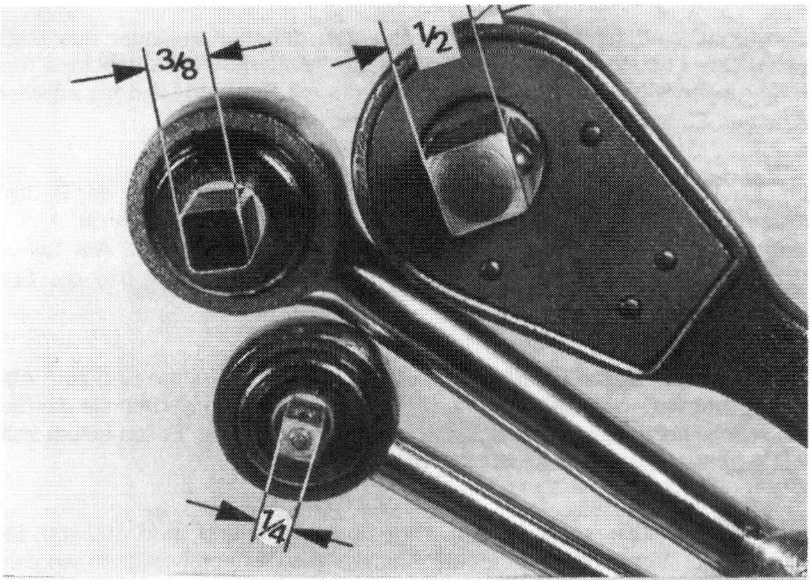

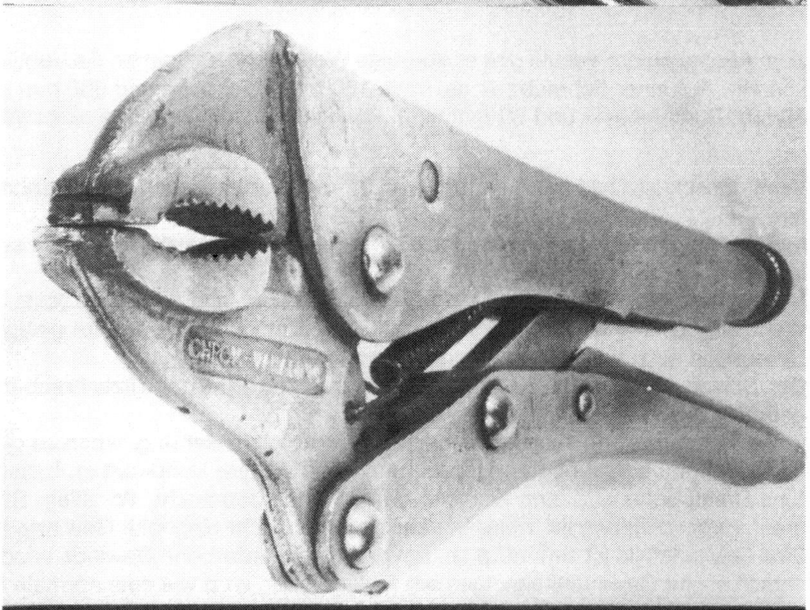

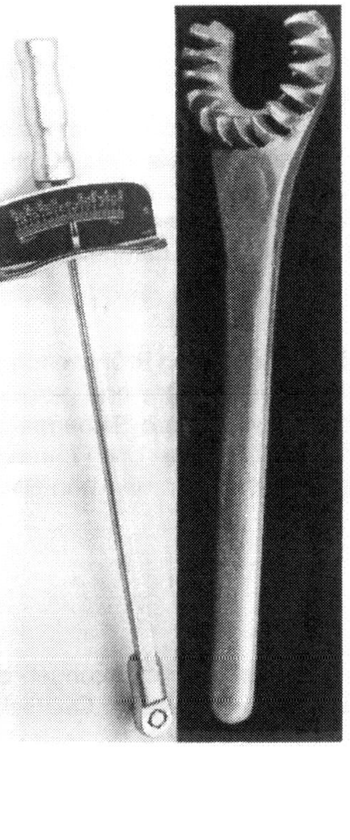

Heizgerät Heizgeräte sind für alle Arbeiten nötig, bei denen Kugellager aus Gehäusen ausgebaut werden sollen. Einfachste Lösung ist eine alte Kochplatte. Moderne Heißluftgebläse funktionieren etwas schneller. Beste Erfahrungen liegen mit Gasbrennern vor, die mit Propan/Butangas arbeiten. Kein Autogen-Schweißgerät mit Azetylen/Sauerstoff verwenden, die Flamme ist zu stark.

Speichenschlüssel Er ist nötig zum Nachspannen der Speichen und zum Zentrieren der Räder für Maschinen mit Drahtspeichenrädern vor Baujahr 1977/78 und die G/S-Modelle. Da es viel Schrott unter den angebotenen Speichenschlüsseln gibt, sei auf die Nummer 2642 der Werkzeugfirma Eldi, Am Schützenplatz 5, 5630 Remscheid 12, hingewiesen. Dessen Schlüsselmäuler sind dick genug, so daß die Speichen-Vierkantflächen nicht rund gedreht werden.

Flachschaber Zwei davon, einer mit gerader, einer mit abgerundeter Klinge sind zum Abschaben von Dichtungsresten und Ölkohleansätzen sehr gut geeignet. Richtig angesetzt verderben sie die Dichtfläche nicht. Sie können sich an einer Schleifscheibe solche Schaber aus alten, stumpfen Feilen selbst schleifen. Auf genau gerade Schabekante achten, feine Schleifscheibe verwenden.

Ölstein Ein kleiner Ölstein, etwa 10 × 10 mm Querschnitt und rund 100 mm lang, ist gelegentlich nötig, um am eingebauten Ventil den Grat an der Klemmstelle der Ventilkeilchen wegzuschleifen.

Schraubzwinge Zum Ausbauen der Ventile gibt es spezielle Werkzeuge, mit denen die Ventilfedern zusammengedrückt werden können. Aus einer Schraubzwinge, etwa 150 mm Ausladung und 300 mm Klemmlänge, und einem Rohrstück 30 mm Durchmesser und 60 mm lang, können Sie sich ein universelles Werkzeug selbst bauen.

Verschiedenes Werkzeug Ventil-Einschleif-Quirl mit Saugnapf von 25 mm Durchmesser. Dazu gehören Ventil-Einschleifpaste grob und fein.

Metallsäge. Mit extra hartem Sägeblatt gut geeignet, um Hilfswerkzeuge selbst zu bauen. Sägeblatt nie fallen lassen, sonst zerspringt es.

Metallfeilen. Mindestens eine grobe, etwa 300 mm lang, und eine feine, etwa 200 mm lang, werden zum Werkzeugbauen gebraucht. Eine Rundfeile, 8 mm Durchmesser, tut gelegentlich gute Dienste, um zu kleine Bohrungen aufzuweiten und Rundungen zu glätten.

Der Schlagschrauber hilft häufig bei eingerosteten Kreuzschlitzschrauben, an BMW-Motorrädern kaum zu gebrauchen.

Eine Gripzange kann sehr fest zupacken, ist oft letzte Rettung, wenn es gilt, eine verdorbene Schraube oder einen Schraubenrest noch zu fassen und ohne weitere Handkraft zu halten.

Eine Drahtbürste wird zum Reinigen der Gewinde gebraucht. Vor allem Schrauben, für die Anzugs-Drehmoment vorgeschrieben ist, müssen sehr saubere, leicht eingeölte Gewinde haben.

Eine Gewindefeile ist sehr nützlich, um nur leicht verdorbene Gewinde wieder gängig zu machen. Sie hat acht verschiedene Gewindesteigungen am Feilenkörper, wird wie eine normale Feile benutzt. Preis etwa 30 bis 40 Mark. Auch für größere Innengewinde (Auspuff-Überwurfmuttern) gut geeignet.

Schraubenausdreher, im Fachjargon Linksdrall genannt, sind eine Art Linksgewindebohrer mit konischem Gewindeteil. Sie werden in ausgebohrte Schraubenreste gedreht (gegen den Uhrzeigersinn natürlich), so daß sie sich festbeißen und den Rest herauszudrehen gestatten.

Meßwerkzeuge Sie sind für normale Pflegearbeiten nicht nötig. Aber für Reparaturen werden Schieblehre und Brückenschieblehre gebraucht, dazu eine Meßuhr mit Ständer, 1/100 mm muß ablesbar sein. Noch feinere und genauere Meßwerkzeuge wie Mikrometer (Bügel-Meßschrauben) und Innentaster sind für den privaten Selbermacher deutlich zu teuer. Sie werden auch nur zum Ausmessen von Kolben und Zylindern, von Ventilen und Führungen und von Kurbelwellenlagerungen gebraucht, alles Arbeiten, die sowieso Spezialwerkstätten und den BMW-Vertragswerkstätten vorbehalten bleiben sollten.

Elektrische Ausrüstung

Eine Kabel-Quetschzange für das Anklemmen von Flach- und Rundsteckern an elektrische Leitungen darf auch von der billigen Sorte sein, die Funktion ist simpel genug. Häufiger als das Vorderteil zum Quetschen werden sicherlich die Schneiden zum Abisolieren der verschiedenen Kabeldurchmesser benutzt.

Kabelverbinder, bei BMW-Motorrädern sind es durchweg Flachstecker und Flachkupplungen, brauchen Sie zum Anquetschen an elektrische Leitungen. Es gibt diese Stecker und Kupplungen auch zum Anlöten. Besondere Kabel-Isolierungen sind dann nötig.
Elektro-Lötkolben von etwa 150 Watt Leistung für grobere Lötungen (Seilzugnippel) und Kabelenden. Lötzinn-Draht mit Flußmittel gehört dazu. Für feine Lötungen an Elektronikteilen muß ein gleichstrombetriebener Lötkolben (etwa 12 Volt, 30 Watt) benutzt werden.
Stroboskop (Zündlichtpistole) zur Kontrolle des eingestellten Zündzeitpunktes bei laufendem Motor. Es gibt einfache, die rötlich glimmendes Licht abstrahlen, weniger empfehlenswert, trotz des niedrigen Preises um rund 50 Mark. Brauchbar sind Geräte, die etwa 100 Mark kosten, extra Spannungsversorgung (Fahrzeugbatterie) haben und Klemmzange für den Abgriff am Hochspannungskabel, so daß der Kerzenstecker nicht abgezogen werden muß.
Voltmeter/Ohmmeter. Spannungsmesser mit Skala für 0 bis 20 Volt Gleichstrom, oft ist Ohmmeter mit eigener Trockenbatterie eingebaut. Meßbereich 0 bis 50 Ohm.

Chemische Hilfsmittel

Außer einem Vorrat an normalem Motorenöl in sauberer Ölspritzkanne zum Einölen von Teilen, die neu montiert werden (Kolben, Ventile, Wellendichtringe), gibt es chemische Hilfsmittel, die BMW vorschreibt, zum Beispiel spezielle Dicht- und Klebemittel. Zudem sind etliche Mittel als Arbeitserleichterung zu empfehlen.
Würth-Dichtungs-Entferner Spray, vertrieben von Firma Scheuerlein, Hardtstraße 28, 8800 Ansbach, löst festgebrannte Dichtungsreste und erleichtert dadurch das Säubern der Dichtfläche.
Bremsen-Reiniger, genannt Brake Cleaner von Liqui Moly GmbH, 7900 Ulm, eignet sich gut, um verölte Kupplungsbeläge wieder instandzusetzen. Bremsbacken pflegen bei BMW nur selten zu verschmieren, und wenn doch, lieber auswechseln.
Loctite: Als Dichtungsmittel ist die Nummer 573 oder 574 zu benutzen, als Kleber Loctite 638. Als Lager-Fixierung die Nummer 273, als Schraubensicherung die Nummer 241 oder 242 (mittel) oder 270 (stark) nehmen. Zum Kleben von Gummi-Lenkergriffen ist Loctite Nummer 496 geeignet, es wird auch in der Serienfertigung verwendet. Loctite-Bezugsquellen nennt der Hersteller: Loctite Deutschland GmbH, Arabellastraße 5, 8000 München 81.
Dichtungsmittel. BMW empfiehlt sowohl das blaue Hylomar als auch neuerdings das Mittel Three Bond 1207 B, letzteres nicht nur für die Reihenmotoren, sondern ausdrücklich auch für die Boxer, aber nicht etwa als Ersatz für Papierdichtungen. Ab Modell 1981 keine Dichtmittel für Zylinderfußdichtungen verwenden, der O-Ring genügt, notfalls auf O-Ring mit Übermaß ausweichen (2,2 mm dick statt 2,0 mm). Bezugsquelle: BMW-Händler.
Spezialschmiermittel. Es gibt zwei heikle Schmierstellen an BMW-Motorrädern: die Bremsschlüsselwelle an Trommelbremsen und die Mitnehmer-Verzahnung der Getriebe-Antriebswelle und der Kupplungs-Reibscheibe. Vorgeschrieben für die Verzahnung ist einmal Gleitlack Uni Moly C 220 Spray (bei BMW erhältlich), der lückenlos aufgetragen werden muß, zum anderen das fettähnliche Staburags NBU 30 PTM von Klüber Lubrication KG, Geisenhausener Straße 7, 8000 München 70. Vom Autor selbst an den Bremsschlüsseln ausprobiert und für brauchbar befunden, ist die Sicherheits-Schmierpaste von Klüber, Nummer der 50-Gramm-Tube 120 002.
Rostlöser-Spray gegen festgerostete Schrauben und Muttern ist in Kaufhäusern und im Fachhandel zu haben. Aufsprühen, einwirken lassen, wenn nötig auch über Nacht. Nur bei Caramba Rasant soll keine Einwirkzeit abgewartet werden.
Graphitpulver wird für die Gewinde der Auspuff-Überwurfmuttern gebraucht. Anrühren mit Wasser zur Paste (nicht mit Öl, das brennt fest). BMW empfiehlt auch eine sogenannte Antikorrosionspaste.
Säureschutzfett für die Batteriepole gibt es bei Bosch unter der Bezeichnung Ft 40v1
Waschmittel sind gelegentlich speziell bei den Leichtmetall-Legierungen an BMW-Motorrädern recht aggressiv. Deshalb, wenn überhaupt, dann nur kurz einwirken lassen und schnell abspülen. Normales Küchen-Spülmittel (Pril), konzentriert, hat fast die gleiche Wirkung, die bei Verwendung von heißem Wasser noch besser ist (Temperatur um die 50 Grad, gerade noch anfaßbar).
Fettlöser und Ölentferner gibt es als Sprays ähnlich dem Brake Cleaner. Gut bewährt hat sich etwa zum Reinigen von stark verschmutzten und verölten Gehäuseteilen Pinselreiniger (zum Beispiel Dufix von Henkel). Aufpinseln und mit Wasser abwaschen.
Garagenboden-Reiniger entfernt nach etwa fünfstündiger Einwirkzeit durch Abspritzen mit Wasser etwa ausgelaufenes Öl von Beton und selbst aus saugfähigen Steinen. Das Mittel heißt Take K 2, Hersteller: Take Ölschadendienst, Trumppstraße 2, 8000 München 50. Mit Vorsicht ist es auch zum Teilereinigen zu verwenden, wenn sichergestellt ist, daß die Teile nachher sofort wieder eingeölt werden.

Kleinmaterial

Kabelbinder sind kleine Plastik-Riemchen mit Hakenschnalle. Seilzüge und elektrische Kabelbäume lassen sich damit gut am Rahmen festbinden. Erhältlich in Radiobastlergeschäften.
Krepp-Klebeband zum Kennzeichnen von abgeklemmten elektrischen Leitungen, vor allem aber zum Umwickeln der Rahmenrohre, wenn der Motor ausgebaut wird. Schützt den Lack. Aufgeschlitzter Plastikschlauch, über das Rohr gestülpt, funktioniert auch.
Dichtmittel für Notfälle ist Dirko, eine Silicon-Dichtungsmasse. Leckende Dichtflächen werden äußerlich sehr sauber gereinigt (Benzin, Tri oder ähnliches), dann einfach Dirko auftragen. Dichtet auch unter Hitze bis 180 Grad. Bezugsquellen nennt Firma Elring-Dichtungswerke, Höhenstraße 24, 7012 Fellbach.

Aufbewahrung

Für das normale Werkzeug genügt ein kleiner Plastik-Werkzeugkasten für weniger als 15 Mark. Wer Platz an einer Wand hat, dübele sich eine größere Spanplatte 16 mm dick an diese Wand und hänge vor allem die Spezialwerkzeuge ordentlich auf. Für Ordnung im Kleinkram hat sich ein angeschraubtes Ablagebrett bewährt, auf dem man für Bohrer, Nüsse und ähnliches aus Styropor entsprechend genau angepaßte Ständer abstellen kann. Ein schmaler Einsatz aus Styropor mit passenden Löchern hält auch im Werkzeugkasten die Nüsse ordentlich in Reih und Glied. Feilen nie zu den anderen Werkzeugen legen, sondern getrennt aufhängen.

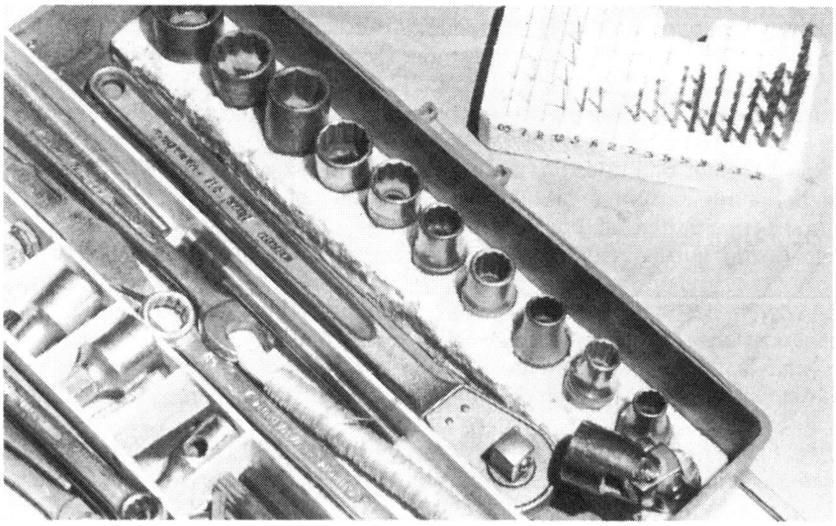

Ordnung halten in kleinen Dingen bringt insgesamt viel Zeitgewinn. Hier sind die Stecknüsse in ein simples Stück Styropor gebettet, da kann der Monteur blind hinfassen.

Ausrüstung unterwegs

Das Bordwerkzeug muß genügen, denn umfangreichere Arbeiten sind doch kaum möglich. Aber etliche Kleinteile können helfen:

- Bindedraht (Blumendraht)
- Isolierband
- Klebstoff (Sekundenkleber und Stabilit-Express)
- Ersatz-Glühlampen
- Ersatz-Sicherungen
- Putzlappen
- Handwaschpaste (Rubbelpaste für Gebrauch ohne Wasser)
- Taschenlampe
- Taschenmesser
- Zündkerzen
- Luftpumpe (für schlauchlose Reifen Spezialausrüstung mit Druckgas-Flasche)
- Reifenflickzeug (Spezialausrüstung für schlauchlose Reifen)
- Ersatz-Seilzüge für Kupplung und Gas
- Reserve-Öl
- Für Maschinen ohne Transistorzündung: einen Satz Unterbrecher

»Geht nicht« gibt es nicht

Die Könner unter den Schraubern wissen natürlich, wie die sich boshaft gegen alle Überredungskünste sperrenden Muttern und Schrauben doch noch überwunden werden können. Aber geben wir auch den neuen Mitgliedern im Club eine Chance.
Da sind Schrauben, die sitzen so fest im Leichtmetall des Gehäuses, und auch Muttern, die auf Schrauben so festgerostet sind, daß ihnen mit normalen Mitteln scheinbar nicht beizukommen ist. Doch Tricks helfen, sie zu überlisten.

Trick 1

Schraube im Leichtmetallgehäuse.
Erst mit Rostlöser einsprühen. Bei M 6 Schrauben vorsichtige Losdrehversuche. Wenn sich die Schraube beim Drehen schon weich anfühlt, ist es meist zu spät, sie ist abgedreht.
Ein zweiter Versuch erfordert einen beherzten Schlag mit dem 500-Gramm-Hammer auf den Schraubenkopf. Wer nicht hammersicher ist, hält einen Dorn dazwischen, damit auch wirklich der Kopf getroffen wird. Der

Hammerschlag auf den Schraubenkopf löst Gewindespannungen.

Schraube ist mit Sicherungsmittel angesetzt, heizen hilft.

Schlag soll die Spannung im Gewinde lockern und Korrosions-Ausblühungen zu Staub zerdrücken. Statt des Dorns bieten sich an: Bei Schlitzschrauben ein Schraubenzieher mit durchgehender Klinge, bei Innensechskantschrauben ein Stiftschlüssel an einer Nuß, desgleichen bei Kreuzschlitzschrauben.

Heizgerät

Für den dritten Versuch brauchen Sie ein Heizgerät. Propangasbrenner zum Erwärmen der Schrauben-Umgebung nehmen. Manchmal ist die Schraube mit einem chemischen Sicherungsmittel festgelegt, dann hilft nur Hitze über etwa 120 Grad.
Letzter Versuch mit Gewalt. Wenn das Herausschrauben vorerst nicht möglich ist, das Teil aber dennoch getrennt werden muß, dann nicht die Schraube brutal abdrehen, sondern nur den Kopf abbohren. Bei BMW-Motoren sind das meist Innensechskant-Köpfe, da läuft der Bohrer automatisch in der Mitte. Sonst möglichst genau die Mitte des Kopfes anzeichnen und mit Körnerschlag einen Ansatzpunkt für den Bohrer einschlagen. Mit 3-mm-Bohrer anfangen und im zweiten Durchgang den richtigen nehmen, der genauso dick ist wie der Gewindedurchmesser. Nur so tief bohren, daß sich der Schraubenkopf ablösen läßt.Der stehenbleibende Schraubenrest ist am abgebauten Gehäuse später in Ruhe mit der Gripzange zu fassen, meist geht das Anheizen am Einzelteil auch einfacher als am kompletten Motor.

Trick 2

Mutter auf Stahlschraube festgerostet.
Rostlöser wirken lassen, vorher die überstehenden Gewindegänge mit Drahtbürste säubern.
Heizen bringt nicht viel, beschleunigt allerdings gelegentlich die Wirkung der Rostlöse-Chemikalien.
Blieb der Erfolg aus und ist genug Platz vorhanden: Zwei Hämmer nehmen. Mit 1000 Gramm gegen eine Mutternflanke drücken, mit 500 Gramm auf die andere Mutternflanke schlagen. Rundum wird jede Sechskantflanke geprellt.

Letzte Rettung

Mutter aufsägen oder an der schmalsten Stelle mit Kreuzmeißel sprengen. Dabei wieder mit schwerem Hammer gegenhalten, sonst federt die Mutter nur, und der Meißel greift nicht. Vielleicht löst sich die Mutter schon, bevor sie durchtrennt ist. Also zwischendurch den Meißel gelegentlich in Löserichtung der Mutter ansetzen.
Auf ähnliche Weise kann man sich in der Not helfen, wenn kein passender Schraubenschlüssel für eine seltene Mutterngröße zur Hand ist, oder wenn die Sechskante der Mutter bereits vom Vorgänger rundgedrückt wurden. Eine solche Mutter muß sowieso erneuert werden.

Trick 3

Dieser Fall darf nicht vorkommen.
Eine Stahlschraube ist im Stahlgewinde vom Rahmen festgerostet. Hier sind Vorsicht und Geduld geboten, nur Rostlöser sind erlaubt. Gewinde im Rahmen ist sehr schwierig zu reparieren.

Trick 4

Ausbohren von Schraubenresten.
Erster Versuch: ausdrehen. Mit kleinem Bohrer (siehe Liste) möglichst zentral ein Loch in den Schraubenrest bohren. Sogenannten Schraubenausdreher (Linksdrall) ansetzen. Das ist eine Art Gewindebohrer mit Linksgewinde, das konisch ist und sich in der Bohrung schnell festklemmt. Vorsichtig zu drehen versuchen. Rostlöser und Hitze anwenden. Linksdrall nicht abbrechen. Er ist zwar billig, aber ein abgebrochener Rest in der Schraube läßt sich nicht herausholen, ist zu hart zum Bohren, müßte mit Schweißflamme ausgeglüht werden. Eine sehr heikle Sache.

Linksdrall Nr.	Schrauben	Bohrer
1	M 3 bis M 6	1,8 mm
2	M 6 bis M 8	2,6 mm
3	M 8 bis M 10	3,7 mm
4	M 10 bis M 14	5,5 mm
5	M 14 bis M 18	7,0 mm

Mit 1000-Gramm-Hammer gegenhalten, mit dem Kleinen schlagen. So lockert sich die feste Mutter auf dem Bolzen.

Sortiment Linksdralle. Nicht abbrechen, sie sind glashart. Wichtig: Loch genau mittig in Schraubenrest bohren.

Letzter Versuch

So bleibt nur noch übrig: Ausbohren. Genaue Mitte des Schraubenrestes ankörnen. Wenn irgend möglich, mit dem dazugehörenden zweiten Gehäuseteil und einem gerade durch das Loch passenden Rohr den dünnen Bohrer so führen, daß er nicht auswandern kann. Dann den Schraubenrest erst anbohren und im zweiten Arbeitsgang das vorgebohrte Loch bis auf den Kernlochdurchmesser des Gewindes ausbohren. Mit Reißnadel Reste auszukratzen versuchen, was meist nicht klappt. Gewinde nachschneiden. Dabei viel Öl verwenden (bei Leichtmetall Spiritus) und den Gewindebohrer sanft mit Vor- und Zurückbewegungen eindrehen.
Kernloch eines Gewindes ist 0,8 mal Gewinde-Nenndurchmesser. Bei M 6 also $6 \times 0{,}8 = 4{,}8$ mm.

Gewinde-Einsatz

Ist das Ausbohren mißglückt, der Gewinderest hat das Leichtmetallgewinde zerstört, dann hilft Einsetzen eines Stahl-Gewindewendels. Heli-Coil ist ein dem Fachmann wohlbekannter Name. Das aus Stahldraht gefertigte Gewindeteil ist billig, teuer sind freilich die dazu nötigen Sonderform-Gewindebohrer und Eindrehwerkzeuge. Ein Fünfzigmark-Schein ist schnell weg. Bezugsquellen weist die Firma Böllhoff & Co, Archimedesstraße 1-4, 4800 Bielefeld 14 nach.
Wer allerdings das Heli-Coil Gewinde so schätzen gelernt hat wie wir, wird sich überlegen, ob er nicht alle wichtigen Gewinde in Leichtmetallteilen damit ausfüttert.

Trick 5

Ganz normale, aber sehr feste Schraube.
Es passiert bei Innensechskantschrauben in Leichtmetallgehäusen: Der Sechskant-Stiftschlüssel verbiegt sich oder rutscht gar durch. Sofort Schlüssel wegwerfen. Mit gutem Werkzeug verlangt die Schraube aber immer noch zuviel Kraft. Also Verlängerung (Rohrstück) auf den kleinen Winkelschlüssel oder auf die Stange des T-Griffs mit der Nuß aufsetzen.
Die Handhaltung ist wichtig. Eine Hand dreht am Griff, die zweite Hand hält nahe der Schraube, etwa am Knarrenkopf dagegen, so daß der Schlüssel nicht herausgebogen wird.
Ein Hammerschlag auf den Schlüssel in Löserichtung kann helfen. Aber nicht auf den locker angesetzten Schlüssel hämmern. Er fliegt dann nur durch die Werkstatt. Den Schlüssel mit einer Hand vorspannen, dann erst schlagen. Statt des Hammers genügt oft auch ein Schlag mit dem Handballen. Für solche Kraftakte nie einen Gabelschlüssel nehmen, stets nur Ringschlüssel oder Nüsse mit Knarre.

Nützliche Hinweise

Selbstsichernde Muttern tragen innerlich eine Kunststoffscheibe, die ohne Gewinde ist und sich in den Gewindegängen der Schraube verklemmt. Nur einmal verwenden, die Sicherungswirkung hört nach dem ersten Lösen auf.
Stehbolzen (Stiftschrauben) ausdrehen und einsetzen. Einfachste Methode: zwei Muttern aufdrehen und gegeneinander festziehen (kontern). Dann mit beiden Schlüsseln festhalten und den Bolzen drehen.

Rettung für Gewinde. Heli-Coil als Drahtwendel, links Eindrehwerkzeug und Bohrer. Ensat-Einsätze sind die Buchsen.

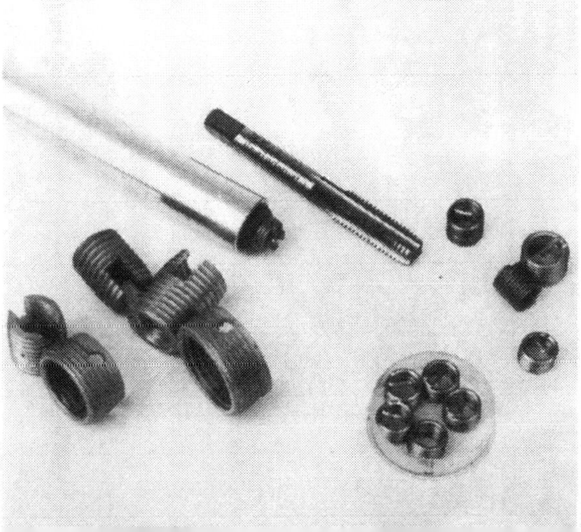

Stehbolzen (Stiftschraube) ausdrehen, indem zwei Muttern fest gegeneinander gezogen (gekontert) werden.

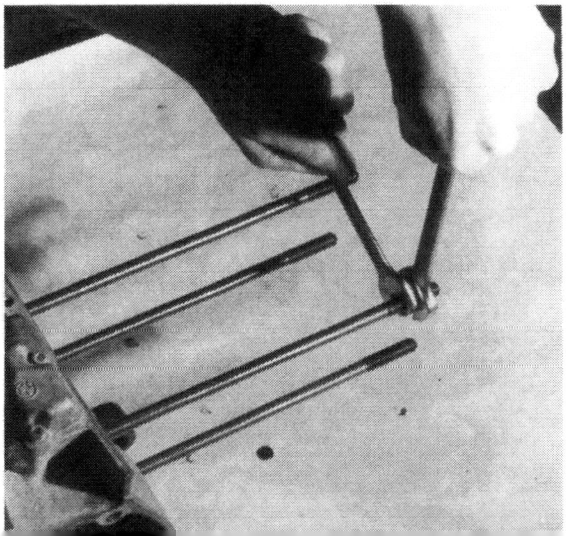

Drehmoment

Drehmomentschlüssel. Wie fest eine Schraube oder Mutter angezogen werden muß, wird bei bestimmten Bauteilen vorgeschrieben. Gemessen wird mit dem Drehmomentschlüssel, mit welcher Kraft an dem Hebelarm des Schlüssels gezogen wird. Das läßt sich zum Improvisieren nutzen. Man nehme Stecknuß mit Knarre oder T-Griff. Darauf stecke man ein Rohr, so daß der Hebelarm von der Nuß bis zum Rohrende genau ein Meter lang ist. An das Rohrende wird eine billige Federwaage gehängt. Wenn an dieser gezogen wird, zeigt sie an. Etwa 1 kg, ein Kilogramm. Die Federwaage ist für Marktfrauen gemacht, für Techniker müßte sie 1 kp (Kilopond) zeigen. Seien wir nicht pingelig. Wichtig ist der Zahlenwert.
Bei dieser Kraft wird auf die Schraube ein Drehmoment von 1 Meterkilopond (mkp) ausgeübt. Moderner und technisch korrekt ausgedrückt sind das rund 10 Newtonmeter. Das ist genau der Wert, den M 6 Schrauben normalerweise brauchen. Eine M 8 Schraube verträgt mehr Kraft. Dafür gibt es Normen, zum Beispiel die folgende Tabelle, die ein Auszug aus der BMW Hausnorm für Schrauben der üblichen Festigkeitsklasse 8.8 ist.

Anziehmomente

Gewinde	Anziehmoment in Nm	Gewinde	Anziehmoment in Nm
M 6	9 bis 11	M 12 x 1,25 Feingewinde	72 bis 80
M 8	22 bis 24	M 12 x 1,5 Feingewinde	72 bis 80
M 10	43 bis 48	M 14 x 1,5 Feingewinde	115 bis 130
M 8 x 1 Feingewinde	22 bis 24	M 16 x 1,5 Feingewinde	180 bis 200
M 10 x 1,25 Feingewinde	43 bis 48		

Diese Tabelle gibt nur Anhaltswerte. Etliche Schrauben an BMW-Motorrädern müssen mit deutlich davon abweichenden Werten festgezogen werden. Das wird im Text jeweils angegeben.
Spezielle Drehmomentangaben sind nicht deshalb gemacht, weil diese Schraube nun besonders fest zu ziehen ist, sondern sie haben meist völlig andere Gründe. Zum Beispiel am Zylinderkopf. Da kommt es darauf an, daß die Dichtung zwischen Kopf und Zylinder an allen Stellen gleich stark zusammengedrückt wird. Nur mit Drehmomentschlüssel ist es möglich, alle Muttern genau gleichstark anzuknallen.
Bei Gehäuseteilen ist gleiches Anziehen ebenfalls erwünscht, wenn auch selten vorgeschrieben. Aber ungleiches Festdrehen der Schrauben kann durchaus ein Gehäuseteil so verziehen, daß die Dichtflächen nicht mehr plan sind. Hier läuft dann zwar nur ein wenig Öl aus, aber ein Monteurs-Kunstfehler wäre das immerhin.

Zylinderkopf

Die Zylinderkopfmuttern sind besonders heikel. Hier muß zusätzlich zum Höchstwert des Anziehmoments noch mehr beachtet werden. Die Dichtung darf nicht durch das Anziehen in sich verschoben werden. Deshalb zwei Anweisungen:

Die sechs Muttern am Zylinderkopf werden in drei Schritten auf das endgültige Drehmoment angezogen. Ohne Drehmomentschlüssel ist das nicht zu schaffen. Zur Not ginge es mit einer Federwaage an einer Schlüsselverlängerung von einem Meter.

Erstens: Die Muttern sind überkreuz anzuziehen. Also rechts oben, dann links unten, dann rechts unten und links oben. Zuletzt die beiden mittleren Muttern.
Zweitens: Die Muttern sind schrittweise anzuziehen. Also nicht sofort jede auf ihre 35 bis 39 Nm, sondern jede erst mal bis 15 Nm, danach jede bis 25 Nm, und zum Schluß alle auf den gleichen Endwert drehen.
Dehnschrauben haben einen Schaft, der wesentlich dünner als der Gewindeteil ist, zudem ist der Schaft sauber geschliffen. Diese Schrauben werden durch das Anziehen mit genauem Drehmoment um einen genau ausgeklügelten Betrag gedehnt. Bei geringerem Drehmoment lockern sie sich, bei zu hohem Drehmoment werden sie überdehnt und lockern sich auch. Bei Pleuelschrauben werden Dehnschrauben angewendet. Besonders genau arbeiten.
Weil die Dehnschrauben so empfindlich sind, dürfen sie grundsätzlich nur einmal verwendet werden. Schon bei der Ersatzteilbeschaffung daran denken.

Werkzeugpflege

Schraubenzieher nicht als Meißel verwenden. Eine abgebrochene Klinge kann nachgeschliffen werden. Klinge vorsichtig schleifen, sie darf nie heiß werden und gar blaue Anlaßfarben zeigen. Zwischendurch in Wasser kühlen. Wenn Sie einen Gasbrenner haben, dann können Sie die Klinge auch neu schmieden. Hellrot glühend erhitzen, auf dem Amboß (1000 Gramm-Hammer) flachschlagen, und zwar schön beidseitig gleichmäßig. Danach erneut hellrot glühend machen und blitzschnell in Wasser abkühlen. Jetzt ist die Klinge glashart und spröde.

Klinge sauberschleifen und dann mit dem Brenner kurz erwärmen, bis sie schwach farbig anläuft. Auskühlen lassen. Ausprobieren. Das Härten und wieder Anlassen ist eine Kunst, die Sie durch Übung lernen können. Die Klinge muß vorn gerade, rechts und links gleich dick und vor allem ein kleines Stück parallel geschliffen sein. Nur so hat sie guten Halt im Schraubenschlitz. Eine messerartig konisch angeschliffene Klinge rutscht sofort heraus.

Hammer und Meißel sind gefährlich, wenn sie vernachlässigt sind. Hammerstiel muß immer festsitzen. Mit UHU-Plus ansetzen und mit etwas Gewalt festschlagen, Keil einschlagen, Kleber aushärten lassen.
Meißelköpfe bekommen durch das ständige Draufschlagen Bärte. Sofort abschleifen, die Splitter schwirren sonst gefährlich ins Auge. Schneide stets scharf halten, sie soll nicht schlanker als 60 Grad sein, sonst wird sie zu schnell wieder stumpf. Dasselbe gilt auch für den Körner und andere geschlagene Werkzeuge.

Bohrer

Bohrer sind meist stumpf, wenn sie benötigt werden. Anschleifen nach Gefühl ist Übungssache. Es gibt Vorrichtungen zum Schleifen an Schleifscheiben. Die Vorrichtung hilft, nicht nur die richtigen Winkel, sondern auch die Mitte gut einzuhalten. Auch Bohrer stets kühlen beim Schleifen, Und beim Bohren immer Öl (oder bei Alu Spiritus) an die Bohrstelle tropfen. Bohrmaschine langsam anlaufen lassen. Die Drehzahl, die die schönsten Späne macht, ist die richtige.

Drei Methoden, eine Klinge zu schleifen. Die linke ist die einzig falsche, die rechte in leicht balliger Form ist die beste.

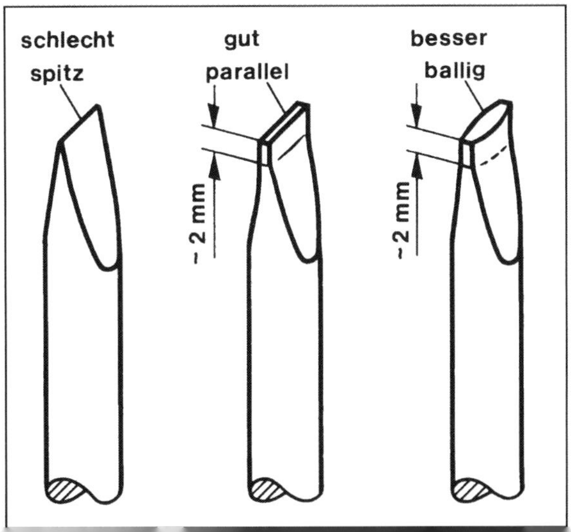

Bohrer-Schleifgerät für die Seite der Schleifscheibe. Winkel einstellen, Bohrer oben einlegen, Haltekopf schwenken.

Der »Tatort«

Bei der Arbeitsvorbereitung erleichtern zwei Grundregeln das Schlossern: Vor der Arbeit die Werkstatt putzen. Nach der Arbeit die Werkstatt putzen.
Wegrollende Muttern oder Distanzscheiben finden Sie entweder unterm Reifen oder in der Gerümpelecke wieder. Also keine Gerümpelecke anrichten.
Für das ablaufende Öl stets eine oder besser zwei flache Schalen bereitstellen.
Für Kleinteile genügend beschriftbare Schachteln machen. Pappe reicht völlig aus. Alle zusammengehörigen Schrauben werden in eine spezielle Schachtel gelegt, also Ölwannenschrauben extra, Gehäusedeckelschrauben extra. So gibt's beim Zusammenbau keine Verwechslungen.
Für die Ventile bohrt man sich vor der Arbeit einen Holzklotz (9 mm Löcher, etwa 30 mm tief) und schreibt darauf: Auslaß rechts, Auslaß links, Einlaß rechts, Einlaß links. Ventile mit Federn einstecken.
Dasselbe läßt sich für die Stoßstangen anfertigen. Und auch die kleinen dicken Stößel bekommen jeder für sich eine kleine Schachtel mit Namen (Joghurtbecher).
Ist bei der Reparatur irgendwas dennoch schiefgegangen, und der Motor springt nicht auf Anhieb an, zuerst die eigene Schlosserei überprüfen. Alle Schrauben richtig festgezogen? Alle Spielwerte richtig eingestellt? Ist beim Schleppen des Motors etwa der Unterbrecher verbogen worden? Oder ist ein Kabel abgerissen? Oder fehlen Benzin oder Strom?

Sicherheit hat Vorfahrt

Für Werkstattpersonal gibt es Unfallverhütungsvorschriften. Hüten Sie sich selbst nicht schlechter. Auf Ölflecken rutscht jeder aus. Die Finger können auch Sie sich gehörig klemmen, wenn Sie mit dem Schraubenschlüssel abrutschen. Immer darauf achten, daß fürs Abrutschen genug Platz frei ist.

- Maschine muß stets fest stehen, notfalls wird sie seitlich angebunden.
- Schutzbrille aufsetzen beim Schleifen oder Meißeln.
- Schweißerbrille auch beim Zuschauen aufsetzen.
- Bei Augenverletzungen durch Spritzer von Batteriesäure oder Bremsflüssigkeit sofort spülen mit viel Wasser. Sprudel, Milch und sonstige nichtalkoholische Flüssigkeiten sind auch geeignet. Schnellstens Arzt aufsuchen.
- Pflaster und Desinfektionsspray müssen blind auffindbar sein.
- Benzin ist leicht brennbar. Nicht rauchen und keine offene Flamme nutzen, wenn an der Kraftstoffanlage gearbeitet wird.
- Feuerlöscher muß blind auffindbar sein.
- Batteriegase sind explosiv. Nicht rauchen, wo eine Batterie am Ladegerät hängt.
- Grundsätzlich zuerst Batterie abklemmen, besonders wenn an der Benzinversorgung gearbeitet wird. Dabei als erstes stets den Minuspol von Masse abschrauben, dann den Pluspol.
- Auspuffgase sind giftig. Maschine nie in der geschlossenen Garage laufen lassen. In Wohngebieten sowieso nicht, allein wegen des Lärms.

Kleine und billige Führungsauflage zur Montage an der Auflagefläche vor der Schleifscheibe. Der Bohrer wird durch gummibelegtes Prisma gehalten und von unten nach oben an der Scheibe entlanggeführt. Nachteil: keine Winkelverstellung.

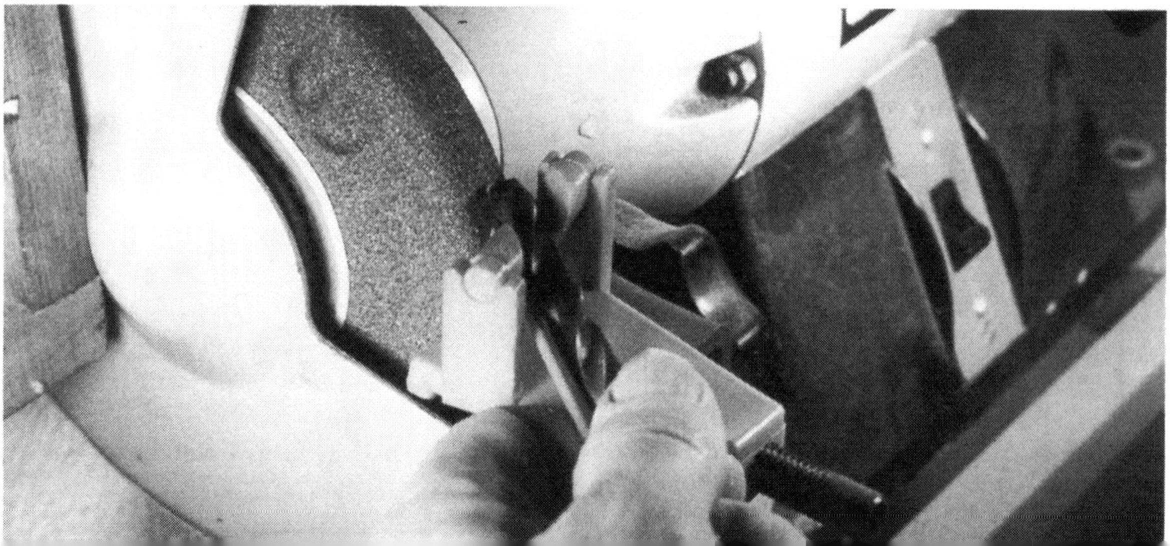

Flohmarkt

Wegen nötiger Teile muß niemand die Flohmärkte durchforsten. Da ist zunächst einmal die BMW-Werkstatt die beste Adresse. Dort hat man die Teilelisten auf Mikrofilm und kann recht schnell wenigstens die richtige Teilenummer heraussuchen. Die Lieferung von Teilen, die nicht am Lager sind, klappt erfahrungsgemäß innerhalb weniger Tage.

Die wichtigen Zahlen

Schwierigkeiten gibt es nur dann, wenn der Kunde nicht gut vorbereitet ist. Sie müssen nicht nur wissen, für welches Modell Sie die Teile suchen, sondern es ist unbedingt nötig, auch Motornummer/Fahrgestellnummer und das Baujahr bei der Bestellung anzugeben. Im Laufe der Bauzeit eines Modells sind häufig kleine aber wichtige Änderungen in die Serie eingeflossen. Diese müssen bei der Teilebestellung berücksichtigt werden.

Alte Baumuster

Für sehr alte Boxer, etwa die ersten /5-Baumuster, gibt es nicht alle Teile direkt ab Lager. Da kann es schon mal passieren, daß zwei Wochen Wartezeit in Kauf genommen werden müssen. Und da stellt sich dann auch die Frage, ob es nicht irgendeine Umbaumöglichkeit gibt, mit der die alte Maschine modernisiert werden kann. Das Modernisieren wird zwar oft recht teuer, aber wer seine Maschine lange behalten will, der erleichtert sich durch derartige Umbauten die Ersatzteilbeschaffung.
So ist zum Beispiel denkbar, einer alten R 50/5 moderne Leichtmetall-Gußräder einzubauen. So spart man sich Ärger mit der Beschaffung von Drahtspeichen. Ob das wirtschaftlich gedacht ist, steht auf einem anderen Blatt.

Gebrauchte Teile

Wenn Lenkungslager erneuert werden müssen, dann ist es sinnlos, sich irgendwo gebrauchte Lenkungslager billig beschaffen zu wollen. Ebenso sollen Radlager und Schwingenlager stets Neuteile sein. Wellendichtringe, Sprengringe, Kolbenbolzensicherungsringe, Splinte und Kettenschlösser kauft man vernünftigerweise auch nicht aus zweiter Hand.
Speziell bei den Kolbenbolzensicherungen ist Vorsicht geboten. Selbst wenn gebrauchte Kolben mit Kolbenringen und Bolzen wirklich günstig zu beschaffen sind, die Sicherungsringe müssen auf jeden Fall Neuteile sein. Gebrauchte rutschen zu leicht mal aus der Nut, beschädigen dann Kolben und Zylinder.

Vollständige Teile

Vollständige Motoren und Getriebe sind oftmals aus zweiter Hand preiswert. Gelegentlich stammen sie aus Unfallmaschinen. Da heißt es einfach mal einbauen und laufen lassen. Wer Glück hat, erwischt ein gutes Exemplar, bei dem kein Gehäuseriß durch den Unfall aufgetreten ist.
Das Gebraucht-Aggregat erst auseinanderzunehmen, zu reparieren und danach ordentlich wieder zusammenzubauen, ist eine Sache für Super-Perfektionisten. Ob es sich lohnt, ist fraglich.

Gebrauchtrahmen

Vorsicht bei gebrauchten Rahmen. Wenn da leiser Zweifel aufkommt, daß der Rahmen auch zum Kraftfahrzeugbrief paßt, lieber die Finger weg. Es kommt vor, daß zum Beispiel gestohlene Motorräder vom Dieb zerlegt und in Einzelteilen verkauft werden. Die Rahmennummer allerdings würde das unrechte Gut sofort verraten. Deshalb denken sich Gauner oft verwegene Tricks aus, um gestohlene Rahmen dennoch an den Mann zu bringen.
Da wird die Nummer rausgefeilt, die Feilstelle verspachtelt und wieder lackiert. Dem ahnungslosen Kunden wird versichert, der Rahmen sei neu und als Ersatzteilrahmen ohne Nummer gekauft worden. Folglich könne es auch keinen Kraftfahrzeugbrief dazu geben. Glauben Sie das bitte nicht. In solchem Fall ist es besser, mal einen ehrlichen Verkäufer zu Unrecht zu verdächtigen, als selbst Lehrgeld für Gutgläubigkeit zu zahlen.
Wer dennoch meint, ein solcher Rahmen sei bedenkenlos sauber, der gehe damit schnell mal zum nächsten TÜV. Gefeiltes wird dort gefunden. Und sollte der Rahmen tatsächlich nummernlos das Werk verlassen haben, dann muß sich feststellen lassen, wohin das Werk den Rahmen geliefert hat, zu welchem Motorrad er als Ersatzteil gehört.

Noch ein Fall: Der Rahmenverkäufer versichert glaubhaft, den Kraftfahrzeugbrief verloren zu haben. Das ist keine Schande. Es kostet nur Geld und Zeit. Ein Schreiben an das Kraftfahrt-Bundesamt in Flensburg klärt sofort, wer der rechtmäßige Besitzer des Rahmens ist. Und wenn der Rahmen als gestohlen gemeldet wurde, kommt das auf diesem Wege auch ans Tageslicht. Ist der Kraftfahrzeugbrief aber wirklich verloren, dann muß er öffentlich im Bundesanzeiger aufgeboten werden. Meldet sich innerhalb einer bestimmten Zeit nicht der rechtmäßige Besitzer, kann ein neuer Besitzer eingetragen werden. Das dauert alles zusammen mindestens ein halbes Jahr.

BMW-fremde Teile

Zu den Teilen, die nicht von BMW hergestellt werden, gehören zum Beispiel Schalldämpfer. Es gibt Firmen, die Dämpfer und Krümmerrohre aus nichtrostendem Edelstahl fertigen. Eine solche Anschaffung lohnt sich erfahrungsgemäß durchaus. Dennoch aufpassen. Solche Umbauten sollten nicht innerhalb der Garantiezeit geschehen. Sie stellen eine Veränderung dar, die die Garantieverpflichtung des Werks zum Erlöschen bringt. Weil etliche Anbauteile von Fremdherstellern entsprechende TÜV-Genehmigung brauchen, ist auch hier Aufmerksamkeit des Käufers nötig. Siehe Kapitel »TÜV«, dort sind die genehmigungspflichtigen Änderungen aufgeführt. Außerdem ist oft gefordert, daß ein autorisierter Händler umbaut und seine Arbeit schriftlich bestätigt. Mit Selbermachen gerät man gelegentlich also in die TÜV-Klemme.

Lieferzeit

Ein Tip zum Thema Lieferzeit: Wenn sich eine Ersatzteil-Lieferung mehr als zwei Wochen verzögert, dann empfiehlt sich ein kurzer Kontroll-Anruf bei BMW. Hat der Händler tatsächlich bestellt, wird von BMW dann ein genauer Liefertermin genannt, auf den man sich erfahrungsgemäß verlassen kann. Es soll auch vorkommen, daß der Händler erst mal einen Monat lang Ersatzteilbestellungen sammelt, um sie alle auf einmal abzuschikken. Dann ist der Direktkontakt zu BMW ganz nützlich. Einen weiteren Vorteil hat der direkte Kontakt: Wenn mal bei BMW etwas schiefläuft, dann kommt die Beschwerde gleich an die richtige Stelle, die den Fehler auch ausmerzen kann.

Normteile

An einem Motorrad werden auch viele Teile verwendet, die es als sogenannte Normteile in einem guten Eisenwarengeschäft gibt, oftmals billiger als das Original-Ersatzteil. Gedacht ist dabei an Schrauben, Muttern, Unterlagscheiben, Kugellager, Rollenlager, Wellendichtringe, aber auch an Fette und sonstige chemische Hilfsmittel wie Dichtungspasten und Schraubensicherungen.
Bei all diesen Teilen ist es durchaus empfehlenswert, direkt vom Hersteller zu beziehen. Doch ist erhöhte Aufmerksamkeit angebracht. Schrauben müssen die richtige Festigkeitsklasse haben. Lager werden grundsätzlich nach Muster gekauft, denn die Lagerbezeichnung ist wichtig. Wenn 6304 C3 auf dem Lager steht, dann darf dafür nicht etwa ein normales 6304 Lager gekauft werden. Das C3 bedeutet nämlich, daß dieses Lager mit erhöhter Lagerluft zusammengebaut ist. Die Ziffernfolge 6304 bezeichnet nur die Lagerabmessungen und die Tragfähigkeit.

Auch nur Menschen

Hinter der Theke sitzt nicht immer eine nette Schwester, mit der man schon zurechtkommen würde. Sagen wir mal so: Es wollen ja immer beide Seiten ihren Vorteil wahren, und das ist beim professionellen Werkstattbetrieb nicht anders. Im Grunde ist es doch ganz einfach, wie man als Kunde mit der Werkstatt zurechtkommt.

Kleiner Katalog

1. Das Motorrad stets frisch geputzt zur Reparatur bringen.
2. Klaren Reparaturauftrag erteilen. Umfangreiche Reparaturen schriftlich in Auftrag geben.
3. Im Zweifel eindeutig vorher einen schriftlichen Kostenvoranschlag verlangen.
4. Telefonnummer hinterlassen, unter der man bei unvorhergesehenen Schwierigkeiten zu erreichen ist.
5. Reparaturauftrag rechtzeitig vorher ankündigen. Nicht zehn Minuten vor Feierabend noch schnell einen Eilauftrag geben.
6. Vereinbarte Termine einhalten. Wer die Maschine morgens um acht zur Inspektion abliefern sollte, aber erst um zehn erscheint, kann nicht damit rechnen, daß die Arbeit noch am selben Tag fertig wird. Auch Werkstätten haben ihre Terminpläne. Mehr sollte nicht nötig sein.

Überall nur Menschen

Die Erfahrung lehrt aber, daß auch in der Werkstatt Menschen arbeiten, die gute und schlechte Tage erwischen. Wer das berücksichtigt, wird auch im Fall einer Reklamation keine Probleme haben. Freundlicher, auf jeden Fall aber höflicher Umgangston führt am ehesten zu beiderseitiger Zufriedenheit.
Verlangen Sie nicht von der Werkstatt, sie solle zugeben, ungeschickte, faule und dumme Monteure zu beschäftigen. Verlangen Sie nicht von der Werkstatt, sie solle ihnen bestätigen, daß BMW ein Konstruktionsfehler unterlaufen ist.
Recht haben und sein Recht bekommen ist gerade im Umgang mit Werkstätten keineswegs eine Automatik-Gleichung. Um Anlässe für die weniger schönen Streitigkeiten gleich von Anfang an zu reduzieren, ist es gut, wenn die wichtigsten Punkte schriftlich ausgemacht werden.

Terminfragen

Zum Beispiel ist außer den Reparaturen, die unbedingt nötig sind, auch der Abholungstermin festzulegen. Bei Motorradwerkstätten ist das nicht so einfach wie in der Automobilbranche. Während dort meist nach der Regel gearbeitet wird: »morgens gebracht, abends gemacht«, brauchen Motorradwerkstätten gelegentlich mehr Zeit. Das liegt zum Teil daran, daß Ersatzteile nicht am Lager sind, kann aber auch am Wetter liegen, wenn etwa eine Probefahrt notwendig wäre.
So sind denn auch die Bräuche nicht so streng, daß bei Überschreitung der vereinbarten Reparaturzeit um mehr als 24 Stunden gleich kostenlos ein gleichwertiges Ersatzfahrzeug gestellt oder 80 Prozent der Kosten eines Mietfahrzeugs von der Werkstatt gezahlt werden müßten.

Reparaturbedingungen

Eine weitere Schwierigkeit kommt hinzu: Motorradwerkstätten sind nicht unbedingt im »Zentralverband des Kfz-Handwerks« organisiert und erkennen nicht dessen Reparaturbedingungen aus dem Jahr 1974 an.
Diese Reparaturbedingungen legen fest:
Sechs Monate Reparaturgarantie ohne Kilometerbegrenzung.
Stellt sich ein Reparaturfehler innerhalb des halben Jahres heraus, muß die Werkstatt den Fehler kostenlos beheben. Sowohl Teile- als auch Montagekosten trägt also dann die Werkstatt.
Darüber hinaus muß dem Kunden für die Dauer der Nachbesserung ein Ersatzfahrzeug zur Verfügung gestellt werden, wahlweise können 80 Prozent der Mietfahrzeugkosten ersetzt werden.

Folgeschäden

Auch für Folgeschäden muß die Werkstatt haften. Ereignet sich durch fehlerhafte Reparatur ein Unfall, tritt die Werkstatt für Personenschäden bis zu 500000 Mark ein. Abschleppkosten und Instandsetzung trägt sie ebenfalls.

Ist Instandsetzung nicht möglich, zahlt die Werkstatt den Wiederbeschaffungswert des Fahrzeugs.
Bleibt das Fahrzeug in der Reparatur-Garantiezeit aufgrund eines Reparaturfehlers unterwegs stehen, dann ist die Werkstatt zu benachrichtigen. Sofern die Entfernung mehr als 30 Kilometer beträgt, hat die Werkstatt zu entscheiden, ob sie das Fahrzeug abschleppen läßt oder bei einer anderen Werkstatt in Reparatur gibt. Deren Kosten trägt aber die Werkstatt, die den Reparaturfehler zu vertreten hat.

Pannen melden

Solche Pannen unterwegs müssen übrigens unverzüglich gemeldet werden, am besten telefonisch. Wenn das gerade reparierte Getriebe etwa im Urlaubsort in Spanien wieder streikt, muß die heimatliche Werkstatt von Spanien aus benachrichtigt werden. Ob allerdings eine schriftliche Antwort der Werkstatt abgewartet werden muß, ob der Urlauber also im Zweifelsfall nochmal vierzehn Tage Spanien dranhängen muß, bevor er die nächste spanische Werkstatt aufsucht, darf bezweifelt werden. Vernünftiges Verhalten ist also angebracht.
Viel Ärgerliches läßt sich schon vermeiden, wenn die Reparatur bei der Abholung gleich auf dem Werkstatthof begutachtet wird. Wer sofort feststellt, daß die Ventile noch klappern, der muß sich nachher nicht darum streiten, warum ein Ventil gegen den Kolben geschlagen ist. Eine gut geführte Werkstatt wird dem Kunden auch Gelegenheit zur Überprüfung geben.
Oft wird dem Kunden allerdings erzählt: »Das muß so sein, das geht nicht anders, das ist doch gar nicht fehlerhaft«. In solchen Fällen wird schriftliche Reklamation nötig. Ruhiger, sachlicher Ton ist auch hier wichtig, schimpfen gar nicht nötig.

BMW-Kundendienst

BMW-Motorradfahrer haben noch eine gute Möglichkeit, bei fehlerhaften Reparaturen Hilfe zu bekommen. Die BMW-Kundendienst-Organisation hat speziell für schwierige Fälle Reise-Ingenieure, die Schäden aufgrund ihrer Erfahrung und Schulung oft besser erkennen als die Werkstatt-Monteure. Ein Brief an die Motorrad-Kundendienst-Abteilung, Petuelring 130 in München wirkt meist Wunder.

Schiedsstellen

Es gibt auch die sogenannten Schiedsstellen des Kraftfahrzeug-Handwerks. Anschriften bekommt man von den Handwerkskammern, den Innungen, dem TÜV oder von Automobilclubs. Die Schiedsstellen werden aber nur von bestimmten Handwerksbetrieben anerkannt, Motorradwerkstätten sind nicht immer bereit, diese Stellen vermitteln zu lassen. Vor einem Verfahren bei einem ordentlichen Gericht ist aber wenigstens der Versuch zu wagen, eine Schiedsstelle einzuschalten. Das ist auf jeden Fall billiger als ein Gerichtsverfahren.
Letzter Rat: Wer einer Werkstatt von vornherein mit Mißtrauen begegnet, der hat schon verloren. Wechseln Sie die Werkstatt, verbuchen Sie dortige Erlebnisse unter »Lehrgeld« und suchen sich eine andere Werkstatt, deren Arbeitsweise Ihnen sympathischer ist.

Vertragswerkstätten

Werkstätten sind besser als ihr Ruf. Speziell BMW-Vertragswerkstätten haben den sogenannten freien Werkstätten gegenüber einen schwerwiegenden Vorteil. Sie verfügen über die neuesten BMW-Service-Informationen, greifen auf diese Weise auf Erfahrungen zurück, die andere BMW-Werkstätten bereits gemacht haben.
Wenn es um ganz heikle Arbeiten geht, etwa um Probleme mit der elektrischen Anlage, dann sollte die BMW-Werkstatt ebenfalls über genügend Prüf-Erfahrungen verfügen. Ist das sichtlich nicht der Fall, wird ein Gang zum Bosch-Dienst vernünftig.
Dennoch darf der Motorradfahrer auch beim Bosch-Dienst nicht erwarten, daß sein Problem im Handumdrehen erkannt und erledigt wird. Motorrad-Anlagen sind nun mal seltener als Automobil-Anlagen, entsprechend weniger Spezialisten gibt es dafür. So ist in den weitaus meisten Fällen der BMW-Vertragswerkstatt der Vorzug zu geben.

Reifendienste

Ähnliches gilt auch für die Reifendienste. Es muß sichergestellt sein, daß sie auch mit den empfindlichen Motorrad-Gußrädern umgehen können, vor allem muß auf jeden Fall nach dem Reifenmontieren das Rad dynamisch ausgewuchtet werden.
Statisches Wuchten genügt zwar häufig, aber hierbei werden nur die Unwuchten so kompensiert als lägen sie genau in Reifenmitte. Dynamisches Wuchten bedeutet, daß auch ausgeglichen wird, wenn ein Reifen etwa

links von der Mitte einen schweren Punkt hat. Dann bekommt er gegenüber rechts von der Mitte sein Gegengewicht.
Für dynamisches Wuchten muß das Rad schnell drehen, für statisches Wuchten genügt ein Gestell, an dem das Rad schlicht auspendeln kann. Wenn die Reifenwerkstatt also auch Spezialgeräte für die zierlichen Motorradreifen hat, ist sie empfehlenswert. Wenn dort auch noch bekannt ist, welche Reifen für welche BMW zugelassen sind (es gibt Werks-Empfehlungen), ist die Reifenwerkstatt gut.

Spezialwerkstätten

Zylinderschleifereien und Kurbelwellen-Instandsetzungsbetriebe arbeiten oft mit den Vertragswerkstätten zusammen. Wer seine Zylinder direkt zur Schleiferei bringt, kann Geld sparen. Die Kolben werden als Original-Ersatzteil gekauft und der Schleiferei angeliefert, die dann die Zylinder auf das benötigte Maß bearbeitet. Insbesondere bei leichten Klemmspuren nach kurzer Betriebszeit (bis 10000 km) gibt es gelegentlich die Frage, ob denn der Zylinder überhaupt schon ausgeschliffen werden müßte. Durch zartes Nacharbeiten kann die Zylinderschleiferei gelegentlich den Zylinder noch retten, und es muß nur ein neuer Kolben mit altem Grundmaß gekauft werden, da gibt es auch Kolben mit ganz geringem Übermaß, so daß das teure Ausschleifen keineswegs immer nötig ist.
Auch Zylinderkopf-Überholungen liegen durchaus innerhalb der Möglichkeiten einer guten Zylinderschleiferei. Spezialbetriebe bieten auch ganz raffinierte Reparaturen an, zum Beispiel Erneuerung des Gewindes am Auspuffstutzen des Zylinderkopfes.
So hat sich in den letzten Jahren gezeigt, daß die Motorradwerkstätten eher auf das Auswechseln von defekten Teilen ausgerichtet sind, während die Spezialwerkstätten gelegentlich durch Nacharbeit teure Ersatzteile ersparen können.

Bei Kurbelwellen-Spezialwerkstätten (ein Bild aus der Firma Hoeckle in Mössingen) gibt's Reparaturen. Hier werden Wälzlager-BMW-Kurbelwellen mit hydraulischer Presse zusammengebaut. Mit dem Kupferhammer wird der Rundlauf justiert.

Die Kosten

BMW-Werkstätten kalkulieren mit Arbeitswerten. Eine bestimmte Reparatur darf zum Beispiel 15 Arbeitswerte dauern. Das sind etwa 15 mal 5 Minuten, also eine und eine Viertelstunde. Wieviel eine Arbeitsstunde kostet, steht bei jeder Werkstatt auf einem Schild irgendwo im Laden. Zumeist sind es in Städten etwa 55 bis 65 Mark, auf dem Lande geht's wegen der dort geringeren Nebenkosten des Betriebs (niedrigere Mietkosten für das Gebäude) gelegentlich sogar noch wesentlich billiger, etwa für 40 Mark die Stunde.
Wer also bei der Auftragserteilung genau hinsieht, kann sich schnell ein Bild davon machen, wie teuer die einzelnen Schritte der Reparatur werden. Und er kann zum Beispiel sofort Einspruch einlegen, wenn etwa das Ab- und Aufbauen des Tanks bei zwei verschiedenen Arbeiten jedesmal aufgeführt wird, obwohl beide Arbeiten gemeinsam erledigt werden.

Die Kosten für Nebenarbeiten

Was nicht beeinflußbar ist, sind Nebenarbeiten. Zum Beispiel läßt sich die Mühsal nicht von vornherein beziffern, die ein abgerissener Stehbolzen bereitet. Derartige Sonderschwierigkeiten sind natürlich nicht vorab zu erkennen. Sie sind auch vom Zustand der Maschine abhängig. Im übrigen: Ein guter Monteur ist fix genug, um auch mit solchen Widrigkeiten innerhalb der vorgegebenen Arbeitswerte fertigzuwerden.
So dürften die Kosten kaum Anlaß zu Streit geben, wenn sich der Kunde vorab ein bißchen mit den Hintergründen befaßt hat. Außerdem hat er ja den Durchschlag des Auftragszettels, kann ihn in ruhiger Stunde durchrechnen und mit dem Sparen beginnen.

Privatfabrik

Wo gehen wir dem guten Stück zu Leibe? Mit dieser Standortfrage muß man sich wohl oder übel auseinandersetzen, wenn man nicht ständig Schrauben, Muttern und Unterlegscheiben im Sand suchen will. Aber für zwei Räder sollte immer ein geeigneter Platz zu finden sein. Und glücklich darf sich nennen, wer sogar in einer beheizbaren Garage schrauben kann. Aber auch die Kellerwerkstatt kann man sich durchaus so einrichten, daß gute Arbeit möglich ist. Nur paßt das komplette Motorrad kaum in den Keller. Da müssen dann die einzelnen Aggregate, Motor, Getriebe, Hinterachsgetriebe anderswo ausgebaut und dann in den eigentlichen Werkstattraum getragen werden.

Fingerzeig: Schleppen Sie den Motor nicht allein. Auch starke Männer heben sich schnell einen Bruch, das tut nicht nur weh, sondern erfordert 14 Tage Krankenhaus.

Planung

Werkbank

Eine Werkbank muß sein. Sie sollte bequeme Arbeitshöhe haben, also je nach Körpergröße des Monteurs zwischen 77 und 85 Zentimeter hoch sein. Die Arbeitsfläche sollte etwa 75 Zentimeter tief und mindestens 120 Zentimeter breit sein. Ob sie mit Blech beschlagen oder mit Glasfasermatte und Polyesterharz beschichtet ist, bleibt gleichgültig. Ohne eine Schutzschicht sollte sie hingegen nicht sein, weil sich Holz schnell mit Öl vollsaugt und danach nicht mehr sauberzuhalten ist.

Schraubstock

Ein Schraubstock gehört dazu. Er muß aber in spezieller Höhe angeschraubt sein. Der Monteur muß den Ellbogen auf den Schraubstock stützen und dabei das Kinn auf die geballte Faust legen können. Also sind zumeist dicke Hartholzstücke unter den Schraubstock zu legen.
Kleiner Tip: Die hintere Backe des Schraubstocks muß soweit vorn liegen, daß etwa ein Rohrstück senkrecht eingespannt werden kann, ohne an die Tischkante zu stoßen.

Der Schraubstock muß so hoch befestigt sein, daß der Monteur den Ellbogen aufstützt, Kinn auf der Faust.

Bohrmaschinenständer mit Kreuzschlitten, die Teile können sicher aufgespannt und fein ausgerichtet werden.

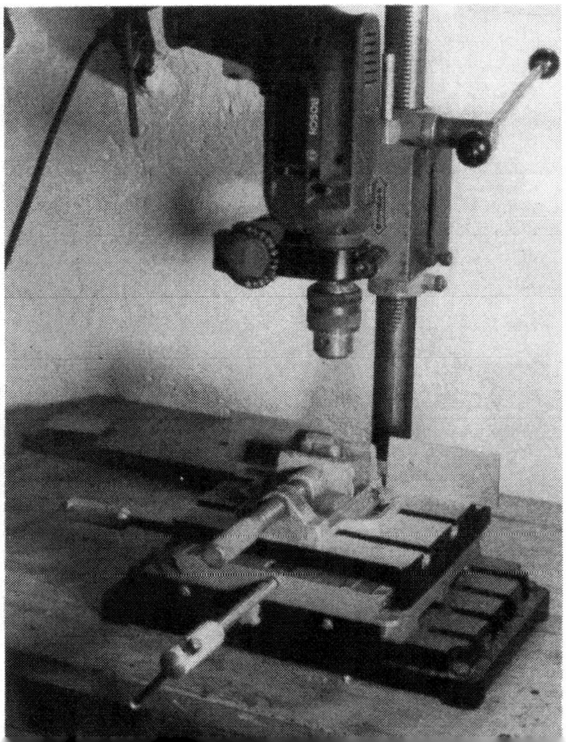

Gut wäre, wenn die Werkbank rundherum frei stehen könnte. Doch festschrauben der Bank an der Wand ist besser. So ist zum Beispiel der Motor notfalls mit Schraubzwingen an der Werkbank zu befestigen, damit man beidhändig schrauben kann. Keine guten Erfahrungen liegen mit provisorischen Werkbänken vor, etwa an der Wand mit Scharnier befestigt und hochklappbar. Das ist immer eine wackelige Angelegenheit.
In der Nähe der Werkbank wird mindestens eine Steckdose gebraucht. Und zusätzlich zur Raumbeleuchtung gezieltes Licht. Es sollte von hinten oben kommen und am besten in Augenhöhe seitlich neben dem Kopf strahlen. Bürolampen mit verstellbarem Gestänge eignen sich grundsätzlich gut, weil sie sich in jeder gewünschten Lage feststellen lassen. Mit Glühlampen von weniger als 60 Watt ist beim Reparieren kein Staat zu machen.

Weitere Ausrüstung

Bei größerem Ehrgeiz ist natürlich an eine komplette Elektro-Ausrüstung zu denken: Bohrmaschine mit stabilem Bohrmaschinenständer und Maschinenschraubstock. Dafür ist ein separater Tisch, der auch frei stehen kann, bestens brauchbar.
Viele kleine Hilfs-Werkzeuge können dann auch selbst gebaut werden, zum Beispiel Halter für Meßuhren, um etwa die Durchbiegung von Achsen oder der Ventile zu messen.
Gegen Ölflecken auf dem Werkstattboden helfen spezielle Ölsaugplatten aus PU-Schaum (Hersteller Puren GmbH, Überlingen), die ein Mehrfaches ihres Gewichts in Öl aufnehmen. Wenn dennoch einmal Öl ausgelaufen sein sollte, dann wird es zunächst mit Haushalts-Spülmittel abgewaschen (heiß wirkt es besser), oder aber gleich mit Take 2 chemisch gebunden und mit Wasser weggespült.

Raum ist in der kleinsten Hütte, wenn nur Ordnung herrscht. Hier ein BMW Service-Bus mit Spezialwerkzeug-Wand, Mini-Teilelager und stabilem, wenn auch kleinem Werktisch. Wichtig ist gutes Licht, dafür sorgt ein Notstromaggregat.

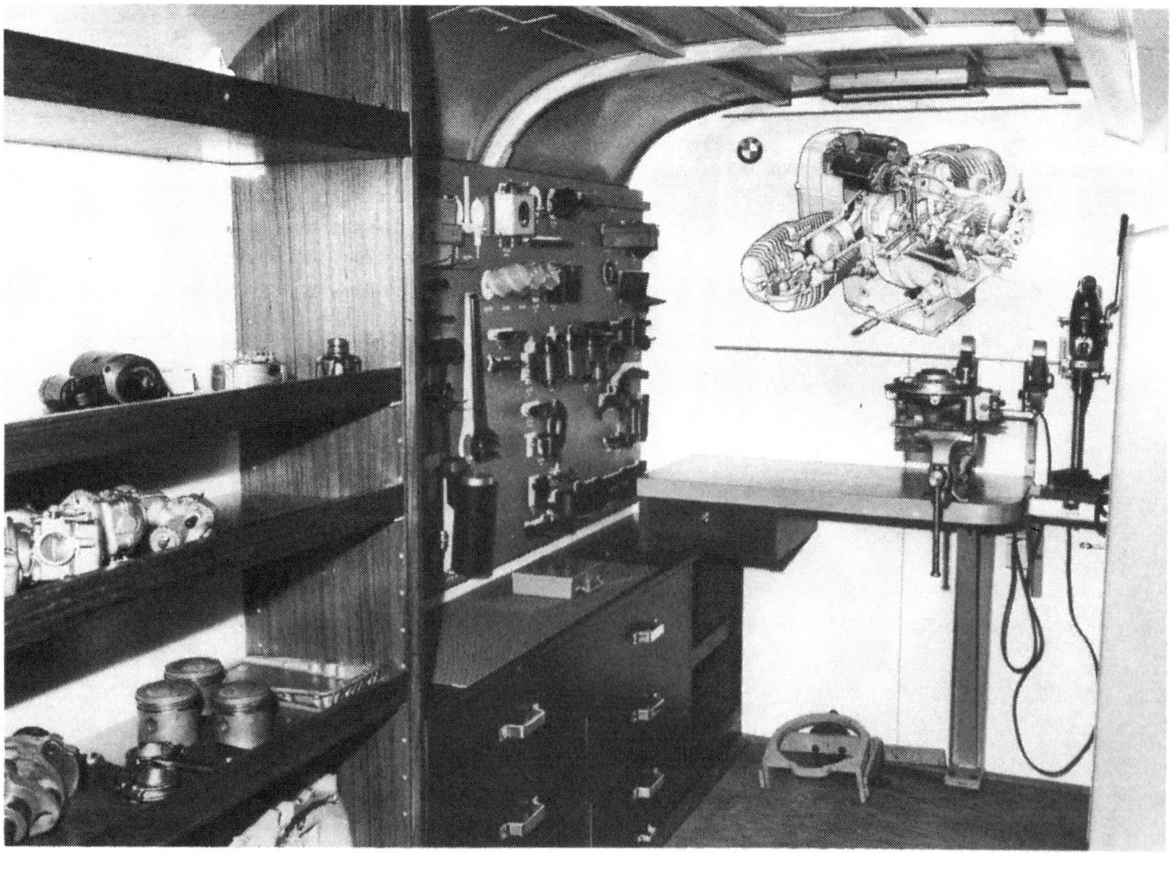

Planwirtschaft

Die Naturtalente verlassen sich auf ihr Gefühl. Aber wir alle wissen, wie Gefühle täuschen können. Also machen wir es besser planmäßig, dann wird nichts für die Gesundheit der BMW vergessen und die Gefühle können an anderer Stelle stattfinden.
In diesem Kapitel sind alle nötigen Pflege- und Wartungsarbeiten aufgeführt.
Zum Umfang der Kontroll- und Pflegearbeiten gibt es im Verlauf dieses Kapitels noch genaue Hinweise.

Selbsthilfe

Zur Selbsthilfe sollten Sie erst greifen, wenn die Garantiezeit (seit Januar 1985 sind das immerhin 12 Monate) abgelaufen ist. Aber danach haben Sie freie Bahn für eigene Initiativen. Gelegentlich ist zwischendurch auch ruhig eine eigenhändige Kontrolle angebracht, bevor gleich die Werkstatt mit Miniproblemen belastet wird.

Pflege nach Betriebsbedingungen

Die Kontroll- und Pflegearbeiten sollten nicht unbedingt stur nach dem Zeitplan erledigt werden. Wichtiger ist, die Belastung der Maschine abzuschätzen und den Service danach zu richten. Zum Beispiel ist ständiger Stadtverkehr eine der stärksten Belastungen für das Motoröl, weil der Motor nie richtig warm wird. Ölwechsel wird also am besten nicht erst nach 7500 Kilometern Laufzeit, sondern möglichst schon nach 5000 Kilometern Strecke fällig. Und wenn etwa im Urlaub ausschließlich auf Schotterstraßen und ähnlich staubigem Untergrund gefahren wird, sollten die Pflegeintervalle ebenfalls deutlich verkürzt werden.

Inspektionspunkte näher besehen: H = Hinterachsgetriebe-Ölablaßschraube, V = Ventile einstellen, F = Filter fürs Motoröl wechseln, Z = Zündauslöser zum Einstellen der Zündung verdrehen, K = Kohlen der Lichtmaschine gelegentlich auf richtige Länge kontrollieren. Sie halten erfahrungsgemäß mindestens 50000 Kilometer.

Einmal im Jahr Schließlich sollte eine Inspektion mindestens einmal im Jahr stattfinden, selbst wenn keine 7500 Kilometer erreicht wurden.

Alle 7500 Kilometer muß eine BMW inspiziert werden. Zwar bezeichnet BMW die Wartungsarbeiten unterschiedlich, nämlich einmal als Pflegedienst und einmal als Inspektion, so daß stolz von Inspektionsintervallen von 15000 Kilometern die Rede ist. Aber die wichtigsten Arbeiten fallen eben doch alle 7500 Kilometer an.

Kleiner Pflegedienst

Der kleine Pflegedienst beginnt bei Kilometer 7500 und soll alle weiteren 15000 Kilometer durchgearbeitet werden. Die Arbeiten für den kleinen Pflegedienst sind für alle BMW-Boxer gleich. Hier die Liste:

1. Motor-Ölwechsel und Ölfilterwechsel.
2. Hinterradschwingenlager schmieren, Kupplungsseilnippel schmieren.
3. Schwimmerkammern der Vergaser reinigen.
4. Zylinderköpfe nachziehen, Ventilspiel einstellen.
5. Zündkerzen prüfen.
6. Vergaser synchronisieren, Seilzüge einstellen.
7. Sicherheitskontrolle (Beleuchtung, Reifen, Bremsen, Lenkung).

Alle 15000 Kilometer

Die Inspektion beginnt mit Kilometerstand 15000 und soll ebenfalls alle 15000 Kilometer wiederholt werden.

1. Motor-Ölwechsel und Ölfilterwechsel.
2. Hinterradschwingenlager schmieren, Kupplungsseilnippel schmieren.
3. Schwimmerkammern der Vergaser reinigen.
4. Zylinderköpfe nachziehen, Ventilspiel einstellen.
5. Zündkerzen erneuern.
6. Vergaser synchronisieren, Seilzüge einstellen.
7. Sicherheitskontrolle (Beleuchtung, Reifen, Bremsen, Lenkung).

Inspektionspunkte an einer gestrippten CS (Classic-Sport) angedeutet. Die Ziffern entsprechen den Punkten im Text.

Soweit sind also Inspektion und Pflegedienst gleich. Deshalb der Hinweis, daß alle 7500 Kilometer Wartungsarbeiten nötig sind.

Zusätzlich nötig

Zusätzlich sind aber bei der Inspektion noch vorgeschrieben:

8. Getriebeöl wechseln.
9. Öl in der Hinterradschwinge wechseln.
10. Öl im Hinterachsgetriebe wechseln.
11. Öl in der Gabel wechseln.
12. Luftfilter erneuern.
13. Kraftstoffhahn reinigen.
14. Radlagerspiel prüfen vorn und hinten.
15. Bremsenteile prüfen vorn und hinten.
16. Kupplungsspiel prüfen und einstellen.
17. Leerweg des Fußbremshebels prüfen und einstellen.
18. Zündzeitpunkt prüfen und einstellen.
19. Lenkungslagerspiel prüfen und einstellen.
20. Schwingenlagerspiel prüfen und einstellen.
21. Bremsflüssigkeitsstand prüfen und Flüssigkeit ergänzen. Bremsanlage auf Dichtheit prüfen.
22. Batterie warten (Säurestand, Ladezustand).
23. Schrauben und Muttern auf Festsitz prüfen.

Hinweise

Zu Punkt 2

Die Schwingenlager sind über Schmiernippel (Kegelwulstschmierkopf) mit der Fettpresse zu versorgen. Viel hilft hier nicht viel, mit zuviel Fett würde nur der Dichtring herausgedrückt werden.
Der Kupplungshebel wird zum Schmieren des Seilnippels abgebaut. Dazu nur den Gelenkbolzen ausschrauben. So läßt sich der Hebel wenden, der Nippel kann von oben und von unten leicht geölt werden. Falls beim

Nur Tank und Bank abnehmen, und alle Arbeitsplätze sind zugänglich. Nur Zündung bei montiertem Tank kontrollieren.

Kuppeln gelegentlich ein knarrendes Geräusch aus der Gegend des Handhebels kommt, deutet das auf schlechte Nippel-Schmierung hin.

Zu Punkt 3

Die Schwimmerkammern sind bei allen BMW-Boxern leicht zu erreichen. Bing-Vergaser haben Schnappfeder-Halterungen, die bei der R 90 S verwendeten Dell Orto-Vergaser hatten noch angeschraubte Schwimmerkammern. Abnehmen ist in beiden Fällen kein Problem. Achtung: Nicht die Schwimmer-Halterung verbiegen, sonst wird der Benzinstand in der Schwimmerkammer verstellt, damit kann die Vergasereinstellung in Richtung zu mager oder zu fett verändert werden, mit Einfluß auf den Benzinverbrauch und auf die Motortemperatur.

Zu Punkt 5

Zündkerzen sind alle 15000 Kilometer unbesehen reif zum Auswechseln. Wenn bei 7500 Kilometer kontrolliert wird, dann ist zunächst der Allgemeinzustand der Kerze wichtig (Isolator-Farbe), dann der Elektrodenabstand. BMW verbietet, die Masseelektrode nachzubiegen, falls der Abstand nicht mehr stimmt. Die als Begründung angegebene Bruchgefahr mag sicher bestehen, doch sind dem Autor solche Brüche bisher nicht bekanntgeworden. Immerhin gibt es zum Nachbiegen kleine Werkzeuge bei Bosch-Diensten und in Tankstellen.

Zu Punkt 7

Die allgemeine Sicherheitskontrolle soll alle die Punkte umfassen, die auch beispielsweise bei der TÜV-Prüfung nachgesehen werden. Also Scheinwerfereinstellung, Funktion sämtlicher Glühlampen von Scheinwerfer, Blinker, Rückleuchte, Kennzeichenleuchte, Bremsleuchte und aller Lampen im Armaturenbrett. Hupe nicht vergessen.

Wichtiger ist aber wohl, daß die Räder und Reifen genauer untersucht werden. Nicht nur die Reifen-Profiltiefe ist interessant. Es gilt im Profil eingefangene Fremdkörper zu finden, bevor sie sich bis auf die Karkasse durcharbeiten können. Zudem sollte der Reifen auf besonders stark abgefahrene Stellen untersucht werden, die von Notbremsungen herrühren. Luftdruckkontrolle ist ebenso selbstverständlich.

Zu Punkt 14

Am Vorderrad ist Lagerspiel mit Fingerspitzengefühl zu finden. Am Hinterrad gibt es zwei verschiedene Lagerungs-Bauarten. Bei Modellen mit Zweiarm-Schwinge sind die Radlager Kegelrollenlager. Bei Modellen mit Einarmschwinge wird die Radlagerung von der Lagerung des großen Tellerrades mit übernommen.

Oben: Vier Schnappfedern lösen, schon ist der Plattenluftfilter frei. Unten: Von den Vergasern die Schwimmerkammerdeckel abnehmen, Kammer reinigen.

Oben: Ventilspiel: M = hier messen, E = hier einstellen. Unten: Z = mit dem Stroboskop diese Öffnung anblitzen, F heißt Früh. Weißer Pfeil = Drosselklappenanschlag.

Läuft wie geölt

Wer seine BMW nicht nur als schönen Muntermacher oder Kolonnenknacker ansieht, der weiß natürlich, wie die Kurbelwelle gelagert ist. Der weiß auch, daß die Motoren vor 1969 noch ganz anders konstruiert waren. Die BMW-Motorräder ab Baujahr 1969 besitzen Gleitlagermotoren. Bei ihnen ist das richtige Schmiermittel noch wichtiger als bei den Vorgängermaschinen, die rundum wälzgelagert waren.

Gleitlager oder Wälzlager?

Begründung: Wälzlager, also Kugel- und Rollenlager, brauchen die Schmierung hauptsächlich, um die anfallende Wärme abzutransportieren. Das Öl wird in der Ölwanne abgekühlt und dann wieder in den Kreislauf übernommen.
Gleitlager hingegen laufen auf einem Ölpolster, es findet im Normalfall keine Reibung von Metall auf Metall statt. Wenn hier das Schmiermittel mal wegbleibt, hat das katastrophale Folgen, nämlich einen kompletten Motorschaden.

Andere Lagerstellen

Nun sind die Gleitlager für Kurbelwelle und Nockenwelle nicht die allein wichtigen Teile, die geschmiert werden müssen. Bei modernen Hochleistungsmotoren, und dazu zählen die BMW-Boxer allemal, treten die höchsten Belastungen für das Material an den Gleitflächen von Nockenwellen und Stößeln, an Kipphebeln und Ventilschäften auf. Die Reibung der Kolben an den Zylinderwänden ist dagegen relativ harmlos.
Kolbenklemmer treten deshalb bei BMW-Motoren praktisch nie auf. Verschleiß an den Nockenwellen und den Kipphebeln ist dagegen schon eher zu erwarten, wenn die Qualität des verwendeten Öls nicht ausreicht.
BMW gibt daher auch ziemlich genaue Ölvorschriften. Wichtig ist daran nicht so sehr, daß das verwendete Öl dem vorgesehenen Temperaturbereich entspricht. Von größerer Bedeutung ist die Qualität des Öls. Und die mißt sich nicht in den Zahlen, die als Viskositätsangabe auf der Ölbüchse stehen.

Die Viskosität

Nachfolgend etwas Öl-Wissen, man kann es immer brauchen. Die Viskosität ist ein Maß für die innere Reibung einer Flüssigkeit. Hohe Viskositätszahl heißt hohe innere Reibung oder griffiger: Das Öl ist recht dickflüssig. Entsprechend besagt eine niedrige Viskositätszahl, daß es sich um ein dünnflüssiges Öl handelt. Im Winter ist das dünnflüssige richtig, im Sommer sollte das Öl dicker sein.

Bei Gleitlagern findet keine metallische Berührung zwischen den bewegten Teilen statt, der Ölfilm trennt, sobald genügend Druck aufgebaut ist.

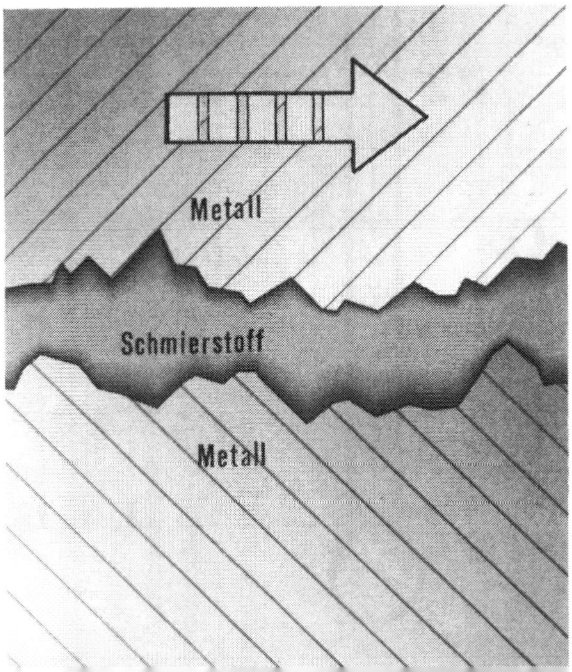

Die hydrodynamische Schmierung einer drehenden Welle: Hier die Druckverteilung bei Last von oben. Die Welle wandert auf dem Ölfilm etwas aus der Mitte.

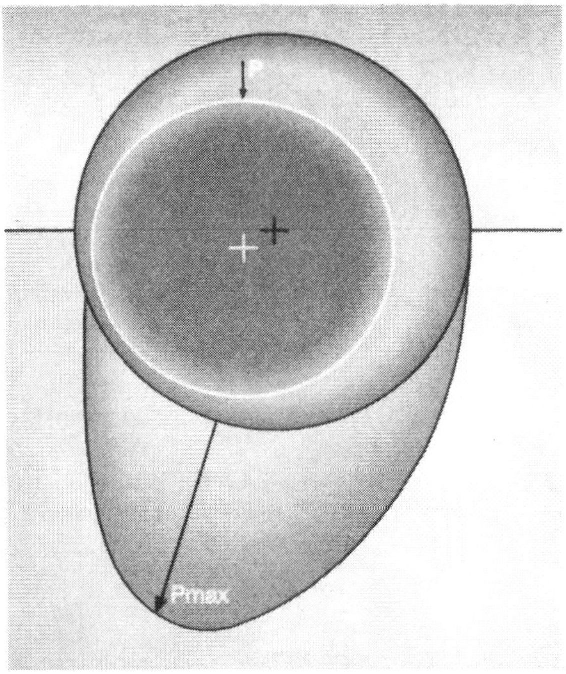

SAE-Klassen

Die Viskositätswerte sind die Ziffern, die bei der Ölbezeichnung hinter den drei Buchstaben SAE stehen. SAE heißt »Society of Automotive Engineers« und ist der Name der Vereinigung amerikanischer Automobil-Ingenieure. Dort wurde das Temperaturverhalten der Öle untersucht und in Klassen eingeteilt. Ein bestimmtes Öl wird naturgemäß bei steigender Temperatur dünnflüssiger. Für die Einstufung eines Öls sind Temperaturen festgelegt worden, bei denen die Grundeigenschaften gemessen werden.
Die Meßtemperatur für den Bereich W liegt zwischen minus 10 und minus 35 Grad Celsius, Meßtemperatur für den normalen Bereich ist 100 Grad Celsius (nach DIN 51 511).
Wenn ein Öl bei minus 18 Grad der Klassifikation für Viskosität 10 entspricht, heißt es 10W. Ist es bei 100 Grad noch dickflüssig genug für Viskosität 40, denn erhält es die Nummer 40 ohne das W. Beide sind dann sogenannte Einbereichsöle.
Wenn aber ein Öl bei minus 18 Grad noch die Viskosität 10 hat und bei plus 100 Grad die Viskosität 40, dann heißt es 10W-40 und gehört zu den Mehrbereichsölen.
Diese Bezeichnung sagt also nur etwas darüber aus, in welchem Temperaturbereich das Öl bestimmte Fließeigenschaften hat. Ob es bei starkem Frost mehr oder weniger dickflüssig wird, oder gar seine Fließeigenschaften über einen weiteren Wärmebereich beibehält.

Ölqualität

Ölqualität ist eine andere Sache. Sie wird in praktischem Versuch an ausgesuchten Motoren gemessen. Da geht es um Ölkohleablagerungen in den Kolbenringnuten ebenso wie um Verschleißspuren an Kipphebeln und Nockenwellen. Derartige Messungen werden zum einen von Motorenherstellern selbst gefahren, zum anderen gibt es Institutionen, die das aus eigenem Antrieb für alle Ölhersteller tun. Das ist einmal das American Petroleum Institute (API) und zum zweiten die US-Militärbehörde. Dritte im Bunde ist seit 1993 die ACEA, das heißt Association des constructeurs europeens d'automobiles, also die Vereinigung der europäischen Automobil-Konstrukteure. Diese Institute messen, ob das Öl etwas taugt, für welche Einsatz-Zwecke es verwendbar ist.

Klassifikation

API-Klassifikation besteht aus Buchstaben-Kombinationen. Für BMW-Fahrer kommen infrage: API-SE oder SF (je höher der zweite Buchstabe im Alphabet liegt, umso besser das Öl). Damit werden Öle gekennzeichnet, die für »Ottomotoren« geeignet sind. Seit März 1988 ist SG die höchste Qualitätsstufe, diese Öle sind besser hinsichtlich der Alterung und neigen noch weniger zur Bildung von Kaltschlamm. Für 1993 stieg bereits die nächste Stufe: SH

Kugelfall-Viskosimeter. Die Zeit, in der die Kugel im Rohr fällt, wird gemessen. Öl im Wasserbad temperiert.

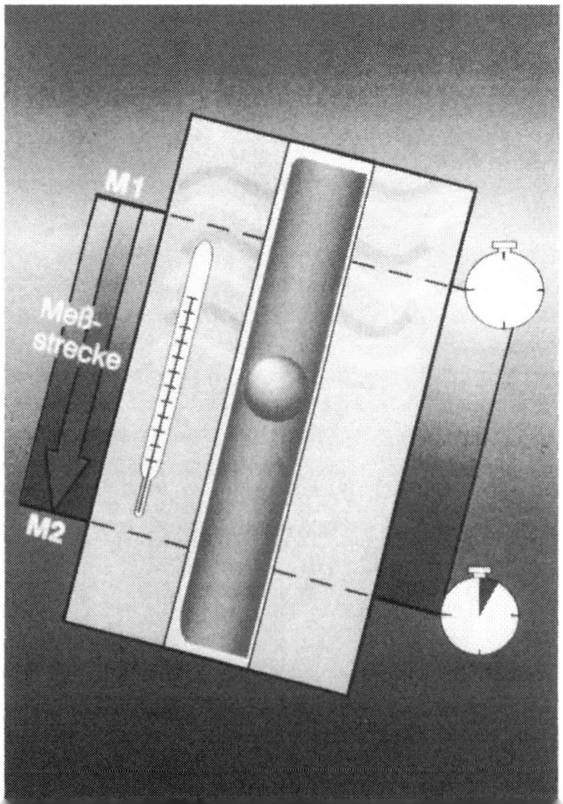

Bei Wärme wird dickeres Öl gebraucht als bei Kälte, Mehrbereichsöle decken große Temperaturspannen.

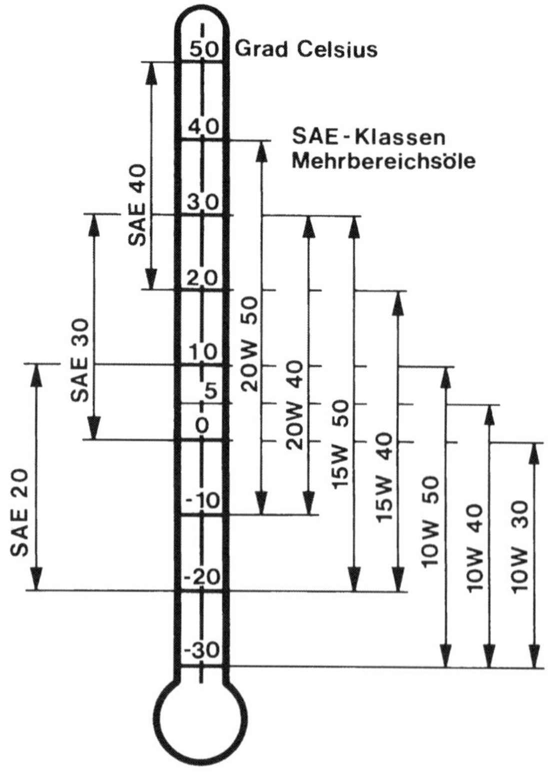

Dieselmotoren erhalten die Buchstaben CC oder CD (für Motoren mit Turboaufladung).
Schließlich gibt es durchaus Kombinationen aus diesen beiden Bezeichnungen: API SF / CC oder SF / CC / CD sind also Öle, die sowohl für Ottomotoren als auch für Diesel mit und ohne Aufladung zu verwenden sind.
Von den Militär-Normen ist nur eine es wert, im Gedächtnis behalten zu werden: MIL-L-46 152/D. Trägt das Öl diese Bezeichnung, dann ist es gut für Otto- und Dieselmotoren mit und ohne Aufladung.
Die neuen ACEA-Bezeichnungen basieren auf ähnlichen Prüfungen wie die beim API, sind jedoch nicht direkt mit denen vergleichbar. Es gibt die Güteklassen G 4 und G 5. G 4 übertrifft API SF und erreicht in vielen Kriterien auch SG. Die G 5-Klasse ist neu und für die sogenannten Leichtlauföle gedacht. Hier wird besonderer Wert auf die Viskositäts-Stabilität gelegt. Was als 5W-50 durchgeht, muß diesen Bereich auch nach den ACEA-Prüfungen noch abdecken.

Sonderangebote

Derartige Codezeichen sind nur dann interessant, wenn es darum geht, ein billiges Sonderangebots-Öl einzustufen. Hat es API – SF, dann ist es ordentlich. Hat es MIL-L-46 152/D, dann ist es genauso empfehlenswert. Und wenn es eben auch API SG erfüllt, dann soll es noch eine Stufe besser sein.
Ebenso darf sich ein Käufer darauf verlassen, daß ein mit ACEA G 4 bezeichnetes Öl hervorragend ist, eines mit G5 eben noch ein bißchen besser.
BMW macht da keine besonderen Umstände. Jedes Öl, das API SF erfüllt, ist erlaubt.
Hinsichtlich der SAE-Temperaturskala wird entsprechend der Skizze praktisch alles freigegeben, was vernünftig ist.
Wer nicht bei Minus 20 Grad unbedingt Motorrad fahren will, ist mit einem SAE 20W-40 grundsätzlich universell gut bedient. Erst wenn der Sinn nach Wüste und Temperaturen über 30 Grad steht, sollte ein Öl der SAE-Klasse 20W-50 gewählt werden.

Viskosität ändert sich

Es ist noch ein Haken dabei: Öle halten ihre Viskositätsklassen nicht über die gesamte Betriebszeit gleich. Die Verschleißstoffe sowie Ruß, Schwefel, unverbrannte Kohlenwasserstoffe (also ins Öl gelangtes Benzin) und Kondenswasser bringen die kompliziert aufgebaute Ölchemie im Laufe der Zeit durcheinander. So hat ein 10W-40 Öl nach einiger Zeit eben doch nur 15W-40 oder gar 20W-40 Eigenschaften.
Wie schnell das Öl altert, hängt von den Einsatzbedingungen ab. Die Ölwechselintervalle sind danach festgelegt, sie sollten wenigstens grob eingehalten werden. 500 Kilometer mehr oder weniger sind freilich keineswegs schädlich.

Einbereichsöl

Grundsätzlich ist auch nichts gegen die Verwendung des billigeren Einbereichsöls zu sagen. Es ist qualitativ nicht schlechter als Mehrbereichsöl der gleichen API-Klassifikation. Jedoch liegen seine Temperaturgrenzen enger.
Zum Beispiel ist ein SAE 30 Öl durchaus für die gesamte Fahrsaison geeignet. Nur wenn es im Sommer mal deutlich über 30 Grad heiß wird, dazu noch Autobahn-Langstreckenhatz geplant ist, wäre SAE 40 vorzuziehen. Und im Winter müßte auf SAE 20 umgestellt werden. Viele Ölwechsel, die mögliche Einsparungen am Literpreis wieder zunichte machen.

Leichtlauföle

Über Leichtlauföle liegen mit Motorradmotoren keine negativen Erfahrungen vor. Bei Automobilmotoren bringen sie speziell kurz nach dem Start in der Warmlauf-Phase verminderte Reibungsverluste, weil sie bei niedrigen Temperaturen sehr dünnflüssig sind. So sind sicher auch die gepriesenen Benzin-Einsparungen von etwa 3 Prozent zu erklären.
In neuerer Zeit sind aber diese Leichtlauföle sehr positiv ins Gespräch gekommen. Das beruht auf Schwächen der normalen Motorenöle bei Verwendung in Mager-Konzept-Motoren und mit bleifreiem Kraftstoff. Dabei geschieht gelegentlich Schlimmes. Die Durchblas-Gase, also Verbrennungsgase, die an den Kolbenringen vorbei ins Kurbelgehäuse geraten, sind chemisch anders als früher.

Schlammbildung

Moderne Motoren laufen mit heißer Verbrennung, damit Schadstoffe möglichst vollständig verbrennen. Nachteil: Bei heißer Verbrennung treten die Stickoxyde in erhöhtem Maße auf. Diese Stickoxyde haben schlechten Einfluß aufs Motorenöl. Sie machen nämlich die Detergentien unwirksam, die Ruß und sonstige Rückstände im Öl in der Schwebe halten sollen, damit sie im Ölfilter abgelagert werden können. So kommt es gelegentlich bei diesen Mager-Konzept-Motoren zu starker Schlammbildung in der Ölwanne, Ölbohrungen verstopfen, der Motor ist dann schnell Schrott. Die teuren Leichtlauföle haben Detergentien eingebaut, die auch dieser Belastung durch stickoxydhaltige Durchblasgase standhalten.
Für den normalen Motor freilich ist das Rezept gegen Verschlammung einfacher und billiger: Ölwechsel und Filterwechsel genau nach Vorschrift, eher etwas häufiger vornehmen.

Getriebe, Schwingenholm, Hinterachsgetriebe

Für Getriebeöle gibt es ähnliche Einteilungen wie fürs Motorenöl. Einmal in Viskositätsklassen. SAE 80 und SAE 90 sind hier die gebräuchlichsten. Zum anderen in Qualitätsklassen. Die Kennung ist dabei Gl 4, GL 5 oder GL 6.
Für BMW Getriebe, Schwingenholm und Hinterachsgetriebe werden vorgeschrieben: SAE 90 Hypoid-Getriebeöle während der warmen Jahreszeit und SAE 80 Hypoid-Getriebeöle im Winter, wenn vornehmlich unter 5 Grad Celsius herrschen.
Die richtige Qualität heißt Hypoid-Getriebeöl GL 5. Das GL 4 sollte nicht benutzt werden, das GL 6 ist nicht notwendig.

Telegabel

Das Öl in der Gabel hat außer Schmieraufgaben einen ganz wichtigen Sinn. Es bestimmt die Dämpfung der Federschwingungen. Wenn etwa zu dickes Öl in der Gabel verwendet wird, spricht sie nur sehr hart an, das Vorderrad verliert Bodenkontakt, und bei mehreren hintereinanderfolgenden Bodenwellen wird die Gabel immer tiefer einsinken, weil sie wegen des dicken Öls nicht schnell genug ausfedern kann.
Zu dünnes Öl in der Gabel ist auch gefährlich, denn damit wird die Gabel beim Ausfedern nicht genügend gebremst, sie schwingt nach. Der Einfluß auf die Lenkung ist leicht vorstellbar: unkontrollierbare Schwingungen.
Die Öle für die Gabel laufen unter der Bezeichnung Hydraulik-Fluid und haben im Gegensatz zu Motorenölen keine einheitlichen Bezeichnungen. Diese Öle kauft man auch nicht an der unbekannten Tankstelle unterwegs, sondern beim Motorradhändler. Sie sind übrigens etwa so dünnflüssig wie ein Motorenöl SAE 5 oder SAE 10, haben aber im Verhältnis zu diesem eine höhere Scherstabilität. Das heißt, sie sind besser geeignet, durch enge Bohrungen gedrückt zu werden. Motoröl ist also in der Gabel nur eine Notlösung für kurze Zeit.

Ölstand prüfen

Regelmäßig den Ölstand im Motor zu kontrollieren sollte in Fleisch und Blut übergehen. Alle 1000 Kilometer, in der Einfahrzeit (bis etwa Kilometerstand 7500) sogar alle 500 Kilometer zu prüfen, ist keineswegs übertrieben. Vor allem auf längerer Autobahnfahrt gibt es gelegentlich unliebsame Überraschungen. Auf solchen Reisen sollte sich der vorsichtige Fahrer angewöhnen, bei jedem Tanken auch kurz den Ölmeßstab herauszuschrauben.
Er liegt auf der linken Motorseite und ist durch die Seilzüge zum Vergaser und den Benzinschlauch zur Schwimmerkammer nicht gerade leicht zugänglich. Eine Hexenzange, zart angesetzt, hilft sowohl beim Lösen als auch beim Festziehen. Lappen zwischen Zange und Meßstab legen.

Wie messen?

Beim Messen beachten: Der Meßstab wird nur eingesteckt, also nicht eingeschraubt, um den Ölstand festzustellen. Und die Maschine muß senkrecht stehen, damit der korrekte Wert gemessen wird und nicht alles Öl etwa gar auf der Meßseite zusammengelaufen ist. Maschine also zum Messen aufbocken und nicht auf den Seitenständer lehnen.
Der Motor sollte vor dem Messen mindestens fünf Minuten ruhig gestanden haben, damit auch alles Öl in die Ölwanne zurücktropfen konnte. Den Ölmeßstab wischt man mit einem sauberen Lappen ab, (Wisch-und-Weg-Tücher aus der Küche sind recht gut geeignet) und steckt erst dann den Stab in den Motor.
Zwischen der Maximum- und der Minimum-Marke ist eine Differenz von 0,85 Litern. Die gesamte Ölmenge im Motor beträgt nur 2,25 Liter (beim Wechsel mit Filterwechsel). Das bedeutet, daß Ölstand bei Minimum wirklich schon die Grenze ist, nicht weiterfahren, sondern auf jeden Fall erst mal Öl auffüllen.

Öle mischen?

Darf man verschiedene Öle mischen? Grundsätzlich uneingeschränkt ja, denn diese Mischbarkeit gehört zu den Basis-Vorschriften der Öl-Normen. In der Anfangszeit der vollsynthetischen Öle traten jedoch vereinzelt unerklärliche Motorschäden auf, so daß unser Rat dahin geht: Normale Ein- und Mehrbereichsöle sind mischbar. Spezialöle (Rennöle und synthetische) sind mit Vorsicht zu genießen.

Die Haftung

Wenn ein Schaden mal eingetreten ist, weil das Öl sich in der Ölwanne zu einer Paste zusammengemischt hat, werden nach unserer Erfahrung weder der Motorenhersteller noch der Ölfabrikant irgendeine Entschädigung zu zahlen bereit sein. Denn jeder schiebt die Schadenursache dem anderen in die Schuhe.
Ähnlich abweisend reagiert der Motorenhersteller auch, wenn sich im Motorenöl irgendwelche Zusatzmittel finden. Bei modernen Motorenölen sind Ölzusätze allein deshalb unnötig, weil diese Öle bereits die speziellen Wirkstoffe von Haus aus beigemischt bekommen. Notlaufeigenschaften sind zudem bei Ölmangel in Gleitlagermotoren so gut wie unwirksam, denn es darf gar keine metallische Reibung in den Lagern auftreten.

Wie Öl mitführen?

Einliter-Öldosen sind unpraktisch zum Mitnehmen für unterwegs. Halbliterdosen sind selten. Günstig ist sowieso, das Öl in 5-Liter Kanistern zu kaufen. Den Bedarf für die Reise in einen kleinen Plastik-Behälter einfüllen. Es eignen sich verschiedene Wasch-Spülmittelflaschen, die vor allem fest zuschraubbar sind. Vorher ausprobieren, ob die Flasche ölbeständig ist, also etwa einen Monat lang Öl drin lagern. Wird die Flasche weich, ist sie unbrauchbar.

Wie einfüllen?

Öl mit einem Trichter einfüllen. Das ist mühsam, denn durch den engen Trichter läuft das Öl nur sehr langsam. Ein Spezialtrichter läßt sich provisorisch durch Zusammenfalten einer Zeitung zu einer Art Tüte herstellen. Für die Werkstatt daheim lohnt sich ein Trichter aus einer Plastik-Flasche, deren Boden man abgeschnitten hat. Oben in den Rand ein Loch stechen, Flasche mit Bindfaden oben festbinden. Öl eingießen und abwarten.

Getriebe und Hinterachse

Für Getriebe und Hinterachsgetriebe werden Trichter mit ganz dünnem Rohr gebraucht. Zum Glück muß dort auch nur wenig Öl eingefüllt werden. Ölverluste treten im Normalfall weder am Getriebe noch am Hinterachsgetriebe auf. Eher schon zeigt sich beim Messen des Ölstands im rechten Schwingenholm zu geringer Ölstand. Zumeist ist das Öl dann ins Hinterachsgetriebe abgewandert. Und steht zuviel Öl im Holm, kommt das möglicherweise aus dem Getriebe. In diesen Fällen sind umfangreiche Reparaturen nötig.
Besonders bösartig ist, wenn Öl aus dem Hinterachsgetriebe in die Bremstrommel gelangt. Die Wirkung der Bremse ist dann gleich null. Wer nicht gelernt hat, mit der Handbremse ordentlich umzugehen, wird einen heißen Schrecken bekommen. Das Öl tritt durch einen defekten Dichtring aus, die Reparatur ist nicht allzu schwierig.

Ölwechsel Motor

Motoröl wird alle 7500 Kilometer gewechselt (siehe Inspektionstabelle). Getriebeöl, das Öl im Hinterachsgetriebe, im Schwingenholm und in der Telegabel ist alle 15000 Kilometer zu wechseln.
Motoröl wechseln außer der Reihe ist in folgenden Fällen angebracht:
1. Wenn der Motor neu zusammengebaut wurde, sollte nach 500 bis 1000 Kilometern das Öl erstmals gewechselt werden.
2. Wenn die Maschine über den Winter stillgelegt werden soll, muß vorher neues Öl eingefüllt werden. Völlig unnötig ist spezielles Korrosionsschutzöl, das ist nur für mehrjähriges Stillegen vorgesehen.
3. Wenn unter erschwerten äußeren Bedingungen gefahren wurde, etwa auf sehr staubiger Strecke. Das ist am Zustand des Luftfilters zu erkennen. Endurofahrer erleben das eher als reine Straßenfahrer.
4. Wenn immer nur im Kurzstreckenbetrieb gefahren wurde, wochenlang nur Stadtverkehr. Da empfiehlt es sich, zumindest einmal im Monat eine Tour über etwa 100 Kilometer zu unternehmen, damit der Motor richtig warm wird und die Chemikalien aus dem Kurzstreckenbetrieb (etwa schweflige Säure aus Kondenswasser und Durchblasegasen) aus dem Öl herausgekocht werden.
Weniger kritisch sind die anderen Ölwechsel. Getriebe, Schwinge, Hinterachsgetriebe und Telegabel sind derart in sich abgeschlossen, daß ihre Öle nur der normalen Alterung unterliegen.

Ölfärbung

Keinen Anhaltspunkt für die Notwendigkeit eines Ölwechsels gibt die Ölfarbe. Schon nach kurzer Betriebszeit ist auch das beste Motorenöl recht schwarz. Das gehört zu seinen guten Eigenschaften: Es soll Fremdstoffe in der Schwebe halten, damit sie sich im Ölfilter ablagern können.
Vor jedem Ölwechsel wird das Motorrad mindestens zehn Kilometer gefahren. Dann ist das Öl warm und dünnflüssig, so daß es leicht abläuft. Das gilt auch fürs Öl in Getriebe, Schwingenholm, Hinterachsgetriebe und Telegabel.

Motor-Ölwechsel praktisch

- Maschine aufbocken, so daß sie vorn hoch steht.
- Öl-Einfüllschraube mit Meßstab herausdrehen.
- Öl-Auffangwanne unter den Motor stellen.
- Ölablaßschraube am hinteren Ende der Ölwanne des Motors mit Ringschlüssel lösen, aber nicht völlig herausdrehen.
- Ärmel hochkrempeln, Ölablaßschraube mit den Fingern ganz herausdrehen. Festhalten.

Vorsicht, das Öl ist heiß. Deshalb die Hand so halten, daß der Ölschwall nicht über die Finger sprudelt. Das Altöl wird natürlich nicht in die Kanalisation gegossen. Heutzutage muß jeder, der neues Öl verkauft, auch die gleiche Menge Altöl zurücknehmen. Ablieferung bei der Tankstelle ist normalerweise kein Problem.

Vorsicht vor Schmutz

Ölablaßschraube nicht in den Sand legen, sondern mit sauberem, fusselfreien Tuch gleich abwischen. Ist eine Magnet-Ölablaßschraube verwendet, die Stahlsplitter sorgsam abwischen, die sich am Magneten festgesetzt haben. Wenn grobe Stahlteile dranhängen, ist es Zeit zum Sparen für eine größere Reparatur.
Die Ablaßschraube behält man am besten in der Hand, solange das Öl abläuft. Dann kann man nicht vergessen, sie wieder einzudrehen.
Der Sitz der Ablaßschraube an der Ölwanne wird saubergewischt, keinen Sand nach innen reiben. Wenn eine auswechselbare Dichtung vorgesehen ist, muß unbedingt eine neue Dichtung eingebaut werden.
Ölablaßschraube wieder eindrehen. Festziehen mit dem richtigen Gefühl oder besser mit Drehmomentschlüssel. Anziehdrehmoment 30 Nm oder 3 mkp.

Ölfilter

Bei jedem Ölwechsel soll auch der Ölfilter erneuert werden. Dazu den Filterdeckel rechte Motorseite vorn unten abnehmen. Drei M-6-Schrauben. Ölfilterelement mit Drahthaken herausziehen. Aufpassen auf Dichtringe. Es gibt Filter mit angeklebten O-Ringen und solche ohne, die letzteren erfordern extra neue O-Ringe.
Wer noch eine der älteren /5-Maschinen hat, der findet zum Beispiel unter dem Deckel des Ölfilters noch eine Papierdichtung. Dann kommt ein O-Ring und darunter eine Stahlscheibe. Das Mantelrohr des Ölfiltergehäuses ist dann auch nicht umgebördelt, sondern scharfkantig. Das Mantelrohr der nächsten Ausführung hat einen flachen Rand, auf dem der O-Ring satt aufliegt. Bei diesem Mantelrohr wird dann auch keine Papierdichtung unterm Deckel gebraucht.
Eine Sonderform des Ölfilters wird für R 100 RS und R 100 RT benutzt. Das Filterelement hat in der Mitte ein Gelenk, so läßt es sich besser einfädeln.

Vorsicht, Öl ist heiß. Ablaßschraube nicht fallenlassen. Hier Innensechskant.

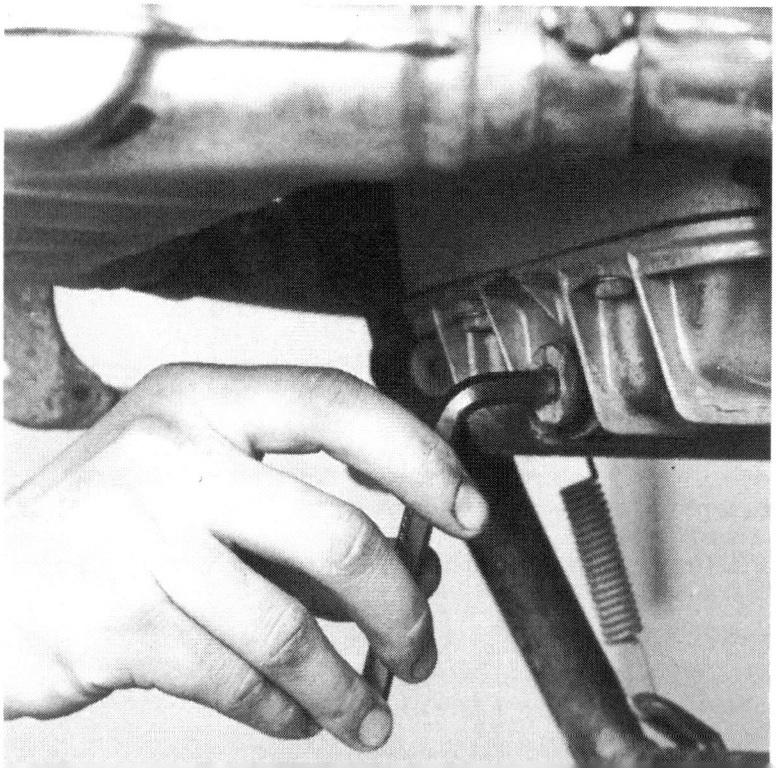

Die Schrauben vom Ölfilterdeckel sind schlecht zugänglich.

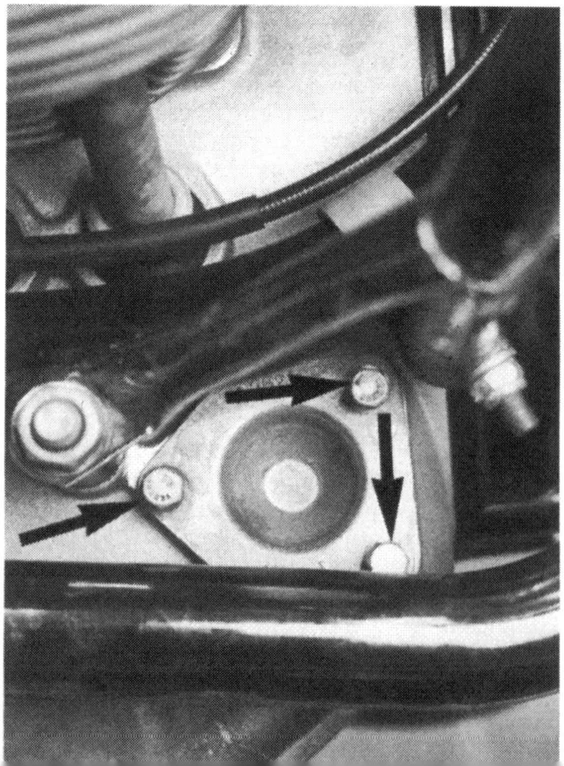

Ölkühler

Wenn die Maschine mit einem Ölkühler ausgerüstet ist, muß auch das Öl aus diesem Kühler abgelassen werden. Dazu ist eine spezielle Arbeitsschraube nötig, die eine Rückschlagventilkugel öffnet. Siehe unter »Ölkühler«.

Ölwechsel Getriebe

Ölstandkontrolle ist beim Getriebe einfach. Das Öl muß bis zu den untersten Gewindegängen der Einfüllschraube reichen. Das ist gut zu sehen.
Ölablassen wie beim Motoröl nur bei warmgefahrener Maschine. Auch die Einfüllschraube herausdrehen, sonst läuft das Öl unten nicht heraus.
Ablaßschraube mit neuem Dichtring eindrehen. Festziehen mit 26 Nm. Öl einfüllen bis zur Unterkante des Gewindes. Die Einfüllschraube mit 31 Nm festziehen. Beim Ölauffüllen ist Geduld nötig. Bedingt durch die kleine Öffnung fließen die 0,8 Liter sehr langsam.

Ölwechsel Schwingenholm

Die Ablaßschraube für das Öl im Schwingenholm liegt vorn unten am Hinterachsgetriebe, kurz hinter der Trennfuge zwischen dem Leichtmetallgehäuse und dem stählernen Schwingenholm. Hier tropft das Öl nur ganz zögerlich heraus, Einfüllschraube in gleicher Ebene oben am Gehäuse ebenfalls öffnen.
Die Ölmenge beträgt 0,15 Liter. Zum Prüfen steckt man einen Stab in die Einfüllöffnung. Der Stab stößt auf die Kupplungsglocke der Kardanwelle. Etwa zwei Millimeter Ölstand muß sich dann am Stab abgezeichnet haben.

Ölwechsel Hinterachse

Die Ablaßschraube für das Hinterachsgetriebe liegt am tiefsten Punkt des Gehäuses. Das ist bei allen Modellen gleich. Auch die Kontrollschraube hinten auf halber Höhe des Gehäuses ist stets gleich. Nur die Öleinfüllschraube ist unterschiedlich. Bei den R 45 , R65 und R 80 G/S zum Beispiel liegt sie ganz oben am Gehäuse, kombiniert mit der Entlüfterglocke. Bei den anderen Modellen hingegen ist dort oben nur ein einfacher Verschlußdeckel. Eingefüllt wird Öl durch die Kontrollöffnung.

Ölfilter mit Drahthaken herausziehen, Dichtringe beachten.

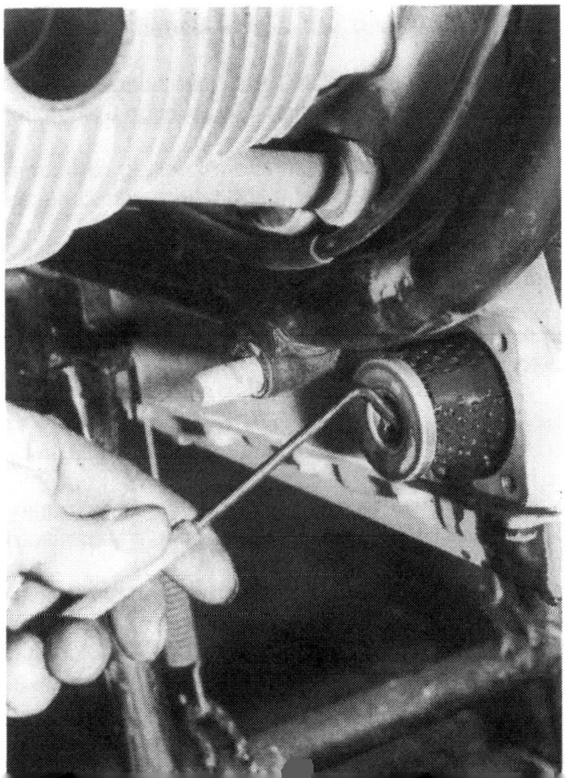

Öleinfüllen ist Geduldsspiel, Küchentrichter ungeeignet.

Zum Ablassen muß die Kontrollschraube ebenso wie die eigentliche Ablaßschraube herausgedreht werden. Die Ölfüllmengen sind bis 1980 immer 0,25 Liter, ab Modell 1981 werden 0,35 Liter vorgeschrieben. Gleich ist jedoch in jedem Fall: Die Gewindegänge der Kontrollöffnung müssen vom Ölspiegel gerade erreicht werden.

Ölwechsel Telegabel

Die verschiedenen Gabel-Konstruktionen erfordern ganz unterschiedliche Handgriffe zum Ölwechsel. Bei den ersten Modellen mit /5-Kennzeichnung ist zum Beispiel noch keine Methode zur Messung des Ölstands vorgesehen, ab den /7-Baumustern wird der Ölstand mit einem Draht erfühlt, der von oben eingesteckt wird. Runder Schweißdraht, etwa einen Meter lang, wird dazu benutzt.

Schwenksattel-bremse

Ölablassen bei Gabeln mit Schwenksattelbremse (/5 bis /7 und R 100 RS bis 1980):
Obere Deckschraube auf dem Gabelholm herausdrehen.
Gummikappe am unteren Ende des Gleitrohrs abnehmen.
Darunterliegende Mutter SW 13 ausschrauben, dabei die Schraube innen mit Sechskant-Stiftschlüssel SW 4 festhalten.
Beide Gabelgleitrohre nach unten ziehen, Öl ablaufen lassen.
Verschluß unten wieder zuschrauben, vorsichtig anziehen, damit die hohle Schraube nicht abgerissen wird.
Oben Öl einfüllen.
Jetzt Gabel mehrfach einfedern, nach etwa 10 Hüben ist der Stoßdämpfer entlüftet. Danach erst die obere Verschlußkappe wieder aufschrauben.

Festsattelbremse

Ölablassen bei Gabeln mit Festsattelbremsen:
Zuerst oben Einfüllschraube herausdrehen mit Sechskant-Stiftschlüssel SW 8. Bei R 45 und R 65 muß dazu zunächst die Instrumentenverkleidung abgenommen werden, zwei Kreuzschlitzschrauben und die Rundmutter am Zündschloß entfernen. Mit großem Gabelschlüssel die äußere Schraube festhalten, wenn die Innensechskantschraube herausgedreht wird.
Unten am Gleitrohr ist die Ablaßschraube herauszudrehen, sie hat Schlüsselweite 10 bei den R 45 und R 65 Modellen und sitzt direkt unterm Bremssattel. Bei den anderen Baumustern wird am unteren Gleitrohr-Ende eine außermittig sitzende Innensechskantschraube herausgedreht.

Ölstand-Prüfung

Ölstand-Prüfung allgemein grundsätzlich bei aufgebockter Maschine und voll ausgefedertem Vorderrad. Ölfüllmengen gelten jeweils für einen Gabelholm.
Ölstand-Prüfung bei /7 bis R 100 RS von 1976: Draht von oben einführen. Ölspiegel darf höchstens 437 Millimeter unterhalb der Planfläche des Sechskantes vom oberen Federlager stehen. Ölfüllmenge 0,280 Liter wenn die Gabel völlig zerlegt war, 0,265 Liter bei normalem Ölwechsel.
Ölstand-Prüfung R 80/7 bis R 100 RS Baujahr 1978 bis 1980: Draht von oben bis zum Anschlag einführen, Ölstand muß zwischen 30 und 60 Millimeter betragen. Ölfüllmenge bei Ölwechsel 0,265 Liter, nach Zerlegen 0,28 Liter.
Ölstandprüfung für R 80 G/S und R 80 ST: Draht bis zum Anschlag eintauchen. Ölstand 300 bis 305 Millimeter bei der G/S, Ölstand bei der ST zwischen 20 und 50 Millimeter. Ölfüllmenge bei R 80 G/S 0,22 Liter, bei R 80 ST 0,19 Liter.
Ölstandprüfung bei R 45 und R 65: Draht bis zum Anschlag einführen, Ölstand am Draht 20 bis 50 Millimeter. Ölfüllmenge bei Neufüllung oder Ölwechsel jeweils 0,19 Liter.

Motor-Ölverbrauch

Motorenöl wird im Laufe der Betriebszeit des Motors mit verbrannt. Zwar sind es immer nur winzige Spuren, die an den Ventilen entlang und an den Kolbenringen vorbei in den Brennraum gelangen, aber sie summieren sich auf.
Auf den Ölverbrauch wirkt sich übrigens das Lecköl, das etwa an den Zylinderfüßen austritt oder in der Wanne unterhalb der Trennfuge zwischen Motor und Getriebe zusammenläuft, fast überhaupt nicht aus. Diese Mengen sind zu gering. Doch gerade das Sabber-Öl unter der Trennfuge deutet darauf hin, daß die Dichtung

zwischen Kurbelwelle und Motorgehäuse undicht ist. Gelegentlich hat auch der Wellendichtring der Getriebe-Eingangswelle ausgedient. In diesen beiden Fällen sind größere Reparaturen nötig, aber nicht eilig, solange die Kupplung noch nicht bei hoher Last durchrutscht.
Ein gesunder Motor verbraucht etwa 0,3 bis 0,5 Liter Öl auf 1000 (tausend) Kilometer. Auch wenn der Verbrauch bis auf einen Liter auf tausend Kilometer steigt, ist das noch tolerierbar. Was darüber ist, deutet allerdings auf Schäden hin.

Ursachen

Das können zum Beispiel verschlissene Ventilführungen sein. Das Öl gelangt dann zwischen Ventilschaft und Ventilführung in den Brennraum. Bei BMW-Motoren ist aber meist Verschleiß an den Kolbenringen für hohen Ölverbrauch verantwortlich. Das heißt also: Sobald der Motor mehr als einen Liter Öl auf tausend Kilometer Laufstrecke verbrennt, sollten die Zylinder und Kolben untersucht und vermessen werden.
Ölverbrauch gleich null gibt es bei Motorradmotoren nicht. Bei Automobilmotoren tritt gelegentlich im Winterbetrieb Ölverdünnung durch Kraftstoff auf, der an den Zylinderwänden entlang ins Kurbelhaus gelangt ist. Dadurch wird dann korrekter Ölstand vorgespiegelt. Dem Autor ist dieser Effekt an Motorrädern noch nicht bekannt geworden.

Ölverbrauch messen

Am einfachsten ist, wenn der Fahrer genau Buch führt. Dann läßt sich aus den Öl-Nachfüllmengen und den Kilometerzahlen gelegentlich mal ein Durchschnittsverbrauch herausrechnen. Wissenschaftlicher wäre, mit neuer Ölfüllung einmal tausend Kilometer zu fahren, danach Öl abzulassen und die Ölmenge genau abzumessen.

Andere Schmierstellen

Seilzüge vertragen gelegentlich Ölschmierung, auch die Gelenke von Schalt- und Bremsgestänge sind für Öltröpfchen dankbar. Handhebel-Gelenke sollen ebenso geschmiert werden. Und natürlich wird jede Schraube beim Zusammenbau nicht nur gereinigt, sondern am Gewinde auch leicht eingeölt. So ist der Hinweis, ausgeleerte Öldosen noch eine Nacht überkopf in eine Auffangschale zu stellen, angebracht. Da fließt noch genug Öl für die kleinen Schmierereien heraus.

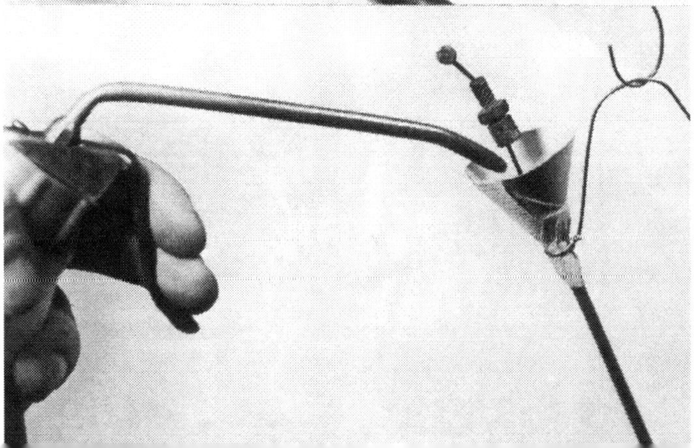

Bild oben: Oft wird vergessen, den Seilnippel im Kupplungshebel zu schmieren. Dazu Hebelabdekkung und Spiegel lösen, Gelenkbolzen ausdrehen. Der Nippel ist von unten erreichbar, also den Hebel umdrehen. Auch der Gelenkbolzen muß geschmiert werden. Bild unten: Einfache Methode, Seilzüge mit Öl durchzuspülen. Das erfordert aber Geduld, ist eine typische Arbeit für die Winterpause.

Training für Boxer

Eine gute Nachricht für jene, die Hand an den Motor legen wollen: Für den noch weniger Erfahrenen ist der Einstieg in die Materie speziell bei BMW-Boxer-Motoren relativ einfach.

Zylinderköpfe

Die beiden Zylinderköpfe liegen geradezu einladend gut zugänglich. Und auch die anderen Arbeiten sind mit recht wenig Spezialwerkzeugen zu schaffen, sogar bis zur vollständigen Motor-Reparatur.
Voraussetzung für alle Arbeiten ist aber selbstkritische Beobachtung. Schludrigkeit hat der Besitzer der Maschine nicht nötig, er ist nicht unter Zeitdruck wie ein Werkstattmonteur. Lieber zweimal nachsehen, sich selbst mehrfach kontrollieren, als durch simple Vergeßlichkeit den Motor kaputtschrauben. Lieber einmal vor einer zu komplizierten Arbeit zurückschrecken als blind drauflos wüten und mit schlechtem Werkzeug mit Gewalt improvisieren.

Ventilspiel einstellen

Klein anfangen: Inspektionsarbeit Ventilspiel einstellen:
Gebraucht wird nur das Bordwerkzeug. Vor der Arbeit neue Ventildeckeldichtungen beschaffen.
Grundsatz: Der Motor muß kalt sein. Zwei Stunden ist etwa die richtige Abkühlzeit.

- Baujahre bis 1981: Ventilspiel muß für das Einlaßventil 0,1 (bis 1000 Kilometer 0,15) mm, für das Auslaßventil 0,15 (bis 1000 Kilometer 0,2) mm betragen.
- Baujahre ab 1981: Ventilspiel Einlaß 0,1 (bis 1000 km 0,15), Auslaß 0,2 (bis 1000 km 0,25) Millimeter.
- Modelle R 45 und R 65: Einlaß 0,10 (bis 1000 km = 0,15); Auslaß 0,2 (bis 1000 km = 0,25) Millimeter
- Ölauffangschale unter den Zylinderkopf stellen.
- Ventildeckel abnehmen. Dazu zwei M-6-Muttern vorn und hinten hinter den Zylinderkopfrippen losdrehen, eine Hutmutter in der Mitte des Ventildeckels abschrauben.
- Löst sich der Deckel nicht mit Handkraft, leichte Schläge mit dem Kunststoffhammer von oben nach unten an den Rand des Deckels geben. Nicht die Rippen treffen.
- Ventildeckel-Dichtung sanft abnehmen. Ist sie nicht zerrissen, kann sie für Notfälle aufbewahrt werden.
- Kurbelwelle so drehen, daß im Zylinder, dessen Ventile eingestellt werden sollen, der Kolben auf Zündungs-OT steht. Dazu Lichtmaschinendeckel vorn am Motor abnehmen (drei Schrauben mit Innensechskant), Zündkerzen herausschrauben. Schauloch-Gummistopfen linke Motorseite neben dem Öleinfüllstutzen herausziehen. Schlüssel an Kurbelwellenende (Lichtmaschine) ansetzen und Kurbelwelle von vorn gesehen im Uhrzeigersinn drehen, bis im Schauloch die Markierung OT zu sehen ist. Beide Ventile des einzustellenden Zylinderkopfes sind dann geschlossen. Anhand der Ventilbewegung während des Drehens der Kurbelwelle ist zu beobachten, wie das Einlaßventil langsam schließt.

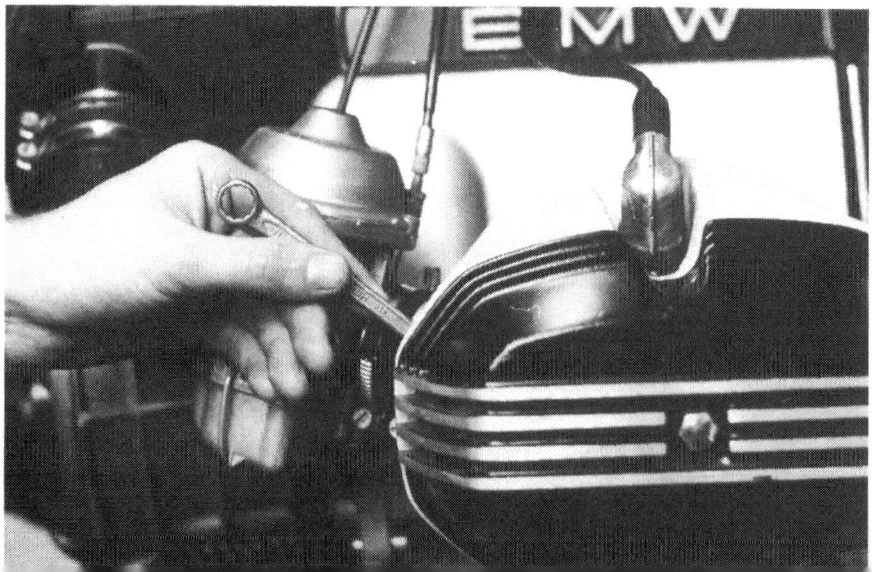

Vor dem Lösen der Muttern eine Ölauffangschale unterstellen. Beim Zusammenbau erst die mittlere Hutmutter anziehen, dann die beiden äußeren M 6 Muttern.

Lichtmaschinendeckel und Ventildeckel sind weg, jetzt noch die Kerzen ausschrauben und die Kurbelwelle auf den Zündungs-OT stellen.

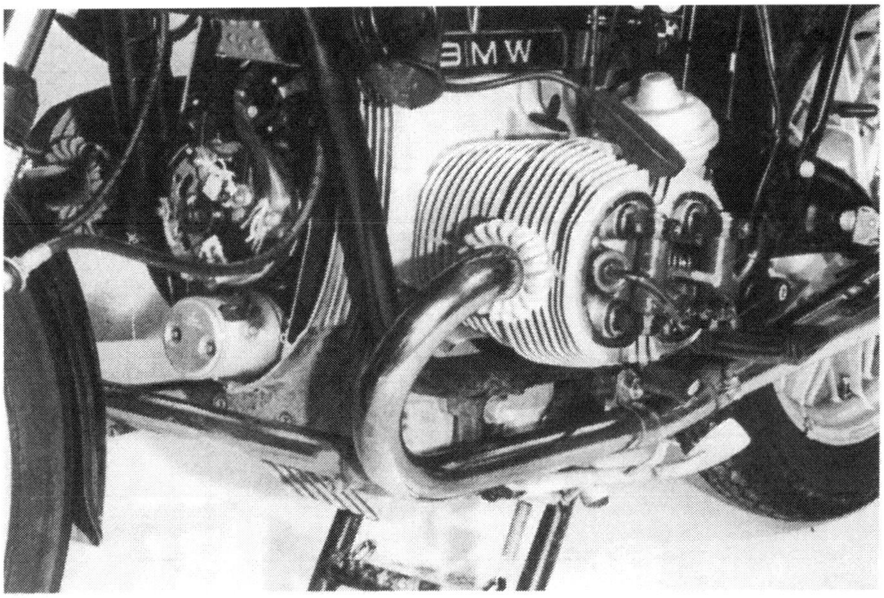

● Beide Kipphebel liegen jetzt lose auf den Ventilschäften auf. Zwischen dem Kipphebelfinger und dem Ventil wird mit dem schmalen Blechstreifen der Fühlerlehre gemessen, ob genug Zwischenraum (Ventilspiel) vorhanden ist. Die Lehre, die sich mit leichtem Druck zwischen Ventil und Kipphebel hindurchschieben läßt, zeigt das vorhandene Spiel.
● Ist der gemessene Wert falsch, muß das Spiel neu eingestellt werden.
● Kontermutter am Kipphebel ein wenig lösen, Einstellschraube verdrehen. Dabei Fühlerlehre in Position halten. Nicht die Einstellschraube fest anziehen, sondern nur sanft bis zur Berührung der Fühlerlehre drehen. Einstellschraube in dieser Stellung festhalten. Kontermutter anziehen (2 mkp oder 20 Nm).
● Spiel nochmals messen und wenn nötig neu einstellen.

Nach dem Ventil-Einstellen

Sind alle vier Ventile beider Zylinderköpfe eingestellt, Motor einige Male durchdrehen. Dazu ausgeschraubte Kerzen an Kerzenstecker anbringen und an Masse legen, Zündung einschalten und Motor mit Anlasser drehen. Maschinen mit Kickstarter werden mit diesem ohne Zündung durchgedreht. Kolben auf Zündungs-OT stellen, Ventilspiel nochmals kontrollieren.
Dichtflächen für den Ventildeckel mit benzingetränktem Lappen ölfrei sauberwischen. Dichtung auflegen. Ventildeckel aufstecken.

Ventildeckel verschieden

Achtung: Bei neueren BMW-Modellen sind die Ventildeckel links und rechts unterschiedlich. Sie sind im Innenraum mit »links« und »rechts« bezeichnet. Zentrale Befestigungsschraube ansetzen und mit Handkraft locker anziehen. Beide M-6-Muttern mit Unterlagscheiben ansetzen. Beim Festziehen zuerst die Zentralmutter, dann die beiden kleinen anziehen.
Jetzt können die Kerzen wieder eingeschraubt und der Lichtmaschinendeckel befestigt werden. Schauloch-Abdeckstopfen nicht vergessen.

Linkes Bild: Beim Pfeil den Sechskant-Stiftschlüssel ansetzen, Kurbelwelle im Uhrzeigersinn drehen, sonst wird nur die Schraube gelöst. Rechtes Bild: Mit dem 12er Schlüssel verstellen, so daß die Fühlerlehre sanft gedrückt wird. Dann mit der Mutter oberhalb des Kipphebels kontern, also diese Mutter gegenziehen, während die Einstellschraube festgehalten wird.

Linkes Bild: Der alte Kipphebel-Satz hatte noch eine Wellscheibe für den Ausgleich des seitlichen Spiels. Diese drückte sich aber leicht zusammen. Rechtes Bild: Neu ist die Verwendung von Ausgleichsscheiben zur Fixierung des Seitenspiels von 0,3 bis 0,7 mm.

Es klappert trotzdem

Wenn bei der Probefahrt trotz korrekt eingestellten Ventilspiels weiterhin ein Klappern aus dem Bereich der Zylinderköpfe zu hören ist, kann die Ursache dafür in zu weitem seitlichem Spiel der Kipphebel liegen. Bei den ersten Motoren mit Gleitlager-Kurbelwelle (R 50/5 bis R 75 /5) wurde zur Ausrichtung der Kipphebel-Lagerböcke bei der Montage noch eine Vorrichtung verwendet. Doch inzwischen gibt es eine Lager-Ausführung, die konstruktiv geräuscharm ist, weil eine Kunststoff-Anschlagbuchse hartes Anlaufen des Kipphebels verhindert. Geräusche können jetzt nur noch durch zu großes seitliches Spiel der Kipphebel auf ihren Achsen entstehen.

Kipphebelspiel

Zur Kontrolle bei abgenommenem Ventildeckel Kolben auf OT stellen wie beim Ventilspieleinstellen, dann mit Fühlerlehre das seitliche Spiel zwischen Kipphebel und Lagerbock messen. Es darf 0,03 bis 0,07 mm betragen. Eine 0,05er Lehre muß also in den Spalt passen, eine 0,10-Lehre darf nicht mehr passen. Bei den R 45 und R 65 Modellen heißt es: spielfrei, aber leicht beweglich.

Distanzscheiben

Ist zuviel Spiel vorhanden, kann es durch Distanzscheiben ausgeglichen werden. Diese Scheiben sind gehärtet und auf genaues Maß geschliffen, es können also nur original-Ersatzteile verwendet werden, keine Normteile. Die Teilenummern der Distanzscheiben:

11 33 1 337 720 = 0,2 mm
719 = 0,25 mm
718 = 0,3 mm
721 = 0,35 mm

Diese Scheiben sind bei Motoren ab 1976 nachträglich mit den entsprechenden Kipphebeln und den neuen Lagerböcken einzubauen. Die Lagerböcke sitzen auf Scheiben mit großem Umfang, damit sie nicht in das Material des Zylinderkopfes hineingedrückt werden können. Frühere Lagerböcke (bis 1985) saßen auf eingezogenen Buchsen, was sich in einzelnen Fällen nicht so gut bewährte. Umbau der Köpfe mit Buchsen auf

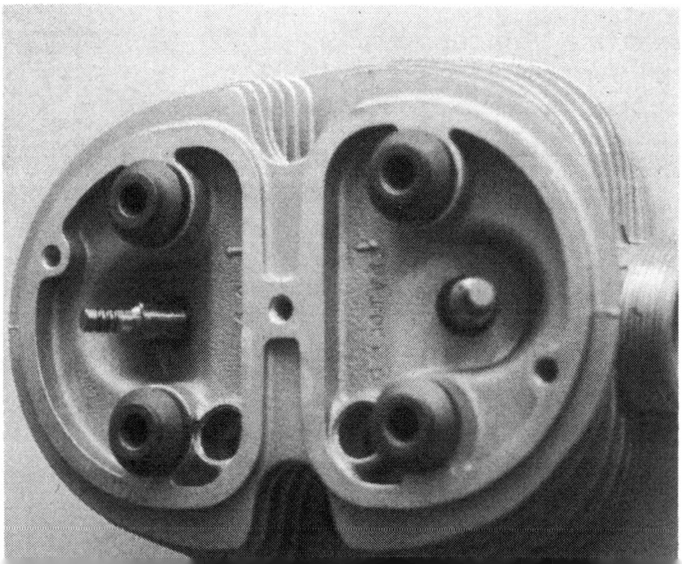

Linkes Bild: Alte Auflagefläche für den Kipphebelbock durch eingepreßte Buchse mit oben angesetzter, breiter Scheibe. Rechtes Bild: Neue Auflagefläche für den Kipphebelbock durch eine einfache dicke Scheibe, die nur untergelegt wird.

die neue Bauart mit Scheiben ist nicht möglich. Aber für die alten Köpfe werden noch Buchsen geliefert. Die neuen Kipphebellagerböcke haben die Teilenummern 11 12 1 337 867, die neuen Kipphebel haben die Nummern 11 33 1 337 713 für den Kipphebel I und 11 33 1 337 715 für den Kipphebel II.

Kipphebel-Lagerung

Ein Trick ist mit den neuen Kipphebellagern verbunden. Die Achsen haben schräg gebohrte Ölbohrungen. Also müssen sie genau ausgerichtet sein, damit das Öl fließen kann. An den Stirnseiten der Kipphebelachsen ist jeweils ein Körnerpunkt angebracht. Der muß nach oben zeigen, also von der Kurbelwelle weg.
Wer ganz sicher gehen will, der nehme die Kipphebellagerung soweit auseinander, daß er die Bohrung der Achse und den Ölfluß erkennen und nachvollziehen kann. Verstehen ist besser als auswendig lernen.
Eine weitere Geräuschdämpfungsmaßnahme ist jederzeit auf die älteren Modelle übertragbar. Zwischen die Kühlrippen des Zylinderkopfes werden Stopfen aus Silicongummi eingepreßt, und zwar zwischen die zweite und dritte, die vierte und fünfte und die sechste und siebente Rippe. Sie sollen etwa 37 mm von der Mitte nach vorn und hinten entfernt sein und etwa in der Mitte der Kühlrippenfläche satt festsitzen.

Motor-Geräuschkunde

Wenn Ventilspiel und Kipphebelspiel stimmen, außerdem die Gummistopfen das Schwirren der Rippen verhindern, dann sollte der Motor klapperfrei ruhig laufen. Anderenfalls muß nach den Ursachen des Lärms gesucht werden.
Die einzelnen Geräuschquellen im Motor sind auch für den Fachmann gelegentlich schwierig auseinanderzuhalten. Deshalb können hier auch nur Anhaltspunkte gegeben werden. Schließlich ist ein Geräusch auch mit noch so klugen Worten kaum einwandfrei zu definieren.

Ticken

Ticken wird es genannt, wenn zum Beispiel das Ventilspiel zu groß ist. Zu hören ist in diesem Falle das Aufschlagen des Kipphebels auf den Ventilschaft. Es ist ein sehr gleichmäßiges Geräusch, das mit der Drehzahl schneller wird. Auch zu großes seitliches Spiel der Kipphebel klingt so.
Ähnlich hört sich auch vergrößertes Spiel der Kolbenringe in den Ringnuten an. Unterscheidung ist möglich, wenn der Horcher etwa einen Schraubenzieher an den Schädelknochen neben dem Ohr anlegt und das andere Ende entweder an den Zylinderkopf hält oder an die Rippen des Zylinders selbst. Auf diese Weise wird deutlich, ob das Geräusch vom Kopf oder aus der Gegend des Zylinders (also von den Kolbenringen) stammt.

Unregelmäßiges Ticken

Es hört sich an wie zuviel Ventilspiel, tritt aber nicht im Takt der Verbrennungen auf, sondern nur sporadisch. Wenn etwa bei gleichbleibender Drehzahl nur ab und zu ein Ticken hörbar wird, dann besteht die Gefahr, daß ein Ventilsitzring im Zylinderkopf locker ist. Mal liegt er satt auf seinem Sitzgrund auf, mal rutscht er ein paar Hundertstel Millimeter heraus. Ein sehr heikler Schaden, der gar nicht so selten ist.

Ticken am Zylinderkopf

Ticken aus der Gegend des Zylinderkopfes bei gleichzeitig hohem Ölverbrauch (über 0,8 Liter auf 1000 Kilometer). Dann ist das Geräusch auf zu großes Spiel der Ventile in den Ventilführungen zurückzuführen.
Etwas deutlicher ist das Ticken von klopfender Verbrennung zu erkennen. Vor allem tritt es nur beim Beschleunigen auf, etwa wenn aus niedriger Drehzahl kräftig Gas gegeben wird. Zündzeitpunkt überprüfen, vielleicht ist das Benzin auch nicht gut genug (etwa im Ausland), so daß der Zündzeitpunkt um rund drei bis fünf Grad Kurbelwinkel zurückgenommen werden muß.

Klopfen

Sogenanntes Hochgeschwindigkeitsklopfen ist auf dem Motorrad überhaupt nicht zu hören, weil es immer von Fahrgeräuschen übertönt wird.

Klappern

Klappern nennt man den Lärm, den verschlissene Kolben in den Zylindern veranstalten. Auch das ist mit der Schraubenziehermethode zu identifizieren.

Rasseln

Rasselndes Klappern kommt gelegentlich aus dem Raum des Nockenwellen-Antriebs, nämlich von der Steuerkette. Sie ist durch eine unter Öldruck stehende Schiene gespannt. Und wenn der Öldruck ausfällt (zu

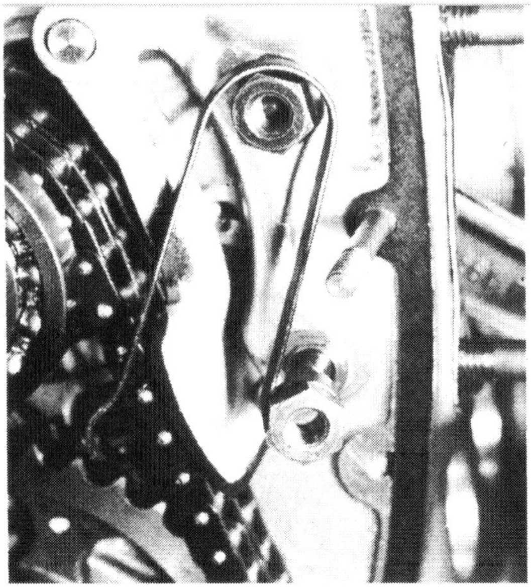

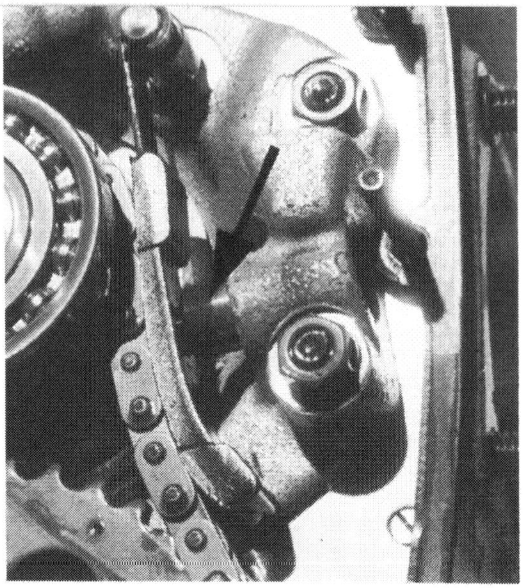

Linkes Bild: Die alte Duplex-Steuerkette wurde mit einer einfachen Schenkelfeder für die Spannschiene gebändigt. Rechtes Bild: Neu ist die Simplex-Steuerkette mit Spannschiene unter Druck von einem federbelasteten Kolben (Pfeil), an dessen Rückseite Motoröl ein Hydraulikpolster bildet.

wenig Motoröl, nicht schließendes Überdruckventil) oder der kleine Druckkolben aus irgendeinem Grund klemmt, läuft die Steuerkette zu locker. Das rasselt.

Ähnlich können Geräusche aus dem Getriebe klingen. Dann aber ist die Diagnose etwas einfacher. Wenn der Leerlauf eingelegt und die Kupplung gezogen wird, müßte der Lärm aufhören. Zudem machen sich Getriebeschäden eher durch schlechte Schaltbarkeit bemerkbar als durch Geräusche.

Poltern

Poltern ist das teuerste außerplanmäßige Geräusch aus dem Motor. Je nach Lautstärke ist dann die Kurbelwellenlagerung mehr oder weniger ausgelaufen. Das geschieht aber äußerst selten unter normalen Betriebsbedingungen, sondern praktisch nur dann, wenn einmal der Ölstand unter die Minimum-Marke gesunken ist und nicht schleunigst Motoröl aufgefüllt wurde.

Besondere Geräusche

Sie deuten stets auf besondere Schäden hin. Ein Beispiel aus eigenem Erleben: Bei einem Überholvorgang wurde der Motor im dritten Gang überdreht, weil der Überholte sittenwidrig auch beschleunigte. Dabei gab's dann einen deutlich hörbaren Knall, der Motor lief mit mahlenden Geräuschen aber weiter, auch der nächste Gang konnte eingelegt werden. Sobald das Gas weggenommen wurde, kam ein schreckliches Klappern aus dem rechten Zylinder. Beim Gasgeben war es gleich wieder weg. Der Weg bis zur Werkstatt wurde dann mit wenig Gas und meist gezogener Bremse gefahren, damit das Klappern nicht zu sehr auf die Nerven ging. Beim Abnehmen des rechten Zylinders fielen dann in der Werkstatt die Reste des rechten Kolbens heraus. Er war genau in Bolzen-Ebene abgerissen. Das Oberteil wurde beim Gasgeben durch die Verbrennungskräfte immer wieder auf den Bolzen gedrückt, während es beim Gaswegnehmen sehr viel Freiheit hatte.

Mit einem heftigen Knall beginnt ein anderer Schaden. Wenn durch Überdrehzahl oder Alterung ein Ventilteller abreißt, bleibt der Motor meist mit einem Knall blitzartig stehen. Nur selten ist er dann durch Lahmlegen des einen Zylinders noch als Einzylinder wieder zum Laufen zu bringen.

Pleuelbruch. Wer großes Glück hat, kann nach Abbau des Pleuelrests noch mit einem Zylinder etwas weiterfahren. Wegen der Bruchstücke im Motor ist das aber nie zu empfehlen. Falls im Zuge einer Generalreparatur auch ans Auswechseln der Pleuel gedacht ist (es gab eine Serie, in der gelegentlich Brüche auftraten) ist am besten zu der neuesten Pleuelausführung zu raten.

Soweit die kurze Lärm-Schule. Sie nennt verschiedene Anlässe dafür, den Zylinderkopf abzubauen, um einen Schaden zu suchen und zu beheben.

Ventile wechseln

Außer den genannten Gründen ist noch eines gut zu wissen: Wer sehr sportlich stets in den oberen Drehzahlbereichen fährt, tut gut daran, die Ventile etwa alle 35000 Kilometer einfach auf Verdacht zu wechseln. Denn das tun die Wettbewerbsfahrer auf BMW-Motorrädern auch, um das Risiko zu verringern, daß ein Ventilteller abreißt.
Nach dieser Laufzeit sind selbstverständlich auch die Ventilführungen zu wechseln. Denn sie sind oft an Ventilschäden schuld. Bei zu großem Spiel in der Führung wird der Ventilteller einseitig auf den Sitz zurückgeholt. So biegt sich der Schaft um einen winzigen Betrag (das Ventil ist ja im Betrieb rotglühend), bevor der Teller richtig aufsitzt. Diese ständige Biegebeanspruchung führt je nach Fahrweise eben früher oder später zum Bruch. Das ist nicht nur bei BMW-Motoren der Fall, sondern auch bei anderen Marken, wenn die Ventile mit Kipphebeln betätigt werden. Die Kipphebel üben einen minimalen seitlichen Druck auf den Ventilschaft aus, der die Führung oval verschleißen läßt – mit den beschriebenen Folgen fürs Ventil.

Zylinderkopf überholen

Gebraucht wird außer dem Bordwerkzeug noch als Spezialwerkzeug der Schlüssel für die Auspuff-Sternmuttern (käuflich für rund 50 Mark unter anderem bei Firma Detlev Louis, Postfach 26 16 52, 2000 Hamburg 26) und ein Drehmomentschlüssel.
Ersatzteile je nach Diagnose, dazu auf jeden Fall Auspuff-Dichtungen, Zylinderkopf und Zylinderfußdichtungen und die Ventildeckel-Dichtungen.
Zusätzlich sollten Schaber zum Auskratzen der Ölkohle aus dem Brennraum, hitzefeste Montagepaste für die Auspuff-Sternmuttern, Ventilschleifpaste, Schleifquirl dazu, und ein Werkzeug zum Ausbauen der Ventile zur Hand sein.
Weitere nötige Werkzeuge werden bei den entsprechenden Arbeiten erwähnt. Dort steht dann auch, ob es sich lohnt, die Arbeit selbst zu machen, oder ob sie besser der BMW-Werkstatt überlassen bleibt.

Kopf abnehmen

- Vergaser abbauen und seitlich festbinden.
- Auspuff-Überwurfmuttern (Sternmuttern) abschrauben.
- Kerzenstecker abziehen, Kerzen ausschrauben.
- Ventildeckel abbauen.
- Kipphebellager-Befestigungsmuttern losdrehen, Kipphebelböcke abnehmen und mit der jeweils dazugehörenden Stoßstange gemeinsam ablegen. Bezeichnen für den späteren Zusammenbau.

Schaber fürs Sauberkratzen der Brennräume lassen sich aus alten, stumpf gewordenen Feilen zurechtschleifen. Die rundliche Form (rechts) ist für den Brennraum bestens geeignet, die gerade Form ist für die Dichtflächen. Kein Leichtmetall-Material abschaben, sondern nur die Ablagerungen.

● Zwei Muttern oben und unten am Zylinderkopf losdrehen (oben hinter der Zündkerze und unten ebenfalls mittig).
Der Zylinderkopf klebt jetzt nur noch durch die Dichtung am Zylinder. Mit dem Kunststoffhammer von oben und von unten gegen die Rippen des Zylinderkopfes schlagen. Rippen dabei nicht abbrechen. Hand unter den Kopf halten. Kopf vorsichtig abziehen, damit der Zylinder nicht mit heruntergezogen wird.
Die Zylinderkopfdichtung ist auf jeden Fall unbrauchbar geworden, nicht aufbewahren.

Kopf reparieren

Ventile ausbauen. Dazu muß die Ventilfeder etwas zusammengedrückt werden, damit die beiden kegeligen Keilchen zwischen Ventilschaft und Federteller herausgenommen werden können. Für diese Arbeit gibt es fertige Vorrichtungen von verschiedenen Werkzeug-Herstellern, (siehe Anschriftenliste im Anhang des Buches). Einfache Improvisation ist mit einer Schraubzwinge und einem Rohrstückchen (siehe Zeichnung) möglich. Das Rohrstück wird auf den Ventilfederteller gesetzt, offene Seite zum Teller. Das feste Ende der Schraubzwinge liegt auf dem Rohrstück, der runde Teller an der Spindel der Schraubzwinge drückt im Brennraum gegen das Ventil.
Wenn die Ventilfeder ein wenig zusammengedrückt ist, können die beiden Keilchen mit einem kleinen Schraubenzieher oder mit der Reißnadel herausgehebelt werden. Schraubzwinge langsam entspannen.
Wichtig ist, daß die Schraubzwinge und das Rohrstückchen stets mit einer Hand etwas festgehalten werden, damit die Zwinge nicht abrutscht. Keine Angst, selbst wenn sie abrutscht, fliegt die Ventilfeder dennoch nicht wild heraus, soviel Spannung hat sie nicht. Ventilfeder abnehmen und mit dem Federteller und den beiden Keilchen in extra Schachtel legen, bezeichnen, zu welchem Zylinder das Ventil gehört.

Wie sind die Ventilsitze?

Sind die Ventile ausgebaut, werden die Ventilsitze im Zylinderkopf beurteilt. Wichtig ist, daß die Sitzfläche ein gleichmäßiger Kreisring ist, daß sie keine eingebrannten kleinen Löcher hat, und daß sie vor allem nicht zu breit ist. Bis 1,5 mm Breite sind zulässig.
Nacharbeit durch Einschleifen ist möglich, wenn die Einbrandstellen in der Sitzfläche nur winzig klein sind, oder wenn die Sitzfläche nur gleichmäßig geschwärzt aussieht.
Eine zu breite Sitzfläche muß auf Maß gefräst werden. Dazu gibt es spezielle Ventilsitzfräser. Diese Werkzeuge sind aber für nur gelegentliche Reparaturen zu teuer, Nachfräsen ist also Werkstatt-Arbeit.
Ebenso muß der Kopf in die Werkstatt, wenn die Ventilsitze nicht plan sind, wenn also der Ventilteller eingeschlagen ist. Auch lose Ventilsitze sind in der Heimwerkstatt kaum auszuwechseln.

Ventil einschleifen

Ist das alte Ventil noch in Ordnung, kann es auf den Ventilsitz eingeschliffen werden. Ventilteller mit Schaber sehr sauberkratzen. Kein Schmirgelleinen nehmen. Dann etwas Öl auf den Ventilschaft tropfen, etwas Schleifpaste (erst grob, später fein) auf den Ventilteller streichen, Saugnapf des Drehquirls auf den angefeuchteten Ventilteller quetschen, Ventil in Führung stecken und am Quirl drehen.

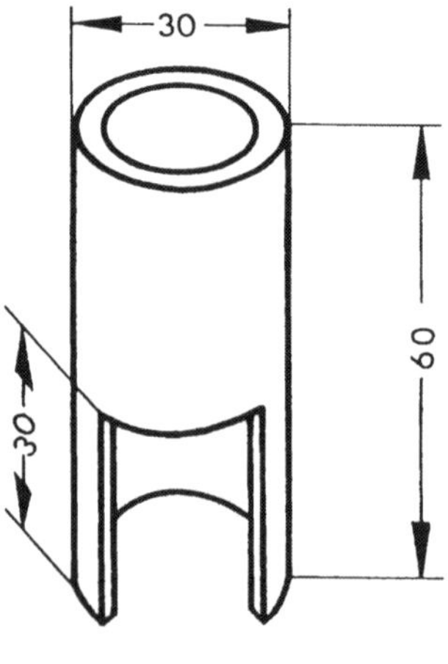

Linkes Bild: Schraubzwinge mit kurzem, ausgeschnittenen Rohrstück zum Zusammendrücken der Ventilfeder. Ein zarter Hammerschlag auf den Federteller löst die Halteкeilchen der Ventile, die dann mit Pinzette oder kleinem Schraubenzieher hervorgeholt werden.
Rechts: So wird das Rohrstück zurechtgesägt.

Wer glaubt, das Einschleifen mit der schnellaufenden elektrischen Bohrmaschine sei weniger mühsam als das ständige Quirlen mit der Hand, der irrt. Es kommt nämlich darauf an, daß das Ventil beim Drehen nicht nur in eine Richtung, sondern stets hin und her bewegt wird. Zum anderen muß man gelegentlich das Ventil etwas anheben, damit neue Schleifkörner auf die Fläche gelangen. Dabei ist sehr gut fühlbar, wenn das Schleifmittel nicht mehr richtig greift.
Mit der mechanischen Kurbel-Handbohrmaschine und einem auf eine kleine Welle geklebten Saugnapf läßt sich diese Arbeit noch ein wenig beschleunigen, ist bequemer als die Handhabung des Quirls.
Der Ventilsitz muß am Ende der Arbeit gleichmäßig grau sein, er muß gleichmäßige Breite haben und vor allem dicht sein.

Dichtheit prüfen

Ventil und Ventilsitz sehr sauber wischen. Ventil in die Führung stecken und mit dem Daumen gegen seinen Sitz drücken. Zylinderkopf so drehen, daß der Kanal (Ansaug oder Auslaß) nach oben offen ist. Dann in den Kanal etwas Benzin gießen. Das Benzin darf nicht in den Brennraum hineinsickern. Ventile zu dieser Prüfung nicht mit der Ventilfeder gegen den Sitz spannen, Handdruck muß genügen.

Zylinderkopf reinigen

Im Brennraum hat sich im Lauf der Betriebszeit Ölkohle abgelagert. Mit einem Schaber muß sie entfernt werden, denn Ölkohle kann zum Beispiel zu Glühzündungen führen. Vielfach wird empfohlen, für diese Arbeit einen Schaber aus Kupfer oder ähnlichem, nicht allzu harten Material zu wählen. Erfahrungsgemäß ist aber die angebackene Ölkohle zu hart, sie erfordert einen scharfen Schaber aus hartem Stahl. Die Besorgnis, man könne die Leichtmetall-Oberfläche des Brennraums zu sehr furchen, ist unbegründet, wenn der Schaber schön rund geschliffen ist, selbst also keine Kanten hat (siehe Bild).
Ohne Schaber sollte die Dichtfläche zwischen Zylinderkopf und Zylinder gereinigt werden. Dichtungsreste werden mit speziellem Lösungsmittel zuerst eingeweicht, dann lassen sie sich mit dem Fingernagel wegkratzen. Die Dichtfläche muß am Ende metallisch blank und ohne jeglichen Kratzer sein. Ölspuren sind ebenso schädlich für die neue Zylinderkopfdichtung.

Kanalarbeit

In den Auslaßkanal kommt man zum Reinigen nur mit feinem Werkzeug, etwa speziell zugeschliffenen Zieh-Schabern. Elektrische Bohrmaschine mit biegsamer Welle und Fräser verbietet sich, weil der Fräser mit Sicherheit mehr als nur die Ölkohle wegfrißt. Bei der Reinigung geht es aber nicht darum, die werksseitig sorgsam ausgeklügelte Kanalform abzuändern, sondern nur die Oberfläche von der Ölkohle zu befreien. Eine rotierende kleine Drahtbürste glättet die Ölkohle nur, schafft sie aber nicht weg. So bleibt die Arbeit ein Geduldsspiel, das läßt sich nicht ändern.
Die einzige Stelle, an der Arbeit mit dem Fräser erlaubt ist, wäre am Einlaßkanal. Wenn zwischen dem

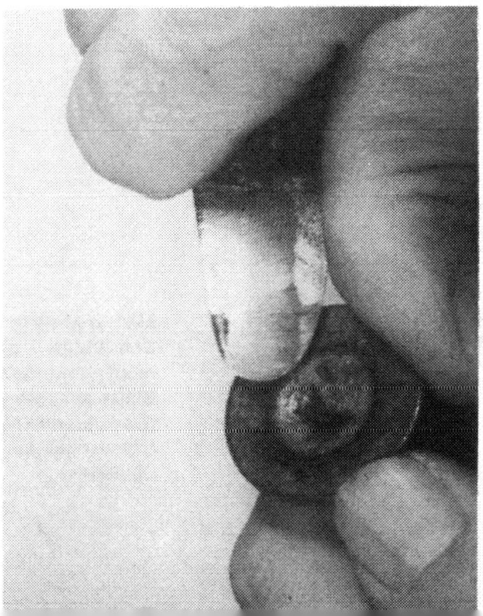

Linkes Bild: Vor dem Einschleifen den Ventilteller mit dem Schaber metallisch blank kratzen. Rechts: Einschleifquirl ans Ventil mit etwas Spucke ansaugen, Schleifpaste an den Rand geben, schleifen.

Ansaugstutzen und dem Kanal eine Stufe ist, also kein gleichförmiger Übergang, dann darf der Durchlaß soweit geglättet werden, daß die Gasströmung keine Kanten für Wirbelbildung vorfindet. Politur des Kanals ist nachweislich sinnlos, normal glatte Oberfläche genügt.

Dichtflächen-Kontrolle

Es kommt vor, daß eine Dichtung immer wieder Ölnebel hindurchläßt. Ventildeckel und gelegentlich auch die Zylinderkopfdichtfläche sind anfällig gegen Verzug. Leichte Nacharbeit ist möglich. Es genügt eine Spiegelglasplatte, auf die mittelfeines Schmirgelleinen aufgespannt wird (an den Ecken mit doppelseitigem Klebeband befestigen). Das Werkstück mit der Dichtfläche auflegen und mit kreisenden Bewegungen abschleifen. Keinen Druck auf das Werkstück ausüben, denn damit schleift man zu leicht einseitig, also schief.
Ständig kontrollieren, ob die Fläche gleichmäßig geschliffen wird. Wenn die Schleifspuren über die gesamte Fläche verlaufen, ist die Arbeit beendet.

Führungen prüfen

Die Ventilschäfte müssen in den Führungen etwas Spiel haben, um leicht zu laufen. Zuviel Spiel ist schädlich, weil durch den Spalt zwischen Ventil und Führung dann Öl vom Zylinderkopf in den Brennraum gelangt. Hoher Ölverbrauch mit starken Ölkohleablagerungen an den Ventilen und auf dem Kolbenboden ist die Folge.
Vorgeschriebenes Spiel der Ventile in den Führungen ist 0,05 bis 0,08 Millimeter. Bis zu 0,15 Millimeter lassen sich gerade noch tolerieren. Bei den R 45/65 Modellen sollen die Ventile mit weniger Spiel laufen. Für den Einlaß sind angegeben 0,025 bis 0,055 Millimeter, für den Auslaß sind es 0,04 bis 0,07 Millimeter, Verschleißgrenze 0,1 Millimeter, am Ventilschaft dicht an der Führung gemessen.
Gemessen wird das Spiel entweder, indem zuerst die Ventilschaftdicke gemessen wird, dann der Innendurchmesser der Führung. Die Differenz ist das Spiel.

Problem

Innendurchmesser von sieben oder acht Millimetern lassen sich nur mit teuren Innentastern genau genug messen.
Ausweg: Das Ventil wird in die Führung geschoben. Gegen das Ende des Ventilschafts wird eine Meßuhr gehalten. Wenn das Ventil dann seitlich bewegt wird, zeigt die Meßuhr einen Wert an, der etwas größer als das tatsächliche Spiel ist. Als Anhaltspunkt kann dieser Wert aber dienen. Ist er größer als 0,15 mm, muß die Führung gewechselt werden. Ist er deutlich kleiner als 0,1 Millimeter, können Ventil und Führung weiterverwendet werden.

Auswechseln

Das Auswechseln von Ventilführungen ist grundsätzlich auch mit einfachen handwerklichen Mitteln möglich. Es gibt nur ein Problem: Der Innendurchmesser der neuen Führung ist im allgemeinen zu eng, so daß das Ventil

Mit der Meßuhr am Ventilschaft ist das Schaftspiel in der Führung nur abzuschätzen, nicht zu messen. An die Uhr eine kleine ebene Platte anschrauben statt der Meßkugel (Gewindestift M 3, Platte auflöten). Notfalls die Uhr nur mit der Hand halten, besser Uhrhalter basteln.

Ausbau Ventilführung, Methode eins: Führung von oben abbohren bis zum Sicherungsring. Dazu eignet sich ein Senkbohrer gut, selbst ein Krauskopf für Holzbearbeitung funktioniert an der elektrischen Bohrmaschine.

nicht mit dem richtigen Spiel darin läuft. Deshalb muß eine neue Ventilführung auf das passende Maß aufgerieben werden. Die richtige Reibahle gibt es als BMW-Spezialwerkzeug und auch bei großen Werkzeughändlern. Das richtige Maß der Reibahle: 8 H7, für R 45 und R 65 braucht man 7 H7.
Eine verstellbare Reibahle nutzt für die Ventilführungen nichts. Auch muß von Improvisation mit Schmirgelleinen dringend abgeraten werden. Wer sich die Arbeit mit der Reibahle nicht zutraut, der zieht nur die Ventilführungen aus dem Zylinderkopf heraus und läßt neue Führungen in der Werkstatt einsetzen.
Die Ventile müssen grundsätzlich zusammen mit den Führungen erneuert werden. Also wird zum Beispiel ein Ventil erst dann auf seinen Sitz eingeschliffen, wenn sicher ist, daß das Spiel in der Führung korrekt ist.

Ausbauen der Führungen

Für das Ausbauen der Führungen gibt es zwei Möglichkeiten: Entweder mit Hammer und Dorn oder mit einem selbstgemachten Ausziehwerkzeug aus einer Gewindestange. Beide Methoden funktionieren erst dann gut, wenn der Zylinderkopf sehr stark angeheizt wurde, etwa auf 240 bis 260 Grad Celsius.

Temperatur messen

Diese Temperatur läßt sich mit einfachen Heimwerkermitteln nicht sicher genug messen. Empfohlen werden dazu die Faber »Thermochrom-Stifte«. Das ist eine Art Malkreide (7 Millimeter dick, 75 Millimeter lang), deren Farbe beim Erreichen einer bestimmten Temperatur umschlägt. Wenn also ein Strich mit beispielsweise blauer Farbe gezogen wird, dann wird er bei der Umschlagtemperatur eben grün oder gelb.
Hersteller ist die Firma A.W. Faber in 8504 Stein bei Nürnberg. Die richtigen Stifte haben in diesem Fall die Nummer 2815-220. Sie haben weiße Farbe und schlagen bei 220 Grad nach braun um. Geschieht dieser Farbwechsel innerhalb von einer bis zwei Sekunden, ist die richtige Temperatur erreicht. Geht es sofort von weiß auf braun, ist der Kopf schon heißer als 220 Grad. Und wenn mehr als zwei Sekunden vergehen, bevor die

Linkes Bild: Vor dem Ausschlagen der Führung den Kopf auf hitzefester Unterlage befestigen, dann aufheizen bis etwa 220 bis 240 Grad, Kontrolle mit Thermochrom-Stiften. Rechtes Bild: Schlagdorn auf die Führung aufsetzen, ein Schlag mit großem Hammer zum Lösen, danach genügen leichtere Schläge.

Ausschlagen der Ventilführung von innen erfordert kein Abbohren, der Kopf muß aber auch erhitzt werden. Nur ist es schwierig, ihn satt auf eine rechte Unterlage zu spannen.

Farbe wechselt, hat der Kopf die 220 Grad noch nicht erreicht. Die Meßkreiden werden in Packungen zu 12 Stück verkauft, der Preis für eine Schachtel liegt bei 40 Mark.

Anwärmen

Angewärmt wird der Zylinderkopf am besten mit einem Gaslötbrenner mit großer Flamme oder auch mit dem Schweißbrenner, wobei die Flamme bei großer Düse sehr weich eingestellt wird. Nicht an die Rippen halten, sondern an dickere Flächen, etwa in den Brennraum. Und den Brenner nicht still auf eine Stelle richten, sondern ständig bewegen.
Improvisation ist in Grenzen möglich. Zum Beispiel kann der Kopf auch auf einer elektrischen Kochplatte angewärmt werden. Die Platte wird dabei sehr heiß, kann mit etwas Pech auch durchbrennen. Und die Arbeit fordert sehr viel Geduld.
Der Zylinderkopf sollte beim Anheizen auf hitzefester Unterlage aufgespannt sein, denn selbst mit dicken Handschuhen ist er nicht mehr sicher anzufassen oder gar festzuhalten.

Vom Brennraum aus durchschlagen

Die alte Ventilführung wird vom Brennraum her nach außen durchgeschlagen. Dann sollte vorher die Ölkohle am Außendurchmesser der Führung sauber weggekratzt sein. Etwas besser geht's andersherum. Die Führung mit einem Krauskopf (Senkbohrer) von der Außenseite (Kipphebelseite) bis zum Sicherungsring abbohren. Der Kopf liegt dabei schön sicher auf der Dichtfläche, er kann sogar mit zwei langen Schrauben auf der Unterlage festgezogen werden. Dann wird er angeheizt, und die Führung läßt sich von oben mit wenigen Hammerschlägen durchtreiben. Wie der Dorn zum Eintreiben der Führung aussehen muß, zeigt die Zeichnung.

Ohne Hammer

Die zweite Methode funktioniert ohne Hammer. Eine Gewindestange M 6 und zwei Rohrstücke werden zu einem Abzieher zusammengesteckt (siehe Zeichnung), mit dem die Führung langsam aus dem Kopf herausge-

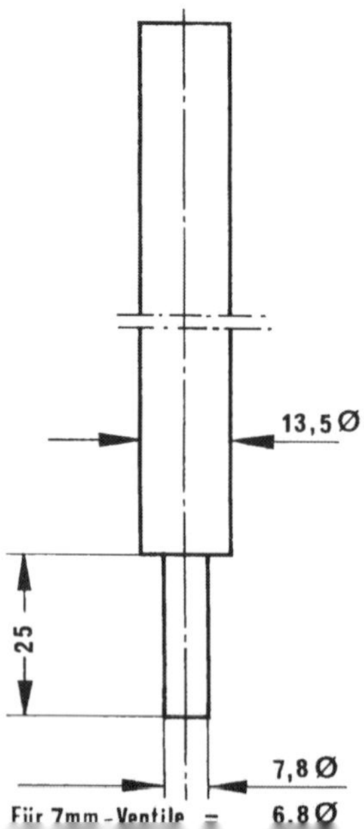

Linkes Bild: Umständlicher Weg für Monteure, die nicht hammersicher sind. Gewindestange M 8 mit Rohrstück und Scheibe zum Ausdrücken benutzen. Ums Anheizen kommt man aber auch so nicht herum. Rechts: So soll der Schlagdorn aussehen, der dünne Absatz gibt die Führung, damit er mittig angesetzt wird.

So ist das Ausziehen der Führung mit Gewindestange und Rohrstück gedacht. Auch die neue Führung läßt sich so wieder einsetzen. Aber weil der Kopf sehr heiß ist, gibt's dabei sicher Brandblasen.

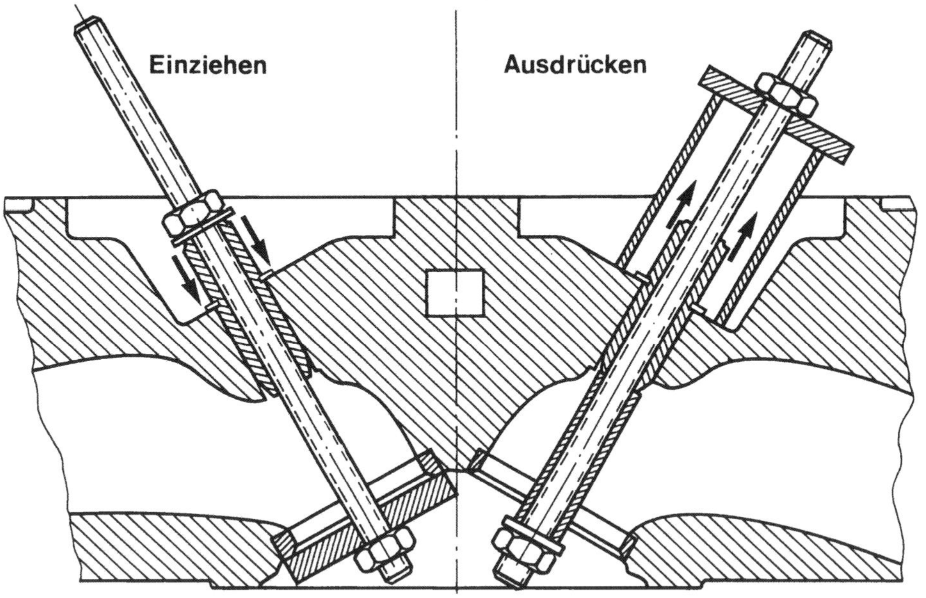

zogen werden kann. Zum Einziehen der Führung wird ein weiteres, etwas größeres Rohrstück gebraucht, dessen Außendurchmesser ein wenig größer als der Ventilsitz ist. Gegen den Ventilsitz stützt sich das Rohr ab, eine dicke Scheibe hält die Gewindestange, und das kleine Rohrstück drückt am anderen Ende auf die neue Führung.

Ventilsitze wechseln

Lockere Ventilsitze sind nicht eben selten. Sie können zu sehr umfangreichen Motorschäden führen. Diagnosehilfe: Bei ausgebautem Kopf sieht man rund um die Sitze einen winzigen Spalt, der frei von Ölkohleablagerungen ist. Grundsätzlich ist das Auswechseln der Sitze reine Werkstattsache. Und sogar so manche Werkstatt läßt mangels Werkzeugen die Finger davon, schickt lieber den Kopf ans Werk nach München. Keine Schande also, wenn der Amateurschlosser vor dieser Arbeit auch zurückzuckt.

Die Arbeitsgänge

Der alte Sitzring wird mit dem Ventilsitz-Bearbeitungswerkzeug vollständig ausgedreht. Vorsicht, die Sitzbohrung im Kopf nicht beschädigen. Improvisationsmöglichkeit: Ventilsitzring an zwei gegenüberliegenden Stellen mit Schleifstiften am mit hoher Drehzahl arbeitenden Fräsmotor einschneiden. Nicht ganz durchfräsen, es genügt, wenn der Querschnitt etwa noch einen halben Millimeter beträgt. Dann ist der Ventilsitz bereits so locker, daß er mit wenigen Hammerschlägen auf einen schräggeschliffenen Dorn vollends zerstört werden kann. Er fällt meist von allein heraus.

Neuen Ring einsetzen

Schwieriger wird das Einsetzen des neuen Sitzringes. Der Kopf muß wieder auf 240 bis 260 Grad Celsius erwärmt werden. Der Sitzring darf auf keinen Fall auch nur ein winziges Bißchen schief angesetzt werden. Er

Den Ventilsitz kann auch der Heimwerker selbst ausbauen, indem er ihn an zwei gegenüberliegenden Stellen soweit ausschleift, daß er von allein platzt. Nicht ins Leichtmetall des Kopfes schleifen. Schleifkörper mit hoher Drehzahl (über 10 000/min) laufen lassen. Wer dafür nicht ausgerüstet ist, überläßt die Arbeit vernünftigerweise der Werkstatt.

braucht also eine Führung zum Eindrücken. Am besten eignet sich dazu ein Dorn, der mit einem kleinen Absatz versehen ist, auf dem der neue Ventilsitz satt aufliegt. Den Dorn genau gerade zu halten ist einfacher als nur den winzigen Sitzring in der Nähe des heißen Kopfes richtig in seine Bohrung zu zaubern.

Ins Gefrierfach

Eine kleine Erleichterung bringt auch, den Sitzring vorher zwei Stunden ins Gefrierfach des Kühlschrankes zu legen, er schrumpft dabei, fällt dadurch umso leichter auf seinen Sitz im heißen Kopf.
Die verschiedenen Dorne zum Einschlagen von Führungen, Lagern, Dichtungen gibt es bei BMW als Spezialwerkzeuge. Wer eine kleine Drehmaschine zur Verfügung hat, kann sie sich schnell und einfach selbst machen. Aber wer hat schon eine Drehmaschine. Deshalb werden diese Arbeiten doch wohl besser der Werkstatt überlassen.

Kopf zusammenbauen

Wenn Zylinderkopf, Ventile und Ventilfedern allesamt als einwandfrei erkannt, alle Teile sehr sauber gewaschen und abgewischt sind, wird mit dem Zusammenbauen begonnen.
Neue Ventilfedern sind nur nach sehr langer Laufzeit nötig. Wer Zweifel an der Spannkraft der Federn hat, mißt sie vor dem Einbau nach: entspannte Länge 43,5 Millimeter (besonders gekennzeichnete Federn sind 46 Millimeter lang).
Auf einfache Art lassen sich Ventilfedern auch unter Last prüfen. Eine neue und eine alte Feder werden gegeneinander in den Schraubstock gespannt. Nicht voll zusammenziehen, sondern nur etwa zur Hälfte. Dann mißt man beide Längen und vergleicht sie miteinander. Ist die alte wesentlich mehr zusammengedrückt als die neue, wird sie ausgewechselt.

Ventilschäft und -federn

Die Ventilschäfte werden jetzt reichlich eingeölt und die Ventile in die Führungen geschoben. Unteren Ventilfederteller unterlegen, Ventilfeder aufstecken, dann den oberen Ventilfederteller aufsetzen. Zusammenspannen, Keilchen einsetzen und wieder entspannen.
Beim Aufsetzen der Ventilfedern darauf achten, daß die Seite mit den enger liegenden Wicklungen zum festen Sitz auf dem unteren Federteller zeigt. Die Windungen sind mit Farbpunkt gekennzeichnet. Die Windungen mit den weiteren Abständen liegen also an der Seite der Ventilkeilchen. So ist die mitschwingende Masse kleiner als die feststehende.

Zylinderkopf aufsetzen

Neue Zylinderkopfdichtung auf den sauberen Zylinder legen, Kopf aufsetzen und Stoßstangen in ihre Bohrungen stecken. Die beiden mittleren Muttern außerhalb des Ventiltriebs aufsetzen und von Hand festdrehen. Dann Kipphebelböcke mit Kipphebeln aufsetzen, Muttern locker mit der Hand eindrehen. Darauf achten, daß die Kipphebelachsen richtigrum gedreht sind.

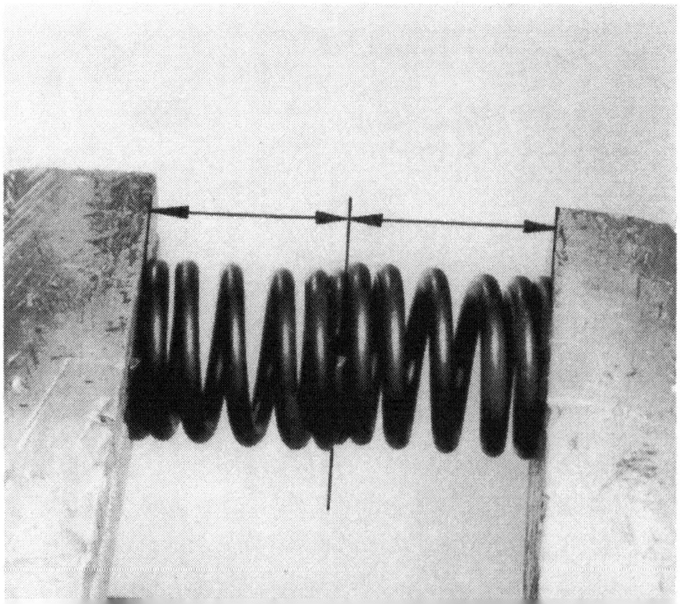

Ob die Ventilfeder noch genug Spannung hat, ist im Vergleich mit einer neuen Feder einfach festzustellen. Beide im Schraubstock gegeneinander spannen, etwa 20 Millimeter zusammendrücken, dann Länge messen. Der Unterschied zwischen neu und alt sollte nicht zu groß sein.

Vor dem Festschrauben des Zylinderkopfes wird der Auspuffkrümmer locker angesetzt. Die Muttern, die die Kipphebelböcke halten, müssen mit bestimmtem Drehmoment angezogen werden. Bei Zylindern mit Gußlaufbuchsen lag das Drehmoment noch bei 38 bis 42 Nm. Bei den Nikasil-Zylindern ab 1981 sind nur noch 31 bis 39 Nm erlaubt.
Diese Anzugswerte gelten für saubere, ordentlich geschmierte Gewinde. Außerdem darf der Anzugswert nicht in einem Zug erreicht werden. Zuerst werden alle Muttern gleichmäßig bis 15 Nm, dann bis 25 Nm und dann erst im dritten Schritt bis zum Endwert angeknallt. Empfehlenswert ist, nicht mit der höchsten zugelassenen Kraft anzuziehen, sondern im mittleren Bereich des Toleranzfeldes zu bleiben. Wichtig ist, daß alle Muttern gleichstark gedreht werden.

Richtige Reihenfolge

Die Reihenfolge des Anziehens ist ebenso wichtig. Damit sich die Kopfdichtung richtig streckt, wird erst die Mutter vorn oben, dann die hinten unten, dann die vorn unten und schließlich die hinten oben angespannt. Die zwei Muttern außen sind als letzte dran. Der Fachmann nennt diese Art des Anziehens »überkreuz«. Sie ist bei Einzelzylindern immer richtig.
Wer vor dem Zerlegen das seitliche Spiel der Kipphebel gemessen und die entsprechenden Distanzscheiben richtig zwischengelegt hat, der muß jetzt nur noch durch Messung bestätigen, daß das Spiel stimmt. Anderenfalls müssen alle Kopf-Befestigungsmuttern wieder gelöst werden, damit der Spielausgleich endgültig aufs richtige Maß kommt. Danach dann alle Muttern wieder wie gehabt mit Drehmoment anziehen.
Vor dem Aufsetzen der Ventildeckel ist natürlich das Ventilspiel neu einzustellen.

Sonder-Reparaturen

Wer das Gewinde am Auspuffstutzen beschädigt hat, kann sich nicht selbst helfen. Es gibt aber etliche Firmen, die einen solchen Schaden beheben können. Besser ist allemal, das Gewinde zu schonen. Das heißt, daß die Überwurfmutter niemals trocken angesetzt wird. Spezielle Schmierpaste (zum Beispiel von Klüber die »Sicherheits-Schmierpaste« oder ähnliches von Molykote, Anschriften siehe Anhang) verhindert, daß sich die Mutter auf dem Stutzen festfrißt. Und die Sternmutter sollte nicht mit Hammerschlägen oder improvisierten Werkzeugen gelöst werden, sondern stets nur mit dem dazugehörigen Spezialschlüssel.

Vergaser-Klemmstutzen

Der Vergaser-Klemmstutzen hat sich bei manchen Modellen gelegentlich gelockert, er ist nur eingeschraubt. Abhilfe ist einfach: Stutzen ausschrauben und sehr sauber reinigen. Ebenso das Gewinde im Kopf fettfrei machen. Dann Loctite Schraubensicherung auftropfen, Stutzen wieder einschrauben. Anzieh-Drehmoment bei Modellen vor 1981 nur 12 Nm, ab 1981 sind es 50 Nm. Das Loctite härtet unter Luftabschluß aus, nach spätestens 24 Stunden ist der Stutzen bombenfest.

Kerzengewinde

Kerzengewinde ist ausgerissen oder beschädigt. Tritt diese Panne unterwegs auf, so ist nur in günstigen Fällen noch Hilfe möglich. Zum Beispiel soll es klappen, wenn man die Kerze mit einigen wenigen Drähten Kupferlitze

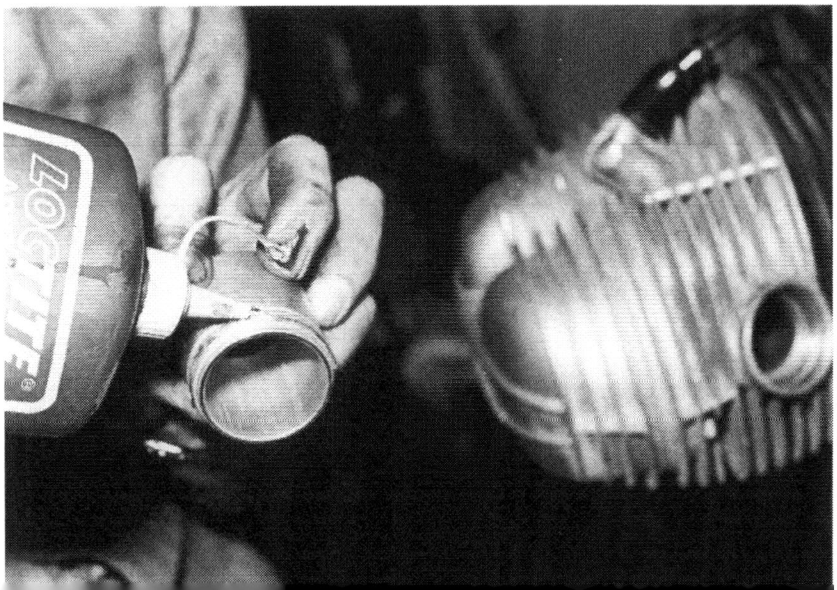

Lose Vergaserstutzen werden mit Loctite neu angesetzt. Dazu aber vorher beide Gewindeteile fettfrei blank putzen.

Kleine, aber nützliche Änderung an den Ventildeckeln. Die Stehbolzen werden aus dem Deckel herausgedreht, die Bohrungen auf 6,3 Millimeter aufgeweitet. In den Kopf kommt anstelle der Durchgangslöcher jeweils eine Gewindebuchse. Anschrauben mit verchromten oder gar nichtrostenden Innensechskantschrauben.

aus einer elektrischen Leitung umwickelt und mit Gewalt eindreht. Doch wir haben mit dieser und anderen Methoden noch nie so recht Glück gehabt.

Ab in die Werkstatt

Richtig reparieren läßt sich das Kerzengewinde nur in der Werkstatt. Dort wird der Kopf abgenommen. Es gibt verschiedene Reparaturmethoden. Zum Beispiel mit Heli-Coil-Stahldraht-Einsätzen oder mit Ensat-Gewindebuchsen. Auch die Firma Würth bietet Reparatursets für Zündkerzengewinde an (siehe Anschriftenliste). In allen Fällen sind die nötigen Werkzeuge recht teuer, es ist zu überlegen, ob sich für einmaligen Gebrauch die Anschaffung wirklich lohnt. Handwerklich ist die Reparatur kein Problem. Das alte Gewinde wird mit einem speziellen Gewindebohrer vergrößert (oft muß es erst mit einem Spezialbohrer noch weggebohrt werden), danach ist dann das Gewinde für den Reparatureinsatz einzuschneiden. Schließlich wird der Einsatz (Wendel oder Buchse) ebenfalls mit einem Spezialwerkzeug eingedreht. Dazu ist etliche Kraft nötig, der Kopf wird also am besten auf der Werkbank festgeschraubt. In den Schraubstock spannen ist nicht gut, dabei verderben zu leicht irgendwelche Dichtflächen.

Ventildeckel

Umbau am Ventildeckel. Die kleinen Muttern M 6 sind nicht gut zugänglich. Für einfacheres Arbeiten hat sich ein kleiner Umbau bewährt. Dazu werden die Stiftschrauben aus den Ventildeckeln ausgedreht, die Gewindebohrung wird mit 6,3 Millimeter durchbohrt. In die Bohrungen im Zylinderkopf selbst werden Heli-Coil-Wendel eingesetzt. Schwierigste Arbeit ist dann das Fräsen der Schrauben-Auflagefläche außen am Ventildeckel. Mit der elektrischen Bohrmaschine im stabilen Bohrständer ist das aber auch zu lösen. Der Ventildeckel wird genau positioniert und festgespannt, in die Bohrmaschine kommt ein kleiner Zapfenfräser, und dann ist nur noch Gefühl nötig, damit der Fräser nicht seitlich verläuft. Nachher werden nichtrostende Schrauben mit Innensechskantkopf (M 6 DIN 912, Marke Korrodin, siehe Anschriftenliste) gut zugänglich von außen angesetzt.

Klappern und Klemmen

Das einzige, was bei manchem Auto klappt, sind die Türen. Demgegenüber verschont die BMW-Boxer-Braut ihren Bräutigam doch weitgehend von Macken. Aber was ist auf dieser Welt schon vollkommen? So können hoher Ölverbrauch trotz einwandfreier Zylinderköpfe, Klappergeräusche, Laufzeiten über etwa 50000 Kilometer und natürlich Schäden wie Kolbenklemmer Gründe dafür sein, die Zylinder abzuziehen und sich um die Kolben zu kümmern. Gelegentlich ist auch angebracht, die Zylinder abzunehmen, um die darunterliegende Dichtung (ab 1981 O-Ringe, davor einfache Dichtpaste) in Ordnung zu bringen.

Distanzscheibe ab 1977

Dazu vorab gleich ein spezieller Hinweis: Für die Modelle R 60/6 und R 60/7 hat es ab Juli 1977 eine 0,7 mm dicke Distanzscheibe gegeben, die unter den Zylinder gelegt wurde, um die Verdichtung ein wenig (von 9,2 auf 8,6) zurückzunehmen. Diese Motoren litten gelegentlich unter heftigem Zündungsklingeln, wenn Bearbeitungstoleranzen ungünstig zusammenkamen. Die Distanzscheibe mußte mit Dichtpaste und Rundschnurring eingebaut werden.

Die Arbeitsgänge

- Lichtmaschinendeckel abnehmen, Kurbelwelle so drehen, daß beide Kolben etwa auf OT stehen.
- Auspuffe, Vergaser und Zylinderköpfe abnehmen.
- Zylinder mit Prellschlag (Kunststoffhammer) vom Gehäuse lockern.
- Zylinder etwa 30 Millimeter abziehen.
- Kolben-Schutzholz zwischen Kolben und Motorgehäuse schieben (Foto Seite 79).
- Zylinder endgültig abziehen.

An den Zylindern kann nichts selbst repariert werden, gleichgültig ob es die früheren Zylinder mit eingegossenen Graugußß-Laufbuchsen oder die modernen mit Nikasil-Beschichtung sind. Einzig die Dichtflächen sind zu reinigen, und etwas Ölkohle, die sich im oberen Bereich der Zylinderbohrung angesetzt hat, wird weggekratzt. Ebenso ist an den Kolben grundsätzlich keinerlei Nacharbeit möglich. Gebrochene Kolbenringe können ausgewechselt und der Kolbenboden kann von Ölkohle befreit werden.

Klemmspuren selten

Klemmspuren sind bei BMW-Motoren sehr selten. Sie treten immer nur dann auf, wenn ein ganz grober Fahrfehler oder gar ein Defekt vorliegt. Also etwa wenn mit zuwenig Öl gefahren wurde oder der Motor ein schiefes Pleuel hat. Dann aber sind die Klemmspuren so stark, daß sie nicht mehr entfernt werden können. Leichte Schmierspuren am Kolben (aber nur bei solchen, die in Grauguß-Laufbuchsen gelaufen sind), lassen sich mit einem Ölstein (weil der sich nicht um die Schadstelle herumbiegt und außerdem hart genug ist) vorsichtig wegschleifen. Spuren in Grauguß-Zylinderbuchsen lassen sich mit einer Lösung von Ätznatron (100 Gramm in 250 Milliliter Wasser auflösen) chemisch entfernen. Leichtmetallzylinder mit Oberflächenbeschich-

So sah der Zylinderfuß der ersten Modelle aus: Mit Leichtmetalldichtung, einer umlaufenden Rille für den Öltransport und einer Bohrung. Hier wurde noch mit Dichtmasse Hylomar gearbeitet.

tung aus Nickel-Silizium sind nach einem Klemmer nicht mehr zu retten. Sie müssen im Werk regeneriert werden, das kostet praktisch soviel wie ein neuer Zylinder.

Abnehmen der Kolben

Zuerst die Kolben bezeichnen: Auf dem Kolbenboden kratzt man mit der Reißnadel ein »L« für den linken und ein »R« für den rechten Kolben ein. So sind sie nachher nicht mehr zu verwechseln.
Zwei Bauarten von Kolbenbolzen-Sicherungen sind bei BMW üblich: Bis 1978 wurden einfache Draht-Sprengringe verwendet, nachher außenliegende Seegerringe.
Die Draht-Sprengringe lassen sich mit einer Reißnadel aus der Nut in der Kolben-Bohrung heraushebeln. Der geschickte Praktiker drückt mit dem Daumen auf die Bohrung, damit der Sprengring nicht wegspringt.
Die Seegerringe erfordern eine spezielle Seegerringzange, mit der sie gespreizt und aus der Nut im Kolbenbolzen herausgehoben werden.
Für beide Sicherungen gilt: Nicht aufbewahren, sondern gebrauchte Bolzensicherungen grundsätzlich wegwerfen.

Bolzen herausdrücken

Sind die Sicherungsringe ausgebaut, kann bei den modernen Kolben der Bolzen sofort herausgedrückt werden. Ein rundes Holzstück mit etwas geringerem Durchmesser als der Bolzen dient als Hilfswerkzeug.

Zustand der Ringnut

Bei innenliegenden Draht-Sicherungen ist zuerst die Ringnut zu begutachten. Oft wirft sich ein winziger Grat am Rand der Ringnut auf. Er wird vom seitlich wandernden Kolbenbolzen im Laufe der Betriebszeit hochgeschlagen. Dieser Grat muß weggeschnitten werden, bevor man den Kolbenbolzen ausdrückt. Eine schlanke, sehr scharfe Taschenmesserklinge genügt.
Vorsicht: Nicht die Ringnut nach außen anschrägen, sonst hat der neue Ring keinen Halt, rutscht heraus und zerstört Kolben und Zylinder nachhaltig.
Ist der kleine Grat weggeschnitten, läßt sich der Kolbenbolzen mit leichtem Handballendruck austreiben. Die zweite Hand drückt von der Gegenseite an den Kolben, damit keine Kraft auf das Pleuel übertragen wird. Keine Hammerschläge, kein Spannband-Spezialwerkzeug benutzen. Auch ist es nicht nötig, den Kolben anzuheizen. Der Bolzen muß bei ganz normaler Temperatur ausschiebbar sein. Ganz genau so wird der Bolzen auch wieder eingesetzt, ohne Gewalt, ohne Hilfsmittel.

Teure Meßwerkzeuge

Wer den Zustand von Kolben mit Bolzen und Ringen begutachten will, braucht Meßwerkzeuge, die teuer sind. Eine Bügelmeßschraube (früher Mikrometerschraube) ordentlicher Qualität kostet in der benötigten Größe zwischen 300 und 600 Mark. Für einmalige Reparaturen zu teuer. Fürs Ausmessen der Zylinderbohrung wird ein Innentaster gebraucht, auch der kostet rund 1000 Mark als Satz. Diese Arbeiten sind also Werkstatt-Sache. Auch das Ausschleifen der Zylinder oder Regenerieren der neuen, beschichteten Zylinder sind keine Heimwerker-Arbeiten.
Wer die Meßmöglichkeiten hat, kann am Kolben etwa in 15 Millimetern vom unteren Rand entfernt den

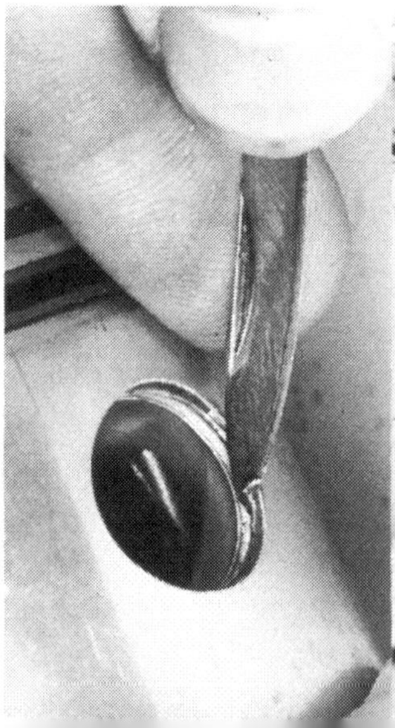

Von links: Alte Kolbenbolzen-Sicherung als Drahtring, mit Reißnadel heraushebeln. Daneben wird der aufgeworfene Grat abgeschnitten. Die neue Sicherung ist ein Seegerring auf dem Kolbenbolzen. Rechte Seite: Messung des Flankenspiels mit der Fühlerlehre. Ganz rechts: Kolbenring-Stoßspiel messen. Dazu den Ring etwa zehn Millimeter in den Zylinder schieben.

Durchmesser genau feststellen. Bei der R 45 sind 14 Millimeter Abstand von der Unterkante Kolben angegeben, bei der R 65 sollen es 18 Millimeter und bei der R 80 rund 28 Millimeter sein. Und der Zylinder wird in der Nähe des oberen Umkehrpunktes gemessen, und zwar etwa 10 Millimeter von oben.

Kolben-Laufspiel

Das Kolben-Laufspiel (Kolbenmaß vom Zylindermaß abziehen) soll bei Zylindern mit Beschichtung zwischen 0,03 und 0,04 Millimeter (R 45 und R 65 ab 1981) liegen, bei Zylindern mit Gußbuchsen zwischen 0,02 und 0,04 (Modell R 60/7) und 0,03 und 0,05 (R 100/7 bis RS). Die Verschleißgrenze ist erreicht, wenn das Kolben-Laufspiel bei 0,08 Millimetern, also knapp einem Zehntel Millimeter angelangt ist. Dann zeigt der Motor im Betrieb auch bereits übermäßigen Ölverbrauch (mehr als 1 Liter/1000 km). Ohne genaue Meßmethoden (der Umgang mit den Meßgeräten will auch erst einmal geübt sein) sind diese Durchmesser- und Spielwerte aber nicht einmal abzuschätzen.
Was Sie selbst machen können, ist Begutachtung mit dem Augenmaß. Das hilft in vielen Fällen schon sehr weit. So läßt sich einfach feststellen, ob der Kolben starke Verschleißspuren zeigt, oder ob die quer zur Laufrichtung liegenden Bearbeitungsriefen noch zu erkennen sind. Auch im Zylinder sieht man Spuren groben Verschleißes recht gut, wenn als Vergleichsmaßstab der unterste Teil der Bohrung genommen wird, der nicht vom Kolben überfahren wird.

Flankenspiel

Messen läßt sich außerdem das Kolbenring-Höhenspiel in der Ringnut des Kolbens. Es gibt bei Hasberg-Schneider Fühlerlehrenband ab 0,01 mm Dicke (Anschrift siehe Anhang) zu günstigen Preisen. Die Kolbenringe dürfen bei BMW-Motoren folgendes Flankenspiel haben:

	Für die R 45 gelten:	Für die R 65 gelten:
1. Ring 0,06 bis 0,09 mm	1. Ring 0,05 bis 0,08 mm	1. Ring 0,05 bis 0,082 mm
2. Ring 0,04 bis 0,07 mm	2. Ring 0,04 bis 0,072 mm	2. Ring 0,04 bis 0,072 mm
3. Ring 0,03 bis 0,06 mm	3. Ring 0,03 bis 0,062 mm	3. Ring 0,03 bis 0,062 mm

Stoßspiel

Ob die Kolbenringe noch genügend Spannung haben, ist ebenfalls meßbar. Dazu müssen die Ringe aber abgenommen werden. Gemessen wird dann das sogenannte Stoßspiel. Der Ring wird in den Zylinder eingelegt, und zwar mit Hilfe des Kolbens, damit der Ring auch gerade sitzt. Bis etwa 15 Millimeter unterhalb der Zylinderoberkante wird er geschoben. Zwischen den beiden Ring-Enden bleibt ein Spalt, das ist das Maß für den Ringstoß. Auch dafür gibt es von BMW Vorschriften:

Modelle vor 1979	Modelle ab 1981:	Modell R 45:	Modell R 65:
1. Ring 0,3 bis 0,50 mm	1. Ring 0,4 bis 0,65 mm	1. Ring 0,25 bis 0,45 mm	1. Ring 0,3 bis 0,50 mm
2. Ring 0,3 bis 0,45 mm	2. Ring 0,4 bis 0,65 mm	2. Ring 0,25 bis 0,45 mm	2. Ring 0,3 bis 0,45 mm
3. Ring 0,25 bis 0,4 mm	3. Ring 0,25 bis 0,4 mm	3. Ring 0,20 bis 0,45 mm	3. Ring 0,25 bis 0,4 mm

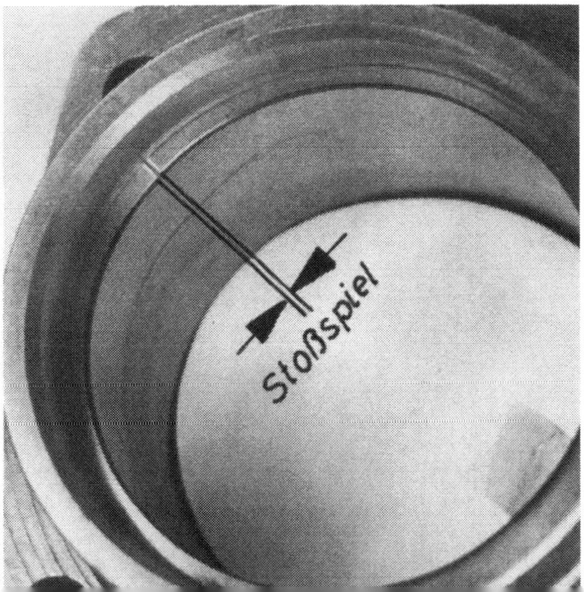

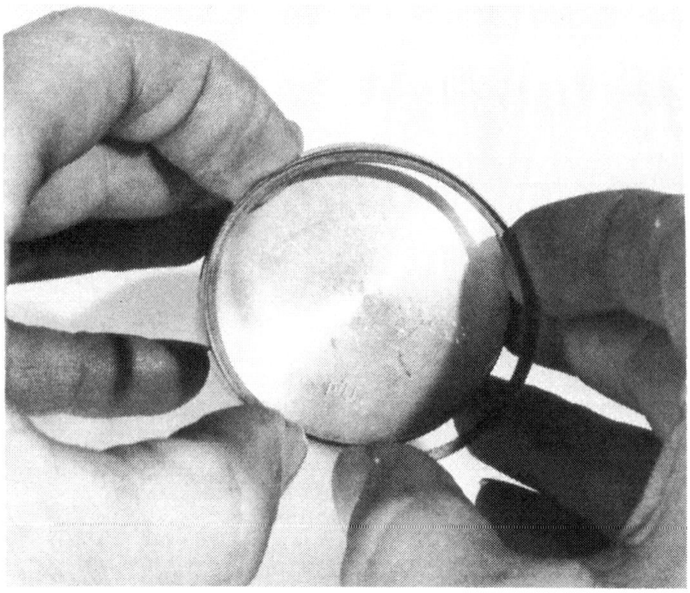

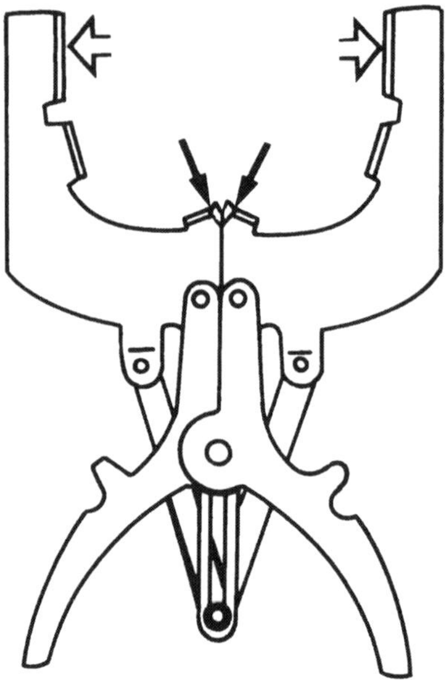

Links: Kolbenring abnehmen mit den Fingerspitzen, wichtig ist das Stützen mit den Zeigefingern. Daneben eine handelsübliche Kolbenring-Zange. Bei den unteren Pfeilen wird der Ringstoß gefaßt, bei den oberen, offenen Pfeilen wird der Ring am Umfang gestützt.

Kolbenringe nicht abnehmen

Diese Messung des Stoßspiels ist problematisch. Denn dazu muß der Kolbenring abgenommen werden. Das jedoch ist nicht möglich, ohne den Ring zu verformen. Selbst wenn das dafür geeignete Werkzeug richtig und vorsichtig benutzt wird, nimmt der Ring eine neue Form an. Da er aber bereits eingefahren ist, hat er keine Verschleißschicht an der Lauffläche mehr, kann sich also mit der neuen Form nicht mehr an die Zylinderlaufbahn anpassen.

So ist das Abnehmen der Kolbenringe also grundsätzlich falsch. Diese Ringe kann man nicht mehr verwenden. Auswechseln ist in diesem Fall die einzige korrekte Arbeit. Bei neuen Ringen hingegen ist das Nachmessen des Stoßspiels sicher unnötig. Nur das Messen des Flankenspiels (Höhenspiel) in der Ringnut des Kolbens ist also sinnvoll. Es gibt Aufschluß darüber, ob der Kolben noch brauchbar ist. Der Ring selbst verschleißt nicht, sondern die Ringnut im Kolben wird durch die Ringbewegung aufgeweitet.

Kolbenringe auswechseln

Falls Sie nur die Kolbenringe auswechseln wollen, sollten die neuen Ringe erst dann eingesetzt werden, wenn die Ringnuten im Kolben frei von Ölkohle sind. Auskratzen der Kohle gelingt recht gut mit einem abgebrochenen Stück eines alten Kolbenringes. Aber auch hier kann man Fehler machen. Führen Sie das Ringstück möglichst unverkantet, damit nicht die Seitenkanten der Ringnut im Kolben angeschabt werden. Nur die Kohle auf dem Grund der Nut soll entfernt werden. Vorsicht grundsätzlich mit den Fingern: Die Ringe sind äußerst scharfkantig, schneiden blitzschnell in die Haut.

Zylinder vorbereiten

Bevor außerdem ein mit neuen Ringen bestückter Kolben eingebaut wird, muß der Zylinder entsprechend vorbereitet werden. In der Gegend des oberen Totpunktes lagert sich an der Zylinderlaufbahn Ölkohle ab. Diese muß sehr sorgsam weggekratzt werden. Wenn die Zylinder schon mehr als etwa 20 000 Kilometer in Betrieb sind, ist am oberen Kolbenring-Umkehrpunkt auch bereits eine Stufe deutlich fühlbar. An dieser Stufe würden neue Kolbenringe sofort zerbrechen. Abhilfe ist auf seriöse Art nur durch sehr vorsichtiges Überschlei-

Zylinder mit Guß-Laufbuchse im Neuzustand. Deutlich sind die Bearbeitungsriefen sichtbar. Sie verlaufen quer zur Kolben-Laufrichtung. In der Nähe des Totpunkts oben bilden sich im Laufe der Betriebszeit Ölkohleablagerungen, die sorgsam weggekratzt werden müssen.

fen des Umkehrpunktes möglich. Das allerdings macht einem keine Zylinderschleiferei. Eigenbau-Abhilfe ist immer nur äußerster Notbehelf, kann nicht unbedingt empfohlen werden.
Neue Kolbenringe tragen auf einer Flanke die Bezeichnung »TOP«. Sie muß stets zum Kolbenboden weisen. Daß im übrigen beim Aufsetzen der Ringe zuerst der Ölring, dann der mittlere und erst zum Schluß der oberste Kompressionsring aufgesetzt wird, ist sicher bekannt und einleuchtend. Eine spezielle Kolbenringzange empfiehlt sich (Preis etwa 20 bis 25 Mark, zu haben bei Werkzeugfirmen, Anschriften im Anhang). Nur der routinierte Monteur faßt den Ring beidhändig mit den Daumennägeln am Stoß, stützt ihn mit den Zeigefingerspitzen am Umfang und spreizt ihn dann vorsichtig und nicht mehr als nötig.

Kolbenbolzen prüfen

Der Kolbenbolzen ist ebenfalls mit bloßem Auge oder den Fingerspitzen recht ordentlich zu begutachten. In den meisten Fällen hat er in der Mitte leicht braune, umlaufende Ringe, also Laufspuren vom Pleuelauge. Solange diese Ringe schwach sind und nicht blaue Farben zeigen, ist alles in Ordnung. Starke Laufspuren jedoch machen den Bolzen zu Schrott. Solche Spuren sind gelegentlich sogar zu spüren, wenn man mit dem Fingernagel längs über den Bolzen fährt. Dann stolpert der empfindliche Nagel über winzigste Kanten.

Bolzen und Kolben eine Einheit

Ist der Kolbenbolzen nicht mehr brauchbar, dann muß auch ein neuer Kolben eingebaut werden. Kolben und Bolzen gehören immer zusammen. Und wenn ein Kolben ausgewechselt wird, sollte auch der andere nicht länger weitergefahren werden. Denn zwischen beiden Kolben darf kein Gewichtsunterschied sein. Ist nun jedoch ein Zylinder ausgeschliffen und mit Übermaßkolben versehen, der andere aber nicht, dann gibt es Motorvibrationen kräftigster Art. Selbst wenn beide Kolben das gleiche Nennmaß haben, ist darauf zu achten, daß sie derselben Gewichtsklasse angehören. Die Kolben sind nach plus und minus sortiert, die Zeichen stehen auch auf dem Kolbenboden.
Wichtig ist auch, ob der Kolbenbolzen im Pleuelauge satt läuft. Das Auge ist mit einer Buchse versehen, und diese Buchse weitet sich während längerer Betriebszeit (rund 35000 Kilometer) gelegentlich oval auf. Der Bolzen hat dann zwar immer noch korrektes Spiel in seitlicher Richtung, klappert aber von oben nach unten deutlich. Regelrechte Messung wäre aber wieder nur mit dem teuren Innentaster möglich.

Pleuelbuchse

Auswechseln der Pleuelbuchse ist Werkstattarbeit, denn die neue Buchse muß nach dem Einpressen auf das richtige Maß aufgerieben werden. Dazu ist eine Vorrichtung nötig, die die Reibahle führt. Sowohl die spezielle Reibahle als auch die Vorrichtung sind zu teuer für die Privatfabrik. Was Sie selbst machen können: Das Pleuel ausbauen und zur Werkstatt bringen (Hinweise dazu folgen).

Zusammenbau

Sind Kolben mit Bolzen und Ringen in Ordnung und gereinigt, auch die Dichtflächen an beiden Enden der Zylinder einwandfrei, darf alles wieder zusammengebaut werden.

Sowohl der Kolbenbolzen als auch das obere Pleuelauge lassen sich so prüfen. In Pfeilrichtung darf der Bolzen nicht wackeln. Das Pleuelauge wird meist in Laufrichtung oval geschlagen. Zum Vergleich fürs Gefühl versucht man, den Bolzen seitlich zu bewegen, das wird deutlich weniger klappern.

Wichtige Vorarbeiten: Kontrolle, ob die Stößel noch in ihren Bohrungen unterhalb der Zylinderbohrungen des Motorgehäuses stecken. Kontrolle, ob die Gummidichtungen am Ende der Stoßstangen-Schutzrohre noch gut sind. Neue Dichtungen sind besser als die gesamte Arbeit zweimal zu machen. Bei den neuen Schutzrohren sind die untenliegenden Ringe für die Gummidichtungen nicht nur aufgepreßt, sondern angelötet. Sie können nicht mehr wie früher einfach nachgeschlagen werden, wenn dort Ölnebel austreten. Wenn selbst neue Gummistopfen nichts nutzen, hilft sicher Abdichten mit Dirko-Siliconkautschuk-Masse (Bezugsquelle im Anhang).
Die beiden oberen Bohrungen für die Zylinder-Halteschrauben (Zuganker) sind recht weit, sie transportieren Öl. Deshalb werden sie am Zylinderfuß mit kleinen O-Ringen abgedichtet. Selbstverständlich neue O-Ringe verwenden.

Früher Dichtungspaste

Bei Motoren vor 1979 wurden die Zylinderfüße noch mit Dichtungspaste (das blaue Hylomar, gibt es als BMW-Ersatzteil) mit dem Kurbelgehäuse verbunden. Später liegt ein großer O-Ring rund um den Zylinderhals. Diesen O-Ring gibt es mit 2,0 mm Querschnitt und für besonders schwierige Abdichtfälle auch mit 2,2 mm Querschnitt. Wichtig ist, daß er unverdreht in der Nut liegt. Dichtungspaste wird zusätzlich zum O-Ring nicht benötigt.
Beim Umgang mit der Dichtpaste darauf achten, daß die am Zylinderhals umlaufende Ringnut nicht mit zugeschmiert wird. Die Paste soll also sparsam angewendet werden. Mehr Paste bringt nicht mehr Wirkung.

Kolben in Pleuel einhängen

Die Kolben werden nach ihrer Bezeichnung (»R« und »L») an die Pleuel gehängt. Wenn der Kolbenboden schön sauber gekratzt wurde, ist dort auch der Pfeil in Richtung Auslaß oder in Fahrtrichtung nach vorn zu sehen. Die Drahtsprengringe erst mit einem Ende in die Nut setzen, dann rundherum eindrücken. Das geht mit einem harten Fingernagel. Daumen drauf, damit der Ring nicht wegspringt.
Wer besonders vorsichtig sein will, hängt vor die Bohrung im Kurbelgehäuse noch eine Art Gardine, damit ein wegspringender Ring nicht ins Kurbelhaus fallen kann. Die Seegerringe sind ohne Schwierigkeiten auf die Nut im Bolzen aufzusetzen. Bei beiden Ringsicherungen aber vergewissert sich der Vorsichtige, ob sie auch satt in der jeweiligen Nut sitzen. Wenn man sie leicht in der Nut drehen kann, haben sie korrekten Sitz.

Zylinder aufstecken

Jetzt werden die Kolben rundum gut eingeölt. Kolben-Schutzholz zwischen Kolbenmantel und Motorgehäuse stecken. Kolben durch Drehen der Kurbelwelle sanft gegen das Schutzholz ziehen. Dann Zylinder aufstecken. Die Kolbenringe lassen sich mit den Fingernägeln soweit zusammendrücken, daß der Ringstoß ganz eng wird. Dann rutscht auch der Zylinder leicht mit seinem etwas abgeschrägten Fuß über den Ring. Den nächsten Ring genauso in seine Nut pressen. Empfohlen werden für diese Arbeit auch Spannbänder, die um den Kolben herumgelegt werden und die Ringe zusammenspannen. Wie sich damit arbeiten läßt, hat der Autor noch nicht ausprobiert, es ging immer ganz gut nur mit den Fingernägeln.

Ringe drehen

Es gibt eine allgemeine Anweisung, nach der man die Kolbenringe in den Nuten so drehen soll, daß niemals der Ringstoß zweier benachbarter Ringe in gleicher Flucht liegt. Also die Ringstöße um jeweils 120 Grad

Zylinderfuß-Dichtung durch (hier hellen) O-Ring. Besonders abgedichtet wird zudem die Ölführung der Stehbolzen-Bohrungen (dunkler kleiner O-Ring). Beim Aufziehen des großen O-Rings unbedingt darauf achten, daß er nicht verdreht wird. Sollte der Zylinderfuß dennoch nicht dicht werden, kann auch ein O-Ring mit 2,2 statt 2,0 Millimetern Dicke untergelegt werden.

Das gabelförmige Kolben-Schutzholz verhindert nicht nur beim Zylinderabziehen das Anschlagen der Kolben, sondern es hilft auch beim Aufsetzen der Zylinder, indem es die Kolben gerade hält.

zueinander versetzen. Zu überlegen ist freilich bei dieser gut gemeinten Anweisung, ob die Ringe im Betrieb die gleiche Lage beibehalten. Schaden kann es jedenfalls nichts.
Sitzt der Zylinder vollständig an seinem Platz, dürfte etwas Öl auf die Dichtfläche zum Zylinderkopf gelangt sein. Abwischen mit benzingetränktem Lappen. Die Kopfdichtung muß auf die trocken saubere Fläche aufgelegt werden.

Pleuelkontrolle

Wenn die Zylinder abgenommen sind, kann der Zustand der Pleuellager auch gleich geprüft werden. Weil aber die dort vorgeschriebenen Spiel-Werte so winzig sind (0,04 mm), ist das mit dem üblichen Gefühl in den Fingern nicht zu machen. Einen vagen Anhaltspunkt bekommt man, wenn man versucht, das Pleuel seitlich zu schwenken (nicht zu verschieben). Wenn dabei das obere Pleuelauge mehr als etwa 1,5 Millimeter seitlich schwenkbar ist, besteht Verdacht auf Verschleiß des Lagers. Dieser Verdacht müßte aber zusätzlich dadurch bestätigt werden, daß der Motor im Betrieb polternde Geräusche von sich gab. Sonst lohnt es sich nicht, die Pleuel abzunehmen und genau nachzumessen. Denn für diese Arbeit müssen neue Pleuelfußschrauben beschafft und eine Meßmethode mit Plastigage-Meßstreifen angewendet werden.
Diese Methode basiert darauf, daß dünne, genau kalibrierte Plastikfäden zwischen Lagerschale und Wellenzapfen gelegt werden. Beim Anziehen der Lagerschrauben wird der Plastikfaden flachgequetscht. Wie breit er nachher ist, kann mit Markierungen an einem Meßlineal verglichen werden und gibt dann ziemlich genau den Wert des Laufspiels an.

Pleuellager

Wichtig ist dabei, daß die Lagerung ölfrei ist und die Lagerschrauben mit dem vorgeschriebenen Drehmoment angezogen wurden. Dazu nimmt man natürlich die alten Schrauben, um die neuen nicht schon unnötig zu dehnen. Außerdem darf das Pleuel während des Anziehens der Schrauben nicht bewegt werden, weil sonst

Das Pleuel darf bis zu 1,5 Millimeter zu schwenken sein, das ist normal. Direkte Rückschlüsse auf den Lagerzustand lassen sich so aber nicht ziehen. Im Zweifel Pleuel ausbauen und nachsehen.

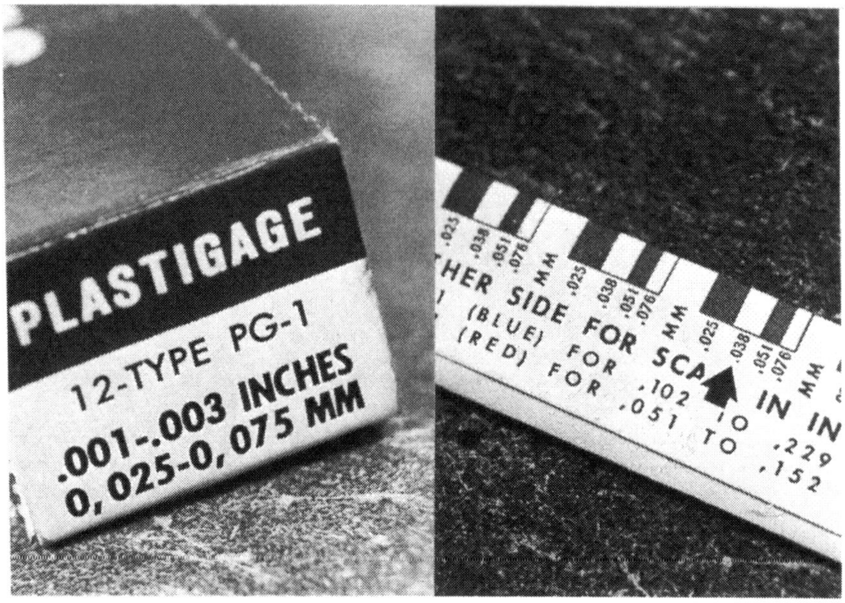

Zum Messen kleiner Spielwerte werden die Plastigage-Meßfäden in den Lagerspalt gelegt, das Lager zusammengespannt und wieder auseinandergenommen. An der Skala (rechtes Bild) läßt sich dann anhand der Breite des zusammengedrückten Plastikfadens die Größe des Spiels ablesen. Für die Pleuellager wären es 0,04 Millimeter, also müßte der Faden etwas weniger breit sein als für 0,038 der Skala (Pfeil).

der Meßfaden verschmiert und kein genaues Ablesen der Breite mehr möglich ist. Plastigage Meßfäden werden zum Beispiel in Autowerkstätten vielfach verwendet, auch der BMW-Händler müßte sie unter der Nummer 00 2 590 auf Lager haben.

Zustand der Lagerschalen

Außer dem richtigen Lagerspiel ist aber auch der Zustand der Lagerschalen zu beachten. Wenn die Lagerschalen nicht überall gleichförmige Oberfläche haben, sondern irgendwo ausgefressen sind, wenn sie vielleicht stellenweise sogar deutliche Verschleißspuren zeigen, sollten sie erneuert werden.
Das wiederum ist Werkstattarbeit, denn die Auswahl der richtigen Lagerschalen geschieht durch Messung des Lagerzapfens in verschiedenen Richtungen. Dazu wird eine sehr gute Mikrometerschraube gebraucht, die es gestattet, tausendstel Millimeter genau abzulesen.

Pleuel ausbauen

Weil die Verhältnisse bei eingebauter Kurbelwelle für genaues Messen zu beengt sind, weil zudem bei Lagerschäden am Pleuelfuß immer auch die Kurbelwellen-Hauptlager beschädigt sind, wird grundsätzlich die Kurbelwelle ausgebaut, damit alle Lager gemeinsam ausgewechselt werden können.
Ausbau des Pleuels, um das Pleuelauge für den Kolbenbolzen mit neuer Buchse versehen zu lassen. Die Kurbelwelle wird auf OT-Stellung gedreht. Die Pleuelschrauben haben eine spezielle Kopfform, die Innen-Vielzahn (XZN) genannt wird. Die speziellen Schlüssel dafür gibt es im Werkzeughandel und beim BMW-Händler. Das Original-Werkzeug hat die BMW-Nummer 11 2 860.
Sind beide Schrauben losgedreht, kann das Pleuel einfach abgezogen werden. Der rückseitige Lagerdeckel sollte von der anderen Motorseite her festgehalten werden, damit er nicht in die Ölwanne fällt. Die Lagerschalen können jetzt auch begutachtet werden. Sind sie verschlissen, muß die Kurbelwelle komplett neu gelagert

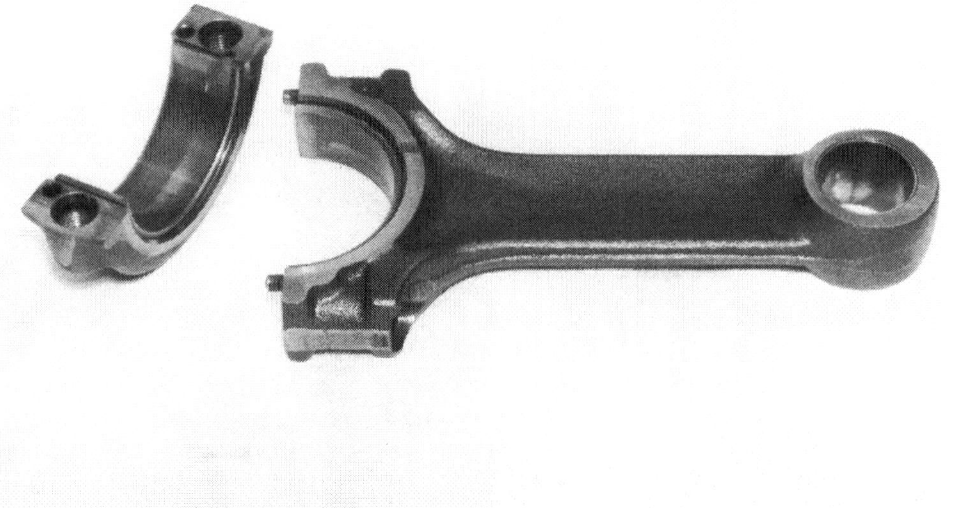

Diese Pleuellagerung einer R 100 GS, Baujahr 1988, ist im Langstreckentest rund 50 000 Kilometer gelaufen. Sie zeigt zwar Laufspuren, ist aber völlig einwandfrei. Die Lagerschalen sind hier etwas verschoben, vor dem Zusammenbau müssen sie erst wieder richtig eingedrückt werden. Die Paßstifte zeigen immer nach vorn, also zur Lichtmaschine.

werden. Sind sie einwandfrei, werden sie auf der Rückseite mit Filzschreiber gezeichnet, damit sie nachher wieder an die richtige Stelle kommen.

Pleuelbuchsen und Lagerschalen

Das ausgebaute Pleuel kann dann in der Werkstatt mit einer neuen Buchse versehen werden. Wenn es wieder eingebaut wird, müssen die beiden Fixierstifte stets nach vorn (also zur Lichtmaschinenseite hin) zeigen. Außerdem sollen die Lagerschalen mit Molybdändisulfidpaste eingerieben werden, bevor das Pleuel auf den Hubzapfen gesetzt wird. Wichtig ist, daß die Lagerschalen gründlich saubergewischt werden, bevor sie in ihre Sitze in Pleuel oder Pleueldeckel eingesetzt werden. Jedes winzige Körnchen Schmutz würde sich sonst durch die Lagerschale durchdrücken. Das Eindrücken der Schalen ist grundsätzlich einfach: Sie werden mit einem Ende an die Kante des Sitzes gelegt und dort mit dem Finger festgehalten. Das andere Ende wird dann eingedrückt, so daß die Lagerschale sich durch ihre eigene Spannung im Lagersitz hält. Aufpassen, daß die Kanten der Lagerschalen nicht überstehen.
Die alten Pleuelschrauben können nicht wiederverwendet werden. Unbedingt neue Schrauben einbauen. Anziehen der Schrauben mit Drehmoment, und zwar mit 50 Nm. Deshalb soll der Spezialschlüssel eben eine Stecknuß mit XZN-Stift sein, damit ein Drehmomentschlüssel angesetzt werden kann.

Die Bildreihe zeigt den Ausbau der Pleuel. Bild A: Hier werden, wenn die Kurbelwelle ausgebaut werden soll, gleich auch die Stößel herausgezogen. Bild B: Pleuelschrauben mit XZN-Köpfen für Spezial-Schlüssel, am besten als Stecknuß für Drehmomentschlüssel. Bild C: Pleuelschraube: Pfeil P deutet auf den Paß-Ansatz, Pfeil S auf den geschliffenen Schaft. Bild D: Der Pfeil weist auf die Ölbohrung des Hubzapfens. Der Pleuellagerdeckel ist nach hinten herausgenommen.

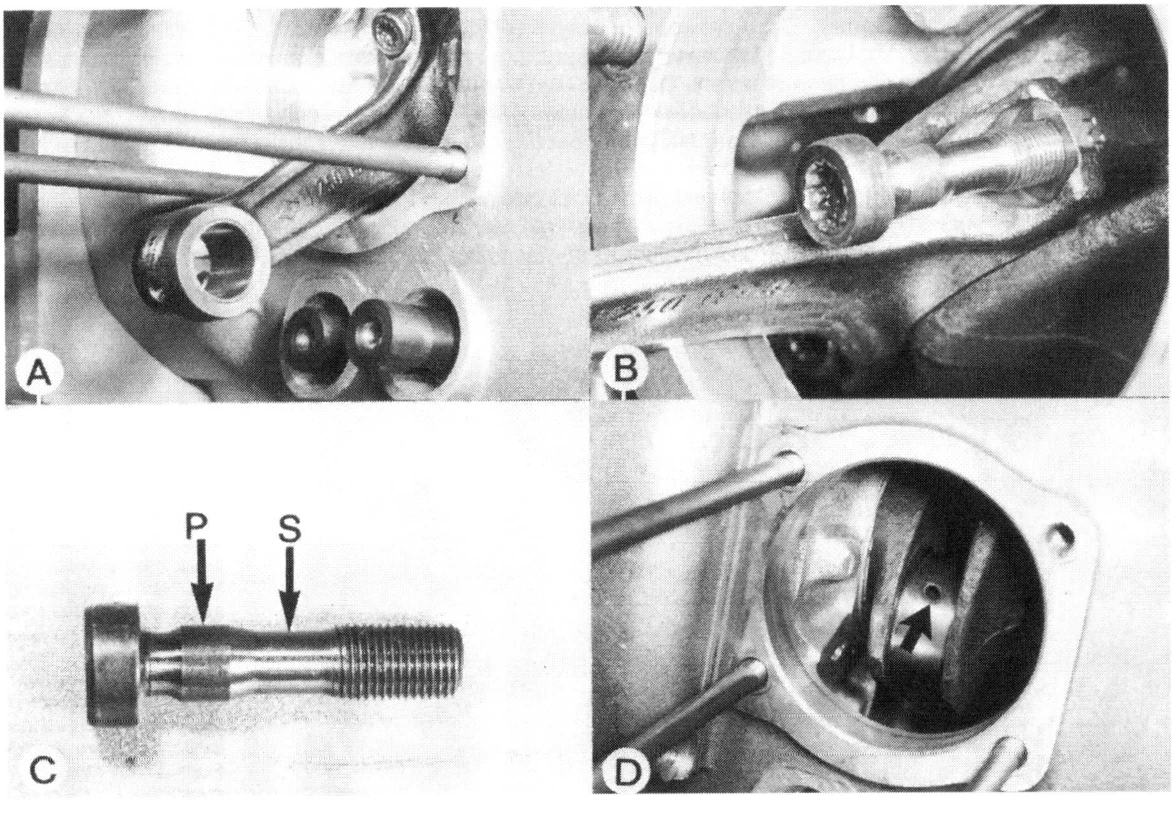

Kettenreaktion

Arbeiten ohne Motorausbau

Bei den Modellen ab 1981 und bei den R 45 und R 65 muß niemand mehr in den Lenker beißen, weil er den Motor sogar für Handgriffe an der Ventilsteuerung aus dem Rahmen heben müßte. Die Steuerkette ist jetzt an ihrem Kettenschloß leicht zu öffnen, so daß Kette und Kettenspanner bei Bedarf ohne große Umstände repariert werden können. Bei den früheren Modellen mit Duplex-Steuerkette muß für diese Reparaturen der Motor ausgebaut werden, weil der Platz nicht ausreicht, die Nockenwelle herauszuziehen.

Älterer Motor

Wenn nur die Dichtringe des Gehäusedeckels vor der Steuerkette ausgewechselt werden müssen, kann der Motor auch bei den älteren Modellen, also vor 1981, im Fahrwerk bleiben. Defekte Dichtringe machen sich dadurch bemerkbar, daß die Lichtmaschine ölverschmiert ist. Bei früheren Modellen mit den ungekapselten Unterbrechern treten zuerst Zündstörungen auf, die durch Öl am Unterbrecher verursacht werden.
Bei eingebautem Motor sind auch alle Nebenaggregate (Anlasser, Lichtmaschine) ausbaubar, ebenso Luftfilterkasten und Kurbelgehäuse-Entlüfterventil. Sogar zum Wechseln der Ölpumpe, der Kupplung oder des Wellendichtringes auf dem hinteren Kurbelwellenzapfen kann der Motor im Fahrwerk bleiben. Dazu muß dann aber das Getriebe ausgebaut werden.

Zerlegen bis Steuerkette

● Motorschutzhaube abnehmen (drei Innensechskantschrauben). Bei der Montage nicht vergessen, den Belüftungsschlauch zuerst in die Schutzhaube einzusetzen.
● Dreipoligen Flachstecker vom Polgehäuse der Lichtmaschine abziehen, Kohlebürsten etwas hochziehen und mit den Spiralfedern gegen Herausfallen verklemmen.
● Drei Innensechskantschrauben am Polgehäuse herausdrehen, Polgehäuse abnehmen.
● Lichtmaschinenanker abziehen. Dazu entweder Spezialwerkzeug benutzen, oder mit Stahlstift von sechs Millimetern Durchmesser und etwa 55 Millimetern Länge und der Halteschraube ein Werkzeug improvisieren. Die Halteschraube wird zuerst herausgedreht. Dann den Stahlstift in die Bohrung stecken und Halteschraube gegen den Stahlstift ziehen. Bei festgespannter Schraube wird der Anker durch einen kurzen, trockenen Hammerschlag auf den Schraubenkopf von seinem Konussitz auf dem Wellenzapfen gelöst.

Wichtig ist, daß der Stift aus hartem Stahl und nicht aus irgendeinem Weicheisen besteht. Das verbiegt und verklemmt sich innerhalb des Rotors. Bestens bewährt hat sich etwa ein Stück von einem alten Ventil (6 Millimeter-Schaft). Ebenso wichtig ist, daß mit dem Hammerschlag nicht die Rotor-Halteschraube verbogen wird. Soviel Gewalt ist nicht nötig.

Links: Unterbrecher der alten Art, nach Lösen der Zentralmutter abzuziehen. Die Grundplatte ist mit Schlitzschrauben befestigt. Rechts: Der neue Zündauslöser ist nach Losdrehen der zwei Innensechskantschrauben abzunehmen. Die elektrischen Leitungen sind mit Flachsteckern angeschlossen.

Drei Innensechskantschrauben halten die Lichtmaschine. Der Klauenpolanker wird mit einer zentralen Schraube festgehalten. Bei Defekten ist die Verbindung zwischen Schleifringen und Wicklungspaket verdächtig.

- Zünder abbauen. Entweder bei den frühen Modellen nur den Fliehkraftversteller von der Nockenwelle abziehen, oder aber das Gehäuse bei Modellen mit gekapseltem Unterbrecher, oder aber den sogenannten Zündauslöser bei den neuesten Modellen mit Transistorzündung nach Lösen der Halteschrauben einfach abnehmen.
- Spätestens jetzt das Motoröl ablassen.
- Die Diodenplatte oberhalb der Lichtmaschine kann angebaut bleiben. Sie muß aber vorm Zusammenbau abgeschraubt werden, weil sie sonst beim Anheizen des Lagersitzes beschädigt werden könnte.
- Der Gehäusedeckel ist mit neun Innensechskantschrauben und drei Muttern mit Innensechskant befestigt.
- Gehäusedeckel rund um die Lagerstelle am Kurbelwellenzapfen vorsichtig auf etwa 80 Grad erwärmen. In den meisten Fällen läßt er sich dann ohne Spezialwerkzeug abziehen. Er sitzt nur auf dem Lager des Kurbelwellenzapfens fest.

Lagerdeckel abziehen

Das Spezialwerkzeug fürs Abziehen des Lagerdeckels ist nur eine Abziehbrücke mit zentraler Druckspindel. Angeschraubt wird die Brücke an den Lagerdeckel mit drei Schrauben in die Gewinde für das Polgehäuse. Eine solche Abziehbrücke läßt sich aus vielerlei Material schnell improvisieren. Sogar mit einer Brücke aus 30 Millimeter dickem Hartholz hat die Arbeit schon geklappt. Weil beim Abziehen ein Druck auf den Kurbelwellenzapfen ausgeübt wird, muß der Zapfen geschützt werden. Dafür gibt es als Spezialwerkzeug einen sogenannten Druckpilz. Es genügt aber, etwa eine Schraube einzustecken, gegen die sich die Abdrückspindel anlegen kann.
Ist der Lagerdeckel (BMW-intern wird er Kettenkastendeckel genannt) abgezogen, liegt der Kettenantrieb für die Nockenwelle frei. Am Lagerdeckel sind die beiden Wellendichtringe an Kurbelwelle und Nockenwelle, sowie der Dichtring des Drehzahlmesserantriebs möglicherweise zu ersetzen. Die Dichtringe an den beiden Wellen sind einfach auszuschlagen, die neuen ebenso einfach mit passendem Rohrstück wieder einzutreiben.

Schema fürs Abdrücken des Lichtmaschinenankers. Der Stift (6 Millimeter Durchmesser, 50 Millimeter lang) muß aus hartem Stahl bestehen. Rechtes Bild: Im Kettenkastendeckel deutet der Pfeil L auf den Lagersitz des Kurbelwellen-Kugellagers, Pfeil D ist der Drehzahlmesserantrieb bei den alten Modellen.

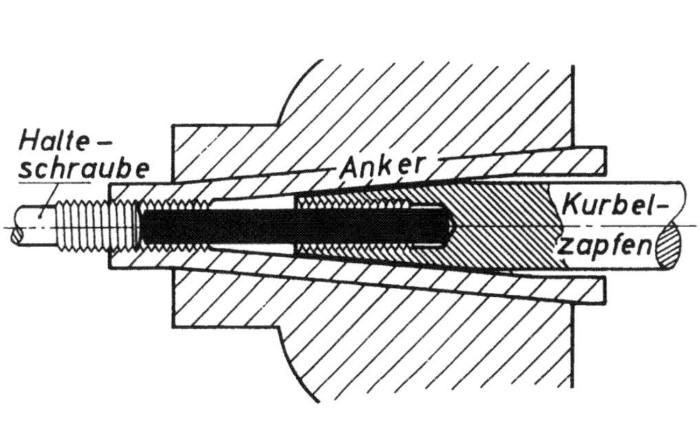

Die unterschiedlichen Nockenwellenantriebe. Links alt mit Duplex-Kette, auf dem dünnen Wellenzapfen oben läuft der Fliehkraft-Zündversteller. Darunter die Schnekke für den Drehzahlmesserantrieb.

Rechts neue Version mit Simplex-Kette und Zündauslösertopf. Dichtung zum Kettenkastendeckel nur durch einen O-Ring.

Zapfen der Nockenwelle

Vorsicht ist geboten, wenn der Kettenkasten wieder aufgesetzt wird. Denn der Nockenwellenzapfen könnte den neuen Dichtring gleich wieder beschädigen, wenn der Deckel nicht genau gerade aufgesteckt wird. Eine Schlupfhülse über den Nockenwellenstumpf stecken, die den Deckel genau führt und den vorher stets gut eingeölten Dichtring vor dem Anecken schützt.
Diese Schlupfhülse ist einfach ein Stück dünnes Rohr, das außen schön poliert und an einem Ende etwas konisch zusammengedrückt ist. Dort soll der Dichtring sanft aufgeweitet werden. Die Hülse soll innen genau auf den Nockenwellenzapfen passen. Die Schlupfhülse muß keineswegs immer aus Stahl sein. Hauptsache, ihre Außenfläche ist so glatt, daß der empfindlichen Lippe des Dichtringes nichts passiert. Ein Kunststoffrohr geht also auch.
Bei Motoren mit Transistorzündung ist kein Wellendichtring mehr an der Nockenwelle vorgesehen. Der Zündauslöser sitzt hier mit einem O-Ring im Kettenkastendeckel fest.

Antrieb Drehzahlmesser

Dichtung des Drehzahlmesserantriebs: Sie wird nach Lösen der Halteschraube M 6 und nach Herausziehen der Buchse (Drahthaken) mitsamt dem Zahnrad von innen herausgeschlagen. Dazu einen Dorn aus Leichtmetall nehmen, der die Verzahnung nicht beschädigt.
Der neue Dichtring wird eingeölt und vormontiert. Das Schraubenrad mit Anlaufscheibe, Dichtring und Buchse kann dann von außen wieder mit einem passenden Dorn in seinen Sitz getrieben werden. Halteschraube wieder ansetzen und festziehen.
Beim Aufsetzen des Kettenkastendeckels wird der Bereich um den Sitz des Kugellagers wieder auf etwa 80 Grad angeheizt. Der Deckel wird aufgesetzt, dann die Schrauben von innen nach außen gleichmäßig schrittchenweise anziehen. So kommt der Deckel langsam auf seinen Sitz. Am Schluß wird mit einem Kunststoffhammer ein paarmal rings um den Lagersitz angetippt, damit sich das Lager entspannt in seinem Sitz breitmachen kann.
Es geht dabei nicht um rohe Gewalt, sondern es soll praktisch nur sichergestellt werden, daß die Wälzkörper

Alte Modelle: Abziehen des Antriebsrads für die Nockenwelle. Die Nockenwelle selbst muß gleichzeitig herausgezogen werden. Hier ist der Universal-Zweiarmabzieher ausreichend. Nur sollte er gegen Abrutschen mit Schraubzwinge verspannt werden. Das Zahnrad sitzt auf der Kurbelwelle mit Paßfeder (mittleres Bild, Pfeil). Darauf achten, daß die Kette parallel zum Gehäuse gehalten wird.

Linkes Bild: Bei den neuen Modellen erst Steuerkette abnehmen (unterer Pfeil), dann Nockenwellenflansch lösen (die zwei oberen Pfeile) und Nockenwelle herausziehen.

Rechtes Bild: Das Kugellager kann auf dem Zahnrad bleiben, es wird mit ihm gemeinsam heruntergezogen.

des Lagers nicht mehr vom Aufsetzen des Deckels an eine Laufrille des Lagerringes gedrückt werden. Nur das Lagerspiel soll mit den Hammerschlägen knapp überwunden werden.

Einfach-Rollenkette

Bei den neueren Motoren mit Einfach-Rollenkette kann auch die Steuerkette bei eingebautem Motor abgenommen werden. Einfach das Kettenschloß öffnen, eine Zange drückt dabei mit einem Kiefer gegen die offene Seite des Schlosses, der andere Kiefer stützt sich gegen einen Kettenniet ab. Das Schloß springt leicht ab. Aufpassen, wohin es springt. Zusammengebaut wird das Schloß nach derselben Methode, dabei muß die geschlossene Seite des Schlosses in Bewegungsrichtung der Kette zeigen.

Wechsel Kettenrad

Kettenradwechsel ist ebenfalls kein Problem. Es genügt ein normaler Zweiarm-Abzieher, der ordentlich mit Schraubzwinge verspannt wird, damit er nicht vom Kettenrad abrutscht. Das Lager wird zusammen mit dem Kettenrad abgezogen.
Das Kettenrad von der Nockenwelle zu ziehen, erfordert gar nur wenig Kraft. Es läßt sich mit zwei Schraubenziehern von seinem Sitz herunterhebeln.

Kettenrad anwärmen

Bei Wiederaufsetzen der Kettenräder ist grundsätzlich auf die richtige Stellung zum Totpunkt der Kolben zu achten. Auf der Kurbelwelle sitzt das Rad zudem noch sehr fest, es muß also angeheizt werden, bevor es auf seinen Sitz gepreßt wird. Also anheizen auf etwa 80 Grad und aufsetzen, so daß es korrekt mit seiner Nut auf die Paßfeder des Kurbelwellenstumpfes geschoben wird. Das Lager wird ebenfalls leicht angewärmt und auf seinen Sitz geschoben.
Beim Anwärmen von Lager und Zahnrad sollte keine offene Flamme benutzt werden. Selbst eine weiche Flamme macht zum Beispiel den Lagerkäfig blitzschnell glühend, während die übrigen Lagerteile noch fast kalt

Zweiarm-Abzieher mit Schraubzwinge gegen Abrutschen verspannen. Mit der Gripzange wird die Abzieherbrücke festgehalten, damit die andere Hand kräftig mit dem Schraubenschlüssel an der Druckspindel drehen kann.

Schwierig ist das Aufsetzen des heißgemachten Zahnrads. Es muß genau auf die Paßfeder ausgerichtet sein. Das Druckrohr mit der Zugspindel ist ein Spezialwerkzeug, kaum mit normalen handwerklichen Mitteln zu improvisieren. Im rechten Bild ist die Ausrichtung der Nockenwelle gezeigt: Die Zahnrad-Markierungen (Pfeil) müssen zueinander stehen. Bei den neuen Modellen wird natürlich die Steuerkette erst zum Schluß aufgelegt.

sind. Deshalb am besten Öl in einem Topf erhitzen, das Lager dort hineinlegen. Die Temperatur ist mit einem normalen Küchenthermometer (Einkochthermometer) gut zu messen. Das Kettenrad und das Lager werden lange genug im heißen Öl gelassen, damit sie auch wirklich durch und durch warm sind. Mit Drahthaken aus dem Bad herausnehmen. Mit dicken Handschuhen weiterarbeiten.

Heiße Teile schnell aufdrücken

Ein kleines praktisches Problem besteht für den, der diese Arbeit zum ersten Mal macht. Die heißen Teile müssen nämlich blitzschnell und ganz genau auf die Welle gedrückt werden, sonst ziehen sie sich schon zusammen, bevor sie richtig sitzen. Wenn das passiert, muß eben das Kettenrad nochmal abgezogen, neu angeheizt und beim nächsten Mal schnell genug aufgeschoben werden. Gewalt darf nicht angewendet werden, Hammerschläge sind strikt verboten, weil sie direkt auf die Kurbelwellen-Lagerscheiben wirken und das seitliche Anlauflager zerstören.

Kette auflegen

Wenn beide Zahnräder richtig auf Kurbelwelle und Nockenwelle montiert sind, kann die Kette aufgelegt werden. Niemals alte Kette auf neuen Zahnrädern und niemals neue Kette auf alten Zahnrädern laufen lassen. Die Nockenwelle wird so gedreht, daß die Markierung auf ihrem Zahnrad nach oben zur Kurbelwelle zeigt. Die Kurbelwelle selbst muß so stehen, daß die Markierung auf dem Zahnrad nach unten zur Nockenwelle zeigt. Beide Markierungen zeigen also zueinander, Zahn gegen Zahn. Dann stimmen die sogenannten Steuerzeiten automatisch, die Ventile öffnen und schließen dann automatisch zu den korrekten Zeitpunkten.

Kettenspanner

Der Kettenspanner war bei den frühen Modellen durch eine Schenkelfeder belastet. Sie ließ sich einfach aus- und einbauen. Bei neueren Baumustern mit Simplex-Kette drückt ein kleiner federbelasteter Kolben seitlich gegen den Spannhebel. Hinter dem Kolben baut sich in seinem Zylinderchen ein Ölpolster auf. Das dämpft

Bei den alten Modellen muß der Luftfilterkasten hier (Pfeile) abgeschraubt werden. Unten ist die Klammer sichtbar, mit der er zusätzlich gehalten wird. Der Kurbelgehäuse-Entlüftungsschlauch zielt in den Ansaugstutzen.

Federschwingungen und hält die Spannschiene immer in gutem Kontakt mit der Kette. Wenn an dieser Stelle Rasseln zu hören ist, dann kann es sein, daß das Federchen gebrochen ist oder der Kolben nicht leicht in seinem Zylinder läuft. Auch die Ölbohrung oben im Zylinderchen kann verstopft sein.
Gelegentlich wird empfohlen, diese Bohrung auf halben Durchmesser zu verkleinern. Zum Beispiel durch Einsetzen einer Art Düse oder gar durch Zukleben mit Kaltmetall und Aufbohren mit kleinem Durchmesser. So soll das Öl zwar in den Pufferraum hinter dem Kolben gelangen, aber beim Austritt stärker gebremst werden als original vorgesehen. Eigene Erfahrungen mit dieser Methode liegen nicht vor, aber der theoretische Hintergrund ist logisch.

Überdruckventil

Mit dem Überdruckventil am Oberteil des Kurbelwellen-Lagerdeckels gibt es keine Probleme. Das Ventil soll dann Öl abblasen, wenn der in den Gleitlagern aufgebaute Öldruck durch irgendeine Verstopfung wesentlich zu hoch wird. Bei über 5 bar schaltet es so, daß das Öl direkt in den Kettenkastenraum und von dort in die Ölwanne abfließt.
Dieses Ventil ist nicht der einzige Schutz gegen Überdruck oder Verstopfung. Zum Beispiel sitzt hinterm Ölfilter ebenfalls ein Ventil, das sich öffnet, wenn der Filter verdreckt ist. Der Filter wird dann umgangen. Der Differenzdruck beträgt an diesem Ventil nur 1,5 bar.

Nebenaggregate ausbauen

Anlasser, Entlüfterschläuche, Luftfilterkasten, Ölwanne, Ölfilter und Ölkühler können allesamt bei eingebautem Motor abgeschraubt werden. Es empfiehlt sich sogar, alle diese Teile vorher abzuschrauben, wenn der Motor etwa wegen eines Kurbelwellenschadens aus dem Rahmen gehoben werden soll. Auf diese Weise wird der Motorblock schließlich so leicht, daß es nicht mehr so schweißtreibend ist, ihn aus dem Rahmen zu heben.

Bilder obere Reihe: Unterm Plattenluftfilter der neueren Modelle sitzen die Ansaug- und Entlüftungsschläuche. Die Leichtmetall-Ansaugstutzen sind von innen aus den Schläuchen herauszuschlagen. Im rechten Bild: Der Kasten ist auch mit einer Innensechskantschraube befestigt, Verlängerung des Schlüssels für besseren Griff ist angebracht.

Rechtes Bild: Zum Lösen des Anlassers wird ein sehr schlanker Ringschlüssel SW 13 gebraucht oder eine SW 13-Nuß mit 3/8 Zoll Vierkantantrieb. Nur sie ist schlank genug.

Kurbelgehäuse-Entlüftung, hier bei den alten Modellen. Auch heute noch im Prinzip gleich: Der Deckel wird abgeschraubt, darunter liegt das Ventil mit Ventilplatte, Unterlagscheibe, Feder, Unterlagscheibe und Sicherungsring.

Besondere Hinweise sind nicht nötig, denn es geht in allen Fällen nur darum, einzelne Schrauben zu lösen und Teile abzuheben.

Entlüftung Kurbelgehäuse

Einzig bei der Kurbelgehäuse-Entlüftung ist etwas Aufmerksamkeit nötig. Zum Beispiel gab es mehrere verschiedene Führungen des Entlüftungsschlauches. Das Entlüfterventil sitzt seit jeher rechts neben dem Anlasser. Der Schlauch ist jeweils vorn rechts mit einer Spannschelle an einem Extra-Stutzen angeklemmt. In der ersten Ausführung verläuft der Schlauch nach hinten nur in den rechten Deckel des Luftfilterkastens, später dann mündet er vor dem Filterkasten in ein T-Stück, von dem je ein Schlauch rechts und links in den Filterraum führt. Die Modelle ab 1981 schließlich haben den neuartigen Plattenluftfilter, der Entlüftungsschlauch ist vor dem Filter wiederum mit einem T-Stück verzweigt.

Entlüfterventil

Wichtiger ist das Entlüfterventil selbst. Es soll dafür sorgen, daß im Kurbelgehäuse stets ein geringer Unterdruck herrscht, damit die Kolben nicht ständig die Luft im Kurbelhaus zusammenpumpen müssen. Unterdruck ist auch erwünscht, damit nicht Ölnebel aus den Gehäusedichtungen gedrückt wird.
Ein Indiz für Motorverschleiß kann es zudem sein, wenn zuviel Luft aus dem Kurbelgehäuse in den Luftfilterraum gedrückt wird. Dann nämlich gelangen zuviele Verbrennungsgase ins Kurbelgehäuse. Entweder pfeifen sie am Kolben vorbei, oder aber entlang stark verschlissener Ventilführungen. In beiden Fällen wird das Filterelement sehr stark verölt sein, weil eben mit den Gasen aus dem Kurbelhaus auch viel Öl mitgerissen wird. Geringe Ölmengen werden durch eine Bohrung im Beruhigungsraum nach dem Entlüfterventil zurück ins Kurbelgehäuse tropfen.

Entlüfterventil entfernen

Das Entlüfterventil ist erst nach dem Abnehmen des Anlassers zugänglich. Dann sind aber nur zwei Innensechskantschrauben des Deckels herauszudrehen, um an die einfache Mechanik zu gelangen. Das Ventil ist ein Kunststoff-Plättchen, das unter Federdruck gegen eine Bohrung gedrückt wird. Ist das Plättchen alt, kann es nicht mehr ordentlich abdichten. Erneuern ist keine schwierige Arbeit. Es muß dazu der kleine Sprengring auf dem zentralen Stift abgezogen werden. Dazu genügt ein kleiner Elektro-Schraubenzieher, der Sprengring läßt sich seitlich aus seiner Sitznut heraushebeln. Die Feder darunter sollte aber festgehalten werden, sonst springt sie weg.

Entlüfterventil einbauen

Einbau-Reihenfolge: Kunststoff-Plättchen, Unterlegscheibe, Feder, zweite Scheibe, Sprengring. In dem zentralen Stift sind zwei Ringnuten eingestochen. Die obere ist für die R 60/7 gedacht, die untere für alle anderen Motoren. Wenn irgendwelche Schwierigkeiten mit der Entlüftung auftreten, sollte auch bei den R 45 und R 65 Motoren ruhig die untere Ringnut gewählt werden. Dann ist die Feder etwas stärker gespannt, was nicht schadet.

Bauunternehmer

An einer schönen Frau, heißt es, soll man nichts verändern. An diesen Spruch fühlten wir uns irgendwie erinnert, als es um dieses Buch-Kapitel ging. Der Motor unserer BMW muß nämlich nur dann ausgebaut werden, wenn die Kurbelwelle defekt ist. Alle anderen Arbeiten können, wie in den vorigen Kapiteln beschrieben, bei eingebautem Motor bewältigt werden.

Getriebe kann bleiben

Wenn alle Teile vorher abgebaut wurden, also Zylinder und Kolben, Luftfilter, Anlasser und Steuergehäusedekkel (siehe auch Kapitel »Motor (1)»), dann ist es nicht einmal nötig, das Getriebe vorher aus dem Fahrwerk zu nehmen. Der Motor läßt sich dann nämlich weit genug nach vorn ruckeln, so daß die Getriebewelle aus der Kupplung herausrutscht.

Motor ausbauen

Im Normalfall beginnt Motorausbau allerdings bei der Hinterradschwinge. Sie muß vom Getriebe getrennt werden, Schwinge aus den Lagern nehmen, Getriebe vom Motor abflanschen, Getriebe nach hinten ruckeln und Motor aus dem Rahmen heben.

Arbeitsfolge

Bei Modellen vor 1981 Maschine auf Mittelständer stellen und zusätzlich hinter dem Mittelständer aufbocken.

- Luftfilter ausbauen, Starterzüge an den Vergasern abklemmen und linken Luftfiltergehäusedeckel mit der Lagerung für die Starterhebel ablegen. Rechten Luftfiltergehäusedeckel abnehmen, dazu den Entlüfterschlauch nach hinten wegdrücken.
- Am Getriebeausgang wird die Tachowelle abgebaut. Dazu die Sechskantschraube vollständig herausdrehen, den Gummibalg hochdrücken, Welle herausziehen. An der Sechskantschraube ist die Masseklemme für das Batteriekabel befestigt, beim Zusammenbau nicht vergessen.
- Batterie und Batteriehalter ausbauen.
- Ölauffangwanne unter Getriebe-Ausgang stellen. Spannband vom Gummibalg zwischen Getriebe und Schwinge lockern, Balg zurückdrücken. An die Schrauben des Flansches fürs Kreuzgelenk kommt man mit einfachem Zwölfkant-Ringschlüssel heran. Damit sich der Flansch nicht wegdreht, wird das Hinterrad mit der Fußbremse festgehalten.

Kreuzgelenkflansch

Wenn diese Schrauben später wieder festgezogen werden, ist ein Drehmomentschlüssel nötig, an den ein schlanker Zwölfkant-Ringschlüssel angesetzt werden kann. Für den normalen Stecknußeinsatz ist nicht genug

Links: Werden die Zylinder abgezogen, kann statt des Kolben-Schutzholzes auch ein Pappdeckel die Kolben auffangen. Der soweit abgespeckte Motor wiegt übrigens nur noch 27 Kilogramm, ist also auch von einer Person leicht zu heben.

Rechts: Der Flansch kann auch mit einem Schraubenzieher blockiert werden, damit die Schrauben loszudrehen sind. Und wenn Hinterachsgetriebe und Rad noch eingebaut sind, hält ein Tritt auf die Fußbremse den Flansch fest.

Platz vorhanden. Diesen Spezialschlüssel gibt es bei BMW unter der Nummer 00 2 560. Anzugsmoment der Zwölfkantschrauben ist 40 Nm.
Die Schrauben sind bei Maschinen vor 1983 mit Federringen gesichert. Schrauben-Abmessung M 8 × 1 × 14,5 mm lang. Langzeitversuche haben ergeben, daß die Federringe nicht nötig sind, wenn mit dem richtigen Drehmoment angezogen wird (ohne Öl). So wurden ab 1983 serienmäßig nur noch Schrauben M 8 × 1 × 13 mm Länge ohne Federring eingebaut. Wenn der Federring bei älteren Maschinen weggelassen wird, muß auch die neue kürzere Schraube verwendet werden. Nicht die alte Schraube kürzen, sondern wegwerfen. Denn diese Schrauben dehnen sich schon bei leichtem Überziehen bleibend, sie sollen grundsätzlich bei jeder Demontage erneuert werden.
Wer die längeren Schrauben ohne Federring weiterbenutzt, riskiert Beschädigung des Wellendichtrings.
● Kontermutter der Schwingenlagerbolzen lockern, Schwingenlagerbolzen vollständig herausdrehen.
● Kupplungsseilzug am Kupplungshebel des Getriebes aushängen. Kupplungs-Ausrückhebel abnehmen. Dazu einfach die Sicherung des Lagerbolzens abnehmen, Bolzen herausziehen. Druckfeder nicht verlieren.
● Fußbremshebel abbauen, dazu den Lagerbolzen festhalten und die selbstsichernde Mutter abschrauben. Bei der R 100 RS und anderen Maschinen mit Scheibenbremse ist das Bremsgestänge am Bremszylinder zu lösen, dann die Zugfeder aushängen.
● Bei Maschinen mit Schaltkinematik, also am Rahmen gelagertem Fußschalthebel, muß das Verbindungsgestänge abgenommen werden. Gummikappe zurückschieben, Feder aushaken und das Gestänge aus der Sicherung herausdrücken (Schraubenzieher).
● Getriebe vom Motor lösen. Dazu ist außer den Innensechskantschrauben auch unten rechts am Getriebe eine durchgehende Schraube mit Mutter abzunehmen. Mutter festhalten, sie dreht sich meist mit. Die Innensechskantschraube vor der Schalthebellagerung braucht einen auf maximal 30 Millimeter Länge gekürzten Sechskant-Stiftschlüssel, die handelsüblichen sind um rund fünf Millimeter zu lang.
● Die Schwinge wird jetzt ganz nach hinten gedrückt und dort festgehalten. Das Getriebe nach hinten ruckeln, nach links aus dem Rahmen herausschwenken, die Leitung für die Leerlaufkontrolle abklemmen. Dann ist das Getriebe frei.

Modelle ab 1981

Bei Maschinen ab 1981 sind die grundsätzlichen Arbeiten gleich. In einzelnen Schritten sind nur kleine Unterschiede.
● Zum Beispiel müssen unbedingt die Auspuff-Anlage und die linke Fußraste vorher abgebaut werden. Und der Kupplungs-Ausrückhebel am Getriebe ist nicht mehr auf einfachem Stift gelagert, sein Lagerbolzen ist mit einer Mutter festgezogen. Mutter lösen, Lagerbolzen herausziehen.
● Die Luftfilteranlage ist ebenfalls unterschiedlich, grundsätzlich bereitet das Abnehmen von Filtergehäuse und Entlüfterleitungen aber wohl keine Schwierigkeiten.
● Im Gegensatz zu den vorigen Modellen muß jetzt der Motor aus seinen Halterungen genommen werden. Mit einem Scherenwagenheber den Motor unter der Ölwanne stützen, so daß die Motorhaltebolzen vorn und hinten gelöst und gerade herausgezogen werden können. Motorschutzhaube vorn vor der Elektrik abnehmen. Motor ganz nach vorn bis zum Anschlag an die Rahmenrohre ziehen.

Zum Lösen der Schwungscheiben-Schrauben kann der Motor oft nicht allein mit der Hand festgelegt werden. Dann hilft Aufspannen auf die Werkbank. Warum nicht so: Mit Kantholz und Schraubzwingen?

● An der Getrieberückseite ist jetzt noch der Faltenbalg über der Kupplungsdruckstange abzuziehen, die Feder dahinter nicht verlieren.

● Wenn jetzt das Getriebe nach hinten gerückt wird, ist die Kupplungsdruckstange sichtbar. Mit einer Zange wird sie nach hinten durchgeschoben. Dabei aufpassen, denn am hinteren Ende fällt jetzt der Druckkolben mit dem Drucklager heraus. Nicht in den Schmutz fallen lassen.

● Die Leitungen für die Leerlaufkontrolle sind mit einfachen Steckern angebracht, sie werden nach Schwenken des Getriebes zugänglich.

Das Getriebe ist jetzt frei, kann nach links aus dem Rahmen gehoben werden.

Bevor der Motor raus ist

Wenn das Getriebe weg ist, kann auch die Ölpumpe kontrolliert und repariert werden, ohne daß der Motor aus dem Rahmen muß. Und die Kupplung ist ebenso frei zugänglich. Es ist sogar sinnvoll, für Arbeiten an der Kupplung den Motor eingebaut zu lassen. Denn wenn er im Rahmen festsitzt, braucht man ihn nicht zum Lösen der Schrauben noch besonders festzuhalten. Auf der Werkbank liegt der Motor zwar besser in Griffhöhe, er muß jedoch kräftig festgespannt werden, etwa mit Kanthölzern und Schraubzwingen. So empfiehlt sich, Kupplung und auch die Schwungscheibe jetzt abzunehmen, bevor der Motor ausgebaut wird. Die speziellen Handgriffe stehen im Kupplungskapitel.

Kurbelwellen-Dichtring

Hinter der Kupplung sitzt auf der Kurbelwelle der Dichtring. Wenn er defekt ist, also Öl in den Raum der Trockenkupplung gelangt, kann er auch ohne Motorausbau gewechselt werden. BMW hat ein einfaches Werkzeug dafür. Es besteht aus einer Abziehbrücke, die quer über den Rand des Motorgehäuses gelegt und so festgeschraubt wird wie das Getriebe. In der Mitte hat diese Brücke ein Gewinde, seitlich daneben eine einfache Bohrung.

Wer wenigstens einen kräftigen Schraubstock, eine Ständerbohrmaschine und eine Eisensäge hat, kann sich das Werkzeug also durchaus selbermachen. Das zentrale Gewinde läßt sich durch eine untergelegte Mutter ersetzen, es genügen also zwei Bohrungen von etwa 10,5 Millimetern Durchmesser für die Verwendung von M 10-Gewindestangen.

Dichtring abziehen

Zum Abziehen des Dichtringes wird dieser zuerst etwas aufgeschlitzt. Dann wird eine Gewindestange am unteren Ende mit einem Haken versehen (mit ein paar Hammerschlägen anschmieden und ordentlich glattfeilen). Der Haken wird durch den Schlitz gedrückt, einmal um 90 Grad gedreht, so daß er unter den Außenkörper des Ringes greift. Der Gewindeteil hängt oben in einer Bohrung der Abziehbrücke, und mit einer Mutter am Gewinde wird jetzt der alte Dichtring herausgezerrt.

Neuer Dichtring

Der neue Dichtring wird vor dem Einbauen erst mal für zwei Stunden in Motoröl gelegt. So kann er sich soweit benetzen, daß er auf dem Kurbelwellenstumpf nachher nicht trocken läuft. Zum Eindrücken des Dichtringes wird in die mittlere Bohrung eine Gewindestange mit einem speziellen Druckring eingesetzt. Er muß im

Die Schwungscheibe wird mit einem einfachen Stahlstück (weiß angestrichen, damit es besser zu erkennen ist) und neuerdings Schrauben M 7 blockiert. So lassen sich die mittleren Halteschrauben gut lösen und auch nachher wieder anziehen. Im rechten Bild sind die Markierungen der Schwungscheibe zu sehen. OT muß mit dem Schauloch übereinstimmen, wenn die Welle in der OT-Stellung der Kolben steht und die Schwungscheibe aufgesetzt wird.

Obere Bilder: Abziehen des Lagerdeckels mit dem BMW-Original-Spezialwerkzeug (links) und einfacher, improvisierter Brücke, bei der die mittlere Spindel ruhig weggelassen werden kann.

Untere Bilder: Lagerdeckel alt (links) und neu. Die Pfeile weisen auf die Nut, die den Ölstrom erst zum Kurbelwellenlager führt.

Außendurchmesser um ein paar Zehntel kleiner sein als der Dichtring. Wenn man eine Mutter dann unter die Abziehbrücke legt, preßt die Gewindestange mit dem Druckring den Dichtring an seinen Platz.

Letzter Griff: Motor ausbauen

Die beiden Motorhaltebolzen sind die einzige Halterung, der Motor steht auf dem Scherenwagenheber. Jetzt wird er etwas nach rechts geneigt, damit er oben an den Zündspulen vorbeipaßt. Und nach links wird er schließlich aus dem Rahmen herausgewuchtet. Es macht sich spätestens jetzt bezahlt, wenn vorher so viel wie möglich abmontiert wurde.

Kurbelwelle mit Lagerung

Die Kurbelwelle läuft vorn und hinten in Gleitlagern. Für die Führung in Motorlängsrichtung sind am hinteren Lager noch zwei seitliche Anlaufscheiben vorgesehen. Das vordere Lager sitzt in einem separaten Lagerdekkel, es ist hier mit einem Sicherungsstift fixiert.

Der Lagerdeckel wird nach Abschrauben der Haltemuttern mit einer normalen Abziehbrücke hochgezogen. Auch diese Brücke läßt sich einfachst improvisieren. Sie besteht aus einem Querbalken mit einer Gewindebohrung in der Mitte und zwei einfachen Bohrungen an beiden Enden. Durch diese werden zwei Gewindestangen gesteckt, die unten in die zwei Gewinde links und rechts neben dem Kurbelwellenzapfen gedreht werden. Ein drittes Stück Gewindestange wird durch die mittlere Gewindebohrung gegen den Kurbelwellenzapfen gespannt. Schutz der Kurbelwelle durch einen Druckpilz nicht vergessen.

So kann der Lagerdeckel einfach hochgezogen werden, wobei man darauf achtet, daß die Querbrücke des Abziehers immer schön parallel zum Motorgehäuse geführt wird.

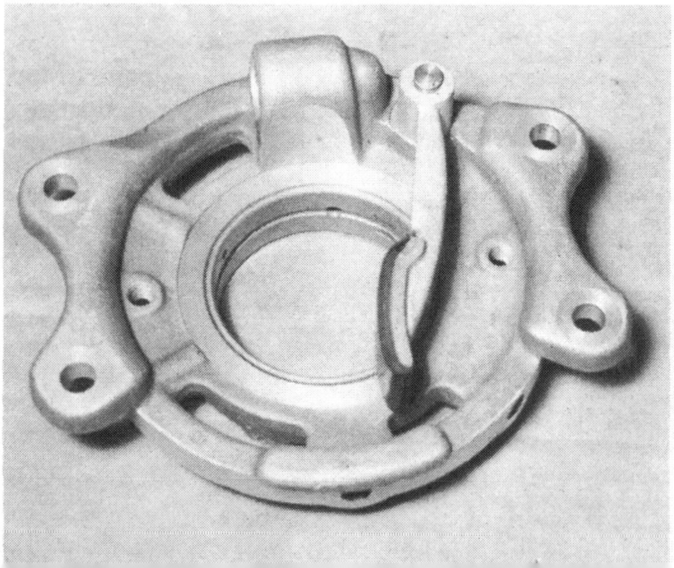

Links das alte Kurbelgehäuse mit Ausschnitt oben. Die Kurbelwelle muß um 180 Grad gedreht werden, nachdem die erste Wange hervorgezogen ist. Dann paßt auch die zweite Wange durch den Ausschnitt. Bei den neueren Gehäusen ist die Bohrung völlig rund, die Kurbelwelle im Umfang kleiner. Sie ist ohne Drehen herauszuziehen.

Bevor jetzt die Kurbelwelle hervorgezogen werden kann, müssen natürlich die Kupplung und die Pleuel (wie oben beschrieben) abgenommen sein. Die leere Welle läßt sich unter leichtem Drehen nach oben aus dem Gehäuse heben.

Kurbelwelle – was tun?

Lagerwechsel in Eigenregie ist nahezu nicht zu schaffen. Denn es geht nicht darum, einfach die Lagerschalen aus dem 120 Grad warmen Kurbelgehäuse und dem Lagerdeckel auszudrücken und neue Schalen an ihre Stelle zu pressen. Das muß alles sehr genau ausgemessen werden.

Messen und prüfen

BMW hat für die Messungen speziell ein Meßprotokoll vorgeschrieben. So müssen die Lagerzapfen der Welle an jeweils acht Stellen auf Tausendstel Millimeter gemessen werden. Die Messungen sind je dreimal zu machen, damit etwaige Fehlmessungen ausgeschaltet werden und ein Mittelwert gefunden wird. So sind insgesamt 24 Werte zusammenzuzählen und in Sechsergruppen jeweils durch sechs zu dividieren.
Auch die eingebauten Lagerschalen müssen nach dieser Methode kontrolliert werden. Hier sind sogar 36 Meßwerte per Innentaster zu suchen und zu Mittelwerten auszurechnen.
Für einen Laien ist das eindeutig zuviel verlangt. Außerdem kosten die Meßgeräte deutlich mehr als wenn man die Arbeit in der Werkstatt machen ließe.

Werkstattsache

Deshalb: Kurbelwelle ausbauen ist noch vernünftig. Sie neu zu lagern ist Werkstattarbeit. Ebenso sollte die Werkstatt die neu gelagerte Welle wieder einbauen. Denn sowohl der Spielausgleich am hinteren Lager als auch die Fixierung der Lagerschalen im vorderen Lagerdeckel sind Arbeiten, die Routine erfordern. Finger weg. Kurbelwelle mit Pleueln und Lagerdeckel vorn und Motorgehäuse der Werkstatt zur Überholung geben.
Zurück kommt das vollständige Kurbelhaus mit eingebauter Welle. Es wird in den Rahmen eingehängt, dann kann es mit Kupplung, Nockenwellenantrieb und den übrigen Teilen am bequemsten komplettiert werden.

Nockenwelle ohne Probleme

Bei all diesen Arbeiten wurde bisher die Nockenwelle noch nicht berücksichtigt. In der Praxis kommen Nockenwellenschäden auch so gut wie nie vor. Und das Wechseln der Nockenwelle ist kein Problem. Es müssen nur die Schrauben des vorderen Lagerdeckels herausgedreht werden, dann ist die Welle frei. Hinten ist sie einfach im Motorgehäuse gelagert, auch hier gibt es dank der reichlichen Ölversorgung durch die angekoppelte Ölpumpe praktisch nie Verschleiß.

Boxer-Serenade

Wer geigt, der singt nicht, der fährt zum Beispiel einen Strich mit seiner BMW und läßt diese singen. Im Stand, mit Leerlaufdrehzahl, lassen es die Schalldämpfer eher piano angehen, kaum hörbar. Auch kaum sichtbar ist etwas, nämlich der Rost innen im Auspuffsystem.

Chemische Angriffe

Verbrennungsrückstände stammen nicht allein vom Benzin, sondern auch von mitverbranntem Motoröl. Sie enthalten zum Beispiel auch Schwefeldioxid, und das verbindet sich mit dem Verbrennungswasser zu schwefliger Säure. Besonders Maschinen, die nicht regelmäßig auf längeren Strecken schön heißgefahren werden, leiden unter den Angriffen derart aggressiver Chemikalien. Der Auspuff-Schalldämpfer verrostet innerlich.

Schalldämpfer-Probe

Ist zum Beispiel eine Maschine mehr als drei bis vier Jahre stillgelegt, empfiehlt sich eine Rostprobe: Schalldämpfer abbauen und senkrecht halten. Wenn er dann geschüttelt oder zart auf den Boden aufgestoßen wird, rieselt der Rost heraus. Zwar ist der Schalldämpfer dann noch längst nicht schrottreif, aber mit dem Sparen für einen Satz neuer Dämpfer sollte bereits begonnen werden. Mehr als ein Jahr hält ein derart verrosteter Dämpfer nicht mehr.

Anfällige Prallbleche

Es sind die innerlich eingeschweißten Prallbleche, die vom Rost zerfressen werden. Der zweite neuralgische Punkt sind die Befestigungsstellen. Sowohl die Schellen als auch die Verbindung des Dämpfers zum Rahmen sind gefährdet.
Beim Fahren machen sich Schäden am Auspuff nicht nur dadurch bemerkbar, daß die Maschine etwa insgesamt lauter erscheint. Es gibt eine ganz spezielle Art von Auspuffknallen. Sie tritt immer dann auf, wenn nach einer Weile Vollgasfahrt plötzlich das Gas weggenommen wird. Dann knallt es dumpf aus den Schalldämpfern, und zwar völlig unregelmäßig.

Nach-verbrennung

Zu erklären ist dieser Effekt damit, daß beim Gaswegnehmen innerhalb des Schalldämpfers ein mit Benzingas angereichertes Gemisch vorhanden ist. Unverbrannte Kohlenwasserstoffe sagt man heute im Zeitalter des Umweltschutzes dazu. Sobald nun diesem nicht zündfähigen Gasgemisch noch genügend Luftsauerstoff beigegeben wird, kann es an den heißen Auspuffgasen entflammen.

Leck im Auspuff

So ist die Ursache für das Auspuffknallen klar: Ein Loch ist im Auspuffsystem, durch das Luft angesaugt wird. Ob jetzt das Loch an einer der Klemmschellen zwischen Rohr und Dämpfer oder gar an der Überwurfmutter vorn am Zylinderkopf sitzt, muß durch Suchen festgestellt werden.
Im allgemeinen findet auch der Laie ein solches Loch schnell. Die dort austretenden Auspuffgase hinterlassen nämlich eine deutliche, dunkle Spur. Ist eine Klemmung schadhaft, muß sie durch Lösen aller Befestigungsschrauben in Ordnung gebracht werden, die Rohre müssen dabei etwas weiter ineinandergeschoben werden, so daß sie den Längsschlitz des äußeren Rohres überdecken.

Auspuffanlage abbauen

Soll die Auspuffanlage abgebaut werden, ist der erste Schritt immer das Lösen der Sternmuttern an den Zylinderköpfen. Dafür wird ein Spezialschlüssel benötigt. Er ist bei verschiedenen Motorrad-Versandhändlern für rund 50 Mark zu haben. Bei BMW hat er die Teilenummer 18 0 600.
Ohne diesen Schlüssel kommt auch der routinierte Monteur nicht weiter, Versuche mit sogenannten Ölfilter-Spannbändern und anderen improvisierten Werkzeugen endeten bei uns stets negativ.

Erfahrungsgemäß sitzen die Überwurfmuttern immer sehr fest. Wenn genug Zeit vorhanden ist, lohnt es sich auf jeden Fall, korrosionslösende Mittel aufzusprühen. Etwas Hitze beschleunigt deren Wirkung.
Es kommt darauf an, die Muttern loszudrehen, ohne das Gewinde am Zylinderkopf zu beschädigen. Entsprechend vorsichtig wird gearbeitet. Sobald sich die Mutter bewegt, wird sie nicht in einem Zug losgeschraubt, sondern wieder in Richtung Festziehen gedreht. Schrittchenweise hin- und herdrehen hat sich bewährt. Die Sternmuttern werden zunächst zwar gelöst, aber nicht ganz abgeschraubt.
Als nächstes werden die zwei Innensechskantschrauben gelöst, die das Verbindungsrohr zwischen den beiden Krümmern halten. Weil an dieser Stelle meist noch vom Motorradwaschen genug Sauberkeit herrscht, sind die Schrauben auch nur selten verrostet.

Überwurfmuttern fest

An den Fußrasten, der hinteren Motorhalterung, sind die Rohre mit einer Schelle befestigt. Sechskantmutter abdrehen und Schelle ein wenig aufbiegen, damit das Rohr durchrutschen kann. Klemmung des Schalldämpfer-Anschlusses lösen. Innensechskantschrauben herausdrehen, mit denen der Dämpfer am Rahmen befestigt ist. Jetzt läßt sich der Dämpfer durch Drehen aus seiner Klemmung am Rohr herausziehen.
Erst nach den Abnehmen des Dämpfers werden schließlich die Rohre auch abgebaut.
Bei den Maschinen von R 75/5 bis R 100 RS sind diese Arbeitsgänge grundsätzlich gleich, auch die kleinen R 45 und R 65 bieten da keine Schwierigkeiten. Bei der R 65 ist nur unterhalb des Getriebes ein zweites Verbindungsrohr von rechts nach links eingeschaltet, auch dieses aber nur mit Klemmung und deshalb leicht zu lösen.

Schellen lösen

Unterschiedlich ist aber das Auspuffsystem der R 80 G/S aufgebaut. Der Schalldämpfer ist unterteilt. Unterhalb vom Motor werden beide Krümmer zusammengeführt, sie münden dort in einen Vorschalldämpfertopf. Auf dessen linker Seite ist das Ausgangsrohr für den Endschalldämpfer angesetzt. Die drei Klemmungen werden wie üblich mit Schellen bewerkstelligt. Wenn diese schon verrostet sind, sollten neue Schellen eingebaut werden, sonst halten die Klemmungen nicht mehr dicht.
Der Dämpfer selbst ist bei der R 80 G/S an zwei Stellen festgeschraubt. Einmal direkt oberhalb des Schwingenlagers und einmal unterhalb der Sitzbank. Die Batterieabdeckung muß also abgenommen werden, damit der Dämpfer freiliegt.
Ab 1984 ist auch bei der R 80 und der R 80 ST ein Vorschalldämpfer unterm Getriebe eingebaut. Er hat vier Ausgänge, in die zwei vorderen sind die Krümmerrohre (mit Flachdichtungen) eingeschoben, auf die beiden hinteren werden die Schalldämpfer ebenfalls mit flachen Dichtungen aufgesteckt.

Auspuffanlage R 80 G/S

Beim Ausbauen dieser Anlage wird zuerst die Sternmutter gelöst, die vordere Rohrverbindung und schließlich die beiden Klemmschellen am Zwischendämpfer gelockert. Die Krümmer werden aus dem Zwischendämpfer herausgezogen. Nachdem die Befestigung der Anlage am Rahmen ebenfalls lose ist, können die Dämpfer mitsamt dem Zwischendämpfer erst ein Stück nach hinten und dann schräg nach vorn herausgezogen werden.
Wenn nicht sehr viel Rost an Schellen und Klemmungen mitspielt, ist das Zerlegen und Abbauen der Auspuffanlage simpel. Wer dennoch in Not gerät, sollte sich überlegen: Wenn der Dämpfer sowieso ausge-

Ausbau Auspuff R 80

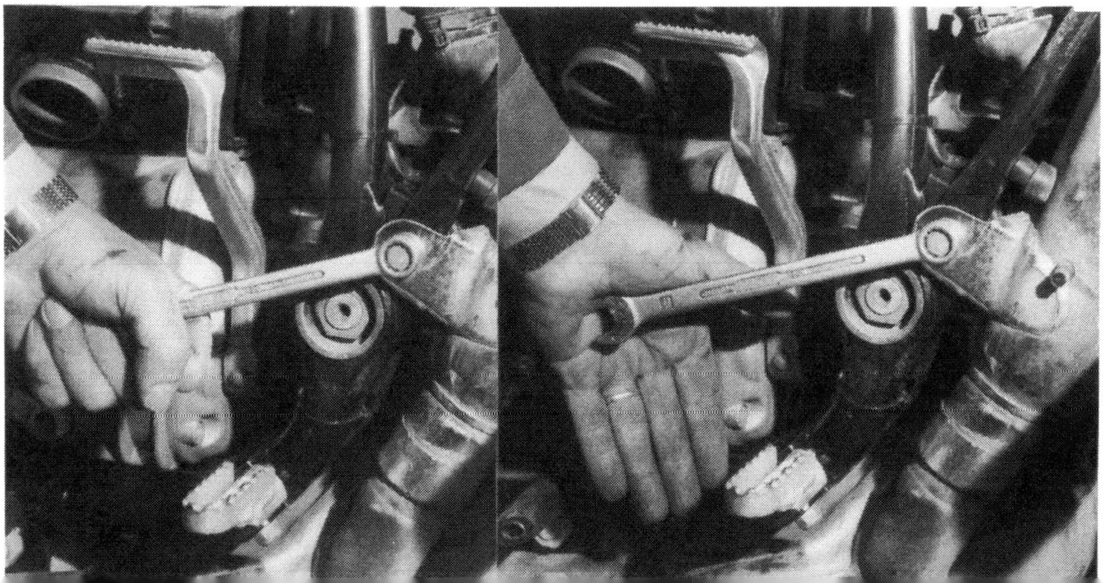

Abbauen des Schalldämpfers bei einer R 100 GS als Musterbeispiel für richtige und falsche Handhaltung beim Schlossern. Links wird beim Abrutschen der Fingerknöchel von der Fußraste zerschunden. Rechts ist die flache Hand stets bereit, einen Ruck federnd abzufangen.

wechselt werden muß, kann er zum Beispiel durchaus mit der Säge vom Rohr getrennt werden. Auf der Werkbank lassen sich dann die Reste einfacher entfernen als wenn man auf Knien an der Maschine bastelt.

Auspuff-Zusammenbau

Beim Zusammenbauen ist Vorarbeit angebracht. Alle Klemmstellen müssen sehr sauber sein, damit hier keine Gase durchblasen können. Einschmieren mit Antirostpaste wird empfohlen. Besondere Dichtschnüre gibt es bei den BMW-Schalldämpfern nicht, sie haben sich auch bei anderen Fabrikaten nicht sonderlich bewährt. Erst bei den R 80 Modellen ab 1984 sitzt zwischen dem vorderen Interferenzrohr und den Stutzen an den beiden Krümmern jeweils eine flache Dichtung. Sie muß stets erneuert werden, wenn diese Klemmstelle auseinandergenommen wurde. Damit diese Dichtung richtig sitzt, hat sie an ihren Enden eine Art Nut-Feder-Verbindung. Damit soll auch Durchblasen verhindert werden.

Sternmutter am Zylinderkopf

Am wichtigsten ist aber die Sternmutter am Zylinderkopf. Nicht nur die Mutter selbst muß sehr saubere Gewindegänge haben, auch der Stutzen am Zylinderkopf darf nicht verdreckt sein. Die konischen Ringe, die den Preßdruck von der Mutter auf das Rohr übertragen, sind besonders gefährdet, sie sollten glatt sein und keine Ausfressungen zeigen. Da die Gewinde sehr heiß werden, sollten sie auch nicht mit irgendeinem Fett geschmiert werden. Gebraucht wird entweder eine Schmiere, die man sich aus Grafit und Wasser (nicht Öl) selbst zusammenrührt, oder aber ein spezielles Heißschmiermittel, etwa die Sicherheitsschmierpaste von Klüber (siehe Anhang). BMW-Händler haben auch Passendes auf Lager.
Es ist zwar kein Problem, die Überwurfmutter ungeschmiert auf den sauberen Stutzen aufzuschrauben, aber zwischen Mutter und Stutzen tobt sich bei Wasserzusatz die Chemie derart aus, daß beim nächsten Lösen der Mutter ganze Gewindegänge losgerissen werden. Also lieber schmieren als trocken zusammenstecken. Zwar bieten einige Firmen Reparatur der Auspuffgewinde am Zylinderkopf an, doch das wird teuer.
Die anderen Schrauben an der Auspuffanlage sind ebenso gefährdet. Auch hier ist Antikorrosionspaste angebracht.

Austausch Auspuffanlagen

Falls jemand Auspuffanlagen der einzelnen BMW-Modelle untereinander tauschen will, kann er Überraschungen erleben. Nicht alle Rohre sind nämlich gleich. Es gibt Rohre mit verschiedenen Durchmessern.
Bei der R 50/5 bis R 75/5 haben die Rohre 38 mm Durchmesser und 1 mm Wandstärke. Der Dämpferdurchmesser ist 100 mm.
Bei der R 60/7 bis zur R 100 S bis Baujahr 1979 sind die Rohre 38 x 1,5 mm, die Dämpfer 87 mm.
Die R 100-Baumuster bis 1979 haben Rohre 40 × 1,5 mm.
Die R 80/7, Baujahr 1979, hat 38 × 1,5 mm Rohre und 87er Dämpfer.
Die R 100 Baumuster ab 1981 haben Rohre 38 x 1,5 mm.
Die R 80 G/S hat Rohre mit 38,05 mm Durchmesser.
Die R 45 und 65 haben Rohre mit 32 × 1,5 mm und Schalldämpfer mit 87 mm Durchmesser.
Die Anzugsmomente der Sternmuttern wurden bis 1981 mit 140 bis 180 Nm vorgeschrieben, nach 1981 sind 180 bis 220 Nm vorgesehen.

Ölfilm, nur nicht im Kino

Seid nett aufeinander – möchte man Lagerschalen und dem Kurbelwellenzapfen zurufen. Aber nur der berühmte Ölfilm kann da helfen. Er sorgt dafür, daß sich die beiden nicht berühren, nämlich durch hydrodynamische Schmierung. Auf deutsch: Ein Ölkeil baut sich durch die Zapfendrehung auf und trennt Metall von Metall und verhindert Verschleiß oder gar Lagerschaden.

Öl mit vielen Aufgaben

Motoröl hat viel zu tun. Es soll auch die Zylinderwandungen und die Kolben schmieren und voneinander trennen. Es soll Abriebteilchen und Verbrennungsrückstände abtransportieren, damit sie im Ölfilter abgelegt werden können. Und schließlich muß es noch die Wärme von Zylinderkopf und Kolben mit sich nehmen.

Ölkreislauf vor und nach 1980

Die Bilder vom Ölkreislauf zeigen die zwei BMW-Varianten, einmal vor 1980, zum anderen die neue Version. Der Unterschied erscheint minimal, aber er erforderte immerhin ein neues Kurbelgehäuse. Die neuen Gehäuse mit dem neuen vorderen Lagerdeckel beginnen bei folgenden Motornummern:

R 45 (20 kW)	ab 6326550	R 80 T (37 kW)	ab 6130069
R 45 (26 kW)	ab 6305573	R 80 T (41 kW)	ab 6132716
R 65	ab 6346311	R 100/7	ab 6051658
R 60/7	ab 6015348	R 100/7 S	ab 6070786
R 60/7 T	ab 6117246	R 100 RS	ab 6097660
R 80/7 (37 kW)	ab 6205472	R 100/7 T (47 kW)	ab 6150266
R 80/7 (41 kW)	ab 6031545	R 100 RT (51 kW)	ab 6158745

Zusätzlich sind die neuen Gehäuse daran zu erkennen, daß der Name ALCAN kupplungsseitig eingegossen ist.

Neuer Lagerdeckel

Der neue Lagerdeckel hat eine über 75 Grad am unteren Umfang umlaufende Nut von 4,5 Millimetern Breite. Er kann bedenkenlos auch an alte Kurbelgehäuse angesetzt werden. Nicht aber der alte Deckel an die neuen Gehäuse. Zum Beispiel darf in die Motoren mit der Simplex-Steuerkette nicht mehr der Deckel für die Duplexkette eingebaut werden.

Der Ölkreislauf

Der Ölkreislauf sei kurz erläutert:
Aus der Ölwanne wird das Schmiermittel durch ein Sieb in Richtung Ölpumpe (am hinteren Ende der Nockenwelle) gesaugt. Von dort aus gelangt es unter Druck zum Ölfilter. Gereinigt geht es in der alten Ausführung zum vorderen Nockenwellenlager und von dort weiter zu den Kurbelwellenlagern. Dort abgespritztes Öl schmiert die Zylinderlaufbahnen. Durch die zwei Bohrungen der Zylinderhalteschrauben kommt das Öl schließlich auch zu den Kipphebelachsen und den Ventilschäften. Am Ende seiner Laufbahn strömt das Öl wieder in die Ölwanne zurück.
Der neue Kreislauf ist nur an einem Punkt anders. Vom Filter gelangt Öl zuerst in den Ringkanal des Lagerdeckels und direkt zu den Kurbelwellenlagern. Eine Nebenlinie von dort aus schmiert das vordere Nockenwellenlager.

Öl in der Ölwanne

Wenn das Öl in der Ölwanne ist, wird es an den kalten Wänden abgekühlt, bevor es wieder zu den Schmierstellen kommt. So ist, nebenbei bemerkt, die Ölwanne zwar der einzige Punkt, an dem ein Temperaturmeßfühler angebracht werden könnte, aber dort wird längst nicht die höchste Öltemperatur gemessen. Diese tritt an den Kolben in der Gegend des Feuerstegs auf. Und an der Zylinderlaufbahn dürfen zum Beispiel 220 Grad nicht überschritten werden. Sonst reißt der Schmierfilm ab. Die Temperaturen in der Ölwanne liegen hingegen um die 130 Grad, das nur als Anhaltspunkt.

Wärmehaushalt

Da bei den BMW-Boxern die heißesten Stellen, nämlich die Zylinder und Zylinderköpfe, vom normalen Fahrtwind hervorragend gekühlt werden, haben die Motoren durchaus einen gesunden Temperaturhaushalt.

Alter Ölkreislauf

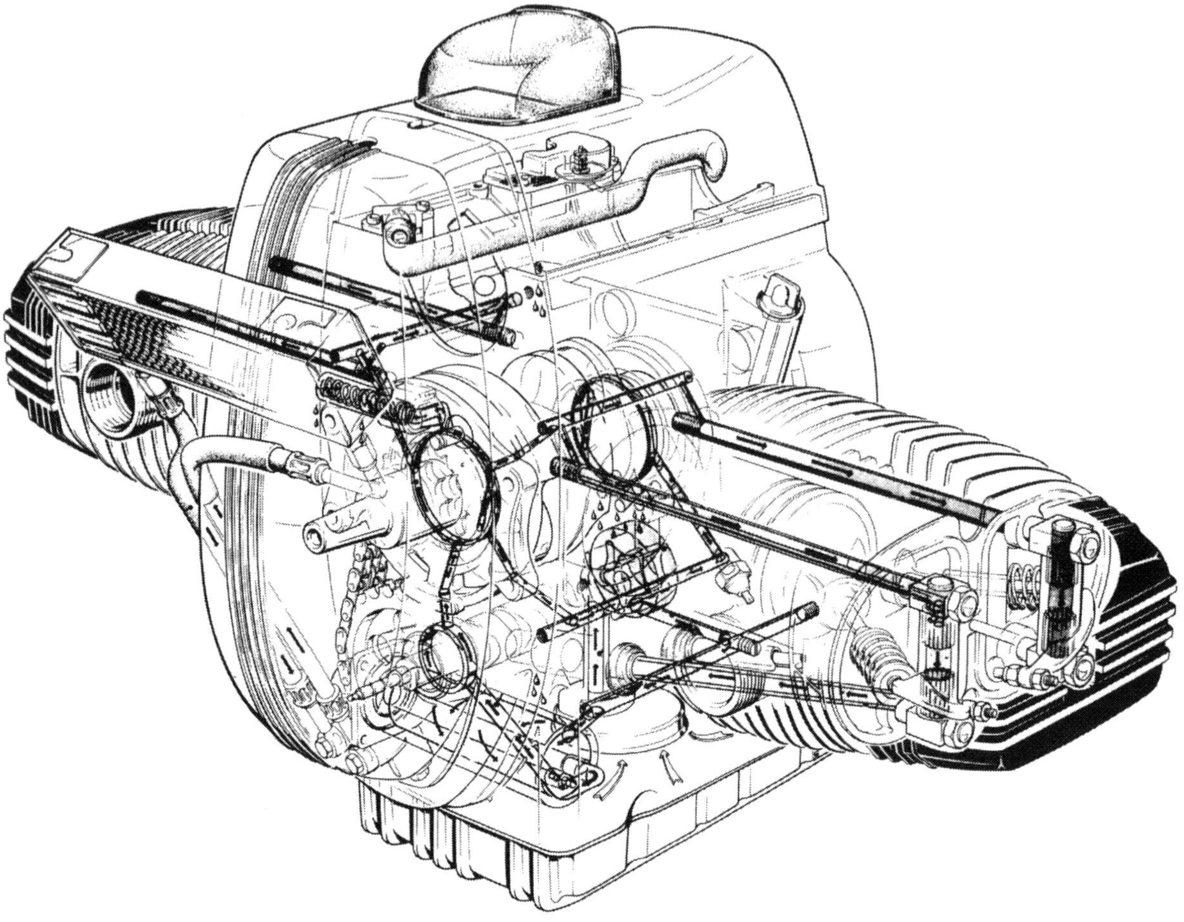

Neuer Ölkreislauf

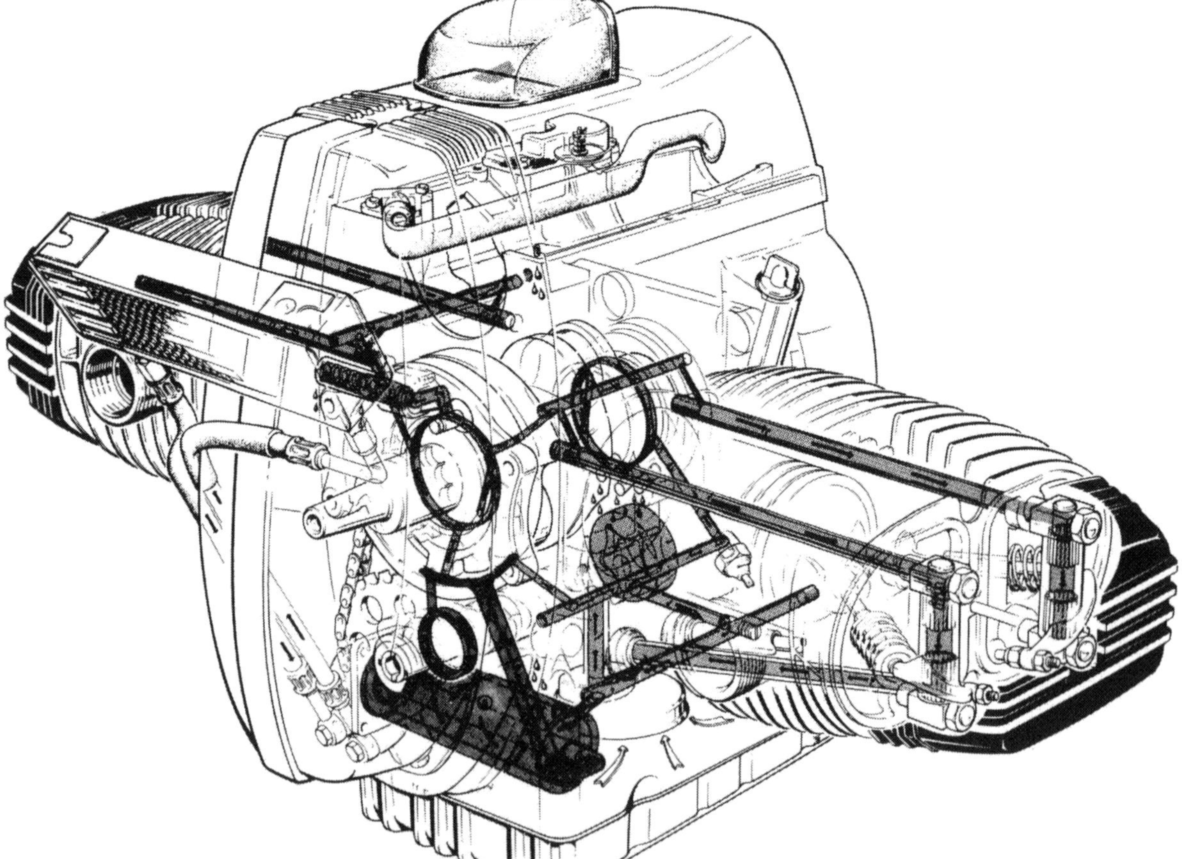

Durch die ständige Leistungssteigerung im Laufe der Jahre ist freilich auch für die Fahrtwindkühlung irgendwann eine Grenze erreicht. Immerhin muß etwa soviel Energie durch Kühlung abtransportiert werden wie der Motor schließlich an Nutzleistung hergibt.

Ölkühler

So kommt für den Konstrukteur bald die Forderung, die Wärme zusätzlich an die Außenluft weiterzugeben. Beim luftgekühlten Motor geschieht das durch einen separat angebauten Ölkühler.
Ab Februar 1978 wurde ein solcher Ölkühler zuerst an das Modell R 100 RS serienmäßig angebaut. Ab April gab es dann Nachrüstsätze für die bis dahin kühlerlos ausgelieferten R 100 RS und die übrigen /7-Baumuster. Erst im Frühjahr 1979 gab es eine spezielle Anleitung für den nachträglichen Anbau des Ölkühlers auch an die ersten /5-Modelle. Bei diesen ist der Umbau etwas kompliziert und nicht der dem Umrüstsatz beigelegten Montageanleitung entsprechend, weil nicht nur innerhalb vom Motor das Ölfilter-Mantelrohr anders ist, sondern weil auch dem Rahmen eine Querstrebe unterm Lenkkopf noch fehlt.

Ausbau Ölkühler

Die einzelnen Arbeitsgänge für die /5-Modelle von R 50/5 bis R 90 S:

- Öl ablassen, Ölfilterdeckel abnehmen und Filterpatrone herausnehmen.
- Ölwanne abnehmen.
- Das alte Ölfilter-Mantelrohr ist herauszuziehen. Das ist handwerklich etwas schwierig, weil das Mantelrohr fest ins Motorgehäuse eingepreßt ist. Am besten wird in der Nähe der Passung eine Falte ins Rohr geschlagen, das Rohr also nach innen eingebeult. Dann kann es mit einer Wasserrohrzange (Hexenzange) mit Drehbewegungen nach rechts aus dem Motorgehäuse herausgezogen werden.
- Das innere Rohr liegt nun frei. Mit einem passenden Drehdorn kann es herausgeschraubt werden.
- Gewinde im Motorgehäuse sehr sorgfältig mit Tri oder ähnlichen Lösungsmitteln entfetten.
- Das neue Mantelrohr hat 50 mm Durchmesser. Es muß mit einem passenden Dorn eingeschlagen werden. Der Dorn sollte also etwa 30 mm lang ins Mantelrohr hineinragen, dann einen Absatz haben, gegen den das Rohr sich stützen kann. Kleinster Dorndurchmesser also 46,5 mm, damit paßt er ins Mantelrohr. Der Absatz hat dann 51,5 mm Durchmesser und sollte möglichst genau 3 mm lang sein. Der größte Durchmesser soll rund 65 mm betragen, dann liegt er bei fertig eingeschlagenem Mantelrohr genau auf der Gehäuse-Dichtfläche auf. Das Mantelrohr ist vorschriftsmäßig 3 mm tiefer als die Gehäusedichtfläche (deshalb die Länge des Absatzes am Dorn genau 3 mm).
Wenn die Arbeit bei eingebautem Motor geschieht, paßt der Schlagdorn nicht an dem Rahmenrohr vorbei. Deshalb muß er an einer Seite abgeflacht werden, so daß er nur noch 53,5 mm dick ist statt 65 mm.
- Das neue lange Innenrohr wird mit Loctite Schraubensicherung angesetzt und soweit ins Motorgehäuse hineingedreht, bis es außen noch 3 mm hervorragt.
- Auf das Innenrohr wird jetzt der neue O-Ring geschoben und mit der neuen Filterpatrone ganz nach innen gedrückt. Die Filterpatrone muß mit ihren Zentriernasen nach außen zeigen.
- Die Ölwanne sollte jetzt mit neuer Dichtung wieder angeschraubt werden.
- Ölfilterkopf mit den beiden O-Ringen und der Dichtung zwischen Flansch und Motorgehäuse ansetzen, festschrauben. Alle drei Schrauben nacheinander schrittweise anziehen.
- Ölkühler zum Anbau vorbereiten. Er wird an die Halterung der Hupe mit einem selbst zu bauenden Blechwinkel angesetzt. Die Hupe kommt mit einer Gummi-unterlegten Schelle an das Rahmen-Querrohr. Am Ölkühler zuerst die angeschweißte Schelle abmeißeln. Dabei nicht das Gewinde beschädigen. Sauber feilen und lackieren. Der Blechwinkel besteht aus Stahl, 22 mm breit, 3 mm dick, 110 mm gestreckte Länge. Jeweils 10 mm von beiden Enden entfernt werden 8,5 mm Bohrungen gebraucht. Ein Ende wird bei 25 mm um 50 Grad abgeknickt, das andere bei 20 mm um etwa 30 Grad. Der Winkel kann dann in die Hupen-Halterung eingesetzt und festgeschraubt werden. Ölkühler am kürzeren der beiden abgewinkelten Enden anschrauben.
- Verschlußkappen des Ölkühlers abdrehen, beide Ölschläuche, den kurzen in Fahrtrichtung rechts, anschrauben.
- Ölschläuche unten am Ölfilterkopf mit Hohlschrauben und jeweils zwei Dichtungen anschrauben.

Ölkühler füllen und entlüften

Jetzt kann Öl eingefüllt werden. 2,5 Liter werden einschließlich Ölkühlerfüllung gebraucht.
Bevor der Kühler funktionsfähig ist, muß er entlüftet werden. Dazu muß die unten am Ölfilterkopf liegende Sechskantschraube gegen die sogenannte Arbeitsschraube ausgewechselt werden. Diese ist etwas länger und drückt ein Ventil innerhalb des Filterkopfes auf, so daß Öl durchlaufen kann. Die Arbeitsschraube liegt beim normalen Bordwerkzeug, sie ist unter der Nummer 11 42 1 335 394 auch getrennt zu kaufen.

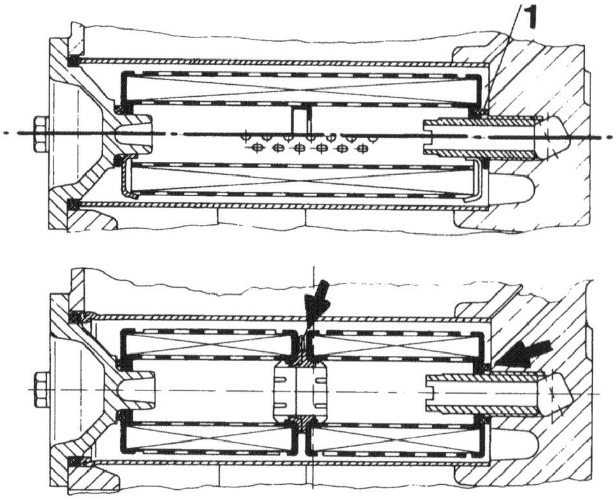

Bild links: Anbau des Ölkühlers vor dem Motor. Hier wird eine Schelle ans Rahmen-Querrohr geschraubt. Unten am Motor ist der Kopf mit dem Rückschlagventilchen, für das die Arbeitsschraube gebraucht wird, wenn der Kühler entleert werden soll. Diese Bauart ist heute nicht mehr üblich.

Die Zeichnungen zeigen verschiedene Ausführungen des Ölfilters. Oberes Bild, obere Hälfte (mit 1 markiert) ist mit eingeklebtem Rechteckring, untere Hälfte mit losem O-Ring. Die darunterliegende Version ist mit Gelenk in der Mitte, heute praktisch allgemein bei allen BMW-Boxern üblich.

Bei eingedrehter Arbeitsschraube wird jetzt der Motor mit dem Anlasser solange durchgedreht, bis die Öldruck-Kontrolleuchte erlischt. Damit er dabei nicht anspringt, werden die Kerzen herausgedreht und die Kerzenstecker mit den Kerzen so an Masse gelegt, daß die Zündfunken ungehemmt an den Elektroden überspringen können. Nicht in der Nähe der Kerzenbohrungen funken lassen, sonst kann der Funke dort auch zündeln.
Nach dem Entlüften wird die Arbeitschraube herausgedreht, die kleine Sechskantschraube M 6 × 10 mit neuem Dichtring wieder eingesetzt.

Wann Entlüftung nötig ?

Diese Entlüftung muß auch später immer dann durchgespielt werden, wenn etwa die Ölfilterpatrone gewechselt wird oder die Ölschläuche abgenommen wurden. Beim Ölfilterwechsel darauf achten, auch die richtige Patrone einzusetzen. Sie hat die Teilenummer 11 42 1 335 385.

**Linkes Bild: Bei der R 100 GS ist der Ölkühler zum Beispiel am rechten Sturzbügel befestigt. Hier ist die Gummilagerung zu sehen, am Sturzbügel die angeschweißten Laschen dafür. Rechtes Bild: Ölkühler-Anbausatz der ersten Generation.
Die beiden Befestigungsschrauben liegen oben am Kühler, die Schläuche gehen unten in den Kopf vor dem Ölfilter hinein.**

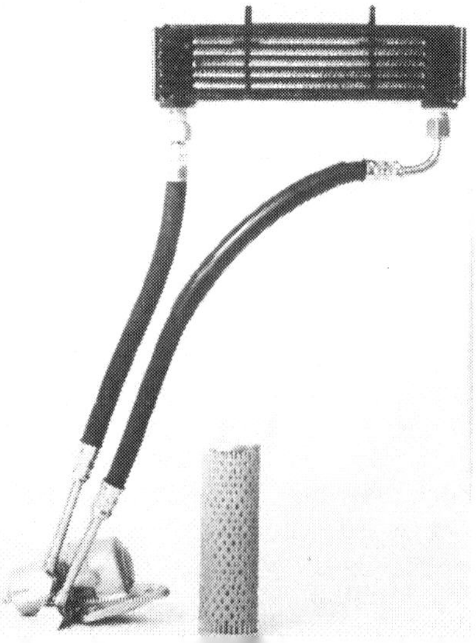

Genußmittel

Es liegt was in der Luft, so ein gewisser Duft. Natürlich kennt ihn jeder. Gemeint sind hier die leicht flüchtigen Stoffe aus bestimmten, ringförmigen Kohlenwasserstoffen (chemisch gesehen), nämlich Benzin. Es verrät sich also schon, bevor es seinen Dienst verrichtet, warnt durch seinen Duft, daß es leicht entflammbar ist.
Unser Kraftstoff besteht also im Grunde nur aus zwei chemischen Stoffen: Kohlenstoff und Wasserstoff. Diese beiden sind in vielfältigen und komplizierten Formen angeordnet, und damit sie für die Verbrennung im Motor geeignet sind, auch noch mit Zusatzmitteln vermischt.

Verbrennungsprodukte

Bei der Verbrennung entstehen einmal Kohlenstoff mit Sauerstoff, also Kohlenoxid. Davon gibt es zwei Stufen: Kohlen-Monoxid und Kohlendioxid. Das Monoxid ist ein tödliches Gas. Wenn es eingeatmet wird, verbindet es sich mit den Sauerstoffträgern im Blut, dem Hämoglobin, etwa 250 mal schneller als der Sauerstoff, der Mensch erstickt praktisch.
Glücklicherweise ist das Kohlenmonoxid (CO) sehr kurzlebig, es verbindet sich an der Luft schnell mit weiterem Sauerstoff zu Kohlendioxid (CO_2). Und das wiederum ist dasselbe Gas, das wir ständig ausatmen. Es ist zum Beispiel für die pflanzliche Atmung unerläßlich. Diese Atmung heißt im Biologen-Fachjargon Assimilation. Sie ist der Ernährungsvorgang der grünen Pflanze, bei dem das Kohlendioxid der Luft und die im Boden gelösten Mineralsalze bei Licht im Chlorophyll in Stärke, Zucker, Eiweiß, Fett und Öl umgewandelt werden. Hierbei wird Sauerstoff frei. Ohne Licht kehrt sich dieser Vorgang um, die Pflanzen verbrauchen nachts Sauerstoff und geben Kohlendioxid frei. Kohlendioxid ist also ein ganz natürlich vorkommender Stoff.
Das zweite Verbrennungsprodukt von Benzin ist Wasser (H_2O), also eine Verbindung des Wasserstoffs (H) mit dem Luftsauerstoff (O). Sichtbar wird es speziell im Winter, wenn hellgraue Schwaden aus dem Auspuff quellen.

Verbrennung unvollkommen

Soweit wäre die Benzinverbrennung im Motor also harmlos. Doch Menschenwerk ist nie vollkommen, weshalb das Benzin auch nur in seltensten Fällen im Motor vollkommen verbrennt. Es bleibt stets zum Beispiel unverbranntes Benzin, also unverbrannter Kohlenwasserstoff, übrig.
Und ein weiteres Gift entsteht im Motor, speziell bei Hochleistungsmotoren mit guter Kraftstoffausnutzung und hoher Verbrennungstemperatur. Bei dieser Hitze verbindet sich der in der Luft enthaltene Stickstoff (N) mit dem Sauerstoff zu Stickoxid (NO), einem sehr giftigen Gas. Damit stehen sich zwei Forderungen für den Umweltschutz diametral entgegen. Zum einen stoßen Motoren mit guter Leistung wenig unverbrannte Kohlenwasserstoffe und wenig Kohlenmonoxid, dafür aber viel Stickoxid aus. Zum anderen sind Motoren mit wenig Stickoxidabgabe nicht nur faul und träge, sondern wegen der hohen Emission von Kohlenoxid und unverbrannten Kohlenwasserstoffen mindestens ebenso umweltschädlich.

Klopfende Verbrennung

Mit reinem Benzin kann man kaum Motoren betreiben. Denn damit gäbe es die sogenannte klopfende Verbrennung. Bei den am Ende des Verdichtungstaktes auftretenden Drücken und Temperaturen entzündet sich das Kraftstoff-Luft-Gemisch nicht nur durch den Funken an der Kerze, sondern an anderen heißen Brennraumstellen von selbst.
Diese zweite Entflammungsfront entsteht demnach völlig ungeregelt. Sie stammt von »Gasmengen, die von der fortschreitenden Flamme des planmäßig gezündeten Gases noch nicht erfaßt sind, zusätzlich noch stark verdichtet und erhitzt wurden, bis eine Selbstzündung erfolgt, die ihrerseits heftige und hörbare Druckwellen gegen die Wände des Brennraumes und gegen den Kolbenboden schleudert. Darunter leidet die nutzbare Motorleistung, während die Druck- und Wärmebelastung aller betroffenen Bauteile stark steigt.« (Aus Hütten: »Motoren»).

Mittel gegen Klopfen

Klopfen ist also schädlich. Gegenmittel gibt es in großer Zahl. Doch keines davon ist ideal. Bisher hatte sich in vielen Jahren das Bleitetraethyl durchgesetzt. Das ist eine hochgiftige Bleiverbindung. Aber sie verhindert das Klopfen, und seit der Bleizusatz als schädlich erkannt und wieder weggelassen wurde, stellte sich heraus, daß die Bleiverbindungen im Motor sogar eine mechanische Dämpfung der hohen Belastung zwischen Ventilteller und Ventilsitz bewirken. So fiel es den Motorenbauern keineswegs leicht, auf das Blei im Kraftstoff zu verzichten.

Blei wird vom Motor übrigens nicht verbrannt, sondern entweicht in gasförmigem Zustand aus dem Auspuff. In der freien Natur lagert es sich an Pflanzen ab, gelangt damit in den Nahrungskreislauf, wird vom Körper nicht ausgeschieden, sondern angelagert. Wieweit es dort allerdings schädlich ist, kann noch niemand eindeutig festlegen. Immerhin leben die Eingeborenen Neuguineas seit eh und je mit ungewöhnlich hohem Bleigehalt im Körper.

Bleifreier Kraftstoff

Blei ist aber für den Techniker aus anderem Grunde unerwünscht. Es verklebt die Abgas-Katalysatoren, macht sie unbrauchbar. Dadurch wirkt das Blei der gewünschten Entgiftung der Auspuffgase entgegen. Also ist bleifreier Kraftstoff speziell für Katalysator-Fahrzeuge unentbehrlich. Für Fahrzeuge ohne Abgaskatalysator ist Blei nicht schädlich, es wird im übrigen auch in keiner Abgas-Untersuchungs-Messung erfaßt.
Motorradmotoren haben bisher keine Katalysator-Pflicht. Wenn sie dennoch mit bleifreiem Kraftstoff gefahren werden sollen, müssen sie darauf vorbereitet sein. Zum Beispiel müssen die Ventilsitze im Zylinderkopf stabil genug sein, um vom hämmernden Ventilteller nicht verformt zu werden. Zu harte Ventilsitze und zu weiche Teller verschieben den Motorschaden nur zu einem anderen Bauteil. Da gibt es noch gelegentlich Schwierigkeiten.

Super oder Normal

Die Kraftstoffwahl wird durch diese beiden Begriffe noch weiter erschwert. Ist Super irgendwie besser, sauberer, kräftiger als Normal, oder nur teurer?
Die Antwort ist recht einfach. Mit Superkraftstoff wird die Klopfgrenze noch höher hinausgeschoben als mit Normal. Das heißt, Motoren, die mit Normalsprit klopfen, laufen mit Super ohne die schädlichen Selbstzündungen. Als Faustregel mag dienen: Motoren, die hoch verdichtet sind (Klopfen hängt sehr stark vom Verdichtungsverhältnis ab), benötigen Superkraftstoff. Wo die Grenze des Verdichtungsverhältnisses liegt, ab der Super gebraucht wird, hängt unter anderem auch von der Brennraumgestaltung, von der Verwirbelung des Kraftstoff-Luftgemischs und etlichen anderen Faktoren ab. Einen festen Wert für alle Motoren gibt es also nicht.

Was ist richtig für die BMW ?

BMW-Motorräder brauchen Super-Kraftstoff, wenn das Verdichtungsverhältnis über 9 liegt. Das gilt zum Beispiel für die alten R 60/5 und R 75/5, während die R 50/5 (Verdichtung 8,6) mit Normalbenzin auskommt.
BMW-Motorräder vertragen bleifreien Kraftstoff, wenn sie nach 1985 gebaut wurden. Für ältere Maschinen ist bleifreier Kraftstoff keineswegs vollständig verboten. Wer dem Blei nicht traut und allein schon den Verdacht möglicher Schädlichkeit als Grund für Verzicht ansieht, der kann durchaus auch bleifreien Kraftstoff tanken. Aber wenn er seinem Motor dennoch nicht schaden will, sollte er etwa alle drei bis vier Tankfüllungen einmal verbleites Benzin nehmen. Dann kann sich die Schutzschicht an den Ventilsitzen wieder neu bilden, Schäden sind so nur noch wenig wahrscheinlich.

Neuester Stand der Dinge bei den Kraftstoffen: Super Plus ist ein bleifreier Kraftstoff, dessen Oktanzahl (ROZ) nach DIN deutlich höher als beim Euro-Super liegt. Er ist damit auch für höherverdichtete Motoren nutzbar. Aber eben nur für Maschinen, deren Ventilsitze durch eingedrehte Rillen als tauglich für bleifreien Kraftstoff bezeichnet sind.

Falls beim Abnehmen eines Zylinderkopfes die Ventilsitze begutachtet werden, ist an ihnen leicht zu erkennen, ob sie bereits für bleifreien Kraftstoff taugen. Die richtigen haben am zylindrischen Teil, also im Kanal, zwei Rillen eingedreht. Wenn die Ölkohle abgekratzt wird, kommen diese Rillen zum Vorschein.

Ventilsitze ansehen

Im übrigen hat sich gezeigt, daß selbst mit den richtigen Ventilsitzen bisher noch nicht alle Schwierigkeiten mit bleifreiem Benzin ausgeräumt sind. Gelegentlich kommt es vor, daß die Ventilteller an den Sitzflächen eingeschlagen sind. Die Sitzfläche ist dann nicht eben, sondern nach innen gewölbt. Ein solcher Schaden zwingt dazu, das Ventil auszuwechseln, der Ventilsitz im Kopf kann meistens unbearbeitet belassen bleiben. Wie lange es dauert, bis ein derartiger Schaden auftritt, ist naturgemäß sehr unterschiedlich. Erfahrungen haben gezeigt, daß nach etwa 25 000 Kilometern ein guter Zeitpunkt zur Kontrolle erreicht ist.

BMW-Empfehlung

BMW gibt eine Liste mit Empfehlungen für die verschiedenen Kraftstoffsorten:

Modell	Fahrgestell-Nummer	Kraftstoffart	Bemerkungen
R 80 R 80 RT R 80 G/S alle Modelle 1985	ab 6440512 ab 6470498 ab 6283306	Normal bleifrei wahlweise Normal bleifrei und verbleit	Kennzeichen blauer Punkt auf der Kühlrippe unter der unteren Zylinderkopfschraube
R 80 G/S, ST, /7, R 80 R 80 RT (50 PS) R 45 N (27 PS) R 100 (67 PS)		Normal verbleit wahlweise normal oder Super bleifrei aber:	spätestens jede dritte Tankfüllung verbleiten Kraftstoff tanken
R 45 (45 PS) R65, 65 LS R 60/7, 75/7, R80 (55 PS) R 100, CS, RS, RT, T		Super verbleit	Die Klopffestigkeit von Super bleifrei (DIN 51 607) ist nicht ausreichend

Ein Faß aufmachen

So ist das Leben doch meistens: Erst die Arbeit und dann kein Vergnügen. Aber hier haben wir uns freiwillig dazu entschlossen, an der BMW zu schrauben. Machen wir also einfach weiter.

Tank abbauen

Der Benzintank muß immer dann abgenommen werden, wenn an der elektrischen Anlage rund um den Anlasser etwas repariert werden muß. Auch zum Auswechseln der Vergaser-Seilzüge und für Arbeiten an der Bremshydraulik der älteren /5-Modelle braucht der Monteur Freiraum.

Einfache Handgriffe

Die einzelnen Handgriffe sind simpel. Der Tank ist vorn in Gummilagern gefaßt, hinten entweder angeschraubt oder (bei den R 45, R 65 und R 80 G/S) mit einer Federklammer gehalten.
Bevor der Tank abgenommen wird, müssen natürlich die Benzinhähne geschlossen und die Benzinschläuche abgezogen werden. Bei den R 45 und R 65-Modellen ist außerdem der Tank-Überlaufschlauch unten links am Tank abzuziehen. Er mündet in den Luftfilterraum. Bei der R 80 G/S ist zusätzlich am Tankdeckel ein Belüftungsschlauch vorgesehen, dessen freies Ende in die zentrale Bohrung in der Hutmutter auf der oberen Gabelbrücke gesteckt wird.

Baujahr beachten

Sind alle Schläuche gelöst, Sitzbank hochklappen, Werkzeugschale herausheben. Dann sind die Flügelmuttern (-/5-Modelle), die Rändelmuttern (R 60/7 bis R 100 RS) oder die Federklammern zum Lösen erreichbar. Jetzt wird der Kraftstoffbehälter vorn angehoben und nach hinten herausgezogen. Die Federklammer läßt sich übrigens leichter nach vorn ziehen, wenn die linke Hand den Tank etwas nach unten drückt und die rechte an der Klammer zieht. Bei älteren Modellen mit mechanischem Lenkungsdämpfer muß dieser übrigens erst herausgedreht werden, dazu die Sicherungsklammer und die Scheibe abnehmen.

Tank leeren

Soll der Tank selbst repariert werden, muß erst mal das Benzin raus. Wer versucht, den Kraftstoff durch den Benzinhahn und den Schlauch ablaufen zu lassen, braucht Engelsgeduld. Besser ist, den Tankdeckel abzunehmen und den Tank in einen Eimer auszukippen. Das geschieht sicherheitshalber natürlich im Freien, und ebenso selbstverständlich wird dabei nicht geraucht.
Hier müssen ein paar ernste Warnungen eingefügt werden. Das flüssige Benzin selbst entzündet sich nicht ohne weiteres, dafür ist jedoch Benzindampf mit Luft ausgesprochen tückisch. Es explodiert sozusagen schon bei scharfem Hinschauen, also beim leichtesten Funken. Wer also irgendetwas am Benzintank reparieren will, sorge dafür, daß der Tank auch wirklich leer und trocken ist. Wenn er innerlich auch nur etwas nach Benzin riecht, ist immer Gefahr im Verzug. Auf gar keinen Fall mit der offenen Flamme in der Nähe eines leeren Tanks arbeiten.

Mit Wasser füllen

Eine gute Methode, den Tank mit großer Sicherheit zu leeren, ist, ihn mit Wasser bis an den Rand zu füllen. Benzin schwimmt auf dem Wasser, wird also durch das Wasser völlig verdrängt. Wenn dann alles Benzin

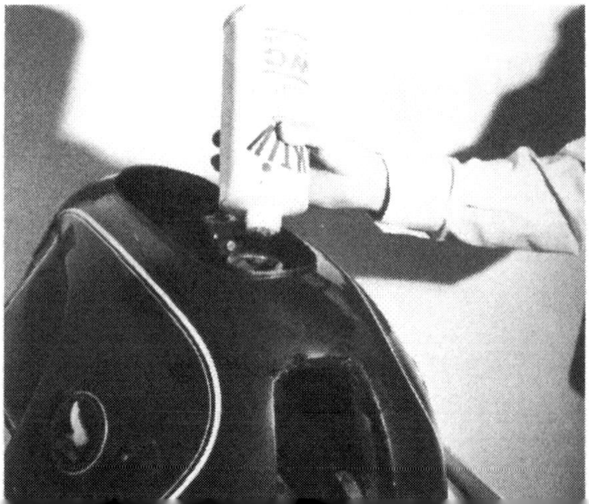

Links ein Tank bei der Entrostungs-Kur mit chemischem Mittel. Wir haben gute Erfahrungen mit WC-Reinigern gemacht, die in Wasser geschüttet werden und über Nacht im Tank bleiben. Rechts ein BMW-Benzinhahn mit der typischen Überwurfmutter mit rechts-links-Gewinde. Benzinhahn ansetzen, festhalten und Mutter festziehen.

äußerlich abgewischt wurde, auch keine Wasserlache mit Benzinspuren in der Nähe ist, läßt sich der kleine Benzinrest, der in der Tankdeckelöffnung auf dem Wasser schwimmt, kurz abfackeln. Das brennt nur ganz kurz, wenn man vorher sorgfältig soviel wie möglich weggewischt hat.

Tank reparieren

Jetzt wäre der Tank vorbereitet für alle denkbaren Reparaturen. Sollte er gerissen sein, helfen freilich keine noch so guten Heimwerker-Fähigkeiten, dann wird ein Schweißgerät gebraucht. Es gibt Firmen, die sind darauf spezialisiert, gerissene Tanks wieder zu schweißen. Dazu sind ein paar Tricks nötig, sonst reißt der Tank gleich neben der Schweißnaht wieder auf. Das ist also keine Arbeit für den Feierabend-Reparateur. Ebenso ist das Ausbeulen von Tanks mit Hilfe einer Schweißflamme kein Kinderspiel, also Finger weg.

Schäden am Tank

Risse kommen erfahrungsgemäß an BMW-Tanks äußerst selten vor. Viel häufiger sind die kleinen tückischen Fehler. Es löst sich zum Beispiel Lack in kleinen Splittern, verstopft dann die Siebe in den Benzinhähnen. Oder der Tank verrostet innen. Das geschieht vor allem, wenn die Maschine über Winter mit leerem Tank abgestellt war. Danach ist guter Rat teuer. Der Rost muß weg, am besten mit chemischen Hilfsmitteln.

Rost entfernen

Industriell wird Rost mit Salzsäure abgebeizt. Das geht wegen der benötigten Menge hier überhaupt nicht. Bewährt haben sich WC-Reiniger aus dem Haushalt. Eine Handvoll Reinigerpulver in den mit Wasser gefüllten Tank geben, über Nacht stehen lassen, ausspülen und mit Spiritus nachspülen. Danach müßte die Innenfläche des Tanks wieder metallisch blank sein.

Mit Bleischrot entrosten

Der zweite Trick zum Entrosten des Tanks ist etwas mühsamer, aber sehr wirkungsvoll. Bleischrot wird in den Tank gefüllt und wild geschüttelt. Das Schrot hämmert mechanisch den Rost ab und verbleit gleichzeitig das Tankblech, so daß es nicht wieder rosten kann. Das Problem ist das Schütteln. Wir haben es einmal ausprobiert: Der Tank wurde bei einem schlecht gefederten Seitenwagen auf die Gepäckbrücke geschnallt und etliche Kilometer spazierengefahren. Auf schlechten Straßen versteht sich. Die Methode hat funktioniert. Denkbar wäre auch, den Tank bei der Solomaschine auf die Sitzbank zu schnallen und ebenfalls Holperstrekken zu fahren. Mehrmaliges Wenden des Tanks wie auf einem Grill könnte bewirken, daß auch tatsächlich alle Ecken innen vom Bleischrot bearbeitet werden. Das Bleischrot ist im übrigen fein genug, um den Tank nicht etwa von innen zu zerbeulen.

Benzinhähne

Am Benzinbehälter sind noch die Benzinhähne. Sie müssen für keine Pflegearbeit abgeschraubt werden. An die Dichtung gelangt man, indem erst eine Kappe unterm Schwenkhebel abgehoben wird, dann ist die darunter liegende Überwurfmutter loszudrehen. Darunter kommt eine Feder zum Vorschein, dann je nach Konstruktion des Hahnes Rastscheiben, ein O-Ring und die eigentliche Dichtungsplatte mit zwei oder vier Löchern. O-Ring und Dichtungsplatte sind Verschleißteile, nicht nacharbeiten, sondern erneuern. Das Kraftstoffsieb liegt vor dem Auslaufröhrchen. Die dortige Überwurfmutter lösen, dabei auf jeden Fall am darüberliegenden Sechskant gegenhalten, damit der Hahn nicht verdreht wird.
Hat sich der Hahn dennoch gedreht, ist er zwangsläufig an seinem Anschluß zum Tank locker, also undicht. Es hilft nur noch, die obere Anschlußmutter etwas nachzudrehen. Sie hat Rechts-Links-Gewinde wie ein Spannschloß, zieht also mit einer Drehbewegung Hahn und Tankstutzen zusammen. Wenn einmal die Dichtung zwischen Hahn und Tankstutzen leckt, wird der Hahn festgehalten, die Mutter losgedreht und die Dichtung herausgenommen. Neue Dichtung auflegen, Mutter am Tank ansetzen, Hahn an Mutter halten und dann die Mutter anziehen, wobei der Hahn stets festgehalten werden muß.

Tanken und Parken

Noch ein Hinweis zum Tanken: Benzin dehnt sich bei Erwärmung pro Grad Celsius um 0,11 Prozent seines Volumens aus. Das scheint sehr wenig zu sein. Nachrechnen bringt Klarheit. Wenn morgens bei 10 Grad plus getankt wird, die Maschine in der Mittagshitze bis auf 30 Grad erwärmt ist, dann haben sich die 20 Liter auf 20,44 Liter ausgedehnt. Knapp ein halber Liter läuft also aus. Deshalb: Nie voll tanken, wenn danach die Maschine abgestellt wird.

Mixgetränk

Lerne klagen ohne zu leiden – dieser alte Spruch der Geschäftsleute ist hier wahrscheinlich auch am Platz. Denn mit der Theorie will nicht jeder Praktiker zu tun haben. Wer aber Hand an den Vergaser legt, sollte eigentlich wissen, was sich in ihm abspielt.

Warum Vergaser?

Zunächst mal der Name. Er stimmt nämlich nicht. Der Vergaser soll nicht das Benzin in den gasförmigen Zustand überführen, viel wichtiger ist seine Aufgabe als Dosier- und Regelorgan. Benzin brennt nicht ohne Luft. Und zwar sind für 1 kg Benzin rund 14 bis 14,8 kg Luft nötig. In Volumenmaßen ist das noch anschaulicher: Für die Verbrennung von einem Liter Benzin werden 8,5 Kubikmeter Luft gebraucht.

Was er soll

Vom Vergaser wird verlangt, daß er Kraftstoff und Luft im genau festgelegten Verhältnis mischt und deren Menge in Abhängigkeit von der Stellung des Gasgriffs dosiert.

Maybach machte es möglich

So modern die heutigen Vergaser mit ihren vielfältigen Korrekturmöglichkeiten, vielen Bohrungen und Düsen auch wirken, sie gehen doch alle auf eine Erfindung Wilhelm Maybachs von 1893 zurück, der sich damals seinen Spritzdüsenvergaser patentieren ließ. Damit konnten erstmals alle Bestandteile des Benzins, also die leichtflüchtigen und die schweren, hochsiedenden, gleichzeitig in Form von Nebeltröpfchen in den Motor gesaugt werden.
In der Funktion des Vergasers lassen sich mehrere Bereiche abgrenzen: Kaltstart, Leerlauf, Teillast und schließlich Vollast. Für jeden Bereich sind spezielle Vorkehrungen innerhalb des Vergasers getroffen, um die Menge Kraftstoff in idealer Weise mit der entsprechenden Luftmenge zu mischen.

Was ist »Lambda«?

Ideal ist im übrigen nicht unbedingt immer das oben erwähnte 14,8 : 1 Verhältnis. Man nennt es im Fachjargon das »stöchiometrische« Verhältnis, gibt ihm als Kurzbezeichnung die sogenannte »Luftzahl Lambda« = 1. Liegt Lambda (griechischer Buchstabe) unter 1, ist mehr Benzin beigemischt, der Motor läuft fetter. Liegt Lambda über 1, ist entsprechend weniger Benzin enthalten. Dann läuft der Motor magerer als im Idealfall.
Zum Kaltstart wird ein fettes Kraftstoff-Luftgemisch gebraucht, ebenso bei geringer Last und bei Vollast. Beim Kaltstart ist die Anreicherung deshalb erforderlich, weil Kraftstofftröpfchen an den kalten Wänden des Ansaugrohrs kondensieren, im Leerlauf wegen der höheren Reibungswiderstände der zerklüfteten Form der Mischkammer bei tiefem Gasschieberstand. Und bei Vollast bringt ein angereichertes Gemisch noch etwas mehr Leistung.

Gutes Wissen gut bei Pannen

Es lohnt sich, die Grundlagen zu lernen, denn das Wissen hilft in der Praxis bei der Beurteilung im Pannenfall. Liegt eine Unregelmäßigkeit an der Vergasereinstellung oder am Verschleiß oder an einer Vergaserstörung von außen, etwa Nebenluft: Das findet auch der Laie mit einem Mindestmaß an Hintergrundwissen recht leicht heraus.
Zuerst muß der Kraftstoff in den Vergaser gelangen. Benzinhahn (siehe Kapitel Tank) und Benzinschläuche sind die ersten Kontrollstellen im Fall einer Panne. Also Benzinschlauch vom Vergaser abziehen, Benzinhahn öffnen. Gefäß unter das Schlauchende halten. Das Benzin muß mit gleichmäßigem Strahl herauslaufen. Tröpfelt es nur, ist das Sieb am Benzinhahn vermutlich verschmutzt.
Häufiger steht der Fahrer jedoch vor dem Phänomen, daß der Kraftstoff aus dem Vergaser herausrinnt, sobald der Benzinhahn geöffnet ist. In diesem Fall hilft gelegentlich ein sanfter Fußtritt gegen den Vergaser, denn damit wird eine leichte Verklemmung der Schwimmernadel gelöst.

Die Schwimmerkammer

In der Schwimmerkammer muß der Kraftstoff stets in der gleichen Höhe stehen. Um diesen Zustand zu sichern, wird der Zufluß geregelt. Ein Stift mit kegeliger Spitze zielt von unten gegen die Eintrittsbohrung. Die

Gleichdruckvergaser von unten bei abgenommenem Schwimmerkammer-Gehäuse. Im Kreis links das Schwimmerventil, oben rechts der Pfeil deutet auf das Röhrchen, durch das der Kraftstoff zum Startvergaser gefördert wird. Die Rändelschraube mit Schlitz rechts oben dient zum Einstellen des Drosselklappen-Anschlags, in den federbelasteten Hebel daneben wird der Gaszug eingehängt.

Spitze öffnet oder schließt diese Bohrung. Das kann sie nur, wenn ihre Oberfläche sauber und glatt ist, wenn außerdem die Bohrungskante gratfrei und ohne Riefen ist und schließlich kein Schmutzteilchen zwischen die Sitzflächen geraten ist.

Schwimmerventil

Das Schwimmerventil, so heißt der Stift mit Kegelspitze, wird von einem Schwimmer bewegt. Das war früher ein Messing-Hohlkörper, heute besteht der Schwimmer meist aus geschlossenporigem Kunststoffschaum.
Wenn die Flüssigkeit in der Schwimmerkammer steigt, hebt der Schwimmer das Ventilchen an. Ist der vorgeschriebene Flüssigkeitsstand erreicht, drückt die Kegelspitze gegen die Bohrung des Zulaufs und sperrt den Benzinfluß ab. Der Motor saugt sich das Benzin aus der Schwimmerkammer heraus, der Schwimmer sinkt wieder ab, das Ventil öffnet dadurch den Zulauf. Dieses Spiel wiederholt sich bei laufendem Motor ständig, das Kraftstoffniveau in der Schwimmerkammer wird stets in gleicher Höhe gehalten.

Kammer-Belüftung

Eine Kleinigkeit muß noch beachtet werden: Innerhalb der Schwimmerkammer befindet sich ja nicht nur Benzin, sondern auch Luft. Damit diese nicht ein Polster bildet, muß die Schwimmerkammer auch belüftet werden. Dazu sind eine oder zwei kleine Bohrungen mit Verbindung zur Außenluft vorgesehen. Sie dürfen nicht verstopft sein, sind also für Kontrollen eines der ersten Ziele.

Pegelstand in der Kammer

Durch die Regulierung per Schwimmer ist die wichtigste Voraussetzung für ordnungsgemäße Vergaserfunktion gegeben. Wenn allerdings der Kraftstoffstand in der Schwimmerkammer nicht stimmt, arbeitet auch der Vergaser nicht vorschriftsmäßig.
Also kontrolliere man den Schwimmerstand immer, wenn zum Beispiel sehr hoher Kraftstoffverbrauch bemängelt wird. Oft ist dann nur die kleine Zunge verbogen, die das Schwimmerventil nach oben drückt. Auch zu niedriger Kraftstoffstand ist schädlich, er bewirkt Gemischabmagerung, was auch heutzutage noch zu Motorüberhitzung und sogar zu Kolbenklemmern führen kann.
Vom Stand des Kraftstoffs in der Schwimmerkammer hängt die Gemischzusammensetzung sehr stark ab. Der

Blick in die Schwimmerkammer. Oben links weist der Pfeil S auf die Kammer, aus der der Kraftstoff für den Startvergaser hochgesaugt wird. Am Boden ist die Zuflußdüse zu sehen. Das mit U bezeichnete Rohr in der Mitte dient als Überlaufrohr, falls der Benzinstand in der Kammer zu hoch wird.

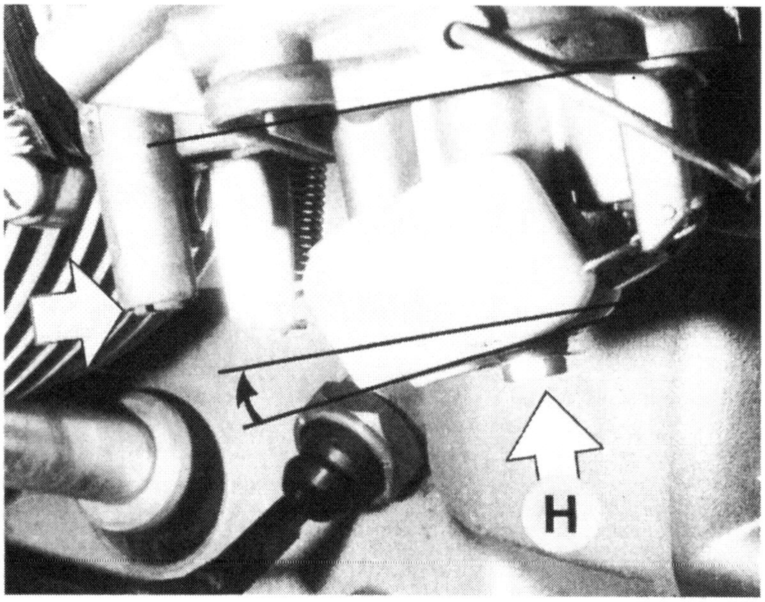

Schwimmerhöhe einstellen: Die Formkante des Schwimmers muß parallel zur Gehäusedichtfläche stehen, wenn der Zufluß gerade geschlossen ist. Der Pfeil an den Linien in der Mitte deutet es an. In der Mitte ist mit H die Hauptdüse bezeichnet. Der Pfeil ganz links weist auf die Gemischregulierschraube.

Druckunterschied zwischen Saugrohr und dem Außendruck in der Schwimmerkammer genügt bei zu tiefem Kraftstoffstand nicht mehr, die notwendige Benzinmenge hochzutransportieren, die Förderhöhe ist dann zu groß.

Schwimmereinstellung

Erster Handgriff: Benzinhahn schließen. Dann den Schwimmerkammerdeckel abnehmen. Dazu muß nur die Federklammer weggezogen werden. Dichtung nicht verlieren. Das Schwimmerpaar liegt jetzt frei und hängt nach unten.

Mit dem Finger die Schwimmer sanft nach oben drücken. Benzinhahn öffnen. Kraftstoff darf jetzt nicht austreten. Schwimmer langsam nach unten sinken lassen. Wenn Kraftstoff austritt, muß die Oberkante des Schwimmers parallel zur Dichtfläche der Schwimmerkammer stehen. Die kleine Zunge, die gegen das Schwimmerventilchen drückt, ist verbiegbar, sie bietet also die Einstellmöglichkeit.

Grundsätzlich sollte ein wenig erfahrener Monteur hier erst mal mit winzigen Biegekräften anfangen, damit er das rechte Gefühl bekommt. Häufig den Fortschritt kontrollieren. Wichtig ist vor allem auch, daß die Schwimmer des rechten Vergasers möglichst genau gleich justiert sind wie die des linken. Sonst gerät man später mit Leerlaufeinstellung und rundem Lauf im Teillastbereich in Schwierigkeiten.

Wie genau die Schwimmer-Einstellung freilich durch Augenmaß und Abschätzen der parallelen Stellung von Dichtfläche und der Oberkante des Schwimmers werden kann, ist die Frage. Es können auf diese Weise sicher nur ganz grobe Abweichungen entdeckt und in Ordnung gebracht werden. Aber das genügt, und das Kapitel Schwimmer kann geschlossen werden.

Wie der Vergaser mischt

Die Maybach-Erfindung der Spritzdüse beruht auf Wirkungen von Drücken und Luftgeschwindigkeiten. Da hilft zum Verständnis ein Gedankenexperiment: Eine Menschenmenge geht auf einer normal breiten Straße, sie füllt die Straße bei normalem Schrittempo gerade aus. Jetzt kommt eine Brücke, die Straße verengt sich. Wenn es vor der Brücke keinen Stau geben soll, müssen die Personen, die gerade über die Brücke gehen, sehr deutlich schneller laufen. Hinter der Brücke fallen sie dann wieder in den alten Trott.

Der Lufttrichter

Dasselbe geschieht mit der Luft, die der Motor durch den Vergaser ansaugt. Im Vergaser selbst gibt es eine Verengung, den Lufttrichter. Um dort hindurchzukommen, muß die Luft schneller strömen. Also: Verengungen (Lufttrichter) erhöhen die Luftgeschwindigkeit.

Der zweite Effekt: Die Luftteilchen üben nach allen Seiten gleichen Druck aus. Wenn sie durch einen Lufttrichter strömen, dann steigt dank der höheren Luftgeschwindigkeit der Staudruck in Strömungsrichtung. Der Druck quer zur Strömung allerdings wird geringer.

Die Druckverhältnisse

Jetzt ist es an der Zeit, ein paar Fachausdrücke einzubringen. Vor der Verengung besitzen die Luftteilchen denselben Gesamtdruck (die Menschen passen auf die Straße, ohne daß einzelne seitlich in den Graben ausweichen müßten). Der Gesamtdruck setzt sich zusammen aus dem Staudruck (abhängig von der Strömungsgeschwindigkeit) und dem sogenannten statischen Druck quer zur Strömungsrichtung.

Der Staudruck wächst mit steigender Geschwindigkeit, der statische Druck hingegen nimmt ab, die Summe beider bleibt stets gleich. Also: Je höher die Luftgeschwindigkeit, desto niedriger der Druck quer zur

Einfacher Vollgas-Vergaser: Schwimmerkammer für geregelten Benzinzulauf, Hauptdüse in Richtung zur Mischkammer im Lufttrichter. Die einzelnen Buchstaben bedeuten: B = Belüftung der Schwimmerkammer, NV = Nadelventil für den Benzinzulauf, S = Schwimmer, D = Hauptdüse, L = Lufttrichter.

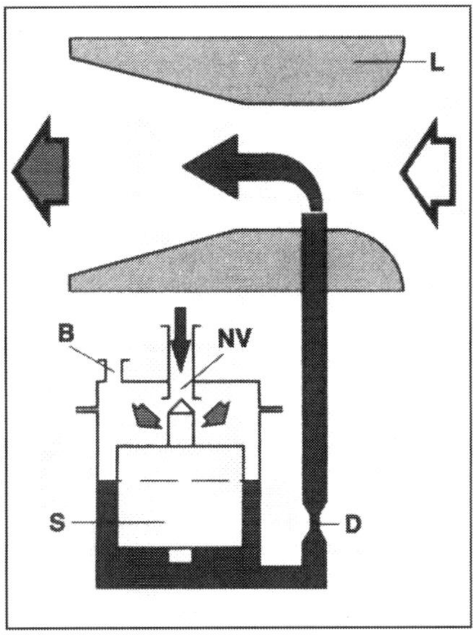

Strömungsrichtung. Und wenn dieser Druck niedrig genug ist, kann er aus einem in der Verengung angebrachten Röhrchen etwas heraussaugen, zum Beispiel Benzin, denn in der Schwimmerkammer herrscht ja der normale Außen-Luftdruck.

Die Hauptdüse

Damit haben wir bereits einen Vollgas-Vergaser. Schwimmerkammer mit geregeltem Zulauf, Lufttrichter und Spritzdüse. Um die richtige Menge Kraftstoff aus der Spritzdüse austreten zu lassen, wird deren Zulauf genau bemessen. In der Praxis wird in den untenliegenden Zulaufteil der Spritzdüse einfach eine verengende Düse eingeschraubt. Das ist die Hauptdüse, für die Benzinmenge bei einer bestimmten Motordrehzahl zuständig. Saugt der Motor bei steigender Drehzahl nun mehr Luft an, bliebe das Mischungsverhältnis (14,8 zu 1) erhalten, wenn nicht Luft zusammendrückbar – kompressibel – wäre. So aber dehnt sie sich mit steigendem Unterdruck im Lufttrichter aus, weshalb das angesaugte Luft-Gewicht weniger ansteigt als das Kraftstoffgewicht. Das Gemisch wird fetter, reicher, Luftzahl Lambda unter 1.

Das Mischungsverhältnis

Um das Mischungsverhältnis konstant zu halten, wird der Kraftstoff vor seinem Austritt in den Lufttrichter abgebremst, indem ihm Bremsluft beigemischt wird. Sie korrigiert den Fehler und heißt deshalb auch Korrekturluft. Ihre Menge wird durch eine Korrekturluftdüse bestimmt.
Eine zweite Einflußmöglichkeit wäre, dem Kraftstoff erst nach dem Austritt in den Lufttrichter weitere Luft zuzumischen, die als sogenannte Zerstäuberluft den Kraftstoffstrom zersplittert.

Teillast

Nun läuft der Motor ja nicht immer unter Vollgas. Bei Teillast braucht er weniger Gemisch, allerdings mit dem gleichen Mischungsverhältnis von Kraftstoff und Luft. Die angesaugte Luftmenge wird verringert, indem der Querschnitt im Lufttrichter oder kurz danach verengt wird. In der Praxis geschieht das heute durch den sogenannten Gasschieber oder eine Drosselklappe. Der Gasschieber taucht auf gleicher Höhe der Spritzdüse in den Querschnitt des Lufttrichters ein, die Drosselklappe wird hinter dem Trichter angeordnet.

Zwei Möglichkeiten, das Mischungsverhältnis beim Austritt in den Lufttrichter konstant zu halten. Links die Bremsluft oder Korrekturluft, die unten der Nadeldüse (ND) zugeführt wird, dosiert durch die Korrekturluft-Düse (KD). Rechts die Zerstäuberluft (ZL), die erst kurz vor dem Eintritt in die Mischkammer (den Lufttrichter) in den Zerstäuber (Z) gelangt.

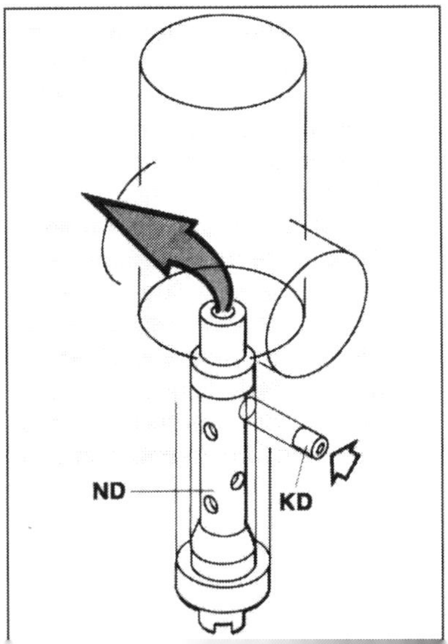

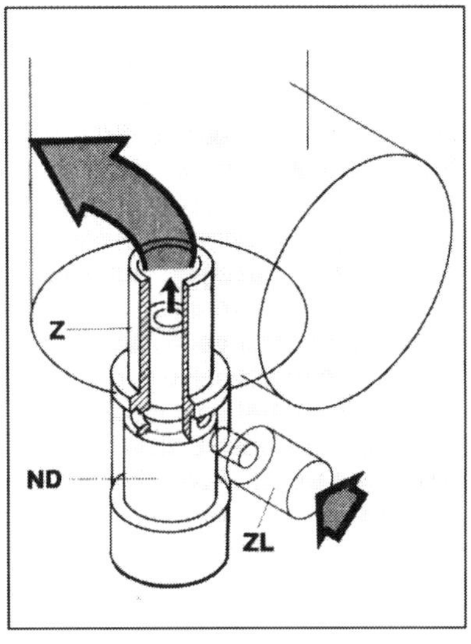

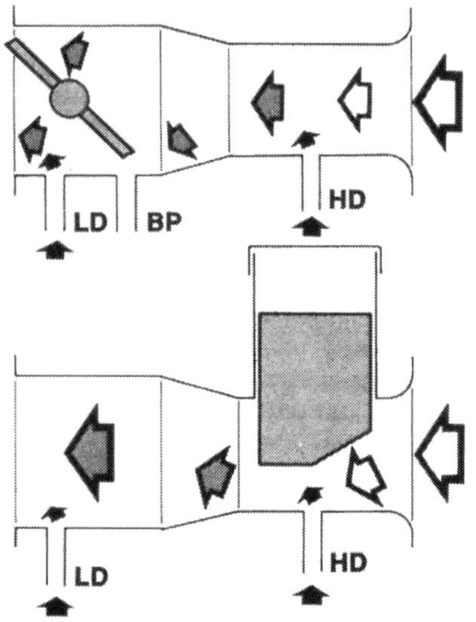

Die Verhältnisse im Lufttrichter. Oben beim Drosselklappenvergaser, unten beim Schiebervergaser. Die Luft strömt jeweils von rechts nach links durch den Trichter. Oben zieht sie an der engsten Stelle des Trichters zunächst etwas Kraftstoff aus der Hauptdüse (HD), obwohl die Drosselklappe nur wenig geöffnet ist. Bei der Drosselklappe ist eine weitere Verengung, dort wird für den Übergangsbereich eine Bypass-Bohrung (BP) vorgesehen. Erst bei geschlossener Drosselklappe wird die Leerlauf-Austrittsbohrung (LD) genutzt.
Beim Schiebervergaser ist auch bei Leerlauf die engste Stelle des Lufttrichters in Höhe der Hauptdüse (HD). Nur bei ganz geschlossenem Schieber wird eine zusätzliche Leerlaufbohrung (LD) nötig.

Dafür bildet sich aber eine neue Verengung am Rand der Drosselklappe, die wieder wie ein Lufttrichter wirkt. So werden genau an dieser Stelle einfach sogenannte Übergangs- oder Bypass-Bohrungen angebracht, die mit der Schwimmerkammer verbunden sind. Der Unterdruck an der Drosselklappen-Kante führt dann an diesen Bohrungen den Kraftstoff der Luft zu.
Wenn sich die Drosselklappe allmählich schließt, sinkt die Luftgeschwindigkeit im Lufttrichter so weit, daß schließlich der Druckunterschied zur Außenluft in der Schwimmerkammer so gering wird, daß der Kraftstoff nicht mehr aus dem Düsensystem herausgedrückt werden kann. Etwas anders ausgedrückt: Der Kraftstoff wird nicht mehr aus der Spritzdüse herausgesaugt.

»Loch im Vergaser«

Nachteil: Der Unterdruck an den Bypassbohrungen sinkt nicht in genau gleichem Maße wie der Druck im Lufttrichter, sondern mal langsamer oder schneller. So gibt es beim Zusammentreffen ungünstiger Bedingungen einen Bereich, in dem der Motor zu fettes oder zu mageres Gemisch bekommt. Das ist dann das berüchtigte Gasloch, volkstümlich als »Beschleunigungsloch« oder »Loch im Vergaser« angesprochen.

Der Gasschieber

Viel günstiger verhält sich der Gasschieber. Er verengt den Querschnitt des Lufttrichters in der Nähe der Spritzdüse. Die bei teilweise geschlossenem Gasschieber verringerte Luftmenge durchströmt den freigelassenen Querschnitt noch immer mit hoher Geschwindigkeit. Der Unterdruck reicht zum Fördern von Kraftstoff aus, bis der Schieber fast ganz geschlossen ist. Erst in dieser Stellung, bei Leerlaufgas also, muß Kraftstoff hinter dem Lufttrichter eingebracht werden. Das beim Drosselklappenvergaser erwähnte Loch kann sich also beim Schiebervergaser nur in Leerlaufnähe bemerkbar machen, wenn überhaupt.

Gleichdruckvergaser

Bei den meisten BMW-Boxermotoren wird eine Kombination aus Drosselklappen- und Schiebervergaser verwendet, nämlich der sogenannte Gleichdruckvergaser. Er besitzt eine Drosselklappe, die hinter dem Lufttrichter angeordnet ist, und einen Gasschieber, der den Querschnitt des Lufttrichters automatisch verengt, um auch bei geringem Luftdurchsatz dort einen Mindest-Unterdruck zu erhalten.
Der Gasschieber hängt dazu an einer Membrane. Der Unterdruck im Lufttrichter überträgt sich durch eine Bohrung im Gasschieber auf die Oberseite der Membrane, während die Unterseite mit dem Luftdruck vor dem Lufttrichter verbunden ist. Wenn also geringerer Druck auf der Oberseite der Membran herrscht, wird der Schieber hochgezogen, wobei die Kraft des Druckunterschieds sogar ausreicht, um nicht nur das Gewicht des Schiebers, sondern auch die Kraft der auf den Schieber wirkenden weichen Feder zu überwinden.
So gibt der Fahrer beim Gasaufreißen zuerst den Luftquerschnitt an der Drosselklappe frei. Daraufhin baut sich im Lufttrichter schnell ein kräftiger Unterdruck auf, der den Gasschieber nach oben zieht. Der Querschnitt im Lufttrichter richtet sich also automatisch nach den Bedürfnissen des Motors (der Luftgeschwindigkeit). Wenn schließlich gleicher Druck oberhalb und unterhalb der Membran herrscht, kommt auch die Bewegung des Gasschiebers zur Ruhe. Und wegen dieser gleichen Druckverhältnisse heißt diese Bauart auch Gleichdruckvergaser.

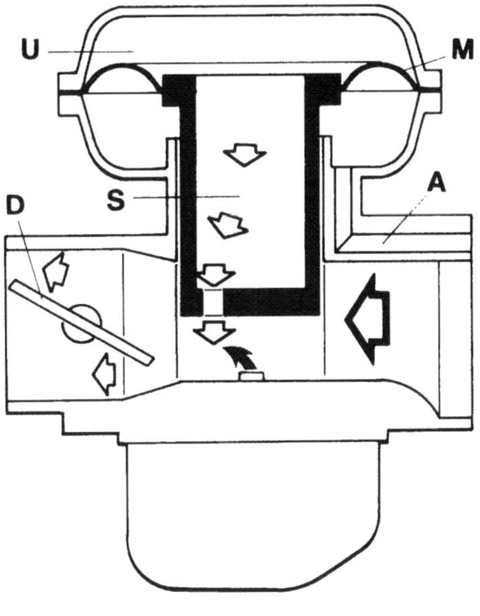

Gleichdruckvergaser, eine Kombination aus Drosselklappen- und Schiebervergaser. Der Schieber (S) hängt oben an der Membran (M). Mit der Drosselklappe (D) gibt der Fahrer das Kommando, und weil der Raum unterhalb der Membran über die Bohrung (A) mit der Außenluft verbunden ist, der Raum oberhalb aber über die Bohrung im Gasschieber mit dem Unterdruck des Lufttrichters, wird der Schieber hochgezogen, bis der Druck oberhalb und unterhalb der Membran gleich ist.

Schiebervergaser

Zurück zum einfachen Schiebervergaser. Hier würde sich theoretisch bei jeder Schieberstellung das gleiche Mischungsverhältnis von Kraftstoff zu Luft einstellen, wenn die Unterkante des Schiebers einen idealen Luftstrom zuließe. Das jedoch tut sie keineswegs. Sie ist zerklüftet, hat scharfe Kanten, so daß der Luftstrom darunter stets auch unregelmäßige Wirbel bildet. Hinzu kommt noch, daß der Motor die Luft nicht kontinuierlich sondern stoßweise ansaugt und sogar zurückbläst. Das Gemisch wird dadurch angereichert.

Düsennadel

Dieser Effekt ist nicht ganz unerwünscht, weil der Motor ohnehin bei geringer Last einen Kraftstoffüberschuß braucht. Doch ohne eine zusätzliche Regelung, eine Verminderung des Kraftstoffzuflusses bei geringer Last, ist nicht auszukommen. Das übernimmt die sogenannte Düsennadel. Sie ist am Gasschieber befestigt. Die Spritzdüse hat einen etwas größeren Durchmesser als die Düsennadel, so daß diese in die Spritzdüse, die ab jetzt Nadeldüse heißt, eintauchen kann. Die Düsennadel ist konisch geschliffen, sie wird nach unten dünner. Ist der Gasschieber hochgezogen, gibt die Nadel in der Nadeldüse einen großen Ringspalt frei für viel Kraftstoff. Wird der Schieber abgesenkt, taucht die Nadel tiefer in die Nadeldüse ein. Weil sie konisch ist, gibt sie nur einen kleineren Ringspalt frei für weniger Benzin als vorher.

Vorluft-Dosierung

Ist der Schieber in Leerlaufstellung schließlich fast ganz geschlossen, bricht der Unterdruck an der Nadeldüse vollends zusammen. Jetzt herrscht nur noch an der Schieberkante genügend Unterdruck. So wird eben an dieser Stelle durch eine kleine Bohrung der Kraftstoff zugeführt. Diesen Kraftstoff mischt man schon vor seinem Austritt in den Ansaugkanal mit Luft. Entweder durch eine Leerlauf-Luftdüse oder durch eine Leerlaufluft-Regulierschraube wird diese sogenannte Vorluft dosiert. Die Kraftstoffmenge wird von der Leerlaufdüse bemessen.

Leerlaufdrehzahl

Die Leerlaufdrehzahl des Motors wird ganz einfach dadurch reguliert, daß der Gasschieber (oder die Drosselklappe) mit einer Anschlagschraube gerade so weit offen gehalten wird, daß noch genügend Luft durch

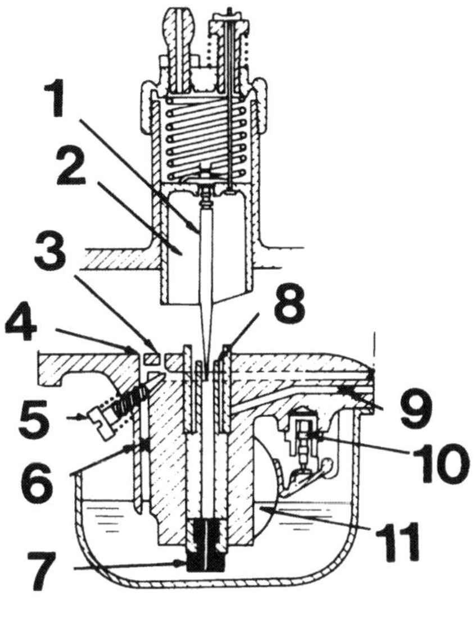

Schnitt durch einen normalen Schiebervergaser mit zentraler Schwimmerkammer. Die einzelnen Ziffern bedeuten: 1 = Düsennadel, 2 = Gasschieber, 3 = Leerlaufgemisch-Austritt, 4 = Bypass-Austritt, 5 = Leerlaufluft-Regulierschraube, 6 = Leerlauf-Kraftstoffdüse, 7 = Hauptdüse, 8 = Nadeldüse, 9 = Korrekturluft-Düse, 10 = Schwimmerventil, 11 = Schwimmer. Es handelt sich hier zwar nicht um einen Bing-Vergaser, aber die Grundsätze sind natürlich bei allen Vergasern gleich.

den Lufttrichter strömen kann. Diese Leerlauf-Einstellung ist nicht zu verwechseln mit der Einstellung des Kraftstoff-Luftgemischs durch Leerlauf-Kraftstoffdüse und Leerlauf-Vorluft, also vor dem Austritt ins Ansaugrohr. Man sollte also besser etwa von der Standlauf-Einstellung reden, wenn nur die Leerlauf-Drehzahl gemeint ist.

Hier sind für den Praktiker wesentliche Unterschiede zu beachten. Denn beim Einstellen des Vergasers wird entweder die Menge der Leerlauf-Vorluft durch die Einstellschraube geregelt, oder aber nur die Menge des fertigen Kraftstoff-Luftgemisches. Das heißt, daß bei der ersten Methode die Vorluftmenge beim Hineindrehen der Leerlaufluft-Regulierschraube verringert wird. Das Gesamt-Leerlauf-Gemisch wird also fetter.

Leerlaufgemisch

Bei der Regulierung des Leerlaufgemischs wird mit der Regulierschraube beim Hineindrehen stets die Gemischmenge verringert. Das Gemisch (Verhältnis Kraftstoff zu Luft) selbst bleibt, weil es von der Größe der Kraftstoff- und Luftdüse bestimmt wird, stets unverändert. Das heißt: Hineindrehen der Regulierschraube bewirkt eine Abmagerung des Gesamt-Leerlauf-Gemischs im Ansaugrohr.

Bedeutung der Leerlauf-einstellung

Und noch etwas ist zu bedenken. Die Leerlauf-Einstellung beeinflußt auch das Teillastverhalten des Motors. Selbst wenn der Gasschieber schon etwas hochgezogen ist, also die Hauptmenge des Kraftstoffs aus der Nadeldüse gesaugt wird, tritt dennoch aus der Leerlaufbohrung Gemisch aus. Schließlich herrscht ja dort noch genügend Unterdruck. Deshalb ist die Leerlauf-Vergasereinstellung durchaus wichtig für den gesamten Motorlauf, nicht nur für den engen Bereich der Leerlaufdrehzahl. Und sogar der Benzinverbrauch wird durch die Leerlaufeinstellung beeinflußt.

Leerlauf einstellen

Hinweise für den Praktiker: Sowohl die Leerlauf-Luftregulierung als auch die Leerlauf-Gemischregulierung werden mit Schrauben bewirkt. Am inneren Ende sind die Schrauben spitz zugeschliffen. Die Spitze ragt in eine Bohrung hinein. Je tiefer die Spitze nun in die Bohrung eingetaucht ist, umso kleiner der für den Durchfluß freie Querschnitt.

Für die Einstellung wird zunächst die Schraube vollständig eingedreht. Das muß sanft geschehen, sonst bricht die Spitze ab, oder es wird die Bohrung gequetscht. Von dieser Endstellung ausgehend, wird die Schraube dann wieder herausgedreht. In den Einstellangaben steht, um wieviele Umdrehungen die Schraube von der Anschlagstellung zurückgedreht werden soll. Diese Angaben sind naturgemäß als Grundsatz-Richtlinie zu verstehen.

Motor warmfahren

Der Motor wird vor dem Einstellen zuerst warmgefahren. Die Standlauf-Drehzahl wird durch geringes Hineinschrauben der Gasschieberanschlagschraube gerade soweit erhöht, daß der Motor sicher rundläuft. Einstellen heißt, den Motorlauf während des Drehens an der Luft- beziehungsweise Gemischregulierschraube zu beobachten und die günstigste Schraubenstellung herauszufinden. Das ist im allgemeinen die Stellung, bei der der Motor die höchste Leerlauf-Drehzahl erreicht, das Gemisch also optimal ist.

Damit sich die Regulierschrauben während des Betriebs nicht von selbst verdrehen, sind stets dicke Federn untergelegt, die die Schraube unter Spannung halten. Zudem sind die Schrauben meist mit einem O-Ring abgedichtet, damit keine unerwünschte Luft über die Gewindegänge eindringen kann.

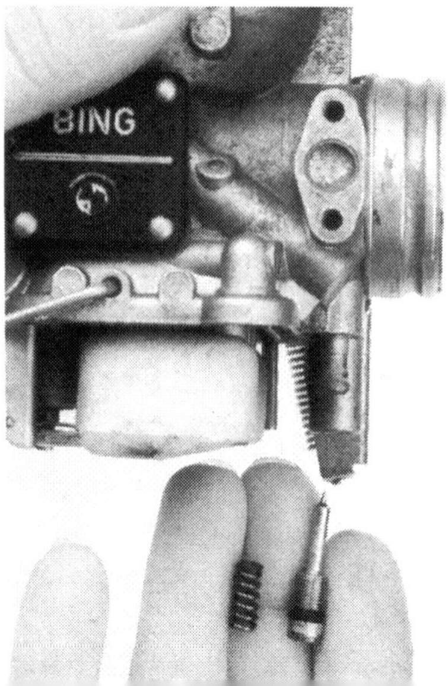

Ganz links die Leerlaufgemisch-Regulierschraube herausgedreht. Die Feder verhindert, daß sich die Schraube im Betrieb verstellt. Hier wird das Leerlaufgemisch eingestellt. Interessant auf dem Bild: Oben die Gaszüge sind fast geknickt, Anfang von Seilbrüchen.

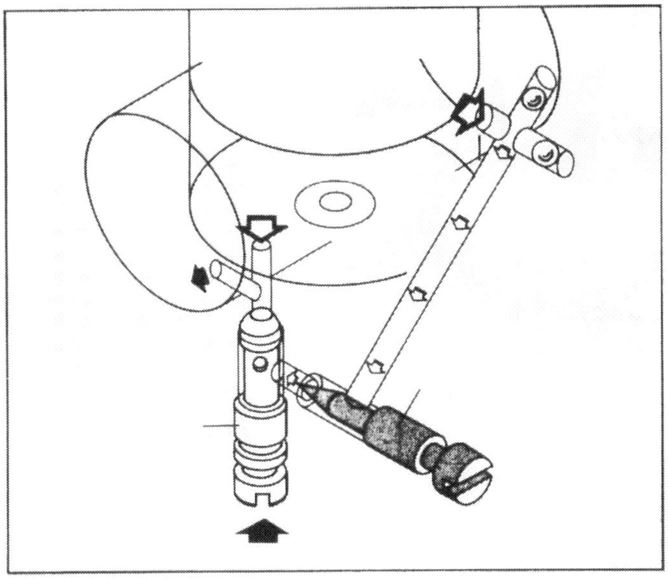

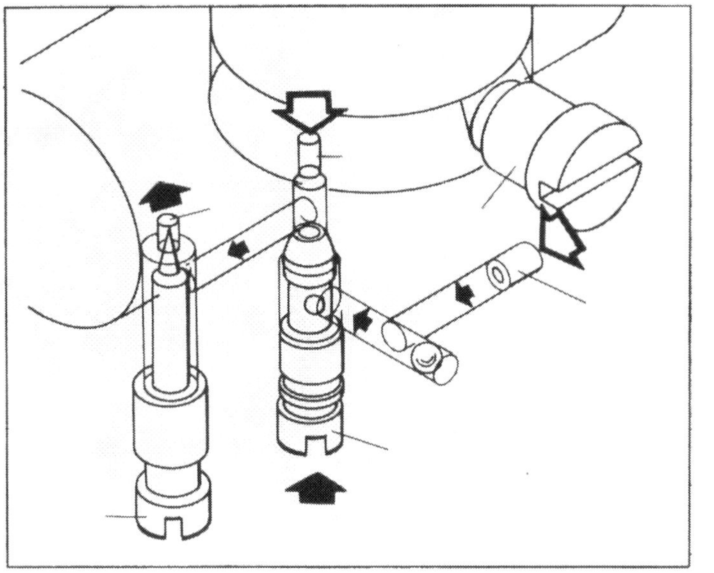

Nach der ersten Einstellrunde wird die Kurbelwellendrehzahl bei gleichgebliebener Stellung der Gasschieber-anschlagschraube deutlich höher sein. Also die Anschlagschraube etwas zurückdrehen, um wieder niedrige Standlaufdrehzahl zu erreichen. Dann noch einmal fein an der Luft/Gemischregulierschraube drehen, vielleicht läßt sich die Drehzahl dadurch wieder ein wenig erhöhen. Die endgültig beste Regulierschrauben-Stellung wird dann beibehalten, die Gasschieber- (oder Drosselklappen-) Anschlagschraube ist letztlich nur noch für die endgültige Drehzahlfestlegung bei Standgas zuständig.

Startvergaser

Wenn der Motor kalt ist, braucht er stark überfettetes Kraftstoff-Luftgemisch. In früheren Zeiten wurde einfach ein zweiter Schieber in den Gasschieber eingebaut, der von einen eigenen Seilzug bewegt wurde. Wenn der zweite, kleinere Schieber in den Lufttrichter ragte, war dort die Strömung so gestört, daß viel mehr Benzin als normal vom Unterdruck mitgerissen wurde. Zudem mußte der Kraftstoffstand in der Schwimmerkammer künstlich erhöht werden, indem der Schwimmer mit dem sogenannten Tupfer hinuntergedrückt wurde.

Vergaser im Vergaser

Beim normalen Schiebervergaser ist der Tupfer geblieben. Doch für den Startvorgang wird ein eigener kleiner Vergaser eingesetzt, der sehr fettes Gemisch liefert. Er bezieht sein Benzin aus einem abgetrennten Raum der Schwimmerkammer. In diesem Raum steht der Kraftstoff genauso hoch wie in der übrigen Kammer, er kann durch eine Düse am Grunde nachlaufen.
Der Startvergaserraum ist mit dem Lufttrichter verbunden, wenn der Startvergaser durch Seilzug eingeschaltet ist. Sein Benzinvorrat wird beim Anlassen angesaugt, er bildet ein fettes Kraftstoff-Luftgemisch. Wenn der Motor dann läuft, kann in den Startvergaserraum von unten nur soviel Benzin nachlaufen, wie die kleine Düse zuläßt. Eine langdauernde Überfettung ist damit ausgeschlossen, auch wenn der Startvergaser nicht sofort wieder abgeschaltet wird.

Die beiden Zeichnungen oben verdeutlichen die verschiedenen Methoden, das Leerlaufgemisch zu regulieren. Links wird die zugemessene Luft mit der Schraubenspitze dosiert, der Kraftstoff durch die Düse. Hineindrehen der Schraube heißt, die Luft wird weniger, das Gemisch also fetter. Im rechten Bild wird die Menge sowohl der Luft als auch des Kraftstoffs durch Düsen bestimmt. Das dadurch fertige Gemisch wird schließlich erst durch die Schraubenspitze dosiert. Das bedeutet: Wird die Schraube hineingedreht, wird das Gesamt-Gemisch magerer.

Das Bild rechts zeigt den typischen Startvergaser seitlich am Schiebervergaser. Wird das federbelastete Kölbchen hochgezogen, ist der Weg für zusätzliches Kraftstoff-Luftgemisch in den Lufttrichter (die Mischkammer) frei.

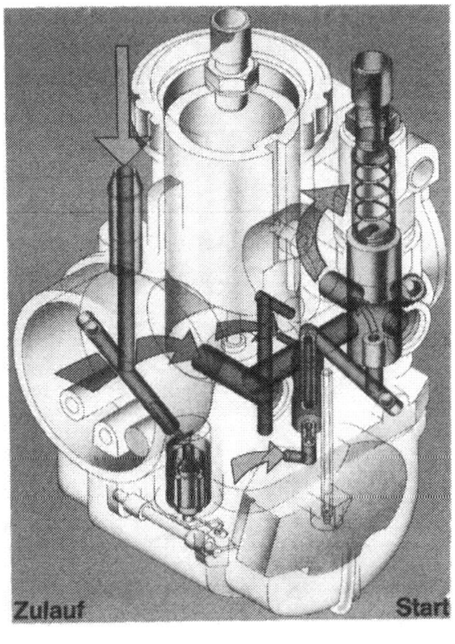

Startschieber der Bing-Gleichdruckvergaser geöffnet. Die Drehschieber-Platte hat hier nur eine Bohrung (Pfeil), so daß der Schieber nur bei voll gezogenem Choke den Kraftstoffzufluß freigibt. Später wurden mehrere Bohrungen im Drehschieber vorgesehen, so gab's auch Zwischenstellungen für den Choke.

Bing-Schiebervergaser

Bei den Bing-Schiebervergasern der BMW-Boxer wird der Startvergaser durch einen kleinen Kolben gesteuert, der die Verbindung zum Lufttrichter freigibt, wenn der Choke gezogen ist. Bei den Gleichdruckvergasern sitzt der Startvergaser seitlich neben der Mischkammer, er wird zugeschaltet, indem eine Drehschieberscheibe sowohl den Luftdurchtritt als auch die Benzinzufuhr freigibt. Diese Scheibe hatte in der Anfangszeit nur eine einzige Bohrung für den Kraftstoff. Und so gab es nur zwei Stellungen für den Choke, entweder ganz offen oder ganz geschlossen. In der Zwischenzeit wurde speziell diese Drehschieberscheibe mehrfach geändert, sie bekam zum Beispiel vier Bohrungen unterschiedlicher Durchmesser für Kraftstoff und einen Luftschlitz, der erst schmal und dann auf etwa doppelte Breite erweitert war. So gab es bei den neuen Gleichdruckvergasern auch Zwischenstellungen für den Choke.
Die Austrittsbohrung für das Startgemisch liegt beim Drosselklappen- (Gleichdruck-) Vergaser deutlich hinter dem Rand der Drosselklappe, weil ja nur dort der Unterdruck groß genug ist, um das Gemisch aus der Bohrung zu saugen. Das bedeutet in der Praxis, daß zum Anlassen nicht am Gasgriff gedreht werden darf. Sonst ist die Drosselklappe zu weit von der Bohrung entfernt und der dort herrschende Unterdruck zu klein.

Beschleunigungspumpe

Es gibt eine Fahrsituation, in der alle die vielen Korrekturen der Gemischzusammensetzung noch immer nicht ausreichen. Wenn der Fahrer zum Beschleunigen schnell Gas gibt, reagiert der Motor oft nur zögerlich. Er braucht dann etwas fetteres Gemisch als bei langsamem Beschleunigen. Jetzt muß eine mechanische Zusatzeinrichtung helfen, die nur bei scharfem Gasgeben wirkt, bei langsamem jedoch keinen Einfluß hat.

Bing-Vergaser

Bei den Bing-Vergasern ist dies eine mechanische kleine Pumpe, die von der Düsennadel betätigt wird. Ein federbelasteter kleiner Kolben läuft im zylindrischen Raum unterhalb der Nadel. Über dem Kolben sammelt

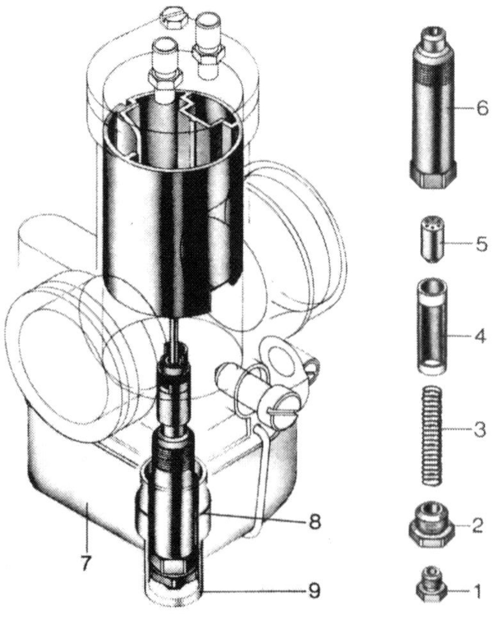

Beschleunigerpumpe für Schiebervergaser. Links montiert im Düsenstock, rechts die Einzelteile. 1 = Hauptdüse, 2 = Abschlußschraube, 3 = Druckfeder, 4 = Pumpenzylinder (hier aufgeschnitten), 5 = Pumpenkolben mit Rückschlag-Kugelventilchen, 6 = oberer Düsenstock mit Nadeldüse, 7 = neuer Schwimmerkammerdeckel, 8 und 9 = Verschraubung und Dichtung des Schwimmerkammerdeckels.

Oberes Bild: Dell Orto geöffnet: Am Schieber ist eine schräge Fläche (S), an ihr gleitet der Fühler (F), der mit der kleinen Spitze (kleiner Pfeil) gegen den Kolben (Pfeil im linken unteren Bild) in der Seitenwand der Gasschieberführung drückt. Dieser Kolben bewegt eine Membran (einstellbar), die Benzin ins Saugrohr spritzt (Bild unten rechts).

sich Kraftstoff an. Geht die Nadel langsam aufwärts, wird der Kolben langsam von der Feder hochgedrückt und der Kraftstoff gelangt, auf viele Arbeitstakte des Motors verteilt, langsam in den Ansaugweg.
Gibt der Fahrer abrupt Gas, schnellt der Kolben entsprechend der Nadelbewegung hoch und spritzt den Kraftstoff in einem kräftigen Strahl in den Luftstrom im Lufttrichter. Die zusätzliche Benzinmenge wird nun vom Motor in nur wenigen Arbeitstakten verbraucht.

Dell' Orto-Vergaser

Beim Dell Orto-Vergaser der R 90 S funktioniert's etwas anders. Beim Hochziehen des Gasschiebers wird über einen seitlich am Gehäusedeckel hängenden Hebel ein Druck auf den Pumpenkolben ausgeübt, der hier seitlich in der Wandung der Gasschieberführung liegt. Von diesem Pumpenkolben gelangt der Kraftstoff zur Austrittsbohrung im Ansaugweg. Etwa 0,4 ccm Kraftstoff werden pro Pumpenhub gefördert. Das ist an einer kleinen Schraube seitlich am Gehäuse der Beschleunigungspumpe einzustellen.
Die Beschleunigungspumpe hat einen Nachteil: Sie wirkt auch, wenn der Motor nicht läuft. Dumme Spielerei mit dem Gasgriff kann demnach auch zuviel Benzin zum Motor fördern, so daß er wegen Überfettung gar nicht anspringt.
Das läßt sich aber auch als Vorteil sehen. Denn wenn der kalte Motor angelassen werden soll, kann mit zweimal schnellem Gasgeben schon eine Anreicherung des Gemisches erreicht werden, ohne daß der Choke gezogen werden müßte. Man kann also die Wirkung der Beschleunigerpumpe auch als Starthilfe nutzen, soll nur nicht zuviel des Guten tun.

Gleichdruck-vergaser

Gleichdruckvergaser kommen freilich ganz ohne Beschleunigungspumpe aus. Wenn hier nämlich schnell Gas gegeben wird, bekommt der Gasschieber soviel Schwung, daß er über den Punkt gleicher Druckverteilung hinausschießt. Überschwingen wird das genannt. Damit wird die Düsennadel auch deutlich mehr aus der Nadeldüse herausgezogen, als nach den Druckverhältnissen erforderlich. Sie gibt einen größeren Ringspalt fürs Benzin frei, das Gemisch wird angereichert.

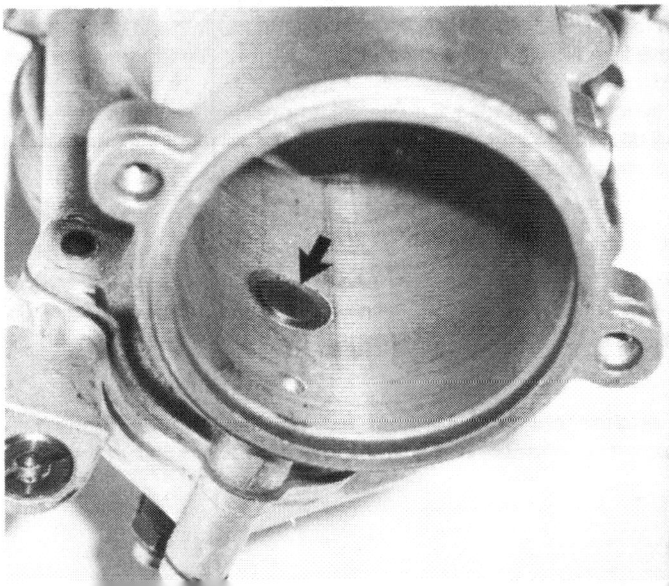

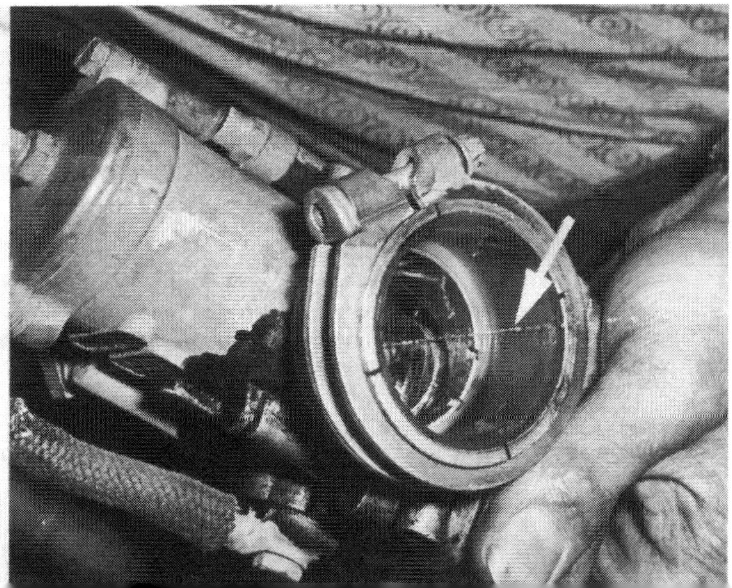

Die Düsen

Nun zu den Düsen, ihrer Größe und Behandlung. Werksseitig ist der Vergaser fertig eingestellt. Die Größen der einzelnen Düsen sind im Versuch ausgetüftelt. Der Privatmann sollte die Düsen nicht verändern oder austauschen. Streng genommen wird durch einen Düsenwechsel sogar die Betriebserlaubnis erlöschen, denn Düsen gehören zu den leistungsbestimmenden Bauteilen des Motors.
Praktisch kann durch andere Düsen bei BMW-Motoren die Leistung nur in ganz geringem Maße beeinflußt werden, ganz im Gegensatz zu manchen japanischen Motoren, die allein durch andere Düsen auf die der Versicherungsklasse entsprechenden Leistung heruntergedrosselt werden.

Düsengröße

Die Düsen sind kleine Sechskantschrauben, die durchbohrt sind. Auf dem Sechskant ist an einer Fläche eine Zahl eingestempelt. Diese Zahl ist ein Maß für die Benzinmenge, die durch diese Düse in einer bestimmten Zeit hindurchfließt. Je größer die Zahl, desto größer die Durchflußmenge.
Das hört sich einfach an, ist aber etwas kompliziert. Denn nicht allein der Bohrungsdurchmesser ist maßgebend für die Durchflußmenge. Auch die Form der Ansenkung der kleinen Bohrung, die Bearbeitungsgüte der Bohrung selbst und die Länge der Bohrung beeinflussen die Durchflußmenge.
So wird klar, daß unsachgemäßes Reinigen der Düse, etwa mit einem harten Draht, den Durchflußwert genauso verändern kann wie Ablagerungen an der Bohrungsoberfläche. Eine Düse wird, wenn Verdacht auf Verschmutzung besteht, mit Druckluft durchgepustet. Wenn die Verschmutzung dadurch nicht zu entfernen ist, darf höchstens mal grobes Nähgarn durch die Bohrung gezogen werden. Am besten ist jedoch in solchen Fällen, einfach die Düse gegen eine neue mit gleicher Nummer zu wechseln.

Düsenbestückung

Grundsätzlich sollen beide Vergaser die gleiche Düsenbestückung haben. Die Zeiten sind vorbei, in denen die rechten Vergaser möglichst eine Düse mit einer Nummer höherer Bezeichnung brauchten. Das traf noch auf die ersten Schwingen-BMW-Baumuster (R 50, R 60, R 69 S) zu, bei denen die Benzinzufuhr zum rechten Vergaser durch den längeren Benzinschlauch und das etwas ungeschickte T-Verbindungsstück deutlich geringer war als die zum linken Vergaser.

Überraschungen möglich

Im übrigen ist beim Düsenwechseln noch so manche Überraschung möglich. Zum Beispiel kann es durchaus sein, daß eine neue Düse trotz gleicher Zahl doch einen anderen Durchflußwert hat. Also wird der Motor ganz genau beobachtet, wenn eine neue Hauptdüse, auch mit gleicher Nummer, eingebaut wurde. Zudem ist bei den winzigen Leerlaufdüsen auch noch ein anderer Punkt zu beachten:
Die Düsen werden mit dem Schraubenzieher herausgedreht, sie haben also einen Schraubenzieherschlitz. Wenn beim Einschrauben der neuen Düse etwa die Klinge abrutscht, ist mit Sicherheit der Durchflußwert geändert, die Düse verdorben. Wer zudem noch mit zu breitem Schraubenzieher in der Öffnung für die Düsen herumfuhrwerkt, schabt seitlich Material ab. Das löst Metallspäne ab, die sich dann bestimmt in der Düsenbohrung verklemmen.

Vergaser synchronisieren

Die zwei Vergaser der BMW-Boxermotoren müssen natürlich beide genau gleich eingestellt sein, sonst hinkt ein Zylinder mit der Leistungsabgabe hinterdrein, der Motor vibriert stark. Das ist nicht nur in den Lenkergriffen und in den Fußrasten zu spüren, der aufmerksame Fahrer merkt es auch an Kleinigkeiten: Die Spiegel vibrieren so heftig, daß nichts mehr darin zu erkennen ist.
Spätestens jetzt ist klar: Die Vergaser müssen synchronisiert, also auf Gleichlauf gebracht werden.
Wenn aber kurze Zeit nach der Synchronisierung dasselbe Zittern wieder auftritt, nutzt es nicht viel, einfach an irgendwelchen Schräubchen zu drehen, dann ist eine gründliche Einstell-Kontrolle nötig.

Einstellkontrolle

Die Vergaser können erst dann erfolgreich reguliert werden, wenn alle anderen Einstellungen des Motors stimmen. So kontrolliert der erfahrene Schlosser erst mal das Ventilspiel und die Zündung. Auch die Kompression muß auf beiden Zylindern etwa gleich sein. Erst wenn mechanisch alles stimmt, klappt auch die Arbeit an den Vergasern.

Motor warmfahren

Zuerst wird der Motor warmgefahren, dazu reichen etwa 15 Minuten auf der Landstraße. Keinesfalls versuchen, den Motor im Standlauf vor der Garage anzuwärmen. Dabei werden nur die Auspuffkrümmer blau,

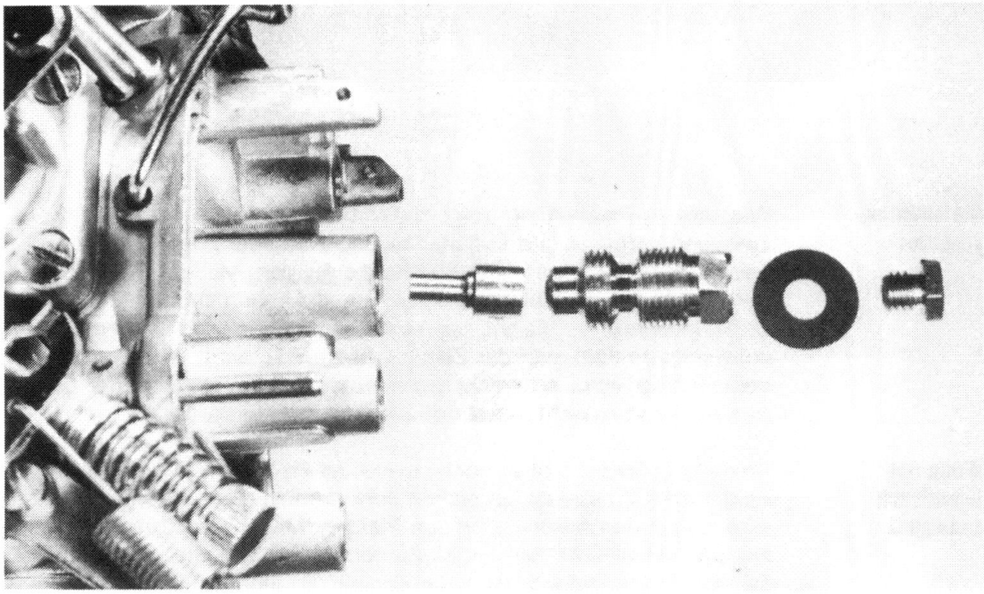

Rechtes Bild: Die wichtigsten Düsen des Gleichdruckvergasers sind die Hauptdüse (ganz rechts) und die Nadeldüse (ganz links). Dazwischen der Düsenstock mit einer Scheibe, die den Kraftstoff rund um die Hauptdüse beruhigen soll. Unteres Bild: Zum Synchronisieren hier zwei Unterdruck-Meßgeräte. Links zwei handelsübliche Meßuhren. Gut bei diesen: Sie gestatten spezielle Anpassung durch Dämpfung, damit die Zeiger nicht so wild ausschlagen. Rechts ein altes BMW-Meßgerät, das beide Unterdrücke gegeneinander wirken läßt, der Zeiger muß in der Mitte stehen.

weil ihnen die Kühlluft fehlt. Ebenso soll der Motor beim Synchronisieren nicht allzu lange laufen, etwa zehn Minuten müßten ausreichen. Lieber zwischendurch mal rund zehn Kilometer fahren, damit sich der Wärmehaushalt wieder stabilisiert.

Was ist »synchronisieren«?

Gemeint ist, daß beide Gasschieber genau gleichzeitig und gleichmäßig öffnen. Das wird durch die Gasschieber-Anschlagschrauben und die Seilzüge bewerkstelligt. Dabei kommt es zunächst darauf an, daß beide Schieber in der untersten Stellung den gleichen Anschlag haben. Hierfür hängen die Seilzüge ganz locker, sie werden auf etwa 4 Millimeter Spiel eingestellt.
Es wird also mit der Leerlaufeinstellung angefangen wie oben bereits geschildert. Jetzt kommt noch hinzu, daß die Einstellarbeiten für beide Vergaser nacheinander gemacht werden. Etwas Gefühl gehört schon dazu, aber im Grund ist wieder nur wichtig, daß beide Vergaser so einreguliert werden, daß der Motor die höchste Standlauf-Drehzahl erreicht. Am Ende dieser Prozedur liegen beide Gasschieber frei auf den Gasschieber-Anschlagschrauben auf, diese sind dabei so weit wie möglich herausgedreht. Leerlaufdrehzahl ist in Grenzen Geschmackssache, etwa 800/min gelten als sehr langsam, rund 1100/min sind schon fast schnell.

Mit Meßgeräten

Mit Gefühl ist bei Leerlauf durchaus sehr ruhiger Motorlauf zu erzielen. Nur geht es auch ohne Gefühl, nämlich mit Meßgeräten. Es wird nicht mehr an der Luftregulierschraube gedreht, deren Stellung bleibt zunächst wie vorher ausgetüftelt. Synchronisation geht vorerst nur noch über die Gasschieber-Anschlagschrauben.
Zum Messen wird der Unterdruck im Ansaugstutzen herangezogen. Es gibt Meßuhren mit Anschlußschläuchen, als Bastler kann man sich so etwas auch in Form eines U-förmigen Rohres aus Plastikschlauch selbst machen. Schwieriger ist jedoch der Anschluß der Unterdruck-Meßgeräte. An den neuen Gleichdruckvergasern ist bereits je ein Anschlußstutzen für sechs-Millimeter-Schlauch vorhanden, bei älteren Vergasern ist Improvisationskunst nötig.

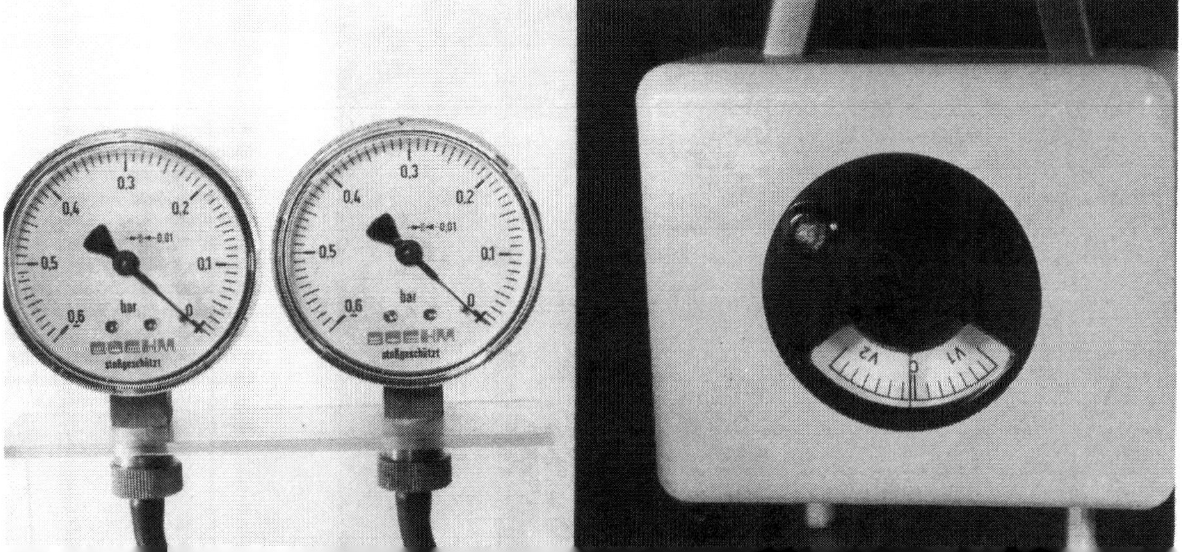

Gleichdruck-vergaser

Wie das zu machen ist, zeigt BMW bei den ersten Modellen dieser neuen Baureihe. Die Ansaugstutzen zwischen Vergaser und Luftfilter müssen abgenommen werden. Auf die jetzt freiliegenden Vergaserstutzen werden Plastik-Kappen aufgesteckt, die mit dem Meßgerät zu verbinden sind. Diese Kappen gibt es für jeden der verschiedenen Stutzendurchmesser, sie haben auch unterschiedliche Öffnungen zum Luftansaugen. Das BMW-Meßgerät vergleicht nur einfach die Drücke in beiden Ansaugstutzen. Dazu ist im Meßgerät eine schwenkbare Fahne an der Zeigerachse angebracht. Wenn diese Fahne von einer Seite mit höherem Druck beaufschlagt wird, schwenkt sie aus. Ist durch Verstellen der Gasschieber-Anschlagschraube der Gleichdruckzustand erreicht, weist der Zeiger zur Mitte der Skala.

Wenn der Unterdruck schwankt

Rein handwerklich gibt es noch ein kleines Problem: Die Unterdruckwerte der Vergaser schwanken sehr stark. Zeiger oder Wassersäulen stehen sehr unruhig. Das läßt sich durch Dämpfung weitgehend ausschalten. Es wird also in den Anschluß für den Plastikschlauch eine Düse eingesetzt, etwa die bei Bing erhältliche mit der Nummer 44-021/40. Bei den Meßuhren, die es von verschiedenen Herstellern zu kaufen gibt, wird stets eine Dämpfungseinrichtung, oft sogar einstellbar, mitgeliefert.
Sind beide Vergaser schließlich so getrimmt, daß der Zeiger des Meßgeräts auf den Nullpunkt weist oder beide Wassersäulen im U-Rohr gleiche Höhe haben, wird eine letzte Korrektur an den Luftregulierschrauben nötig. Bei beiden versuchen, ob der Motor etwas schneller läuft, wenn die Regulierschraube nach rechts oder links verstellt wird. Wer vorher die Standgas-Drehzahl auf unter 1000/min eingestellt hatte, kann jetzt eine leichte Erhöhung belassen und muß nicht mit den Anschlagschrauben wieder herunterregeln.

Gleichlauf bei Teilgas

Was hier in vielen Worten erklärt werden muß, ist in der Praxis schnell geschehen. Und nach der kurzen Probefahrt, auf der der Motor wieder abgekühlt wurde, kann als nächstes die Synchronisation bei Teilgas in Angriff genommen werden. Das hat jetzt nichts mehr mit der Einstellung der Vergaser zu tun, es geht nur noch darum, daß die Gaszüge genau gleiches Spiel bekommen.
Also werden die vier Millimeter Spiel herausgestellt, ein Millimeter genügt. Meßgerät wieder anschließen. Gasgriff einen winzigen Betrag öffnen. Der Motor soll noch nicht losrasen, sondern nur mit etwa 500/min über Standgas-Drehzahl laufen. Um jetzt das Meßgerät wieder auf Nullstellung zu bringen, ist nur noch nötig, die beiden Seilzüge aufeinander einzuregeln. Verstellschraube hochdrehen läßt diesen Zylinder schneller laufen, herunterdrehen macht ihn langsamer.
Am besten bewährt hat sich, den schnelleren Zylinder an den langsameren anzupassen. Dann wird das Seilzugspiel nicht zu knapp.

Verlegen der Seilzüge

Bei diesen Einstellarbeiten soll der Lenker geradeaus stehen. Wenn der Motor bei Lenkeinschlag schneller wird, liegt das an schlechter Verlegung der Seilzüge, hat nichts mit der Vergasereinstellung selbst zu tun. Dann hilft es auch nichts, an den Vergaserschrauben herumzudrehen, dann muß der Tank abgebaut werden, damit die Seilzugverlegung vom Lenker bis zu den Vergasern oder zum Gaszugverteiler überprüft werden kann.

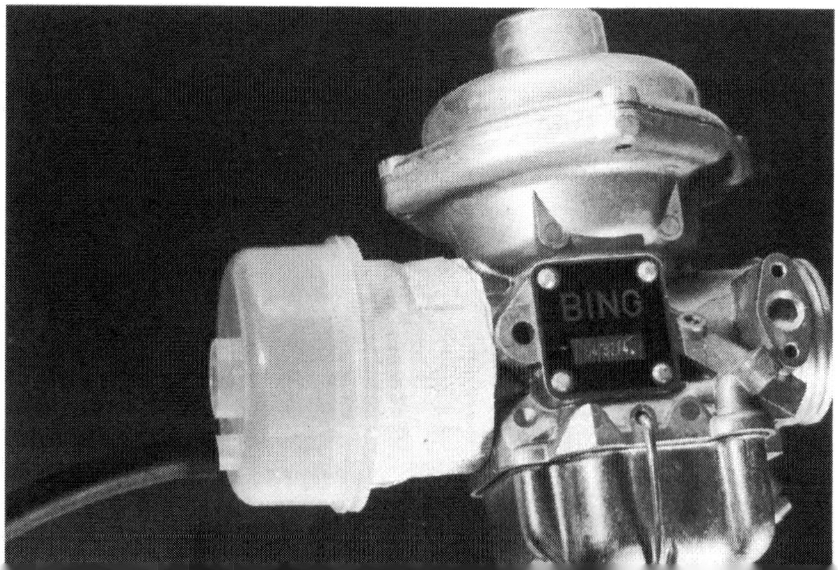

Anschluß des Unterdruck-Meßgeräts nach der alten BMW-Methode mit aufgesteckten Plastik-Kappen. Hier wurde eine nicht passende Kappe einfach mit Tesakrepp angeklebt. Das funktioniert auch, aber mit den neuen Meßuhren geht die Arbeit wesentlich besser, wenn die Anschlüsse für die Unterdruckschläuche schon an den Vergasern vorgesehen sind.

Die Bing-Vergaser

Die Vergaser sind nach einem Nummersystem bezeichnet. Die erste Zifferngruppe kennzeichnet die Bauart. Eine 1 bedeutet, daß nur ein Gasschieber eingebaut ist. Ein Gasschieber mit integriertem Startschieber, wie er früher an den Schwingen-BMW üblich war, hätte hier also eine 2 stehen. Gleichdruckvergaser sind die Modelle 64 und 94. Die nächste Zifferngruppe, durch Schrägstrich getrennt, gibt den Vergaserdurchmesser an. Das ist also bei BMW stets ein Wert zwischen 24 und 40. Die letzte Zifferngruppe nennt nur noch die Ausführung, etwa die Düsenbestückung. Sie ist demnach speziell für die Ersatzteilbeschaffung interessant. Sobald aber etwa die Hauptdüse gegen eine größere gewechselt wurde, stimmt diese letzte Ziffernkombination nicht mehr.
Die Tabelle gibt an, welcher Vergaser bei welchem Modell serienmäßig eingebaut wurde.

Ersatzteilbeschaffung

Diese grobe Übersicht hilft bei der Ersatzteilbeschaffung, allerdings muß berücksichtigt werden, daß die Bezeichnungen des rechten und des linken Vergasers stets in der letzten Ziffer voneinander abweichen. Zudem ist es möglich, an eine alte R 45 zum Beispiel statt des 64/26/201 den neueren 64/26/301 anzubauen, und für etliche andere BMW-Modelle gibt es auch heute nicht mehr den Originalvergaser aus dem Erscheinungsjahr, sondern es ist eine neuere Version mit besseren Eigenschaften zu empfehlen.

Modell	Bing Grundtyp	Ausführung	Baujahre von–bis	Hinweise
R 45 N	64-2	64/26/201	76–78	Gleichdruck
R 45 S	64-2	64/28/201	77–79	Gleichdruck
R 45 N	64-3	64/26/301	79–84	Gleichdruck
R 45 S	64-3	64/28/301	79–85	Gleichdruck
R 50/5	53	1/26/113	69–72	Schieber*
R 60/5	53	1/26/111	69–72	Schieber*
R 60/6	53	1/26/123	74–79	Schieber*
R 65	64-2	64/32/203	77–79	Gleichdruck
R 65	64-3	64/26/317	79–87	Gleichdruck
R 75/5	64-1	64/32/3	69–74	Gleichdruck
R 75/6	64-1	64/32/13	73–79	Gleichdruck
R 80 N, 80 S	64-2	64/32/201	77–79	Gleichdruck
R 80/7	64-2	64/32/221	77–79	Gleichdruck
R 80 N, 80 S	64-3	64/32/301	79–83	Gleichdruck
R 80	64-3	64/32/353	79–87	Gleichdruck
R 90/6	64-1	64/32/11	73–75	Gleichdruck
R 90/6	64-3	64/32/311	1985	Gleichdruck
R 100/7	64-1	64/32/19	76–78	Gleichdruck
R 100/7	64-2	64/32/223	77–79	Gleichdruck
R 100 RS	64-3	64/32/363	76–80	Gleichdruck
R 100 S	94	94/40/103	76–85	Gleichdruck
R 100	94	94/40/109	76–85	Gleichdruck
R 100 S, 100 RS	94	94/40/107	77–78	Gleichdruck
R 100 GS	94	94/40/123	1987	Gleichdruck
Mit * bezeichnet: Schiebervergaser mit Beschleunigungspumpe				

Links der neueste Bing-Gleichdruckvergaser Typ 94, erkennbar an dem hohen Dom in der Mitte und am Durchmesser von 40 Millimetern. Den rechten Vergaser (Typ 64-2) hat Bing nur kurz gebaut. Kennzeichen der flache Dom. Hier wurde der Gasschieber nicht in einer gesonderten Führung gehalten, sondern im Gehäuse selbst geführt. Der Bing Typ 64-1 und später der 64-3 hatten hingegen den hohen Dom.

Chronik der Bing-Vergaser

Eine kurze Entwicklungsgeschichte der Bing-Vergaser für die BMW-Motorräder hilft dem Praktiker abschätzen, inwieweit sich moderne Vergaser auch für ältere Baumuster einsetzen lassen. Ein kleines Beispiel:
Die Beschleunigungspumpe wurde nicht bei allen Schiebervergasern von Anfang an eingebaut. Für die R 50/5 wurde darauf aus Kostengründen verzichtet. Diese Pumpe ist aber sowohl in den heute angebotenen Vergasern bereits enthalten (siehe obige Liste), als auch nachträglich in die alten Vergaser einzubauen. Ist also der vorhandene Vergaser noch gut brauchbar (kein Verschleiß von Gasschieber und Schieberführung), genügt Umrüsten. Anderenfalls empfiehlt sich ein neuer Vergaser des neuesten Baumusters.

Ab 1969

Es begann 1969 mit den Motorrädern R 50/5, R 60/5 und R 75/5. Für die beiden kleineren Maschinen wurde ein Bing Vergaser gewählt, der bis dahin bei Zweitaktmotoren verwendet worden war. Es war der Schiebervergaser des Typs 53 mit zentraler Schwimmerkammer. Für die R 60/5 bekam dieser Vergaser eine Beschleunigungspumpe, die R 50/5 kam ohne diese aus.
Die R 75/5 hatte als erste einen Gleichdruckvergaser, den neu entwickelten Typ 64-1, ebenfalls mit zentraler Schwimmerkammer. Dabei blieb es lange Zeit, auch die R 100/7 erhielt den 64-1, der bei allen Modellen 32 Millimeter Durchlaß hatte, Drosselklappendurchmesser 36 Millimeter.
Bei der Einführung der R 90 S stand kein genügend großer Bing-Vergaser zur Verfügung, so wählte BMW den Dell Orto PHB Vergaser mit einstellbarer Beschleunigungspumpe. Erst 1976 baute Bing dann den Typ 94, einen Gleichdruckvergaser mit 40 Millimeter Durchlaß.

Probleme 1977

Als Sackgasse erwies sich der Bing 64-2 Gleichdruckvergaser, der 1977 serienmäßig für die R 45 bis R 100/7 verwendet wurde. Während der Gasschieber beim Vormodell noch in einem separaten Zylinder geführt wurde, der am Unterdruckdom angebracht war, sollte er jetzt direkt im Vergasergehäuse laufen. Doch trotz besonders hochwertiger Oberflächenbehandlung (harteloxieren) kam es im Dauerbetrieb zu Verschleiß.

Linke Seite oben: Vergaser-Dom abgenommen. Die Führung des Schiebers ist im Dom befestigt, die Membran muß übrigens genau in die Kerben am Rand des Gehäuses eingesetzt werden, also nicht verdrehen.
Linke Seite unten: Der Dell Orto wurde für die R 90 S (links) gebraucht, er hatte 40 Millimeter Durchlaß. Die R 90/6 (rechts) kam mit dem Bing Typ 64-1 aus.
Diese Seite rechts: Bing-Schiebervergaser (hier der Typ 84-2) mit dem seitlich angesetzten Startvergaser.

Außerdem zeigte sich bei Abgasmessungen, daß die Bewegungshemmung am Kolben infolge der hohen Reibung zwischen dem großen Kolben und der Wand des Gehäuses zu hohe Verbrauchs- und Emissionswerte gab. Dies führte dann zur Entwicklung des Typs 64-3. Hier ist die Führung des Gasschieberkolbens wieder im Deckel, also mit erheblich geringerem Durchmesser.
Den Typ 64-3 gibt es mit Durchlaßquerschnitten von 26 bis 32 Millimetern. Für den großen 40 Millimeter-Querschnitt wird nach wie vor das Modell 94 eingesetzt.
Kleine Änderungen betreffen zum Beispiel die Aufhängung der Düsennadel und die Anpassung des Startsystems. Hier ist besonders die Drehschieberscheibe mehrfach leicht geändert worden.

Änderung 1987

1987 beschreibt Bing die Modifikationen so: »Der Luftquerschnitt im Drehschieber wird so ausgeformt, daß in der Warmlauf-Phase nach dem Anwerfen des Motors mehr Kraftstoff-Luftgemisch angesaugt wird, die Drehzahl also über die Leerlaufdrehzahl ansteigt.
Der Drehschieber besitzt jetzt nur noch zwei Kraftstoffbohrungen: eine größere für den Kaltstart und eine kleinere für den Warmlauf. Dadurch ergibt sich eine genauere Zuordnung der angesaugten Kraftstoffmenge zur Stellung des Drehschiebers.
Die Gegenfläche zum Drehschieber am Gehäuse erhält eine Tasche beim Übergang des Kraftstoffs zur kleineren Bohrung im Drehschieber. Dank der Form dieser Tasche ist jetzt auch bei ungenauer Seilzugeinstellung die Kraftstoffversorgung des Startvergasers gesichert.»

Startdrehschieber

Der Startvergaser hat damit nur drei Funktionsstellungen: Kaltstart, der Hebel stößt oben an. Betrieb, der Hebel stößt unten an. Warmlauf, Mittelstellung des Hebels. Weitere Zwischenstellungen sind zu vermeiden, sonst kann etwa die Kraftstoffbohrung durch den Schieber verdeckt, also kein Kraftstoff angesaugt werden.
Der neue Startdrehschieber wird mit Welle, Feder usw. angeboten, er kann gegen den alten getauscht werden.
Die Nummer 52 860 (alt) wird 52 832 (neu) und die Nummer 52 861 (alt) wird 52 831 (neu).

Startvergaser für Gleichdruckvergaser: Neuere Ausführung mit mehreren Bohrungen in der Drehschieberplatte. Damit sind Zwischenstellungen des Choke möglich.

Wenn die Gaszüge nicht gerade auf ihren Gegenlagern aufsitzen, sondern geknickt werden, scheuern die winzigen Drähte durch. Links im Bild zu sehen: Entlüftungsrohr der Kurbelgehäuseentlüftung.

Praktische Tips

Vom Gasgriff bis zu den Vergasern gibt es etliche kleine handwerkliche Tricks, die Reparaturen und Einstellungen erleichtern. Zum Beispiel ist das Auswechseln der Gas-Seilzüge zwar im Grunde einfach, es erfordert aber etwas Nachdenken bei der Arbeit.

Gaszüge

Bis 1980 liefen vom Gasgriff zwei Züge bis zu den zwei Vergasern. Seitdem gibt es meist nur einen Zug vom Griff zum Gaszug-Verteiler unterm Tank. Erst vom Verteiler zweigen die beiden Züge zu den Vergasern ab. Der Gasgriff der ersten Modelle hat entsprechend zwei Seilzugnippel-Aufnahmen, der spätere Griff nur noch eine. Wer umstellen, also nur noch einen Zug vom Griff und einen Verteiler verwenden will, der muß auch einen neuen Gasdrehgriff haben. Denn wenn zum Beispiel die Doppelaufnahme für die Seilzugnippel nur mit einem Zug belastet wird, verkantet sie sich, verschleißt schnell und klemmt.

Gasgriff

Der Gasgriff selbst ist bei BMW mit einem Kegelradgetriebe versehen, das die Drehbewegung um 90 Grad umlenkt. Beim Zerlegen aufpassen: An einem Zahn des Griffrohres ist eine Markierung angebracht. Sie muß mit der Markierung an der senkrecht dazu laufenden Nockenscheibe fluchten. Das kleine Kettchen und die Zahnräder sollen stets gut gefettet sein, ebenso ist diese Mechanik gelegentlich auszuwaschen.

Doppelzug-Gasgriff

Beim Doppelzug-Gasgriff wird zuerst der untere Seilzug in die Nippelaufnahme eingehängt. Dann kann das Kettchen mit dem Verstellnocken so aufgesetzt werden, daß die Markierung gegenüber der Griffmarkierung liegt. Jetzt wird der obere Gaszug eingehängt, die Seilzughülle etwas zurückgeschoben und der Deckel aufgesetzt, so daß die Hülle in die vorgesehene Aussparung hineinrutscht.
Bei den Gasgriffen mit nur einem Seilzug sind wieder nur die Markierungen auf dem Zahnrad am Griffrohr und am Tellerrad zu beachten, die Seilzughülle muß in ihrer Aussparung sitzen, dann kann der Deckel aufgesetzt werden.

Gasgriff geöffnet. Die Markierungen an den beiden Kegelrädern müssen beim Zusammenbau miteinander fluchten. Hier übrigens an der Kette die Aufnahme für zwei Gaszüge (dieser stammt von der R 100 GS).

Gaszugverteiler schematisch: In einem Zylinder läuft ein kleiner Kolben mit drei Aufnahmen für Seilzüge. Die mittlere Bohrung ist für den Einzelzug, die zwei äußeren Schlitze halten die wegführenden beiden Seile. BMW nutzt den Verteiler sowohl für die Gaszüge als auch für die Choke-Züge.

Gaszugverteiler

Der Gaszugverteiler ist nichts weiter als ein kleiner Kolben mit Aufnahmebohrungen für Seilzugnippel, der in einem Zylinderchen läuft. Zum Zerlegen wird erst mal die Verstellschraube am vorderen Ende ganz hineingedreht. Dann wird die hintere Abschlußkappe festgehalten, der zylindrische Körper läßt sich drehen, um die Kappe abzuschrauben. Natürlich muß der Seilzug von Gasgriff erst oben am Griff ausgehängt sein, bevor er am Verteiler zu erreichen ist.
Der Verteiler liegt recht gut gegen Wasser und Dreck geschützt, aber wenn er mal verschmutzt ist, fällt das Gasgeben schwer. Vor allem bleibt das Gas eine Weile stehen, auch wenn der Griff blitzschnell zugedreht wird. In diesem Fall ist also nicht nur der Gasgriff, sondern vor allem der Verteiler zu putzen und neu zu schmieren.
Schwergängigkeit ist auch gelegentlich bei den Starteinrichtungen an den Gleichdruckvergasern zu beobachten. Zuerst sind dann natürlich die Seilzüge zu reinigen und zu schmieren. Wenn das nichts hilft, kann der Startvergaser durch Lösen der vier Schlitzschrauben abgenommen werden.

Die ersten Startvergaser

Die ersten Startvergaser hatten noch eine innenliegende Rückholfeder, die den Hebel stets nach unten zog. Sobald aber die Achse durch Korrosion festgewachsen ist, muß der Mechanismus weiter zerlegt werden. Dazu zunächst die Mutter SW 11 lösen. Darunter liegt eine Sicherungsscheibe, dann der Hebel, darunter noch eine Spezialscheibe mit rechteckigem Ausschnitt. Schließlich liegt noch ein O-Ring um die Achse, der mit einer spitzen Nadel herausgezerrt werden muß, bevor sich die Achse nach innen durchdrücken läßt. Achse und Bohrung reinigen und leicht fetten.

Zusammenbau

Beim Zusammenbau darauf achten, daß die Rückholfeder richtig in die Bohrungen einrastet. Dann Achse gut fetten und einschieben, O-Ring möglichst erneuern, Spezialscheibe auflegen, Hebel mit seiner Punktmarkierung zur Punktmarke auf der Achse ausrichten und erst mal lose ansetzen. Dann den Hebel etwas gegen die Federspannung verdrehen und endgültig aufstecken. Wellscheibe auflegen, Mutter aufschrauben und festziehen. Jetzt muß der Hebel von der Rückholfeder zügig in seine unterste Endstellung gezogen werden.

Was ist falsch an diesem Bild? Genau hinsehen: Die Maschine kam frisch aus er Inspektion. Dabei wurde vergessen, die Schlauchschellen des Vergasers richtig anzusetzen und festzuziehen. Wenn der Motor hier falsche Luft zieht (nicht nur schmutzig, weil ungefiltert), kommt auch die Gemischbildung durcheinander, weil zuviel Luft das Gemisch abmagert.

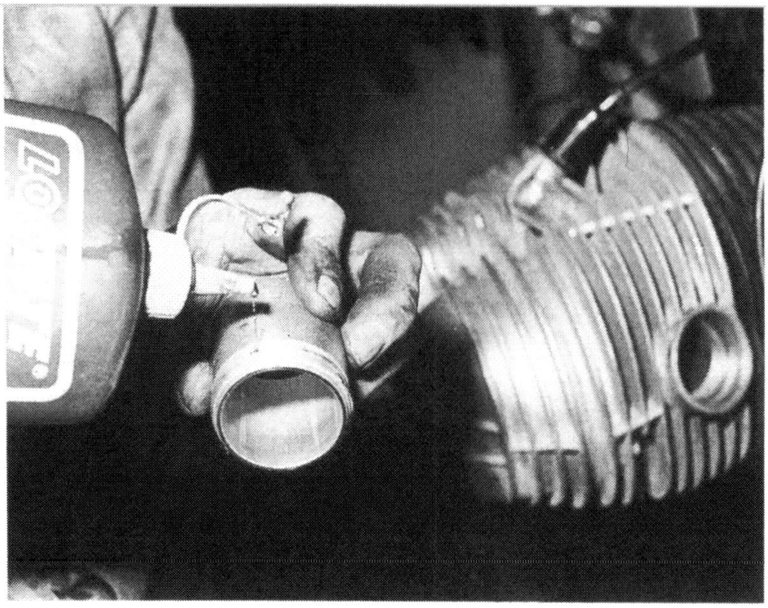

Wackeln die Vergaser, so sind möglicherweise die Ansaugstutzen im Zylinderkopf lose. Sie müssen ausgeschraubt, gereinigt und mit Loctite gesichert wieder eingeschraubt werden. Vergaser grundsätzlich so anbauen, daß die Mischkammer von hinten gesehen senkrecht steht.

Neuer Vergaser an alte R 75/6

Wenn einer der neueren Vergaser an eine alte R 75/6 angebaut werden soll, paßt alles, bis auf die Betätigung des Startvergasers. Es müßte eine Rückholfeder angebaut werden, denn die neueren Startvergaser haben nur eine kleine Druckfeder zum Anlegen der Drehschieberscheibe, aber keine innenliegende Rückholfeder mehr. Eine andere Abhilfe wäre zum Beispiel, einfach einen Massiv-Draht für die Startvergaser zu verwenden, wie er etwa früher als Gaszug beim VW-Käfer vorgesehen war.

Fehlerquelle Membrane

Eine andere Fehlerquelle am Gleichdruckvergaser könnte die Membran sein, an der der Gasschieber hängt. Wenn sich der Motor zum Beispiel nicht mehr mit Vollgas fahren läßt, einfach nicht auf Touren kommt, dann könnte die Membran gerissen sein. Den Deckel abnehmen, neue Membran einsetzen ist keine Kunst. Aufpassen, daß die Membran auch richtig in die kleine Aussparung am Rand des Vergasergehäuses hineinrutscht. Sie ist nämlich auch gleichzeitig die Führung für den Schieber, darf also nicht verdreht oder verspannt sein.

Vergaser sauber anschließen

Andere Schwierigkeiten können auftreten, wenn die Vergaser nicht ordentlich angeschlossen sind. Sowohl an die Zylinderköpfe als auch an die Saugrohre sind die Vergaser mit Schlauchschellen angeklemmt. Diese Schellen müssen recht gut festgezogen sein. Die Gummi-Zwischenstücke dürfen nicht gequetscht werden, auch nicht schief aufsitzen, sonst kann an diesen Stellen unerwünschte Luft angesaugt werden.

Nebenluft

Während derartige Nebenluft an den Saugrohren nur Schmutz eindringen läßt, bewirkt Nebenluft zwischen Vergaser und Zylinderkopf, daß die Gemischzusammensetzung stark abmagert. Der Motor wird im ungünstigen Fall zu heiß und neigt zu Kolbenklemmern.

Ansaugstutzen

Falls die Ansaugstutzen im Zylinderkopf sich gelockert haben, müssen sie mit chemischer Schraubensicherung fixiert werden. Bei den Dell Orto Vergasern der R 90 S kam dieser Fehler häufig vor. Die Stutzen ausschrauben, gründlich reinigen, auch das Innengewinde im Kopf säubern, dann Loctite Schraubensicherung auftröpfeln und den Stutzen wieder eindrehen.

Schieber-vergaser Typ 53

Bei den Schiebervergasern des Typs 53 ist zwischen Vergaser und Zylinderkopf eine Kunststoff-Buchse vorgesehen. Auch sie kann bei ungenügender Klemmung durchaus Nebenluft einlassen. Neue Buchse ist die einfachste Abhilfe.
Grundsätzlich müssen die Vergaser natürlich möglichst genau gerade stehen, also an der Senkrechten ausgerichtet sein. Geringe Abweichungen machen heute wegen der zentralen Schwimmerkammer nicht mehr soviel aus wie früher, als die Schwimmerkammer noch seitlich versetzt an den Vergasern lagen.

Reibeplätzchen

Überall Reibung. Kleine und große Reibereien sind an der Tagesordnung. Innere Reibung bei den Behörden. Reibung bei den Bremsen und Reibung auch bei der Kupplung.

Doppelfunktion

Die Kupplung ist zugleich Bindeglied und Trennglied zwischen Motor und Getriebe. Die Motorkraft wird über die Kupplung durch Reibschluß auf das Getriebe übertragen. Beim Schalten muß diese Kraftübertragung kurzzeitig getrennt werden – Auskuppeln, damit die zu schaltenden Zahnräder bzw. deren Schaltklauen nicht während des Verschiebens unter Last stehen.
Ist der Gang eingelegt, dient die Kupplung als stufenloser Drehzahlwandler, sie schleift beim Einkuppeln so lange – je nach Schaltkünsten, bis Übereinstimmung zwischen Antriebs- und Abtriebsdrehzahl erreicht ist. So wird eine sanfte und ruckarme Anpassung der Motordrehzahl entsprechend der Getriebeübersetzung erreicht.

Kupplungsscheibe und Druckscheiben

Der Reibschluß wird bei der BMW-Kupplung dadurch hergestellt, daß eine beiderseits mit Reibbelag versehene Scheibe zwischen zwei Stahl-Druckscheiben durch Federdruck »in die Zange« genommen wird. Die Reibscheibe ist auf der Getriebe-Eingangswelle mit einer Kerbverzahnung in Längsrichtung beweglich geführt, die beiden Druckscheiben sind mit der Kurbelwelle verbunden. Sobald der Federdruck durch Ziehen am Kupplungs-Handhebel weggenommen wird, kann die Reibscheibe frei laufen, die Verbindung zwischen Kurbelwelle und Getriebe-Eingangswelle ist getrennt.

Schleifen riecht

Nicht vollständige Trennung (etwa weil die Feder nicht genügend durch den Handhebelzug zusammengedrückt wird) bewirkt, daß sich das Getriebe schwer schalten läßt, weil noch Kraft auf den Zahnrädern lastet. Wenn die Kupplung nicht vollständig greifen kann, weil etwa der Seilzug zum Handhebel ohne die vorgeschriebenen 2 mm Spiel stramm gespannt ist, schleift die Kupplung ständig. Die dabei auftretende Hitze kann den Reibbelag zerstören. Das kann der Fahrer deutlich riechen.
Bei den BMW-Motorrädern sitzt die Kupplung am hinteren Ende der Kurbelwelle. Sie ist als Einscheiben-Trockenkupplung ausgeführt, ähnlich wie die meisten Automobil-Kupplungen. Betätigt wird sie vom linken Handhebel über Seilzug. Dieser Zug greift an einen Hebel am hinteren Ende des Getriebes, und von dort wird die Bewegung mit einer Druckstange durch die hohle Getriebewelle auf die Kupplungs-Druckplatte übertragen.

Schwierigkeiten

Wenn die Kupplungsfunktion beim Schalten Kummer bereitet, ist als erstes dieser Weg der Betätigungskraft zu verfolgen. Schlecht geschmierter Seilzug, geknickte Seilhülle, zuviel oder zuwenig Kupplungsspiel sind kleine Verschleißerscheinungen, die sich leicht beheben lassen. So wird zum Beispiel das Kupplungsspiel einmal am Handhebel, zum anderen am getriebeseitigen Hebel eingestellt.

Grundeinstellung

Dabei ist die Justierung des Hebels am Getriebe als Grundeinstellung anzusehen, die zuerst einmal stimmen muß, bevor die Verstellschraube am Handhebel in die richtige Position gedreht wird.
Bei den Maschinen der Baujahre vor 1981 gibt es für diese Grundeinstellung noch keine verbindlichen Angaben. Es muß nur sichergestellt sein, daß der Hebel mit der kleinen Druckschraube in jeder Lage frei auf der Druckstange aufliegt. Steht der Hebel zu dicht am Getriebe, stößt er beim Ziehen der Kupplung am Getriebegehäuse an und kann die Druckstange nicht bewegen. Steht er zu weit weg vom Getriebe, ist möglicherweise das Kupplungsspiel am Handhebel gar nicht recht einzustellen, die Kupplung greift nicht korrekt. Es ist demnach etwas Gefühl nötig, wenn die kleine Druckschraube am getriebeseitigen Kupplungshebel eingestellt wird.

Einstellmaß ab Baujahr 1981

Bei Maschinen nach 1981 ist ein Grundeinstellmaß gegeben. Vom Seilzug-Angriffspunkt des Hebels bis zum Seilzugwiderlager am Getriebeflansch sollen 199 bis 203 mm Abstand vorhanden sein. Dann erst wird das Kupplungs-Handhebelspiel auf 2 mm einreguliert.
Diese kleinen Einstell- und Regulierarbeiten sind schnell zu schaffen. Schwieriger wird es, wenn in den Raum der Trockenkupplung Öl gelangt ist. Erfahrungsgemäß rutscht die Kupplung dann zuerst bei hoher Last durch,

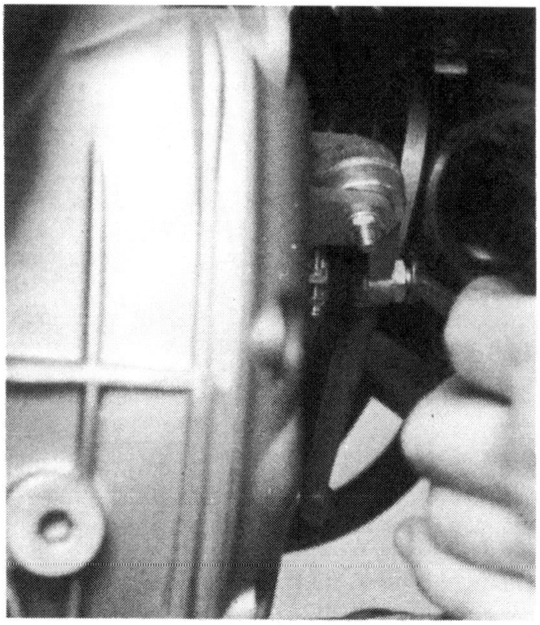

Kupplung-Einstellung, hier am neuesten Modell mit nadelgelagertem Hebel. Wichtig ist bei allen Maschinen, daß der Abstand vom Seilzugnippel bis zum Seilzugwiderlager rund 200 Millimeter beträgt, bevor das Handhebelspiel justiert wird.

der Fahrer merkt es eher in hohen Geschwindigkeitsbereichen als beim Beschleunigen. Öl kommt in den meisten Fällen aus dem Motor, und zwar durch den Wellendichtring am hinteren Ende der Kurbelwelle. Der Wellendichtring muß ausgewechselt werden, auch wenn gelegentlich von Notreparaturen erzählt wird, durch die das Öl mit einem Liter Benzin aus dem Kupplungsraum schnell und simpel ausgespült worden sein soll.

Auswechseln der Reibscheibe

Zum Auswechseln der Kupplungs-Reibscheibe, die durch das Öl ebenfalls unbrauchbar geworden ist, muß zumindest das Getriebe ausgebaut werden (siehe Getriebe-Kapitel). Der Motor kann im Rahmen bleiben, sollte sogar schön festgeschraubt werden, damit zum Lösen der Kupplungsschrauben genügend Kraft aufgewendet werden kann.

Die Schrauben am Umfang der Kupplungs-Abschlußscheibe sind je nach Baujahr entweder Senkschrauben mit Schlitz oder Sechskantschrauben oder gar Schrauben mit Innensechskant. Gewinde jeweils M 8 × 1, also Feingewinde. Besonders beim Lösen der Schlitzschrauben ist Vorsicht angeraten, kräftig gegen den Schraubenzieher drücken, damit seine Klinge nicht aus dem Schlitz der Schraube herausrutscht und ihn verdirbt.

Hilfsschrauben für Kupplung vor 1981

Für Kupplungen vor 1981 sollte ein Hilfswerkzeug vorher zurechtgelegt werden. Gebraucht werden drei etwa 50 mm lange Schrauben mit M 8 × 1 Feingewinde und drei dazugehörige Muttern.

Von den sechs Kupplungsschrauben werden drei vollständig herausgedreht, also jede zweite. In diese Gewindebohrungen kommen jetzt die Hilfsschrauben, deren Muttern erst mal sanft bis zum Anschlag an die Kupplungsplatte gedreht werden. Jetzt die anderen drei Kupplungsschrauben langsam herausdrehen und gleichzeitig die Muttern langsam lösen, bis sich die Druckfeder der Kupplung entspannt hat.

Kupplung nach 1981

Bei Motoren nach 1981, also mit der neuen, leichten Kupplung und der übersetzten Tellerfeder, ist das Hilfswerkzeug nicht mehr nötig. Die Feder setzt die Abschlußscheibe nicht mehr so stark unter Druck. Die Schrauben können jetzt alle gleichzeitig herausgedreht werden.

Bei den alten /5-Modellen war die Kupplungsdruckscheibe noch mit Schlitzschrauben M 8×1 befestigt. Umbau auf Schrauben mit Innensechskantkopf (erhältlich bei Rademacher, Dachauer Straße 268, 8000 München) erscheint lohnend.

Jede zweite Schraube wird durch das Spezialwerkzeug ersetzt: lange M 8×1 Schraube mit Mutter.

Drehbewegung blockieren

Im Normalfall sind bis hierher keine Schwierigkeiten zu erwarten. Wer die Schrauben nicht lösen kann, weil sich ständig die Kupplung mitdreht, muß versuchen, irgendwie die Kurbelwelle festzulegen. Wenn zum Beispiel eine der Kupplungsschrauben herausgedreht ist, kann man hier ein Stück Flacheisen mit 8,5er Bohrung festschrauben. Das andere Ende des Flacheisens wird gegen die Wandung des Motorgehäuses gestützt. So ist die Drehbewegung blockiert. Dasselbe Flacheisen wird später zum Lösen der Schwungscheiben-Halteschrauben genutzt.
Wenn die Kupplungs-Druckscheibe abgenommen ist, kommen die Unterschiede der beiden Kupplungs-Bauarten zutage. Die alten Modelle zuerst:

»Alte« Kupplung

Hinter der äußeren Druckplatte liegt die Platte mit den Reibbelägen. Dahinter ein Stahlblechtopf mit der inneren Druckplatte und dahinter schließlich die Tellerfeder, die bei eingerückter Kupplung für den Kraftschluß sorgt. Zwischen äußerer Druckplatte und dem Stahlblechtopf (dessen äußerer Rand an der Schwungscheibe verschraubt wird) lagen anfänglich noch jeweils etwa drei Millimeter dicke Distanzscheiben. Sie sollten einen Spalt herstellen, durch den der Kupplungsabrieb aus dem geschlossenen Stahlblechtopf nach außen weggeschleudert wird. Schon 1973 mit Einführung der /6-Modelle gab es eine neue äußere Druckscheibe mit eingefrästen Nuten am Umfang, so daß die Distanzscheiben wegfallen konnten. Zudem wurde die neue Scheibe durch außen angegossene radiale Rippen steifer als die alte.

Druckstangenlager

Die Kupplungsdruckstange bekam am hinteren Ende ein kleines Axial-Nadellager, das Druckstück eine Lippendichtung. Und für die Achse des Kupplungshebels am Getriebe wurde eine Nachschmiermöglichkeit durch einen Kegelwulstschmierkopf geschaffen. Immer noch aber blieb die Rückholfeder des Hebels im Freien, nur die kleine Druckschraube zum Einstellen war gegen die Außenwelt durch einen Faltenbalg abgeschlossen.

Danach die anderen drei Schrauben herausdrehen, die Schrauben des Werkzeugs festhalten und die Muttern langsam und gleichmäßig lösen.

 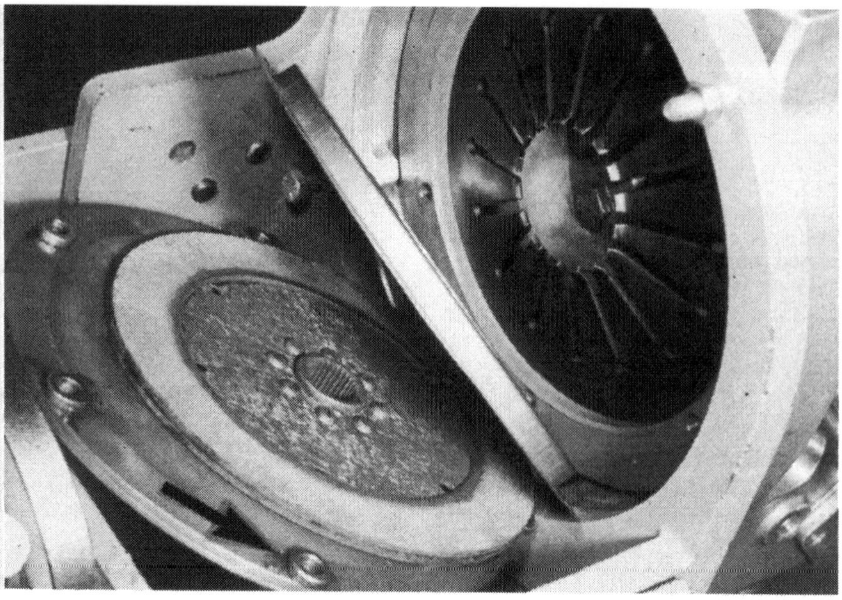

Kupplung abgebaut

Wenn die Kupplung abgenommen ist, liegt die Schwungscheibe frei. Sie ist bei den älteren /5-Modellen mit fünf Schrauben M 10 × 1 × 22 mm Länge (R 60/6) und 32 mm Länge (R 75/6 und R 90) direkt auf der Kurbelwelle festgesetzt. Bei den Modellen ab /6 wurde die Gewindegröße auf M 11 × 1,5 geändert. Zuerst wurde diese Änderung nur bei den R 90 und R 90 S eingeführt, ab Anfang 1975 dann aber für alle Modelle übernommen. Für Ersatzteilbestellungen hier die Fahrgestellnummern für den serienmäßigen Einsatz der neuen Kurbelwelle und des neuen Schwungrads:

Teile-Nummern für Ersatz

R 60/6	2921610	R 60/6 US	4920662
R 75/6	4020452	R 75/6 US	4940406
R 90/6	4050186	R 90/6 US	4960780
R 90 S	4080437	R 90 S US	4980304

Zum Lösen dieser fünf Schrauben muß die Kurbelwelle wieder blockiert werden. Dazu eignet sich das Flacheisen, mit dem bereits die Arbeit an der äußeren Druckscheibe erleichtert wurde. Das Flacheisen sollte sich gegen eine der Gußnasen unten am Gehäuse abstützen.

Schwungscheibe entfernen

Sind alle fünf Schrauben herausgedreht, kann die Schwungscheibe einfach herausgehoben werden. Dazu nur zwei Schrauben einander gegenüber in die äußere Gewindereihe eindrehen (M 8 × 1) und daran ziehen. Möglicherweise widersteht das Schwungrad dem zaghaften Zug mit der Hand. Dann muß mit einem längeren Stück Flacheisen improvisiert werden. Es muß über den Rand des Motorgehäuses gelegt werden, bekommt zwei Bohrungen für die M 8 × 1 Schrauben (Bohrungsdurchmesser etwa 8,5 mm) und dient dann als Abziehbrücke. Nur zwei Muttern M 8 × 1 auf die Schrauben drehen, damit läßt sich dann auch ein widerspenstiges Schwungrad lösen. Das Flacheisen sollte dazu etwa 10 mm dick und 40 mm breit sein.

Schwungscheibe aufsetzen

Die Schwungscheibe muß natürlich in der richtigen Stellung auf die Kurbelwelle aufgesetzt werden. Dazu wird die Welle auf OT gedreht (beide Pleuel zeigen nach außen, auch die Zahnradmarkierungen des Nockenwellen-

Obere Reihe: Links zeigt der Pfeil auf Zwischenscheiben der ersten Ausführung, später wurde der richtige Abstand gleich an die Druckscheibe angegossen. Daneben die Einzelteile der Kupplung.
Unten: Nachdem die Schwungscheiben-Halteschrauben herausgedreht wurden (hier /5-Modelle), muß die Schwungscheibe mit einer einfachen Stahlbrücke abgezogen werden.

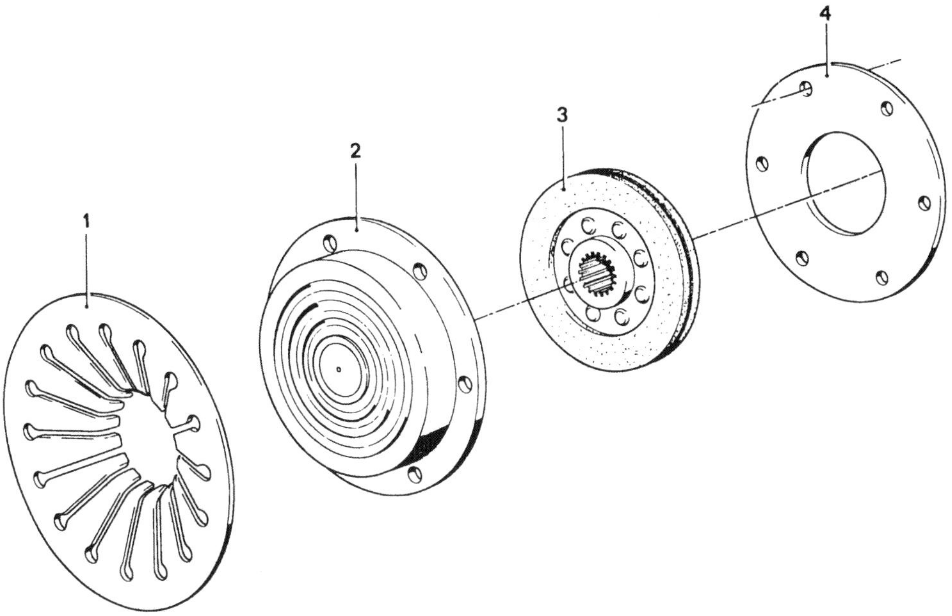

Die alte Kupplung mit der Tellerfeder (1), dem etwas zu tief gezeichneten Stahlblech-Mitnehmertopf (2), der Reibscheibe (3) und der abschließenden Druckplatte (4).

triebs weisen zueinander). Außen an der Schwungscheibe ist die Markierung für OT-Stellung eingepreßt, diese muß jetzt durch das seitliche Schauloch sichtbar sein.
Zum Aufsetzen der Schwungscheibe muß nicht nur der Kurbelwellenstumpf blitzeblank sauber sein, auch die Schwungscheibe darf am Sitz für die Kurbelwelle keine Ölspuren aufweisen. Selbst die Gewindebohrungen und die Schrauben müssen schmutz- und fettfrei sein. Es ist wichtig, daß die Schwungscheibe völlig plan auf dem Kurbelwellenzapfen aufliegt. Loctite und andere Schraubensicherungsmittel sind hier absolut verboten. Festgezogen werden die Schwungscheiben-Schrauben der alten Modelle (M 10 × 1) mit 70 Nm, die der neuen (M11 × 1,5) mit 100 Nm. Es sollten stets neue Schrauben verwendet werden, denn es sind Dehnschrauben.

Schwungscheibe und Kupplung ab 1979

Mit dem Baujahr 1979 wurden Schwungscheibe und Kupplung radikal geändert. Der Motor sollte williger und spontaner als bisher hochdrehen, also wurde die gesamte Schwungmasse drastisch verringert. Allein dadurch, daß die vorher massige Schwungscheibe jetzt praktisch nur noch aus Anlasserzahnkranz und den Speichen dafür besteht, wurden über vier Kilogramm eingespart.

Aufbau der Kupplung

In Fahrtrichtung hinter der Schwungscheibe liegt zunächst eine Stahlscheibe, danach die übersetzte Tellerfeder, dann folgt der an drei Stahlbändern tangential aufgehängte innere Kupplungs-Druckring. Er bietet die Reibfläche für die Kupplungsreibscheibe, die wie üblich innen mit Verzahnung verschiebbar auf der Getriebewelle sitzt. Den Abschluß bildet der äußere Druckring, der am Umfang mit der Schwungscheibe mit sechs kurzen Schrauben verbunden ist.

Kupplung ausgebaut

Ist die Kupplung vollständig ausgebaut, liegen wieder die fünf Befestigungsschrauben für die Schwungscheibe frei. Herausdrehen ist kein Problem wie gehabt. Unter diesen Schrauben ist noch eine Stahlscheibe, die wie die Schwungscheibe selbst ganz simpel abgenommen wird. Unter der Schwungscheibe sitzt jedoch noch ein

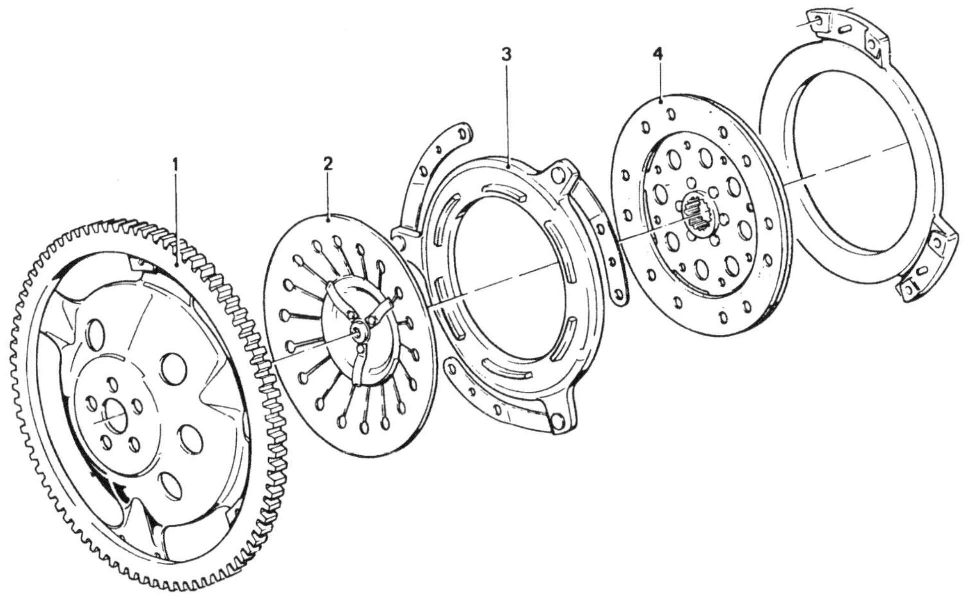

Die neue Kupplung hat eine wesentlich leichtere Schwungscheibe (1), eine übersetzte Tellerfeder (2), die separate innere Druckplatte mit Blech-Mitnehmerstreifen (3), die Reibscheibe (4) und schließlich die abschließende Druckplatte. Und die Halteschrauben sind M 7.

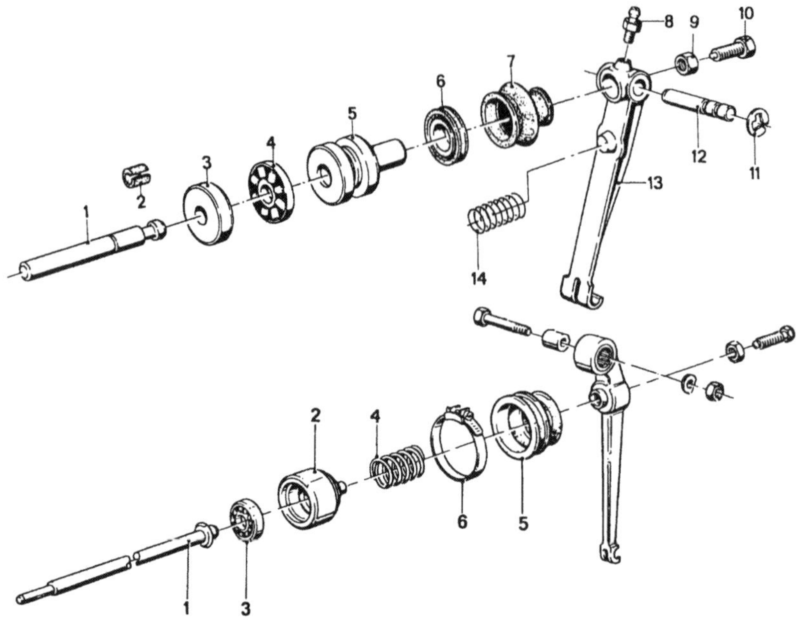

Oben die alte, unten die neue Version des Kupplungshebels am Getriebe. Oben sind: 1 = Druckstange, 2 = Dichtring, 3 bis 5 = Drucklager, 6 und 7 = Dichtungen, 8 = Schmiernippel, 9 und 10 = Einstellschraube, 11 und 12 = Lagerbolzen mit Sicherung, 13 = Hebel und 14 = Rückdruckfeder.

Die Ziffern der unteren Zeichnung: 1 = Druckstange, 2 = Drucklagertopf, 3 = Drucklager, 4 = Feder, 5 und 6 = Faltenbalg mit Spannband. Der neue Hebel ist mit einem Nadellager versehen, der Lagerbolzen ist mit Mutter festgezogen.

gesonderter Topf-ähnlicher Laufring für den hinteren Kurbelwellen-Dichtring. Dieser Laufring kann nicht ohne einen kleinen Trick herausgehoben werden. Er muß um etwa halbe Lochbreite verdreht werden, so daß zwei Drahthaken hinterfassen können

Dichtring defekt

Wenn ein Wellendichtring defekt ist, sollte auf jeden Fall auch dieser Laufring inspiziert werden. Denn wenn seine Lauffläche für den Dichtring angefressen ist, muß auch ein neuer Dichtring sofort versagen. Dasselbe gilt natürlich auch für die Lauffläche des Dichtrings bei der alten Schwungscheibe. Dort freilich wird die Reparatur teurer, denn es muß die gesamte Schwungscheibe gewechselt werden. Zwar ließe sich die Fläche überschleifen, doch findet sich kaum eine Werkstatt, die diese Arbeit machen kann.

Abriebstaub muß weg

Beim Zerlegen der Kupplung bekommt man mit Sicherheit sehr schmutzige Finger vom Kupplungsabrieb. Der feine schwarze Staub muß aber vor dem Zusammenbauen überall abgewischt werden. Gründliche Reinigung ist vor allem bei der Verzahnung von Reibscheibe und Getriebewelle wichtig. Hier lohnt es sich, zum Beispiel einem einfachen Flachpinsel die Haare bis auf 15 mm Länge zu stutzen, so daß er einigermaßen steif ist. Mit diesem harten Pinsel und einer Reinigungsflüssigkeit wie Brake-Cleaner (Bremsenreiniger) muß die Verzahnung metallisch blank saubergeputzt werden.

Verzahnung einreiben

Vorm Zusammenbau werden beide Verzahnungen mit Mo S2-Paste oder den von BMW empfohlenen Spezialschmierstoffen von Klüber oder Optimol sorgfältig eingerieben. Der Schmierstoff soll dünn aber lückenlos aufgetragen werden, er darf auf gar keinen Fall auf den Reibbelag gelangen. Wer im Eifer zunächst des Guten zuviel tut, muß alles nochmal mit einem Lappen abwischen. Beim Aufsetzen der Reibscheibe auf die Getriebewelle darf sich kein Fettkragen bilden. Ausprobieren.

Von der ordentlichen Schmierung dieser Verzahnung hängt weiche Kupplungsfunktion in hohem Maße ab. Wer hierbei schludert, wird mit ruckelnder Kupplung zu kämpfen haben. Sollte die Kupplung übrigens bei der

Der Pfeil weist auf die Lauffläche für den Dichtring der Kurbelwelle. Bei späteren Modellen ist dafür ein besonderer, topfförmiger Ring vorgesehen. So muß bei Schäden nicht die Schwungscheibe gewechselt werden.

Die feine Verzahnung auf der Getriebewelle nimmt die Kupplungs-Reibscheibe mit. Wenn diese Zähnchen verrostet sind, kann die Kupplung nicht mehr fein einrücken. Geschmiert wird mit Molykotepaste, aber nur winzigste Mengen auftragen, damit die Reibscheibe nicht verschmiert.

Probefahrt trotz guter Schmierung der Verzahnung immer noch rupfen, könnte der Fehler noch daran liegen, daß die Getriebewelle seitlich zuviel Spiel hat. Dann muß das Getriebe zerlegt werden.

Kupplungs-Zusammenbau

Beim Zusammenbau der Kupplung gibt es keine Probleme. Bei den älteren Modellen müssen wieder die drei Spannschrauben zuhilfe genommen werden, das ist bei den neueren nicht nötig. Wichtig ist bei diesen jedoch, daß die Kupplungsteile auf Farbmarkierungen abgesucht werden. Diese werden in der Fertigung beim Auswuchten aufgebracht. Sie sollen beim Zusammenbauen nicht alle in eine Richtung zeigen, sondern zumindest um 120 Grad (besser 180 Grad) zueinander versetzt sein.

Zentrierdorn

Ein Spezialwerkzeug ist vorgeschrieben, das sich der routinierte Praktiker oft aber sparen kann. Die Kupplungs-Reibscheibe muß möglichst genau mittig eingesetzt werden, damit sie nachher beim Ansetzen des Getriebes gut auf die Getriebewelle rutscht. Dafür gibt es einen sogenannten Zentrierdorn. Er ist so dick, daß er gerade in die Reibscheibenverzahnung hineinpaßt und hat für die Modelle vor 1981 eine kurze abgesetzte 90-Grad Kegelspitze. Für die neueren Kupplungen hat er einen etwa 25 mm langen 6 mm dünnen Zapfen. Die Bestellnummer des alten Werkzeuges ist 212650, die des neuen 212660.
Wer die Reibscheibe ohne den Zentrierdorn einbaut, kann bei gutem Augenmaß Glück haben. Das Getriebe muß dann zwar ein wenig seitlich hin- und hergeruckelt werden, aber meist klappt das Anflanschen ohne Schwierigkeiten.

Zahntechnik

Deutschland ist führend in der Chemie. Deswegen auch die vielen ungesunden Zähne. Aber kümmern wir uns jetzt mal um andere Zähne – um jene, die wir im Getriebe unserer BMW finden.

Das »Klack«

BMW-Getriebe arbeiteten nicht immer so unauffällig wie heutzutage. In früheren Jahren meldeten sie dem Fahrer mit freundlichem »Klack«, daß der Gang tatsächlich eingelegt war. Das Geräusch beim Schalten ist im Grund recht harmlos, auch Verschleiß wird dadurch nicht bewirkt. Es stört mehr den nervösen Fahrer, dem jedes unbekannte oder unerklärliche Geräusch gegen den Strich geht.
Weil diese Schaltgeräusche so oft in Fachdiskussionen gegen die BMW-Getriebe ins Feld geführt wurden, weil zudem auch die Leistung der BMW-Motoren schließlich immer höher wurde und eine Überarbeitung der Getriebe, eine Anpassung an die höhere Last sowieso erforderlich machte, haben sich die Ingenieure auch speziell mit dem Schaltgeräusch sehr intensiv befaßt.

Die neuen Getriebe

Das Ergebnis: Moderne BMW-Getriebe kann auch ein Neuling geräuschlos schalten, was früher nur einem routinierten BMW-Fuchs möglich, ja selbstverständlich war.
Einer der Tricks, die zum leisen Schalten führten, war zum Beispiel die sogenannte Schalthebel-Kinematik, also die Gestängeübertragung zwischen Fußschalthebel und der Schaltwelle am Getriebe. Innerlich wurden die Getriebe völlig umgestaltet, gegenüber den Modellen vor 1969 wurde nicht nur der Schaltautomat (der bewirkt, daß der Fußhebel stets in Nullage zurückgeht), sondern auch die verschiebbare Koppelung der zu schaltenden Getrieberäder geändert. Wurden früher seitlich verschiebbare Gleitmuffen zum Koppeln des Gangrades mit der Welle benutzt, so werden heute die Zahnräder selbst verschoben. Damit wurde viel Bauraum gespart, so daß sogar ein fünfter Gang in dem Gehäuse untergebracht werden konnte, das gegen früher zudem eher zierlicher geworden ist.

Stabiles Getriebe

Wenn heute ein BMW-Getriebe beim Schalten kracht, dann ist irgendetwas nicht in Ordnung. Entweder stimmt die Kupplungseinstellung nicht (siehe Kupplungs-Kapitel), oder aber innerhalb des Getriebes sind die Lager nicht ordentlich eingebaut, darauf kommen wir später. Völlig unbekannt sind aber Schäden an den Zahnrädern, etwa ausgebrochene oder zernarbte Zähne. Für die Leistung selbst der großen R 100 RS ist das Getriebe auf jeden Fall stabil genug.
So ist es auch nicht nötig, daß BMW für unterschiedliche Modelle (etwa R 45 und R 100) verschiedene Getriebe anbietet. Eines genügt für alle. Der einzige Unterschied zwischen den beiden zur Zeit verwendeten Getrieben: Eines hat einen Kickstarter, das andere keinen.

Mit oder ohne Kickstarter

Soll man seine neue BMW mit oder ohne bestellen? Grundsätzlich schafft der Anlasser es spielend, den Motor mit der nötigen Anlaßdrehzahl durchzukurbeln. Auch die Batterie ist inzwischen groß und stark genug. Doch gibt es besonders an kühleren Tagen durchaus Fälle, in denen die Batterie mangels Kapazität streikt. Entweder weil der Fahrer zusätzlich Heizgriffe montiert hat (BMW-Sonderzubehör), oder weil er mit angeschaltetem Licht und niedriger Motordrehzahl immer nur kurze Strecken fuhr. Dann reicht die Batterieladung durch die Lichtmaschine nicht mehr aus, um den Akku ständig gesund zu halten.
In solchem Fall ist ein Kickstarter gut, besonders wenn nach kalten Nächten das Motoröl noch steif ist und das erste Durchdrehen des Motors sehr viel Kraft kostet. Wer dazu einen Kickstarter hat, ist fein heraus.
Wir raten also grundsätzlich zum Kickstarter, und zwar aus praktischen Erwägungen. Zusätzliche mechanische Komplikationen sind durch den Startermechanismus nicht zu erwarten, weil er keinen ständig mitlaufenden Freilauf hat, sondern in Ruhestellung einfach zur Seite geklappt ist.

Reparaturen sind selten

Reparaturen an BMW-Getrieben beschränken sich selbst im schlimmsten Fall auf das Auswechseln von Lagern. Undichtigkeiten an dem Spalt zwischen Gehäuse und Deckel sind sehr selten, auch die Wellendichtringe am Getriebeeingang und am Abtrieb haben sehr hohe Lebensdauer. Dennoch wird im Folgenden das Getriebe einmal vollständig zerlegt und wieder zusammengebaut. Es gibt dafür ein paar Tricks, die zu kennen sich lohnt. Doch zuvor etwas Theorie.

Gangdiagramme für vier verschiedene Modelle. Die Zahlen zum Nachrechnen stehen in den Technischen Daten, die Formeln und wie man sie berechnet finden Sie auf den nächsten zwei Seiten.

Geschwindigkeit – Motorendrehzahl

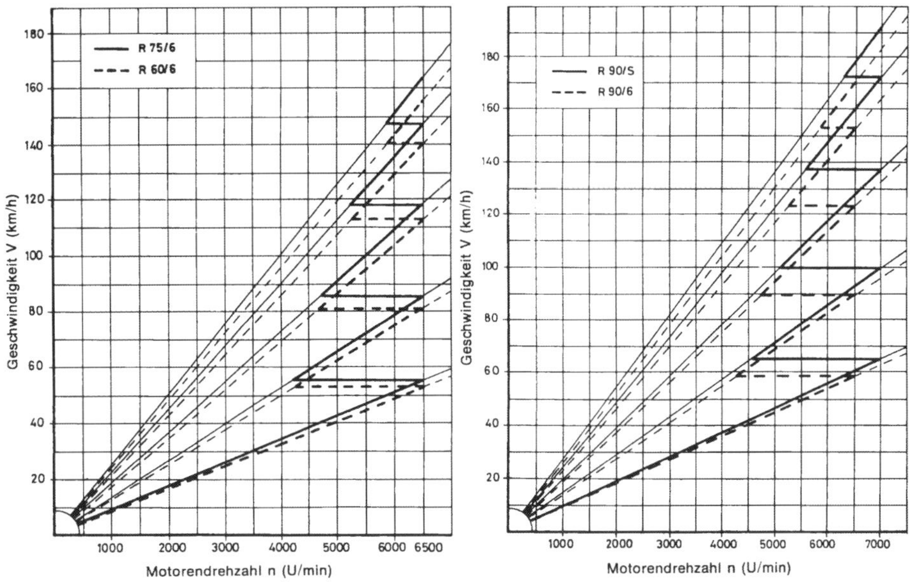

Daten für die Praxis

Die BMW-Boxermotoren haben ihre Höchstleistung durchweg bei einer Kurbelwellendrehzahl zwischen 6500 und 7250 Umdrehungen in der Minute. Brauchbare Leistung steht etwa ab 2000 Kurbelwellenumdrehungen in der Minute zur Verfügung.
Das Hinterrad mit Reifen der Größe 4.00 - 18 hat einen Abrollumfang von 2,04 Metern. Bei einer Geschwindigkeit von beispielsweise 100 km/h dreht sich das Rad 817 mal in der Minute. Bei 160 km/h sind es rund 1307 Hinterradumdrehungen in der Minute.

Überbrücken der Drehzahl-Unterschiede

Diese Drehzahl-Unterschiede zwischen Kurbelwelle und Hinterrad werden durch das Getriebe umgesetzt. Im Getriebe sind fünf Gangstufen vorgesehen. Auf diese Weise wird erreicht, daß die Kurbelwellendrehzahl für jeden Geschwindigkeitsbereich eben gerade so hoch ist, daß der Motor genügend Leistung abgibt. Dabei ist der erste Gang zum Anfahren ausgelegt, er reicht bei der R 80 G/S zum Beispiel nur bis höchstens 54 km/h. Dann schaltet der Fahrer den zweiten Gang, gelangt dadurch auf niedrigere Motordrehzahl. Vom Zweiten in den Dritten wird bei rund 85 km/h geschaltet, bei 115 km/h kommt der vierte Gang.
Bei 145 km/h ist schließlich der große, der fünfte Gang an der Reihe. Und dabei fällt die Motordrehzahl von rund 6500 auf rund 6000/min ab, also nur einen geringen Betrag. Das bedeutet, daß der Motor nur knapp unter der Höchstleistungsdrehzahl wieder loslegen kann. Das bedeutet auch, daß eben zwischen dem vierten und dem fünften Gang keine große Lücke klafft.

Lange oder kurze Übersetzung

Vor der Praxis ist erst etwas Theorie angebracht. Wie sind Übersetzungen zu berechnen? Was heißt eigentlich lang oder kurz übersetzt? Wie spielen die Übersetzungsstufen mit der Leistungskurve zusammen?

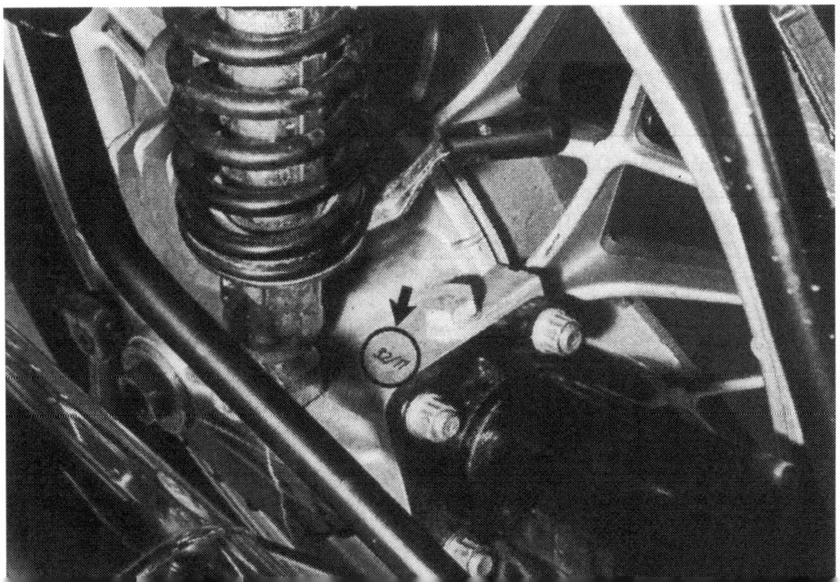

Die Übersetzung des Hinterachsgetriebes steht immer auf dem Flansch, mit dem das Getriebe an der Schwinge befestigt ist. Hier sind die Ziffern 32/11 eingekreist.

Für diese Rechnungen brauchen wir ein paar Zahlen, nämlich die sogenannte Primärübersetzung, die Übersetzungen in den einzelnen Gängen, die Sekundärübersetzung und den Umfang des Hinterreifens.

Primär-Übersetzung

Die Primärübersetzung ist die erste Drehzahlverringerung zwischen Kurbelwelle und Schaltgetriebe. Bei BMW wird die Drehzahl der Eingangswelle über einen Ruckdämpfer und eine Schrägverzahnung auf die Nebenwelle übertragen. Die Übersetzung ist hier 1 zu 2,07, das heißt, das angetriebene Zahnrad hat 2,07 mal so viele Zähne wie das treibende. Wenn sich die Eingangswelle 2,07 mal dreht, hat die Nebenwelle gerade eine Umdrehung getan.

Schräge Zähne

Für die Praxis ein wichtiger Hinweis: Die Schräge der Verzahnung ist 1981 von 15 Grad auf 17,5 Grad vergrößert worden. Die neuen, schrägeren Zahnräder tragen ein angeschmiedetes Zeichen, ein X. Wenn also ein Getriebe mit neuen Zahnrädern ausgestattet werden muß, darauf achten, daß die Zahnräder gleiche Schräge haben. Zwar laufen sie, gefühlsmäßig beurteilt, auch mit unterschiedlichen Schrägen, doch gibt das binnen kurzem Bruch.

Die Gangstufen

Die Gangstufen sind bei allen BMW-Getrieben gleich. Sie werden durch die Zahnradpaare auf der Nebenwelle und der Ausgangswelle gebildet. Dabei werden der dritte und vierte Gang durch seitliches Verschieben eines Rades auf der Nebenwelle geschaltet, die anderen drei Gänge durch Verschieben zweier Räder der Abtriebswelle.

Die Gangstufen in Zahlen:

1. Gang 4,4	
2. Gang 2,86	4. Gang 1,67
3. Gang 2,07	5. Gang 1,50

Sportgetriebe

Das sogenannte Sportgetriebe war in den ersten drei Gängen länger übersetzt. Es ist heute nicht mehr erhältlich.

1. Gang 3,38	
2. Gang 2,43	4. Gang 1,67
3. Gang 1,93	5. Gang 1,50

In diesen Zahlen sind bereits die 2,07 der Primärübersetzung berücksichtigt. Bei den Rechnungen wird deshalb die Primärübersetzung mit 1 angegeben, das erleichtert die Rechnerei.

Sekundär-Übersetzung

Bleibt die Sekundärübersetzung. Sie findet im Hinterachsgetriebe statt. Wer nicht weiß, welche Hinterachsübersetzung an seiner Maschine eingebaut ist, suche auf dem Hinterachsgetriebe nach der eingeschlagenen Zahlenkombination. Sie steht oben am Verbindungsstück zur Schwinge. Ist dort zum Beispiel 11/32 angegeben, so beträgt das Übersetzungsverhältnis 32 geteilt durch 11 = 2,91. Es sind insgesamt neun verschiedene Kombinationen vorgesehen.

In der folgenden Tabelle stehen in Klammern zuerst das Übersetzungsverhältnis, dann die Tacho-Wegdrehzahl dafür und schließlich beispielhaft Maschinen, bei denen diese Übersetzung eingebaut ist.

8/34 (= 4,25, Wd = 0,970, für R 45 mit 20 kW),
9/31 (= 3,44, Wd = 0,782, für R 65 und R 65 LS),
9/32 (= 3,56, Wd = 0,819, für R 60/7 von 1978),
9/35 (= 3,89, Wd = 0,888, für R 45 mit 26 kW),
10/32 (= 3,2, Wd = 0,737, für R 90/6, 75/6, 75/7 und R 80/7),
11/32 (= 2,91, Wd = 0,670, für R 90 S, R 100 S, R 100 CS),
11/33 (= 3,0, Wd = 0,691, für R 90 S, R 100, R 100 T, RT, RS),
11/34 (= 3,09, Wd = 0,711, für R 100/7),
11/37 (= 3,36, Wd = 0,773, für R 75/6, R 60/6, R 60/7 und R 80/7)

Außerdem gab es noch:

8/36 (= 4,5)	12/33 (= 2,75)
11/31 (= 2,82)	13/34 (= 2,62)

Diese galten aber nur als Sonder-Ausstattung, für sie gab es ab Werk keine Tachometer mit angepaßter Wegdrehzahl.

Der Reifen-Umfang

Bei allen Rechnungen muß schließlich noch der Reifenumfang berücksichtigt werden. Er ist abhängig von den Reifenabmessungen und liegt immer bei rund zwei Metern. Man kann ihn auch selbst mit annähernder Genauigkeit messen. Dazu wird die Maschine mit 60 km/h gefahren. Auf der Straße wird ein Strang Farbe, etwa Zahnpasta, quer zur Fahrtrichtung zum Drüberfahren ausgelegt. Anfang und Endpunkt der Farb-Abdrücke auf dem Asphalt geben den Reifenumfang.
Wer jetzt weiß, daß der Reifen bei einer Geschwindigkeit von 60 km/h nur geringfügig wächst, bei hohen Geschwindigkeiten dagegen im Umfang deutlich größer wird, ist natürlich verwirrt. Aber für die private Rechnerei bleibt das Reifenwachstum bei hohem Tempo belanglos, es geht ja nur um Vergleichsrechnungen. Zudem wird das Wachstum zum größten Teil durch den Schlupf des Reifens bei hohem Tempo wieder ausgeglichen.

Reifengröße

Bei BMW Boxern werden fast ausschließlich Hinterreifen der Größe 4.00 – 18 verwendet. Eine Ausnahme ist etwa die R 80 ST, für sie war auch die Größe 120/90 H 18 freigegeben. Der Abrollumfang beträgt bei 4.00 - 18 Reifen zwischen 2,024 und 2,04 Meter, bei den 120/90 – 18 Größen ist er zwischen 2,03 und 2,06 Metern. Erfahrungsgemäß kann bei allen Maschinen mit einem Wert von 2,04 Metern gerechnet werden.

Gangdiagramm berechnen

Damit liegen sämtliche Zahlen vor, um beispielsweise ein Gangdiagramm zu zeichnen. In diesem ist zu sehen, wie die Motordrehzahl mit der Fahrgeschwindigkeit zusammenhängt. Auf der senkrechten Achse wird die Geschwindigkeit aufgetragen, die waagerechte Achse zeigt die Drehzahl.
Die Formel für diese Rechnungen ist ganz einfach. Auf dem Bruchstrich stehen die Drehzahl, der Reifenumfang und die Zahl 60, unterm Bruchstrich die Gesamtübersetzung und die Zahl 1000. Das Ergebnis ist die Geschwindigkeit in km/h.

$$\text{Geschwindigkeit} = \frac{\text{Drehzahl} \times 60 \times \text{Umfang}}{\text{Gesamtübersetzung} \times 1000}$$

Die Gesamtübersetzung errechnet sich aus Primärübersetzung mal Getriebestufe mal Sekundärübersetzung. Damit die Rechnerei einfacher wird, zieht man alle unveränderlichen Werte erst mal zusammen. Sollen die einzelnen Gangstufen festgelegt werden, bleiben statt der Gesamtübersetzung unterm Bruchstrich nur die Primär- und Sekundärübersetzung. Die Zahlenwerte sind dann zum Beispiel:

$$\frac{\text{Drehzahl } 6000 \times 60 \times \text{Umfang } 2{,}024}{\text{Primär } 1 \times \text{Sekundär } 3{,}0 \times 1000} = 242{,}88$$

Diese Zahl ist nur noch durch die Übersetzung in den einzelnen Gängen zu teilen. Das ergibt im ersten Gang 55,2 km/h; im zweiten Gang 84,9 km/h; im dritten Gang 117,33 km/h; im vierten Gang 145,44 km/h und im fünften Gang 161,9 km/h.

Andere Hinterachs-übersetzung

Hier wurde als Hinterachsübersetzung die 11/33 der R 100 RS gewählt. Soll die erreichbare Geschwindigkeit für unterschiedliche Hinterachsübersetzungen ermittelt werden, muß eben statt der Sekundärübersetzung nur die Übersetzung in einem Gang, etwa dem fünften, in der Formel schon vorher ausgerechnet werden. Die Zwischensumme beträgt 485,76. Diese Zahl ist nur noch durch die verschiedenen Sekundärübersetzungen zu teilen, um die mögliche Geschwindigkeit bei 6000/min im fünften Gang herauszubekommen.
Für die kürzeste und die längste Hinterachsübersetzung durchgerechnet, ergeben sich 485,76 durch 4,25 = 114,29 und 485,76 durch 2,91 = 166,9 km/h.

Kurze oder lange Übersetzung

Damit läßt sich abschätzen, welche Hinterachsübersetzung für welche Fahrzeuge geeignet erscheint. Die lange mit 2,91 wäre für einen starken Motor gut, die kurze mit 4,25 für einen schwächeren. Und genau das ist

serienmäßig vorgesehen. Die lange Übersetzung gibt es für die R 100 S und R 100 CS, die kurze ist für die R 45 mit 20 kW gedacht.
Als kleine Gedächtnisstütze: Mit kurz wird eine Übersetzung bezeichnet, bei der der Motor für eine bestimmte Geschwindigkeit hohe Drehzahl braucht, bildlich gesprochen heißt das, er muß viele kleine, kurze Schritte machen. Lange Übersetzung bedeutet, er muß wenige lange Schritte machen, braucht also für die gleiche Geschwindigkeit geringere Drehzahl.

In Zahlen drückt sich das, wie am Rechenbeispiel gesehen, so aus: Die lange Übersetzung hat die niedrigere Verhältniszahl (nämlich 2,91) und die kurze hat die hohe Verhältniszahl (4,25).
Die kürzere Übersetzung ist im allgemeinen gut für fixe Beschleunigung, der Motor jubelt dafür aber im Bereich der Höchstgeschwindigkeit sehr hoch. Für lange Autobahn-Reisen mit wenig Gepäck hingegen wäre eine lange Übersetzung gut, damit würde der Motor im hohen Geschwindigkeitsbereich durch niedrige Drehzahl geschont.

Getriebe in der Praxis

BMW-Getriebe halten im allgemeinen sehr lange. Und speziell die neueren schalten sich ohne Probleme und ohne Krachen. Selbst wenn es bei älteren Getrieben gelegentlich einen kräftigen Kratzer gibt, sobald der nächste Gang eingelegt wird, macht das im Grunde nichts aus.
Zerlegt werden muß ein BMW-Getriebe aber immer möglichst rechtzeitig, wenn folgende Symptome auftreten:

- heulende oder mahlende Geräusche,
- sehr schwergängige Schaltung,
- schwergängige Schaltung bei Schiebebetrieb,
- rupfende Kupplung.

Wandernde Getriebewellen

In all diesen Fällen besteht dringender Verdacht, daß die Getriebewellen nicht korrekt ausdistanziert sind, also im Getriebe von vorn nach hinten wandern oder gar in dieser Richtung nicht genügend Freiheit haben. Speziell heulende Geräusche deuten auf zu geringes Spiel der Abtriebswelle hin, das führt dann innerhalb weniger hundert Kilometer zu teurem Bruch.

Dabei spielt es auch keine Rolle, ob das Getriebe inzwischen bis zu 50000 Kilometer einwandfrei gehalten hat. Wenn die Welle zu eng eingepaßt wurde, dann stehen die Lager ständig unter seitlichem Druck, dem sie erst nach langer Laufzeit nachgeben. Wer so lange wartet, bis ein Gang (meist der fünfte) überhaupt nicht mehr einzuschalten ist, der riskiert nicht nur ein ausgelaufenes Abtriebslager, sondern muß mit etwas Pech sogar ein komplett neues Getriebe kaufen.

Ältere Getriebe

Ein weiterer Hinweis ist noch angebracht: Die ersten R 50/5 bis R 75/5 hatten noch die alte Getriebebauart, wie sie in ähnlicher Form bereits bei den Schwingenmaschinen der Baujahre 1955 bis 1969 verwendet wurde. Zwar sind kleine Ähnlichkeiten immer noch vorhanden, aber im Grunde sind das völlig andere Getriebe, die andere Spezialwerkzeuge und andere Meßmethoden erfordern. Für diese fehlt hier der Platz, zudem gibt es für ältere BMW-Motorräder von 1950 an bereits seit 1970 ein Buch vom gleichen Autor: »Tausend Tricks für schnelle BMWs« (inzwischen in der zwölften Auflage im Motorbuch Verlag Stuttgart erschienen).

Getriebe zerlegen

Ausgebaut ist das Getriebe schnell, doch vorher wird das Öl abgelassen, sonst gibt es auf der Werkbank nachher Überschwemmung. Die Handgriffe zum Ausbauen stehen im Motorenkapitel.
Steht das Getriebe auf der Werkbank, ist zunächst der Antrieb für die Tachowelle herauszuziehen. Dazu wird die Schraube mit Sechskantkopf ganz herausgedreht, die Führungshülse und das Schneckenrad-Gegenstück lassen sich leicht herausheben.
Jetzt wird ein Spezial-Festhaltewerkzeug nötig. Der Flansch der Abtriebswelle muß zum Lösen der zentralen Mutter blockiert werden, danach ist er mit einem zweiten Spezialwerkzeug auch abzuziehen.
Als Haltewerkzeug gibt es von BMW einen Ring, der an den Flansch angeschraubt wird, Er trägt außen einen Haltehebel, der am Gehäuse verhakt wird. Es dürfte selbst für Laien mit nur beschränkter Werkstattausrüstung kein großes Problem sein, ein stark vereinfachtes Haltewerkzeug selbst zu bauen.

Bevor der Flansch fürs Kreuzgelenk abgezogen wird, muß erst mal die Tachowelle mit ihrer Führungsbuchse herausgezogen werden.

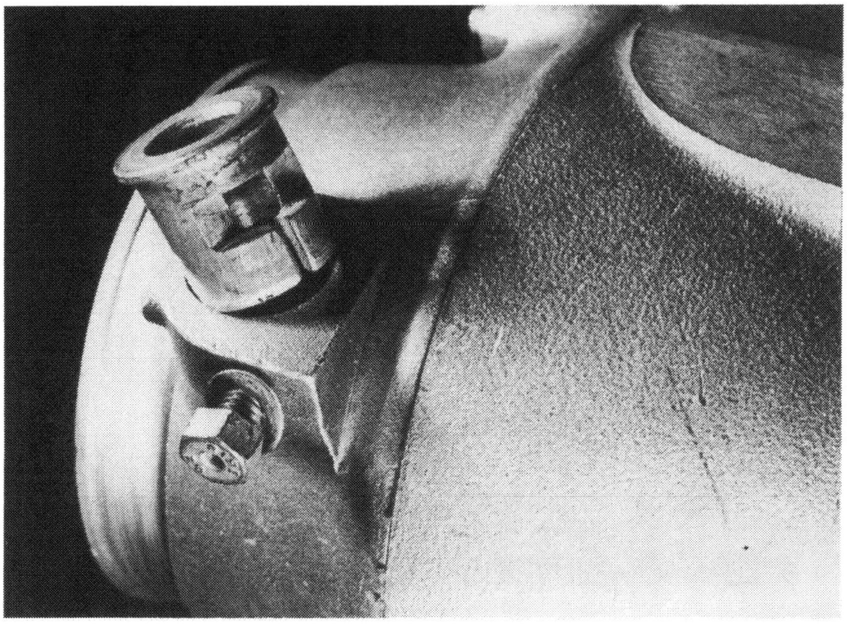

Dazu genügt ein Stück Flacheisen, etwa 8 mm stark. (Material 40 × 8 mm wird zum Beispiel für Handläufe von Treppengeländern normmäßig vorgeschrieben, ist also gelegentlich in Baumärkten zu haben). Am einen Ende werden seitlich zwei Neun-Millimeter-Bohrungen im Abstand von 42,5 mm angebracht. Mit den Originalschrauben (M 8 × 1) wird das Flacheisen an den Flansch angeschraubt. Wenn nötig, muß das Flacheisen zwischen den Bohrungen noch etwas ausgeschnitten werden, damit der Steckschlüssel an die Mutter paßt.

Flanschabzieher

Schwieriger ist ein Werkzeug herzustellen, mit dem der Flansch abgezogen werden soll. Wieder muß es Bohrungen erhalten, durch die es an den Flansch angeschraubt wird. Der Kreisbogen, auf dem diese Bohrungen liegen, hat 60 mm Durchmesser. In der Mitte wird ein Gewinde für eine Druckspindel gebraucht. Wer eine Drehbank hat, arbeitet dieses Werkzeug aus Vollmaterial heraus. Wenn nur Schraubstock, Bohrmaschine und Eisensäge zur Hand sind, ist denkbar, das Werkzeug aus zwei Platten von rund 60 mm im Quadrat, jeweils etwas 8 bis 10 mm dick, zu improvisieren. Die Platten erhalten beide die vier Bohrungen auf 60 mm Grundkreis, die eine Platte wird mit einem zentralen Gewinde für die Abdrückspindel versehen, die andere in der Mitte etwas weiter ausgebohrt. Abdrückgewinde M 12 müßte genügen.

Mit einem normalen Zweiarm-Abzieher, dessen Arme kräftig zusammengespannt werden, damit sie nicht abrutschen, kommt man zur Not auch aus, doch damit wird meist der Flansch verbogen. So wird nur dann gemurkst, wenn der Flansch sowieso erneuert werden müßte.
Ansonsten dürfte es nicht schwierig sein, das Werkzeug für eine halbe Stunde vom BMW-Händler geliehen zu bekommen.

Getriebedeckel abnehmen

Zum weiteren Zerlegen des Getriebes ist nicht mehr viel Kunst nötig. Der hintere Getriebedeckel wird nach Ausdrehen aller Innensechskantschrauben angeheizt, am besten mit Gaslötbrenner. Dann sind die Sitze der Kugellager innendrin so weit geworden, daß sich der Deckel mit ganz leichten Schlägen rundherum abheben läßt.

Nach dem Losdrehen der Haltemutter (mit angeschraubtem Flacheisen den Flansch festhalten) kann das Spezialwerkzeug angesetzt werden. Wärme hilft nicht, eher waren wir mit Rostlöser erfolgreich. Druckspindel sehr fest anziehen und dann mit großem Hammer draufknallen.

Sind die Schrauben, die den Deckel halten, herausgedreht, geht es ohne Anheizen nicht weiter. Wer es dennoch versucht, schlägt bestimmt eine Ecke vom Deckel ab. Mit Hitze hingegen ist der Deckel fast mit zwei Fingern hochzuziehen.

Einige Vorsichtsmaßregeln: Am Getriebedeckel sind Nasen, gegen die die Hammerschläge mit Plastikhammer gerichtet werden. Weil der Hammer dabei zu leicht splittert, wird besser ein Stück Hartholz dazwischengehalten. Der Getriebedeckel wird rundherum gleichmäßig angetippt, damit der Trennspalt möglichst ständig rundherum gleichweit ist und die Lager nicht verkanten. Außerdem sollte gelegentlich ein zarter Schlag auf die Abtriebswelle gegeben werden. Diese hängt sonst im Getriebedeckel fest und verbiegt bei weiterem Abziehen die Schaltgabel. Wichtig ist genauso die Antriebswelle, durch die die Kupplungsdruckstange läuft. Auch diese Welle wird leicht von außen nach innen geschlagen, damit sie nicht im Deckel hängenbleibt.

Die Paß-Scheiben

Im Getriebedeckel liegen zwischen den Lageraußenringen und dem Lagersitzgrund die Paßscheiben, mit denen das seitliche Spiel der Wellen festgelegt wird. Wenn das Getriebe nur nach Lagerwechsel wieder zusammengebaut werden soll, also keine Zahnräder gewechselt werden, dann können dieselben Scheiben an denselben Stellen wieder verwendet werden. Denn Lager sind immer gleich dick, und zwar mit ganz engen Toleranzen. Lagerwechsel beeinflußt also den seitlichen Ausgleich überhaupt nicht.
Die zusammengehörenden Distanzscheiben werden mit einem Draht zusammengebunden, damit keine verlorengeht. Außerdem wird ein Zettel drangehängt, auf dem steht, zu welcher Welle die Scheiben gehören. Das scheint simpel zu sein, hat sich aber selbst bei Profis bewährt. Denn im Laufe der Reparatur vergißt man erfahrungsgemäß zu viel, und beim Zusammensetzen passieren dann die dümmsten Fehler.

Dichtringe auswechseln

Im Getriebedeckel sitzt auch noch der Wellendichtring der Abtriebswelle. Dichtringe sollten ganz allgemein beim Zerlegen von Motoren und Getrieben einfach ausgewechselt werden, auch wenn sie bisher nur weniger als etwa 10000 Kilometer gehalten haben. Der neue Wellendichtring soll mit der offenen Seite nach außen eingesetzt werden. Das erfordert einen genau passenden Schlagdorn, der nur ganz wenig kleiner ist als der Dichtring, etwa 0,5 Millimeter geringerer Durchmesser genügt völlig. Den Dichtring genau gerade ansetzen und mit einigen Schlägen auf den passenden Dorn in den Lagersitz eintreiben.

Im Deckel liegen die Unterlagscheiben, die die Getriebewellen seitlich fixieren. Sie müssen so gewählt werden, daß die Wellen maximal 0,1 Millimeter Spiel haben. Wegen des nötigen Spezialwerkzeugs zum Messen ist das Werkstattarbeit.

Hilfe beim Schlossern:
Alles Wichtige aufschreiben. Hier sind die Ausgleichsscheiben einfach auf ein Blatt Papier geklebt und bezeichnet.
Rechts außen die Schaltwelle, die mit einer M 6-Schraube mit Innensechskantkopf gehalten wird.

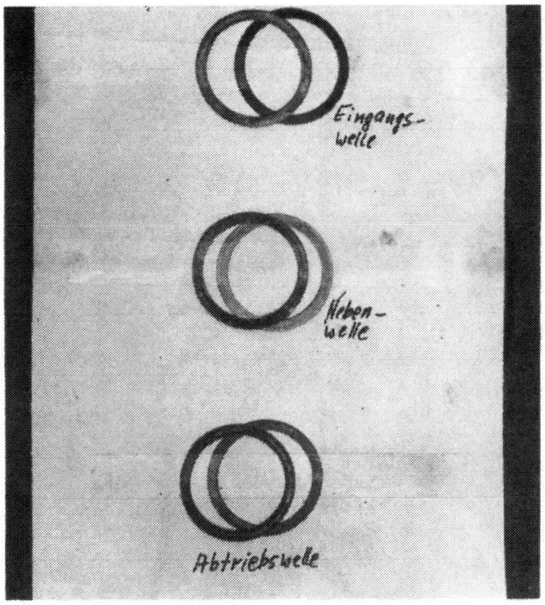

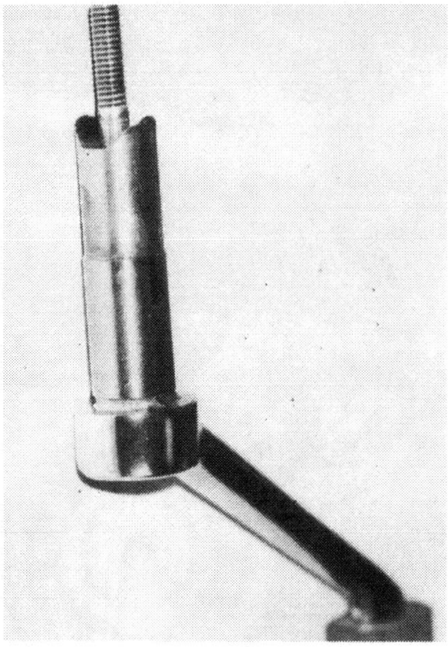

Eingangswelle ausbauen

Im Getriebe selbst wird zuerst die Eingangswelle ausgebaut. Mit einigen leichten Schlägen auf den Wellenstumpf der Vorderseite kommt sie aus ihrem Rollenlager frei. Natürlich nur mit dem Kunststoffhammer draufschlagen, sonst ist zu leicht die Kerbverzahnung der Welle zerstört.

Schaltautomat ausbauen

Das ist der nächste Handgriff. Dazu ist erst der Schalthebel abzunehmen, der nur mit einer Innensechskantschraube befestigt ist. An der Getriebe-Vorderseite sind danach zwei Sechskantschrauben herauszudrehen, sie sind Paßschrauben und halten den gesamten Bock für den Schaltautomaten. Dieser ist jetzt frei, kann leicht gekippt werden, damit die Führungsstifte der Schaltgabeln aus den Nuten herausrutschen. Der gesamte Schaltautomat wird einfach herausgehoben.

Schaltautomat zerlegen

Benötigt wird eine zierliche Seegerringzange, denn alle Scheiben und Hebelchen sind mit Seegerringen auf den Achsen fixiert. Fehler sind beim Zerlegen kaum möglich. Für Reparaturen ist ein kleiner Tip angebracht: Wenn etwa Schaltsegment oder Klinke ausgewechselt werden müssen, sollte nach Ersatzteilkatalog stets die neueste Ausführung gewählt werden. Diese Teile sind zwischenzeitlich ein wenig geändert worden, wobei alte und neue Ausführung sich gelegentlich nicht miteinander vertragen. Wenn also wechseln, dann gleich satzweise.
Im übrigen ist dieser Schaltautomat im Betrieb nur gering belastet, Schäden sind äußerst selten. Auch Schaltschwierigkeiten sind nur in ganz wenigen Fällen dem Schaltautomaten anzulasten.
Beim Zusammenbauen ist an einem Punkt Aufmerksamkeit nötig: Wenn die beiden Schaltscheiben aufgesteckt werden, müssen ihre ersten Zähne miteinander in Eingriff sein. Sonst passen die Bewegungen der Schaltgabeln nicht zueinander und die Gänge können nicht geschaltet werden. Die Bilder zeigen die richtige Zusammenbau-Stellung.

Neben- und Abtriebswelle

Sollen die beiden anderen Getriebewellen ausgebaut werden, muß das Getriebegehäuse vorn angeheizt werden, und zwar etwa auf 80 bis 100 Grad Celsius. Die rechte Temperatur des Gehäuses ist daran zu

Falls der Schaltmechanismus (zuerst aus dem Getriebe ausbauen) auseinandergenommen wurde, müssen die beiden Zahnräder so zusammengesteckt werden, daß die beiden ersten Zähne (weiß gerahmt) miteinander kämmen. Die Halteschrauben sind Paßschrauben, am dicken Schaft erkennbar.

erkennen, daß draufgespucktes Wasser zischt. Jetzt ist das Ölleitblech oben im Gehäuse zu lösen und herauszunehmen.

Die Schaltgabeln für den ersten, zweiten und fünften Gang liegen oben neben der Getriebe-Abtriebswelle. Sie lassen sich einfach abnehmen, indem die Führungsachse aus dem Getriebegehäuse gezogen wird. Um die andere Schaltgabel für den dritten und vierten Gang auszubauen, müssen die beiden Getriebewellen mit herausgehoben werden.

Kickstarter ausbauen

Im Getriebedeckel ist, sofern vorhanden, noch der Kickstartermechanismus. Zum Abbauen wird zuerst der Haltekeil herausgeschlagen. Dabei den Hebel sicher gegen einen Amboß stützen und mit einem nicht zu kleinen Hammer auf das Gewindestück des Keils schlagen. Das Gewinde wird nahezu immer unrettbar verdorben, es nutzt auch nicht viel, vorher eine Mutter aufzuschrauben. Deshalb stets einen neuen Keil bereithalten. Kickstarterhebel abziehen. Innen ist auf der Kickstarterwelle noch der Hebel mit dem kleinen Zwischenzahnrad zuerst abzunehmen, er ist nur durch einen Sprengring gesichert.

Getriebewellen zerlegen

Nur zwei der Getriebewellen sind zerlegbar. Die Zwischenwelle muß, wenn sie beschädigt ist (Zahnrad mit Zahnausbrüchen oder blau angelaufene Rille für die Schaltgabel) komplett ausgewechselt werden.
Um die Eingangswelle auseinanderzunehmen, ist zwar ein Spezialwerkzeug vorgesehen, aber es geht sehr gut und ohne schlechtes Gewissen viel einfacher. Die Zahnräder auf der Welle sind durch die Feder des Ruckdämpfers unter Spannung gehalten, sie werden durch einen Sicherungsring auf der Welle fixiert. Zuerst muß also die Spannung der Feder abgebaut werden. Dazu genügt es, eine Gewindestange durch die hohle Getriebewelle zu stecken und sie am hinteren Ende mit einer Mutter festzuhalten.
Auf das andere Ende der Gewindestange kommt ein Rohrstück mit ausgesägten Segmenten (siehe Bild), das mit einer großen Scheibe und einer zweiten Mutter gehalten wird. Sobald die Muttern angezogen werden, drückt das Rohrstück die Feder zusammen, der Sicherungsring kann ausgehebelt werden.

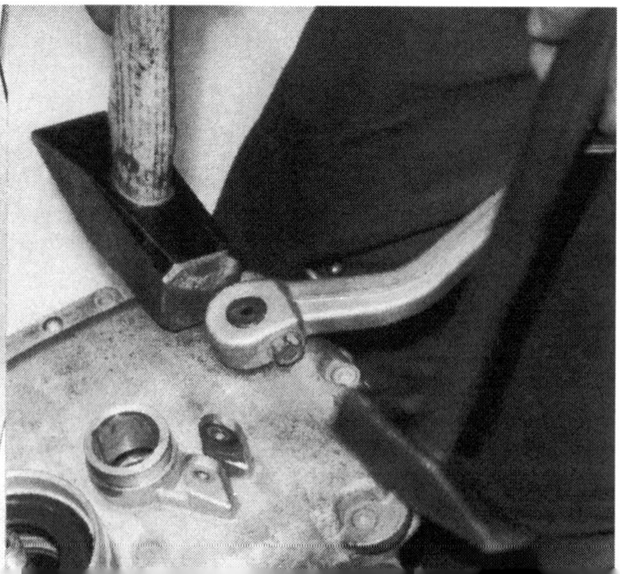

Linke Seite oben: Links ist die Eingangswelle schon ausgebaut, rechts fehlt schon der Lagerbock für den Schaltautomaten.
Linke Seite unten: Kickstartermechanismus im ausgerückten Zustand. Beim Antreten schwenkt der Hebel mit dem kleinen Zahnrad nach oben.
Daneben: Der Befestigungskeil wird ausgeschlagen, Mutter aufs Gewinde drehen, schweren Hammer gegenhalten.

Bild rechts: Im leeren Gehäuse ist oben das Ölleitblech zu sehen, es muß nicht unbedingt herausgebaut werden.

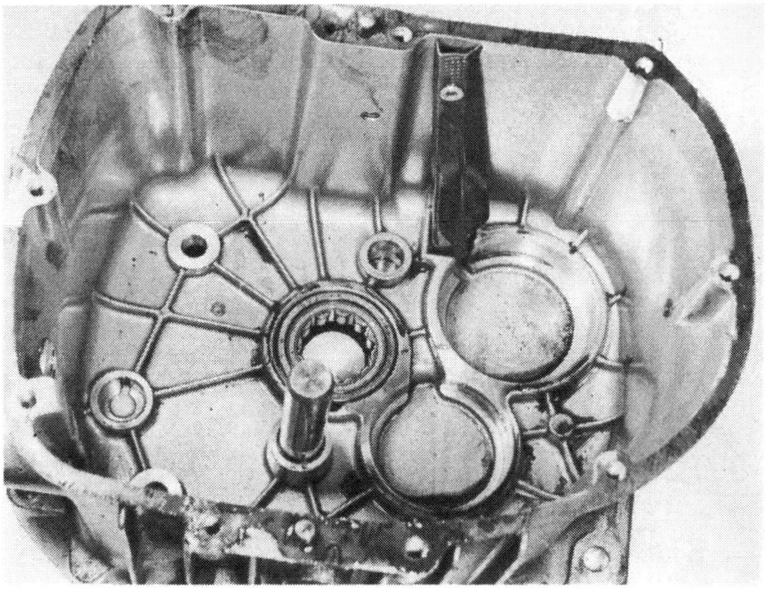

Lager und Zahnräder

Lager und Zahnräder werden ansonsten ganz einfach mit einem normalen Zweiarm-Universalabzieher heruntergezogen, da gibt es keine Schwierigkeiten. Bei der Abtriebswelle muß eben der Sicherungsring vor dem Lager erst abgehoben werden, dann kann der Zweiarmabzieher sicher hinter das große Zahnrad fassen, um Lager mit Zahnrad gemeinsam abzuziehen. Ein Zahnrad der Abtriebswelle ist noch mit einem Sprengring gesichert, ist auch dieses Rad abgenommen, verbleibt nur noch eine Buchse auf der Welle. Diese Buchse läßt sich nicht mehr abziehen, wenn sie Riefen zeigt oder etwa blau angelaufen ist, muß die Welle ersetzt werden.

Getriebe-Zusammenbau

Für den Zusammenbau der einzelnen Getriebewellen sind die Zeichnungen gut. Da sieht man, wie die verschiedenen Zahnräder und die Anlaufscheiben aufeinander folgen. Das Getriebegehäuse wird wieder auf etwa 100 Grad aufgeheizt, dann zuerst der Radsatz von Abtriebs- und Zwischenwelle eingesetzt, wobei auf der Zwischenwelle bereits die Schaltgabel aufgesteckt ist. Deren langes Führungsteil zeigt dabei nach unten ins Gehäuse.
Die zwei anderen Schaltgabeln werden mit den kurzen Enden zueinander in die Nuten der Schieberäder der Abtriebwelle eingeführt und mit der Achse fixiert. Als nächstes den Schaltautomat einsetzen, die Führungsstifte in die Nuten der Schaltscheiben stecken und den Lagerbock des Schaltautomaten festschrauben. Zum Schluß die Eingangswelle in das Rollenlager stecken.

Schwierig: Wellen einbauen

Jetzt wird es schwierig. Denn es geht darum, die Wellen in Längsrichtung so festzulegen, daß sie zwischen 0 und 0,1 Millimeter Spiel haben. Es ist also zu messen, wie weit die Lageraußenringe gegenüber der Gehäusedichtfläche hervorragen. Die zweite Messung am Gehäusedeckel soll die Tiefe der Lagersitze im Gehäusedeckel ausloten. Dieses Maß ist größer als das erste, von der Lagersitztiefe im Deckel wird also abgezogen, wieviel Millimeter die Lageraußenringe herausragen. Davon nochmal 0,2 Millimeter für die

Unten das Getriebeschema, auf dem die Zahnradbewegungen beim Schalten dargestellt sind.
Rechts: Die Schaltgabeln müssen mit den kurzen Führungsstücken zueinander montiert werden.

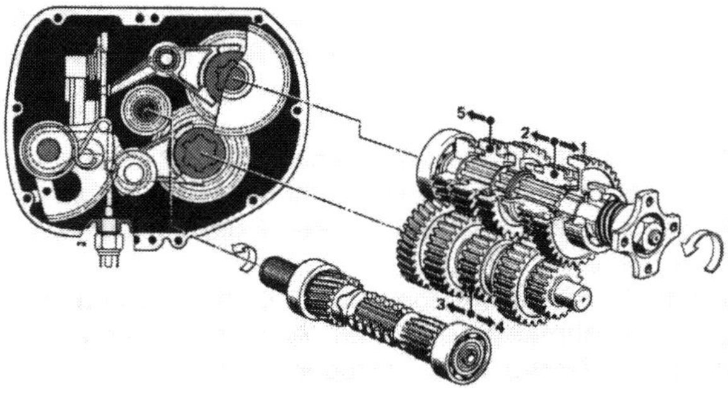

Papierdichtung abziehen. Was übrigbleibt, ist die Dicke der zwischenzulegenden Distanzscheiben abzüglich der maximal 0,1 Millimeter fürs Spiel.
Der Rechenaufwand hält sich ja in Grenzen. Problematisch ist es nur, das Maß von Lageraußenring der Welle zur Gehäusedichtfläche genau genug zu messen. Die Wellen stehen ja nicht still, und schon gar nicht genau gerade. Man müßte sie irgendwie mechanisch festhalten, um die Schieblehre, das Tiefenmaß, ansetzen zu können.

BMW-Meßplatte

BMW gibt dafür eine Meßplatte. Sie wird auf das Getriebegehäuse aufgeschraubt, hat Bohrungen, durch die die Lager hindurchpassen. So sitzen die Lager fest, die Schieblehre mißt als erstes den Abstand von Lagerring zur Meßplatte, und zu diesem Maß wird die Dicke der Meßplatte hinzugezählt. Dazu noch die 0,2 Millimeter der Dichtung addieren und das Ergebnis von der Tiefe des Lagersitzes im Getriebedeckel abziehen. Heraus kommt die Dicke der Distanzscheiben minus maximal 0,1 Millimeter Spiel.
Diese Meßplatte läßt sich nicht improvisieren, man könnte sie sich höchstens aus einem alten Gehäusedeckel, der anderweitig beschädigt ist, zurechtfeilen. Am besten läßt man den Spielausgleich jedoch in der BMW-Werkstatt machen, das ist am sichersten.
Wer dennoch selbst messen will, hat die Rechnerei mit einer kleinen Tabelle leichter, in die er die Meßwerte einträgt. Sie könnte etwa so aussehen:

	Antriebswelle	Zwischenwelle	Abtriebswelle
Deckel-Maß	15,35	15,75	15,35
Gehäuse + Meßplatte + Dichtung	7,25 7,50 0,20	7,30 7,50 0,20	7,30 7,50 0,20
Gesamt-Maß	14,95	15,00	15,00
Differenz	0,40	0,75	0,35
Scheiben + Ölleitblech	0,35	0,70	0,30
Spiel	0,05	0,05	0,05

Wenn also von der Differenz aus Deckel-Maß und Gehäusemaß die Scheibendicke abgezogen wird, erhält man das tatsächliche Spiel der Wellen. Das Ölleitblech gehört demnach logischerweise mit zu den Ausgleichsscheiben.

Gehäusedeckel anheizen

Wenn die richtigen Ausgleichsscheiben bekannt sind, wird nun auch der Gehäusedeckel angeheizt. Damit die Distanzscheiben nicht herausfallen, wird das Getriebe waagerecht gestellt, die Dichtung am Getriebe festgeklebt. Distanzscheiben mit den Ölleitblechen in den Deckel einlegen und den Deckel zügig auf die Lager schieben. Vorsicht, der Deckel ist heiß, also Handschuhe anziehen.
Normalerweise genügt es, den Deckel vollends mit Handdruck bis zur Anlage auf der Gehäusedichtfläche aufzudrücken. Dann die Schrauben einsetzen und ringsum gleichmäßig festziehen. Auch hier wird wieder überkreuz angezogen, vor allem nur schrittchenweise, damit der Deckel nicht verzogen wird.

Links: Die Eingangswelle ist einfach zusammenzudrücken, nachdem das Lager und seine Buchse mit einem Zweiarm-Abzieher heruntergezogen sind. Gewindestange M 6 und ein Rohrstück mit Ausschnitt sind schnell improvisiert. Der Sprengring ist mit Schraubenzieher herauszuhebeln.
Rechts: Bei den Scheiben auf den Wellen darauf achten, daß die Fase (Anschrägung) zur Buchse zeigt.

Restliche Teile

Jetzt sind nur noch der Schalthebel, der Tachoantrieb und der Abtriebsflansch anzubringen. Wichtig ist dabei, daß der Konus der Abtriebswelle und der Innenkonus im Flansch sehr sauber sind. Beide werden mit einem fettfreien Lösungsmittel abgewischt, bevor sie zusammengesteckt werden. Dann muß der Flansch wieder festgehalten werden, damit die Mutter mit dem vorgeschriebenen Drehmoment von 220 Nm angeknallt werden kann. Das ist ein ziemlich hoher Wert, da muß das Getriebe am besten irgendwo sehr fest eingespannt sein, damit man beidhändig am Drehmomentschlüssel ziehen kann. Es ist zu überlegen, ob der Flansch nicht doch am besten erst dann festgezogen wird, wenn das Getriebe bereits eingebaut ist und die gesamte Maschine zum Abstützen genutzt werden kann.
Die weiteren Arbeiten zum Einbau des Getriebes bringen keine Schwierigkeiten, sie müssen also nicht schrittchenweise erklärt werden.

Die drei Getriebwellen in Einzelteilen. Die Ziffern markieren:
1 = Eingangswelle, 2 = Lagerinnenring, 3 = Stirnrad schräg verzahnt, 4 = Druckstück, 5 = Feder, 6 = Gegenstück, 7 = Sprengring, 8 = Zwischenwelle (nicht zerlegbar), 9 = Schaltgabel, 10 = Stirnrad 5. Gang, 11 = Scheibe, 12 = Stirnrad 3. Gang, 13 = Sprengring, 14 = Scheibe, 15 = Abtriebswelle, 16 = Buchse, 17 = Stirnrad 2. Gang, 18 = Scheibe, 19 = Sprengring, 20 = Stirnrad 4. Gang, 21 = Scheibe, 22 = Buchse, 23 = Stirnrad 1. Gang, 24 = Scheibe.

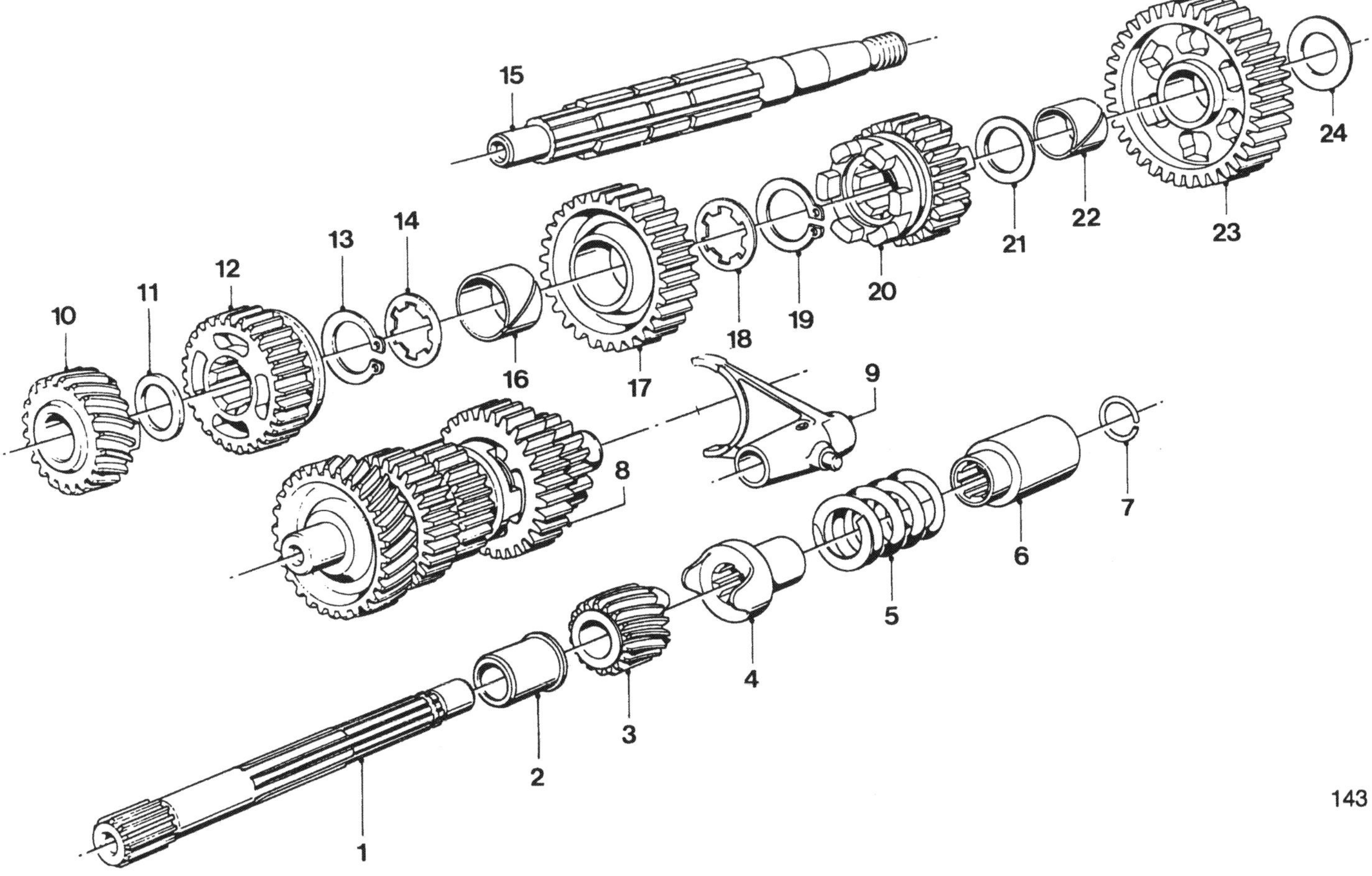

Wellenreiten

Der Boxermotor, aber auch die Kardanwelle statt einer Kette, waren von jeher das Markenzeichen von BMW-Motorrädern. Schauen wir uns den »Wellengang« etwas genauer an.

Die Kardanwelle

Vom Getriebe führt bei den neueren Baumustern eine Welle mit Torsionsdämpfer bis zum Hinterachsgetriebe. Der Dämpfer ist genauso aufgebaut wie die Getriebe-Eingangswelle. Vorn an der Welle sitzt das Kreuzgelenk. Wenn es beschädigt ist, muß das gesamte Vorderteil der Welle ausgewechselt werden, das Gelenk ist nämlich unlösbar mit der Welle verbunden.

Am hinteren Ende trägt die Welle eine Vielkeilverzahnung für das erste Druckstück des Ruckdämpfers. Das Gegenstück ist frei auf der Welle drehbar und mit einem Sprengring gegen Abfallen gesichert. Dieses Gegenstück hat innerlich eine Bogenverzahnung, mit der es über das Zahnrad am Eingang des Hinterachsgetriebes greift und dieses mitnimmt. Wegen seiner äußeren Form wird es als Kupplungs-Glocke bezeichnet. Die Bogenverzahnung ist gelegentlich auf Abnutzung zu prüfen.

Zerlegen der Welle

Zerlegt wird die Kardanwelle mit einem Spezialwerkzeug, das die Druckfeder des Ruckdämpfers zusammendrücken soll. Dieses Werkzeug kann sich ein halbwegs geschickter Bastler selbst aus zwei Gewindestangen und zwei Brettern aus Hartholz bauen. Das untere Brett ist nur Gegenlager, das obere Brett wird mit einer Bohrung von rund 40 Millimetern Durchmesser versehen. Mit den Gewindestangen wird das obere Brett gegen das untere gespannt. Durch die Öffnung ist bei zusammengespannter Vorrichtung der kleine Sprengring mit einer Reißnadel zu erreichen und herauszuhebeln.

Beim Zusammenbauen ist darauf zu achten, daß der Sprengring richtig in der Nut sitzt und der darunterliegende Haltering den Sprengring beim Entlasten wieder vollständig verdeckt.

Die ältere Welle

Die ältere Gelenkwelle ohne Torsionsdämpfer ist zwar einfacher aufgebaut, erfordert aber etwas Gewaltanwendung, wenn sie zerlegt werden soll. Die zentrale Mutter in der Kupplungsglocke ist gut mit einem Steckschlüssel zu erreichen, zum Festhalten der Welle wird einfach das Kreuzgelenk in einem Schraubstock sanft eingespannt. Die Kupplungsglocke zum Hinterachsgetriebe ist mit Konussitz auf die Kardanwelle gepreßt, sie muß mit einem kräftigen Zweiarm-Abzieher, dessen Arme gegen Abrutschen zusammengespannt sind, heruntergezogen werden.

Normalerweise ist bei einem Universal-Zweiarm-Abzieher die Druckspindel nicht lang genug, es muß also ein Zwischenstück auf das Ende der Welle gelegt werden, um dem Abzieher richtig Halt zu geben. Und wenn die Glocke nicht sofort abspringt, sobald der Abzieher fest angezogen ist, genügt meist ein trockener Schlag mit einem 1000-Gramm-Hammer auf die Abzieherspindel. Die Glocke löst sich dann.

Zusammenbau ist kein Problem. Wichtig ist nur wieder, daß die Konussitze völlig sauber sind, BMW empfiehlt abwischen mit Tri.

Die Kupplungsglocke der alten Kardanwellen ist mit Zweiarmabzieher zu lösen. Wichtig ist dabei, daß die Arme des Abziehers mit einer Schraubzwinge kräftig zusammengespannt werden.

Im Hinterachsgetriebe wird die Drehbewegung von der längslaufenden Kardanwelle zum Hinterrad um 90 Grad umgelenkt. Dazu wird ein Kegelradsatz benutzt. Am Eingang des Hinterachsgetriebes ist das kleine Ritzel, das mit seiner spiraligen Verzahnung in das ebenfalls spiralverzahnte Tellerrad eingreift. Beide Kegelräder sind mehrfach im Gehäuse gelagert, und zwar in einem Doppelkugellager, zwei Nadellagern und einem großen Kugellager. Eingang und Ausgang sind mit Wellendichtringen gegen Öllecks verschlossen.
Bei neueren Hinterachsgetrieben für Maschinen mit Einarmschwinge wurde das Nadellager für das Tellerrad durch ein Kegelrollenlager ersetzt. Dieses muß gewissenhaft auf die richtige Vorspannung eingestellt werden, damit das Hinterrad nicht wackelt.

Maßarbeit nötig

Damit die Zähne von Ritzel und Tellerrad mit dem richtigen Spiel ineinandergreifen, im Betrieb also weder heulende noch klappernde Geräusche von sich geben, werden Ritzel und Tellerrad durch Distanzscheiben auf die richtige Lage zueinander gebracht. Dazu ist wieder Meßaufwand nötig. Weil außerdem noch Gefühl und Erfahrung gebraucht werden, die nicht jeder hat, empfiehlt es sich, Montage-Arbeiten am Hinterachsgetriebe der Werkstatt zu überlassen. Das Zerlegen hingegen ist weniger schwierig, ist also durchaus mit eigener Kraft zu schaffen.

Hinterachsgetriebe zerlegen

Der Anfang ist einfach. Öl aus Hinterachsgetriebe und aus dem Schwingenholm ablassen, möglichst noch bei warmgefahrenem Getriebe, dann das Hinterrad ausbauen. Maschine gut unterstützen, damit sie nicht nach hinten kippt. Ein kleiner Scheren-Wagenheber genügt. Bremsgestänge bei Trommelbremse aushängen, Bremsbacken durch Hochklappen abnehmen. Bei Maschinen mit Scheibenbremse muß die Bremsabstützung mit dem Radbremszylinder auf der linken Fahrzeugseite zum Radausbauen weggeklappt werden.

Federbeine

Bei Maschinen mit zwei Federbeinen muß das rechte unten gelöst werden, das linke kann montiert bleiben. Die R 80 G/S hat zum Beispiel nur ein Federbein, das auch nicht am Hinterachsgetriebe, sondern am Schwingenholm befestigt ist, es braucht nicht abgenommen zu werden. Die neueste Version der GS-Modelle mit der Paralever Schwinge zur Momentenabstützung unterscheidet sich wiederum dadurch, daß das Federbein am Hinterachsgetriebe angeschraubt ist.
Das Hinterachsgetriebe ist mit vier Muttern an den Schwingenholm angeflanscht. Die Muttern haben neuerdings Zwölfkant-Köpfe, lassen sich also nur mit einem Zwölfkant-Ringschlüssel losdrehen.
Jetzt könnte das Hinterachsgetriebe von allein abfallen, weshalb der routinierte Schlosser die vordere obere Mutter zuletzt abschraubt und dabei mit der freien Hand das Getriebe stützt. Im allgemeinen jedoch muß mit ein paar Schlägen mit dem Plastik-Hammer seitlich ans Hinterachsgetriebe ein wenig nachgeholfen werden.

Trommelbremse und Hinterachsgetriebe

Bei Maschinen mit Trommelbremse muß das Hinterachsgetriebe erst mal gründlich gereinigt werden, denn üblicherweise haftet eine Menge Bremsbelagabrieb an der Innenseite. Wenn dieser nicht nur als Staub, sondern als ölige Schmiere zu finden ist, dann ist der große Wellendichtring im Gehäusedeckel sicher bereits verschlissen und muß ausgewechselt werden. Hier sollte nicht gezögert werden. Wenn dieser Dichtring vollends ausfällt, verölt die gesamte Hinterradbremse, dann bremst nichts mehr.

Die neue Kardanwelle mit Ruckdämpfer.
1 = Welle mit Kreuzgelenk, 2 und 3 = Befestigungsschraube und Federring, 4 = Faltenbalg, 5 = Spannband, 6 = Druckstück, 7 = Feder, 8 = Verdrehstück, 9 = Glocke, 10 = Haltering, 11 = Sprengring.

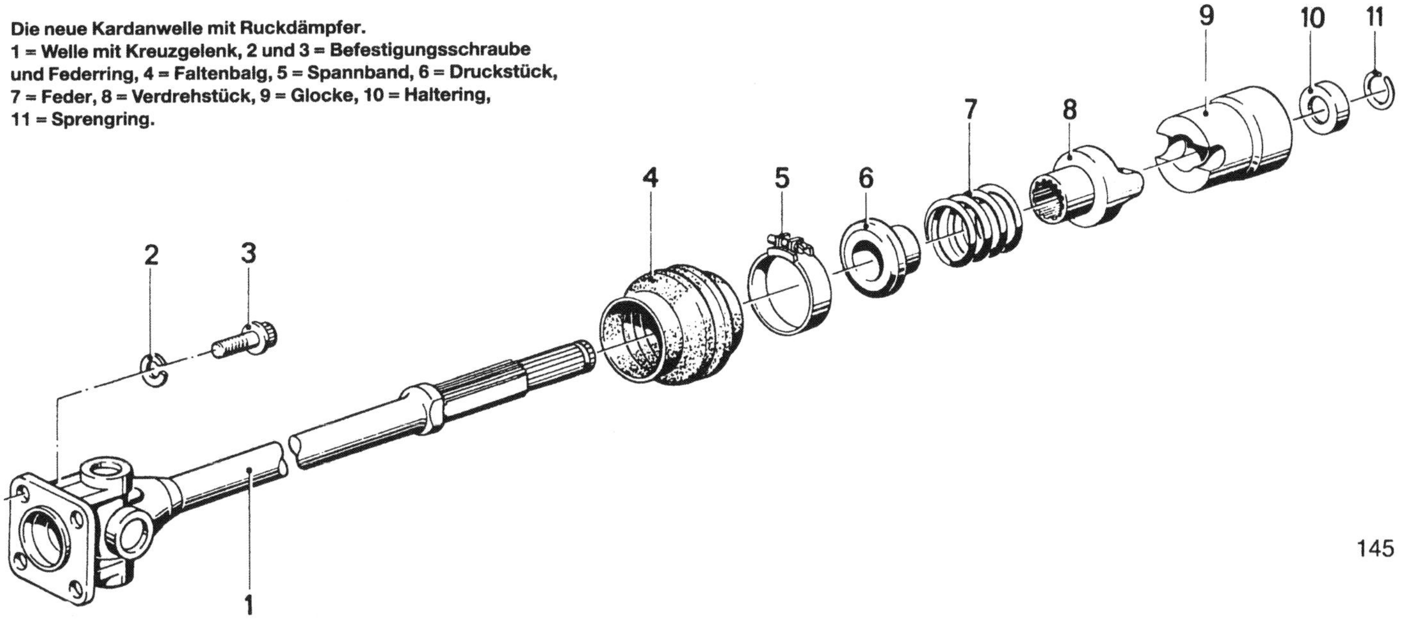

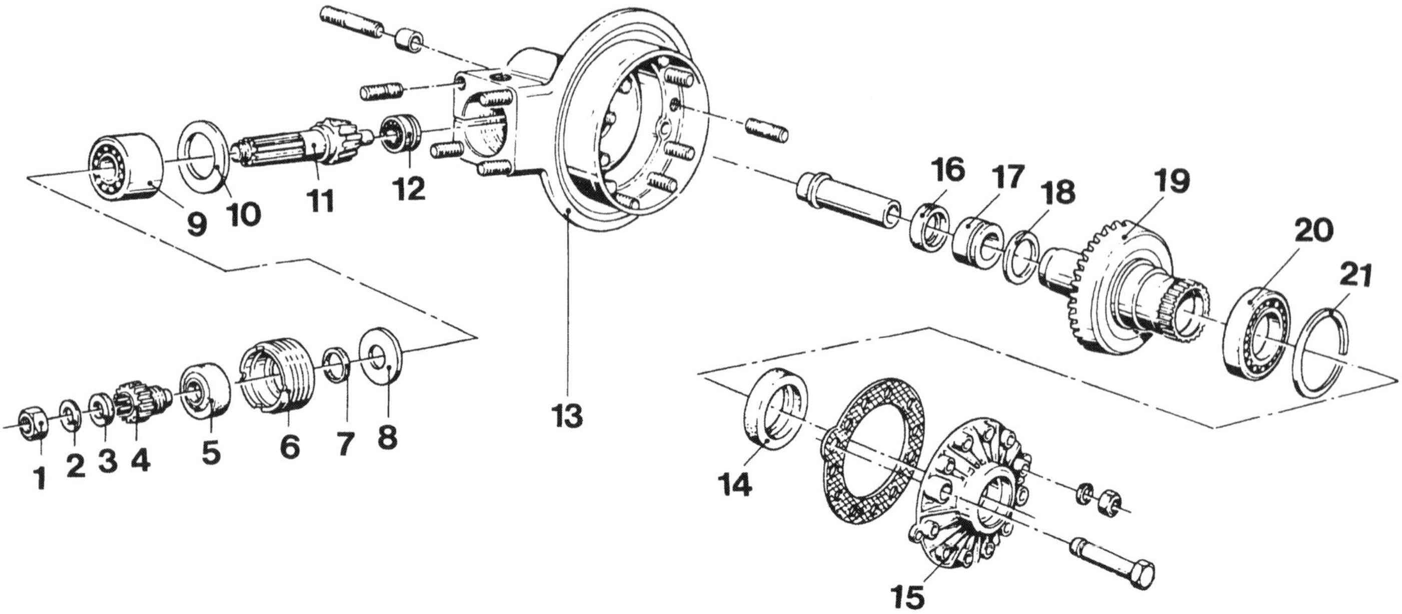

Ölaustritt?

Deshalb sollte auch bei routinemäßigen Inspektionen der Bremse nicht nur nach dem Belagabrieb, sondern auch nach eventuellem Ölaustritt hinter der Mitnehmerverzahnung gesucht werden. Zwar ist eine Ölfangrille vorgesehen, durch die hier austretendes Öl über eine Bohrung nach unten ins Freie gelangt, doch erfahrungsgemäß verdirbt es trotzdem die Bremse.

Das Getriebegehäuse wird angeheizt, und weil das mit dem Gas-Lötbrenner am besten geht, sollte die Reinigung nicht mit Benzin, sondern einem Waschmittel geschehen, das mit Wasser abgewaschen wird. Pinselreiniger (zum Beispiel Dufix von Henkel) hat sich bei solchem hartnäckigen und schmierigen Schmutz am besten bewährt.

Arbeiten am Gehäuse

Erst am sauberen Gehäuse läßt sich ordentlich schrauben. Wenn das Gehäuse zudem noch im Schraubstock richtig festgespannt ist, geht die Arbeit noch besser von der Hand. BMW sieht zum Beispiel ein großes Winkeleisen vor, das zum einen an der Bohrung für das Federbein festgeschraubt, zum anderen an der Bohrung für die Bremsschlüsselwelle fixiert wird. Das Werkzeug ist aber nicht mehr bei Maschinen mit Einarmschwinge anwendbar, dort fehlt ja die Bohrung für die Federbein-Aufnahme. So genügt es, den Vierkant, mit dem das Gehäuse an den Schwingenholm geschraubt wird, in einen Schraubstock zu spannen, und zwar am besten mit zwischengelegten Schutzbacken, damit das Gehäuse nicht zerkratzt wird.

Gehäuse anwärmen

Eingespannt wird das Gehäuse aber erst später. Zunächst sind die Schrauben des Gehäusedeckels zu lösen. Dann wird angeheizt. Wenn etwa hundert Grad Celsius erreicht sind, genügt es, das umgekehrt gehaltene Gehäuse auf zwei Holzklötze zu schlagen, um den Gehäusedeckel abfallen zu lassen. Dabei kommt dann nicht nur der Deckel frei, sondern auch das Tellerrad mit dem Kugellager und der Broncering zwischen Tellerradträger und dessen unterem Nadellager fallen mit heraus.

Bevor das Hinterachsgetriebe zerlegt werden kann, müssen erst die Bremsbacken abgenommen werden. Sicherungsring mit kleinem Schraubenzieher abdrücken, dann die Backen einfach abklappen.

Links das Hinterachsgetriebe explodiert:
1 = Mutter, 2 und 3 = Scheiben,
4 = bogenverzahntes Mitnehmerrad,
5 = Wellendichtring, 6 = Gewindering,
7 = Ausgleichsring, 8 = Scheibe,
9 = Schrägkugellager, 10 = Ausgleichsscheibe, 11 = Ritzel, 12 = Nadellager,
13 = Gehäuse, 14 = Wellendichtring,
15 = Gehäusedeckel, 16 = Wellendichtring, 17 = Nadellager, 18 = Druckscheibe, 19 = Tellerrad, 20 = Kugellager,
21 = Ausgleichsscheibe.
Rechts: Die innere Lagerschraube des Paralevers muß angeheizt werden, sie ist chemisch gesichert.
Unten: Links eine Aufspannvorrichtung für die älteren Getriebe. Rechts sind die vielen Deckelmuttern gelöst.

Einarmschwinge

Bei Maschinen mit der Einarmschwinge genügt es nicht, nur die Muttern loszudrehen, die den Deckel vorm Tellerrad halten. Da ist vorher eine Buchse auszutreiben, die als Lagerung für die Bremsschlüsselwelle dient. Die Buchse hat 16 Millimeter Außendurchmesser, es wird also schon wieder ein passender Dorn nötig.
Improvisieren läßt sich etwa mit Hilfe einer M 10-Innensechskantschraube. Deren Kopf hat nämlich rund 16 Millimeter Durchmesser, läßt sich, wenn nötig, mit ein paar Feilenstrichen auch um einen halben Millimeter dünner machen. Um die Schraube wird etwas Tesakrepp gewickelt, so daß sie in der Buchse genau mittig geführt ist, nur der Kopf steht noch hervor. Mit einem Hammer und einem normalen Durchschlag, der auf den Schraubenkopf aufgesetzt wird, ist die Buchse dann leicht und unbeschädigt aus dem heißen Gehäuse auszutreiben. Danach den Deckel wie beschrieben abnehmen.
Wenn der Deckel allerdings trotz Anheizens nicht einfach abfällt, muß er mit zwei Schrauben M 5 × 30, Gewinde bis Kopf, abgedrückt werden. Dazu sind im Deckel neben der Bremsschlüsselwelle und dem Backenwiderlager zwei Gewinde vorgesehen. Beide Schrauben eindrehen und gemeinsam so anziehen, daß der Deckel parallel zum Gehäuse abgedrückt wird, keinesfalls ungleichmäßig anziehen und dadurch schief drücken.

Ritzel abziehen

Wesentlich schwieriger wird es, das Ritzel aus seinem Sitz herauszuziehen. Da muß zuerst die zentrale Haltemutter ausgeschraubt werden. Das Ritzel mit der Bogenverzahnung fürs Mitnehmen der Kardanwelle ist also zu blockieren. Dafür gibt es ein Spezialwerkzeug, das innen eine Verzahnung hat und außen mit zwei Hebeln gegen die Stehbolzen (Stiftschrauben) fixiert wird. Bei früheren Modellen war es noch möglich, eine einfache Mutter zwischen einen Zahn und die Gehäusewandung zu klemmen, heute ist die Gehäusewandung rund und ohne geeignete Ecken.
Dennoch läßt sich das Zahnrad recht einfach festhalten. Ein Flacheisen wird umgebogen, so daß es mit einer Kante gegen einen Zahn des Ritzels drückt, mit dem umgebogenen Ende kann es an einer Stiftschraube angeschraubt werden. Die dazu nötige Bohrung bringt man am besten erst nach dem Umbiegen an, so ist es leichter, das Werkzeug anzupassen. Das Zahnrad mit der Bogenverzahnung kann dann leicht aus dem

Dichtring herausgezogen werden. Aufpassen, unter der Mutter liegen zwei Scheiben, die kleine Kunststoffscheibe gehört direkt an das Ritzel, sie soll dort dichten. Die größere ist eine Sicherungsscheibe.

Neueres Bogenzahnrad

Bei neueren Modellen ist die Haltemutter für das Bogenzahnrad mit Loctite angesetzt, damit sie noch sicherer gegen Losdrehen ist. Das bedingt, daß vor dem Lösen erst mal das Haftmittel weich gemacht werden muß, also anheizen bis etwa 100 Grad. Dann läßt sich die Mutter mit normalem Kraftaufwand lösen.
Ohne Spezialwerkzeug ist der Gewindering, der das Lager des Ritzels im Gehäuse festhält, nicht zu lösen, es sei denn, man nimmt seine Zerstörung in Kauf. Dann ist die Notlösung mit Dorn und Hammerschlägen gegen die Nuten des Gewinderings zu akzeptieren. Aber Vorsicht, daß mit dem Dorn nicht das Gewinde im Leichtmetall des Gehäuses zerstört wird.

Richtiges Werkzeug

Das richtige Werkzeug besteht aus einem Rohr mit 56 Millimeter Innendurchmesser, Wandstärke 3,5 Millimeter, an dem vier Zapfen von sechs Millimeter Breite und vier Millimeter Höhe herausragen. Diese Zapfen greifen in die Nuten der Ringmutter. Wer sich das Rohrstück beschaffen kann, hat mit dem Aussägen der Zapfen keine größeren handwerklichen Probleme. Daß in dieses Rohrstück noch zwei Bohrungen für einen Drehdorn von etwa 12 Millimeter Dicke eingebracht werden müssen, ist die kleinste Arbeit.
Beim Losdrehen des Gewinderings ist es eine große Hilfe, wenn das Gehäuse wieder angeheizt wird. Dann muß nicht soviel Gewalt angewendet werden. Das Gehäuse braucht nur leicht im Schraubstock gehalten zu werden, seine Oberfläche wird nicht zerschrammt.

Wellendichtring erneuern

Der Wellendichtring im Gewindering muß auf jeden Fall erneuert werden, sonst gelangt das Öl aus dem Schwingenholm ins Hinterachsgehäuse. Und wenn die Zahnräder dort zuviel Öl durchdrehen, schlagen sie doch nur Schaum und drücken ihn durch die Wellendichtung in Richtung Bremstrommel oder oben aus der Entlüftungskappe hinaus.

Oben: Ritzel mit Spezialwerkzeug blockieren. Bei Modellen mit Einarmschwinge wird eine Haltevorrichtung mit den Radschrauben befestigt. Unterm Ritzel liegen zwei Scheiben. Links: Wenn der Gewindering herausgedreht ist, zieht ein einfacher Abzieher das Ritzel samt Lager aus dem heißen Gehäuse.

Linkes Bild: So muß das Werkzeug zum Ausdrehen des Gewinderings aussehen. Gehäuse vorher anwärmen, sonst wird das Gewinde im Leichtmetall zu leicht zerstört. Rechtes Bild: Unter dem Kugellager-Außenring sitzt diese Ausgleichsscheibe.

Hinter dem Gewindering mit der Dichtung liegt stets ein kleiner Abstandsring und dahinter eine große Abdeckscheibe fürs Lager.
Jetzt sitzt nur noch das zweireihige Schrägkugellager mit dem Ritzel im Gehäuse fest. Es löst sich leicht, wenn das Gehäuse auf etwa 120 Grad angeheizt wird. Beim Herausziehen des Ritzels mit dem Lager darauf achten, daß die Distanzscheibe hinterm Lageraußenring nicht verlorengeht.

Beurteilung von Schäden

Wenn nur undichte Wellendichtringe zum Zerlegen gezwungen haben, sind diese Teile schnell und einfach ausgewechselt. Das Hinterachsgetriebe kann in diesem Falle ohne irgendwelches Nachmessen und Einstellen genauso wieder zusammengebaut werden.
Natürlich werden zuvor alle Teile gereinigt. Allerdings empfiehlt es sich nicht, etwa die Kugellager auszuwaschen. Denn mit der Waschflüssigkeit spült man erfahrungsgemäß nur Schmutzteilchen ins Lager, die dann die Wälzkörper sehr schnell zerstören. Grundsatz also beim Zerlegen: Alle Teile so sauber wie möglich halten, nichts in den Sand legen. Bei Pausen wird ein sauberer Lappen drübergelegt, damit nichts von oben einstauben kann.

Reinigung

Teilewaschen beschränkt sich also aufs Abwischen von grober Schmiere von den Zahnrädern. Dabei wird dann gleich auch beurteilt, ob die Laufflächen der Wellendichtringe noch gut sind. Dort, wo die Dichtlippen laufen, gibt es gelegentlich eingeschliffene umlaufende Rillen. Ein neuer Dichtring kann an diesen Rillen nicht mehr abdichten, er wird sehr schnell durch die zerstörte Oberfläche verschlissen. An solcherart verdorbenen Oberflächen ist keine Reparatur mehr möglich, die Teile müssen ausgewechselt werden. Abschleifen mit Schmirgelleinen ist verboten, weil die Lippe des Dichtringes sogar von den winzigen Schleifrillen zerstört wird. Wenn also der große Wellendichtring neben dem Kugellager am Tellerrad undicht war, ist die Lauffläche des

Die mit »XX« bezeichneten Stellen im Gehäuse und am Ritzel tragen die Maßzahlen, nach denen sich die Grundeinstellung richtet.

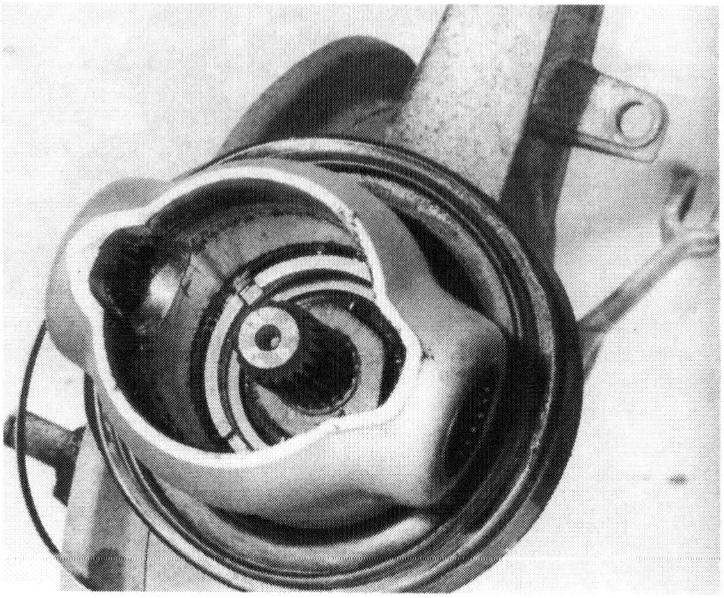

Bei der Paraleverschwinge wird mit der Aufspannung über die Radschrauben auch das Ritzel blockiert, so daß die Mutter leicht gelöst werden kann. Die Aufspannung stützt sich gegen das Gehäuse. Die beiden konischen Nadellager sind nur mit Innenauszieher ausbaubar.

Bild unten: Das ist die neueste Kardanwelle mit zwei Kreuzgelenken für die Paraleverschwinge. Links die Mitnehmerverzahnung läuft auf dem Zapfen des Ritzels.

Ringes am Tellerrad-Absatz zu untersuchen. Ist sie nicht mehr brauchbar, muß das Tellerrad und mit ihm auch das Ritzel gewechselt werden. Beide Teile sind nämlich in der Fertigung aufeinander abgestimmt, sie dürfen nur gemeinsam ausgetauscht werden.

Kleiner Dichtring

Ist der kleine Dichtring im Gewindering des Ritzels defekt, wird die Lauffläche auf dem Absatz des bogenverzahnten Mitnehmerzahnrads begutachtet. Ist sie tief eingearbeitet, muß das bogenverzahnte Rad ausgewechselt werden.
Ein dritter Wellendichtring ist nur bei Maschinen mit Zweiarmschwinge vorhanden. Er sitzt innen im Gehäuse über der Buchse, durch die die Steckachse geführt wird. Seine Lauffläche ist wieder an einem Absatz des Tellerrad-Trägers. Glücklicherweise ist diese Lauffläche nur höchst selten verdorben, weil dort praktisch nie Straßenschmutz hingelangen kann.

Innenauszieher nötig

Zum Ausbauen dieses Wellendichtringes muß erst die Steckachsenbuchse von außen nach innen durchgeschlagen werden. Ohne einen Innenauszieher für das Nadellager und den Dichtring geht es aber jetzt nicht weiter. Diese Arbeit wäre also auch am besten der BMW-Werkstatt zu überlassen.
Dieser Innen-Auszieher wird auch gebraucht, wenn eines der beiden Nadellager defekt ist. Bei Maschinen mit Einarmschwinge der neueren Baumuster, die mit einem Kegelrollenlager fürs große Tellerrad versehen sind, ist auch dessen Außenring nur mit einem Innenauszieher zu erreichen. Hier zeigt aber die Erfahrung, daß das Lager praktisch ewig hält.

Nadellager defekt?

Woran ein unbrauchbares Nadellager zu erkennen ist? Wenn nicht schon die Nadeln einzeln aus dem Käfig herausfallen oder gar Nadelteile im Altöl liegen, ist an den Laufflächen von Ritzel und Tellerrad nach ausgebrochenen Oberflächenteilen zu suchen. Kleine Grübchen sind genauso schädlich wie wellenförmige Einbeulungen. Und weil die Nadeln stets direkt auf den Absätzen von Ritzel oder Tellerrad laufen, müßten im Falle eines Schadens wiederum beide Zahnräder gewechselt werden.

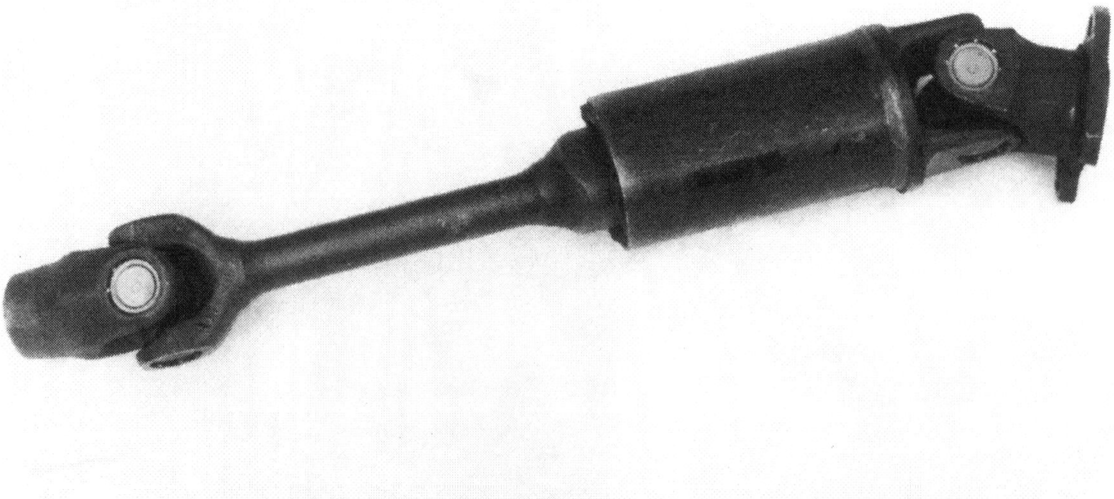

So sieht die Paraleverschwinge innerlich aus. Unten die Momentenabstützungsstrebe. Der Schwingarm ist komplett aus Leichtmetall gegossen, wiegt nur 1,6 Kilogramm. Mit Hinterachsgetriebe und Kardanwelle wiegt die vollständige Schwinge hingegen 13 Kilogramm, genausoviel wie das Fünfganggetriebe.

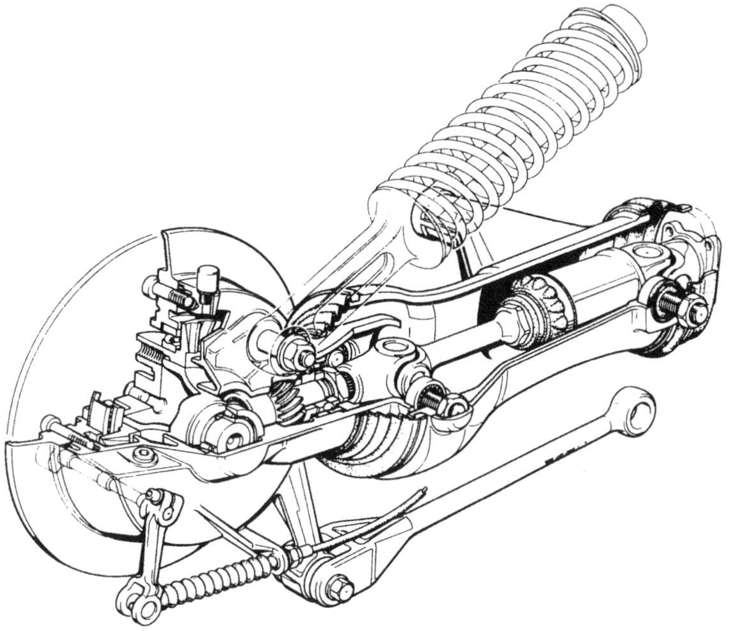

Daß verschlissene Zähne ein Grund zum Wechseln von Ritzel und Tellerrad sind, muß nicht besonders erwähnt werden. Ebenso macht eine abgenutzte Rad-Mitnehmerverzahnung (bei Maschinen mit Zweiarmschwinge) oder ein verdorbenes Gewinde für die Radbefestigungsschrauben bei Maschinen mit Einarmschwinge gleich beide Zahnräder zu Schrott.

Messen und Zusammenbau

Beim Zerlegen sind einige Scheiben zum Vorschein gekommen, die die Lage des Ritzels und des Tellerrads zueinander bestimmen. Wenn nur ein Wälzlager gewechselt wurde oder gar nur ein Wellendichtring, können diese Scheiben genauso beim Zusammenbau wieder verwendet werden. Lager sind mit geringer Toleranz gefertigt, also immer sehr genau gleich dick.
Wenn aber Ritzel und Tellerrad gewechselt werden mußten, müssen diese beiden auch richtig ins Gehäuse eingebaut werden. Sie werden nur paarweise als Ersatzteilsatz angeboten. Im Werk werden sie gemeinsam abgemessen, so daß die Abweichungen von einem Grundmaß herausgefunden werden können. Diese Abweichungen werden auf die Teile elektrisch aufsigniert, damit die Zahlen auch nach längerer Betriebszeit jederzeit lesbar bleiben.

Das Grundmaß

Was heißt Grundmaß? Es ist die Strecke vom Absatz des Ritzels bis zur Mittelachse des Tellerrads. Der Absatz liegt dort, wo das Doppelkugellager später aufgepreßt wird. So wird das Ritzel mit dem Kugellager durch eine unter den Kugellager-Außenring gelegte Distanzscheibe mehr oder weniger tief ins Gehäuse hineinragen, also entweder näher zur Tellerrad-Mittelachse laufen oder weiter entfernt.
Das Grundmaß beträgt für alle Ritzel 77,50 Millimeter. Abweichungen von diesem Grundmaß werden mit Plus- oder Minuszeichen aufs Tellerrad geschrieben. Nicht verwechseln mit der sogenannten Paarungsnummer, die meist dreistellig und ohne Vorzeichen ist, zudem auch auf dem Ritzel steht, damit eben die Zusammengehörigkeit von Ritzel und Tellerrad bezeichnet.

Die Skizze zeigt die zwei wichtigen Grundmaße. A ist von der Lager-Anlagefläche am Ritzel bis zur Tellerradmitte, B geht von der Anlagefläche am Gehäuse aus. Dazwischen ist der Platz für den Ausgleichsring, mit S bezeichnet. Zur Berechnung der Ringdicke muß also das Maß B vom Maß A abgezogen werden.

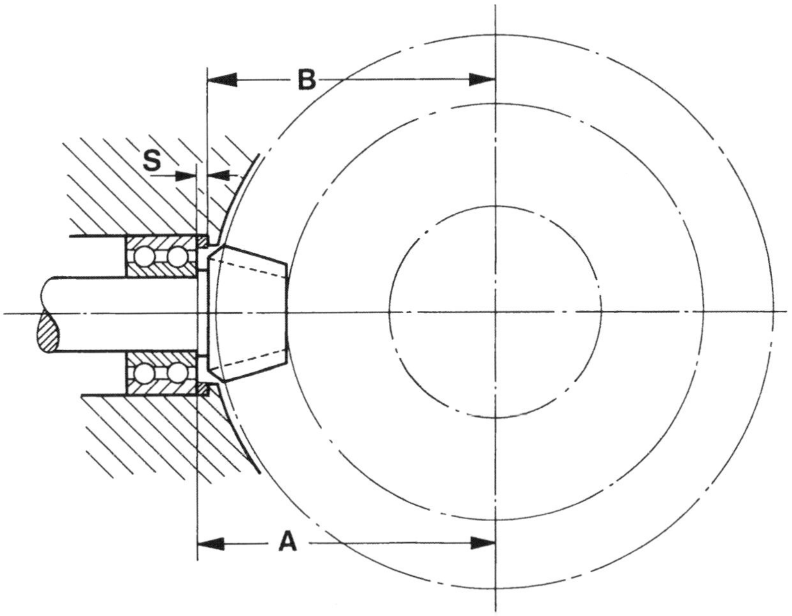

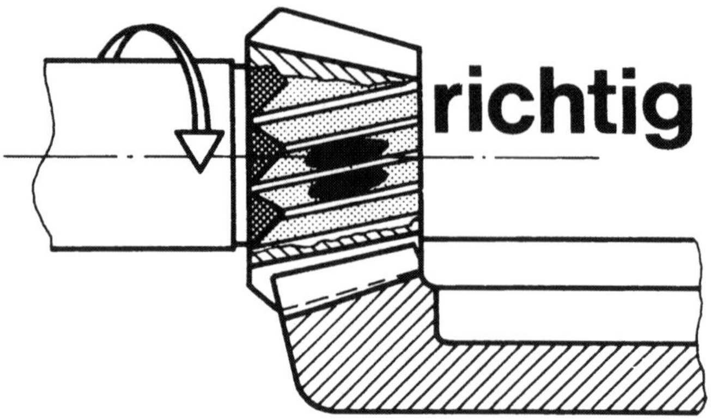

Wenn Ritzel oder Tellerrad mit Tuschierfarbe eingerieben werden, ergibt sich nach kurzem Probelauf an den Zahnflanken ein Tragbild. Es muß so aussehen, wie das linke Bild andeutet. Die Spuren sollen auf Vorwärts- und Rückwärtsflanke der Zähne genau gleich liegen, etwas mehr zum dikken Zahnende. Ausgleichen entweder mit dem Bronce-Druckring unterm großen Tellerrad oder mit dem Ausgleichsring am Ritzellager. Die Bilder unten zeigen ungleiche Laufspuren vorn und hinten, da muß das Ritzel verschoben werden. Die Bilder auf der rechten Seite zeigen das Laufbild, wie es sich bei falscher Lage des Tellerrads ergibt, also Bronce-Druckscheibe wechseln.

Zweites Grundmaß

Das zweite Grundmaß wird am Gehäuse gemessen. Auch hier ist es der Abstand vom Sitz der Kugellagerschulter bis zur Tellerrad-Mitte. Der Wert ist hier 75,50 Millimeter, Abweichung plus/minus 0,05. Eine etwaige Abweichung ist außen am Gehäuse neben dem Stehbolzen zur Schwingenhalterung eingeschlagen, und zwar werden nur die zwei Ziffern hinterm Komma angegeben. (Das ist nicht zu verwechseln mit der Übersetzungsangabe, die auch auf dem Flanschteil steht, aber eben immer zwei durch Schrägstrich getrennte Zahlen aufweist).

Es ist auf den ersten Blick zu erkennen, daß zwischen dem Lagersitz und dem Lageraußenring ein zwei Millimeter dicker Distanzring benötigt wird, damit das Ritzel in der richtigen Entfernung von der Tellerradmitte läuft. Voraussetzung ist, daß weder auf dem Gehäuse noch auf dem Tellerrad irgendwelche Abweichungen notiert sind. Das allerdings ist selten.

Einfache Rechnung

So wird eine einfache Rechnung nötig. Das Gehäusegrundmaß mit Abweichung ist einfach vom Ritzelgrundmaß, ebenfalls mit Abweichung, abzuziehen. Zum Beispiel wäre bei einer Bezeichnung +15 auf dem Tellerrad dieses Ritzelmaß 77,65 Millimeter. Die Rechnung 77,65 minus 75,50 = 2,15. Genau das ist die benötigte Scheibendicke zwischen Doppelkugellager und Gehäuse.

Mit dieser Scheibe wird jetzt erst mal das Ritzel wieder ins Gehäuse eingebaut. Das Doppelkugellager wird aufs Ritzel gepreßt, die Ringmutter wird mit dem Wellendichtring versehen, das Gehäuse angeheizt und erst der vorher berechnete Distanzring eingelegt, dann das Ritzel mit Lager eingeschoben. Die auf das Kugellager gehörende Scheibe mit dem kleinen Distanzring aufstecken und dann den Gewindering einschrauben. Bei den neuesten Modellen schreibt BMW vor, diesen Gewindering mit Dichtmittel Hylomar SO 32 M abzudichten.

Tellerrad aufsetzen

Im Normalfall kann jetzt das Tellerrad aufgesetzt und das Getriebe weiter zusammengebaut werden. Wenn Messungen wegen eines Zahnradwechsels nötig sind, wird eine Meßvorrichtung gebraucht, um das Zahnflankenspiel festzustellen. Also erst das Ritzel festhalten, dann das Tellerrad aufsetzen (den Bronzering zwischen Tellerrad und dem unteren Lager nicht vergessen) und an das Tellerrad einen kleinen Anschlag anschrauben,

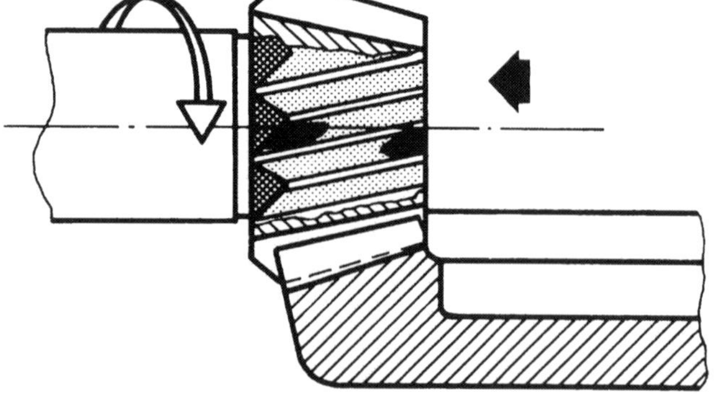

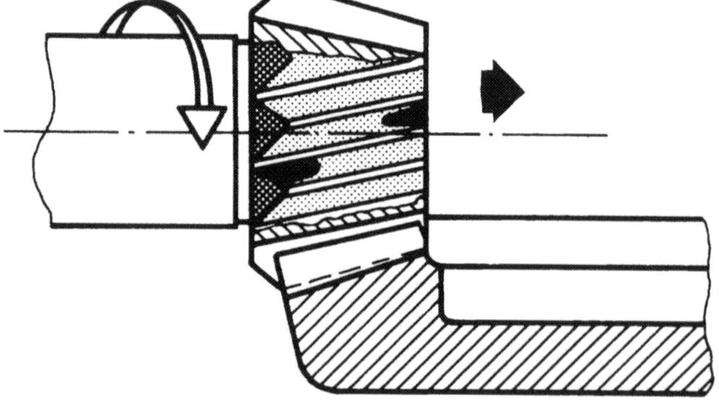

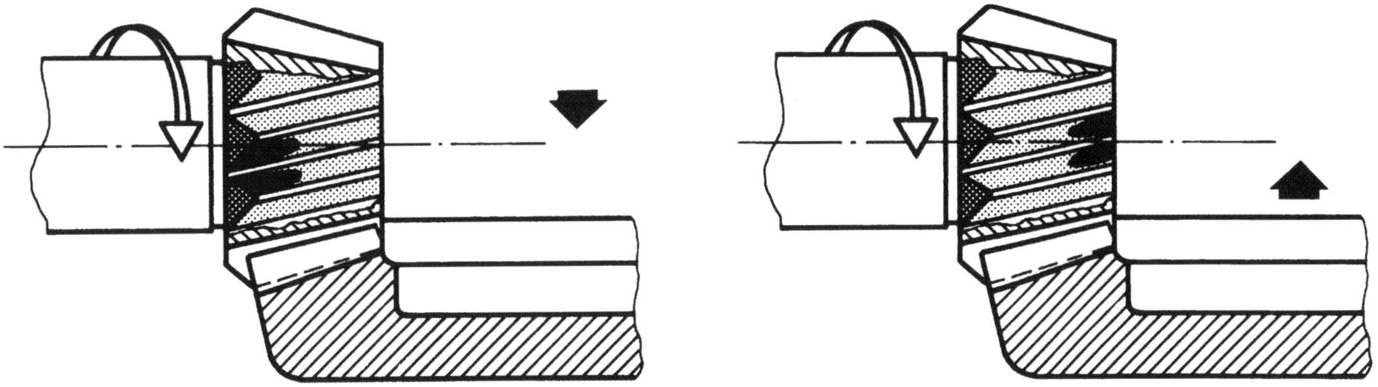

gegen den eine Meßuhr gehalten wird. Wenn das Tellerrad gedreht wird, muß an der Meßuhr ein Wert von 0,08 bis 0,14 Millimetern abgelesen werden. Bei Modellen vor 1981 lag das Zahnspiel noch bei 0,15 bis 0,20 Millimeter. Ist das Zahnflankenspiel zu klein oder zu groß, muß ein dickerer oder dünnerer Broncering zwischen Tellerrad und das innere Lager eingelegt werden.
Diese Meßvorrichtung ist in einer Heimwerker-Werkstatt natürlich nur selten vorhanden, sie läßt sich nur mit Mühe improvisieren. Deshalb sollte diese Messung einer BMW-Werkstatt überlassen werden. Es kommt nämlich unter anderem darauf an, daß der Anschlag für den Taststift der Meßuhr genau in der Höhe der Zähne des Tellerrads liegt. Ist er zu lang oder zu kurz, ergibt die Messung trotz korrekten Zahnspiels falsche Werte. Zudem sorgt die Vorrichtung dafür, daß das große Kugellager sicher geführt wird und nicht wackeln kann.

Lauf der Kegelräder

Wenn das Zahnflankenspiel stimmt, muß durch eine letzte Kontrolle festgestellt werden, ob sich die Zähne auch an den richtigen Stellen berühren. Die beiden Kegelräder müssen so miteinander laufen, daß die Zähne sich jeweils in der Mitte berühren. Das läßt sich nachprüfen, indem zwei bis drei Zähne (jeweils eine Vorwärts- und eine Rückwärtsflanke) des kleinen Rades für einen Probelauf mit einer Tuschierfarbe eingerieben werden. Das könnte zum Beispiel, wenn keine Original-Tuschierfarbe zu bekommen ist, durchaus ein winziger Klecks der Farbe aus einer Kugelschreibermine sein. Die Farbe überträgt sich über die Zähne des Tellerrads auf die anderen Zähne des kleinen Zahnrads und zeigt dort die Berührungsflächen an.

Probelauf

Zum Probelauf wird einfach das Tellerrad ins Gehäuse eingesetzt und ein paarmal unter kräftigem Druck hin und her gedreht. Wenn jetzt die Farbe auf dem Ritzel gleichmäßig in der Zahnmitte liegt, ist alles in Ordnung. Liegt sie aber ungleichmäßig, muß etwas geändert werden. Dazu gibt es einfache Richtlinien, siehe auch die Zeichnungen:

Die Scheibe unterm großen Kugellager soll nur sicherstellen, daß dieses Lager nicht seitlich wandert. Ausmessen der Sitztiefe des Deckels, danach Tellerrad mit Lager ins Gehäuse drücken, messen der Höhe des Lagers über der Gehäusedichtfläche. Maße voneinander abziehen ergibt Scheibendicke. Das nötige Spiel bewirkt die zwischengelegte Dichtung.

Ist alles wieder zusammengebaut, nicht vergessen, daß im Schwingenholm (außer bei der Paralever-schwinge) Öl sein muß. Ölstand muß hier etwa zwei Millimeter weit den Schraubenzieher benetzen, wenn er innen an der Kupplungsglocke anstößt.

1. Die Stellung des Ritzels muß verschoben werden, wenn die Farbe auf Vorder- und Rückseite der Zähne an verschiedenen Stellen liegt.

2. Die Stellung des Tellerrads muß geändert werden, wenn die Farbe zu sehr in Richtung des dünnen oder des dicken Endes der Zähne verschoben liegt.

Zu 1: Liegt die Berührungsfläche zum Beispiel an der dicken Zahnseite der Vorwärtsflanke und an der dünnen der Rückwärtsflanke, muß ein dickerer Distanzring vor dem Doppelkugellager des Ritzels eingebaut werden. Liegt die Berührfläche am dünneren Ende der Vorwärtsflanke und am dickeren der Rückwärtsflanke, muß ein dünnerer Distanzring verwendet werden.

Zu 2: Nach diesen Korrekturen sollte das Tragbild an beiden Zahnflanken auf gleicher Höhe, eher ein wenig mehr zur dicken Zahnseite liegen. Niemals dürfen die Zähne des Ritzels am kleinen Durchmesser tragen. Tun sie es doch, ist ein minimal dünnerer Broncering unters Tellerrad zu legen. Dann ist auch das Zahnflankenspiel nochmal zu messen.

Endgültige Montage

Erst wenn Tragbild und Zahnflankenspiel stimmen, wird der Gewindering richtig mit 100 Nm angezogen, danach das bogenverzahnte Ritzel mit Distanzscheibchen und Dichtscheibe aufgesetzt und die Befestigungsmutter mit Loctite draufgeschraubt. Festziehen mit 130 bis 150 Nm.
Beim Zerlegen war eine Scheibe zwischen Deckel und dem großen Kugellager zum Vorschein gekommen. Sie ist dafür zuständig, daß das Kugellager im Deckel seitlich fixiert wird, so daß auch das Tellerrad seine sichere Führung hat. Bei modernen Maschinen mit der Einarmschwinge und dem innenliegenden Kegelrollenlager fürs Tellerrad sorgt diese Paßscheibe auch dafür, daß dieses Kegelrollenlager mit vorschriftsmäßiger Vorspannung läuft.
Diese Scheibe ist wichtig. Wenn sie fehlt oder zu dünn ist, kann das Hinterrad wackeln, mit allen Konsequenzen fürs Fahrverhalten.

Einfaches Ausmessen

Das Ausmessen ist simpel. Gebraucht wird eine Schieblehre, mit der zuerst festgestellt wird, wie tief der Sitzgrund des Kugellagers im Deckel ist. Also Abstand Dichtfläche bis Lagersitzgrund ist Maß »a«.
Das zweite Maß wird am Gehäuse mit eingebautem Tellerrad und aufgedrücktem Kugellager abgenommen. Hier wird der Abstand des Kugellager-Außenrings zur Gehäusedichtfläche gemessen, das ist Maß »b«.
Maß »a« minus Maß »b« ergibt die Paßscheibendicke. Wenn eine Papierdichtung zwischengelegt wird, muß deren Dicke noch zur Paßscheibendicke hinzugezählt werden. Und für die Vorspannung des Kegelrollenlagers muß die Paßscheibe um 0,05 bis 0,1 Millimeter dicker gewählt werden.
Der Deckel wird schließlich wieder erwärmt und auf das Kugellager aufgesetzt, die Befestigungsmuttern sind ringsum gleichmäßig anzuziehen, damit sich der Deckel nicht verzieht. Bei den neueren Modellen ist noch die Lagerbuchse für die Bremsschlüsselwelle einzupressen, dann kann das Hinterachsgetriebe wieder angebaut werden.
Die vier Muttern, mit denen das Getriebe an die Schwinge geschraubt wird, sind mit 60 Nm anzuziehen.

Führungs-Qualitäten

Versuchsfahrer und Testfahrer haben kein leichtes Leben. Sie müssen nämlich nicht nur an die fahrwerksbedingten Grenzen gehen, also größtmögliche Schräglagen ausprobieren, um festzustellen, ob die Maschine irgendwo aufsetzt oder sonstige Unruhen zeigt, sie müssen auch nach so manch heikler Situation sagen können, woran das denn gelegen haben könnte, daß sie beinahe oder tatsächlich in der Botanik gelandet sind.

Schwierige Diagnosen

War es einfach eine schlechte Einstellung der Lenkungslager, war es zu geringer Reifen-Luftdruck, oder lag es an Schwächen in der Dämpfung von Gabel oder Hinterrad-Federbein? Oder resultiert eine Fahrwerksunruhe etwa gar daraus, daß konstruktiv ein Kompromiß falsch eingeschätzt wurde, etwa zu kurzer oder zu langer Radstand, vielleicht zu steiler oder zu flacher Lenkwinkel gewählt wurde.

Mit derartigen Diagnosen ist der Allerwelts-Motorradfahrer hoffnungslos überfordert. Auf der anderen Seite bringt es die hohe Anforderung an das Versuchsfahrer-Dasein mit sich, daß diese hartgesottenen Burschen irgendeine Fahrwerksschwäche für noch tolerierbar halten, die dem Normalfahrer schon Schwierigkeiten bereitet.

Der Motorrad-Tester, der die Arbeit nicht nur der Konstrukteure, sondern in diesen Punkten auch die der Versuchsfahrer nachträglich beurteilen soll, muß sich am sogenannten Normal-Motorradfahrer orientieren. Er muß sagen, ob das Wackeln in Schräglage harmlos oder gefährlich ist.

Die Grenzen erkennen

Da sind sehr viele Mißverständnisse aufgekommen, wenn Testfahrer in voller Schräglage auch noch fotografiert wurden. So als ob sie zeigen wollten, was für tolle Hechte sie doch sind. Das alles ist schlicht hartes Brot der Arbeit: Sich herantasten an die Grenzen. Denn auch der Tester muß nachher sagen können: »Die Dämpfung war zu lasch oder der Lenkwinkel schien mir zu steil«, und er muß seine Aussage so treffen, daß der Versuchsfahrer beim Herstellerwerk sie als richtig anerkennen kann. Wenn dieses auch recht häufig nur hinter vorgehaltener Hand geschieht.

Der kleine Einblick in den Alltag eines Motorrad-Testers mag genügen. Es geht um das Thema Radaufhängung, das heikelste Fahrwerksthema überhaupt.

Begriff Radaufhängung

Trennung der Begriffe ist zunächst angebracht. Zur Radaufhängung gehört sowohl die Führung der Räder (also in Telegabel oder Hinterradschwinge), als auch die Federung und die Dämpfung. Drei Dinge braucht ein gutes Fahrwerk also: Erstens steife Radführung, zweitens eine dem Fahrzeuggewicht und der erreichbaren Geschwindigkeit angepaßte Federung und drittens die auf die Federung genau abgestimmte Schwingungsdämpfung.

Punkt 1: Radführung

Heutzutage überwiegt bei der Vorderradführung eindeutig die Teleskopgabel, von BMW 1938 erstmals in großer Serie eingeführt, wenn auch schon früher anderwärts erfunden. Sie hat Vorteile: Einfacher Aufbau, geringes Trägheitsmoment um die Lenkachse (im Gegensatz etwa zur geschobenen Langschwinge wie bei den BMW-Modellen von 1954 bis 1969), eine recht gute Raderhebungslinie im Verhältnis zur Stoßrichtung und letztlich sieht sie auch elegant aus.

Die Nachteile der Telegabel sind ebenso schnell aufgezählt: Sie vereint sowohl Führungs- als auch Federungsaufgaben in einem konstruktiven Element. Das ergibt zum Beispiel ungünstige Losbrechmomente, das heißt, sie spricht auf winzige Straßen-Unebenheiten wegen der Reibung zwischen Standrohr und Gleitrohr nicht immer sehr fein an.

Seitenkräfte kritisch

Außerdem ist die Telegabel empfindlich gegen seitlich einwirkende Kräfte. Unter deren Einfluß verwindet sie sich, kann dann auch nicht mehr feinfühlig federn. Das gibt es zum Beispiel dann, wenn nur eine einseitige Scheibenbremse angebaut ist. Für normale Verzögerungen genügt sie durchaus, bei harter Beanspruchung jedoch verzieht sie die Gabel. Etwas Abhilfe kann der Konstrukteur dadurch schaffen, daß er nicht nur die Gabelstandrohre sehr steif, also dick, macht, sondern auch eine stabile Verbindung zwischen den beiden

oberen Enden der Gleitrohre anordnet, einen sogenannten Gabelstabilisator. Der nimmt einen guten Teil der Verwindungskräfte auf, entlastet dadurch die Achse.
Nicht ohne Grund gibt es fast kein Gespann mehr, das mit Telegabel ausgerüstet ist. Dort nämlich sind beim Kurvenfahren die Verwindungskräfte so hoch, daß eine Langschwinge sehr deutlich besser reagiert. Hier sind Führung und Federung säuberlich voneinander getrennt.

Hinterradführung

Für die Hinterradführung gibt es keine unterschiedlichen Bauarten. Hier dominiert die gezogene Langschwinge. Das Rad wird also auf einem Kreisbogen um die Schwingenachse geführt. Wie die Feder-Elemente angebracht sind, kann hier außer acht gelassen werden. Denn bei BMW werden keine besonderen Hebelsysteme genutzt. Einzig durch unterschiedliche Zahl der Federbeine (zwei bei der normalen Zweiarmschwinge, eines bei der Einarmschwinge) und deren Schrägstellung lassen sich noch Unterscheidungen treffen.

Die Kardan-Reaktion

Die neuen BMW R 100 GS und R 80 GS (zu beachten: ohne Schrägstrich zwischen dem G und dem S) haben die sogenannte Paralever-Schwinge mit Momentenabstützung. Was ist denn das? Und wozu soll das gut sein?
Momente sind Kräfte an Hebelarmen. Bekannt ist das Drehmoment des Motors. Es macht sich bereits im Stand bemerkbar. Beim Gasgeben und Gaswegnehmen schwankt die Maschine von rechts nach links. Bewirkt wird dieses Schwanken vom sogenannten Rückdrehmoment des Motors. Es wirkt entgegen der Kurbelwellen-Drehrichtung. Wenn also die Kurbelwelle im Uhrzeigersinn beschleunigt wird, stützt sie sich entgegen dem Uhrzeigersinn gegen das gesamte Fahrzeug ab.

Fahrstuhl-Effekt

BMW-Fahrern ist zusätzlich speziell das Auf und Ab der der Hinterschwinge bekannt. Auch da wirken Momente. Was passiert? Gasgeben, und die Hinterhand geht hoch. Gas wegnehmen, die Hinterhand taucht ein. In Kurven ist das gewöhnungsbedürftig, denn mit Gas weg in der Kurve wird natürlich die Bodenfreiheit geringer.
BMW-Neulinge nehmen dieses Verhalten übel, alte BMW-Hasen, die das alles schon von den Vollschwingen-BMW der Jahre 1954 bis 1969 kannten, hatten meist ihre Fahrweise darauf eingestellt und gingen mit etwas Gas durch die Kurven.

Gegenmittel

Das Übel läßt sich in Grenzen halten, wenn zum einen der Federweg stark eingeengt wird. Die Boxer-BMW haben immerhin zwischen 121 und 180 Millimeter Federweg. Kleinere Federwege vermindern aber den Fahrkomfort, für den die BMW-Maschinen berühmt sind.
Der zweite Trick, der zu starke Reaktionen verhindert, ist eine möglichst lange Schwinge. Das kennen BMW-Fahrer aus den Jahren 1969 und 1974. Denn die ursprünglichen R 75/5 bekamen nach kurzer Bauzeit als R 75/6 bereits eine verlängerte Schwinge. Ganze 50 Millimeter wurden zugelegt, der Effekt war deutlich spürbar. Aber vielen Fahrern, vor allem BMW-ungewohnten, reichte das noch längst nicht.

Verlängerte Schwinge

Nun läßt sich die Schwinge nicht unbegrenzt verlängern. Der Motor-Getriebeblock und der Abstand von Vorderradschutzblech bis zum Motor sind feste Werte. Eine Schwingenverlängerung bringt darum immer auch längeren Radstand. Und der Radstand macht die Fuhre in Kurven umso träger, je länger er ist. BMW gibt Zahlenwerte an die Hand: Die Schwinge müßte 1700 Millimeter lang werden, sollte das Antriebsmoment nicht mehr zu spüren sein. BMW hat sich selbst aufgrund vieler Versuchsfahrten eine Grenze gesetzt: Über 1500 Millimeter sollte der Radstand nicht hinausgehen.
Bei den 170 Millimetern Federweg der R 80 G/S wird der Fahrstuhleffekt besonders lästig. Da versagen die einfachen Mittel der Zähmung. Andere technische Tricks sind nötig, um die Auf- und Abbewegungen der Hinterhand zu unterbinden.
Es geht darum, das Moment, das die Triebkraft der Gelenkwelle auf das Hinterachsgetriebe und den angeschlossenen Schwingenarm ausübt, irgendwie anders abzustützen. Also weg mit den Momenten von der Schwinge.

Bremsanker

Mit Bremsankern ist das bei Rennmaschinen und Crossern schon längst üblich, da ist die Ankerplatte zum Beispiel schwimmend gelagert und mit Zugstreben gegen den Rahmen gestützt. Um dasselbe für den Antrieb zu erreichen, muß erst mal das Kegelradgetriebe von der Schwinge entkoppelt werden.
Das Verdienst des ersten BMW-Patents zu diesem Thema gebührt dem BMW-Rennleiter und Konstruktionschef Alex von Falkenhausen. Schon 1956 meldete er eine konstruktive Raffinesse für die Momentenabstützung an. Im Renneinsatz kam diese Version auch kurzzeitig zu Ehren.

Eigenbau-Schwinge an einer Maschine der Baureihe R 51/3 bis R 68 der Jahre vor 1954. Deren Geradwegfederung erforderte auch schon zwei Gelenke (vorn Hardy-Scheibe aus Gewebe mit Gummi, hinten unter der verchromten Glocke Kreuzgelenk), aber sie ließ nur kurze Federwege zu. Deshalb der Umbau des Rahmenhecks für die obere Federbeinaufnahme und der Einsatz der Parallelschwinge. Aber acht Lagerstellen der Schwingarme wurden in Kauf genommen.

Es ist nicht ganz einfach, das Hinterachsgetriebe von der Schwinge zu entkoppeln. Bastler früherer Tage umgingen die größten Probleme dadurch, daß sie einfach eine Parallelogrammschwinge ans Rahmenheck anbauten. (Vorbild: Wilkinson 1909, Reihen-Vierzylinder, längs eingebaut, Federung und Radführung durch zwei übereinander parallel liegende Blattfederpakete, Kardanwelle mit zwei Kreuzgelenken). Das Hinterachsgetriebe wird dadurch im Kreisbogen geführt, die Gelenkwelle braucht zwei Kreuzgelenke, und die störenden Momente sind weg.

Neues BMW-System

Das wichtigste am neuen BMW-System sind die beiden einstellbaren Kegelrollenlager rechts und links vor dem Hinterachsgetriebegehäuse. Sie geben die nötige Freiheit für Bewegungen, entkoppeln das Hinterachsgetriebe von den Momenten. Immerhin sollte ja die Einarmschwinge erhalten bleiben, ein doppeltes Parallelogramm kam deshalb nicht infrage, und die seitliche Führung des Hinterachsgetriebes mußte durch eben diese Kegelrollenlager gesichert werden.
Unterhalb des Schwingenarms verläuft die Strebe, die die Momente aufnimmt. So einfach ist das Patent, das die BMW-Konstrukteure Rene Hinsberg und Horst Brenner 1983 erteilt bekamen.
Die BMW-Fahrwerks-Raffinesse kostet nicht nur Geld, weil die Fertigung (und die spätere Wartung) nicht gerade einfach ist, sondern sie kostet auch Gewicht. Gegenüber der bisherigen Bauform wiegt die neue Schwinge mit dem zusätzlichen Gelenk gerade 1,6 Kilogramm mehr. Das ist sicher zu verkraften. Warum der Gewichtszuwachs nicht größer ist: Die Schwinge besteht jetzt aus Niederdruck-Leichtmetallguß. Daß sie dabei noch etwas steifer als die vorige Monolever-Ausführung aus Stahlrohr geworden ist, verdankt sie der intensiven Computernutzung bei BMW.
Der Computer kann auch ganz schnell bestimmen, wieviel vom Antriebsmoment tatsächlich eliminiert wird. So entspricht die Doppelgelenk-Schwinge in ihrer Wirkung etwa einer 1400 Millimeter langen Normalschwinge. Die Momente werden ausgeglichen.

Die BMW-Paraleverschwinge der R 100 GS hat zwei Lagerstellen für die Schwinge vorn und zwei Lagerstellen für die Beweglichkeit des Hinterachsgetriebes. Vorn Kegel-Rollenlager, hinten Kegel-Nadellager. Momentenabstützung durch die unter dem Schwingarm liegende Strebe. Bremsbetätigung mit dickem Seilzug.

Bild oben: Paraleverschwinge einer sportlich umgerüsteten Maschine. Hier wurde eine hydraulisch betätigte Scheibenbremse fürs Hinterrad angebaut, Federbein von White Power, Vergaser von Dell Orto, PVM-Räder.

Bilder unten: Links die Funktion des Zweirohr-Stoßdämpfers. V 1 und V 2 sind die unterschiedlich großen Ventile im Kolben K, D ist die Dichtung für die Kolbenstange S. Rechts ein zerlegtes Federbein. Links steht der Dämpfer, in der Mitte die Feder und rechts das angeschraubte untere Federbeinauge mit dem Verstellring der Federbasis.

Was ist mit der Bremse?

Was sollte bei der Neuen mit der Bremse geschehen? Gestängebetätigung hätte zusätzlich eine geometrisch komplizierte Kinematik verlangt. Und Hydraulik wäre nur mit einer Scheibenbremse elegant zu verwirklichen gewesen. Zudem sollte die Trommelbremse erhalten bleiben, weil sie sehr leicht ist. Ein Seilzug war der einfachste Ausweg. Richtig verlegt und gestaltet, verlangt er nur minimale Pflege.
Die erste Bewährung hat die neue Einarmschwinge inzwischen hinter sich. Die Funktionstüchtigkeit ist bestätigt. Als letztes bleibt zu bedenken, ob sich bei der Pflege und Wartung der Maschine auswirkt, daß nun ein zusätzlicher Satz Kegelrollenlager spielfrei und dennoch leichtgängig eingestellt werden muß. Wer selbst repariert, muß eben ganz besondere Sorgfalt aufwenden. Denn seitliches Wackeln des Kegelradtriebs aufgrund von Lagerspiel verdirbt die Fahreigenschaften.

Punkt 2: Federung

Die von der Fahrbahn kommenden Stoßkräfte werden kurzzeitig von einer Stahlfeder aufgenommen, gespeichert. Ganz allgemein wird mit Schrauben-Druckfedern gearbeitet. Nachdem der Fahrbahnbuckel überfahren ist, gibt die Feder die gespeicherte Energie wieder ab, sie dehnt sich im Rückschwung wieder auf normale Länge aus. Und eben derselbe Schwung kehrt die Federbewegung danach gleich um, die Feder zieht sich wieder zusammen. Das Fahrzeug schwingt auf und ab. Genau dieses kann aber nicht der Sinn der Federung sein, mit einem ständig auf und ab schwingenden Motorrad kann niemand fahren.

Punkt 3: Dämpfung

Fürs Fahren über schlechte Wege wird von einer Radfederung folgendes verlangt: Das Rad soll einem Stoß von der Fahrbahn schnell ausweichen, soll danach aber nur noch in seine Nullage zurückfedern, keineswegs jedoch darüberhinaus wieder zurückschwingen. Es sollte praktisch in Nullage ruhig auf den nächsten Stoß warten. Also schnelles Einfedern und gebremstes Ausfedern sind gefordert.

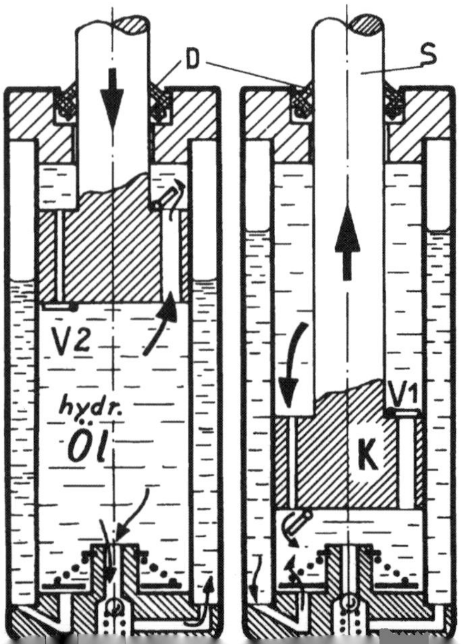

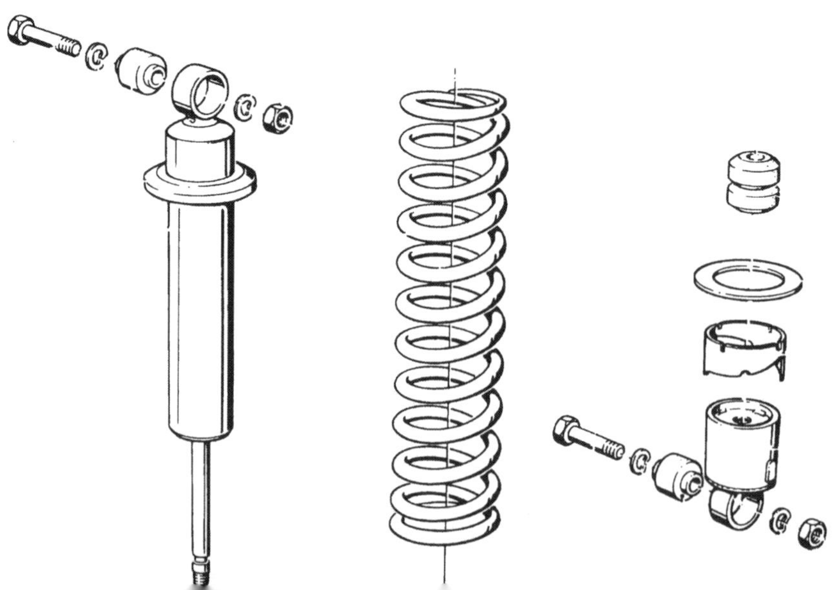

Daß die Bewegungsfolge nicht so klappt, wie es die Theorie gern hätte, liegt an der mechanischen Unzulänglichkeit. Der durchweg verwendete hydraulische Schwingungsdämpfer kann zwar die Ausfederbewegung sehr drastisch verlangsamen, aber doch nicht alle Stoßenergie aufnehmen und in Wärme umwandeln. Immerhin arbeitet er so gut, daß das Rad durchaus auch auf Holperstrecken recht ordentlich auf dem Boden bleibt und nicht durch die Federkräfte wieder abgehoben wird.
Bei zu straffer Dämpfung stellt sich ein anderer Effekt ein: Das Rad kann nach dem Einfedern gar nicht mehr bis zur Nullage ausfedern, die Maschine wird bei schneller Stoßfolge immer niedriger, der verbleibende Federweg immer geringer. Zwischen diesen beiden Extremen muß der Stoßdämpferhersteller eben einen gebrauchstüchtigen Kompromiß finden:
Der Dämpfer darf nicht zu lasch, aber auch nicht zu straff sein. Im ersten Fall bleibt das Rad nicht am Boden, im zweiten schmilzt der nutzbare Federweg zusammen.

Was wird gedämpft?

Dazu noch eine kleine Anmerkung. Der Dämpfer fängt nicht etwa die Stöße ab. Dafür ist die Feder zuständig. Der Name Stoßdämpfer ist also zwar eingebürgert, aber grundfalsch. Nach seiner Funktion müßte er Schwingungsdämpfer heißen, weil er ja nur die Federschwingungen bremst, deren Energie in Wärme umwandelt. Und mit der richtigen Bezeichnung kommt auch das Verständnis dafür, welches Bauteil an unerwünschten Reaktionen aus dem Bereich der Radfederung die Schuld trägt. Ein hoppelndes Rad ist stets ein Zeichen von schlechter Schwingungsdämpfung, ein Durchschlagen bei tiefen Schlaglöchern hingegen stets der Hinweis auf zu schwache Feder oder eben zu hohe Belastung.

Dämpfer im Detail

Schwingungsdämpfer moderner Bauart sind im Grunde alle gleich aufgebaut. In einem ölgefüllten Zylinder gleitet ein Kolben auf und ab. Im Kolben sind zwei Ventile, ein großes und ein kleines. Wird der Dämpfer beim Einfedern zusammengedrückt, ist das große Ventil offen, dem durchfließenden Öl wird nur geringer Widerstand entgegengesetzt. Beim Auseinanderziehen des Dämpfers (Ausfedern) ist das zweite, das kleinere Ventil offen. Der Duchflußwiderstand für das Öl ist groß. Die Bewegung wird stark gebremst.
Die beiden Ventile sind meist einfache Stahlfederblättchen, die vom Öldruck geöffnet oder geschlossen werden. Der Dämpferkolben selbst ist gegen den Zylinder mit richtigen kleinen Kolbenringen abgedichtet.
Die wichtigsten Verschleißteile des Dämpfers sind damit bereits erkannt: Die Ventilchen und die Kolbenringe.

Die Federbeine

Ein Federbein ist eine Kombination aus der außenliegenden Feder mit dem innenliegenden Dämpfer. Dieser arbeitet als in sich geschlossenes System. Weil aber dennoch die Kolbenstange nach außen aus dem Dämpferzylinder herausragt, muß sie in einer Lagerung sicher geführt sein, diese wiederum muß abgedichtet sein. Das geschieht mit einer Spezialausführung von Wellendichtring. Wenn der Wellendichtring undicht ist, tritt aus dem Dämpfer das Öl nach außen, Luft dringt ein. Der Kolben innen läuft nicht mehr im homogenen Öl, sondern auch durch Luftblasen. Binnen kurzer Zeit schlägt er daraus einen Öl-Luft-Schaum. Von Dämpfung ist dann keine Rede mehr.

Undichtigkeit

So sind äußerlich an der Dämpferstange sichtbare Ölspuren deutliche Zeichen für einen Dämpfer-Defekt. Einfaches Wechseln des Dichtringes würde übrigens nur selten nützen, weil in solchem Fall meist die Führung durch Verschleiß aufgeweitet ist, bevor der Dichtring versagt. Zudem sind weder Führung noch Dichtring überhaupt auswechselbar.
Luft im Dämpfer ist also schädlich. Wenn es durch Verschleiß einmal soweit gekommen ist, dann macht sich das nicht immer nur dadurch bemerkbar, daß die Dämpfung einfach schlapp wirkt, das Fahrzeug nach einer Bodenwelle mehrfach nachschwingt. Der Fahrer hört es oftmals sogar, denn die Schläge des Dämpferkolbens durch die Luftpolster aufs restliche Dämpferöl knallen ziemlich laut.

Andere Defekte

Wird hingegen ein Dämpfer einfach durch eine gebrochene Ventilfeder oder durch Kolbenverschleiß schlapp, wirkt sich das fast immer nur auf die Fahreigenschaften aus, unter anderem in deutlichen Pendeleien im Lenker. Bei einseitigem Dämpferdefekt kommt außerdem ein Schwingen des gesamten Fahrzeugs um die Längsachse sehr häufig vor. Das fühlt sich an, als werde die Maschine von heftigem Seitenwind gebeutelt.

Eigenhilfe schwer

Weil die Dämpfer in den Federbeinen zwar auswechselbar, aber nicht zu reparieren sind, bleibt dem Selbermacher nicht viel zu tun. Da sind nur zwei Schrauben pro Federbein zu lösen, dann ist das Bein abzunehmen. Mit dem Bein unterm Arm geht's am besten zur Werkstatt, um einen neuen Dämpfer einsetzen zu lassen.

Federbein zerlegen

Das Federbein selbst zu zerlegen erfordert ein Spezialwerkzeug zum Zusammenspannen der Feder. Dann liegt bei den Beinen der Zweiarm-Schwingen-Maschinen die Kolbenstange des Dämpfers frei. An ihr befindet sich eine Schlüsselfläche dicht am Federbein-Auge. An dieser Fläche wird die Kolbenstange festgehalten, das Auge kann dann mit einem längeren Dorn abgeschraubt werden. Vorsichtig entspannen.
Beim Zusammenbauen wird die Kolbenstange mit Loctite 270 eingesetzt und mit 38 Nm festgezogen.

Zerlegen bei der R 80 G/S

Bei der R 80 G/S mit Einarmschwinge wird das Federbein ebenfalls zusammengespannt, in diesem Falle kann der Federteller nach Abnehmen eines Sicherungsrings gelöst und die Feder entfernt werden. Das Federbeinauge an der Kolbenstange ist wieder nur angeschraubt. Zum Lösen ist aber keine Schlüsselfläche vorhanden. Die Kolbenstange muß im Schraubstock festgehalten werden, wird damit durch Kratzer oder Klemm-Marken aber meist verdorben. Beim Zusammenbau muß auf jeden Fall mit Schonbacken aus Aluminium am Schraubstock gearbeitet werden, zudem darf der Schraubstock nicht zu zierlich sein, damit die Kolbenstange trotz der weichen Backen sicher festgehalten wird. Anzugsmoment des Federbeinauges wieder 38 Nm.

Neue R 80 GS und R 100 GS

Bei den neuesten R 100 GS und R 80 GS steht das Federbein sehr schräg. Und wenn mit hoher Belastung in sehr schlechtem Gelände gefahren wurde, gab es bei den ersten Serien noch gelegentlich Schrott. Die Dämpferstange des Federbeins verbog sich. Federn kann dann nichts mehr. BMW hat innerhalb kurzer Zeit Abhilfe geschaffen, indem dem Käufer Federbeine mit weicherer Feder zum selben Preis angeboten wurden. Damit scheint, so ist der letzte Wissensstand, alles wieder in Ordnung zu sein.
Die Führung des Hinterrads in der Schwinge bereitet beim Reparieren keine Probleme. Wie die im rechten Schwingenholm laufende Kardanwelle vom Getriebe gelöst wird, stand im Motorenkapitel. Wie das Hinterachsgetriebe von der Schwinge gelöst wird, stand im Kardan-Kapitel.

Führung der Schwinge

Die Schwinge ist in Kegelrollenlagern geführt. Diese sind sehr langlebig, sie werden nur durch zu stramme Einstellung oder durch Rost zerstört. Die Lageraußenringe sitzen im Querrohr der Schwinge fest, die Lagerinnenringe werden von den Lagerbolzen gefaßt und unter seitlichen Druck gesetzt. Die Lagerbolzen sind in den Rahmen geschraubt und mit Kontermuttern gesichert.

Lager demontieren

Sollten die Lager defekt sein, sind erst die Lagerbolzen ganz herauszuschrauben. Dann kann die Schwinge ausgebaut werden, damit man an die Lageraußenringe herankommt. Diese sind bis auf den Grund der Sitze in der Schwinge eingedrückt, zum Ausziehen wird ein Lagerauszieher benötigt. Er läßt sich mit zwei Flacheisenstücken improvisieren, siehe Zeichnung und Foto.
Die neuen Lagerringe werden mit einem passenden Rohrstück und leichten Hammerschlägen in ihre Sitze getrieben. Schwinge wieder in den Rahmen hängen, Lagerinnenringe mit den Bolzen ansetzen und so die Lagerung wieder zusammensetzen. Wichtig ist, daß die Schwinge genau mittig zwischen den Rahmenrohren liegt. Das läßt sich einfach mit der Schieblehre messen: Der Spalt zwischen Schwinge und Rahmenrohr muß auf beiden Seiten gleich groß sein. Ist er das nicht, wird eben der Lagerbolzen der weiteren Seite etwas herausgedreht und der andere etwas eingeschraubt.

Schwingenlagerung: Kontermutter und Lagerbolzen mit Innensechskant. Bei Montage darauf achten, daß rechts und links gleicher Abstand zwischen Schwinge und Rahmen eingestellt wird.

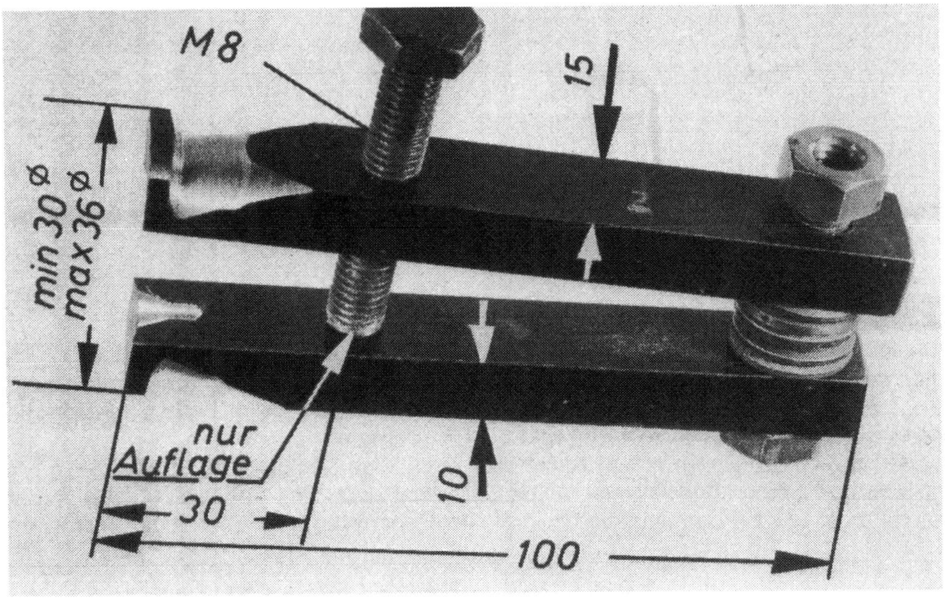

Einstellung der Lager

Die Einstellung der Schwingenlager soll spielfrei sein, die Schwinge aber nur langsam unter ihrem Eigengewicht nach unten sinken. Also sind die Schwingenlager etwas fester anzuziehen als die Lager der Lenkung. Das ist Gefühlssache und am besten mit den Fingern zu merken, wenn das Hinterachsgetriebe nicht an der Schwinge montiert ist. Kontern der Lagerbolzen mit der großen Mutter verändert das eingestellte Spiel ein wenig, also erst nach dem Kontern fühlen, ob alles stimmt.

Teleskopgabel in der Praxis

Weil die Einzelteile der Telegabel von verschiedenen Herstellern mit unterschiedlichen Namen bezeichnet werden, müssen hier zuerst ein paar Namens-Vereinbarungen getroffen werden.

Namensgebung

Die gesamte Vorderradgabel ist im Rahmen drehbar gelagert, und zwar im Lenkkopf (nicht Steuerkopf). Das Rohr, auf dem die Lenklager sitzen, wird Lenkrohr genannt. Es trägt oben und unten die Gabelbrücken. Auf der oberen Brücke ist der Lenker befestigt. Die Gabelrohre, die in den Gabelbrücken eingespannt sind, heißen Standrohre. Die Leichtmetallrohre, an denen unten die Klemmung für die Radachse angegossen ist, nennen wir Gleitrohre, weil sie auf den feststehenden Standrohren bei Federbewegungen auf und ab gleiten.
An den Gleitrohren sind weiterhin die Aufnahme für den Kotflügel, die Augen für die Bremszangen und die Aufnahme für den Faltenbalg, der die Standrohre vor Verschmutzen schützt, angegossen. Statt Faltenbalg wird auch bei einigen Modellen nur eine Manschette verwendet, deren obere Lippe den Schmutz vom Standrohr abstreifen soll, damit die innenliegende Dichtlippe nicht beschädigt wird. Innen sitzt im Gleitrohr bei jedem Modell ein Wellendichtring. Irgendwelche Gleitbuchsen sind bei den BMW-Gabeln nicht vorhanden, das Gleitrohr wird in voller Eintauchlänge auf dem Standrohr geführt. Dafür ist das Standrohr hartverchromt, also äußerst verschleißfest.
Im Standrohr ist der Dämpfermechanismus untergebracht. Dazu ist das Standrohr unten mit einem Gewindering abgeschlossen, durch den das Dämpferrohr nach oben hindurchgeführt wird. Unten ist das Dämpferrohr

Bilder oben: Links ein selbstgemachtes Werkzeug zum Ausziehen der Schwingenlager-Außenringe. Daneben ein einfacher Schlagdorn (dicke Scheibe mit zentralem Schlagbolzen) zum Lagereintreiben.
Bilder unten: Links die erste, rechts die nächste Ausführung der Telegabel-Dämpfung. Erkennbar am Kugelventil im Dämpferrohr, das später wegfiel.

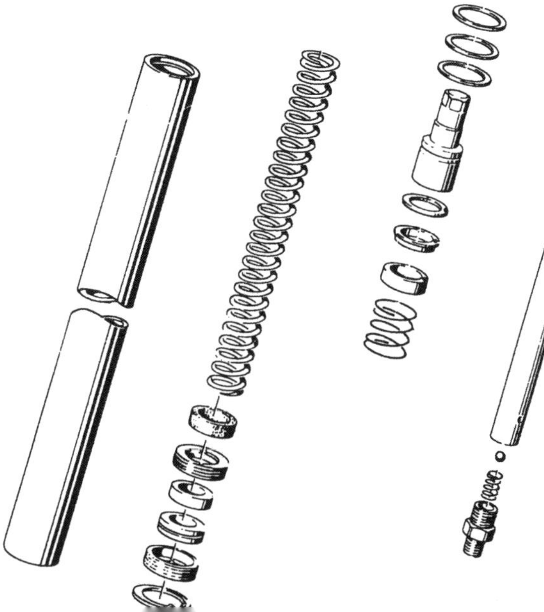

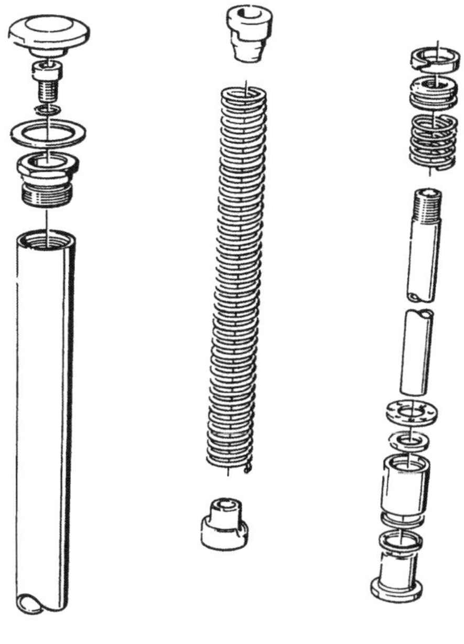

am Gleitrohr festgeschraubt, oben, innerhalb des Standrohrs, trägt es den Dämpferkolben mit der Auflage für die Gabelfeder.

Reparatur Gleitrohr und Dämpfer

Ohne die Gabel auszubauen sind die meisten Reparaturen zu schaffen, zum Beispiel wenn der Dichtring im Gleitrohr verschlissen ist, wenn also oben Öl herausrinnt. Nur bei groben Verbiegungen, etwa nach einem Sturz, müssen auch die Standrohre ausgebaut werden. Auch wenn die Gabel beim Federn metallische Geräusche macht, dreht sich alles nur um die Gleitrohre und um den Dämpfer.
Die verschiedenen Bauarten der Gabel sind in einem Punkt alle gleich: Das Dämpferrohr ist von unten am Gleitrohr befestigt, kann also dort unten abgeschraubt werden. Ob jetzt noch eine Abdeckschraube vorher weggeschraubt werden muß oder wie bei den neueren allein die Innensechskantschraube, ändert nichts am Prinzip.

Vorbereitung

Zuerst vorbereiten: Das Rad ausbauen und die Maschine unterm Motor so sicher unterstützen, daß sie nicht nach vorn kippt. Dann die Bremse abnehmen, wobei die Bremsschläuche nicht gelöst werden müssen, demnach keine Panscherei mit Bremsflüssigkeit nötig ist. Bei der R 80 G/S ist der Bremsschlauch mit einer Lasche am Gleitrohr geführt. Die Lasche liegt unter dem Spannband für den Faltenbalg, das also zuerst entfernt wird.
Der Kotflügel und bei einigen Modellen der Gabelstabilisator zwischen den beiden Gleitrohren sind ebenfalls abzubauen. Und wenn die Standrohre durch die langen Faltenbälge geschützt sind, müssen diese Bälge natürlich ebenfalls unten gelöst werden. Dann erst sind beide Gleitrohre völlig frei zugänglich.

Der Gabel-Ausbau

Ausbauen geht trotzdem noch nicht. Erst müssen die Gabelfedern entspannt werden. Sie sind nach oben herauszuziehen, wenn die Verschlußstopfen am oberen Ende der Standrohre auf der oberen Gabelbrücke losgeschraubt sind. Der Lenker muß dazu abgebaut werden, je nach Maschinenmodell sind auch die Prallplatte und kleinere Verkleidungsteile im Wege. Das merkt man aber beim Schlossern.
Bei den Modellen R 45 und R 65 ist das Entspannen der Gabeltragfeder etwas komplizierter. Das Problem liegt daran, daß die oberen Abschlußstopfen nicht eingeschraubt, sondern durch einen Sprengring gehalten sind. Da muß also zuerst die Feder ein wenig (etwa 50 Millimeter) zusammengedrückt werden, damit der Sprengring herausgehebelt werden kann.

Spannen mit Gewindestangen

Zum Zusammenspannen bei ausgebautem Standrohr gibt es ein Spezialwerkzeug. Doch das ist mit etwas Improvisationskunst zu ersetzen. Drei Gewindestangen M 8 werden gebraucht. Dazu zwei prismatisch ausgeschnittene Holzblöcke, mit denen das Standrohr in den Schraubstock gespannt wird. Parallel zum Standrohr werden zwei 8-Millimeter-Bohrungen für zwei lange Gewindestangen durch die Klemmhölzer gebohrt. Gewindestangen durchstecken und mit Muttern festlegen.
Am anderen Ende wird eine Querbrücke aus Hartholz oder Flacheisen auf die Gewindestangen geschoben, die in der Mitte eine Bohrung von 8,4 mm Durchmesser oder gar ein M 8 Gewinde bekommt. Hierdurch wird die

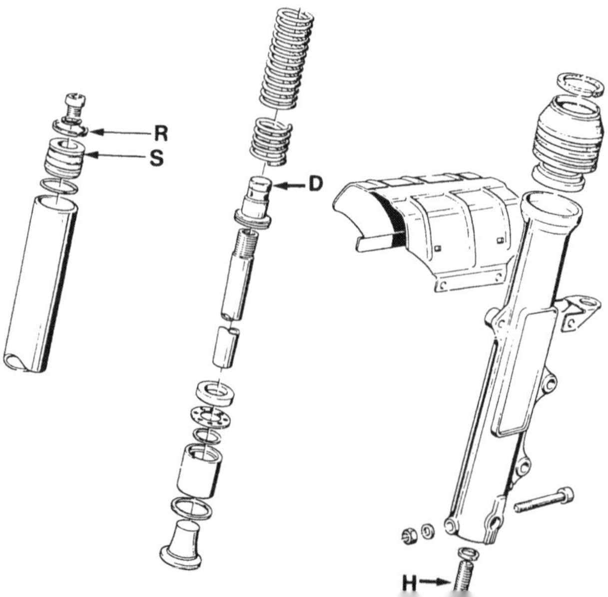

Telegabel von R 45, R 65 und später auch den größeren Modellen. Im Standrohr oben ist der Sprengring (R), der den Stopfen (S) sichert. Dieser Stopfen muß erst hineingedrückt werden, damit der Sprengring herausgehebelt werden kann. Am Dämpferrohr ist oben ein Sechskant SW 13 (D), an dem das Rohr gehalten werden kann, wenn sich es sich mitdreht und sich die Schraube (H) unten nicht losdrehen läßt.

Für die alte Gabel sind ein paar Hinweise nötig: Unten am Gleitrohr ist nur die Innensechskantschraube festzuhalten, die SW 13-Mutter wird gelöst.

dritte Gewindestange gesteckt, mit der der Abschlußstopfen des Standrohrs unter Druck gesetzt wird. Den Sprengring von oben einseitig mit einem Schraubenzieher hinunterdrücken, leichter Schlag mit dem Kunststoffhammer hilft, so daß er quer im Standrohr steht und mit einem Drahthaken herausgezogen werden kann. Feder wieder entspannen.
Wer einen Helfer hat, kann auch ohne Spezialwerkzeug den oberen Stopfen überlisten. Der zweite Mann drückt ihn mit einer Stange oder einem langen Schraubenzieher hinein, so daß der Sicherungsring zugänglich wird. So stark ist die Feder nicht, daß sie viel Kraft erfordert. Und diese Methode hat den Vorteil, daß das Standrohr nicht ausgebaut werden muß.

Öl ablassen

Kleine Überlegung zwischendurch: In der Gabel ist noch Öl als Dämpferflüssigkeit. Wer es jetzt abläßt, hat nachher weniger schmutzige Hände. Aber alles Öl kommt auch bei sorgfältigem Ablassen mit Auf- und Abpumpen der Gleitrohre nicht heraus. Es muß fürs weitere Zerlegen eine Auffangschale für das Altöl bereitstehen.

Gleitrohre frei?

Kurze Kontrolle: Sind die beiden Gleitrohre frei beweglich rauf und runter zu schieben? Wenn ja, wird die Steckachse wieder in beide Achsaufnahmen gesteckt. Sie hält die Gleitrohre gegen Verdrehen fest. Unten an den Gleitrohren kann jetzt die Dämpferstangen-Befestigung mit der Innensechskantschraube gelöst werden. Und die Gleitrohre lassen sich dann ganz leicht nach unten abziehen. Will sich die Schraube nicht lösen, weil sich das Dämpferrohr innen mitdreht, muß mit langen Verlängerungen und einer SW 13er Nuß von oben das Dämpferrohr im Standrohr festgehalten werden. Hier bewährt sich der ⅜ Zoll Vierkantantrieb, weil dessen Stecknüsse so schön schlank sind.
Bei den ersten Modellen befand sich unten an den Gleitrohren noch ein großer Sechskant: Das war die Abschlußschraube fürs Gleitrohr. Die muß nicht gelöst werden. Hier ist nur die Abdeck-Kappe abzuhebeln, dann sind ein SW 13-Sechskant und ein SW 4 Innensechskant zu sehen. Der Innensechskant wird nur festgehalten, der SW 13-Sechskant losgeschraubt.

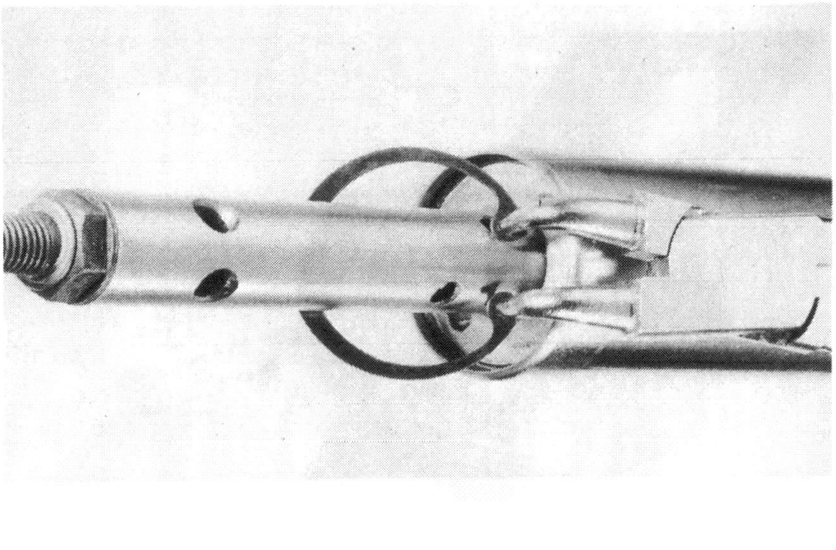

Soll das Dämpferrohr aus dem Standrohr gezogen werden, ist zunächst der Seegerring mit der Zange herauszuhebeln.

Gleitrohr wegziehen

Endlich kann das Gleitrohr nach unten weggezogen werden. Die Stoßdämpfermechanik ist ebenso schnell aus den Standrohren herauszuziehen. Dazu muß nur der Sicherungsring herausgehoben werden, dann ist bei älteren Modellen die untere Abschlußmutter mit einem kleinen Spezialschlüssel herauszudrehen. Das Werkzeug läßt sich aus zwei alten Speichen schnell improvisieren, es ist nur ein Zapfenschlüssel recht filigraner Bauart (siehe Foto unten). Der Seegerring der neuen Modelle hat am Innendurchmesser kleine Laschen, sie müssen bei der Montage wieder nach innen zeigen.

Achtung: Dichtungsringe

Wird das Dämpferrohr nun herausgezogen, ist etwas Aufmerksamkeit angebracht. Der Dämpferkolben an ihrem oberen Ende trägt kleine Kolbenringe. Keine Gewalt anwenden, wenn diese Ringe etwa an den Gewinderillen unten im Standrohr festhaken. Lieber mit einer Fühlerlehre zwischen Kolben und Standrohr-Innendurchmesser stochern, um diese Kolbenringe unbeschädigt herauszuziehen. Ebenso wird beim Zusammenbau darauf geachtet, daß die Ringe nicht verbogen werden, auch hier tun etwa vier 0,2 Millimeter-Fühlerlehren rundherum gute Dienste. So braucht man nicht die Spezial-Schlupfhülse, die werksseitig vorgeschrieben ist.
Gleitrohr und Dämpfer liegen nun frei. Was kann repariert werden? An den Gleitrohren sind höchstens die Wellendichtringe zu tauschen. An den Dämpfern hingegen könnten Federn gebrochen, Ventilplättchen zerhämmert und Anschlagpuffer zerdrückt sein. Wenn die nötigen Ersatzteile gekauft werden, stets fragen, ob es eine neuere Ausführung für diese Gabel gibt. BMW hat im Laufe der Zeit kleinere Änderungen in die Serienfertigung einfließen lassen, also immer möglichst die neueste Version beschaffen.

Gabel-Zusammenbau

Es gibt nur wenige Kniffe, die beim Zusammenbauen etwas helfen. Zum Beispiel wird das Dämpferrohr zuerst ins Standrohr geführt (Kolbenringe entweder durch Schlupfhülse oder durch vier ringsum eingesteckte 0,2-Millimeter Fühlerlehren schützen). Dann wird das Gleitrohr von unten aufgeschoben. Damit das Dämpferrohr nicht nach oben durchrutscht, einfach die Feder von oben einstecken und leicht festhalten.
Unten ist nun das Dämpferrohr ans Gleitrohr anzuschrauben. Vorerst nur mit leichter Hand die Schraube oder Mutter ansetzen, dann das Gleitrohr ganz nach oben schieben, damit sich das Dämpferrohr gut zentriert. Jetzt die Schraube oder Mutter endgültig festziehen. Bei den ersten Gabeln wird wie schon beim Zerlegen das Dämpferrohr mit dem kleinen Innensechskantschlüssel festgehalten, während die SW 13 Mutter gegengezogen wird. Nicht zu fest anknallen, sonst reißt das Gewindestück ab. Bei den alten Modellen bis 1981 sind nur 20 bis 23 Nm vorgeschrieben. Die Innensechskantschraube der neueren Modelle wird hingegen mit 35 Nm angezogen.

Standrohre oder Lenklager wechseln

Nach Stürzen mit Feindberührung, sei es nun ein Auto oder auch nur der Bordstein gewesen, sind außer dem Vorderrad fast immer auch die Gabelstandrohre verbogen. Sie müssen dann ausgetauscht werden. Richten ist verboten, weil bei diesen hochwertigen Stählen nie auszuschließen ist, daß sich nicht kleine Anrisse beim Geradebiegen bilden. Sicherheit geht immer vor.

Im Standrohr der Telegabel ist die Abschlußschraube, die sich mit einem einfachen, etwa aus zwei Speichen zurechtgebogenen Hakenschlüssel herausdrehen läßt. Dann ist das Dämpferrohr herauszuziehen. Auf die Kolbenringe des Dämpferkolbens beim Wiedereinbauen besonders achten, sie können sich in den Gewindegängen im Standrohr verhaken. Am besten eine Führungshülse drehen lassen, die die Gewindegänge überdeckt.

Die Lenklager sind Kegelrollenlager. Sie halten im Grunde sehr lange, müssen auch selten nachgestellt werden. Wenn sie doch zerstört sind, liegt es meist daran, daß beim Maschinewaschen mit dem Dampfstrahler direkt auf die Lager gespritzt wurde. Dann verrosten die Lager schnell. Zum Auswechseln der Lenklager muß die Gabel vollständig ausgebaut werden. Dabei können die Holme (also Standrohre mit den Gleitrohren) an der unteren Gabelbrücke montiert bleiben. Das erspart das spätere Abmessen, wie tief die Standrohre in die untere Gabelbrücke eingeschoben werden müssen.
Bei den verschiedenen BMW-Modellen sind unterschiedlich viele Teile abzubauen, damit die obere Gabelbrücke freiliegt und abgenommen werden kann. Deshalb hier die Hinweise für die einzelnen Modelle getrennt:

Gabel-Ausbau R 45 bis R 65

Vorderrad ausbauen, Kotflügel abbauen, Lenker abnehmen, Bremssattel abschrauben, Klemmschrauben für linkes Gabelstandrohr an der oberen und der unteren Gabelbrücke lösen und Standrohr mit Gleitrohr nach unten herausziehen. Tachowelle lösen, Befestigungsschrauben für Instrumententräger oben und unten herausdrehen. Instrumententräger seitlich über die untere Gabelbrücke ziehen und nach unten hängen lassen. Dann kann die obere Gabelbrücke nach Lösen der Klemmschraube und der Abschlußschraube in der Mitte über dem Lenklager nach oben abgehoben werden.

R 60/7 bis R 100 RS

Vorderrad und Kotflügel ausbauen. Lenkungsdämpfer abschrauben. Bei R 100 RS und RT Motorverkleidung rechts und links lösen, Blende und Motorverkleidung Mitte abbauen. Bei R 100 S und CS Cockpitverkleidung abbauen. Masseverbindung der Batterie abklemmen. Links und rechts die elektrischen Kombischalter am Lenker abnehmen, auch die Kabelbinder trennen. Sterngriff für Lenkungsdämpfer und bei der R 100 RS die Prallplatte abnehmen. Lenkerhalterung von der oberen Gabelbrücke abschrauben und Lenker mit Armaturen und Seilzügen einfach hinunterhängen lassen. Scheinwerfer links und rechts lösen und vorsichtig hinunterhängen lassen.
Auf beiden Standrohren sind Verschlußkappen, die mit dem Zapfenschlüssel aus dem Bordwerkzeug abgenommen werden. In der Mitte der Gabelbrücke ist die Zentriermutter abzunehmen, auch für sie ist ein großer SW 41 Schlüssel im Bordwerkzeug vorhanden. Schließlich sind nur noch die beiden Federlager links und rechts auf den Standrohren abzuschrauben, und die obere Gabelbrücke liegt frei.
Bevor die beiden Scheinwerferhalter mit ihren Gummiringen hochgezogen werden können, müssen die Blinkerkabel in den Blinkern abgeklemmt werden. Dann lassen sie sich herausziehen und dann sind auch die Blinkergehäuse mit ihrer Halterung abnehmbar.

R 80 G/S

Hier sind wieder Vorderrad und Kotflügel als erste auszubauen. Auch Lenker und Scheinwerfer mit Instrumenten müssen weggehängt werden. Auf der oberen Gabelbrücke sind die Abdeck-Kappen der Standrohre mit dem Schraubenzieher abzuhebeln, dann die beiden Federlager loszuschrauben. Nach Lösen der zentralen Hutmutter liegt die Gabelbrücke selbst frei, auch die Gabelfedern können herausgehoben werden.

Bei den älteren Gabeln war die obere Gabelbrücke noch ein einfaches Stahlblechteil, die Standrohre wurden oben mit einem Schraubstopfen festgehalten. Scheibe unter dem Schraubstopfen nicht vergessen.

Ausbau bei allen gemeinsam

Die Bremsen sind immer abzubauen. Bei den alten Schwenksattelbremsen wird am unteren Teil des Gleitrohres der Gelenkbolzen herausgedreht, bei den neueren Festsattelbremsen sind die zwei Schrauben des Bremssattels zu lösen. Die Bremsleitungen bleiben zusammen.
Die Standrohre sind nun nur noch in der unteren Gabelbrücke geklemmt. Klemmschraube lockern, Keil in den Schlitz drücken, dann lassen sich die Standrohre ganz leicht nach unten herausziehen. Als Keil eignet sich ein Stück Hartholz ebenso gut wie etwa ein sehr schlank angeschliffener Schraubendreher. Holz schont das Leichtmetall der Gabelbrücke aber besser. Geht das Rohr dennoch nur schwer heraus, dann lieber den Keil noch etwas tiefer einpressen, damit die Klemmung noch weiter geöffnet wird. Nicht die Rohre drehen. Denn beim Drehen passiert es zu leicht, daß Sandkörner, die sich zwischen Gabelbrücke und Standrohr hineingemogelt haben, das Standrohr ganz kräftig verkratzen. Und Kratzer sind allemale Anfänge für Dauerbrüche.

Lenklager auswechseln

Sind die Standrohre aus der unteren Gabelbrücke herausgezogen, muß nur noch die oben auf dem Lenkrohr sitzende Mutter gelöst werden, damit die Lenkung komplett nach unten herausfällt. BMW verwendet Kegelrollenlager, die Rollen sind in Käfigen geführt, sollen also nicht einzeln herausfallen.
Die Lageraußenringe sitzen im Lenkkopf des Rahmens fest, der obere Innenring ist leicht auf das Lenkrohr aufgepaßt, der untere sitzt mit engem Paßsitz auf dem Lenkrohr. Ein leichter Schlag mit dem Gummi- oder Kunststoffhammer löst das obere Lager vom Lenkrohr.

Unteres Lager

Das untere Lager wird auf etwas raffinierte Art abgenommen. Es sitzt bündig auf der unteren Gabelbrücke, so daß kein Schlagdorn dazwischenpaßt, mit dem der Lagerinnenring nach oben weggeschlagen werden könnte. BMW schreibt vor, daß die untere Gabelbrücke auf etwa 100 Grad angeheizt werden soll, dann kann das Lenkrohr von oben nach unten durchgeschlagen werden, wobei der Lagerring abfällt. Bei noch heißer Gabelbrücke muß das Rohr dann sofort wieder eingepreßt werden.
Wichtig ist dabei, daß das Lenkrohr nicht verdreht eingesetzt wird, damit der Schlitz für das Lenkerschloß wieder an der richtigen Stelle sitzt. Also vor dem Anheizen und Auspressen am Rohr und der Gabelbrücke eine Markierung (Körnerpunkt) anbringen, damit beide wieder richtig zusammenpassen. Natürlich wird das Rohr nicht wieder von unten, sondern jetzt von oben eingesetzt.

Andere Ausbau-Methode

Wem die Methode nicht gefällt (uns zum Beispiel), der tippt das Lenkrohr nach dem Anheizen nur etwas an und schlägt es dann gleich von unten wieder bündig ein. So entsteht nur ein Spalt zwischen Lager und Gabelbrücke. In diesen Spalt kann ein Abziehwerkzeug eingreifen und das Lager vollends nach oben abziehen. Aus 3-Millimeter-Blech sind zwei Abziehbrücken auszuschneiden, die von rechts und links unter das Lager greifen. An den Brücken sind außen Bohrungen für die berühmten Gewindestangen anzubringen, so daß beide Hälften davon zusammengehalten werden. So wird die Gefahr umgangen, daß einmal der Schlitz fürs Lenkschloß nicht mehr stimmt, zum zweiten auch der Sitz des Rohrs in der Gabelbrücke zu sehr aufgeweitet wird.
Das neue Lager wird etwas angeheizt (im Ölbad auf etwa 80 Grad bringen), bevor es von oben auf das Lenkrohr aufgeschoben wird. Mit passendem Rohrstück und leichtem Hammerschlag auf Anschlag auf die Gabelbrücke drücken.

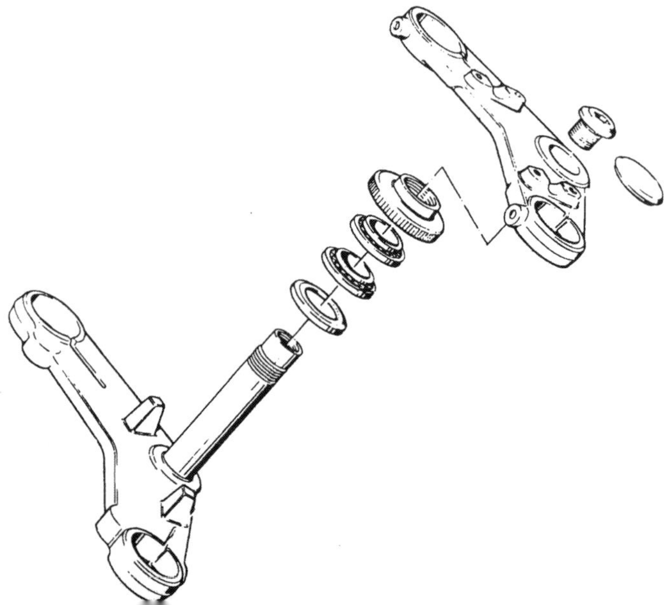

Die obere Gabelbrücke der neueren Modelle ist ein Leichtmetallteil. Die Standrohre werden geklemmt. Diese Klemmung muß natürlich zum Einstellen der Lenklager gelöst werden. Die Klemmung in der unteren Gabelbrücke bleibt fest. In der Zeichnung ist übrigens das untere Kegelrollenlager falsch herum gezeichnet. Der Innenring sitzt unten auf dem Lenkrohr, der Außenring im Rahmen-Lenkkopf

Sogenannte Innenauszieher für Lager bestehen aus diesem Spreizstück, das am Gewinde mit einer Stützbrücke verbunden wird. Für nur gelegentliche Reparaturen wesentlich zu teuer. Aber sie lassen sich durch zwei Flacheisenstücke und ein bißchen Bohren gut improvisieren, siehe Seite 161.

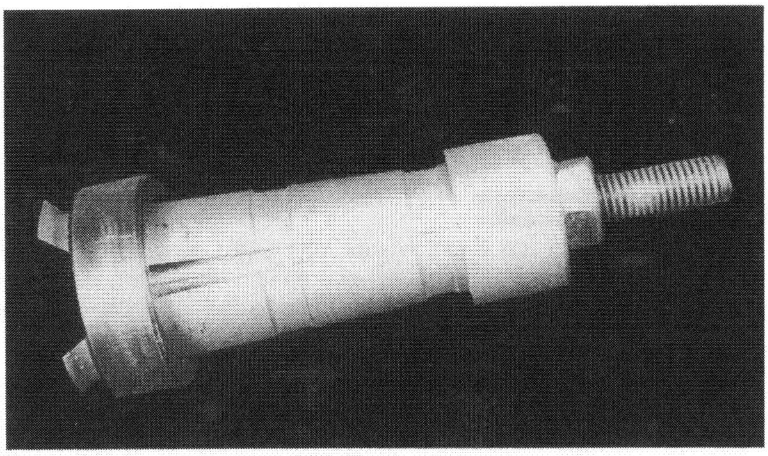

Lagerschalen im Lenkkopf

Diese sind sehr eng gepaßt, ihr Innendurchmesser ragt nicht über den Lagersitz im Lenkkopf hinaus. Werksseitig ist vorgesehen, daß sie mit einem Innenauszieher ausgebaut werden. Wer handwerklich geschickt ist, kann sich einen solchen Innenauszieher für diesen speziellen Fall selbst improvisieren, die Zeichnung und das Foto zeigen, was wichtig ist. Im Grunde geht es nur darum, zwei Klauen mit einer Schraube so zu spreizen, daß sie sich fest an den Rand des Lagerrings andrücken. Mit einem Draht, an den ein Schlaghammer angebracht ist, ist der Lagerring dann auszuziehen.

Experten-Tip

Ein Tip aus Rennfahrerkreisen sei noch angebracht: Wer den Rahmen längere Zeit behalten will, der kann sich für häufigere Lenklagerwechsel zwei halbmondförmige Aussparungen in die innere Auflagefläche für die Lagerringe einschleifen. Zwei Millimeter Tiefe genügen, damit man beim nächsten Lagerwechsel von innen mit einem Dorn an die Grundfläche des Lagerrings herankommt. Dann läßt er sich mit ein paar Hammerschlägen austreiben. Der Tip ist zwar gut, aber insofern als inoffiziell zu verstehen, als dadurch natürlich eine unzulässige Änderung am Rahmen vorgenommen wird.

Die neuen Lagerschalen

Die neuen Lagerschalen zieht der sorgfältig arbeitende Monteur mit Hilfe einer Gewindespindel in ihre Sitze. Hammerschläge sind bei diesen dünnwandigen, sehr harten Schalen nicht angebracht, sonst splittern Teile ab, die Lagerschale ist Schrott. Also eine Gewindestange M 12 nehmen, oben und unten über die Lagerschalen etwa fünf Millimeter dicke Scheiben aufschieben, deren Außendurchmesser dem der Lagerschalen entspricht. Dann mit zwei Muttern die Lagerschalen in den Lenkkopf pressen.

Lenklager einstellen

Grundsätzlich sind Kegelrollenlager mit etwas Vorspannung zusammenzuhalten. Wenn die Gabel von unten in den Rahmen eingesteckt und das obere Kegelrollenlager mit dem auf etwa 50 bis 70 Grad angewärmten Innenring angesetzt ist, wird die eigentliche Lagereinstellmutter draufgeschraubt. Das ist entweder eine

Lenklager einstellen. K ist die Kontermutter, die zuerst zu lösen ist. E ist die Einstellmutter, hier für Hakenschlüssel, sonst als einfache Rändelmutter ausgeführt. Unter der Gummikappe M liegt die Standrohr-Verschraubung.

Nutmutter mit viereckigen Aussparungen am Umfang zum Ansetzen eines Hakenschlüssels, oder eine Rändelmutter. Eingestellt werden beide so, daß die Lenklager spielfrei laufen. Dabei wird die Mutter nicht so hart angespannt, daß die Lenkung schwer geht.
Auf diese Mutter kommt nun die obere Gabelbrücke. Sie wird mit einer Schraube oder einer weiteren Mutter gegen die Einstellmutter festgezogen. Die Einstellmutter muß dabei festgehalten werden.

Gabel-Zusammenbau

Jetzt wird erst mal die Gabel wieder vollständig zusammengebaut. Standrohre einstecken in die untere Gabelbrücke, durchschieben bis zur oberen und die Federn einstecken und oben durch Verschlußschraube oder Verschlußstopfen festlegen. Dann auch das Schutzblech und das Rad kurz einbauen. Maschine kurz vom Ständer nehmen, damit sich alle Teile unter Last in ihre Position schieben können. Maschine wieder aufbocken.
Wenn die Standrohre in die untere Gabelbrücke eingeschoben werden, müssen sie oben um ein bestimmtes Maß herausschauen. Das ist bei fast allen BMW-Maschinen 161 Millimeter. Nur die R 45 und R 65-Baumuster haben einen längeren Lenkkopf, da müssen die Standrohre um 190 Millimeter aus der unteren Gabelbrücke hervorschauen. Diese beiden Maße sind aber nur sogenannte Prüfmaße. Sie sind hilfreich beim ersten einfachen Zusammenstecken.
Keinesfalls die Klemmschrauben der unteren Gabelbrücke festziehen und dann die obere dagegenspannen. Erst als Lockerungsübung bei korrekt eingestellter Lenklagerung die Federung einige Male wie beschrieben durchpumpen lassen.

Endgültige Einstellung

Diese Einstellung der Lenklager geschieht erst, wenn die Gabel wieder vollständig eingebaut ist, also auch Scheinwerfer, Lenker und die Seilzüge montiert sind. Dazu noch ein Hinweis: Die elektrischen Leitungen werden hinter den Gabelstandrohren verlegt, nur die Kabel für die Blinker davor. Und die Bremsleitung und die Seilzüge liegen ebenfalls vor den Standrohren. Bei den Modellen R 60/7 bis R 100 RS ist noch darauf zu achten, daß die Tachowelle, die Drehzahlmesserwelle und der Kabelbaum unterhalb der unteren Gabelbrücke verlaufen.

Feinkorrektur

Wenn alles soweit zusammengebaut ist, daß die Maschine bereits probegefahren werden könnte, ist die Feinkorrektur des Lenklagerspiels angebracht. Etwa vorhandenen Lenkungsdämpfer in Nullstellung bringen. Maschine hochbocken damit das Vorderrad frei hängt. Die Gabel muß jetzt aus der Mittelstellung langsam von allein nach rechts und nach links bis zum Anschlag schwingen. Und wenn an den Gabelstandrohren gerüttelt wird, darf kein Spiel zu fühlen sein. Nachstellen der Lenklagerung geschieht an der Einstellmutter, natürlich vorher die Kontermutter oberhalb der Gabelbrücke lösen. Die Kontermutter wird danach wieder sehr fest angezogen, das vorgeschriebene Anziehmoment ist 120 Nm.
Diese Prozedur sollte beim ersten Zusammenbauen der Gabel noch nicht so ernst genommen werden. Denn auf den ersten Kilometern setzen sich die Lenklager meist recht deutlich, so daß sie nachgestellt werden müssen. Lockere Lenklager sind im übrigen sofort zu hören, wenn auf schlechter Fahrbahn kurz vorn gebremst wird.

Trommeln und Scheiben

Von den vielen verschiedenen Bremsen-Bauarten von früher sind heute nur noch zwei übriggeblieben: Trommel und Scheibe. Sie haben beide ihre Vor- und Nachteile. Zu letzteren: Trommelbremsen sind schmutzempfindlich, Scheibenbremsen wasserscheu. Was die Pflege angeht, sind Scheibenbremsen im Vorteil. Das Auswechseln von Belägen und schlimmstenfalls der Bremsflüssigkeit sind einfache Handarbeiten. Die Trommelbremse verlangt mehr. Der Betätigungsseilzug muß stets gut geschmiert sein, die Trommel muß gelegentlich innen gereinigt werden, die Lagerstelle der Bremsnockenwelle braucht spezielles Fett, und bei Verschleiß sind die Beläge nur recht mühsam auszuwechseln.

Scheibenbremsen vorn

Wie es mit der Wirkung der beiden Bauarten steht, zeigt ein Blick auf ihre Verwendung. Eine Trommelbremse ist bei heutigen Motorrädern fast ausschließlich im Hinterrad eingebaut, nahezu jedes Vorderrad hat hingegen Scheibenbremsen.
Warum das so ist, erklärt ein wenig Theorie. Beim Bremsen, gleichgültig ob vorn oder hinten, versucht die Massenträgheit, den Schwerpunkt der Maschine in der bisherigen Fahrtrichtung weiterzuschieben. So steigt die Last auf dem Vorderrad stark an, während das Hinterrad gleichzeitig entlastet wird. Der Fachausdruck dafür heißt »dynamische Radlastverlagerung«.

Überschlagen nach vorn?

Das kann soweit gehen, daß das Hinterrad richtig vom Boden abhebt. Und sogenannte Stuntmen bringen es sogar fertig, das Motorrad fast senkrecht auf dem Vorderrad stehen zu lassen. Überschläge werden dabei freilich nur zufällig produziert. Denn wenn der Fahrer ganz normal auf dem Motorrad sitzt, sich also nicht weit nach vorn über den Lenker lehnt, ist ein Überschlag nach vorn nicht zu schaffen. Das muß man regelrecht provozieren. Mit leichten Maschinen der 80er Klasse geht es noch einfach, mit einem Motorrad von rund 200 Kilogramm ist ein Überschlag allein durch Bremseneinsatz nicht möglich.

Trommelbremse hinten

Wenn das Hinterrad beim Bremsen leicht wird, kann es naturgemäß nur wenig Bremskraft auf die Straße übertragen. Deshalb kommt es mit der Trommelbremse aus, die der Scheibe in der Wirkung ansonsten deutlich unterlegen ist.
Bei den BMW-Boxermaschinen wurde zuerst vorn und hinten eine Trommelbremse eingesetzt. Aber ab der R 75/6 des Jahres 1973 haben alle BMW vorn Scheibenbremsen, oft serienmäßig nur eine, die zweite ist dann fast immer nachrüstbar. Das Hinterrad wird auch heute noch mit der Trommelbremse gebaut.

Die Simplex-Trommelbremse

Trommelbremsen gibt es in verschiedenen Bauarten. Zum einen die Simplex-, zum anderen die Duplex-Bremse. Zur Erklärung helfen die Zeichnungen weiter.

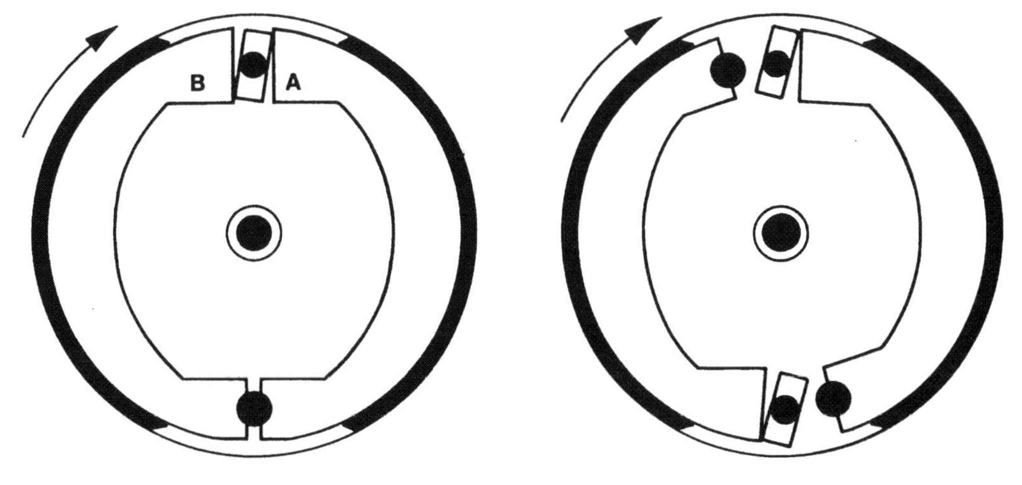

Die zwei wichtigsten Trommelbremsen-Bauarten: Links Simplex-, rechts Duplex-Version. Simplex heißt, nur ein Bremsnocken spreizt beide Backen. Ein Backen wird von der Drehbewegung zusätzlich (mit Servowirkung) an die Trommel gepreßt, er heißt auflaufender Backen (A). Der andere ist ablaufend (B), ohne Servowirkung. Duplexbremsen haben zwei Nocken, zwei auflaufende Backen. Sie sind wegen der Servowirkung giftiger.

Zunächst die Simplex-Bremse. Sie wird im Hinterrad verwendet. Auf der sogenannten Bremsankerplatte sind die beiden mit Reibbelägen versehenen Bremsbacken gelagert. Beide Backen werden von einem einzigen Bremsnocken auseinandergedrückt, so daß sie sich mit ihrer Außenseite, mit den Reibbelägen, an die Trommel innen anlegen. Federn ziehen die Backen nach dem Bremsen wieder in die Nullage zurück.
Das Widerlager der Backen ist ein einfacher Rundbolzen, auf dem die Backen mit einer Sicherungsscheibe festgelegt sind.
Wer sich die Drehbewegung der Trommel ansieht, findet schnell den Nachteil dieser Simplex-Bauart heraus. Der eine Backen wird so gespreizt, daß er von der Drehbewegung gegen das Widerlager geschoben wird. Hierbei verstärkt sich der Andruck des Backens an die Trommel. Der andere Backen hingegen wird von der Trommel vom Widerlager weggedrückt, er liegt nur mit der Kraft an, die vom Bremsnocken aufgebracht wird. Den ersten Backen nennt man den auflaufenden, der zweite ist folgerichtig der ablaufende Backen.

Die Duplex-Bremse

Während die Simplex-Bremse für das Hinterrad ausreichende Wirkung bringt, wird für das Vorderrad mehr verlangt. Die Duplex-Bauart nutzt die Servowirkung von auflaufenden Backen aus. Es sind dazu zwei Bremsnocken nötig und für jeden Backen ein eigenes Widerlager. Die Nocken werden vom selben Seilzug betätigt, und zwar der eine (untere) Nocken vom Seil, der obere von der Hülle. Deshalb darf zum Beispiel die Hülle auch nicht nahe am äußeren Bremshebel festgelegt werden, sie braucht Bewegungsfreiheit. Beim Reparieren ist es etwas schwierig, die Bremsbacken auszubauen, weil erst deren Rückholfedern ausgehängt werden müssen.
Die Wirkung der Duplex-Bremse mit den zwei auflaufenden Backen ist ganz enorm. Mit einer gut eingestellten und bestens in Ordnung befindlichen Duplex-Bremse ist der Vorderreifen mit wenig Handkraft auf der Straße zum Pfeifen zu bringen. Weil die Servowirkung viel Handkraft spart, wird die gute Duplex-Bremse oft auch »Zwei-Finger-Bremse« genannt.

Trommel-Praxis

Das Wichtigste für ordentliche Funktion jeglicher Trommelbremse ist eine sanfte Kraftübertragung. Die Handkraft muß möglichst verlustfrei an den Bremsbacken ankommen, zudem sollte in der Übertragungsmechanik nicht soviel Reibung herrschen, daß etwa der Handhebel nur ruckweise reagiert. Das ist mit sanft gemeint: Mit Fingerspitzengefühl muß der Fahrer die Bremswirkung dosieren können. So ist es zum Beispiel mit einem Bleistift möglich, sehr genaue Linien zu ziehen, mit einem Besenstiel jedoch nicht mehr. Genauso läßt sich eine Bremse mit einem verrosteten Seilzug nicht mehr fein regeln. Zuviel Kraft wird zur Überwindung der Reibung im Seil vergeudet.

Seilzug gängig machen

Erste Pflegearbeit ist darum immer (natürlich bei jeder Seilzugbetätigung, also bei Kupplung und Gas ebenso) Säubern und Schmieren. Dazu wird der Zug oben am Handhebel ausgehängt, so daß auf irgendeine Weise Öl zwischen Hülle und Seil getropft werden kann. Ob man dazu nun einen Trichter aus Papier, mit Klebeband zusammengehalten, oder eine Ecke einer Plastiktüte nimmt, ist ziemlich gleichgültig. Wichtig ist, daß das Öl am unteren Ende des Zuges wieder herausläuft und den Schmutz mit herausspült. Um den Vorgang etwas zu beschleunigen, kann der Zug in der Hülle auch bewegt werden.
Am unteren Ende eines Seilzugs ist oft ein Gummi-Faltenbalg. Für die Pflege wird er am besten abgenommen,

An der alten R 75/5 wurde im Vorderrad noch eine Duplexbremse verwendet. Weil sie trotz Servowirkung nicht gegenüber den moderneren Scheibenbremsen bestehen konnte, darüberhinaus noch schwierig einzustellen war, mußte sie der Scheibenbremse weichen.

Seilzüge sind schmutzempfindlich. Damit sie nicht verrotten, sind sie am unteren Ende mit Faltenbälgen gegen Wasser abgedichtet. Diesen Faltenbalg mit etwas Fett zu füllen, ist keine schlechte Idee.

denn in ihm sammelt sich eine Schmiere aus Wasser, Öl und Sand. Das Seil rostet dann an dieser Stelle sehr schnell. Um das zu verhindern, kann auch Fett in den Faltenbalg gedrückt werden, bevor er wieder auf seinen Sitz geschoben wird.

Gestänge nach hinten

Für die Kraftübertragung zur Hinterradbremse wird ein Gestänge verwendet. Einzustellen ist es durch eine Mutter mit Kontermutter. Das Gewinde ist ein kritischer Punkt, auch hier gibt es sehr oft Rost. Das ist am Bremsgestänge besonders gefährlich, denn Rost bildet Narben, und an solchen Narben beginnen Risse. Das Gestänge schwingt ja beim Fahren ständig, wodurch sich ein Anriß etwa am Gewindegrund sehr schnell durch das gesamte Material hindurcharbeitet.
Ist der Querschnitt erst mal genügend geschwächt, reicht ein Tritt auf die Bremse, um die Stange endgültig zu zerreißen. Derartige Dauerbrüche mit anschließendem Gewaltbruch erkennt der Fachmann sofort an der Form der Bruchstelle. Da ist ein deutlicher Anfang, der sich mit muschelförmigem Profil fortsetzt bis zu einer Linie, von der an der Gewaltbruch mit gleichförmig körniger Oberfläche beginnt.
Grundsatz also: Rost an der Bremsstange ist gefährlich, besonders am Gewindeteil. Weil eine solche Bremsstange nicht allzu teuer ist, lohnt sich kein Risiko, sie wird schnellstens ausgewechselt. Wir raten hier aus eigener Erfahrung.
Gelenke in der Bremskraftübertragung sind natürlich auch zu schmieren. Am Fußhebellager hat sich sehr zähes, wasserunempfindliches Fett bewährt, auch Molybdändisulfidpasten sind ganz hervorragend.

Der Handhebel

Ein Gelenk wird jedoch meistens übersehen: Der Seilzugnippel am Handhebel. Nicht nur der Handhebel selbst ist ja auf einem Bolzen beweglich, auch der Nippel dreht sich in seiner Aufnahmebohrung im Handhebel. Wenn

Bei Bremsgestängen ist zwar die Kraftübertragung praktisch verlustfrei, aber auch hier gibt es heikle Punkte: Das Gewinde (unterer Pfeil) darf nicht verrostet sein, sonst bricht die Stange hier. Der Pfeil oben weist auf Markierungen von Hebel und Nockenwelle, die nach dem Zerlegen die gleiche Stellung finden lassen.

Reinigen der Bremsbeläge darf nur trocken geschehen. Leichtes Abreiben mit Schmirgelleinen ist erlaubt. Kein Material abtragen. Der Belag soll nicht etwa aufgerauht werden, sondern nur sauber. Blanke Stellen im Belag zeigen, daß er dort gut getragen hat. Je blanker also desto besser.

er ungeschmiert dreht, dann knarrt es jedesmal, wenn die Bremse gezogen wird. Das Geräusch wäre nur ein Schönheitsfehler, doch wenn sich der Nippel nicht im Hebel frei bewegen kann, muß eben das Seil dort minimal gebogen werden, sobald der Fahrer bremst. Und dieses häufige Biegen des Seils genau an der Stelle, wo es im Nippel fest eingespannt ist, führt erstaunlich schnell zum Bruch. Erst sind einzelne Seildrähtchen durchgebrochen, dann knackt der Rest bald ebenso.

Wartung der Trommel

Reinigen

Für die kleine Inspektion wird nur das Rad ausgebaut, damit die Trommel ausgewischt werden kann. Ein grober Pinsel tut gute Dienste. Die Bremsbeläge auf den Backen sind ebenso nur abzuwischen, damit sie begutachtet werden können. Es kommt darauf an, daß die Beläge auf der gesamten Fläche gleichmäßig blank aussehen. Haben sie irgendwelche Stellen, an denen sie rauh sind, so ist das ein Zeichen, daß sie an diesen Stellen nicht getragen haben, also nicht mit der Trommel in Berührung gekommen sind. Sofern die Bremsen neu sind, also weniger als 1000 Kilometer gefahren wurden, kann sich der Belag noch einlaufen und an die Trommel anpassen. Sonst ist Nacharbeit angesagt.

Die blanken Stellen werden dabei minimal abgetragen, am besten mit einer Flachfeile, auf keinen Fall mit Schmirgelleinen. Die rauhen Stellen dürfen nicht bearbeitet werden. Das ist eine Arbeit, die viel Fingerspitzengefühl erfordert. Der Erfolg muß durch kurze Bremsungen zwischendurch immer wieder kontrolliert werden. Zum Glück ist es sehr selten, daß Beläge so krumm sind und nur teilweise an der Trommel anliegen.

Unrunde Trommel

Die zweite mögliche Fehlerstelle wäre eine unrunde Trommel. Dann ruckelt es beim Bremsen im Rhythmus der Raddrehungen. Ursache für verzogene Trommeln können ungleich gespannte Drahtspeichen sein, wobei dann meistens auch die Felge nicht mehr schlagfrei rund läuft. Abhilfe ist möglich, aber nur in der Werkstatt. Denn dazu ist eine Drehmaschine nötig, in die das vollständige Rad eingespannt werden kann, damit von der Trommel innen mit einem Drehmeißel ein feiner Span abgenommen werden kann.

Die Federn der Bremsbacken von Duplex-Bremsen müssen mit einer speziellen Bremsfederzange abgezogen werden. Hier an einer älteren BMW-Bremse gezeigt, die noch genietete Beläge hatte. Die Backen selbst sind mit Scheibe und Splint gesichert. Dreh- und Druckpunkte reinigen und schmieren, aber nur mit Spezialfett.

Die Lagerstellen der Bremsbacken müssen poliert und leicht geschmiert sein. Sicherheits-Schmierpaste in winzigen Mengen auftragen, es darf kein Fettkragen entstehen. Die Federn sind so eingehängt, daß die offene Seite nach außen zeigt. Nach dem Zerlegen möglichst neuen Sicherungsring verwenden.

Ausdrehen der Trommel ist indes heutzutage nur noch in der Theorie möglich, weil niemand mehr eine Drehmaschine mit so großer Spitzenhöhe hat, daß das eingespeichte Rad aufgenommen werden kann. Das bedeutet, daß ein Rad mit unrunder Trommel immer zur Reparatur ins Werk eingeschickt werden muß.

Die Belagstärke

Dritter Punkt, der begutachtet wird, ist die Dicke der Bremsbeläge. Wenn der Verschleiß bereits soweit fortgeschritten ist, daß die Beläge nur noch einen Millimeter dick sind, müssen die Bremsbacken ausgetauscht werden. Früher wurden Beläge auf die Backen genietet, heute sind sie durchweg geklebt. Deshalb gibt es Beläge auch nicht mehr einzeln.

Bremsbacken abbauen

Bei Hinterrad-Simplex-Bremsen ist es ganz einfach: Die Backen werden hochgeklappt, nachdem die Sicherungsscheibe vom Widerlagerbolzen abgehoben wurde. Dann sind die Federn entspannt und können aus den Bohrungen herausgezogen werden. Zum Wiedereinbauen werden die Federn zuerst eingehängt, dann die Backen an den Nocken und das Widerlager angelegt und wieder an die Ankerplatte geklappt.
Bei der Duplexbremse müssen zuerst die Federn ausgehängt werden. Dafür gibt es im Werkzeughandel besondere Bremsfederzangen, es geht aber auch mit einem Draht. Er wird zu einer Schlaufe umgebogen, die um das Feder-Ende gelegt wird. Am anderen Drahtende ziehen und mit einem kleinen Schraubenzieher das Feder-Ende aus der Bohrung im Backen heraushebeln. Einbau geht genauso.

Korrosion und Verschleiß

Die Backen haben zwei Stellen, an denen Korrosion und Verschleiß auftreten können. Zuerst die Lagerung, also das Widerlager. Dahin gehört eine winzige Menge Fett (Klüber Sicherheits-Schmierpaste oder ein ähnliches hochhitzebeständiges Fett, das nicht ausblutet). Widerlagerbolzen mit feinstem Schmirgelleinen blankpolieren, dabei nicht zuviel Material abtragen, nur die Oberfläche glätten. Fall sich beim Aufsetzen der Backen irgendwo ein Fettkragen bildet, sorgfältig wegwischen.

Das Abklappen geht einfach, wenn zuerst mit einem Schraubenzieher unter den Backen gefahren wird, so ist er gut hochzuhebeln, bis er mit der Hand greifbar ist. Wichtig: Das Gummi-Dämpfungsstück liegt um die Feder beim Bremsnocken. Nocken-Druckflächen mit Sicherheits-Schmierpaste anhauchen. Bremsenteile nur trocken reinigen.

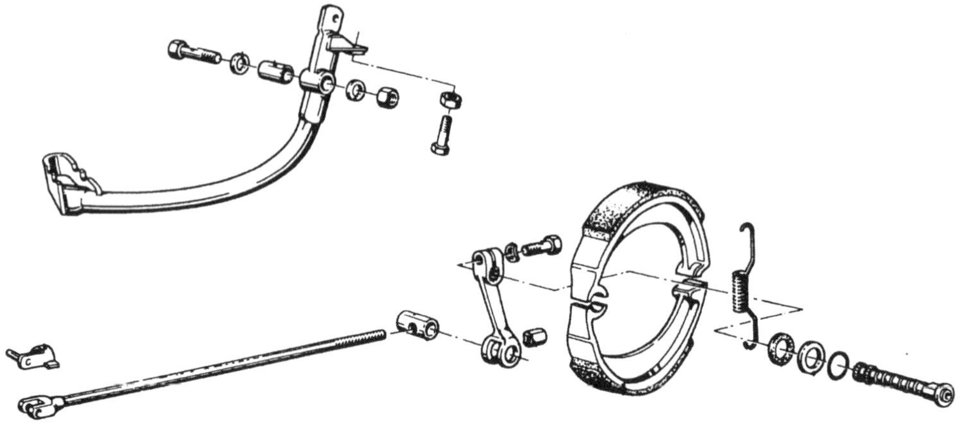

Die Einzelteile der Hinterradbremse, hier R 80 G/S: Auf die Lagerung des Fußhebels achten (links oben). Auch diese Buchse braucht Schmierung. Gezeichnet ist nur eine Rückholfeder von zweien. Beim Zusammenbau auf die richtige Lage der Scheiben für die Bremsnockenwelle achten.

Druckstellen

Der zweite Punkt sind die Druckstellen vom Bremsnocken. Die Anlagefläche für den Nocken muß ebenfalls glatt und außerdem ganz eben sein. Sind dort schon Dellen eingearbeitet, wird es beim Fahren gefährlich. In diesen Beulen fängt sich der Nocken, die Bremse löst nicht mehr sicher. Nacharbeit ist nur im äußersten Notfall anzuraten, wenn keine neuen Backen zu bekommen sind. Dann wird die Auflagefläche mit einer Feile wieder eingeebnet. Früher, in den fünfziger Jahren, gab es auch schon mal die Empfehlung, das Auflageblech selbst zu erneuern. Das geht heute nicht mehr, weil das Blech bei der Fertigung des Backens mit eingegossen ist.

Rückholfedern rosten

Die Bremsbacken-Rückholfedern rosten leicht. Und genau wie oben beim Bremsgestänge erklärt, sind Rostnarben Ausgangspunkte für Schwingungsrisse. Federbrüche sind gar nicht selten. Zumal noch ein weiterer Schwachpunkt dazukommt. Die Federn sind eine Zeit lang gegen Rosten verzinkt worden. Dabei jedoch gibt es die sogenannte Wasserstoff-Versprödung, die ebenfalls zu frühzeitigen Brüchen der Feder führt. Um der Probleme Herr zu werden, mußten die Federn am Schwingen gehindert werden. BMW hat dazu seit 1986 einen Gummiblock verwendet, der zwischen die hintere Feder und die Backen geklemmt wurde. Er hat die Teilenummer 34 21 1 457 572. Zusätzlich zur Aufgabe als Schutz gegen Bruch wirkt dieser Dämpfergummi auch gegen Quietschen der Bremse.

Die Bremsnockenwelle

Die Bremsnockenwelle muß sich in ihrer Lagerung in der Bremsankerplatte leicht drehen. Weil jedoch von außen ständig auch Wasser in diese Lagerung eindringt, gibt es dort bald Korrosion. Also Bremsnockenwelle ausbauen. Dazu wird vorher mit einem Körnerschlag auf der Stirnfläche der Welle und auf dem Hebel die Stellung des Hebels zur Welle markiert, so daß beim Zusammenbau nicht lange herumprobiert werden muß. Dann den Hebel lösen und von der Welle abziehen. Die Welle ist jetzt von außen nach innen durchzudrücken. Die Welle muß poliert werden. Ebenso ist die Lagerbohrung gründlich zu putzen. Sollte die Lagerbohrung ausgeschlagen sein, die Welle also deutlich fühlbar darin klappern, wird es schwierig. Bei den neueren

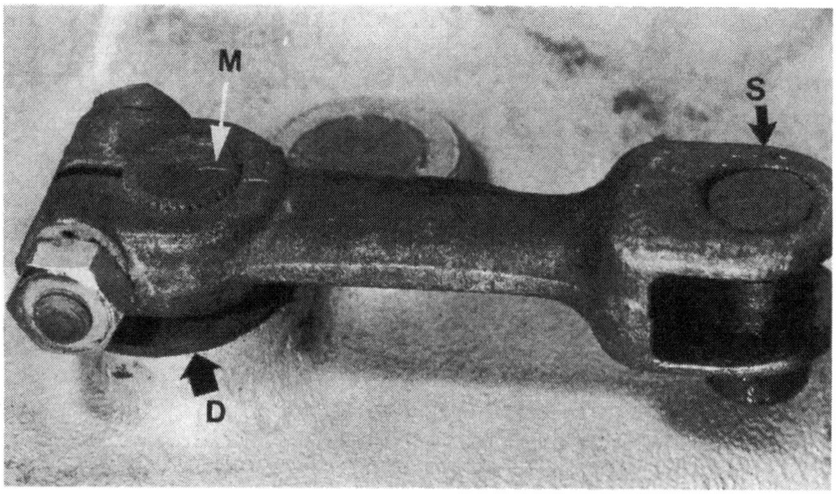

Wichtige Kleinigkeiten, gezeigt an einem alten Bremshebel: M ist eine einfache Markierung durch Meißelschlag, damit der Hebel nachher wieder richtig aufgebaut wird. D ist eine selbstgeschnittene Gummidichtung, heute werksseitig vorgesehen. S bedeutet, daß auch dieser Aufnahmenippel geschmiert werden soll.

Doppelscheibenbremse an der R 100 RS, hier als Schwenksattel-Ausführung.

Modellen ist die Bremsnockenwelle in einer Buchse gelagert. Diese Buchse ist aus dem Hinterachsgetriebe-Gehäuse auszudrücken und zu ersetzen. Bei den /5-Modellen mit der Vorderrad-Duplex-Bremse müßte im Falle von Verschleiß die Ankerplatte ausgebuchst werden. Also aufbohren, Buchse anfertigen, Buchse eintreiben und auf Maß für die Welle ausreiben. Das sind Arbeiten, die nur eine mechanische Werkstatt machen kann. BMW-Werkstätten sind nicht darauf eingerichtet.

Einbau

Einbauen der Bremsnockenwelle ist problemlos. Sie wird mit etwas Fett (wieder Klüber Sicherheits-Schmierpaste) eingerieben, Fettkragen sind sorgsam abzuwischen. Die außen vorhandenen Dichtungsscheibchen sollten erneuert werden. Nicht die Anlaufscheibe innen zwischen Nocken und Gehäusefläche vergessen. Und beim Aufsetzen des Bremshebels auf die vorher angebrachte Markierung achten.

Die Scheibenbremse

Mit einer Seilzug- oder Gestängemechanik wie bei den Trommelbremsen ist eine Scheibenbremse nicht zu beherrschen. Da bietet Hydraulik bessere Kraftübertragung, nämlich praktisch verlustfrei. Und außerdem ist es mit Hydraulik einfach, die Kraft am Handhebel bis zum Reibbelag durch innere Übersetzung zu verstärken. Diese Übersetzung geschieht simpel durch unterschiedlich große Hydraulikkolben in Hauptbremszylinder und Bremszange. Bei BMW sind zum Beispiel Kolben im Hauptbremszylinder von 13 bis 17,46 Millimeter Durchmesser verwendet worden. Und die Kolben an den Bremsbelägen der Pendelsattelbremsen hatten Durchmesser von 38 Millimeter, später 40 Millimeter.

Übersetzung ausrechnen

Rechnen wir ein Beispiel für die Übersetzung aus, und zwar für 14,29er Kolben am Hauptbremszylinder und 40er Kolben am Pendelsattel. Dazu wird jeweils die Kolbenfläche gebraucht. Also halber Durchmesser ins Quadrat mal Pi. Das ist 7,145 mal 7,145 mal 3,1416 gleich 160,38 Quadratmillimeter. Beim 40er Kolben sind es nach der gleichen Formel 1256 Quadratmillimeter. Um die Übersetzung herauszubekommen, wird die große

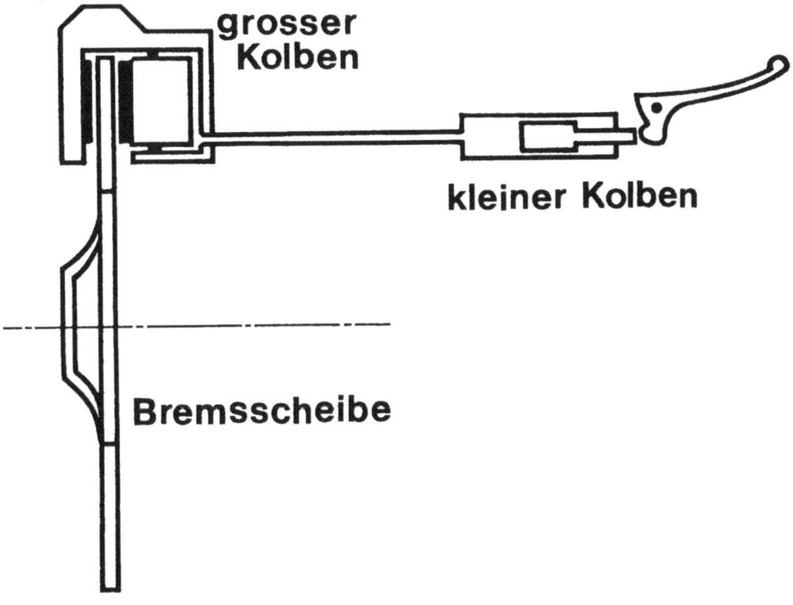

Die Kraft- und Wegverhältnisse im hydraulischen System. Der kleine Kolben am Handhebel legt einen großen Weg zurück, der große Kolben am Bremssattel hingegen nur einen kurzen Weg. Dafür drückt er aber mit höherer Kraft, als am Handhebel aufgewendet. Wieviel höher die Kraft ist, hängt vom Verhältnis der Kolbengrößen ab. Auch die unterschiedlichen Wege stehen damit im Zusammenhang.

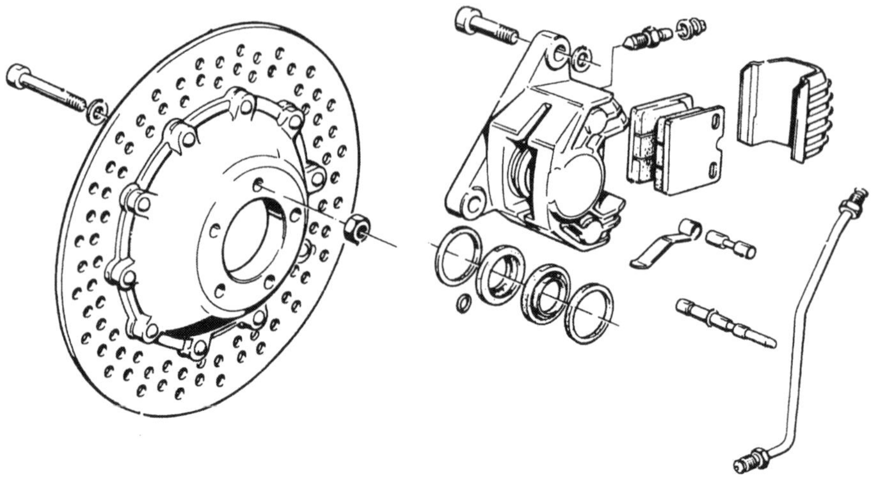

Einzelteile der Festsattelbremse. Die Kolben selbst sind nicht gezeichnet, dafür unter dem Sattel der Dichtungssatz. Über den Bremsbelägen ist eine Abdeckkappe, die zur Inspektion natürlich erst mal heruntergezogen werden muß. Sie ist nur aufgeklemmt.

Fläche durch die kleine Fläche geteilt. Also 1256 durch 160,38 gleich 7,83.
Was sagt diese Zahl? Sie gibt das Verhältnis der Flächen zueinander, aber auch das Verhältnis der Wege beider Kolben. Wenn etwa der kleine Kolben um 7,83 Millimeter bewegt wird, folgt ihm der große nur mit einem Millimeter Weg. Die Übersetzung der Kräfte ist genau umgekehrt, die geringe Kraft am kleinen Kolben wird am großen 7,83 mal stärker.
Fürs Verständnis der verschiedenen Änderungen an den BMW-Pendelsattelbremsen ist vielleicht noch eine andere Vergleichsrechnung angebracht. Die 14,29er Kolben gab es für die Einscheibenbremse. Für die Doppelscheibe waren Kolben mit 15,86 Millimeter Durchmesser, entsprechend 198 Quadratmillimeter Fläche vorgesehen. Die Übersetzung ist 6,34 mal 2 gleich 12,7, weil ja zwei große Kolben betätigt werden müssen. Das bedeutet, daß am Handhebel ziemlich lange Wege gebraucht werden, um den Kolben an die Scheibenbremse anzulegen. Der Druckpunkt ist nicht mehr so fein spürbar wie bei der Einscheibenbremse.

Größe der Bremszylinder

Wichtig ist also das Zusammenspiel der beiden Kolbengrößen von Hauptbremszylinder und Radbremszylinder. Sobald etwa von Einscheibenbremse auf Doppelscheibe umgebaut werden soll, muß auch der Hauptbremszylinder ausgewechselt werden. Dafür gibt es von BMW eine kleine Tabelle aus dem Jahr 1979, in der die verschiedenen zusammengehörigen Teile aufgeführt sind.

Hauptbremszylinder-Nr./Durchmesser	Scheibenanzahl	Für Modell und Baujahr
1) 14,29 mm 2) 14,29 mm	eine eine	R 75/6, R 90/6 bis 1975 R 75/6, R 90/6 ab 1975, R 60/7, R 75/7, R 80/7, R 100/7
3) 15,86 mm 4) 17,46 mm	zwei zwei	R 90 S bis 1975 R 90 S ab 1975, R 80/7 ab 1978, R 100 T, S, RT, RS
Die Hauptbremszylinder 2 und 4 haben hydraulische Bremslichtschalter		
Pendelsattel-Nr. und Durchmesser	**Kennzeichen/Farbe**	**Für Modell und Baujahr**
a) 38 mm b) 40 mm c) 40 mm d) 40 mm	schwarz schwarz silber/blaugrau blau	R 75/6, R 90/6, R 90 S bis 1975 R 75/6, R 90/6, R 90 S ab 1975 R 80/7 bis R 100 RS ab 1978 R 100 RS

Austauschbarkeit

Die meisten dieser Teile sind austauschbar, aber nur in der richtigen Zusammenstellung. Hauptbremszylinder für Einscheibenbremse sind zum Beispiel nicht für Doppelscheibenbremsen zugelassen. So ist auch für die Tauschbarkeit eine kleine Tabelle angebracht. Und damit nicht die vielstelligen Teilenummern die Übersichtlichkeit verderben, hier erst mal die Liste dieser Nummern für die Teile 1 bis 4 und a bis d der obigen Tabelle:

1 = 34311233954	a = 34111232357
2 = 34311234381	b = 34111234380
3 = 34311233955	c = 34111237303
4 = 34311234379	d = 34111235424

Die Abdeckkappe ist weg, die Beläge (B) sind sichtbar. Die Sicherungsfeder (S) hält die beiden Stifte, auf denen die Beläge fixiert sind. Feder hinunterdrücken, Stifte herausziehen, Beläge sind auszuwechseln. Mit E ist die Entlüftungsschraube bezeichnet, der untere Pfeil (A) weist auf die Ölablaßschraube der Gabel.

Austauschbar sind für alle R 75/6 bis R 100 RS die Hauptbremszylinder 1 und 2 in Verbindung mit den Bremssätteln a.
Hauptbremszylinder 3 ist für zwei Bremssättel a vorgesehen
Hauptbremszylinder 4 ist für alle Modelle mit zwei Bremssätteln b oder c oder d zu verwenden.
Der Bremssattel a ist mit Hauptbremszylinder 1 (für Einscheibenanlage) und mit Hauptbremszylinder 3 (Doppelscheibe) zu koppeln.
Die Bremssättel b, c und d sind mit Hauptbremszylinder 2 (Einscheibenanlage) oder 4 (Doppelscheibe) verträglich.

Sattel fest oder schwenkbar

Bei den ersten BMW-Modellen wurde eine Pendelsattel-Ausführung der vorderen Scheibenbremse verbaut. Später sind sogenannte Festsattelbremsen, zunächst vom deutschen Hersteller ATE ind Frankfurt, dann vom italienischen Zulieferer Brembo verwendet worden. Worin liegt der Unterschied?
Die Bremsscheibe wird vom Sattel mit den beiden Belägen in die Zange genommen. Legt der Konstrukteur nur einen der Beläge an einen Druckkolben, den anderen jedoch fest in den Sattel, so muß er auch dafür sorgen, daß Belagverschleiß ausgeglichen werden kann. Grundsätzlich ist also immer dann, wenn nur ein Bremskolben am Sattel vorgesehen ist, der Sattel irgendwie beweglich zu lagern.
Ist der Sattel seitlich parallel verschiebbar an der Gabel angebaut, heißt das Schwimmsattelbremse. Bei BMW wird indes ein anderes Prinzip gewählt. Der gesamte Bremssattel kann um einen Lagerbolzen schwenken. Im Fachjargon heißt das Schwenksattel- oder Pendelsattelanordnung.
Wird die Bremsscheibe von zwei Kolben gefaßt, kann der Sattel starr an der Gabel befestigt sein. Man spricht dann von der Festsattelbremse. Diese Bauart wird bei BMW ab den Modellen R 45 und R 65 verwendet, zunächst von der deutschen Firma ATE, später dann von Brembo aus Italien.

Bei der Schwenksattelbremse kann sich der Träger mit den Belägen (eben der Sattel) um einen Lagerbolzen drehen, der etwa parallel zum Gabelrohr verläuft. Der weiße Pfeil zeigt auf die Abschlußschraube des Lagerbolzens. Der schwarze Doppelpfeil markiert die Entlüftungsschraube.

Ob die Beläge tatsächlich parallel zur Scheibe eingestellt sind, wird mit Filzschreiber-Strichen auf der Scheibe geprüft. Bremse leicht ziehen, Rad drehen. Sind die Striche ganz weg, ist alles in Ordnung. Sind sie hingegen nur teilweise weg (entweder innen oder außen), muß der Schwenkbolzen verdreht werden.

Einstellen des Pendelsattels

Festsattelbremsen haben den Vorteil, daß sie nie eingestellt werden müssen. Die Schwenksattel- oder Pendelsattelbremsen hingegen erfordern einen kleinen Trick, damit sie die Scheibe von Anfang an richtig fassen. Die Beläge sollen ja nicht schräg zur Scheibe stehen.

Einstellen geschieht ohne besonderes Werkzeug. Mit einem Filzschreiber zieht man radial auf der Bremsscheibe einen Strich. Danach das Rad drehen und die Bremse ganz zart anziehen. Ist der gesamte Strich weggewischt, stimmt die Einstellung. Ist der Strich nur teilweise weg, muß die Lagerung nachgestellt werden.

Ändern der Parallelstellung: Von unten wird zuerst die Abdeckschraube mit Feder für den Lagerbolzen herausgedreht. Der Lagerbolzen ist exzentrisch geführt. Er wird jetzt ein wenig verdreht, und mit einer Stichprobe ist ganz schnell herauszubekommen, ob rechts oder linksherum verdreht werden muß. Die gefundene Stellung wird beim Eindrehen der Abdeckschraube durch die Druckfeder fixiert. Anzugsmoment für die Abdeckschraube ist rund 60 Nm.

Daß dieser Lagerbolzen stets gut geschmiert sein muß, leuchtet ein. Vor der Einstellung wird er deshalb einfach herausgezogen, gereinigt und neu gefettet. Das Gewinde im Lagerbolzen ist M 6, mit einer dort eingedrehten Schraube ist der Bolzen gut zu fassen. Bei dieser Gelegenheit auch den O-Ring am Bolzen erneuern.

Weg der Handkraft

Vom Handhebel führt bei den älteren BMW-Modellen ein Seilzug zum Hauptbremszylinder, der nicht am Lenker, sondern unterm Tank angebaut ist. Weil das ein kurzer Seilzug ist, verursacht er nicht zuviel Reibungsverluste. Dennoch bringt er etwas Elastizität ins System, was früher noch für erstrebenswert gehalten wurde.

Heute hat sich die Erkenntnis durchgesetzt, daß der Fahrer am Handhebel einen genauen Druckpunkt spüren muß, wenn sich die Bremsbeläge an die Scheibe anlegen. Der Seilzug hat also nach moderner Ansicht keine

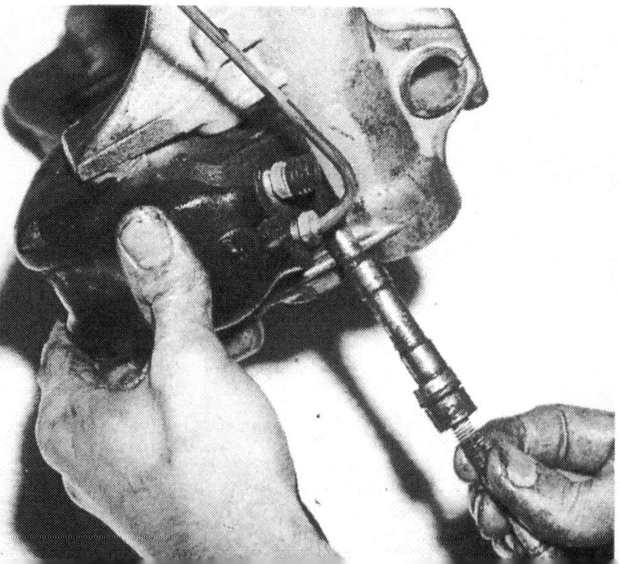

Hier ist der Schwenkbolzen herausgezogen (M 6-Schraube zum Anfassen einschrauben), deutlich ist zu erkennen, daß er exzentrisch gelagert ist. Wird er verdreht, ändert sich die Schwenkachse des Sattels.

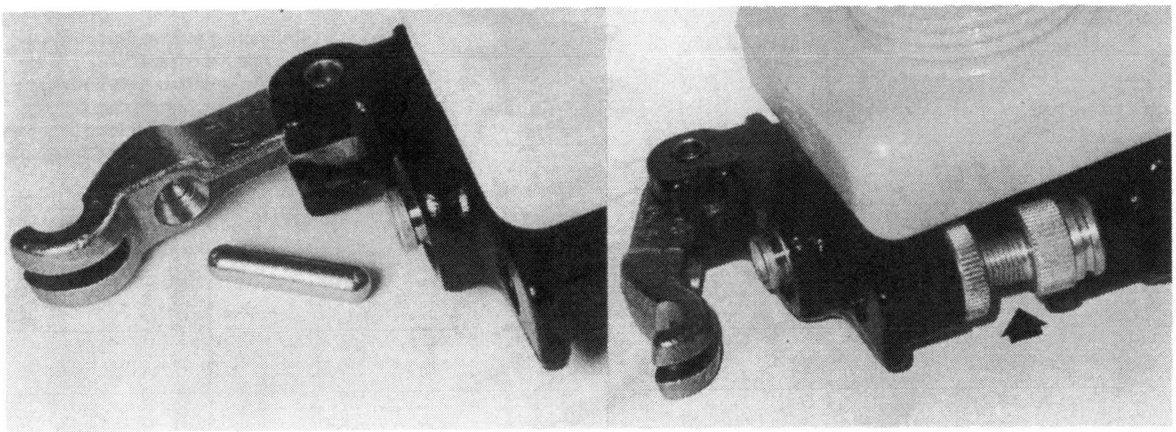

guten Eigenschaften. Zwei kleine Pluspunkte ließen sich für diese Anordnung noch anführen: Wenn der Bremsflüssigkeitsbehälter mit dem Hauptbremszylinder am Rahmen unterm Tank befestigt ist, bleibt der Lenker leicht, die Masse um die Lenkachse gering. Und bei einem Sturz ist der weggebaute Hauptbremszylinder nicht gefährdet.

Flüssigkeits-anzeige

Im Hauptbremszylinder der alten Modelle ist zur Sicherheit noch ein kleiner Schwimmer untergebracht, der einen elektrischen Kontakt betätigt. Wenn nicht mehr genug Bremsflüssigkeit im Behälter ist, wird der Kontakt geschlossen, und eine Glühlampe im Instrumentenbrett am Lenker leuchtet auf. Dann weiß der Fahrer, daß er mal wieder den Tank abnehmen muß, um Bremsflüssigkeit nachzufüllen.
Wer häufig scharf bremst, wird aber diese kleine Kontrolleuchte gar nicht mögen. Denn sie leuchtet auch auf, wenn der Schwimmer durch die Bremsverzögerung nach vorn geschoben wird. Zwar flackert sie dann nur, aber zum Nervösmachen genügt das.
Am Hauptbremszylinder wird auch das Spiel für den Handhebel eingestellt. Zwischen dem Lager für den Nippel des Seilzugs und dem Hydraulikkolben ist eine kleine Druckstange, die bei gelöster Bremse nur ganz wenig Spiel haben darf. Das Seilzug-Widerlager ist mit einer Rändelschraube verstellbar. Nachher das Kontern nicht vergessen.

Hydraulik entlüften

Flüssigkeiten sind nicht zusammendrückbar. Gase hingegen sehr wohl. Wenn also Gas in der Bremsflüssigkeit ist, fühlt es sich beim Bremsen so an, als greife die Hand gegen Gummi. Der Druckpunkt ist nicht mehr spürbar. Außerdem ist nicht die volle Kraft von der Hand auf die Bremskolben zu übertragen.
Wie kommt Gas in die Flüssigkeit? Zum einen könnte Luft aus dem Flüssigkeitsbehälter am Hauptbremszylinder angesaugt werden, wenn hier zuwenig Bremsflüssigkeit in Reserve ist. Zum anderen altert Bremsflüssigkeit. Sie nimmt aus der Umgebungsluft Wasser auf. Zum Beispiel kann dieses Wasser sogar durch die

Bilder oben: Der Hauptbremszylinder lag bei den älteren Modellen noch unterm Tank, er wurde per Seilzug vom Handhebel beaufschlagt. Zur Einstellung wichtig: Die kleine Zwischenstange sollte sich gerade leicht drehen lassen. Einstellen am Rändel beim Pfeil.
Bild unten: Im Deckel des Hauptbremszylinders lag ein Schwimmer, der bei zu niedrigem Flüssigkeitsstand einen Kontakt schloß. Anschlüsse rechts oben. Dann leuchtete eine Lampe im Armaturenbrett.

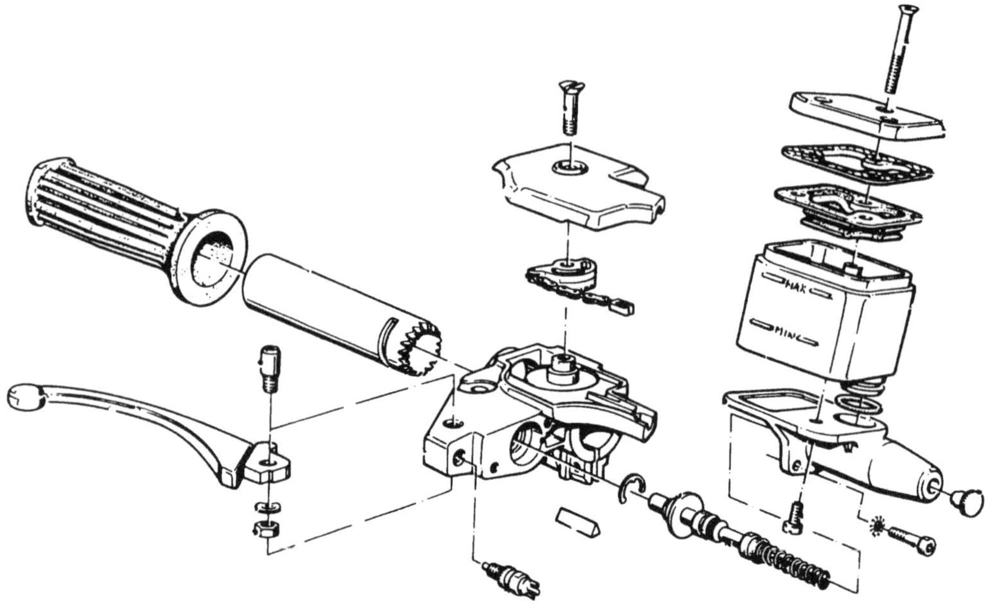

Griffeinheit mit Handbremszylinder, hier die eckige Form, wie sie zum Beispiel bei der R 80 G/S verwendet wird. Wichtig ist, daß die unter der Deckeldichtung liegende Membran dicht auf der Flüssigkeit liegt.

Plastikwandung des Bremsflüssigkeitsbehälters hindurch diffundieren. Und wenn jetzt bei einer Paßabfahrt lange Zeit hart gebremst wird, erhitzt sich nicht nur die Bremsscheibe, sondern die Hitze dringt auch bis zu den Kolben und zur Flüssigkeit vor. Wasser in der Bremsflüssigkeit verdampft dann, bildet Gasblasen, und die Bremse versagt.

Bremsflüssigkeit wechseln

Bremsflüssigkeit muß also regelmäßig gewechselt werden, mindestens alle zwei Jahre, auch wenn die Maschine nicht gefahren wurde. Die Alterung hat nichts mit der Kilometerleistung zu tun. Das aufgenommene Wasser kann durchaus auch zu Korrosionsschäden innerhalb der Zylinder führen, und dann ist die gesamte Bremsanlage Schrott.

Vorsichtsmaßnahmen für den Umgang mit der Bremsflüssigkeit: Gummi und Lack werden angegriffen. Die Flüssigkeit darf also nicht herumspritzen. Und weil Bremsflüssigkeit Wasser aus der Luft anzieht, soll sie nur so wenig wie möglich mit Luft in Berührung kommen. So darf sie zum Beispiel ausschließlich in Blechbehältern mit dichtem Schraubverschluß aufbewahrt werden, keineswegs in Plastikflaschen.

Wie vorgehen?

Zum Wechseln der Flüssigkeit und zum Entlüften wird die Pumpwirkung des Bremssystems genutzt. Beim Anziehen des Bremshebels drückt der kleine Kolben des Hauptbremszylinders etwas Flüssigkeit durch die Leitungen nach unten zum Radzylinder. Dort ist die hohlgebohrte Entlüftungsschraube. Sie wird mit einem Ringschlüssel etwa eine halbe Umdrehung geöffnet, damit die Flüssigkeit austreten kann. Um zu verhindern, daß der Saft herumspritzt, wird auf die Entlüftungsschraube ein Plastikschlauch geschoben, der in ein Konserven- oder altes Marmeladenglas mündet.

Der Pumpdruck fördert also Bremsflüssigkeit jetzt vom Hauptbremszylinder durch die Bremsleitung und über die geöffnete Entlüftungsschraube in das Glas. Entlüftungsschraube wieder zudrehen, Handhebel loslassen. Jetzt kann aus dem Vorratsbehälter neue Flüssigkeit in den Raum vor dem Kolben fließen, das Pumpspiel wird

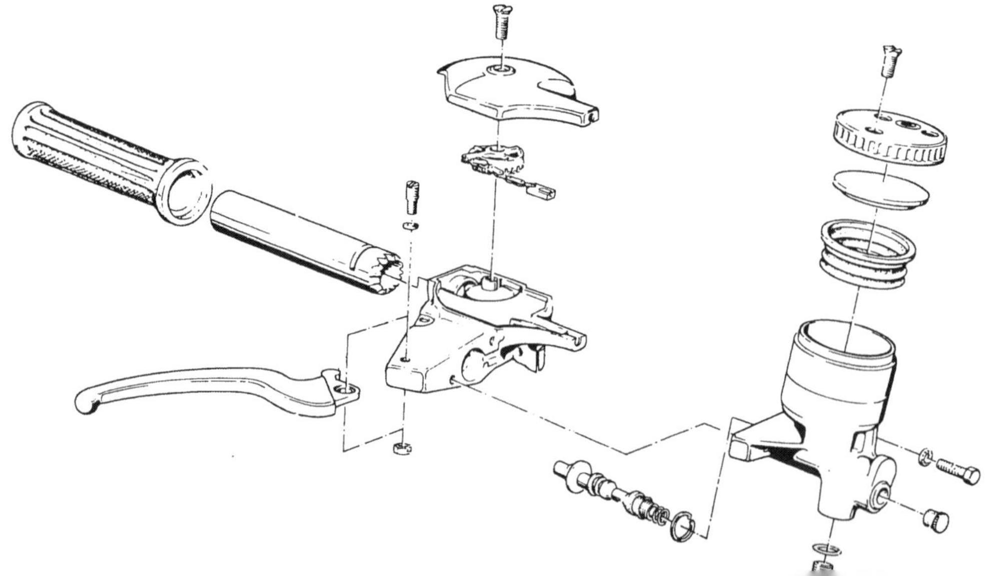

Griffeinheit mit Handbremszylinder, hier die runde Form für R 45 und R 65. Auch hier die Membrane unterm Deckel. Sie soll das Schwappen der Flüssigkeit verhindern. Schaum in der Flüssigkeit würde durch die Nachlaufbohrung im Grund des Behälters ins System gelangen, damit die Bremswirkung zunichte machen.

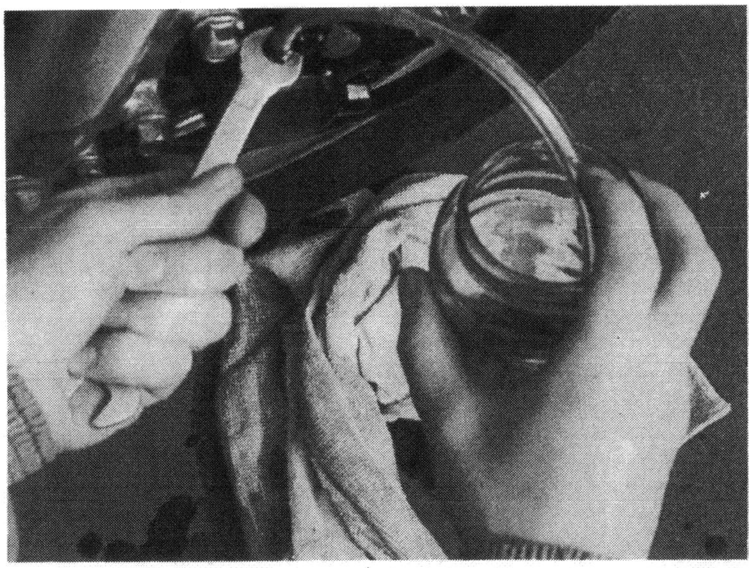

wiederholt. Entlüftung öffnen, Handhebel ziehen, Entlüftung schließen, Handhebel loslassen.
Wenn vor diesem Pumpen erst die alte Bremsflüssigkeit aus dem Vorratsbehälter abgesaugt und neue eingegossen wurde, ist das Wechseln der gesamten Flüssigkeit auf elegante Weise ohne Spritzen und Verschütten zu schaffen.
Es dauert eine Weile, bis unten frische Flüssigkeit ins Glas sprudelt. Das ist sehr gut daran zu erkennen, daß die neue Flüssigkeit heller ist als die gebrauchte.
Diese Methode hat den Vorteil, daß dabei gleich das System entlüftet wird. Luftblasen sind im Glas gut zu sehen.

Andere Methode des Entlüftens

Nun gibt es aber noch eine zweite Möglichkeit, die Luft aus den Bremsleitungen herauszudrücken. Dazu ist zu überlegen, daß sich Luftblasen stets an der höchsten Stelle eines Systems sammeln. Wenn die Flüssigkeit von oben nach unten durchgedrückt wird, muß sie die Blasen vor sich herschieben. Drückt der Monteur aber von unten nach oben neue Flüssigkeit ins System, folgen auch die Luftblasen eher dem natürlichen Drang nach oben. Es muß also eine Pumpe am unteren Ende, an der Entlüftungsschraube, angesetzt werden.
Wieder wird zuerst die Flüssigkeit aus dem Vorratsbehälter am Hauptbremszylinder abgesaugt. Als Pumpe kann eine Fahrradluftpumpe dienen, auf deren Ventilanschluß ein Röhrchen gesteckt ist, das über einen Plastikschlauch mit der Entlüftungsschraube verbunden wird. Die Luftpumpe mit neuer Bremsflüssigkeit füllen. Dann anschließen, die Entlüftungsschraube öffnen und langsam die Flüssigkeit nach oben durchdrücken. Aufpassen, daß der Vorratsbehälter nicht überläuft. Der Handhebel wird dabei übrigens nicht gezogen, weil die Nachfüllöffnung bei gezogenem Hebel ja vom Kolben verschlossen wird.
Der Flüssigkeitsstand im Vorratsbehälter wird beobachtet. Ist er bis kurz vor dem Rand gestiegen, Entlüftungsschraube schließen, Flüssigkeit absaugen und dann weiterpumpen. Auch bei dieser Methode ist gut zu erkennen, wann die neue Flüssigkeit die gebrauchte ersetzt hat.

Oben: Entlüftungsmethode mit Glas und Plastikschlauch. Schraube öffnen, Handhebel ziehen, Schraube schließen, Handhebel lösen. Arbeit für zwei Personen. Daneben: Schlauch mit Fahrradventil auf Luftpumpe stecken und dann, wie im Bild rechts gezeigt, von unten die Flüssigkeit durchdrücken. Aufpassen, daß oben nichts überläuft. Nicht am Handhebel ziehen.

Kleiner Trick

Kleine Probleme können beim Entlüften dennoch auftreten. In einigen Fällen läßt sich zum Beispiel bei den R 100 RS und R 100 RT der Bremssattel der hinteren Scheibenbremse nicht einwandfrei entlüften. Dazu gibt es einen kleinen Trick: Den Bremssattel lösen und so lagern, daß die Entlüftungsschraube der höchste Punkt ist. Dann klappt das Entlüften einwandfrei. Zwischen die Bremsbeläge ist natürlich ein fünf Millimeter dickes Holzbrettchen zu klemmen, damit sie nicht herausgedrückt werden.

Defekt beim Pendelsattel

Bei den Pendelsattel-Bremsen kam gelegentlich eine seltsame Panne vor. Speziell nach langer Standzeit der Maschine wurde der Weg am Handhebel sehr lang. In dem Fall ist es möglich, daß die Abdichtung des Bremskolbens festklebt. Dadurch wird die Rückholwirkung der Dichtung zu groß, der Fachmann nennt sie Rollback-Wirkung. Der Kolben wird zwar soweit durchgedrückt, daß der Belag an die Scheibe gepreßt wird. Bremsen ist also möglich. Doch wenn der Druck nachläßt, zieht die Dichtung den Bremskolben wieder sehr weit zurück.

Es muß also die Dichtung von der Wandung des Bremszylinders gelöst werden. Dazu das Rad ausbauen und die Bremse anziehen. Der Kolben wird dadurch etwa einen bis fast zwei Zentimeter herausgedrückt. Handhebel loslassen und den Kolben mit einer Schraubzwinge wieder hineindrücken. Wenn dieser Vorgang zwei bis dreimal wiederholt wird, ist nicht nur die Dichtung wieder gelöst, sondern es gelangt auch etwas Bremsflüssigkeit an die Dichtungslippe. Dadurch gleitet sie schließlich vorschriftsmäßig im Zylinder, und der Kolben klebt nicht mehr.

Sollte auch das keine Besserung bringen, muß der Kolben ausgebaut werden. Sorgsam reinigen, auf Klemmspuren untersuchen (Korrosion), Zylinder reinigen, mit Preßluft ausblasen. Kolben mit ATE »Bremspaste blau« einreiben und wieder einbauen. Sollten allerdings grobe Korrosionsspuren zu finden sein, muß der gesamte Bremssattel ausgetauscht werden.

Nach dem Zusammenbauen ist die Bremse natürlich wieder zu entlüften.

Die grundsätzlichen Arbeiten sind auch bei den modernen Festsattelbremsen von ATE oder Brembo nicht anders als bei den früheren Schwenksattelbremsen.

Gleiches Arbeitsprinzip

Zu beachten ist bei allen Bremsenbauarten, daß die Bremsbeläge unbedingt Originalersatzteile sein müssen. Sie sind bei der Typprüfung der Maschine für die Allgemeine Betriebs Erlaubnis (ABE) geprüft und damit festgelegt worden. Andere, nicht genehmigte Bremsbeläge, dürfen nicht verwendet werden, sonst erlischt die Betriebserlaubnis und der Fahrer verliert den Versicherungsschutz.

Der Ball ist rund...

Auch Räder sind rund. Der Ball aber hat viel mehr Bewegungsfreiheit. Die Kugelform setzt der Beweglichkeit keine Grenzen. Weil Räder nur ein Ausschnitt aus einer Kugel sind, rollen sie nur in einer Richtung. Ist der Vorwärtsdrang weg, fällt ein Rad um. Es sei denn, es ist geführt, etwa durch eine Achse.

Wie es war

Karrenräder können nicht umfallen, weil sie im Mittelpunkt von der Achse durchdrungen sind und die Achse selbst fest am Karren hängt. Damit die Achse im Mittelloch des Rades nicht quietscht, wurde sie schon in frühesten Zeiten geschmiert. Und damit dieses Loch inmitten des Rades vom Sand und Staub nicht so schnell aufgeweitet wurde, ist es verbreitert und verstärkt worden. Um das Mittelstück wurden Ringe geschlagen, später kamen innen Bronzeringe hinein, die nicht so schnell verschlissen wie Holz. Und als schließlich das Kugellager erfunden wurde, wurde es erstmals im Rad angewendet.

Von der Holzscheibe zum Rad

Aus der einfachen Holzscheibe wurde im Laufe der Entwicklung ein kompliziertes Gebilde. Es besteht einmal aus dem Radkranz. Das sind Reifen und Felge. Sie sind durch die Speichen mit der Nabe innen verbunden. Und in der Nabe sitzen die Lager, sorgsam geschmiert und gegen Schmutz von außen abgedichtet.

Die Felgen

Felgen gibt es aus Stahl und Leichtmetall. Für die Verwendung von Drahtspeichen sind sie am Umfang durchbohrt und mit kugeliger Vertiefung versehen, der sogenannten Punzung. Darin kann es sich der Speichennippel mit seinem ebenfalls kugeligen Kopf so richtig nach jeder Richtung bequem machen.
In der Nabe werden die Speichen in Bohrungen eingehängt. BMW verwendet völlig gerade Speichen, deren Kopf die gesamte Zugkraft tragen muß. Die Speichen und die Nippel besitzen Gewinde M 4.

Felgen und Reifen

Die Felgen tragen den Reifen. Sie geben ihm seitlichen Halt mit dem Felgenhorn. Auf der Felgenschulter liegt der Reifenwulst im Betriebszustand auf, und ins sogenannte Tiefbett wird der Wulst dann gedrückt, wenn der Reifen aufgezogen oder wieder abgenommen werden soll. Der Durchmesser des Tiefbetts ist deutlich kleiner als der der Felgenschulter, wenn also der Reifen mit einer Seite im Tiefbett liegt, kann er auf der anderen Seite über das Felgenhorn gehoben werden. Felgenformen gibt es für die verschiedenen Reifen-Baumuster, zum Beispiel mit kleinen Holpern am Umfang der Schulter, den sogenannten Humps, die ein Abgleiten des Reifenwulsts ins Tiefbett verhindern sollen. Bei Enduro-Reifen, die in schwerem Gelände mit wenig Luftdruck gefahren werden, speziell also für Sportveranstaltungen, werden auch ganz besondere Reifenhalter eingebaut, mit denen der Reifenwulst per Schraube an die Felge geklemmt wird.
Felgen mit Drahtspeichen sind natürlich wegen der Speichenlöcher nicht luftdicht, vertragen keine schlauchlosen Reifen. Erst die neuesten BMW-Räder mit Kreuzspeichen, wie sie in den Modellen R 80 GS und R 100 GS ab 1987 eingebaut sind, können auch mit schlauchlosen Reifen bestückt werden. Die Speichen sind, wie die Zeichnung zeigt, nicht mehr im Tiefbett verankert, sondern seitlich außerhalb des Felgenhorns.

Leichtmetallräder

Die herkömmlichen Räder mit Drahtspeichen wurden 1977 bei etlichen BMW-Modellen durch Räder aus Leichtmetallguß abgelöst. Anfangs gab es verschiedene Probleme mit der Fertigung, weil die neue Technik noch nicht genug ausgereift war und die Zulieferer Ausschußquoten um die 50 Prozent und mehr fabrizierten. Erst etwa zwei Jahre nach der offiziellen Einführung wurde die Fertigung auch für größere Serien beherrscht.
Im Prinzip bestehen auch die Gußräder aus den gleichen Teilen, nämlich Felge, Speichen und Nabe, mit dem Unterschied zu den Drahtspeichenrädern, daß alle Teile aus einem Guß gefertigt sind und nicht etwa zusammengebaut werden.

Verbund-Räder

Weil das Material für das Felgenhorn hochfest sein muß, was mit einfachen Leichtmetallegierungen nicht immer problemlos zu erreichen ist, verwendete BMW eine Zeitlang bei der R 65 LS sogenannte Verbund- oder Compound-Räder. Die hochbelastete Felge bestand dabei aus einem Aluminium-Strangpreßprofil, das wäh-

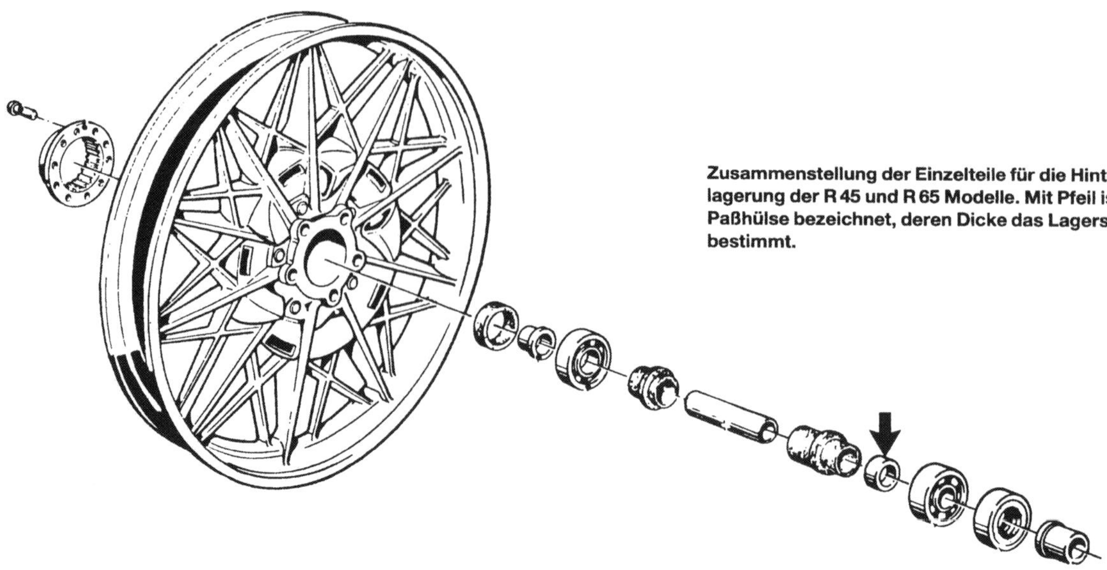

Zusammenstellung der Einzelteile für die Hinterradlagerung der R 45 und R 65 Modelle. Mit Pfeil ist die Paßhülse bezeichnet, deren Dicke das Lagerspiel bestimmt.

rend des Gießvorgangs fest mit Speichen und Nabe verbunden wird. Damit sich die eigentliche Felge nicht vom Speichenkörper lösen konnte, war sie mit einem Schwalbenschwanzprofil versehen. Da beide Materialien sich jedoch unabhängig voneinander dehnen konnten, gab es zwischen ihnen einen mikrofeinen Spalt, in den Wasser eindringen konnte, sobald der Decklack angerissen war.

Spalt beseitigen

Zur Reparatur dieses Schönheitsfehlers bot BMW ein Klebeband an, das auf den Spalt gedrückt wurde. Vorarbeit: Felge reinigen und bei größeren Lackschäden zuerst vollständig neu lackieren. Klebeband aufdrükken, Enden schräg abschneiden. 24 Stunden lang den Kleber aushärten lassen.

Vorsicht mit Rad-Reparaturen

Sonstige Reparaturen an den Rädern sind für den Heimwerker heikel. Gelockerte Drahtspeichen können nachgezogen werden, dabei aber unbedingt erst den Reifen herunterziehen, damit die innen überstehenden Speichen bündig mit den Nippeln abgeschliffen werden können. Sonst zerstechen sie den Schlauch durchs Felgenband. Felgenschlag ist bei Drahtspeichenrädern mühsam wieder herausspannbar, das ist aber eine Arbeit für Spezialisten. Ebenso sollte ein Rad nicht selbst in der Heimwerkstatt neu eingespeicht werden. Denn für die verschiedenen Modelle werden unterschiedliche Lehren gebraucht, die den Abstand der Felgen-Seitenkante von der Nabenkante festlegen. Die Felge steht nämlich nicht immer mittig über der Nabe.
Gußräder sind überhaupt nicht zu reparieren. Zeigen sie Risse, müssen sie schnell weggeworfen werden. Beulen im Felgenhorn, etwa beim Überfahren von Randsteinen eingefangen, machen das Rad vollständig zu Schrott.

Eigenarbeit an Radlagern

Es bleiben im Grund nur die Radlager und deren Dichtungen für Eigenarbeit. BMW sieht schon immer

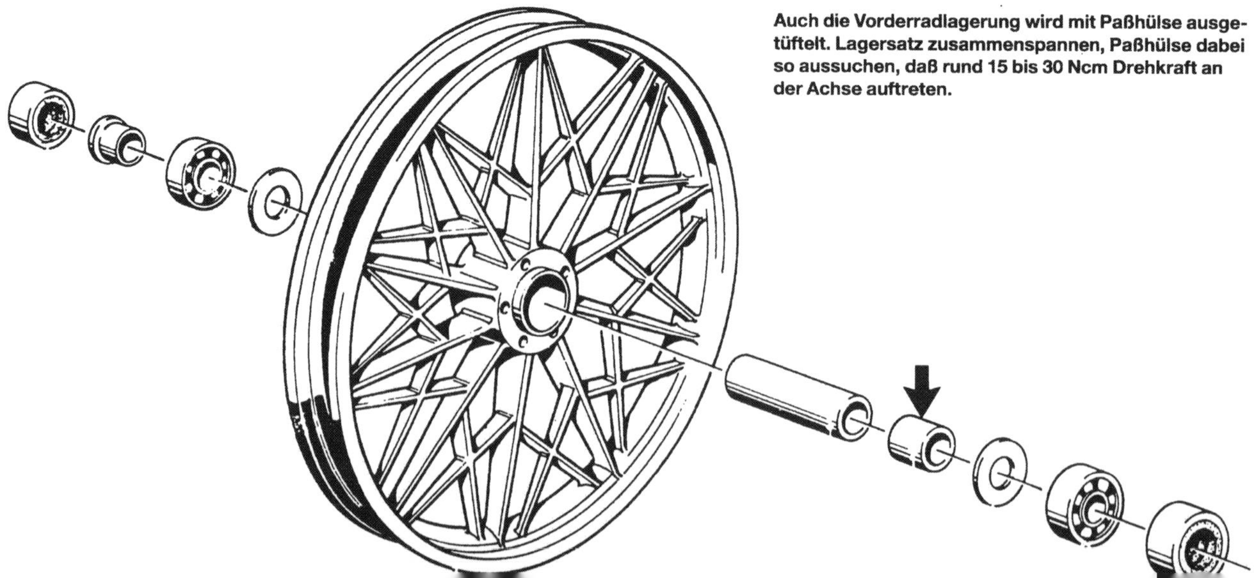

Auch die Vorderradlagerung wird mit Paßhülse ausgetüftelt. Lagersatz zusammenspannen, Paßhülse dabei so aussuchen, daß rund 15 bis 30 Ncm Drehkraft an der Achse auftreten.

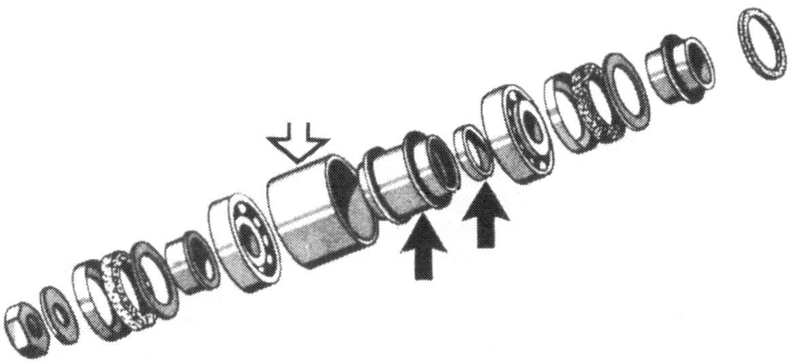

Oben: Das war der früher bei den Schwingenmodellen benutzte Lagersatz. Der helle Pfeil oben markiert die Außenhülse, die zusammen mit den Lager-Außenringen so breit sein mußte wie die Innenhülse (schwarze Pfeile) mit Paßhülse und den Lagerinnenringen.
Rechts: Neue Nabe im Schnitt. Der Abstand der Lageraußenringe ist in der Nabe durch die Lagersitze fixiert.

Kegelrollenlager als Radlager vor. Sie haben hohe Tragzahlen, vertragen also hohe Belastung, sind aber etwas heikel in der Einstellung. BMW hat für die Kontrolle der Radlagereinstellung einen Reibwertmesser vorgeschrieben, mit dem das fertig montierte Lagerpaar bei festgeschraubter Achse geprüft wird. Zum Drehen der Achse müssen etwa 15 bis 30 Ncm aufgewendet werden. Das entspricht etwa 150 bis 300 Gramm an einem Hebelarm von 10 Zentimetern. Mit einer feinfühligen Federwaage ließe sich das auch improvisieren, der normale Drehmomentschlüssel ist zu grob.

Distanzringe

Die Außenringe der Kegelrollenlager liegen gegen Absätze der Nabe an. Zwischen den Innenringen sitzt eine lange Buchse, die am einen Ende noch einen speziellen Distanzring trägt. Dieser Ring ist auswechselbar, es gibt ihn in verschiedenen Dicken, um die Lagervorspannung einstellen zu können. Bei früheren Modellen wurden die Lageraußenringe nicht in der Nabenbohrung fixiert, sondern durch eine Buchse mit großem Durchmesser auf Abstand gehalten. Die Innenringe wurden aber auch dabei mit Distanzringen eingestellt.
Fürs Verständnis ist es vorteilhaft, die alte Methode zuerst zu zeigen. Wenn dabei neue Lager eingebaut werden sollten, wurde der Lagersatz komplett mit den Distanzringen zunächst auf der Achse vormontiert und mit einem Rohrstück und der Achsmutter zusammengespannt.

Lager montieren

Also Druckhülse links und Lagerinnenring mit Rollen, Lageraußenring, große Buchse und kleine Buchse mit Distanzring, dann das zweite Lager und die Druckhülse rechts aufstecken. Darauf ein Rohr, das den Lagerinnenring festhält, dieses mit der Achsmutter festschrauben. Wenn der Distanzring auf der kleinen Buchse die richtige Dicke hat, läßt sich die große Buchse zwischen den Lageraußenringen mit Daumendruck hin-und herbewegen. Ist der Distanzring zu dünn, wird die große Buchse festgespannt. Ist er zu dick, klappert die große Buchse.

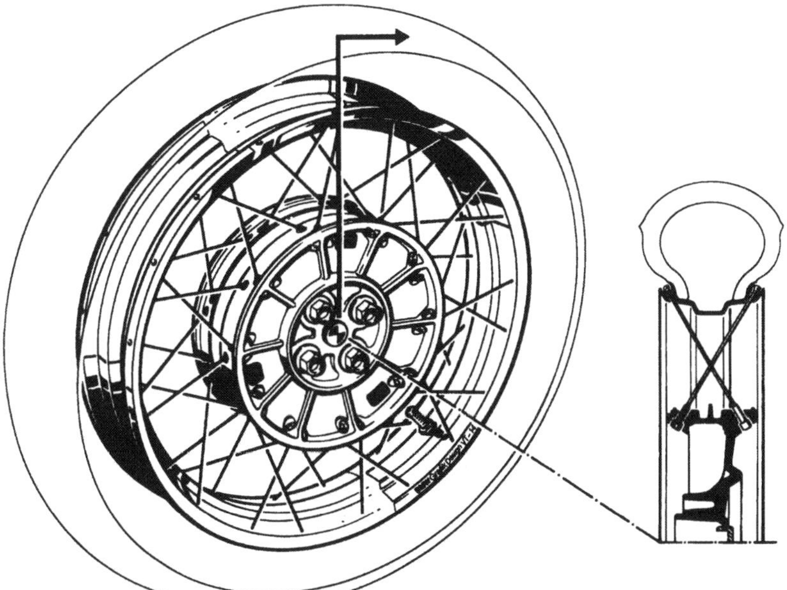

Laufrad der R 100 GS mit den typischen Kreuzspeichen. Deutlich zu erkennen: Die Felge ist für schlauchlose Reifen geeignet, weil die geraden Speichen neben dem Felgenhorn angreifen.

Neueste Radlager

Genau dieselben Zusammenhänge gibt es bei den neuesten Radlagern. Statt der großen Buchse ist freilich jetzt die Nabe selbst das Maß aller Dinge. Denn die Lageraußenringe sitzen gegen Absätze in der Nabe fest. So muß der richtige Distanzring eben nach dem Einbau der Lager in die Nabe gefunden werden. Wieder wird alles vormontiert, danach mit der Achse und einer 85 Millimeter langen Abstandshülse zusammengespannt, so daß durch Drehen an der Achse gefühlt wird, ob der Lagersatz klappert oder zu schwergängig ist.
Schwierigkeiten gibt es höchstens beim Lager ausbauen. Früher wurde die Abdeck-Kappe rund um die Lagerbohrung der Nabe abgeschraubt (M 6 Innensechskantschrauben), und der Lagersatz konnte nach Anwärmen der Nabe von der Bremsenseite herausgeklopft werden.

Schraubkappen auf der Lagerung

Die nächste Ausführung hatte Schraubkappen auf der Lagerung. Diese Kappen müssen mit einem Zapfenschlüssel heruntergeschraubt werden, den es von BMW unter der Nummer 36 3 650 gibt. Schlagen mit Hammer und Dorn klappt nicht, dazu ist die Schraubkappe zu zierlich, sie wird dabei sicher zerstört. Bei dieser Radlagerung sind die Außenringe nach Anheizen der Nabe auf etwa 100 Grad gut herauszuschlagen.
Die letzte Version hat schließlich keine Abdeckung der Lager, außer den Wellendichtringen. Nachdem der Dichtring mit einem Schraubenzieher herausgehebelt ist, muß der Lageraußenring mit einem Lagerauszieher hervorgezogen werden.

Nabe erwärmen

Lagereinbau geschieht immer bei angewärmter Nabe, zwischen 80 und 100 Grad Celsius genügen. Die Dichtringe sind stets soweit einzutreiben, daß sie bündig mit ihrer Sitzfläche an der Nabe liegen. Ob jetzt das Eintreiben der Lager und der Dichtringe mit Hammer und passendem Dorn geschieht oder aber mit Gewindespindel und untergelegten passenden Scheiben, hängt von der Improvisationskunst des Monteurs ab. Wer es richtig und sorgsam macht, kommt mit beiden Methoden ans Ziel.

Dickere Radachsen

Zu erwähnen ist noch, daß die Radachsen zuerst 14 Millimeter Durchmesser hatten, später aber auf 17 Millimeter verstärkt wurden. Umbauen ist mit einem kleinen Umbausatz jederzeit möglich. Empfehlenswert ist der Umbau auf jeden Fall, denn die steifere, dickere Achse bringt deutlich weniger Verwindung der Gabel, so daß sie feinfühliger ansprechen kann.

Dehnbare Sache

Der Saft kam von der Hevea brasiliensis und ihm verdankte zuerst das Dschungeldorf Manaus am Amazonas sagenhaften Reichtum, so daß inmitten der tropischen Wildnis sogar ein luxuriöses Opernhaus gebaut wurde. Als dann aber gegen Ende des 18. Jahrhunderts ein Agententeam trotz strikten Ausfuhrverbots ein Schiff voll mit Ablegern eben dieser Hevea brasiliensis nach Ceylon schmuggelte, war es aus mit dem Monopol, und das Opernhaus war schnell wieder überwuchert.

Grundstoff Latexmilch

Latexmilch, der Saft des Wolfsmilchgewächses, aus den Kautschuk gemacht wird, stand danach aller Welt in genügender Menge zur Verfügung. Brasilien, Ursprungsland der Kautschuk-Rohstoffe, wird in heutigen Handelsstatistiken gar nicht mehr erwähnt. Ceylon, Malaysia, Indonesien und Thailand sind jetzt die Hauptlieferanten für Naturkautschuk.
Latex wurde vom Amerikaner Charles Goodyear (1800 bis 1860) 1839 durch das Verfahren der Vulkanisation unter Ruß- und Schwefelzusatz zu technisch verwendbarem Gummi gemacht, brauchbar für Reifen, die der schottische Landarzt Dunlop viel später erst fürs Fahrrad erfand.
Die Reifen, die wir heute auf Motorrädern fahren, bestehen zwar auch noch aus Gummi, doch hat der nichts mehr mit der Hevea brasiliensis zu tun. Er ist Buna, ein reiner Kunststoff, ein Chemieprodukt.

Reifen-Architektur

Die äußere, dicke Haut des Reifens besteht aus Gummi, hart für hohe Lebensdauer oder weich für gute Haftung. Nur die Rennfahrer nutzen bei den sogenannten Slick-Reifen diese Gummischicht in glatter Form, ohne Profil. In den normalen Straßenreifen sind zur Wasserabführung Rillen längs und quer eingeprägt, die die Lauffläche in verschiedene Blöcke unterteilen, eben das charakteristische Reifenprofil.

Reifen-Unterbau

Wer schon mal einen sehr weit abgefahrenen Reifen gesehen hat, weiß aus der Anschauung, daß unterm Gummi eine Leinwand zum Vorschein kommt. Der Fachmann nennt diesen Gewebe-Unterbau die Karkasse. Sie besteht aus mehreren Gewebelagen, zumeist aus Nylon, deren Haupt-Tragefäden in ganz bestimmten Winkeln zueinander verlegt werden. Bei den Diagonalreifen verlaufen die Fäden stets schräg zueinander, wie die Diagonalen eines Vierecks. Bei den sogenannten Radialreifen ist der Fadenwinkel sehr nahe den 90 Grad zur Laufrichtung. Die Fäden zielen also in Richtung der Radachse. Und sowohl bei Diagonal- als auch bei Radialreifen kann die Karkasse durch eine umlaufende Gewebelage wie durch einen Gürtel zusammengehalten sein. Dann spricht der Fachmann von einem Gürtelreifen.
Soweit die äußere Form des Reifens. Innen, wo er auf der Felge sitzt, bekommt der Reifen seinen Halt durch zwei Ringe aus Drahtseilen, um die die Gewebelagen herumgeschlagen werden. Das alles ist schön in Gummi eingebettet, so daß ein richtiger Wulst entsteht.

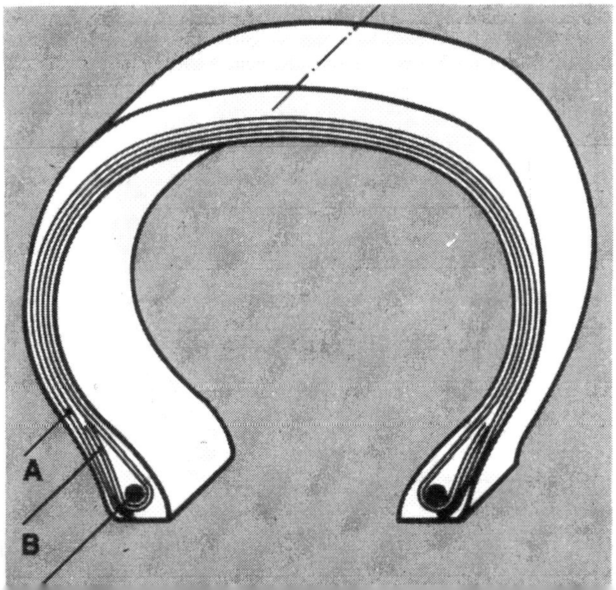

Reifenaufbau: A = äußere Karkassenlage, B = innere Karkassenlage mit Umschlingung der umlaufenden Drahtringe C. Die obenauf liegende Gummischicht ist hier ohne Einschnitte, also profillos gezeichnet.

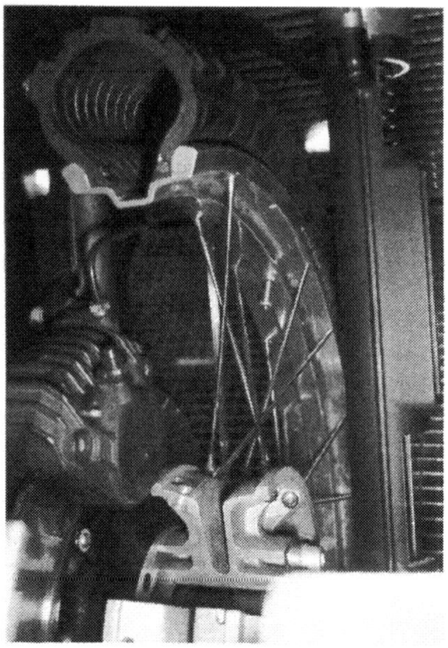

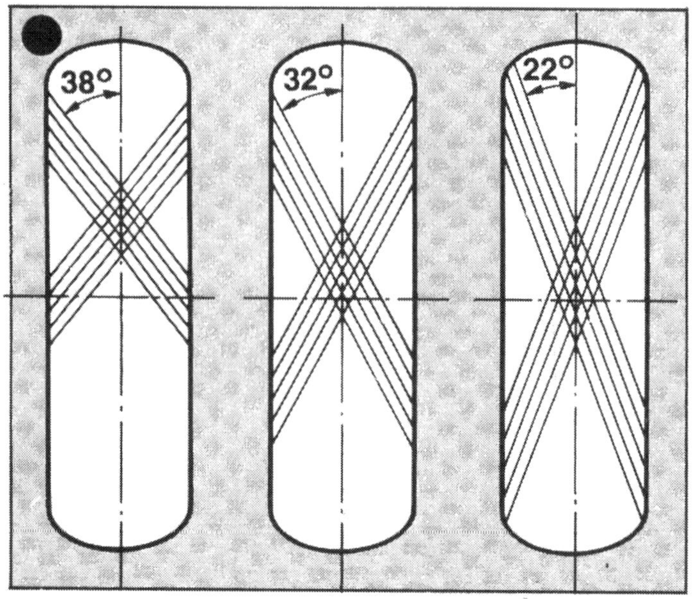

Links außen: Schnitt durch das Rad der R 100 GS mit den umlaufenden Drähten im Reifen und dem grobstolligen Profil.
Die Zeichnung verdeutlicht den Begriff Fadenwinkel, wobei 38 Grad als normal gelten und 22 Grad für Rennreifen gewählt werden.

Schlauch und schlauchlos

Auf Drahtspeichenrädern werden meist Reifen mit Schlauch montiert, während auf Leichtmetall-Gußrädern schlauchlose Reifen üblich sind. Ausnahme bilden die neuen BMW Kreuzspeichenräder der R 80 GS und der R 100 GS. Hier sind die Drahtspeichen nicht mehr im Tiefbett der Felge verankert, sondern im Felgenhorn, das Tiefbett ist also luftdicht und für schlauchlose Reifen nutzbar. Schlauchlos-Reifen tragen innen und am Wulst eine weiche Gummischicht, damit sie gegen die Felge gut abdichten. Reifen mit Schlauch sind innerlich auch leicht gummiert, das Gewebe ist aber durch diese Gummischicht hindurch noch deutlich sicht- und spürbar.

Reifen mit Schlauch

Der Schlauch eines normalen Reifens besteht aus dünnem, sehr dehnbaren Gummi. Weil er im Laufe der Betriebszeit altert, soll er jedesmal beim Reifenwechsel auch mit ausgetauscht werden. Ein alter Schlauch schlägt beim Montieren Falten, die schnell durchscheuern. Da hilft auch Talkumpuder nicht mehr viel. Daß der Schlauch empfindlich ist, wird zudem noch dadurch berücksichtigt, daß zwischen Schlauch und Felge das sogenannte Felgenband gelegt wird. Damit werden die Speichennippel abgedeckt. Und wer die Speichen einmal nachziehen mußte, sollte unbedingt danach den Reifen und das Felgenband herunterziehen und etwa innen überstehende Speichenstückchen sauber abschleifen oder abfeilen.

Reifen-Bezeichnungen

Die Reifenbezeichnungen bestehen aus einer Mischung von Zoll-, Millimeter- und Prozentangaben. Speziell die Zollwerte haben zum Teil historische Hintergründe, sind also nicht immer so ganz genau zu nehmen. Ein Reifen 4.00-18 müßte 4 Zoll = 4 mal 25,4 Millimeter, also 101,6 Millimeter breit sein, tatsächlich mißt er jedoch etwa 108 Millimeter im Neuzustand. Und wenn er montiert ist, wird er je nach Felgenbreite zwischen 117 und 130 Millimeter breit sein.

Reifen-Bemaßung. Links ein 4.00×18, bei dem die Breite und die Höhe jeweils 4 Zoll = 101,6 Millimeter nominell betragen. Rechts ein Niederquerschnittreifen, Durchmesser ebenfalls 18 Zoll, aber 130 Millimeter breit. Seine Höhe ist 80 Prozent der Breite, also 104 Millimeter rechnerisch. Das ist das Schwierige an den Reifenmaßen: Sie sind nur theoretische Anhaltspunkte und nicht am konkret vorhandenen Reifenmuster nachmeßbar.

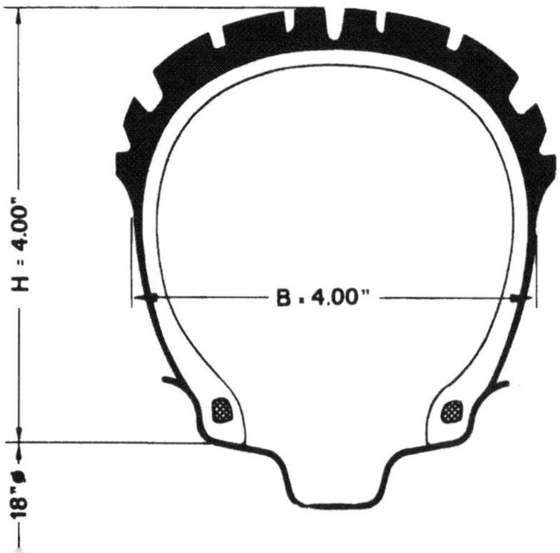

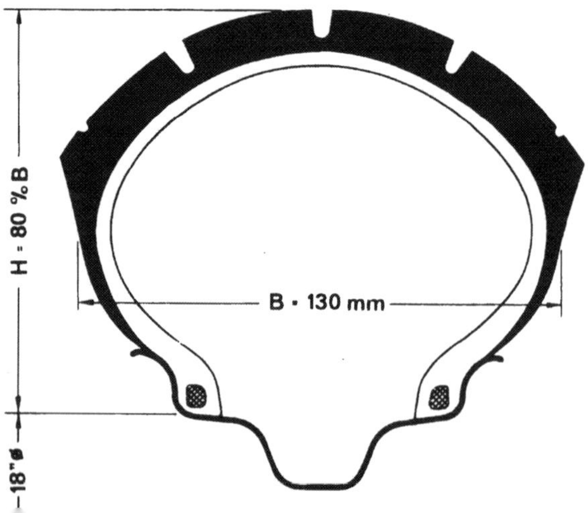

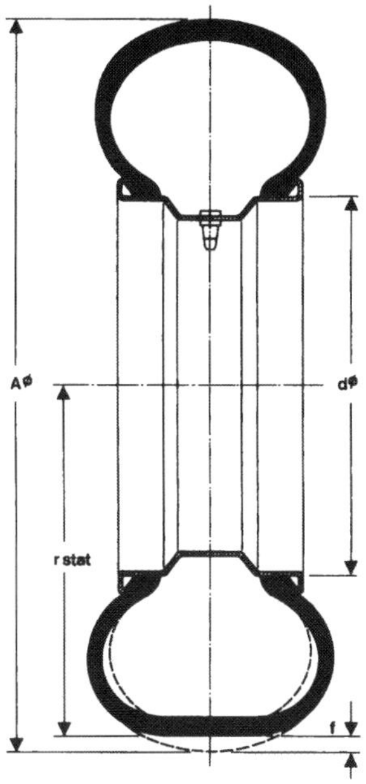

Die oben erwähnte Reifenbezeichnung 4.00-18 gehört zu den älteren, herkömmlichen. Der Reifen ist 4 Zoll breit und 4 Zoll hoch, sein Innendurchmesser ist 18 Zoll, das entspricht auch dem Außendurchmesser der Felgenschulter. Ein Reifen mit dieser Art von Kennzeichnung ist demnach stets genauso hoch wie breit.
Die neuen Reifenbezeichnungen beschreiben die Abmessungen in Millimetern und Prozenten, nur die Felgengröße bleibt in Zoll. Ein Reifen 120/90-18 hat also wieder 18 Zoll Innendurchmesser. Er ist 120 Millimeter breit, seine Höhe beträgt 90 Prozent der Breite, also 108 Millimeter. Die Zahl vor dem Schrägstrich ist die Reifenbreite, die Zahl dahinter nennt die Höhe in Prozent der Breite.

Größere Breite

Auch diese Maße gelten nur für den Neureifen. Wenn er montiert ist, wird er je nach Felgenbreite zwischen 130 und 140 Millimeter breit. Das ist wichtig zu wissen, wenn es darum geht, die Maschine auf breitere Reifen umzurüsten. Denn auch ein breiterer Reifen muß zum Beispiel zwischen die Schwingenholme passen und nach beiden Seiten genügend Freiraum haben.

Die Höchstgeschwindigkeit

Außer den Maßangaben werden die Reifen auch nach der zulässigen Höchstgeschwindigkeit und nach ihrer Tragfähigkeit bezeichnet. Für die Geschwindigkeit gibt es Kennbuchstaben von B für 50 km/h bis V für mehr als 210 km/h. Dieser Buchstabe steht bei alten Reifenbezeichnungen zwischen der Breite und dem Durchmesser, also etwa 4.00 S 18. Bei neuen Reifennamen steht er hinter den Zahlen, etwa 120/90-18 65H. Für BMW-Motorräder sind folgende Geschwindigkeitskategorien üblich: bis 150 km/h ohne besondere Bezeichnung. Über 150 bis 180 km/h mit Zusatz »S«, bis 210 km/h mit Zusatz »H«.

Reifentragfähigkeit

Bleibt noch die Zifferngruppe hinter dem Felgendurchmesser. Sie nennt die Reifen-Tragfähigkeit. Von 0 für 50 kg bis 79 für 437 kg ist hierbei die Spannweite, was freilich für die Praxis nicht sonderlich interessant ist.
Für BMW-Motorräder gibt es im Kraftfahrzeugschein keine Reifen-Vorschriften außer den Größenangaben. Es könnten also alle Fabrikate und alle Profile verwendet werden, ohne daß eine besondere TÜV-Genehmigung nötig ist. BMW hat aber intern viele Reifen geprüft und nur bestimmte Profile freigegeben. Die Liste ist beim

Bilder oben: Reifen werden tatsächlich gebacken. In der Form wird das Profil unter Einwirkung von Druck und Hitze geprägt.
Die Zeichnung gibt die Maße wieder: A ist der Außendurchmesser, r ist der statische Radius unter Belastung, d ist der Felgendurchmesser und f bezeichnet die Eindrückung unter statischer Last.

Rechts: Abrollender Reifen auf einer wasserüberfluteten Glasplatte. So drückt das schräg geschnittene Profil (Metzeler Laser) das Wasser seitlich weg.

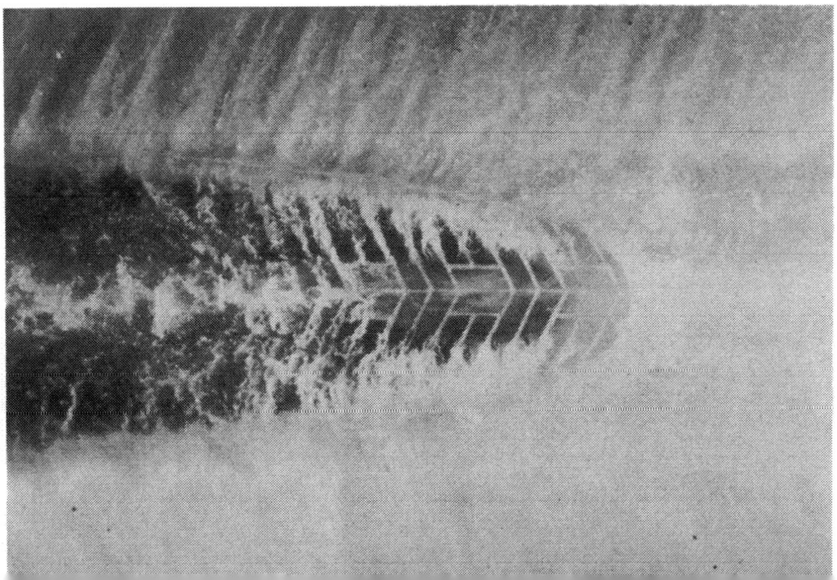

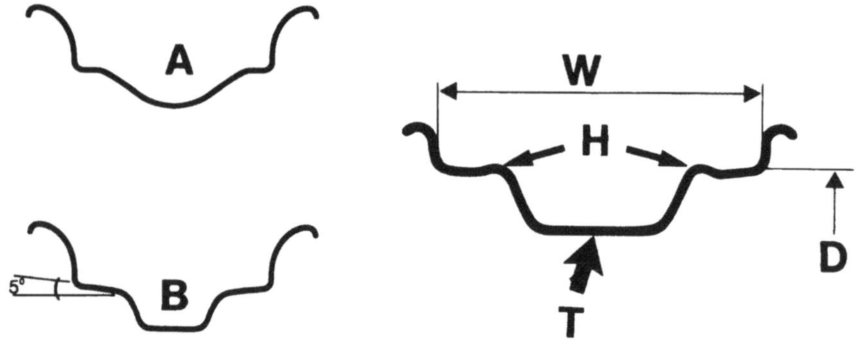

Die wichtigsten Felgenformen: Oben der WM-Typ (A) mit schmalen Schultern, nur für Reifen mit Schlauch. Darunter (B) der Typ MT für schlauchlose Reifen und solche mit Schlauch, die Felgenschulter hat maximal fünf Grad Neigung. Rechts schließlich die modernste Form MT H2 nur für schlauchlose Reifen. Mit H ist der doppelte Hump bezeichnet, W ist die Maulweite, T das Tiefbett und D der Felgendurchmesser.

BMW-Händler einzusehen, auch die Reifenhersteller geben jährlich Handbücher heraus, in denen die neuesten Freigaben vermerkt sind. Eine Liste hier erübrigt sich also, weil sie nach einem Jahr wieder veraltet wäre. Für die Geschwindigkeits-Kategorie ist jeweils nicht nur die passende zulässig, sondern auch eine höhere. Statt »S»-Reifen sind durchaus auch »V»-Reifen möglich. Nur umgekehrt geht es nicht.

Behandlungs-Tips

Grundsätzlich dürfen in Schlauchlos-Reifen keine Schläuche eingezogen werden. Das leuchtet ein, weil ja die Innenseite des Reifens in diesem Fall aus weichem Gummi besteht, der sich mit dem Schlauch reiben würde. Damit entstünde Hitze, die gefährlich ist. So bleibt das Einziehen eines Schlauchs nur ein reiner Notbehelf für den Fall eines Platten unterwegs. Bis zur Reifen-Werkstatt dürfte damit gefahren werden, und zwar höchstens mit 60 km/h.
Doch auch dies ist schlichte Theorie. Denn ein Schlauchlos-Reifen ist nicht unterwegs zu montieren. Es ist fast unmöglich, den Reifen ins Tiefbett zu drücken, um dann etwa den Schlauch einzulegen.

Reparatur

Die normale, von BMW empfohlene Reparaturmethode ist praktisch die einzige wirklich auch für unterwegs taugliche. Und auch sie funktioniert nur richtig, wenn der Reifen noch nicht vollständig luftleer war und beim Fahren nicht ins Tiefbett gerutscht ist. Dann läßt sich der Schlauchlose flicken und mit der kleinen CO-2-Flasche auch wieder füllen. Doch auch derart selbst reparierte Reifen sind nur mit äußerster Vorsicht und unter 100 km/h weiterzufahren, die nächste Werkstatt muß einen neuen Reifen aufziehen. Es muß trösten, daß Reifenschäden etwa durch eingefangene Nägel heutzutage sehr selten sind.
Reifenwechsel ist also bei schlauchlosen Reifen unbedingt Werkstattsache. Wer mit üblichen Montierhebeln herumprobiert, zerschrammt nur die Felge und macht sie unbrauchbar.

Bevor ein neuer Reifentyp in die Serienfertigung geht, wird er natürlich auf dem Prüfstand heftig erprobt. Hier ist zum Beispiel der Hochgeschwindigkeits-Dauerlauf auf der großen umlaufenden Trommel dran. Der Reifen wird mit regelbarer Last angedrückt. Dank der vielen Vorversuche kommt es heute nicht mehr vor, daß ganze Profilblöcke wegfliegen. Vor 20 Jahren gab's das noch.

Für die geländetauglichen Enduromaschinen wie die R 80 G/S wurden die Twinduros von Continental entwickelt, die mit ihrem mittelgroben Profil brauchbare Geländetauglichkeit haben, dennoch aber auch problemlos auf der Straße zu fahren sind. Nur die Gummimischung ist etwas hart geraten, gut für hohe Lebensdauer, aber nicht so gut bei Nässe auf Asphalt. Immerhin ein durchaus brauchbarer Kompromiß.

Reifen mit Schlauch abziehen

Reifen mit Schlauch kann der Fahrer durchaus selbst montieren. Er braucht dazu praktisch nur zwei ordentliche Montierhebel mit glatten Kanten, eine Luftpumpe, etwas Talkumpuder oder spezielle Reifenmontagepaste, einen großen Gummihammer und vor allem Kraft.
Zuerst wird das Ventil herausgedreht, damit auch wirklich alle Luft raus ist. Dar Rad liegt flach auf dem Boden, und zwar auf jeden Fall auf einem sauberen Brett. Räder mit Scheibenbremsen so unterstützen, daß die Scheiben nicht verbogen werden. Mit den Hacken der kräftigen Schuhe wird der Reifen dann rundherum vom Felgenhorn gelöst und ins Tiefbett getreten.
Jetzt heißt es, in die Knie gehen. Denn mit den Knien wird der Reifen gegenüber vom Ventil ganz fest im Tiefbett gehalten, damit rechts und links etwa eine Handbreit vom Ventil die beiden Montierhebel mit der schlanken Seite eingeführt werden können. Hebel herunterdrücken, der Wulst kommt über das Felgenhorn. Einen Hebel herausziehen und wieder eine Handbreit daneben ansetzen, runterdrücken. Auf diese Weise gelingt es recht schnell, selbst störrische Reifen über die Felge zu zerren. Immer schön darauf achten, daß die Knie fest auf den Reifen drücken.
Ist der Reifen auf einer Seite vollständig abgezogen, den Schlauch herausnehmen. Die andere Reifenflanke läßt sich fast immer ohne Hebelhilfe allein mit Handkraft übers Felgenhorn wuchten.

Reifen mit Schlauch aufziehen

Schwieriger wird die Montage. Sie geht zwar grundsätzlich genauso vor sich, aber neue Reifen sind meist noch störrischer als alte. Statt der Montierhebel wird jetzt auch der große Gummihammer gebraucht. Jeder Reifen hat einen oder zwei rote Punkte, und zwar an der leichtesten Stelle. Diese Stelle liegt beim Montieren am Ventil. Zudem tragen etliche Reifen Laufrichtungspfeile, die es zu beachten gilt.
Liegt der Reifen an der Felge, erst eine Flanke über die Felge ziehen, dann den Schlauch einlegen, und zwar faltenfrei. Talkumpuder reichlich drüberstäuben. Ventil durch Felgenloch stecken, Ventileinsatz einschrauben

Reifen-Auswuchtgerät für statisches Wuchten (Auspendeln). Wichtig: Die runden Auflage-Scheiben für die Achse müssen leicht laufen (Kugellager), die Achse ist festgeschraubt, das Rad soll sich nicht in den Radlagern drehen.

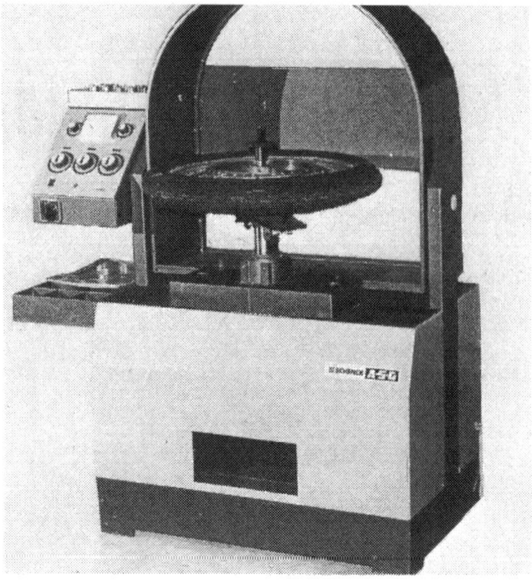

Reifen-Auswuchtgerät, mit dem sich die Unwucht bei schnell rotierendem Rad feststellen läßt. Dabei werden auch unterschiedliche Gewichte rechts und links der Radmitte herausgefunden, die durch Ankleben von Gegengewichten an der jeweils leichteren Seite der Felge ausgeglichen werden. Für schnelle Maschinen (über 150 km/h Spitze) unbedingt zu empfehlen. Weil dieses sogenannte dynamische Wuchten eine solch teure Werkstattausrüstung erfordert, sollte Reifenwechsel speziell bei Gußrädern und schlauchlosen Reifen auf jeden Fall der Werkstatt überlassen bleiben.

und ganz wenig Luft aufpumpen. Der Schlauch soll sich nur einmal faltenfrei zurechtlegen. Ventileinsatz kann dann wieder herausgeschraubt werden.
Reifen gegenüber dem Ventil über die Felge drücken, das geht mit Handkraft sehr weit. Nicht mit Talkum sparen. Für die letzten 25 Zentimeter wird dann etwas Gewalt nötig. Entweder mit den Hacken derber Schuhe oder mit dem Gummihammer auf die Reifenflanke schlagen, bis sie endgültig übers Felgenhorn rutscht. Der Autor hat fürs Montieren nie gern die Montierhebel benutzt, weil sie bei nur wenig Ungeschick schnell den Schlauch zerdrücken.
Das Ventil ist jetzt meist zwischen den beiden Reifenwulsten festgeklemmt. Es muß weit hineingedrückt werden, bis der Schlauch innen nicht mehr von den Wulsten gequetscht wird. Dann Ventilhaltemutter ansetzen, Einsatz einschrauben und langsam Luft aufpumpen. Jetzt muß die seitlich am Reifen angebrachte Montagelinie genau parallel zum Felgenhorn verlaufen. Notfalls mit ein paar Schlägen des Gummihammers nachhelfen, solange noch nicht allzuviel Luft im Reifen ist.
Bei dieser Arbeit ist größte Sorgfalt angebracht, lieber einmal mehr die Luft rauslassen und den Reifen von Hand zurechtrücken als ihn schräg laufen lassen. Derart grobe Unwucht läßt sich nämlich mit Gewichten nicht ausgleichen.

Auswuchten

Motorräder, die mehr als 120 km/h schnell sind, erfordern nach dem Reifenmontieren auch noch das Auswuchten des Rades. Pendelneigung unter 100 km/h ist fast immer ein Zeichen von Unwucht, entweder am Vorderrad oder auch am Hinterrad. Ausgewuchtet wird auf einfache Weise statisch. Das Rad wird mit einer Achse auf einem Wuchtbock in jeweils zwei leichtlaufenden, kugelgelagerten Scheiben gelagert, so daß es sich leicht drehen kann. Die Radachse ist nicht geeignet, das Rad soll sich auch nicht in seinen eigenen Lagern drehen, weil die durch die Dichtringe viel zu schwergängig laufen.
Wenn das Rad etwas gedreht wird, läuft es eine Weile vor und zurück, bis es in einer Stellung stehenbleibt. Ganz unten ist demnach der schwerste Punkt des Rads. Gegenüber, also oben, wird dann ein Gewicht probeweise angebracht. Wieder das Rad drehen und auspendeln lassen. Am Ende der Auswuchtprozedur muß es in jeder Lage stehenbleiben.

Statisch oder dynamisch?

Normalerweise genügt bei Motorradreifen das sogenannte statische Auswuchten, weil die Reifen relativ schmal sind. Dynamisch wuchten ist Werkstattsache, denn dazu wird das Rad auf einer Maschine festgeschraubt und schnell gedreht. Elektrische Fühler stellen dabei die Unwucht fest, und zwar auch seitliche Unwucht. Ausgeglichen wird aber bei den schmalen Motorradfelgen doch wieder nur so als sei die Unwucht in der Mitte. Nur bei den breiteren Leichtmetall-Gußrädern lassen sich die Wuchtgewichte auch etwas seitlich an der Felge ankleben. Für schnelle Maschinen, ab etwa 150 km/h Spitze, ist dynamisches Wuchten durchaus zu empfehlen, vor allem, wenn irgendwelche rätselhaften Fahrwerksunruhen aufgetreten sind.

Was fließt denn da?

Wer an der Motorrad-Elektrik reparieren muß, braucht kein Elektrotechnik-Studium. Es genügt, wenn ein paar Grundkenntnisse vorhanden sind. Zum Beispiel wird die Spannung mit Volt bezeichnet. Was Spannung ist, läßt sich sogar an einem einfachen gedanklichen Gebilde klären, wenn auch die professionellen Elektriker viel tiefer gehen. Für den Hausgebrauch genügt das sogenannte Wasserfall-Modell:

Die Spannung

Man nehme zwei Wasserbehälter, verbinde sie durch einen Schlauch. Ein Behälter steht in zweieinhalb Metern Höhe auf dem Garagendach, der zweite auf ebener Erde. Wasser wird von oben mit bestimmter Kraft nach unten fließen. Stellen wir den oberen Behälter dagegen aufs zehn Meter hohe Hausdach, fließt das Wasser mit entsprechend größerer Wucht abwärts. Der Höhenunterschied der zwei Behälter entspricht etwa dem Begriff Spannung in der Elektrizität.

Der Strom

Der zweite elektrische Begriff ist der sogenannte Strom, gemessen in Ampere. Auch hier sind Parallelen zum Wasserfall vorhanden. Statt des dünnen Schlauchs nehmen wir als Verbindung zwischen den beiden Behältern ein dickes Rohr. Schon zischt viel mehr Wasser von oben nach unten. Die Wassermenge entspräche dem Strom in der Elektrizität. Die Fallhöhe, nämlich die Spannung, bleibt gleich. Und wenn der obere Behälter nur klein ist, kann durch das dicke Rohr nur ein kurzer Wasserschwall fließen: Viel Strom in kurzer Zeit.
Der untere Behälter dient beim Wasser nur als Auffangbecken, bei der Elektrizität ist es etwas komplizierter, das Wasserfallmodell paßt nicht mehr so ganz. Dennoch gibt es weitere Ähnlichkeiten.
Der dünne Schlauch bietet dem Wasser mehr Widerstand als das dicke Rohr, schon wieder eine Entsprechung mit der Elektrizität.
Elektrisch ist dasselbe Modell leicht aufgebaut. Der volle Behälter als Wasserlieferant, wird durch die Batterie oder die Lichtmaschine ersetzt. Die Spannung ist bei der Batterie durch die Anzahl der Zellen gegeben, bei der Lichtmaschine wird sie durch die Konstruktion festgelegt und durch den sogenannten Regler auf gleicher Höhe gehalten.
Der mögliche Strom wird bei der Batterie durch die Gesamtfläche der aktiven Platten in der Zelle gegeben, bei der Lichtmaschine wiederum durch die Konstruktion, speziell durch die verwendete Drahtdicke. Eine große Batterie (oder starke Lichtmaschine) ermöglicht große Strommengen über lange Zeit.

Messen muß man können

Beim Wasserfall läßt sich die Spannung einfach mit dem Metermaß feststellen. Das Maßband wird einmal oben und einmal unten angelegt. Ebenso wird die Spannung der Elektrizität gemessen. Das Meßgerät, ein

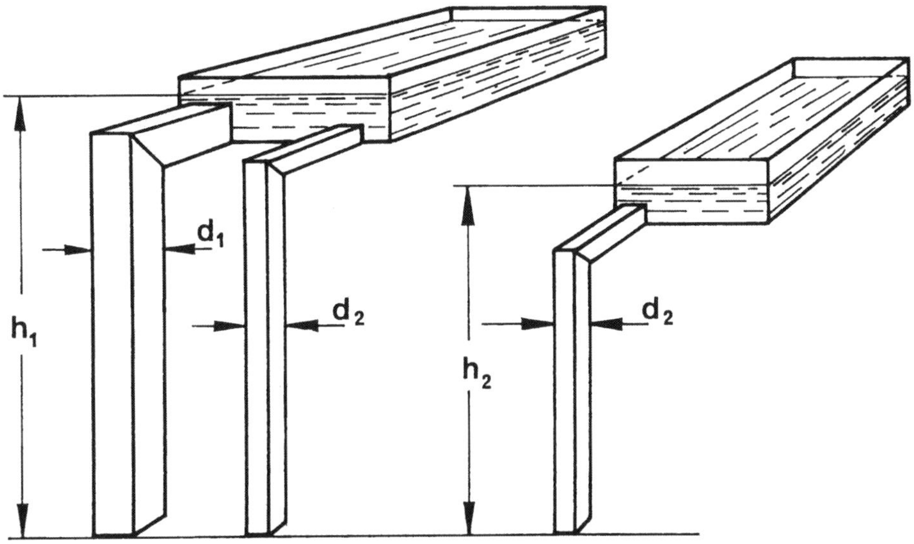

Die elektrischen Begriffe Spannung und Strom sind teilweise an einem einfachen Wasser-Modell zu erklären: Spannung ist die Fallhöhe, Strom ist die Menge des fließenden Wassers. Je dicker also das abwärts führende Rohr, umso stärker der mögliche Strom. Je höher der obere Behälter, umso höher die Spannung. Demgemäß kann Spannung gemessen werden, ohne daß Strom fließt. Der Strom hingegen ist nur faßbar, wenn er fließt, wie in diesem Denkmodell das Wasser.

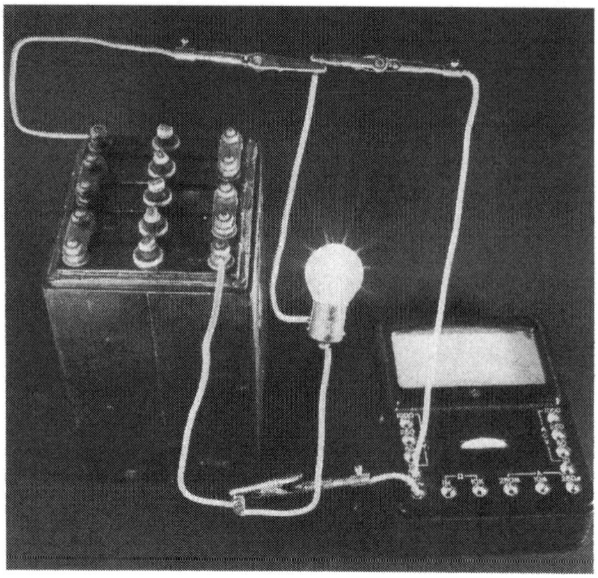

Spannungsmessung: Die strahlende Glühlampe liegt im inneren Stromkreis, der Spannungsmesser wird von außen angeschlossen. Daß hier im Bild die Lampe brennt, soll nur demonstrieren, daß das kein Dummy ist, sondern mit funktionierenden Teilen aufgebaut. Die Spannung ist auch meßbar, wenn die Lampe aus ist, etwa wenn noch ein Schalter dazwischen liegt. Die Maßeinheit für die Spannung ist das Volt.

Voltmeter, wird mit einem Kabel an den einen Batteriepol und mit dem anderen eben an den anderen Batteriepol gelegt. Was angezeigt wird, heißt Volt, bei Motorradbatterien sind es 12 Volt Nennspannung, etwa 14 Volt tatsächlich.
Die fließende Strommenge zu messen, ist etwas komplizierter. Da müssen wir uns erst mal überlegen, welche Strommenge gefragt ist. Und wir sollten uns vom Wasserfall-Modell etwas freimachen.
Bauen wir einfach mal eine Batterie auf, hängen an den einen Pol eine Leitung zu einer Glühlampe, und von dieser eine zweite Leitung zum zweiten Pol. Die Lampe leuchtet. Wir wollen nun wissen, wieviel Strom sie verbraucht. Die Spannung von Pol zu Pol hatten wir bereits festgehalten. Jetzt gilt es also festzustellen, wieviel Strom durch die Lampe fließt. Das Meßgerät heißt diesmal Amperemeter, es wird zwischen die Leitung von einem Batteriepol zur Lampe geschaltet. Der Strom fließt von der Batterie durch das Meßgerät, durch die Lampe und wieder zurück zur Batterie.

Spannung messen

Grundsatz: Spannung wird gemessen, indem die Meßleitungen von außen an den Stromkreis gehalten werden, Spannung besteht auch, wenn gar kein Strom fließt. (Batterie ohne Lampe hatte bereits Spannung).

Strom messen

Strom wird gemessen, indem die Meßleitungen in den Stromkreis eingeschaltet werden. Strom kann nur gemessen werden, wenn er fließt, etwa durch eine Glühlampe. Wieviel Strom in einer Batterie drin ist, kann zum Beispiel nicht gemessen werden.
Grundsatz: Um einen Verbraucher zu betreiben, etwa eine Lampe, sind zwei Leitungen nötig: Eine von der Stromquelle zur Lampe und eine zweite von der Lampe wieder zurück zur Stromquelle. In der Praxis ist nur eine Leitung zum Verbraucher geführt, die zweite Leitung zurück zur Stromquelle wird durch die sogenannte Fahrzeugmasse gebildet. Deshalb ist der Minuspol der Batterie stets direkt an Motor und Rahmen angeschlossen, und zwar an unlackierte Stellen.
Schlußfolgerung: Die Stromquelle ist eine Art Pumpe, die den Strom von einem Pol zum anderen bewegt. Der Strom fließt durch metallische Leitungen.

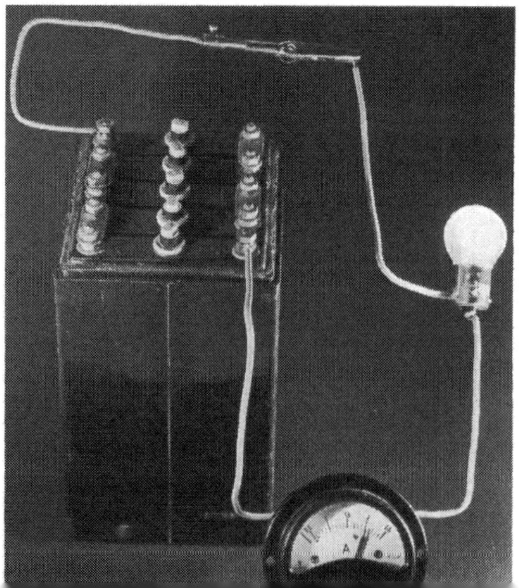

Strom-Messung: Hier ist die Glühlampe notwendig. Es wird ja innerhalb des Stromkreises gemessen, wieviel Strom die Lampe verbraucht. Wenn die Lampe etwa durchgebrannt ist, fließt kein Strom mehr, das Meßgerät zeigt dann auch nichts an. Die Maßeinheit für den Strom ist das Ampere.

Bild oben: Typischer Aufbau eines Relais. Die Spule mit der Wicklung aus isoliertem Kupferdraht wird von Strom durchflossen, erzeugt dabei ein Magnetfeld, das den Anker (A) anzieht und einen Schaltvorgang bewirkt. Hier ist es ein raffiniertes Relais, das mit jedem Einschalt-Stromstoß wahlweise eines von zwei Kontaktpaaren zusammendrückt. Es wird als Schalter für Auf- und Abblenden des Scheinwerfers verwendet.
Bilder unten: Prüflampen, links selbstgemacht, rechts für etwa fünf Mark zu kaufen. Die Spitze soll es möglich machen, daß durch die Kabelisolierung nach Strom gefühlt werden kann.

Strom-Wirkungen

Wir haben keinen speziellen Sinn, mit dem wir elektrischen Strom sehen, riechen, fühlen oder hören können. Nur an seinen Wirkungen ist er zu erkennen, etwa an dem Leuchten der Glühlampe.
Warum die Lampe leuchtet, wird schon in der Schule gelehrt: Der Strom fließt durch sehr dünnen Draht, der sich dabei derart stark erhitzt, daß er hell leuchtet.
Strom hat aber noch andere Wirkungen. Zum Beispiel macht er magnetisch. Wenn eine Drahtspule mit vielen Wicklungen von Strom durchflossen wird, baut sich in der Spule ein Magnetfeld auf, von dem Eisen angezogen wird.

Schalter und Relais

Das Wasserfallmodell hat noch eine weitere Schwäche. Wir kennen zum Absperren von Wasser den Wasserhahn, an dem der Fluß langsam aufgedreht und ebenso langsam wieder abgesperrt wird. Strom wird hingegen geschaltet, er kennt nur zwei Stellungen: ein oder aus, und zwar schlagartig.
Der einfachste Schalter ist die Kneifzange. Wird das Stromkabel durchgekniffen, geht die Lampe aus. Halten wir die beiden losen Kabelenden danach zusammen, leuchtet die Lampe wieder.
Nichts anderes geschieht in einem Schalter. Hier kommt der Strom an einem Leitungskontakt an und wird über ein bewegliches Metallstück zur wegführenden Leitung weitergeleitet. Wenn das bewegliche Metallstück den zweiten Leitungskontakt nicht berührt, kann auch kein Strom fließen.
Wer die vorigen Gedankenversuche mit Batterie und Glühlampe mal in der Praxis gemacht hat, wird möglicherweise schon festgestellt haben, daß beim Ausschalten des Stromkreises etwas passiert. Beim Schalter Modell Kneifzange hat es beim Durchtrennen des Kabels ganz hübsch gefunkt. Dann war die Lampe eine Halogenlampe mit rund 55 Watt Leistung. Das ist eine ganze Menge, wenn man den fließenden Strom bei 14 Volt und 55 Watt mißt, kommt ein Wert von knapp 4 Ampere heraus. (Strom mal Spannung gleich Leistung in Watt).

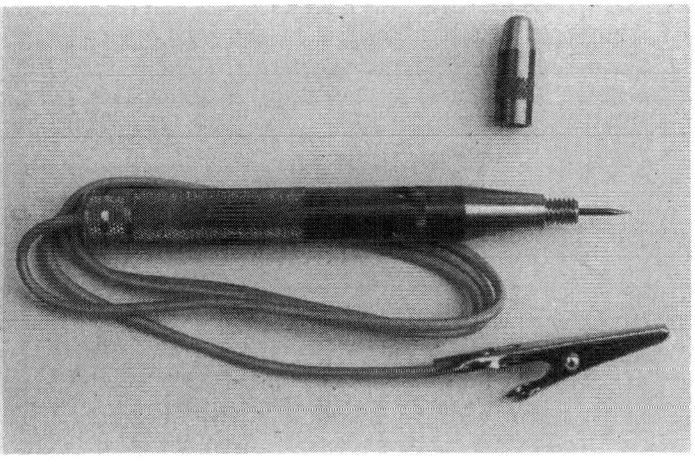

Warum Relais?

Vier Ampere erzeugen beim Abschalten kräftige Funken. Ein einfacher Schalter, bei dem nur ein bewegliches Metallstück den Stromkreis öffnet und schließt, schweißt durch diese Funken gelegentlich sogar zusammen. Zumindest verschmutzt er durch die Funkerei schnell, und das Metallstück bekommt nicht mehr einwandfreien Kontakt.
Es müßte ein Kontaktpaar gewählt werden, das so starke Ströme sicher schaltet. Hier ist das Einsatzgebiet des Relais. Dessen Arbeitskontakte bestehen aus speziellem Material, zudem sind sie innerhalb des Relaiskastens gegen Schmutz und Staub geschützt, können also schalten ohne zu verschmutzen.
Die Arbeitskontakte im Relais liegen nahe an einem kräftigen Elektromagneten, der beide Kontakte zusammendrückt, wenn Strom durch seine Spule fließt. Dieser Strom für die Spule ist nur sehr gering, er kann durch einen simplen Schalter, etwa am Lenker, gesteuert werden.

Das Relais macht's möglich

Nicht nur das sichere Kontaktgeben ist ein Grund für die Verwendung eines Relais. Speziell die Halogenlampen brauchen viel Strom, und der muß durch dicke Leitungen zur Lampenfassung transportiert werden. Müßten diese dicken Drähte erst mal den Umweg über den Lichtschalter am Lenker machen, wäre das zumindest Drahtverschwendung. Da ist es besser, vom Lenkerschalter aus nur den einen dünnen Draht zum Relais im Scheinwerfergehäuse zu führen. Der dicke Draht wird dann nur ans Relais geklemmt und von dort entweder zum Fernlichtfaden oder zum Abblendfaden der Glühlampe sortiert. Daß ein solches Relais nicht einfach ein- und ausschalten, sondern umschalten kann, wird durch eine kleine Hebelmechanik im Relaiskasten bewirkt. Das Prinzip jedoch bleibt gleich.
Grundsatz: Relais werden verwendet, wenn es gilt, hohe Ströme sicher zu schalten und unnötig lange, dicke Kabel zu vermeiden.

Praxis-Tips

Bei den meisten Reparaturen kommt es nicht darauf an, genaue Spannungen oder Ströme zu messen, sondern es muß nur festgestellt werden, ob überhaupt Spannung vorhanden ist. Deshalb ist das wichtigste Meßinstrument ein ganz billiges Prüflämpchen. Das gibt es für rund fünf Mark zu kaufen, ist aber schnell auch aus einer Glühlampe (etwa für Instrumentenbeleuchtung, also rund fünf Watt) und zwei Anschlußkabeln selbst zu machen. An die Anschlußkabel lötet man sich entweder zwei Krokodilklemmen oder Bananenstecker. Zum Messen wird eine Leitung stets an Fahrzeugmasse befestigt, die zweite sucht an den zu prüfenden Stellen nach Elektrizität.
Ausnahme: Bei den modernen, elektronischen Zündanlagen ist mit der Prüflampe nichts zu machen, schon gar nicht bei laufendem Motor. Die dort erzeugten Spannungen sind zu hoch (siehe Kapitel Zündung), da holt sich der Unvorsichtige schnell einen lebensgefährlichen, elektrischen Schlag.

»87 b an 58«

Die seltsame Ziffernfolge ist kein Code für Funksprüche. Sie sagt dem Monteur, wie er die Leitungen der elektrischen Anlage verlegen soll. Nämlich von Klemme 87b am Lichtrelais zur Klemme 58 der Standlichtlampe.
Am Motorrad sind so viele elektrische Verbraucher mit Leitungen untereinander verbunden, daß ohne ein Ordnungsprinzip schnell die Übersicht verlorengeht.

Zahlenkennzeichnung

Die Ordnung geschieht auf zweierlei Arten. Zum einen sind die Anschlußklemmen an Zündschloß, den Lampen und den Relais (auch der Blinkgeber ist ein Relais) mit Zahlen gekennzeichnet. Die Scheinwerfer-Glühlampe zum Beispiel hat immer die Zahl 56, und zwar 56a fürs Fernlicht und 56b für den Abblendfaden.

Kabelfarben

Zweites Schema sind die Kabelfarben. So ist zum Beispiel Rot stets an Batterie-Plus und schwarz an Batterie-Minus. Weil die Leitungen in Kunststoffschläuchen, den sogenannten Bougierrohren, gebündelt sind, läßt sich der Kabelverlauf eben nur noch an den Farben der Isolationsschicht verfolgen. Deshalb wird schon in der Planung der Fertigung darauf geachtet, daß keine zwei gleichen Kabelfarben in einem Bougierrohr zusammengefaßt werden. Der Arbeiter am Fließband könnte ihre Anschlüsse verwechseln.

Steckverbinder

Bei BMW-Motorrädern sind an den Kabel-Enden stets Steckverbinder, und wenn einmal mehrere Leitungen an einer Stelle zusammengekoppelt werden müssen, dann sind auch die Steckverbinder zusammengefaßt, und zwar unsymmetrisch, damit sie nur ein einer bestimmten Stellung zueinander passen.

Klemmen-Bezeichnungen

Die Klemmenbezeichnungen sind genormt. Hier eine Liste der wichtigsten Bezeichnungen:

Ziffer	Bedeutung
1	Zündspule Niederspannung
4	Zündspule Hochspannung
15	geschaltetes Plus hinter der Batterie
30	Batterie Pluspol
31	Batterie Minuspol oder Fahrzeugmasse
31b	geschaltetes Minus, von Batterie durch Schalter getrennt
45	Starter-Relais Ausgang, Starter Eingang
48	Klemme an Anlaßwiederhol-Relais
49	Blinkgeber Eingang
49a	Blinkgeber-Ausgang
51	Gleichspannung an Gleichrichter
54	Bremslicht (Plus bei eingeschalteter Zündung)
55	Nebelscheinwerfer
56	Hauptscheinwerfer
56a	Fernlicht und Fernlichtkontrolle
56b	Abblendlicht
56d	Lichthupenkontakt
57	Standlicht für Krafträder
58	Schlußleuchte, Kennzeichen- und Instrumentenleuchten
61	Generatorkontrolle

Relais: Zahlen über 80

Bei Relais werden Zahlen über 80 verwendet. Ein einfaches Schließrelais hat zum Beispiel 84a als Ausgang für den Magneten, 84 als Eingang für Magneten und die zu schaltende Spannung, 84b als geschalteten Ausgang. Legen wir an 84 Plus und an 84a einen Taster zur Masse, dann fließt immer dann Strom von 84 nach 84b, wenn der Massetaster gedrückt wird.

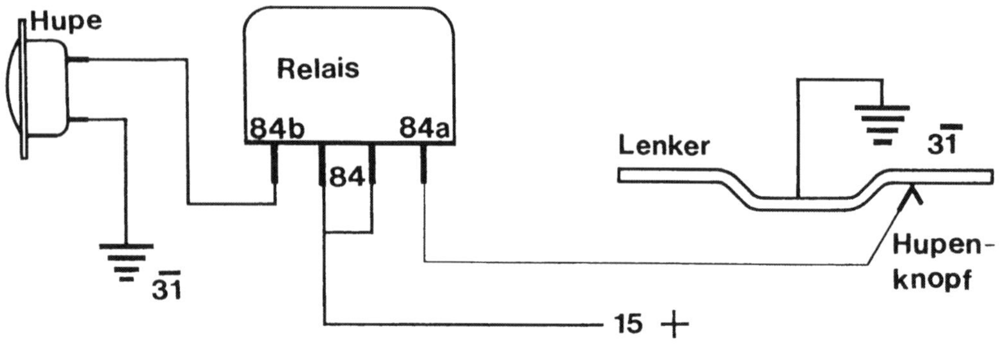

Musterbeispiel für die Anwendung eines Relais ist die Hupe. Sie verbraucht viel Strom, benötigt also eine dicke Zuleitung. Damit dieser hohe Strom nicht durch den winzigen Schalter am Lenker fließen muß, wird ein Relais zwischengeschaltet. Der Strom für den Relais-Magneten ist nur klein, die Zuleitung für den eigentlichen Hupenstrom geschieht über dicken Draht von Klemme 15 und das Relais dicht am Horn.

Das wäre eine Schaltung, mit der zum Beispiel die Hupe betätigt werden könnte. Eine dicke Leitung wäre dabei von Klemme 15 bis zum Relais 84 zu legen, eine ebenso dicke von 84b zur Hupe. Eine dünne Leitung von 84a zum Hupenschalter am Lenker. Und die zweite Klemme der Hupe käme mit einer dicken Leitung an Masse. Das kleine Relais ließe sich in der Nähe der Hupe wassergeschützt befestigen, vielleicht zusätzlich noch mit Siliconkautschuk äußerlich gegen Wassereinbruch verschmieren.

Kabelstärken

Zu klären sind noch die Begriffe »dicke oder dünne« Leitung. Aus dem vorigen Kapitel wissen wir, daß durch dünne Leitungen nur wenig Strom fließen kann. Wenn demnach eine Glühlampe 60 Watt leistet, also 60 geteilt durch 12 gleich 5 Ampere braucht, muß auch die Zuleitung dick genug sein, um diese 5 Ampere durchzulassen. Dick genug heißt einmal, daß sich die Leitung bei diesem Stromfluß nicht erwärmen darf. Zum zweiten geht bei dünnen Leitungen zuviel Spannung unterwegs verloren.
Elektrische Leitungen werden nicht nach dem Drahtdurchmesser, sondern nach dem Querschnittt in Quadratmillimetern bezeichnet. Bei Motorradelektrik sind für die meisten Kabel 0,75 mm² üblich. Für die Leitung von der Batterie an Masse und zum Generator jeweils 16 mm², von Batterie zum Anlaßrelais 4 mm² und von dort zum Zündschloß sind es 2,5 mm².
Bei der Bemessung richtet sich der Konstrukteur nach der zulässigen Stromdichte im Dauerbetrieb, das sind Ampere pro Quadratmillimeter. Da sind für Leitungen bis 4 mm² ganze 10 A/mm², bei dickeren Leitungen sind nur noch 6 A/mm² erlaubt.
Wer in früheren Zeiten seiner Maschine etwas Gutes tun wollte, der konnte verschiedene dünne Kabel durch dickere ersetzen, falls der davon mit Strom versorgte Verbraucher viele Ampere schluckte oder möglichst hohe Spannung brauchte. Derartige Umrüstungen waren beim Sechs-Volt-Bordnetz noch durchaus empfehlenswert, bei einer modernen Zwölf-Volt-Anlage lohnt sich das nur noch selten.

Strippen-Praxis

Die elektrischen Leitungen speziell an BMW-Motorrädern sind praktisch wartungsfrei. Es kommt bei richtiger Kabelverlegung auch nicht mehr vor, daß eine Isolationsschicht durchgescheuert wird und ein blankes Rahmen- oder Motorteil in direkten Kontakt mit einer stromführenden Leitung gelangt. Kurzschluß heißt das. Dann gibt es Feuerwerk und riecht nach verschmorter Isolation.

Wackelkontakte

Tückischer sind sogenannte Wackelkontakte. Je nach Vibration kann der Strom fließen oder nicht. Falls zum Beispiel der Motor stottert, die Zündung unregelmäßig aussetzt, sind unter anderem die Anschlußkabel an der Zündspule verdächtig. Nicht die dicke Hochspannungsleitung (über die wird im Kapitel Zündung geschrieben), sondern die dünnen Strippen, die vom Unterbrecher oder dem Zündauslöser kommen. Deren Steckverbinder werden geprüft: Sie dürfen nicht auf den Steckern wackeln. Tun sie es doch, werden sie nachgebogen. Dazu genügt eine Flachzange. Das flache Teil zwischen den zwei Wülsten wird etwas hochgebogen, nicht die Wülste selbst enger drücken.
Sollte die Verbindung zwischen dem Stecker und dem Draht stark korrodiert sein, Draht abkneifen, soweit abisolieren, bis wieder blanker Draht zum Vorschein kommt, und dort einen neuen Stecker anquetschen. Wer ganz sicher gehen will, kann den Stecker zusätzlich noch durch einen Zinntropfen mit dem Draht verlöten.

Neue Kabel

Ist ein Kabel durch innere Korrosion zu kurz geworden, wird es komplett ausgewechselt. Anstückeln gibt nur wieder neue Fehlerquellen. Es muß im übrigen das neue Kabel nicht unbedingt mit in das Bougierrohr eingezogen werden, das klappt sowieso nicht. Nur darf die neue, einzelne Leitung nicht wild in der Gegend herumhängen. Festbinden mit Kabelbindern, schlimmstens mit Isolierband, obwohl das nicht lange hält. Nicht sparsam sein, alle 15 Zentimeter muß eine Leitung Halt bekommen.

Kabelsätze

Wer einen kompletten Kabelsatz neu zusammenstellen will, hat es heutzutage leichter als früher, ihn in einen Schutzschlauch zu hüllen. Mit sogenanntem Schrumpfschlauch wird es ein Kinderspiel. Der Schlauch ist im Anlieferzustand viel weiter als für den Kabelsatz nötig. Wenn die Strippen allesamt eingeführt sind, wird der Schlauch mit einem Heißluftgebläse angepustet, woraufhin er sich zusammenzieht.

Kabeldurchführungen

Kabeldurchführungen durch Blech- oder Kunststoffteile sind etwas heikel, weil sich an den scharfen Kanten leicht die Isolationsschicht durchscheuert. Wer eine Gummitülle verloren hat, die solche Durchführung entschärft, kann sich mit Siliconkautschuk helfen. Damit wird das Loch im Blech dick eingeschmiert, die Masse muß durchgedrückt werden, damit sie auch auf der Gegenseite einen Wulst bildet. Siliconkautschuk ist auch gut, um eine solche Durchführung wasserdicht zu machen.

Beliebte Fehlerquelle

Was tun, wenn die Leitung zur Glühlampe gut ist, an der Lampe Strom ankommt (mit der Prüflampe zu erkennen), die Lampe selbst auch in Ordnung ist, aber dennoch nicht leuchtet? Dieser Fehler ist gar nicht so selten. Speziell bei Blinkern tritt er tückisch auf.
Da hilft Nachdenken: Zwei Leitungen braucht der Strom. Eine zum Verbraucher hin, und die zweite wieder zurück. Die Leitung zum Verbraucher hin wird meist mit Plus-Strom belegt, die Rückführung ist dann Minus. Das geht über die Fahrzeugmasse. Und wenn hier zum Beispiel der Blinkerhalter an ein lackiertes Rahmenteil geklemmt ist, hat er keine metallische Verbindung zur Fahrzeugmasse, also auch kein Minus. Deshalb werden für die Blinker meist sogar besondere Masseleitungen verlegt. Es genügt übrigens auch, wenn die Klemmung des Blinkerhalters am Rahmenteil nur stark verrostet ist, um den Stromübergang zu verhindern.
Die weitaus meisten elektrischen Pannen passieren durch so einfache Fehler wie lockere Stecker, durchgescheuerte Leitungen oder gar Korrosion an Kontaktpunkten. Deshalb ist es gar nicht nötig, tiefgründig in die Wirkungsweise der Elektrizität einzudringen. Mit etwas Sorgfalt beim Einkreisen einer Fehlerstelle kommt auch ein völlig unelektrischer Mensch durchaus zurande.

Planvolles Wirrwarr

Wer einmal den Scheinwerfer aufgemacht hat, wird beim Anblick des Kabelsalats darin leise verzweifeln wollen. Nach welchem Schema ist das alles bloß verdrahtet? Liegt überhaupt ein Sinn dahinter?
Die Leitungsfarben und die Klemmenbezeichnungen sind klar. Jetzt fehlt nur noch der Plan, nach dem alles miteinander verbunden ist – der Stromlaufplan.

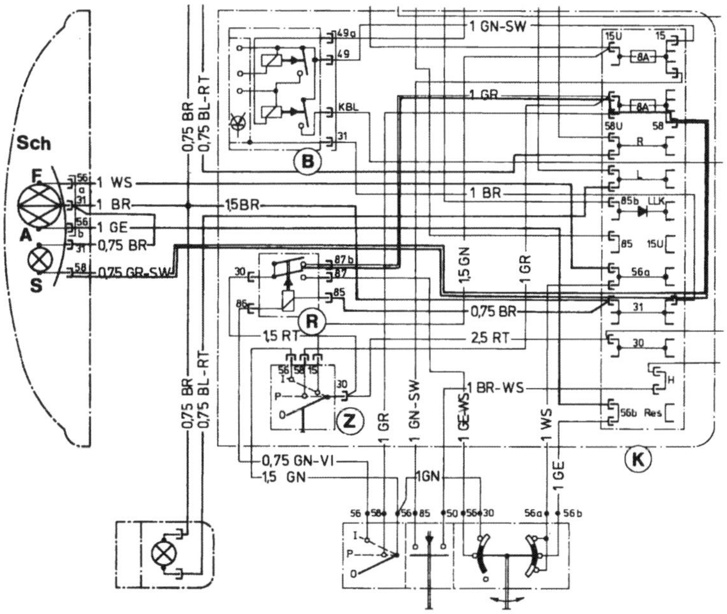

Hier ist der Schaltplan, nach dem 87b an 58 angeschlossen wird. 87b ist ein Ausgang des Lichtrelais (R), 58 ist die Standlicht-Glühlampe (S). Sch = Scheinwerfer, A = Abblendlicht, F = Fernlicht, Z = Zündschalter, B = Anlaßrelais, K = Kontaktleiste. Wenn solch ein komplizierter Schaltplan erkannt werden muß, geht's am besten, indem einzelne Stromkreise bunt nachgezeichnet werden. Lieber viele Kopien machen, für jede Farbe eine, sonst verwirrt die Vielfalt der Farben zu leicht.

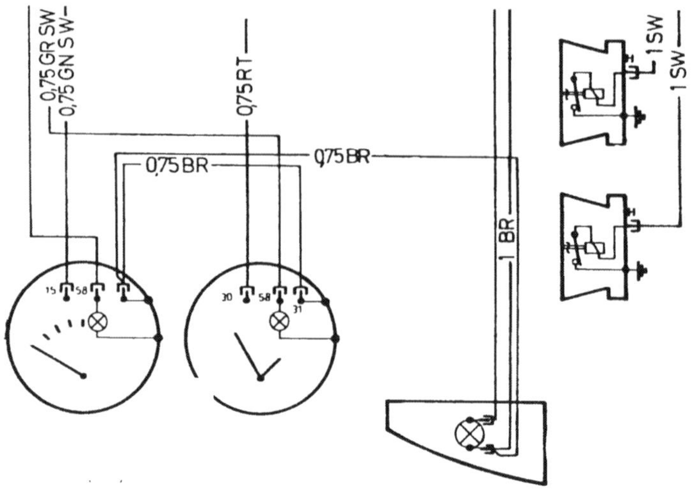

Noch ein kleines Beispiel fürs Lesen eines Schaltplans: Zum Blinker unten rechts gehen drei Leitungen, obwohl doch für einen Verbraucher nur zwei nötig sind. Die dritte läuft weiter zum Voltmeter und zur Zeituhr. Sie ist eine Masse-Leitung, die nur den Minuspol dorthin bringt (Klemme 31 ist Minus). Im Voltmeter (links) ist noch eine Glühlampe (durchkreuzter Kreis), die eine extra Plusleitung bekommt. Während das Voltmeter mit Klemme 15 im Zündschloß verbunden ist (angeschaltet nur dann, wenn die Zündung eingeschaltet ist), bezieht die Zeituhr (Mitte) von Klemme 30 (Batterie-Plus) ständig direkt ihren Strom. Logisch, denn sie soll ja auch laufen, wenn die Maschine abgestellt ist.

Der Stromlaufplan

BMW gibt die Stromlaufpläne für die Motorräder sogar in der normalen Betriebsanleitung heraus. So kann der Wirrwarr eigentlich nicht schrecken. Nur Geduld ist nötig. Es gibt ein paar Tricks, mit denen sich das Schaltplanlesen erleichtern läßt. Zum Beispiel mache man sich zuerst eine Kopie. In dieser können Hilfslinien eingemalt werden. Zum Beispiel wird die Leitung von der Scheinwerferlampe, 56a = Fernlicht, einmal mit Rot nachgezogen. Sie geht von der Lampe zur Klemmleiste und von dort zum Abblendschalter. Von derselben Stelle der Klemmleiste läuft aber noch eine weitere Leitung weg. Sie kommt in der Instrumentenkonsole an, und zwar an der blauen Fernlicht-Kontrolleuchte.

Auf diese Weise sind alle Einzel-Leitungen auf verschiedenen Kopien ganz leicht zu verfolgen. Nur nicht alle Farben in dieselbe Kopie malen, das macht alles nur wieder unübersichtlich. Im Original-Stromlaufplan sind die Kabelfarben übrigens auch angegeben, ebenso die Kabel-Querschnitte. Wenn dort also an einer Linie 1GN steht, bedeutet es, daß das Kabel einen Querschnitt von einem Quadratmillimeter hat und mit grüner Isolation versehen ist.

Ein kleiner Tip ist vielleicht noch angebracht: Wenn sich zwei Leitungs-Striche kreuzen, besagt das nichts. Nur wenn im Kreuzungsknoten ein dicker Punkt gezeichnet ist, besteht Verbindung zwischen den Leitungen.

Bedeutung der Bauteile

Die Bedeutung der auf dem Stromlaufplan skizzierten Bauteile wird im dazugehörigen Text erklärt. So ist es im Grunde leicht, alles nacheinander zu verstehen. Das gesamte Leitungsnetz besteht schließlich aus vielen Einzeldrähten, die jeweils einen Verbraucher versorgen, manchmal ist zusätzlich noch ein Schalter zwischengelegt. Und wenn, wie bei den Blinkern, eine Lampe mit zwei Drähten versehen ist, dann ist der zweite eben eine Masseleitung. Bei der R 100 RS geht von der Blinkermasse sogar noch ein dritter Draht weg. Er führt zum Voltmeter und zur Zeituhr. Auf diese Weise bekommen diese zwei Instrumente eben auch ihre Masseverbindung.

Rechts als Muster der vollständige Stromlaufplan der Modelle R 60/7 bis R 100 S ab 1977. Dieser Plan ist die Basis, hinzu kommen je nach Modell zusätzliche Schaltpläne von einzelnen, nicht serienmäßigen Verbrauchern. Die Bedeutung der Zahlen und Buchstabenkennzeichnungen: 1 = Blinkerschalter mit Anlasserkontakt und Notausschalter. 2 = Scheinwerfer mit a = Blinkgeber, b = Fernlicht, c = Abblendlicht, d = Standlicht, e = Lichtrelais, f = Zünd-Licht-Schalter, g = Kontaktplatte mit Sicherungen. 3 = Schalter für Abblenden, Lichthupe und Fanfare, 5 = Blinker rechts vorn, 6 = Kupplungsschalter, 7 = Blinker links vorn, 8 = Fanfare, 9 = Handbremslichtschalter hydraulisch, 10 = Instrumentenkombination mit a = Tachobeleuchtung, b = Drehzahlmesserbeleuchtung, c = Bremsflüssigkeitskontrolle, d = Leerlaufkontrolle, e = Ladekontrolle, f = Öldruckkontrolle, g = Blinkerkontrolle, h = Fernlichtkontrolle. 11 = Anlaßrelais, 12 = Zündspulen, 13 = Zündkerzen mit Steckern, 14 = Kondensator, 15 = Zündunterbrecher, 16 = Öldruckschalter, 17 = Masse, 18 = Fußbremslichtschalter, 19 = Steckerverbindung zweifach, 20 = Leerlaufkontrollschalter, 21 = Bremsflüssigkeitskontrollschalter, 22 = Steckverbinder vierfach, 23 = Steckverbinder einfach, 24 = Diodenträger, 25 = Batterie, 26 = Anlasser, 27 = Drehstromlichtmaschine, 28 = Spannungsregler, 29 = Blinker hinten rechts, 30 = Heckleuchte mit a = Schluß- und Kennzeichenleuchte, b = Bremslicht. 31 = Blinkleuchte hinten links, 32 = Voltmeter (bei R 100 S) 33 = Zeituhr (bei R 100 S).

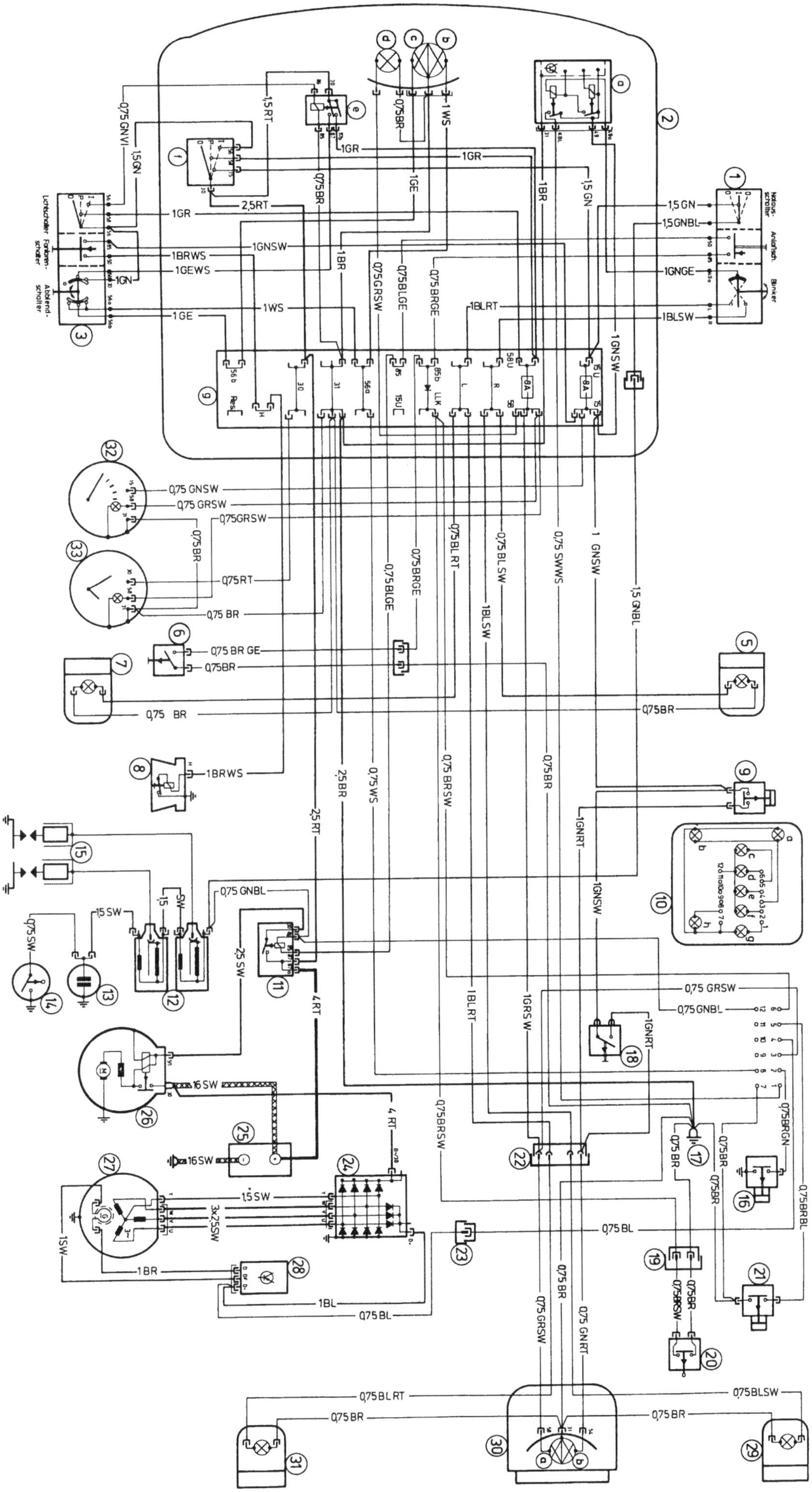
0,75 GNVI
1,5 RT
1GR
1,5 GN
2,5 RT
0,75 BR
1GE
1 WS
1BR
1,5 GN
1,5 GNBL
1GNSW
1BRWS
1GEWS
1GN
1WS
1GE
0,75 GRSW
0,75 BLGE
0,75 BRGE
1BLRT
1GNGE
1BLSW
1GNSW
0,75 GNSW
0,75 RT
0,75 BR GE
0,75 BLRT
0,75 BLSW
0,75 SWWS
1 GNSW
1,5 GNBL
1BLSW
0,75 BR
1BRWS
2,5 BR
0,75 WS
0,75 BRSW
1GNRT
2,5 RT
1,5 SW
0,75 SW
0,75 GNBL
2,5 SW
4 RT
16 SW
1BLRT
1GRSW
0,75 BRSW
0,75 BRGN
0,75 BRBL
1,5 SW
3x2,5 SW
1 SW
1BR
0,75 BL
1BL
0,75 BL RT
0,75 BLSW
0,75 GRSW
0,75 GN RT
0,75 GN
1GNRT

Sammel-Stelle

Es gibt ein paar Dinge, die weiß jeder über die Motorradbatterie.
Erstens: Sie ist bleischwer. Kein Wunder, denn es ist auch viel Blei drin.
Zweitens: Die Flüssigkeit, die manchmal herausgast, frißt den Lack der Maschine ab und läßt den eisernen Batteriehalter verrosten. Das ist ebenso kein Wunder, denn diese Flüssigkeit ist verdünnte Schwefelsäure.
Drittens: Im Winter ist die Batterie meist leer. Kein Wunder, denn die chemischen Reaktionen laufen bei Kälte schlechter ab als bei Wärme.
Viertens: Wenn eine neue Batterie gekauft werden muß, wird das teuer. Auch das ist leicht erklärlich, denn die Herstellung ist kompliziert.
Was allerdings genau innerhalb der Batterie vor sich geht, gehört schon weniger zum Allgemeinwissen. Es ist zwar bekannt, daß mit einem Ladegerät Strom hineingepumpt werden muß, bevor er zum Speisen von Anlasser, Zündung und Glühlampen wieder herausgezogen werden kann, warum aber zum Beispiel eine Batterie schlechte Behandlung nicht verträgt, ist nicht so ganz einleuchtend.
Allzu viel braucht der Fahrer aber auch nicht zu wissen, deshalb genügt hier eine Kurzfassung Batteriekunde.

Chemie in der Batterie

Das Blei in der Batterie ist in zwei verschiedenen Zustandsformen vorhanden. Zum einen als reines Blei (Kurzzeichen Pb) in Form der Minus-Platten, zum anderen als braunes Bleidioxid (Kurzzeichen PbO_2), das die Plusplatten bildet. Die Säure ist verdünnte Schwefelsäure (Kurzzeichen $H2SO_4$).
In dieser Form ist die Batterie im Neuzustand und wenn sie voll geladen ist.
Beim Entladen gehen Blei und Bleidioxid eine Verbindung mit der Schwefelsäure ein, beide Metalle ändern sich zu $PbSO_4$, dem Bleisulfat. Und die Säure verliert viel Schwefelanteil, wird dünner, verwässert.
Beim erneuten Laden kehren wieder die ursprünglichen Zustände ein.

Achtung Knallgas

Wird die volle Batterie weitergeladen, geschieht etwas Gefährliches: Der Wasseranteil der Schwefelsäure wird elektrolytisch zersetzt, wobei sich an der Plusplatte Sauerstoff absetzt, während an der Minusplatte Wasserstoff entwickelt wird. Diese beiden Gase vermischen sich im Batteriegehäuse und treten an den Entlüftungslöchern als das sogenannte Knallgas ins Freie. Ein Funke genügt, um dieses explosive Gasgemisch zu zünden. Deshalb auf keinen Fall offene Flammen oder Funken in die Nähe der Batterie-Ladestation bringen.

Ladezustand

An der Konzentration der Schwefelsäure in der Batterie läßt sich der Ladezustand ablesen. In der Praxis wird dazu ein Aräometer (»Säureheber») verwendet, das praktisch das spezifische Gewicht der Säure mißt. Die Tabelle gibt die verschiedenen Dichtewerte im Verhältnis zum Ladezustand an, dazu auch die Temperatur, bei der die Säure gefriert:

Ladezustand bei 20 Grad C	Säuredichte kg/Liter	Gefrierschwelle Grad Celsius
Voll	1,28	– 68
Halbvoll	1,16 bis 1,2	– 17 bis – 20
Entladen	1,04 bis 1,12	– 3 bis – 11

Grundsatz: Je weniger die Batterie geladen ist, umso eher friert sie im Winter ein. Wenn also die Maschine bei Kälte nicht mehr per Anlasser anspringt, sondern nur noch ein müdes »Klack-Klack« vom Starter-Relais gehört wird, ist die Batterie womöglich nicht ganz leer, sondern eben nur für diese Temperaturen zu leer. Nachladen ist oft nicht mal nötig, die Batterie müßte nur etwas aufgewärmt werden.

Aufpassen beim Nachfüllen

Aus der Tabelle geht noch etwas anderes hervor: Die Säuredichte ist bei entladener Batterie sehr gering, also viel Wasser und wenig Schwefelsäure. Zudem sinkt der Säurestand innerhalb der Batterie beim Entladen. Wer jetzt den nur oberflächlich verstandenen Rat befolgt und destilliertes Wasser in die entladene Batterie füllt, verdünnt die Säure noch mehr. Und weil beim Laden der Säurestand wieder steigt, hat er bei voller Batterie viel zu viel Flüssigkeit in den Zellen.
Grundsatz: Niemals in die entladene Batterie vor dem Laden Wasser einfüllen, immer erst nach dem Laden den Pegelstand korrigieren.

Auffüllen von destilliertem Wasser nach dem Ladevorgang. Gut zielen ist mit einer solchen Spritze, sie könnte ruhig noch etwas größer sein. In Apotheke nachfragen. Einfache Plastik-Spritzkanne genügt auch. Wichtig: Nicht bis zum Rand füllen, sondern nur etwa bis auf fünf Millimeter oberhalb der Platten. Zur Erleichterung gibt's an vielen Batterien außen Markierungslinien für den Säurestand.

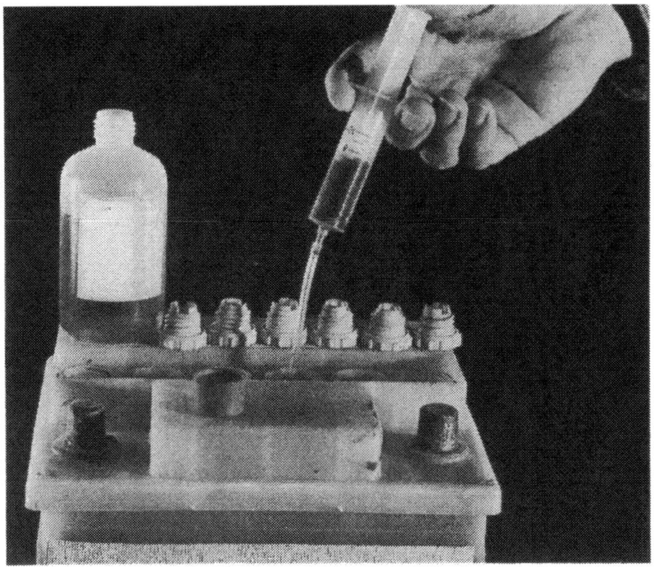

Wie man Säure mischt

Neue Batterien werden gelegentlich in trockenem Zustand angeboten. Da heißt der Werbespruch »scharf trocken vorgeladen«. In Wahrheit sind eben Blei und Bleidioxid im Neuzustand vorhanden, in dem sie den höchsten Spannungsunterschied aufweisen. Bleier als Blei geht nun mal nicht.
Wenn Säure für eine trockene, neue Batterie zusammengemischt werden muß, sind Vorsichtsmaßregeln zu beachten.
Erstens: Das Wasser muß chemisch rein sein, also destilliertes Wasser nehmen.
Zweitens: Als Mischgefäß einen Glasbehälter nehmen, mit Glasstab umrühren.
Drittens: Unbedingt erst das Wasser ins Gefäß füllen, die Säure tropfenweise ins Wasser geben. Nie umgekehrt. Sonst gibt es gefährliche, heftige Spritzer. Schwefelsäure ist ätzend, kein Spielzeug.
Viertens: Auch die konzentrierte Schwefelsäure (96prozentig) muß rein sein.
Wieviel Wasser und wieviel Säure das richtige spezifische Gewicht ergeben, dafür gibt es eine Mischvorschrift. Für einen Liter Säure sind 2,8 Liter Wasser erforderlich. Auf 0,7 Liter Wasser also 0,25 Liter Säure. Damit ergibt sich ein spezifisches Gewicht von 1,28 kg/Liter, wie es in der neuen Batterie gebraucht wird.
Diese Flüssigkeit kann dann in die trockene Neubatterie eingefüllt werden. Dabei grundsätzlich einen Trichter verwenden, möglichst aus Glas, so wird mit der Säure nicht gespritzt.

Wieviel Säure?

Aufpassen: In die einzelne Zelle paßt gar nicht viel Säure hinein. Im Normalfall sind moderne Batteriegehäuse aus durchscheinendem Material, so daß von außen der Säurestand gut zu sehen ist. Dann sind auch Markierungen zu finden, die den maximalen Säurestand angeben. Bei alten Bleibatterien aus schwarzem Kunststoff richtet man sich nach einer Faustregel: Die Bleiplatten müssen völlig bedeckt sein, die Säure soll etwa fünf Millimeter über den Platten stehen. Das ist nicht gut zu sehen, weshalb ein sauberes Holzstäbchen in die Einfüllöffnung gesteckt wird. Wenn es auf der Platte aufsitzt, markiert sich der Säurestand wie beim Ölpeilstab fürs Motoröl.
Wird bei der ersten Füllung zuviel Säure eingeschüttet, ist das auch kein Beinbruch. Mit einer Pipette läßt sich überschüssige Flüssigkeit absaugen.
Der Säurehaushalt der Batterie bleibt im Normalfall immer gleich, denn beim Laden und Entladen wird nichts verbraucht, sondern nur von der Flüssigkeit in die Platten und wieder zurück transportiert. Allerdings ist unvermeidlich, daß die Batterie beim Laden Gase entweichen läßt, siehe oben. Sauerstoff und Wasserstoff gehen also in kleinen Mengen verloren. Das ist nichts anderes als Wasser, ergo darf auch nichts anderes als Wasser wieder aufgefüllt werden. Nur wenn die Batterie mal umgekippt wurde und dabei Säure verschüttet wurde, darf auch Säure wieder zugegeben werden. Der Fall tritt aber so gut wie niemals ein.

Batteriekrankheit

Die Platten aus Blei und Bleidioxid bestimmen nicht nur die Spannung, nämlich rund zwei Volt pro Paar, sondern auch die Stromstärke. Je größer die Oberfläche der Platten, umso mehr Strom können sie speichern. Um die Oberfläche möglichst groß zu machen, wird zum Beispiel das Blei in der Minusplatte nicht als massives Material, sondern in Form von Bleifäden verwendet. So wird die Oberfläche sehr groß.
Der Nachteil der feinen Struktur der Platten ist einleuchtend: Sie sind dadurch gegen mechanische Einflüsse empfindlich. Schütteln, Stoßen, kurz: Alle Vibrationen sind schädlich. Denn dadurch wird das innere Gefüge

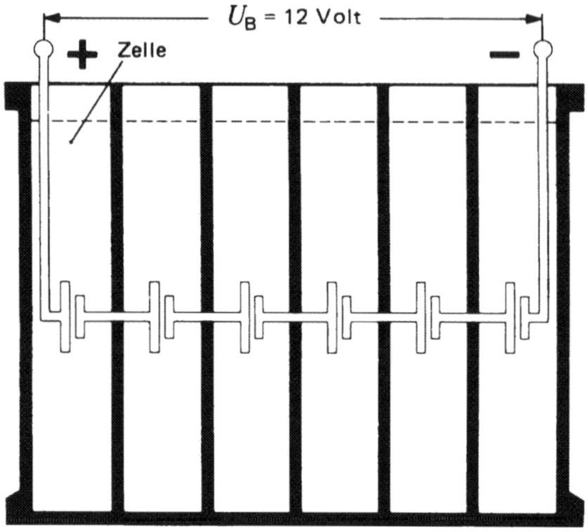

Grundsätzlicher Aufbau einer 12-Volt-Batterie. In jeder Zelle befinden sich eine Platte mit Plus (im Bild lang gezeichnet) und eine Platte mit Minuspol (im Bild kurz gezeichnet). Die hier auf etwa halber Höhe durchlaufende Verbindung ist in Wirklichkeit oberhalb des Säurenlveaus aus dicken Bleiblöcken aufgebaut. Da jede einzelne Zelle rund zwei Volt Spannung abgibt, wird durch die Koppelung von sechs Zellen eine Gesamtspannung von 12 Volt erreicht.

gelockert. Und wenn die Platte einer entladenen Batterie fast nur noch aus Bleisulfat besteht, das ist ein Pulver, dann schütteln Vibrationen das Pulver sehr leicht aus der Platte heraus. Da helfen auf Dauer auch nicht die raffinierten gelochten Haltefolien aus Kunststoff, in die die beiden Platten gehüllt sind. Herausgeschütteltes Bleisulfatpulver sinkt auf den Boden des Batteriegehäuses. Fachausdruck: Die Batterie sulfatiert. Das Pulver wird in den nächsten Ladevorgang nicht mit einbezogen, weil es keine elektrische Verbindung mit der Platte mehr hat, es ist tote Masse.

Zellenkurzschluß

Wenn sehr viel Pulver am Boden der Zelle liegt, verbindet es sogar die Plusplatte mit der Minusplatte. Zellenkurzschluß heißt das. Die Zelle kann nicht mehr geladen werden, entsprechend kann auch kein Strom mehr geliefert werden.

Für die Praxis bedeutet das: Batterie ständig gut geladen halten, dann sind die Platten mechanisch am stabilsten. Und ein zweiter Tip läßt sich für Bastler auch daraus ableiten: Wenn eine Maschine sehr starke Vibrationen zeigt, sollte die Batterie in weichen Schaumstoff gelagert werden. BMW-Boxer haben freilich keine derart harten Vibrationen, hier sind Einzylinder und Parallel-Zweizylinder eher gefährdet.

Elektrische Daten

Die Nennspannung einer modernen Motorradbatterie beträgt 12 Volt. Weil die Batterie aus sechs einzelnen Zellen mit Plus- und Minusplatte aufgebaut ist, ergibt sich daraus, daß jedes Plattenpaar zwei Volt liefert.
Nennspannung heißt aber noch lange nicht, daß das die tatsächliche Spannung ist. Eine vollgeladene Zelle bietet nämlich rund 2,4 Volt, entsprechend steht das Bordnetz tatsächlich unter 14,4 Volt Spannung. Das muß erst dann interessieren, wenn die Batterie zwar in gutem Zustand ist, aber nicht richtig vollgeladen wird. In diesem Falle stimmt die von der Lichtmaschine erzeugte Spannung nicht, der Regler ist verdächtig.
Der zweite Wert, nach dem eine Batterie gemessen wird, heißt Amperestunden, kurz Ah. Er sagt aus, wieviele Ampere, also Stromstärke, wie lange entnommen werden können. Wenn die Batterie nominell 20 Ah liefert,

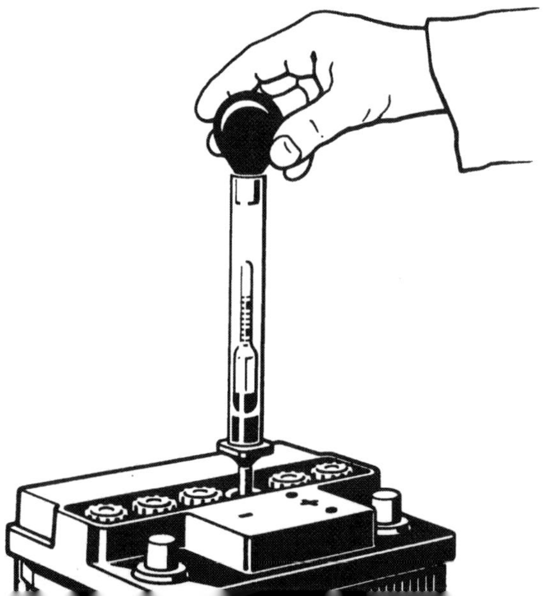

Mit einem sogenannten Säuremesser (Aräometer) wird etwas Batteriesäure herausgesogen. In dieser Säure kann innerhalb des Geräts ein Schwimmer frei schweben. Wie tief er in die Säure eintaucht, gibt einen Aufschluß über die Säuredichte, ihr spezifisches Gewicht. Und das wiederum gibt Aufschluß über den Ladezustand der Batterie. Funktionieren kann diese Messung aber nur, wenn die Batterie in Ordnung ist. Bei gestörter Chemie wird die Säuredichte selbst nach sehr langer Ladezeit nur halbvolle Batterie anzeigen.

Bild oben: Grundsätzlicher Aufbau eines Ladegeräts. Oben der wichtigste Teil, der Transformator, der die Netzspannung von 220 Volt auf die benötigten 8 oder 15 Volt verringert. Daran schließt sich der Gleichrichter an, der aus Wechselspannung die zum Laden nötige Gleichspannung macht. Zusätzlich ist hier ein Anzeigegerät (Amperemeter) eingebaut, das den Strom mißt, der in die Batterie fließt.
Bilder unten: Links ein kleines Schaltgerät, das zwischen Ladegerät und Batterie angeschlossen wird. Es schaltet den Ladestrom je nach Batteriezustand ein oder aus. Rechts ein etwas älteres Ladegerät mit zwischengeklemmtem automatischen Schaltgerät. Sinkt die Batteriespannung unter einen bestimmten Wert, wird der Ladestromkreis eingeschaltet. Ist die Batterie voll, schaltet sich das Ladegerät wieder ab. In ganz modernen Ladegeräten ist die Automatik schon eingebaut.

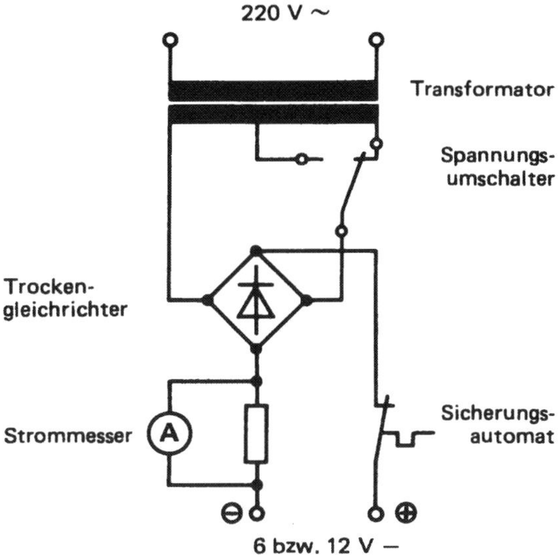

dann könnten also 20 Ampere eine Stunde lang herausgezogen werden, oder ein Ampere ganze 20 Stunden lang. Tatsächlich liegt der Fall aber etwas komplizierter. Die sogenannte Kapazität, das Fassungsvermögen, einer Batterie wird unter ganz bestimmten, festgelegten Bedingungen gemessen. Der Entladestrom wird der jeweiligen Batteriegröße angepaßt, so daß, grob vereinfacht, etwa eine zum Entladen angeschlossene Glühlampe gerade zwanzig Stunden leuchtet.
Gemessen wird also der Strom, der bei einer zwanzigstündigen Entladung herauszuholen ist.
Wird ein stärkerer Verbraucher drangehängt, ist die Batterie schneller am Ende. Bei sogenannter zehnstündiger Entladung hätte eine 20 Ah-Batterie nur noch 17 Ah. Und wenn man bedenkt, daß beim Starten der Anlasser kurzzeitig um die 60 bis 80 Ampere braucht, ist leicht vorstellbar, daß eine 20 Ah-Batterie nur sekundenlang Strom liefert.

Pflegetips

- Jede Batterie verliert auch ohne angeschlossene Verbraucher pro Tag rund 0,2 Prozent ihrer Ladung. Das sind in fünf Tagen ein Hundertstel, in fünfhundert Tagen ist sie also leer. Das gilt für eine neue Batterie. Ältere verlieren durchaus schon mal ein ganzes Prozent pro Tag. Und die sind dann eben schon nach einhundert Tagen leer. Wenn die Batterie zusätzlich noch in der Wärme gelagert wird, kann sich die Selbstentladung beschleunigen. 10 Grad Celsius mehr verdoppeln die Selbstentladung.
- Solange die Batterie im Fahrzeug hängt und dort durch die Lichtmaschine ständig nachgeladen wird, ist die Selbstentladung zu vernachlässigen. Die eingebaute Batterie muß nur etwa alle zwei Monate darauf kontrolliert werden, ob der Säurestand noch stimmt. Alarmzeichen ist, wenn die Säure in den einzelnen Zellen unterschiedlich hoch steht. Das deutet auf beginnende Sulfatierung der Zellen mit niedrigem Säurestand hin.
- Batterie ausbauen und ans Ladegerät hängen. Niemals die eingebaute Batterie ans Ladegerät anschließen, zumindest müssen die Verbindungsleitungen der Batterie zum Bordnetz abgeklemmt werden, dabei immer zuerst die Masseleitung abnehmen. Wenn die Batterie deutlich hörbar Gase entwickelt, also sprudelt,

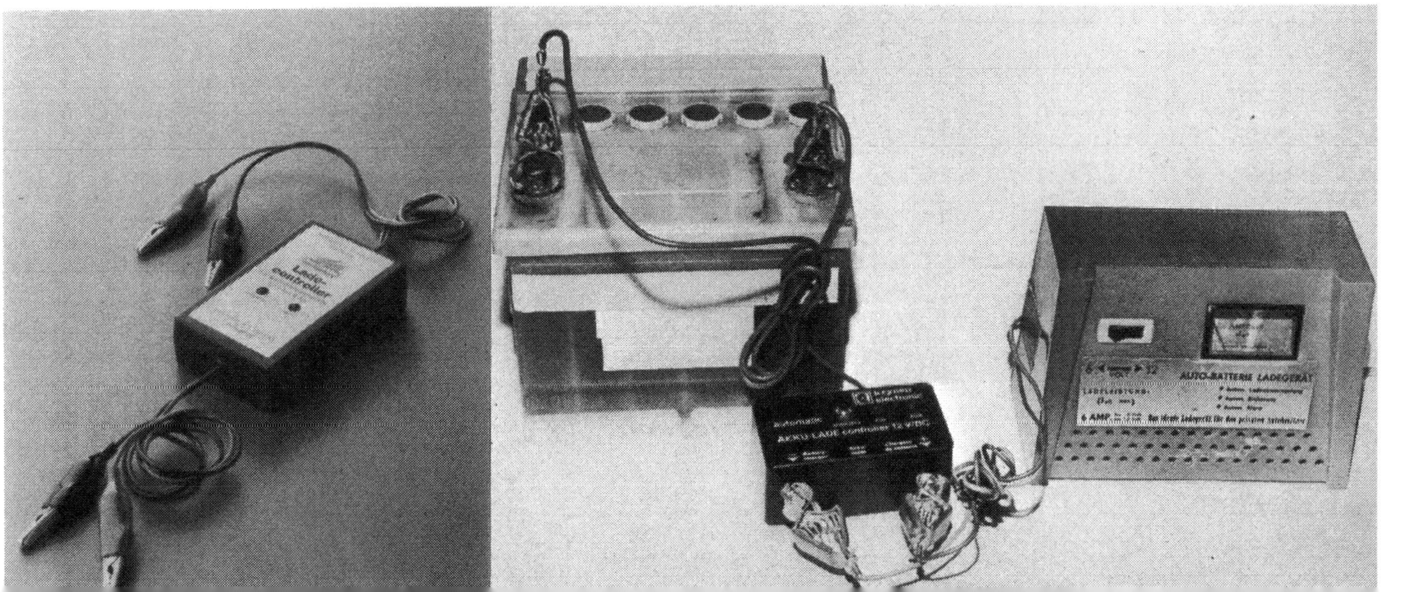

höchstens noch eine halbe Stunde nachladen. Dann ist die Batterie sicher voll. Jetzt erst destilliertes Wasser in die Zellen füllen, deren Säurestand immer noch unter der Minimum-Marke liegt. Ansonsten alle Zellen gleichhoch füllen bis Maximum.

● Es gibt noch ein paar Anhaltspunkte fürs Feststellen, wann eine Batterie geladen werden muß. Zum einen die Säuredichte, siehe vorhergehende Tabelle: Bei Werten unter 1,20 ist baldiges Nachladen angesagt. Zum zweiten dient die sogenannte Ruhespannung zur Diagnose. Wenn sie unter 12,2 Volt liegt, muß nachgeladen werden. Ruhespannung heißt, daß in der letzten halben Stunde weder geladen noch entladen wurde.

● Batterien, die vorübergehend außer Betrieb gesetzt werden, sind kühl und trocken zu lagern. So steht es im Lehrbuch. Das ist auch richtig. Zudem sollten sie aber auch rundum sauber geputzt sein, damit sie sich nicht durch eine äußerliche Schmutzschicht selbst entladen kann.

● Monatlich einmal nachladen, hält die ausgebaute Batterie gesund. Es gibt aber noch andere Möglichkeiten. Moderne Ladegeräte haben eine Schaltautomatik, die selbständig die Batteriespannung überwacht. Sobald die 12,2 Volt erreicht sind, schaltet sich das Ladegerät selbsttätig ein und frischt die Spannung auf. Auch ausschalten kann sich das Gerät selbst.

● Andere Ladegeräte arbeiten nur mit minimalen Ladeströmen von wenigen Milliampere. Diese Geräte, es sind meist nur kleine schwarze Kästchen, die in die Steckdose gesteckt werden, bleiben ununterbrochen an die Batterie angeklemmt und laden auch ständig. Doch sie gleichen mit diesen kleinen Strömen (0,001 mal Batteriekapazität) nur die Selbstentladung aus. Voraussetzung ist, daß die Batterie vorher an einem stärkeren Gerät vollgeladen wurde, sonst ist das Erhaltungsladegerät blitzschnell kaputt.

● Das häufig empfohlene Laden über Nacht, also 10 Stunden ohne Kontrolle an einem Ladegerät ohne Automatik ist nicht zu empfehlen. Aus eigener Erfahrung wird geraten, etwa alle Stunde einmal zu prüfen, ob die Batterie bereits Gas entwickelt. So lassen sich Überladen und damit starker Wasserverlust vermeiden.

● Als Anhaltspunkt für die Höhe des Ladestroms dient im übrigen die Ah-Angabe für die Batterie. 20 Ah heißt hier, mit etwa einem Ampere 20 Stunden laden. Das ist eine gute Regel, nach der eine leergefahrene Batterie wieder richtig satt wird.

Gesteuerter Strom

Die Stromquelle im Bordnetz muß geregelt werden. Sie gibt nämlich ohne die Regelung keine brauchbare Spannung ab, sondern schaukelt sich selbst mit der Spannungserzeugung zu hoch, bis zum Durchbrennen.
Grundsatz eins: Die Stromquelle (Lichtmaschine) besteht immer aus zwei Bauteilen: dem Stromerzeuger und dem Spannungsregler.
Im üblichen Bordnetz wird Gleichstrom verwendet, da sind Plus und Minus immer definiert. Minus ist Masse, Plus ist in den Kabeln. In früheren Tagen wurde der Gleichstrom direkt durch die Lichtmaschine erzeugt (bei BMW bis 1969), bei modernen BMWs sind Drehstrom-Lichtmaschinen im Einsatz. Der erzeugte Strom wechselt Plus und Minus ständig. Er muß also für die Batterieladung erst mal gleichgerichtet werden.
Grundsatz zwei: Zu einer Drehstrom-Lichtmaschine gehört immer auch ein Gleichrichter, der den Strom erst nutzbar macht.

Strom aus Magnetismus und Bewegung

Aus dem Kapitel Elektrik ist bekannt, daß eine stromdurchflossene Drahtspule ein Magnetfeld erzeugt. Umgekehrt klappt es auch: Ein Magnetfeld, das an einer Drahtspule vorbeigeführt wird, erzeugt in ihr elektrischen Strom. Dabei kommt es auf zweierlei an. Einmal wird die Spannung umso höher, je schneller der Magnet bewegt wird. Zum zweiten wird sie umso höher, je mehr Windungen die Spule enthält. Daß außerdem die Stärke des Magnetfelds eine Rolle spielt, leuchtet sowieso ein. Ob das Magnetfeld nun von einem Hufeisenmagneten, also magnetischem Stahl, oder ebenfalls von einer stromdurchflossenen Spule erzeugt wird, bleibt fürs Prinzip gleichgültig.
Für die Praxis ist gerade die Erzeugung des Magnetfeldes wichtig. Weil es regelbar ist, wenn es durch eine Spule entsteht, wird grundsätzlich ein elektromagnetisches Feld benutzt.

Die Praxis

Wie so etwas in der Praxis aussehen könnte, zeigt die Zeichnung. Da dreht sich in der Mitte ein Elektromagnet, der mit dem Erregerstrom über zwei Schleifringe gefüttert wird. Um ihn herum sind gleichmäßig am Umfang verteilt, also in 120 Grad zueinander, drei feststehende Spulen angeordnet. Deren Wicklungen sind mit je einer Glühlampe verbunden. Zwei davon leuchten gerade, weil der Erregermagnet an den beiden Spulen vorbeistreicht. Die dritte Spule ist stromlos.
Weil der sich drehende Erregermagnet die drei Spulen nacheinander passiert, treten die Ströme in ihnen nicht gleichzeitig auf. Ihre zeitliche Lage, Fachausdruck ist Phasenlage, ist gegeneinander verschoben. Das heißt, wir haben es mit drei verschiedenen Phasen zu tun, deshalb der korrekte Ausdruck Dreiphasen-Wechselstrom. Wechselstrom deshalb, weil der drehende Magnet ja einmal mit seinem Pluspol und einmal mit seinem Minuspol an der stehenden Wicklung vorbeistreicht, was unterschiedliche, also wechselnde Stromrichtung in den festen Spulen bewirkt.

»Drehstrom«

Woher die Bezeichnung Drehstrom für den Dreiphasen-Wechselstrom kommt, kann hier nur kurz gestreift werden: Mit Hilfe des Dreiphasen-Wechselstroms läßt sich in einem speziell dafür gebauten Motor ein drehendes Magnetfeld aufbauen, und zwar ohne mechanische Hilfsmittel. Und diese Drehfeld bewirkt die Bewegung der Motorachse.

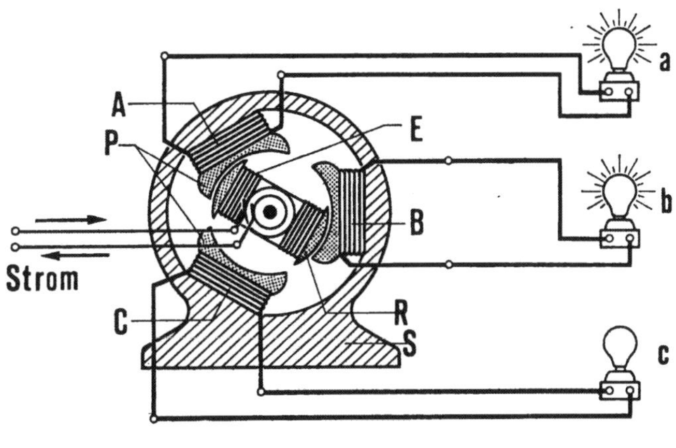

Grundsatzschaltung eines Drehstrom-Generators, hier mit drei (feststehenden) Stator-Spulen A, B und C, die jeweils Polschuhe (P) tragen. E ist die rotierende Erregerwicklung, durch die geregelter Strom hindurchgeschickt wird, damit sie ein Magnetfeld erzeugt. In den Stator-Spulen entsteht dann ebenfalls Strom, der in der gezeichneten Stellung die Glühlampen a und b zum Leuchten bringt. R heißt Rotor und S heißt Stator.

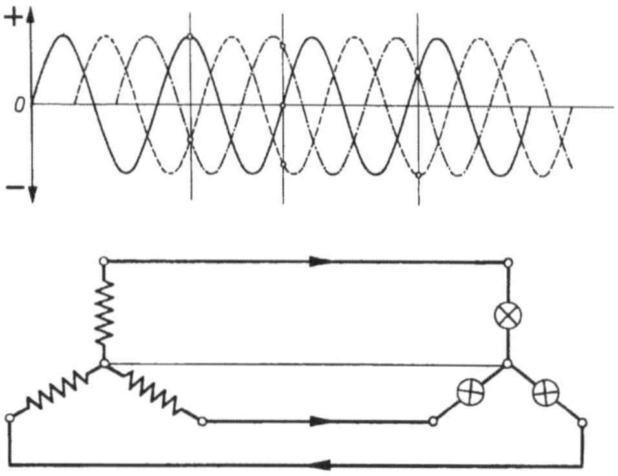

Die beiden Zeichnungen erleichtern das Verständnis des Drehstroms. Oben sind die Spannungsverläufe in den drei Statorspulen in ihrer zeitlichen Reihenfolge aufgemalt. Wenn man an den drei senkrechten Linien die Werte der Spannungen zusammenzählt, kommt immer Null heraus. Im unteren Bild ist das Schaltschema gezeigt. Die drei Spulen links, ganz rechts drei angedeutet Glühlampen. Sind diese drei genau gleich, würde durch die Mittelleitung kein Strom fließen. In der Praxis jedoch sind nie drei gleiche Verbraucher angehängt, es fließt Strom. Diese Art der Schaltung nennt man Sternschaltung, und wer auf Seite 201 zurückblättert, findet sie unter Ziffer 27.

Bleibt noch eine Überlegung: Wenn wir drei verschiedene stromerzeugende Spulen haben, müssen wir sechs Leitungen zu den Verbrauchern verwenden. Warum das in der Praxis nicht so ist, erklären die nächsten Zeichnungen. Da sind zuerst einmal die drei Phasen als schöne gleichmäßige Sinuskurven hintereinander aufgezeichnet. Greifen wir einen Punkt heraus und zählen an dieser Stelle zusammen, wie hoch die Gesamtspannung aller drei Phasen sein muß, kommen wir auf etwas Erstaunliches: Die drei Spannungen heben sich gegenseitig zu Null auf.

Die Sternschaltung

Diese Tatsache ermöglicht eine raffinierte Schaltung, die sogenannte Sternschaltung. Da gibt es zwar die drei Plusleitungen, aber nur noch einen gemeinsamen Leiter als Verbindung der Mittelpunkte von Erzeugerspulen und Verbrauchern. Das ist der Mittelleiter, auch Nulleiter genannt. In ihm fließt kein Strom, wenn die drei Glühlampen gleich groß sind. In diesem Fall könnte man ihn sogar ganz weglassen. Genau gleiche Belastung der drei Phasen ist aber in der Praxis nicht möglich, so daß der Mittelleiter gebraucht wird. Immerhin sind statt sechs nur noch vier Kabel nötig.
Die Schaltungstricks betrafen die Feldspulen, in denen der nutzbare Strom erzeugt wird. Die Erregerspule, die sich als sogenannter Anker dreht, muß aber auch irgendwoher Strom beziehen, um ein Magnetfeld aufbauen zu können. Der Strom kann zum Beispiel aus der Batterie kommen, also als Fremdstrom herangeführt werden. Dann spricht der Fachmann von Fremderregung.

Selbsterregung

Es geht aber auch mit Selbsterregung. Dabei wird der Erregerstrom von dem eigenen Stromkreis abgezweigt. Darauf beruht das von Werner von Siemens gefundene Elektrodynamische Prinzip. In dem Eisenkern des Erregerankers ist genügend Restmagnetismus, um damit in den Feldspulen Strom zu erzeugen. Wenn dieser Strom dann wieder in die Erregerspule geschickt wird, verstärkt er dort die Magnetkraft. So kann sich das

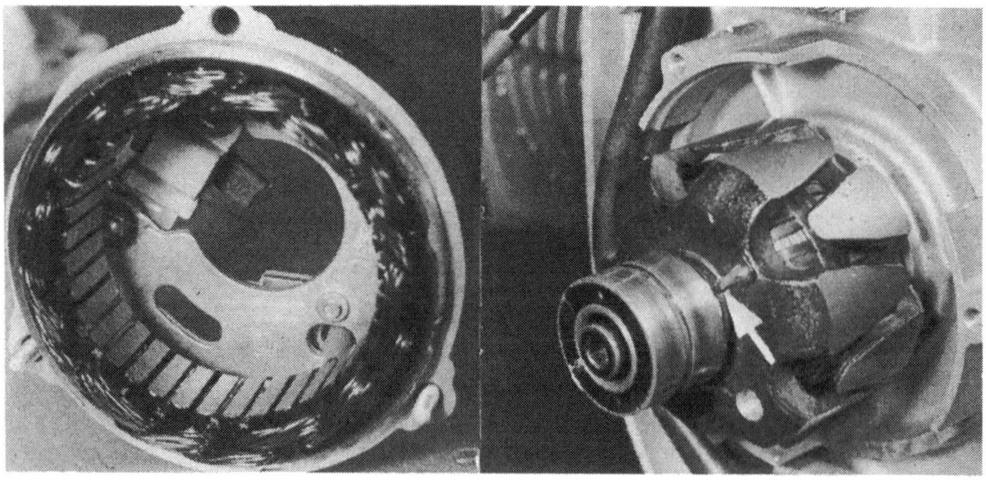

Die BMW-Drehstromlichtmaschine in der Praxis: Der Anker rechts ist zwölfpolig, sechsmal Nordpol und sechsmal Südpol. Seinen Erregerstrom bekommt er über die beiden Schleifringe, die Verbindung zwischen Schleifring und Wicklung ist mit dem weißen Pfeil markiert. Bei älteren Maschinen brach sie gelegentlich noch an dieser Stelle ab. Die Feldwicklung (Stator) besteht aus vielen Polschuhen, um die die Wicklungen herumgelegt sind. So entsteht ein gleichmäßiger Strom mit geringen Schwankungen.

Die wichtigsten Bauteile der BMW-Drehstrommaschine: Links oben der Regler für die Erregerspannung, darunter der Läufer (Klauenpol) und der Stator, ganz rechts die Schleifringe und unten die Gleichrichter-Diodenplatte, die an der Maschine oberhalb des Generators am Gehäusedeckel festgeschraubt ist.

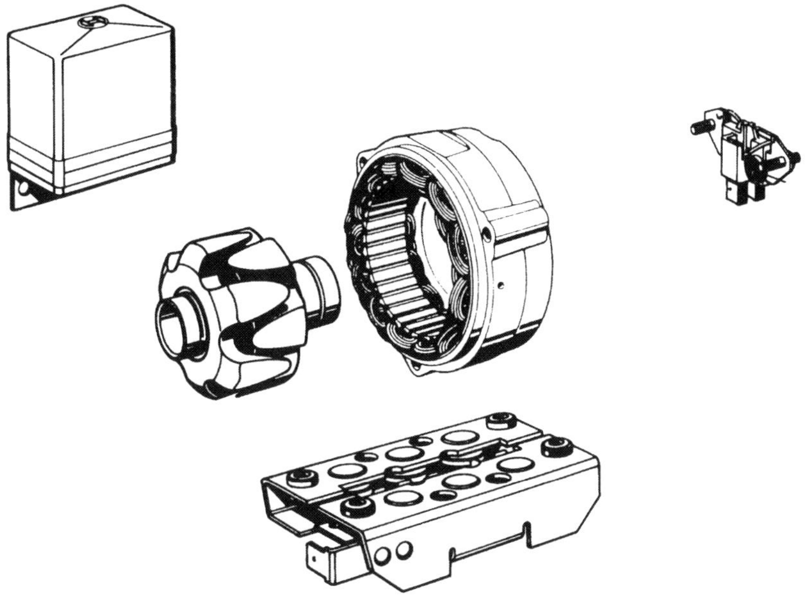

System blitzschnell selbst hochschaukeln, wenn der Erregerstrom nicht irgendwie begrenzt wird. Genau dort setzt der Regler ein, er begrenzt die Erregerspannung.

Ganz so einfach geht es mit der Selbsterregung allerdings nicht. Die Elektronik hinter der Lichtmaschine braucht erst mal eine Mindestspannung von 0,7 Volt, bis sie durchschaltet. So muß für die ersten Umdrehungen tatsächlich erst mal von der Batterie aus Fremdstrom fließen, bevor auf Selbsterregung umgestellt werden kann. Dieser Fremdstrom fließt durch die sogenannte Ladekontrollampe, die ja beim Start bei stehendem Motor aufleuchtet. Sobald die Lichtmaschine dann selbst genug Spannung liefert, erlischt diese Lampe.
Der Regler selbst darf aus den Erklärungen ausgespart bleiben. In seinem Inneren sind sogenannte Zener-Dioden und Transistoren verschaltet, deren Zusammenspiel sowieso nur einem gelernten Elektriker einleuchtet. Zudem ist ein moderner Regler nicht mehr zu reparieren, nur noch auszutauschen. Und seine Einstellung, die bestimmt, wie hoch die Bordnetzspannung ist, läßt sich auch nicht verändern. Wenn also die Batterie nicht genug geladen wird, weil aus der Lichtmaschine nur 10,5 Volt herauskommen statt den nötigen rund 14 Volt, dann ist der Regler kaputt. Nur Auswechseln hilft, siehe auch den Störungsplan am Ende des Kapitels.

Fischreuse auf elektrisch

Wie eine Fischreuse funktioniert, ist sicher bekannt. Das ist ein schlauchförmiges Netz zum Fischefangen. Im Schlauch sind hintereinander mehrere Trichter eingewebt. Hinein kommt der Fisch, durch die weite Trichteröffnung sicher geführt. Aber hinaus kommt er nicht mehr, weil er den dünnen Trichterhals nicht findet. Der Fisch kann also nur in eine Richtung schwimmen.
Genauso geht es dem elektrischen Strom, wenn er an eine Diode gelangt. Sie läßt ihn nur in eine Richtung fließen, die andere Richtung ist gesperrt. Eine kleine Beschränkung ist vorhanden: Silizium-Dioden brauchen in Durchgangsrichtung erst mal eine winzige Durchlaß-Spannung von etwa 0,7 Volt, bevor sie völlig durchlässig werden. In Gegenrichtung sperren sie bis etwa 400 Volt, darüberhinaus gehende Spannung zerstört die Dioden, und zwar selbst dann, wenn sie nur Bruchteile von Sekunden auftritt.

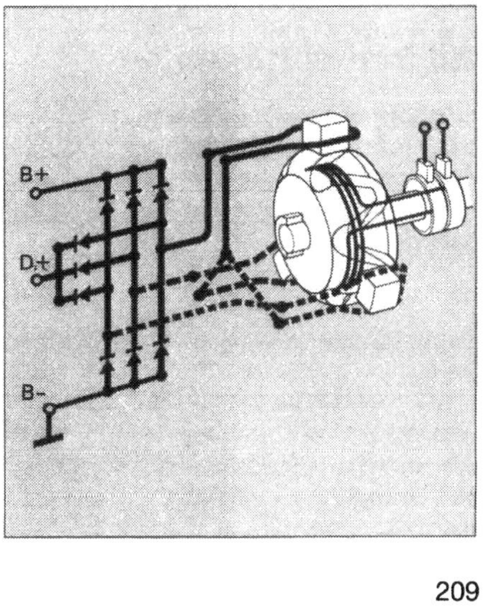

Warum der Anker Klauenpolanker heißt, wird aus dieser Explosionsdarstellung klar. Die Spule wird von den beiden Polschuh-Teilen wie von Klauen umfaßt. In der rechten Bosch-Zeichnung ist der Verlauf der Leitungen angedeutet, dazu auch die Methode der Gleichrichtung der Spannungen, so daß am Ende immer Plus und Minus säuberlich getrennt herauskommen. Dioden lassen den Strom nur in einer Richtung durch, so schaltet man sie zwischen den Stromlieferanten und den Verbraucher.

Diodenkiller

Diese sogenannten Spannungsspitzen sind Diodenkiller, sie treten zum Beispiel dann auf, wenn bei laufendem Motor die Batterie abgeklemmt wird, die normalerweise alle Spannungsspitzen dämpft. Also beim Starten mit einer fremden Batterie niemals die eigene Batterie abklemmen, sondern höchstens die fremde mit der eigenen verbinden. Nachdem der Motor läuft, kann die fremde Batterie dann gefahrlos wieder abgeschaltet werden.
Dioden bieten eine vorzügliche Möglichkeit, den ständig von Plus nach Minus hin und her wechselnden Dreiphasenstrom zu Gleichstrom zu machen. Man lege für jede Phase zwei Dioden so an, daß beim einen Dreiersatz nur Plus herauskommt, beim anderen Satz hat immer Minus freie Bahn. Gebraucht werden aber sehr hoch belastbare Dioden (für viele Ampere), denn durch sie muß der Strom für das gesamte Bordnetz fließen.
Für das Abzweigen des Erregerstroms benötigen wir nochmal drei Dioden. Diese können allerdings recht klein sein, denn der Erregerstrom ist auch nur klein.

Dioden-Prüfung

Dioden sind im normalen Betrieb einfach nicht kleinzukriegen. Wenn irgendeine Funktion der Lichtmaschine ausfällt, dann hat selbst der Nicht-Elektriker oft noch die Chance, den Fehler zu finden, weil es sich meist um simple Drahtbrüche oder Wackelkontakte handelt. Auch übermäßige Korrosion an den Diodenkörpern kann zum Beispiel rechten Kontakt zur Masse verhindern. Und eine einzelne Diode ist leicht zu prüfen. Es muß nur festgestellt werden, ob Strom etwa in beide Richtungen fließt, dann ist sie defekt. Reparieren geht nicht, also wegwerfen, auswechseln. Und wenn eine Diode hinüber ist, sind die anderen auch verdächtig, also die gesamte Diodenplatte als Ersatzteil beschaffen.

Die Lichtmaschine genauer

Bei den BMW-Motorrädern wird die Lichtmaschine auf den Kurbelwellenzapfen aufgebaut. Die Erregerwicklung sitzt in einem sogenannten Klauenpolanker. Die Wicklung erzeugt ein Magnetfeld, das vorn etwa Nordpol und hinten Südpol hat. Die Polklauen greifen nun so darüber, daß sich Klauen von vorn mit denen von hinten abwechseln, also hintereinander stets Nord- und Südpol an den Feldwicklungen vorbeigeführt werden.
Den Erregerstrom bekommt die rotierende Wicklung über zwei Kohlebürsten und zwei Schleifringe. Die Ringe sind mit dem Anfang und dem Ende der Erregerwicklung verlötet. Weil hohe Drehzahlen hohe Zentrifugalkräfte bewirken, sind gerade die Lötanschlüsse der Wicklung an den Schleifringen gefährdet. Sie sind auch in der Anfangszeit, bis etwa 1975, relativ häufig abvibriert. Bemerkbar macht sich ein solcher Bruch ganz einfach dadurch, daß die Lichtmaschine keinen Strom mehr liefert. Eine Weile läuft das Motorrad dann eben mit der Batteriespannung, aber wenn die dann auch zusammenbricht, weil die Batterie leer ist, geht gar nichts mehr.

Fahren ohne Lichtmaschine

Tip für unterwegs: Fahren nur mit Batteriestrom geht dann länger, wenn alle zusätzlichen Verbraucher abgeschaltet sind. Also Licht aus, nicht blinken, wenn es irgend möglich ist. Daß Motorradfahrer heutzutage gesetzlich verpflichtet sind, auch tagsüber mit Licht zu fahren, müßte im Notfall vergessen werden.
Die Feldwicklungen sitzen in dem Topf, der den rotierenden Anker umgibt. Sie sind sicher befestigt, auch die Kabel sind gut gegen Schwingungen und Brüche gesichert, so daß Pannen durch Feldwicklungsschäden praktisch nicht bekanntgeworden sind.
Die Dioden sind auf einer getrennten Platte oberhalb der Lichtmaschine untergebracht. Die Kabelverbindungen sind mit Steckern bewerkstelligt. Nach einer Seite ist ein Doppelstecker, der mit B bezeichnet ist, nach der

Hier die sogenannte Zentralelektrik unterm Tank. Ganz rechts die Zündspulen, dann Spannungsregler, Blinkgeber, Anlaßrelais usw., je nach Modell und Baujahr. Auf den Relaisgehäusen ist stets der interne Schaltplan aufgeprägt. Und das alles ist so ordentlich aufgebaut, daß zum Beispiel beim Zerlegen schon mit angehefteten Zetteln fürs spätere Zusammenbauen Hilfen selbst erdacht werden können.

anderen Seite geht ein Einzelstecker hinaus. An ihm hängt der Mittelpunktleiter der Feldwicklungen. Eine Dreiergruppe der Stecker gehört zu den Feldwicklungen, daneben, etwas entfernt, der Stecker für D+, die Strippe zum Regler und zur Ladekontrollampe.
Wer elektrisch begabt ist, findet sich mit den Schaltplänen selbst zurecht. Für unelektrische Naturen bleibt als Beruhigung: Die Lichtmaschine geht, sofern der Anker keine abgerissenen Drähte zu den Schleifringen hat, nur sehr selten kaputt.

Störungssuche

Batterie wird nur wenig oder gar nicht geladen:
1. Unterbrechung oder Übergangswiderstand im Ladestromkreis. Suchen und korrigieren
2. Batterie schadhaft. Ersetzen.
3. Generator schadhaft. Reparatur ist Werkstattsache.
4. Regler schadhaft. Ersetzen, Reparatur nicht möglich.

Kontrollampe brennt nicht bei eingeschalteter Zündung und stehendem Motor:
1. Kontrollampe durchgebrannt. Ersetzen, sonst gibt Lichtmaschine keine Spannung ab.
2. Batterie entladen oder schadhaft. Laden oder ersetzen.
3. Leitungen unterbrochen. Suchen und reparieren.
4. Regler schadhaft. Ersetzen.
5. Kurzschluß einer Plusdiode im Generator. Werkstattsache.
6. Kohlebürsten abgenutzt. Ersetzen.
7. Oxidschicht auf Schleifringen, Unterbrechung der Erregerwicklung. Werkstattsache.

Kontrollampe brennt nicht bei laufendem Motor
1. Kontrollampe defekt oder Leitung zu Klemme 61 unterbrochen

Batterie gast stark
1. Schlechter Kontakt zwischen Regler und Lichtmaschine. Kabelanschlüsse prüfen.
2. Regler schadhaft. Auswechseln.

Kontrollampe brennt bei laufendem Motor mit halber oder voller Helligkeit
1. Regler schadhaft. Ersetzen.
2. Unterbrechung oder Kurzschluß an Zuleitungen. Suchen und reparieren.
3. Kohlebürsten schadhaft. Ersetzen.
4. Leitung D nach 61 hat Masseschluß.
5. Dioden oder Diodenträger defekt.
6. Erregerstromkreis unterbrochen oder teilweise Masseschluß. Läufer ersetzen.
7. Stator (Feldwicklung) hat Masseschluß. Erneuern.

Lichtmaschine quietscht oder pfeift
1. Kohlebürsten machen Geräusche. Schleifringe reinigen, Bürsten erneuern.

Trieb-Täter

Bequem wie beim Auto: Ein Knopfdruck genügt, und der Motor läuft. Was dieser Knopfdruck in Bewegung setzt, ist eine raffinierte Mischung aus elektrischer und mechanischer Maschinerie. Der Anlasser der BMW-Boxer – eine Schub-Schraubtrieb Version – ist baugleich mit den Pkw-Anlassern, wie sie noch im alten Opel Kadett verwendet wurden. Nur der Aufnahmeflansch ist etwas verdreht.

Hohe Zuverlässigkeit

Das bedeutet für die Praxis, daß dieses Anlassermodell seine Zuverlässigkeit -zigtausendfach bewiesen hat. Zudem läuft der Anlasser bei den Motorradmotoren unter günstigeren äußeren Bedingungen als im Automobil, nämlich unter einer schützenden Haube, so daß Defekte praktisch nie auftreten. Wenn der Starter mal nicht funktioniert, so liegt das meist an einer Schwäche der Batterie.

Kickstarter im Winter

Vor allem im Winter ist die relativ kleine Batterie deutlich überfordert, wenn sie nicht absolut voll geladen ist. Das ist der Grund für den Rat, bei der Bestellung der neuen BMW grundsätzlich das Getriebe mit eingebautem Kickstarter zu wählen. Mit ihm wird der kältestarre Motor zunächst freigebrochen, dann dreht ihn schließlich auch der Anlasser noch durch. Ob es allerdings auch noch zum Anspringen reicht, steht auf einem anderen Blatt. Denn der Anlasser frißt soviel Strom, daß die Batteriespannung stark zusammenbricht, der Zündfunke ist dann auch kraftlos. Wenn also Frost herrscht, ist Anwerfen mit dem Kickstarter oft die einzige Möglichkeit, außer Anschieben.

Anlassen mit Pause

Der Anlasser muß die Kurbelwelle mit mindestens 80 bis 100 Umdrehungen pro Minute durchdrehen, damit der Motor anspringt. Dafür braucht der Anlassermotor bis zu 100 Ampere. Da ist die 20 Ah-Batterie schnell leer. Also nicht lange orgeln lassen, sondern höchstens zehn Sekunden, und danach eine Pause einlegen. Nicht weil sich die Batterie etwas erholen soll, sondern weil sich die Leitungen zum Anlasser abkühlen sollen.
Die Pause hat noch ein Gutes: Wenn bisher zwar Benzin in die Brennräume gelangt ist, aber wegen der Kälte nur in Tropfenform niedergeschlagen ist, also nicht zündfähig, dann kann es in der Pause durchaus soweit zu Gas werden, daß es beim nächsten Versuch auch zündet.

Anlasser ausbauen

Zuerst muß der Tank abgenommen werden, dann der Lichtmaschinendeckel vorn, der Luftfilter und der obere Motorgehäusedeckel. Der Anlasser liegt frei. Er ist vorn mit einer Schraube befestigt, die rechts unterhalb der Diodenplatte der Lichtmaschine liegt. Bevor weitere Befestigungsschrauben gelöst werden, ist zuerst das Minuskabel der Batterie abzunehmen. Als nächstes sind die Leitungen am Anlasser zu lösen. Schließlich finden sich die beiden letzten Befestigungsschrauben in der Nähe des Kurbelgehäuse-Entlüfterventils.
Der Anlasser wird nach vorn in Fahrtrichtung aus dem Sitz herausgezogen. Zum Zerlegen erst mal rundum sauberwischen, dabei lassen sich schon zum Beispiel die Zähne des Antriebsritzels begutachten. In einer Richtung muß das Ritzel frei drehbar sein, es hat einen Rollenfreilauf, in der anderen Richtung müßte es sich schwer drehen lassen.

Elektrische Defekte selten

Elektrische Defekte kommen beim Motorradanlasser praktisch nicht vor. Der einfache Gleichstrommotor mit Kollektor und Kohlebürsten ist sogar nur in Buchsen gelagert, und selbst die halten ewig. Wer allerdings brutal war und den Anlasser durchschmoren ließ, der muß dann eben das ganze Bauteil auswechseln. Uns ist freilich ein derart zerstörter Anlasser noch nicht bekanntgeworden.
Auf dem eigentlichen Anlassermotor sitzt der Einrückmechanismus. Er ist nach Lösen der elektrischen Leitungen und zweier Schrauben einfach abzunehmen. Aufpassen beim Zusammenbau: Die Öse vorn muß in den Hebel am Anlasser wieder eingehakt werden.

Anlasser zerlegen

Wer den Anlasser zerlegen muß, um die Lagerbuchsen auszuwechseln, hat ein paar Kleinigkeiten zu beachten. Die neuen Buchsen müssen zum Beispiel vorm Einpressen etwa eine halbe Stunde in Motoröl gelegt werden.

Und das Axialspiel des Ankers ist auf 0,10 bis 0,15 Millimeter auszugleichen. Dazu werden am rückwärtigen Ende (nicht beim Ritzel) unter den Sicherungsring entsprechende Ausgleichsscheiben untergelegt.

Störungssuche

Anlasser dreht sich nicht auf Knopfdruck

Licht einschalten.

a) Licht brennt nicht. Batterie leer oder Stromkreis unterbrochen
b) Licht brennt, wird aber beim Anlassen deutlich dunkler. Batterie ist leer, nachladen.
c) Licht brennt, geht aber beim Anlassen sofort aus. Batterieklemmen oder Masseanschluß am Rahmen oxydiert. Saubermachen.
d) Licht brennt. Am Anlasser Klemme 50 und 30 überbrücken. Dreht sich der Anlasser jetzt, ist der Anlaßschalter defekt oder die Zuleitung unterbrochen.
e) Licht brennt normal, Magnetschalter zieht an, aber Anlasser dreht sich nicht. Mit dickem Kabel Batterie Plus und Anlasser 30 zusammenschalten. Dreht sich der Anlasser jetzt, sind die Kontakte des Magnetschalters defekt.

Anlasser dreht sich nicht, wenn Kabel von Batterie + an 30 liegt

a) Kohlen zu kurz.
b) Kohlen klemmen.
c) Federdruck an Kohlen zu gering.

Anlasser dreht langsam, zieht Motor nicht durch

a) Batterie zu schwach.
b) Batterieklemmen oxidiert oder locker.
c) Magnetschalter defekt.
d) Leitungsanschlüsse locker.
e) Kollektor verschmutzt.
f) Anker oder Feldwicklung defekt.
g) Buchsen des Anlassermotors ausgeschlagen. Neu lagern.

Anlasser dreht mit hoher Drehzahl, Motor steht oder dreht ruckweise

a) Antriebsritzel defekt.
b) Zahnkranz defekt.
c) Ritzel spurt nicht ein, Steilgewinde verschmutzt oder defekt.

Ritzel spurt nicht ein, Anlasser dreht leer hoch

a) Druckfeder im Magnetschalter defekt.
b) Ritzel stark verschmutzt.
c) Schwungrad-Verzahnung beschädigt.

Ritzel spurt ein, Anlasser dreht dennoch leer durch

Rollenfreilauf im Antriebsritzel rutscht durch.

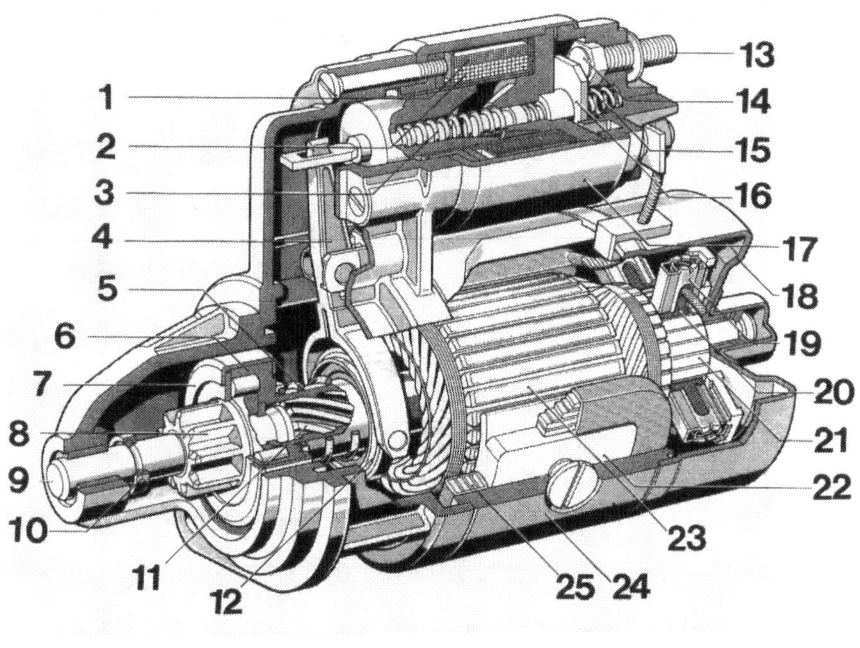

Bosch-Zeichnung vom Anlasser als Schnittmodell: 1 = Haltewicklung für Einrückhebel, 2 = Einzugswicklung, 3= Rückholfeder, 4 = Einrückhebel, 5 = Einspurfeder, 6 = Mitnehmer, 7 = Rollenfreilauf, 8 = Ritzel, 9 = Ankerwelle, 10 = Anschlagring, 11 = Steilgewinde, 12 = Führungsring, 13 = Elektrischer Anschluß, 14 = Kontakt, 15 = Kontaktfeder, 16 = Kontaktbrücke, 17 = Einrückrelais, 18 = Kommutatorlagerdeckel, 19 = Bürstenhalter, 20 = Kohlebürste, 21 = Kommutator, 22 = Polschuh, 23 = Anker, 24 = Polgehäuse, 25 = Erregerwicklung.

Vorsicht Hochspannung

Es ist gar nicht so leicht, das Kraftstoff-Luft-Gemisch im Brennraum des Motors anzuzünden. Immerhin ist es keineswegs homogen, also an allen Stellen gleich gemixt, zudem steht es nach dem Aufwärtsweg des Kolbens auch noch unter etlichen Bar Druck. Da ist schon ein kräftiger Funke vonnöten, um das Feuer zu entfachen. Der zündende Funke wird elektrisch erzeugt, soviel ist auch dem Laien bekannt. Und daß der Funke an den Elektroden der Zündkerze überspringt, gehört zur Allgemeinbildung. Wer sich allerdings bei Pannen selbst helfen will, der muß etwas mehr wissen.

Der Aufbau

Die gesamte Zündanlage besteht aus:
1. Einer Vorrichtung, die den Zeitpunkt des Funkenüberschlags bestimmt (Unterbrecher oder Zündgeber, jeweils mit Verstellung),
2. Einer Vorrichtung, die die Hochspannung für den Funken erzeugt (Zündspule),
3. Der Hochspannungsleitung mit Anschluß (Kerzenstecker),
4. Der Funkenstrecke im Zylinderkopf (Zündkerze).

Weil in der Praxis vernünftigerweise zuerst das am besten zugängliche Teil kontrolliert wird, um eine Panne einzukreisen, gehen wir bei der Erklärung den gleichen Weg, nämlich von der Zündkerze bis zum Unterbrecher oder Zündgeber.

Kleine Kerzen-Kunde

Mit dem Gewindeteil, dem Kerzengehäuse, wird die Kerze in den Zylinderkopf eingeschraubt. Wichtig sind Gewindegröße (bei BMW stets M 14 mal 1,25) und Gewindelänge (12,7 oder 19 Millimeter). Am Gewinde-Ende liegt stets ein Dichtring, der nicht weggelassen werden darf. Am Gewinde-Anfang ist die sogenannte Masse-Elektrode angesetzt.
In das Kerzengehäuse ist der Isolatorkörper eingepreßt. Er besteht aus Aluminiumoxid-Keramik und ist hart wie ein Diamant. Selbst mit Widia-Schleifscheiben ist ihm nicht beizukommen. Allerdings hat er den Nachteil vieler Keramik-Erzeugnisse: Er ist biege- und schlagempfindlich. Mit einem primitiven Rohrsteckschlüssel, dessen Drehdorn zu tief lag und gegen den Isolator drückte, ist schon so mancher Isolator beim Lösen oder Anziehen der Kerze weggeknackt worden.

Nur einwandfreies Werkzeug

Grundsatz: Nur mit ordentlichem Werkzeug arbeiten, am besten mit Stecknuß und Knarre oder noch besser mit Drehmomentschlüssel. In den speziellen Zündkerzen-Stecknüssen ist oft ein Gummiring eingebaut, mit dem der Isolator umfaßt wird. So kann die heiße Kerze mitsamt der Nuß herausgehoben werden, ohne daß man sich die Finger verbrennt.
Der Isolator ist außen gelegentlich mit umlaufenden Rillen versehen. Sie sollen die Isolierwirkung verbessern, indem sie Kriechströmen den Weg verlängern.

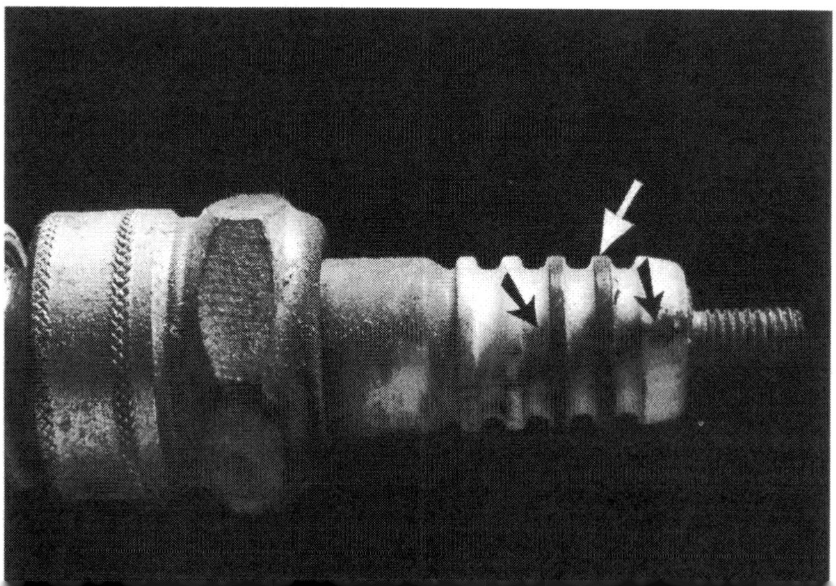

Die schwarzen Pfeile zeigen Überschlagspuren. Hier ist die Spannung außen am Isolator entlanggekrochen, vielleicht wegen Feuchtigkeit. Der weiße Pfeil markiert die Rippen, die den Kriechweg verlängern und Überschläge dadurch erschweren sollen.

Mitten durch den Isolator wird die Mittel-Elektrode geführt. Sie hat am äußeren Ende den Anschluß für den Kerzenstecker, ein simples Stück Gewinde M 4. Das innere Ende besteht aus hoch-hitzebeständigem Material und dient als Auffangstelle für den von der Masse-Elektrode überspringenden Funken.

Hohe Beanspruchung

Im Motor hat die Kerze einiges auszuhalten. Sie muß die Verbrennungshitze ertragen, sogar schockartige Abkühlung, denn das einströmende Frischgas ist ja noch kalt. Chemische Widerstandsfähigkeit wird verlangt, und mechanische Festigkeit ist nötig, um dem Verbrennungsdruck zu standzuhalten. Sogar die Elektrizität versucht, der Kerze das Leben schwer zu machen, denn mit jedem Funken brennt auch ein winziges Stück Elektrodenmaterie weg.

Unterschiedliche Kerzen

Weil Sportmotoren andere Anforderungen an die Kerze stellen als Tourenmotoren, muß es auch für beide unterschiedliche Kerzenmodelle geben. Ein Sportmotor wird heißer als ein Tourenmotor. In beiden muß die Kerze aber etwa im gleichen Temperaturbereich arbeiten. Am besten zwischen 400 und 850 Grad. 400 Grad ist die Selbstreinigungstemperatur. So heiß muß der Isolatorfuß mindestens werden, um Verbrennungsrückstände wegbrennen zu lassen.
Über 900 Grad wird es heikel, dann beginnt der Isolator an dünnen Stellen bereits zu glühen, das reicht dann für unkontrollierte Glühzündungen, die die Hitze schlimmstens soweit steigern, daß der Isolator an seinen dünnen Stellen zu schmelzen beginnt. Bei Zweitaktern wird gleich darauf der Kolbenboden weich, das berüchtigte Loch im Kolben ist die Folge. Sparbüchse sagt der Volksmund dazu.
Durch innere Gestaltung kann die Wärmeableitung der Kerze etwas gesteuert werden. So ergeben sich Möglichkeiten, eine Kerze für Tourenmotoren auszulegen, wo sie wenig Wärme abführen muß, um die nötige Temperatur zu erreichen. Oder aber für Sportmotoren, wo sie eben viel Wärme nach außen abgeben muß, um genügend kühl zu bleiben. Als Charakterisierung für die Kerze dient der sogenannte Wärmewert. Ist er hoch, taugt die Kerze für Sportmotoren, ist er niedrig, lebt sie am besten im Tourenmotor.

Die Wärmewerte

1979 wurden die Zündkerzen-Wärmewerte neu gestaffelt. Statt der früheren Bezeichnungen 175/200/225/230 erschienen völlig andere Namen. Dazu die folgende Tabelle mit den wichtigsten für die BMW-Boxer tauglichen Kerzen:
bisherige Bezeichnung / neue Bezeichnung

Bosch Kerzen:		Beru Kerzen:	
W 175 T 30	W 7 D	175/14/3A	14-7 D
W 200 T 30	W 6 D	200/14/3A	14-6 D
W 225 T 30	W 5 D	225/14/3A	14-5 D
W 230 T 30	W 5 D 1	230/14/3A	14-5 D 1

Hinweis für die Praxis: Die Kerzen werden mit 23 bis 30 Nm (2,3 bis 3 mkp) angezogen, Gewinde am besten mit Molykotefett 1000 geschmiert, es sei denn die Kerze ist nagelneu. Dann nämlich hat sie durch ihre Oberflächenbehandlung genügend Widerstandskraft gegen Rost und Festfressen.

Drei Musterbeispiele für den Zusammenhang zwischen Kerzen-Bauform und Wärmewert: Ganz links eine Kerze für einen Sportmotor, die Wärme muß nur einen kurzen Weg zurücklegen, um ins Metall abzuwandern. Ganz rechts eine typische Tourenkerze, die Wegstrecke für die Wärmeableitung ist recht lang, die Kerze erreicht zwar schnell die Selbstreinigungstemperatur, verträgt aber keine hohen Temperaturen. Für schnelle Motoren ungeeignet.

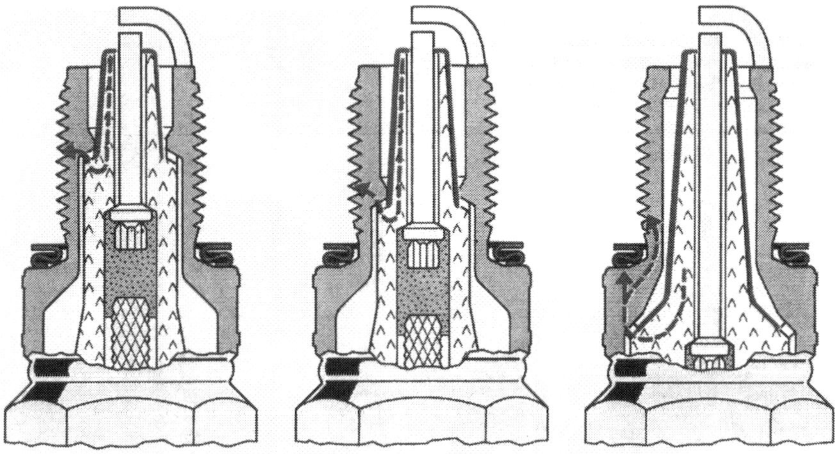

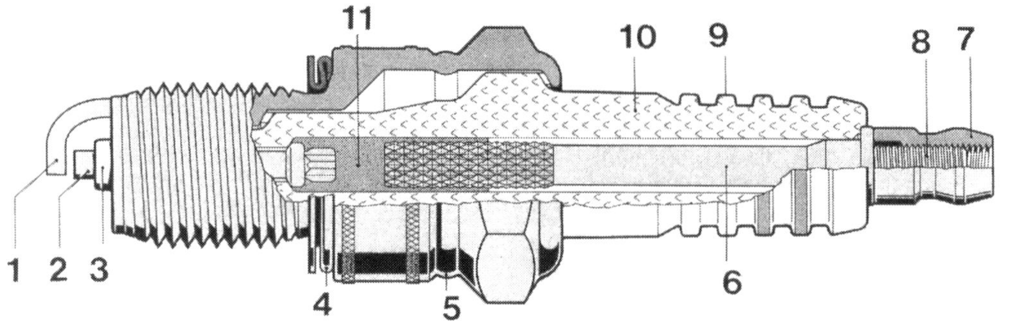

Schnitt durch eine Bosch-Kerze: 1 = Masse-Elektrode, 2 = Mittelelektrode, 3 = Isolator, 4 = Dichtring, 5 = Kerzenkörper, 6 = Anschlußbolzen, 7 und 8 = Anschlußgewinde mit Mutter, 9 = Kriechstrombarriere, 10 = Isolator, 11 = elektrisch leitende Glasschmelze

Der Kerzenverschleiß

Bei allen Belastungen ist es kein Wunder, daß die Kerze im Laufe der Betriebszeit immer schlechter wird, bis sie aus irgendeinem Grund schließlich ausfällt.
Normaler Verschleiß ist der Abbrand der Elektroden. Das läßt sich zwar durch Nachbiegen der Masse-Elektrode einige Zeit ausgleichen, aber die Elektrode wird auch dünner. Besser ist rechtzeitiger Kerzenwechsel. Etwa alle 15000 Kilometer ist die richtige Zeit dafür.
Auf Motorfehler reagiert die Kerze sehr deutlich. Sie zeigt zum Beispiel an, wenn der Vergaser zu mager eingestellt ist. Dann wird es der Kerze zu heiß. Und wenn die Kompression nachläßt oder gar Öl durch die Ventilführungen im Übermaß in den Brennraum gelangt, sieht die Kerze schwarz aus. Das sogenannte Kerzengesicht eignet sich gut für Diagnosen. Das muß näher beschrieben werden, denn um das Kerzengesicht richtig beurteilen zu können, müssen ein paar Vorbedingungen erfüllt werden.

Das Kerzengesicht

Das Gesicht ist im Grunde nur der innere Isolatorteil. Die Kerze muß also ausgeschraubt werden.
Hinweis: Wenn die Vollgastauglichkeit der Kerze beurteilt werden soll, dann ist der Motor auch blitzschnell während der Vollastfahrt stillzusetzen. Also Kupplung ziehen und Zündung ausschalten. Ausrollen und die Kerze ausschrauben. Sie zeigt jetzt das Gesicht, das durch Vollastfahrt zustandegekommen ist. Wenn nach kurzer Vollastfahrt erst heruntergebremst wird, ist nur das Gesicht für Leerlauf an der Kerze zu sehen.

Der Isolator

Wie der Isolator innen aussehen soll? Sauber, trocken und gleichmäßig. Höchstens etwas hellbraune Färbung darf vorhanden sein. Alarmglocken läuten, wenn der Isolator und die Elektroden hellweiß gebrannt sind oder gar Schmelzperlen zeigen. Dann ist entweder die Kerze für den Motor ungeeignet (falscher Wärmewert), oder aber die Vergasereinstellung stimmt nicht. Speziell bei den BMW-Zweizylindern müssen natürlich die Gesichter der rechten und der linken Kerze möglichst gleich aussehen. Wenn zum Beispiel der Motor unsauber läuft,

Links eine Kerze, die viel zu lange gefahren wurde. Die Masseelektrode ist schon fast abgebrannt. Rechts ein seltener Fehler. Beim weißen Pfeil springt der Funke entlang dem Isolator über, zwischen den Elektroden ist er zu schwach zum Zünden.

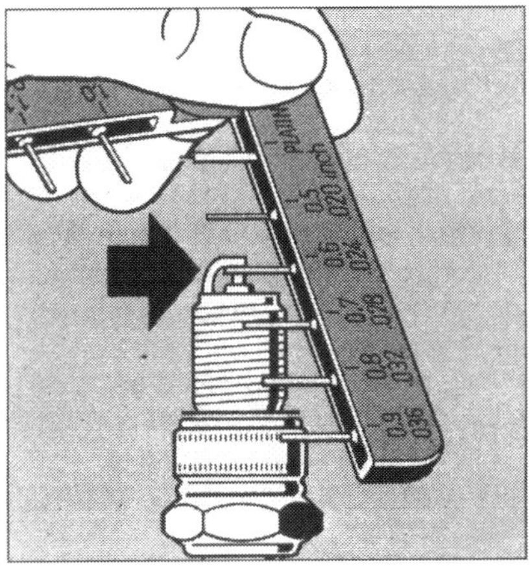

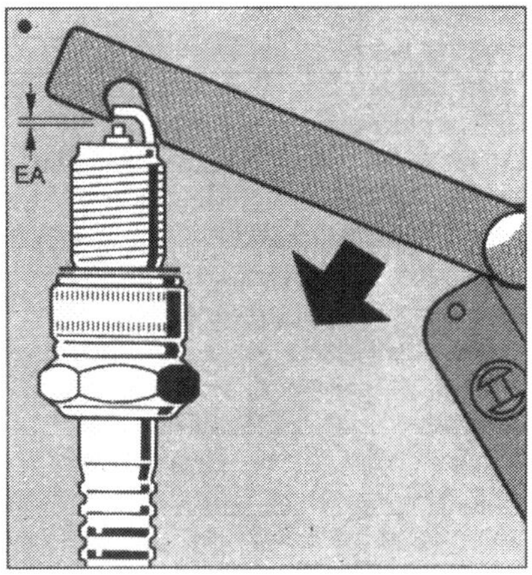

Bilder oben: Von Bosch wird zum Messen des Elektrodenabstands und zum Nachbiegen der Masseelektrode ein kleines Werkzeug angeboten. Die Drähte daran sind zum Messen des Elektroden-Abstands. BMW hingegen empfiehlt, bei falschem Abstand lieber die Kerze zu wechseln als an der Elektrode zu biegen. Bilder unten: Links abgeplatztes Isolatorteil, rechts dicke Ablagerungen von Öl- und Benzinrückständen. Beide Kerzen sind Schrott.

etwa gar stottert, dann ist am Kerzenbild festzustellen, welcher Zylinder aussetzte. Dessen Kerze ist dann nämlich schwarz. Und wenn eine Kerze normal, die andere aber zu hell ist, dann ist eine Prüfung der Benzinzufuhr zum Vergaser der hellen Kerze nötig. Siehe Vergaser-Kapitel.

Elektrodenabstand

Zum Schluß bleibt noch eine Einstellung anzugeben: Der Elektrodenabstand. Im Normalfall soll er zwischen 0,6 und 0,8 Millimeter betragen. Gemessen wird er nicht mit der flachen Fühlerlehre wie etwa das Ventilspiel. Für die Kerzen gibt es von Bosch eine Draht-Fühlerlehre, die auch die unregelmäßige Elektrodenform nach längerer Betriebszeit berücksichtigt. Ist der Abstand zu groß, wird ein sehr zarter Hammerschlag auf die Masse-Elektrode gegeben, und zwar freihändig, ohne die Fühlerlehre in den Spalt zu halten. Erst nach dem Schlagen messen. Und war der Hammer zu deftig, dann läßt sich die Elektrode in Grenzen wieder aufbiegen. Immer aber darauf achten, daß die Mittelelektrode nicht berührt oder gar seitlich angeschlagen wird. Dann bricht der Isolator, der um die Mittelelektrode ganz eng herumgelegt ist.

Fehler in der Praxis

Daß der etwas routinierte Fahrer keine mechanischen Fehler mehr begeht, wird vorausgesetzt. Er wird also die Kerze nie schief ansetzen und damit das Gewinde im Zylinderkopf verderben. Auch schraubt er nicht eine kalte Kerze bolzenfest in den noch heißen Zylinderkopf. Er bekommt sie nämlich nur noch sehr schwer wieder heraus. Und wenn kein Drehmomentschlüssel zur Hand ist, weiß der Erfahrene, daß er die Kerze zunächst nur mit der Hand eindreht. Wenn es mit Fingerkraft nicht mehr weitergeht, wird der Kerzenschlüssel angesetzt. Ist die Kerze neu, soll sie mit dem Schlüssel etwa 90 Grad weitergedreht werden. Eine gebrauchte Kerze hat schon einen flachgedrückten Dichtring. Sie darf nicht so stark angeknallt werden. Hier genügt ein Drehwinkel, der auf der Uhr der Zeigerbewegung für fünf Minuten entspricht.

Die Kerzenwahl

Welche Kerze zu wählen ist, schreibt BMW für alle Modelle recht genau vor. Abweichungen sollte der Fahrer nicht wagen, das Risiko ist zu groß, daß durch falsche Kerzenwahl der Kolben Schaden nimmt, siehe Stichwort Glühzündungen weiter oben.
Es gibt nur ein Kriterium, das die Kerzenwahl in engen Grenzen beeinflussen kann, das ist die typische Belastung der Maschine durch den Fahrer, also der Fahrstil. Wer mit der normalen Kerze im täglichen Vorortverkehr, maximal 100 km/h, eher bummelt, sollte sich nach einem Monat die Kerzengesichter ansehen. Sind sie sehr dunkel, kann auf Kerzen mit niedrigerem Wärmewert übergegangen werden. Aber höchstens um eine Stufe verändern und nach einer Woche wieder prüfen. Das gilt besonders für Winterbetrieb, wo der Motor vielleicht niemals seine richtige Arbeitstemperatur erreicht.
Wer dann allerdings im Hochsommer auf längere Autobahnstrecke geht, ist gut beraten, die Kerze wieder zu wechseln. Eine Stufe höher als normal sollte der Wärmewert dann zur Vorsicht sein. Damit wird die Gefahr gebannt, daß die Kerze etwa weißbrennt und zu Glühzündungen neigt.
Eine zu hohe Kerze bringt schlimmstenfalls Aussetzer wegen Verschmutzung. Eine zu niedrige Kerze jedoch ist gefährlicher, sie kann ein Loch in den Kolben kosten.

Hoher oder niedriger Wärmewert

Was hier als hoher oder niedriger Wärmewert bezeichnet wird, muß definiert werden, sonst gibt es Mißverständnisse: Als hohe Kerze sei eine für Sportmotoren geeignete angenommen. In der Wärmewertliste stand sie früher mit der hohen Kennzahl (225 oder 240 oder gar 260), heute trägt sie die niedrigere Zahl (W 5).
Die niedrige Kerze hingegen hatte früher auch die kleinere Kennzahl (175), heute hat sie die größere Zahl (W7).
Es gibt noch andere Namen für hoch oder niedrig. Sie richten sich nach den Anforderungen an die Kerze. So wird ein Sportmotor eine sogenannte kalte Kerze brauchen, ein Tourenmotor hingegen eine heiße. Letztere wird eben schneller heiß, während die Sportkerze länger kühl bleibt.

Kontakt-Probleme

Bei nächtlicher Winterfahrt auf nasser, salzgestreuter Schneematschstraße sieht der Fahrer es am deutlichsten: Funkenüberschläge an den Kerzensteckern. Und wer jetzt mit durchnäßten Handschuhen hinfaßt, um den Stecker während der Fahrt vielleicht etwas fester auf die Kerze zu drücken, bekommt ganz heftig einen elektrischen Schlag. Aber soweit kommt es meist gar nicht, weil der Motor vorher bereits zu stottern beginnt, womöglich sogar einfach stehenbleibt. War die Fahrt durch tiefe Pfützen gegangen, ist zu beobachten, daß um die Kerzen herum das Wasser steht und brodelnd kocht.
Die Fahrt kann trotzdem gleich weitergehen. Kerzenstecker abziehen und mit trockenem Lappen alles sauberwischen. Kerzen-Isolator und das Innere des Kerzensteckers müssen trocken sein, auch das dicke Hochspannungskabel bis zum Kerzenstecker. Bis nach Hause wird es zwar etwas mühsam, aber mit vielen Unterbrechungen zum Trocknen kann die Fahrt wieder fortgesetzt werden.

Kerzenstecker auswechseln

Die Kerzenstecker sollten danach aber schnellstens ausgewechselt werden. Sie taugen nichts. Gute Stecker bestehen aus einem wasserunempfindlichen Material, haben eng und dicht sitzende Gummimuffen zum

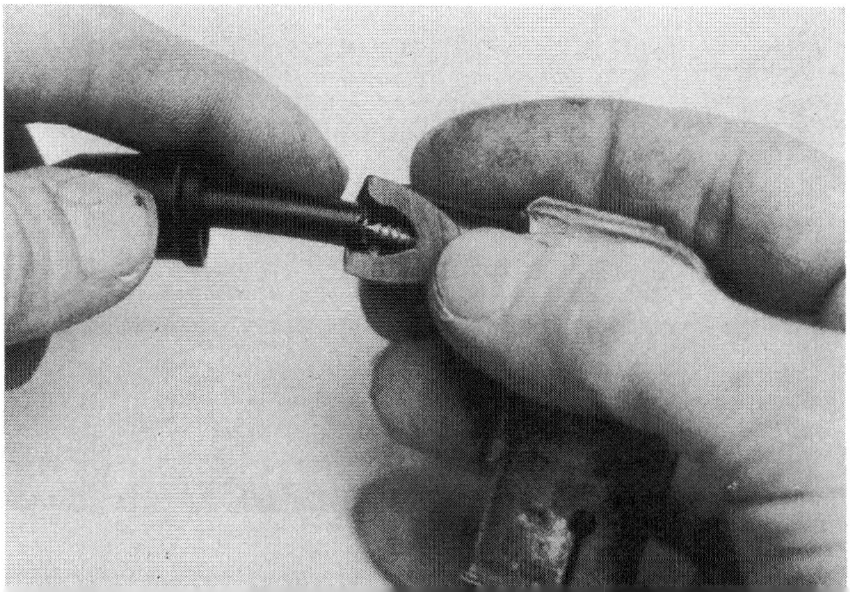

Im Kerzenstecker ist eine Holzschraube, auf die das Hochspannungskabel aufgedreht wird. Hier zum Zeigen schräg angeschnitten. BMW-Kerzenstecker sind zum Teil vollständig vergossen. Wenn hier Defekte auftreten, nur wasserfeste Stecker nachträglich aufschrauben, etwa Beru WOA 4/14 P, wobei das P für Polyester steht.

Kabelanschluß und innerlich eine Dichtung aus rötlichem Siliconkautschuk, die über den Kerzenisolator greift. Auch sie sind noch zu verbessern, indem speziell die Dichtung zum Kabel hin zusätzlich mit einer Siliconkautschuk-Dichtpaste vollgeschmiert wird.
Der Kerzenstecker läßt sich durch einfaches Abschrauben vom Hochspannungskabel lösen. Auch der neue wird nur angeschraubt, dafür hat er eine Art Holzschraube in der Bohrung fürs Hochspannungskabel.

Richtige Kabel

Das Kabel selbst ist genauso für Überraschungen gut. Wenn es zum Beispiel an einem Seilzug scheuert, dann dauert es gar nicht lange, bis seine dicke Isolation derart dünn geworden ist, daß die Hochspannung dort durchschlagen kann. Sie wählt dann den bequemeren Weg zur Masse, geht nicht erst bis zur Kerze. Also Hochspannungskabel nirgendwo scheuern lassen.
Alte und vielleicht schon brüchig gewordene Hochspannungskabel zeigen zwar bei Nässe und Dunkelheit faszinierende Funkenspiele, sollten aber schnellstens ausgewechselt werden.
Wichtiger Rat zum Schluß: Nie an ein verdächtiges Kerzenkabel fassen, schon gar nicht mit nassen Handschuhen. Die Hochspannung der Zündanlage kann durchaus gefährlich werden.

15000 Volt aus 12 Volt

Die Batteriespannung beträgt 12 Volt. An der Zündkerze wird aber eine Hochspannung von rund 10000 bis 15000 Volt gebraucht. Die Umwandlung der Spannung von klein auf groß ist die Aufgabe der Zündspule. Sie muß dabei aber mit dem Unterbrecher oder einem ähnlichen Schalter zusammenwirken. Wie das ganz genau geschieht, ist recht kompliziert. Fürs Verständnis der Wirkungen genügt aber ein Schnellkurs:

Die Zündspule

Die Zündspule ist nichts weiter als ein Transformator. Auf einen Eisenkern sind zwei Wicklungen Kupferdraht aufgesponnen. Eine Wicklung besteht aus dickem Draht mit nur 150 bis 300 Windungen. Die zweite hingegen hat rund 60 bis 150 mal soviele Windungen aus sehr dünnem Draht.
Fließt Strom durch die dicken Windungen, tut sich zunächst mal gar nichts. Nur ein konstantes Magnetfeld wird von der stromdurchflossenen Spule aufrechterhalten. In dem Augenblick aber, wenn der Strom der dicken Spule etwa durch den Unterbrecher abgeschaltet wird, bricht das Magnetfeld zusammen. Und jetzt passiert etwas in der Spule mit den vielen dünnen Drähten. Dort entsteht eine Spannung, die ein Vielfaches höher ist als die, mit der die dicke Spule gefüttert wurde.
Wichtig ist also, daß von der dicken Spule, der Primärspule, zuerst ein Magnetfeld aufgebaut wird, das mit dem Abschalten des Stroms zusammenbricht.

Der Unterbrecher

Abgeschaltet wird der Strom bekanntlich durch den Unterbrecher, der aus einem Amboß, dem festen Kontaktpunkt, und einem beweglichen Hebel mit dem zweiten Kontaktpunkt besteht. Bewegt wird der Hebel

Grundsätzlicher Aufbau einer Zündspule. E ist der Eisenkern, P die Primärwicklung aus wenigen dicken Drahtwindungen, S die Sekundärwicklung aus feinem Draht und vielen Windungen. 1 = Anschluß Unterbrecher, 15 = Anschluß für Leitung vom Zündschloß und 4 = Hochspannungsausgang. Andere Formen sind heute zwar üblich, das Innenleben ist aber stets das gleiche.

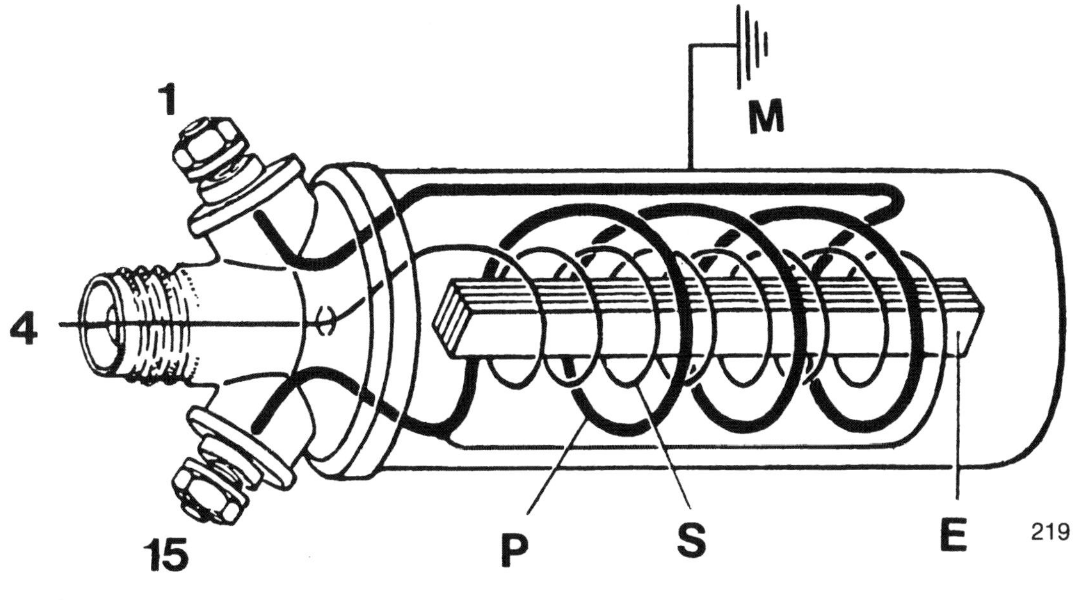

durch einen Nocken, der bei BMW auf dem äußeren Zapfen der Nockenwelle in Form des Fliehkraftreglers aufgesetzt ist.
Der Strom der Primärspule muß vom Unterbrecher schnell abgeschaltet werden. Das ist gar nicht so einfach. Die Primärspule reagiert nämlich ganz merkwürdig auf das Abschalten des Stroms. In ihr entsteht eine Spannung, die entgegengesetzt zur vorher angelegten den Stromfluß aufrechterhalten will. Diese Spannung liegt bei etwa 300 Volt, und sie versucht, sich über die gerade öffnenden Unterbrecherkontakte zu entladen. Daß sie das letztlich doch nicht kann, liegt am Kondensator, der zwischen den Unterbrecherkontakten geschaltet ist. Er sorgt dafür, daß an den Kontakten keine Funken überspringen, daß dennoch die 300 Volt der Primärspule schnell abgebaut werden.

Die Hochspannung

Das schnelle Abbauen dieser recht hohen Spannung in der Primärspule bewirkt schließlich erst, daß in der dünndrähtigen Sekundärspule die Hochspannung entsteht. Fehlt der Kondensator oder ist er defekt, dann geht durch Funken an den Unterbrecherkontakten so viel Energie verloren, daß in der Sekundärspule keine genügend hohe Spannung mehr erzeugt werden kann.
Am Unterbrecher werden recht hohe Stromstärken (Ampere) geschaltet. Etwa 3 bis 5 Ampere müssen sicher getrennt werden. Das ist nur mit Kontakten aus speziellem Metall zu schaffen, deren Oberfläche sehr glatt ist. Dennoch wird bei jedem Öffnen ein wenig Material von der Oberfläche abgerissen, weil sich die Funkenbildung trotz Kondensator nicht ganz vermeiden läßt. So altert ein Unterbrecher durch Verschleiß. Etwa 15000 Kilometer sind als Lebensdauergrenze anzusehen.

Unterbrecher-Abstand

Wie weit der Unterbrecher öffnen muß, um den Stromfluß sicher zu trennen, ist vorgegeben: Zwischen 0,4 und 0,5 Millimeter muß die größte Entfernung zwischen den Unterbrecherkontakten sein, wenn sie vollständig geöffnet sind. Dieser Abstand ist an der Unterbrecher-Hebellagerung einstellbar. Der Nocken, der den Unterbrecherhebel bewegt, bleibt ja immer gleich.
Zu kleiner Kontaktabstand fördert den Verschleiß durch stärkere Funkenbildung. Zu großer Abstand ist weniger schädlich, er verkürzt nur die Zeit, in der sich das Magnetfeld aufbauen kann. Höchste Drehzahlen sind dann nicht mehr zu schaffen, weil das Magnetfeld nicht mehr seine volle Stärke erreicht, entsprechend auch der Spannungsstoß in der Primärspule geringer ist. Folglich ist auch die Hochspannung niedriger.
Die Zeit, in der die Unterbrecherkontakte geschlossen sind, in der also das Magnetfeld aufgebaut werden kann, läßt sich in Grad der Nockenumdrehung angeben. Bei den Boxern vor 1979 sind es 78 Grad, danach 120 Grad. Werden diese Werte nicht erreicht, stimmt der Kontaktabstand nicht.

Abkehr vom Unterbrecher

Weil der Unterbrecher als Verschleißteil stets zu Pannen führte, waren die Elektriker schon früh darauf bedacht, den mechanischen Schwachpunkt durch zuverlässige Elektronik zu ersetzen. Es wird also ein elektronischer Schalter gebraucht, der von der Stellung der Nockenwelle betätigt wird.

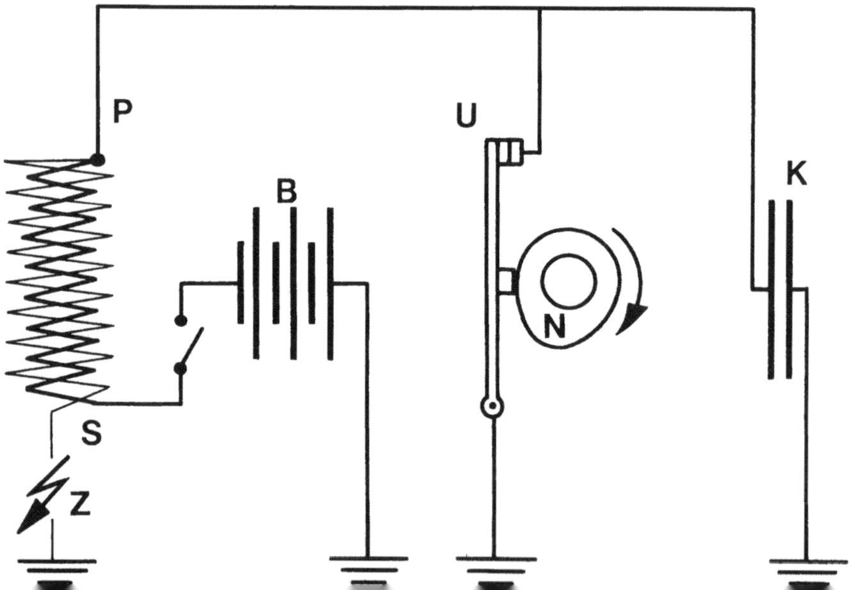

Links Grundsatzschaltbild der Zündung. S = Sekundärwicklung, P = Primärwicklung, B = Batterie, U = Unterbrecher, N = Nocken, K = Kondensator, Z = Zündkerze.
Rechte Seite: Links der Hall-Effekt, Spannung U/H quer zur Richtung des durchfließenden Stroms (Pfeil) bei Magnetfeldänderung. Daneben Grundplatte und Topf des Hall-Gebers von Bosch für BMW.

Bei BMW wurde schließlich ein von Bosch gebauter Hall-Geber statt des Unterbrechers verwendet. Das ist ein elektronisches Bauteil, das auf Veränderung eines Magnetfeldes reagiert. Gefunden wurde der elektronische Effekt vom amerikanischen Physiker Edwin Hall, daher der Name.

Der Hall-Geber

In der Praxis sieht der Hall-Geber wie ein umgedrehter Topf aus, dessen Rand an zwei Stellen ausgeschnitten ist. Der Rand läuft zwischen den Magnetschranken des eigentlichen Hall-Gebers. Sobald die Aussparung an der Schranke vorbeistreicht, wird ein Impuls erzeugt, der in einer Elektronik-Box, dem Steuergerät, soweit umgemodelt wird, daß er den Primärstrom abschalten kann.
Vorzüge des Hall-Gebers: Er hat keinerlei Verschleißteile, verstellen kann er sich selbst infolgedessen auch nicht.
Nachteil: Er erfordert zusätzliche elektronische Schaltung, die allerdings auch verschleißfrei und zuverlässig ist. Außerdem macht die elektronisch gesteuerte Zündung eine andere Zündspule nötig.

Zündzeitpunkt

Der Zündfunke entsteht, wenn der Unterbrecher oder der Hall-Geber den Stromfluß zur Primärspule abschaltet. Da der Antrieb des Schalters von der Nockenwelle geschieht, ist der Schaltzeitpunkt abhängig von der Kolbenstellung. In der Schule gelernt: Wenn das angesaugte Gas durch den aufwärts bewegten Kolben verdichtet ist, funkt es an der Kerze, damit die Verbrennung beginnen und den Kolben wieder abwärts treiben kann.
Die Verbrennung des Kraftstoff-Luftgemischs dauert aber eine gewisse Zeit. Vor allem setzt sie nicht blitzartig bei der Zündung ein. Man muß den Funken etwas vor dem oberen Totpunkt, der höchsten Stellung des Kolbens, überspringen lassen, damit der Verbrennungsdruck gut die Abwärtsbewegung vorantreiben kann.

Vorzündung

Wie weit vor dem OT gezündet werden muß, wird im Motorenversuch des Herstellers für jedes Baumuster in etlichen Versuchsreihen ausprobiert.
Daß das Maß der Vorzündung mit steigender Drehzahl nicht gleich bleiben kann, leuchtet sicher ein. Immerhin bewegt sich der Kolben mit steigender Drehzahl immer schneller, während ja doch die Entflammung weitgehend dieselbe Zeit braucht. So muß der Funke bei hoher Drehzahl früher als bei niedrigen Touren das Gemisch zünden.
Die einfachste Art der Frühverstellung geschieht durch die Wirkung der Fliehkraft. Sie ist ja drehzahlabhängig. Kleine Gewichte schwenken bei hohen Drehzahlen aus und verdrehen den Nocken des Unterbrechers oder die Topfscheibe des Hall-Gebers entgegen der Drehrichtung, also in Richtung früherer Zündung. Die Gewichte werden von Federn in ihre Ruhelage zurückgezogen.

Zündung einstellen

Eingestellt wird der Zündzeitpunkt in Ruhelage des Fliehkraftverstellers. Mit einer Prüflampe läßt sich feststellen, wann der Unterbrecher öffnet. An der Schwungscheibe auf der Kurbelwelle sind Markierungen

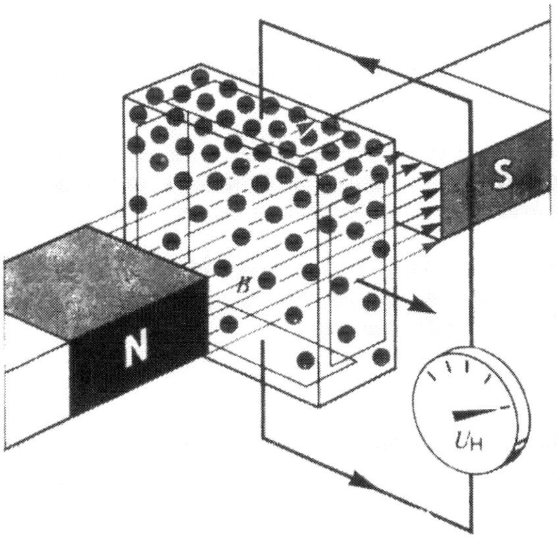

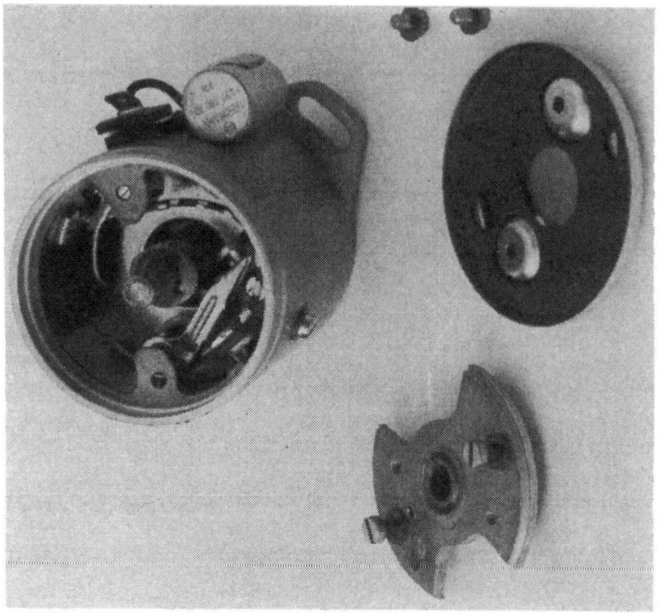

Innenaufbau des Zündauslösers mit Unterbrecher. Links der Topf mit dem innenliegenden Unterbrecher (rechts von der Nocken-Achse), oben am Topf der Kondensator, ganz rechts die zwei Deckel. Zuerst wird der Kontaktabstand eingestellt, dann wird der Zündzeitpunkt justiert, dazu das gesamte Gehäuse in den Langlöchern (oben an der Topf-Unterseite) verdreht.

angebracht, die den OT und die verschiedenen Zündzeitpunkte anzeigen. S steht für Spätzündung, F steht entsprechend für Frühzündung.

Die Grundeinstellung beim Zusammenbauen geschieht auf die Marke S. Wenn sie beim Schauloch steht, muß die Prüflampe anzeigen, daß die Kontakte gerade öffnen.

Hall-Geber

Bei der modernen Hall-Geber Transistorzündung geht das nicht einfach mit der Prüflampe, es müßte ein elektronisches Gerät verwendet werden. Das ist aber recht teuer und im Grund für den Selbst-Reparateur gar nicht nötig. Denn es ist durchaus möglich, die Zündung bei laufendem Motor ordentlich einzuregulieren.

Praktische Hinweise

Unterbrecher-zündung: 1. Unterbrecher-Kontaktabstand

Dazu ist die Kurbelwelle so zu drehen, daß der Unterbrechernocken den Hebel in der weitesten Stellung vom Amboß hält. Befestigungsschraube des Unterbrecher-Ambosses etwas lockern. Amboß so verdrehen, daß der Abstand zwischen Amboß und Hebelkontakt auf 0,4 Millimeter hingetrimmt ist. Schraube wieder anziehen, Abstand nochmal messen.

Verschlissene Kontakte sind daran zu erkennen, daß auf einem ein Gebirge, auf dem anderen das dazugehörige Tal entstanden ist. Hier kann der Abstand mit der Fühlerlehre nicht mehr richtig gemessen werden, wenn die Lehre völlig durchgezogen wird. Lehre notfalls am Rand ansetzen, wo die Kontaktflächen noch eben sind. Kontakte schnellstmöglich auswechseln.

Unterbrecher-zündung: 2. Zündzeitpunkt

Zündkerzen herausschrauben. Kurbelwelle am Innensechskant des Lichtmaschinenankers mit Sechskant-Stiftschlüssel drehen, bis am Schauloch neben dem Ölmeßstab die Markierung »S« zu sehen ist. Prüflampe mit einem Draht an Masse und mit dem anderen an den Unterbrecherhebel legen. Zündung einschalten. Kurbelwelle langsam vor und zurück drehen, dabei die Prüflampe beobachten. Sind die Kontakte offen, leuchtet die Lampe, wenn sie geschlossen sind, geht der Strom lieber den leichteren Weg über die Kontakte. Damit ist der Öffnungspunkt sehr gut zu erkennen.

Der Vergleich mit der S-Marke zeigt, wie weit der Zündzeitpunkt danebenliegt. Zum Einstellen wird die gesamte Grundplatte der Unterbrecherkontakte leicht gelöst und verdreht.

Modelle mit Zündauslöser

Bei den Modellen mit dem sogenannten Zündauslöser liegt der Unterbrecher in dem Topfgehäuse. Eine Schraube ausdrehen, Deckel abnehmen. Eine Abdeckplatte liegt hier vor dem Unterbrecher, dadurch ist die Amboß-Halteschraube nicht gleich zugänglich. Also erst die Abdeckplatte wegnehmen, bevor der Kontaktabstand verstellt wird.

Die Einstellung geschieht hier durch Verdrehen des gesamten Zündauslöser-Topfes. Damit ist die Zündung für den Drehzahlbereich Leerlaufgas bis etwa 1500/min korrekt einzustellen. Für die Prüfung bei höherer Drehzahl wird mit den Stroboskop gearbeitet, siehe Einstellung der Transistor-Zündanlage.

Nach der Einstellung

Hinweis: Wenn ein Zylinder fertig eingestellt ist, wird die Kurbelwelle einmal herumgedreht und der zweite Zylinder gemessen. Die beiden Zündzeitpunkte dürfen nur um maximal sechs Grad voneinander abweichen,

das sind 12 Millimeter auf dem Schwungscheiben-Umfang. Die Markierungsstriche sind jeweils drei Grad voneinander entfernt. Stimmt das bei den alten Modellen ohne Zündauslösertopf nicht, dann ist die Nockenwelle vorn am dünnen Zapfen verbogen. Richten ist möglich durch Nachbiegen. Aber vorsichtig und mit zunächst geringer Kraft. Meßuhr ansetzen, Kipphebellager auf den Zylinderköpfen lösen, damit die Nockenwelle rund gedreht werden kann, ohne durch den Ventilfederdruck ruckweise weiterzuschnappen. Nicht mit Hammerschlägen richten, sondern mit aufgestecktem Rohrstück.
Bei merkwürdigen Einstellschwierigkeiten nachprüfen, ob der Unterbrechernocken auf der Nockenwelle leicht drehbar ist. Prüfen, ob eine der Zugfedern des Fliehkraftverstellers nicht etwa gebrochen ist.

Einstellen Transistorzündung

Mit der Prüflampe ist hier nichts zu machen. Ein Stroboskop wird gebraucht. Das ist eine Blitzlampe, die immer dann einen kurzen Lichtblitz erzeugt, wenn an der Kerze der Funke überspringt. Um diesen Zeitpunkt zu erkennen, wird die Zuleitung zur Lampe irgendwie mit der Hochspannungsleitung zur Kerze verbunden. Es gibt viele verschiedene Stroboskope, zwischen 50 und 200 Mark. Beim Kauf darauf achten, daß die Lampe einen Stromversorgungsanschluß hat, also von der Fahrzeugbatterie ihren Strom bezieht. Die Koppelung mit der Hochspannungsleitung geschieht am besten auf induktivem Wege, das heißt, mit einer Klemmzange an der Hochspannungsleitung wird der Impuls abgegriffen.
Der Motor ist für diese Prüfung lauffertig zusammengebaut. Stroboskop anschließen, Motor anlassen. Blitzlicht auf die Markierungen des Schwungrads am Schauloch richten. Der helle Blitz beleuchtet die Markierung gerade in dem Moment, wenn es an der Kerze funkt. Weil der Blitz so kurz ist, sieht es dabei so aus, als stünde die Markierung still, obwohl sich doch die Schwungscheibe dreht.
Bei Leerlaufdrehzahl muß der Strich über der S-Marke genau in der Mitte des Schaulochs zu sehen sein. Mit steigender Drehzahl wandert das »S« nach oben, ab etwa 3500/min erscheint von unten die zweite Markierung, das »F« für Frühzündung.

Mit Zündauslösertopf

Maschinen mit dem Zündauslösertopf, auch die transistorisierten, sind bei laufendem Motor einstellbar. Es wird einfach der gesamte Zündauslösertopf verdreht, nachdem die zwei Befestigungsschrauben ganz leicht gelockert sind. Den Erfolg der Verdrehung sieht man sofort am Schauloch.
Befestigungsschrauben wieder anziehen, Zündzeitpunkt nochmal nachmessen.
Der moderne Zündauslösertopf ist übrigens nicht zerlegbar. Er kann nur komplett ausgetauscht werden. Einzig der Unterbrecher läßt sich bei den Zündauslösertöpfen ohne Hall-Geber auswechseln.

Sehen, gesehen werden

Motorräder müssen auch tagsüber mit Licht fahren. Die schmale Silhouette des Fahrzeugs und die hohen möglichen Geschwindigkeiten erfordern es, daß andere Verkehrsteilnehmer deutlich aufmerksam gemacht werden: Hier kommt ein Motorrad. Im Rückspiegel eines Fahrzeugs hilft der helle Lichtfleck des Scheinwerfers, daß der Motorradfahrer überhaupt erst richtig erkennbar wird.
Die Forderung nach Fahren mit Licht ist übrigens keine Schikane des Gesetzgebers, sondern eine von Motorradfahrern schon seit etwa zwanzig Jahren freiwillig geübte Sicherheitsmaßnahme, in früheren Zeiten freilich oft noch zum Ärger manch uneinsichtigen Gesetzeshüters.

Teile der Lichtanlage

Die Lichtanlage besteht aus Scheinwerfer mit Fern-, Abblend- und Standlicht, Rückleuchte, Bremsleuchte und den Blinkern, offiziell den Fahrtrichtungsanzeigern.
Das sind allesamt einfache Verbraucher, die eine Zuleitung zur Glühlampe und eine Rückleitung über die Fahrzeugmasse haben. Wenn also ein Licht ausfällt, ist zuerst die Lampe, dann die Zuleitung zu überprüfen. In den Zuleitungen liegen die Schalter, mit denen der Fahrer den Stromfluß freigibt. Sofern also Leitungen und Lampe in Ordnung sind, kommen für Fehlersuche nur noch die Schalter infrage.

Fehlersuche

Leitungen und Glühlampen sind leicht zu prüfen. Ist eine Lampe defekt, sieht man den losen Glühfaden deutlich. Zur Not kann auch blindlings eine neue Glühlampe eingesetzt werden. Wenn sie richtig leuchtet, war die alte kaputt.
Wenn aber die neue Lampe auch nicht brennt, dann muß die Leitung geprüft werden. Mit der Prüflampe, einer einfachen Glühlampe mit zwei Kabeln und Krokodilklemmen dran, wird gesucht, bis zu welcher Stelle der Strom überhaupt kommt.
Dazu eine Leitung mit Krokodilklemme an Masse legen. Mit der anderen Leitung wird der Lampenkontakt der Lampenfassung angetippt. Jetzt muß die Prüflampe leuchten, wenn Licht und Zündung eingeschaltet sind. Bleibt sie dunkel, wird der Weg der Zuleitung zur Lampe verfolgt. Ist vor dem Schalter noch Strom? Prüfstrippe dranhalten. Ist nach dem Schalter noch Strom? Wenn nicht, ist der Schalter defekt.

Einfache Arbeiten

Auf diese Weise läßt sich die Schadensstelle recht einfach einkreisen. Einfach? Nun ja, wenn's um den Lichtschalter am Lenker geht, muß der eben auseinandergenommen werden, damit man mit der Prüfleitung an die verschiedenen Kontakte herankommt. Und wenn es um den Hauptschalter geht, muß eben der Scheinwerfer geöffnet werden, damit die Kontakte dieses Schalters erreichbar sind.
Das alles sind Arbeiten, die mit etwas Überlegung jeder selbst in den Griff bekommt. Anleitung ist überflüssig, ja sogar schädlich, weil sie das Selberdenken hindert. Wer zum Beispiel bei der R 100 RS an die Scheinwerferlampe gelangen will, muß erst einmal die Scheibe in der Verkleidung lösen. Dazu sind an den vier Ecken der Scheibe unter der Gummidichtung Schrauben herauszudrehen. Das ist aber ganz offensichtlich und bedarf keiner besonderen Anleitung.

Scheinwerfer-Einstellung

Der Scheinwerfer ist an beiden Seiten des Scheinwerfertopfes mit Schrauben an der Halterung befestigt. Damit sich der Topf nicht verdreht, sind geriffelte Gummischeiben ins Gelenk gelegt. Zum Einstellen also diese Schrauben rechts und links lösen, dann läßt sich der gesamte Scheinwerfertopf rauf und runterschwenken. In der richtigen Stellung festhalten und die Schrauben wieder anziehen.
Welches die richtige Stellung ist, schreibt der Gesetzgeber vor. Bei Abblendlicht ist eine deutliche Grenze zwischen dem unteren hellen Teil des Scheinwerferstrahls und dem oberen, abgedunkelten Teil zu sehen. Sie heißt logischerweise die Hell-Dunkel-Grenze.
Zum Einstellen ist etwas Vorbereitung nötig. Gebraucht wird eine ebene, waagerechte Fläche vor einer senkrechten Wand. Abstand der Maschine zur Wand fünf Meter. Auf der Wand macht man sich ein Kreuz in Höhe der Scheinwerfermitte. Und unterhalb des Kreuzes, genau fünf Zentimeter tiefer, zeichnet man sich eine waagerechte Linie an.

Einstellungssache: Der Scheinwerfer muß mit der Hell-Dunkel-Grenze fünf Zentimeter unterhalb der Scheinwerfermitte an der fünf Meter entfernten Wand leuchten. Diese Einstellung ist nicht nur vorgeschrieben, sie hat sich auch im Fahrbetrieb als günstigste erwiesen.

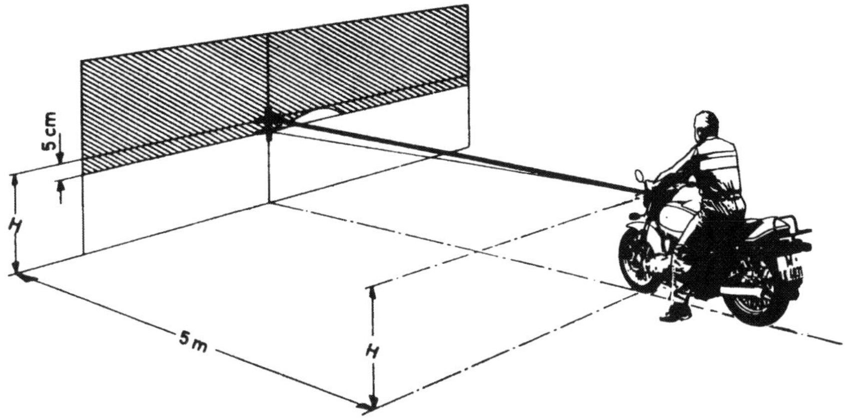

Die Maschine wird genau in fünf Meter Entfernung des Scheinwerfers von der Wand hingestellt, der Fahrer sitzt drauf. Wenn jetzt das Abblendlicht eingeschaltet wird, muß die Hell-Dunkel-Grenze genau mit der unteren Linie übereinstimmen, also fünf Zentimeter unterhalb des Mittenkreuzes liegen.
Mehr ist nicht zu tun. Diese Einstellung ist übrigens tatsächlich die beste. Wer den Scheinwerferstrahl höher legt, der blendet nicht nur den Gegenverkehr, sondern leuchtet mit dem Fernlicht nur noch die Wipfel der Bäume entlang der Straße an. Der Scheinwerferstrahl soll aber doch die Straßenoberfläche treffen.
Weil bei der großen Urlaubsreise stets viel Gepäck und möglicherweise noch eine Sozia aufgeladen ist, sollte der Scheinwerfer mit vollem Gepäck und Sozia neu eingestellt werden, sonst steht der Lichtstrahl ausgerechnet auf der Urlaubsreise in fremden Gegenden ungünstig in Richtung Himmel und – zum eigenen Nachteil – nicht zur Straße.

Lampen-Auswahl und Behandlung

In den Schachteln der Scheinwerfer-Glühlampen steht die Behandlungsanweisung: Glaskolben nie mit der Hand anfassen. Die Fingerabdrücke brennen sich in den Glaskolben ein, sobald er heiß wird. Und dann hindern sie den Lichtaustritt.
Bei den kleinen Glühlämpchen für die Instrumentenbeleuchtung oder gar die Rückleuchte gilt grundsätzlich dieselbe Anweisung: Nicht mit schmutzigen Fingern anfassen. Aber so heikel wie die sehr heißen Halogenlampen sind die kleinen nicht.
Die Auswahl der Lampen bereitet keine Probleme. Nur gilt es aufpassen bei der Bestückung der Generator-Kontrolleuchte. Wer da nicht die richtige Wattzahl erwischt, schadet der Lichtmaschine, weil die Generatorkontrollampe direkt die Erregerspannung im rotierenden Anker bestimmt. Wichtig ist also, daß für die Generatorkontrolle nur 3 Watt gewählt werden. Tip für unterwegs: Falls diese Lampe ausfällt, kann die Blinkerkontrollampe oder die der Instrumentenbeleuchtung als Ersatz genommen werden. Die Lampen für Öldruck-Kontrolle, Fernlicht- und Leerlaufanzeige sind dazu untauglich, sie haben nur 1,2 Watt Leistungsaufnahme.

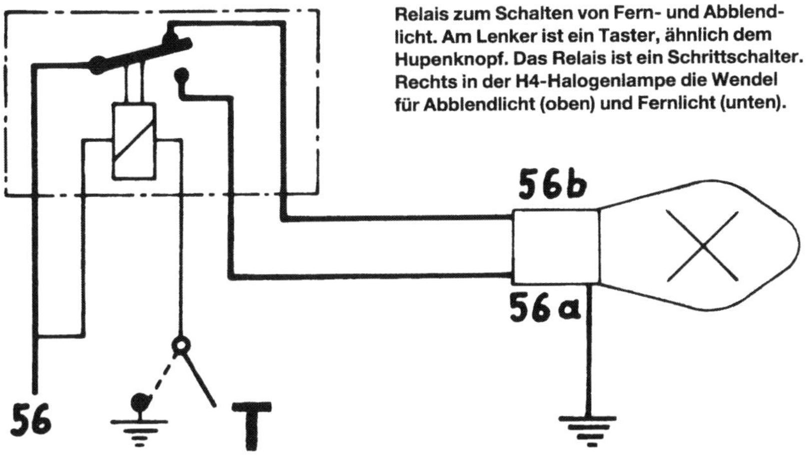

Relais zum Schalten von Fern- und Abblendlicht. Am Lenker ist ein Taster, ähnlich dem Hupenknopf. Das Relais ist ein Schrittschalter. Rechts in der H4-Halogenlampe die Wendel für Abblendlicht (oben) und Fernlicht (unten).

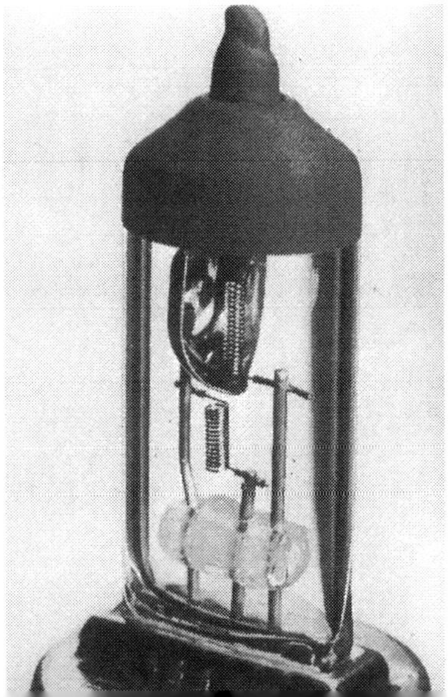

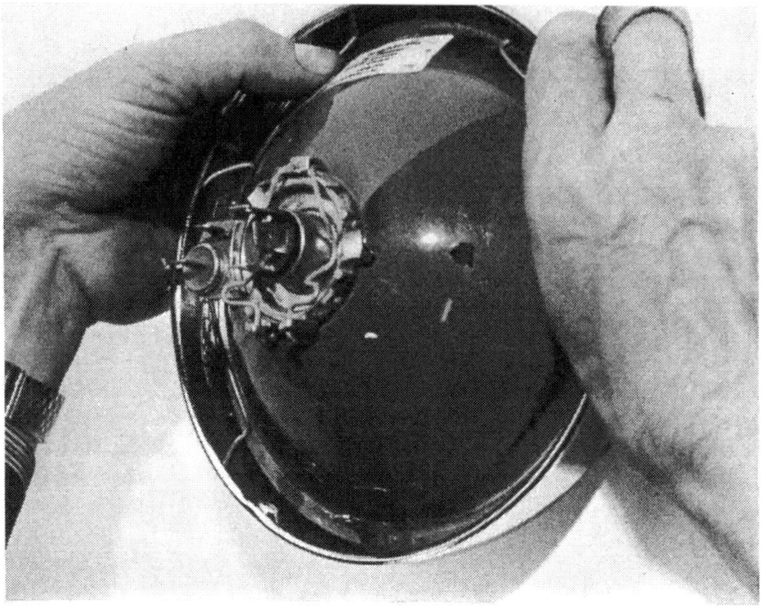

Scheinwerfer: Der Spiegel und das Glas sind auch heute noch meist mit Drahtbügeln am Chromring festgeklemmt. Glaswechsel ist kein Problem. Nur darauf achten, daß die Scheibe mit ihrer Markierung nicht schräg eingesetzt wird.

Glühlampen-Ausfall

Wenn Glühlampen ausfallen, muß nicht immer der Glühfaden durchgebrannt sein. Wasser und speziell das Streusalz der winterlichen Straßen greifen die Lampenfassungen an. Wenn dort die Kontakte korrodiert sind, kann der elektrische Strom natürlich nicht hindurchfließen. So ist es ein guter Rat, gelegentlich auch mal außer der Reihe nach den Lampenfassungen zu schauen und sie zu reinigen. Kontaktsprays helfen übrigens ganz gut, weitere Korrosion zu verhindern.

Die Blinker

Bei den Blinkern ist es etwas komplizierter. Da liegt zwischen Schalter und den Leuchten noch das Blinkrelais, der Blinkgeber. Das ist ein elektrischer Schalter, der in bestimmtem Rhythmus den Strom ein- und ausschaltet. Wenn es ein mechanischer Blinkgeber ist, hört der Fahrer das Schalten durch leise Klickgeräusche. Und damit das Ausschalten des Blinkers nicht vergessen wird, haben die Elektriker im Werk gelegentlich noch eine Mini-Hupe eingebaut, die im Takt der Blinkerleuchten auch Piep-Piep macht.
Der Anschluß der Masseleitung an die Fahrzeugmasse leidet erfahrungsgemäß besonders unter Korrosion. Wenn also die Blinker irgendwelche Unregelmäßigkeiten zeigen, etwa alle viere gleichzeitig aufleuchten, ist die Masse verdächtig. Einfach probeweise mal eine extra Masseleitung verlegen, die bis zum Motor läuft. Dort hat sie bestimmt genug Kontakt. Erst wenn das auch nichts nutzt, Schalter und zum Schluß das Blinkrelais überprüfen.

Zeiger und Skalen

Am Anfang registriert der Fahrer nur, daß die Skalen von Geschwindigkeits- und Drehzahlmesser recht gut ablesbar sind. Die zusätzliche Zeituhr bei verschiedenen Modellen wird als Luxus gern genossen. Und wer noch genauer über den Betriebszustand des Motors Bescheid wissen will, läßt sich einen Öltemperaturmesser anbauen.
Keine Probleme gibt es auch, wenn mal ein Glühlämpchen durchbrennt. Die Instrumentenkonsole wird mit drei Schrauben abgenommen, noch ein paar Kreuzschlitzschrauben sind zu lösen, um die untere Abdeckung zu entfernen, dann sind die Lämpchen zugänglich.

Beschlagene Abdeckgläser

Ärgerlich ist jedoch bei längerer Betriebszeit, daß die Abdeckgläser von Tacho und Drehzähler innerlich beschlagen. BMW kennt das Problem, der Zulieferer ist aber nicht in der Lage, es in den Griff zu bekommen. Selbst die Verwendung von Kunststoff anstelle von Glas brachte keine Besserung. Kleiner Trick: Ein winziges Loch in die Scheibe bohren, und zwar oben. Das bringt etwas Ventilation. Ganz verhindern kann es das Beschlagen jedoch nicht immer.
Sind die Instrumente defekt, ist Reparatur nicht möglich. Hier hilft nur Auswechseln.

Defekte Antriebswellen

Bevor allerdings die Anzeigegeräte ausfallen, ist meist entweder Tachowelle oder bei frühen Modellen auch die Antriebswelle für den damals noch mechanischen Drehzahlmesser defekt.
Tachowelle einmal am Getriebeausgang lösen, oben am Instrument ist eine Überwurfmutter loszudrehen, dann muß die komplette Welle nur noch aus den verschiedenen Haltebändern herausgenommen werden. Die neue Welle nicht so fest zurren, daß sie irgendwo geknickt wird.
Die Drehzahlmesserwelle ist bei den frühen Maschinen noch von der Nockenwelle angetrieben. Also den Lichtmaschinendeckel wegnehmen, eine Sechskantschraube der Wellenfixierung herausdrehen. Auch hier die neue Welle nicht geknickt festlegen, schöne weiche Bogen machen.

Schick in Schale

Die R 100 RS war das erste vollverkleidete Serienmotorrad der Welt. Zwar gab es schon wesentlich früher Vollverkleidungen zum nachträglichen Anbau, aber die waren eher nach dem Formgefühl des Herstellers gestylt. Versuche im Windkanal gab es nur, um den sogenannten cw-Wert festzustellen, also den eigentlichen Luftwiderstandsbeiwert der Verkleidungsform.

Vorteile und Nachteile

Was zuvor nur schnittig aussah, mußte für die Serienfertigung aber noch in anderer Weise vollkommener werden. Zum Beispiel hatte sich bis dato kein Verkleidungsbauer darum gekümmert, daß die windschlüpfige, also widerstandsarme Form auch den Andruck des Vorderrads auf die Fahrbahn verändert. Zumeist wurden die verkleideten Maschinen bei hohem Tempo vorn recht leicht, das Vorderrad wurde durch die Luftanströmung der Verkleidung entlastet, es bekam Auftrieb. Für die Fahrsicherheit ist das nicht zu tolerieren.
BMW gebührt hier das Verdienst, die Vollverkleidung so ausgeformt zu haben, daß das Vorderrad bei hohem Tempo eher zusätzlich belastet wird: Ein Plus für die Fahrsicherheit.

Tacho im Auge behalten

Hinter der Verkleidung herrscht für den Fahrer praktisch Windstille. Er hört nur den Ventiltrieb deutlich lauter als vorher. Der Winddruck fehlt beim Fahren, so daß zum Beispiel der Tacho sehr genau beobachtet werden muß, damit keine Geschwindigkeitsbeschränkungen überschritten werden. Sonst sind beim kurzen Beschleunigen aus einer Ortschaft heraus schnell Geschwindigkeiten von weit über 100 km/h erreicht, wobei das Gefühl noch bei rund 100 km/h bleibt.
Für die Autobahn ist die Verkleidung ideal. Lange Strecken mit hohem Tempo sind zu schaffen, ohne daß das Genick steif wird, weil der Kopf ständig gegen den Winddruck gestemmt werden müßte.

Defekte Verkleidung

Defekte an den Verkleidungen sind kaum bekanntgeworden. Nur die Manschetten, die die Telegabelrohre umfassen, haben sich gelegentlich von den Kunststoffteilen der Verkleidung gelöst. Dagegen hilft aber Kleben. BMW empfiehlt einen Cyanacrylatkleber, entweder Loctite 495 oder von Sichelwerke Sicomet 8200. Speziell für die Manschetten gibt es noch den Hinweis, die Manschetten nicht am gesamten Umfang festzukleben, sondern nur punktweise. Sonst lassen sie sich für spätere Reparaturen nicht mehr zerstörungsfrei lösen.
Stichwort Reparaturen: Risse in Verkleidungen werden grundsätzlich vor jedem Reparaturversuch abgebohrt. Das ist ein Fachausdruck, er bedeutet, daß am Ende des Risses ein etwa 3 Millimeter Loch gebohrt wird. So wandert der Riß nicht weiter. Ob die Rißstelle danach durch Aufkleben oder Annieten einer Verstärkung (natürlich von innen) wieder zusammengehalten wird, ist im Grund gleichgültig. Kleben sieht besser aus, aber es hält eben doch nicht immer sicher. Nieten mit Blindnieten ist nur scheinbar ein Provisorium, es hält nämlich fast ewig.

Zusatzscheinwerfer gibt es von BMW als Sonderzubehör. Sie werden in die Verkleidung eingebaut und sind wie Schlafaugen ausfahrbar. Um die Scheibe vorm Hauptscheinwerfer auszubauen, muß nur der Gummi-Einfaßring etwas hochgehoben werden, dann sind die Schrauben zugänglich.

Verkleidung der R 100 RS. Unterm Scheinwerfer sind die beiden Gummimanschetten zu sehen, die zwischen den Gabelrohren und der Verkleidungsschale abdichten. Diese Gummimanschetten können mit Schnellkleber (oder Pattex) wieder punktweise an der Verkleidung befestigt werden, sollten sie sich mal gelöst haben.

Statt Reparieren ist Auswechseln sicherer. Die Verkleidungen (außer der kleinen Cockpitverkleidung der R 90 S und R 100 S) bestehen aus verschiedenen Einzelteilen, so daß Reparaturen durch Neuteile nicht allzu teuer werden.

Die Windschutzscheibe

Die Windschutzscheibe der kleinen Cockpitverkleidung ist übrigens mit speziellen Spreiznieten angeheftet. Diese Nieten haben innen einen Stift, der den Nietkopf auseinanderdrückt. Der Niet ist ganz leicht herauszuziehen, wenn zuerst der kleine innere Stift mit einem dünnen Durchschlag nach innen herausgeschlagen wird. Beim Anbau der neuen Scheibe wird zuerst der mittlere Spreizniet wieder angesetzt, dann der Reihe nach die anderen nach rechts und links.
Die Windschutzscheibe des großen Integral-Cockpits der R 100 RS ist nur verschraubt, und zwar einmal in der Mitte und zum zweiten an beiden Seiten-Enden. Dort sind zuerst die Verstellmechaniken abzuschrauben. In der Mitte liegt die Befestigung unter der Gummidichtung. Unter dem kleinen Blech sind O-Ringe, die harten Metallkontakt mit der weichen Scheibe verhindern sollen. Auch die Befestigungsschrauben sollen nicht zu hart angeknallt werden, sonst platzt die neue Scheibe gleich wieder.

Pflegetips

Außer der üblichen Wäsche benötigen die Verkleidungsteile nur gelegentlich etwas Politur. Speziell die Scheibe vorm Scheinwerfer sollte stets saubergehalten werden, auch von innen. Besondere Pflegemittel sind nicht nötig, es genügen die normalen Lackpflegemittel wie für Autokarosserien.

Dreiradspaß

Daß ein Motorrad mit Seitenwagen nicht umkippen kann, ist nur für Außenstehende ein Pluspunkt für das dreirädrige Gefährt. Der begeisterte Gespannfahrer bekommt bei der Frage nach dem Warum erst einmal leuchtende Augen.
Nicht die Möglichkeit, eine kleine Familie mit dem Motorrad zu befördern, auch nicht die Bequemlichkeit fürs Mitnehmen von Gepäck oder gar fürs Verstauen der Motorradbekleidung, wenn es gilt, als feiner Mensch ins Theater zu gehen, sind die Gründe für das dritte Rad. Es ist das ganz besondere Fahrerlebnis, das für so viele auch neuerdings wieder die Faszination des Gespannfahrens ausmacht.

Das klassische Gespann

In früheren Zeiten, etwa gegen Ende der 50er bis Ende der 60er Jahre, hieß ein ordentliches Motorradgespann entweder Zündapp oder eben BMW. Alles andere war Spielzeug, denn nur mit dem legendären »Grünen Elefanten« Zündapp KS 601 oder mit einer BMW von R 51/3 bis R 69 S waren die echten Gespanntreiber unterwegs. Sie hatten zwischen 24 und 35 PS zur Verfügung. Damit war die 120 km/h-Grenze gerade zu überschreiten. Alles was dreirädrig unter 100 km/h lief, zählte zwar auch zu den Motorrädern mit Beiwagen, aber doch wohl mehr zu den Transportmitteln.

Spaß ab 25 PS

Der richtige Spaß kam mit etwa 25 PS. Das genügt, um auf der normal breiten Straße allein mit Gasgeben und pfeifendem Hinterreifen zu wenden. Das reicht auch für alle Alpenpässe bis hin zur ehedem sagenumwobenen Südseite der Turracher Höhe in den Alpen mit ihren 27 Prozent Steigung. Ein 18-PS-Gespann kam diesen Feldweg-Paß nur noch dann hoch, wenn sich der Passagier mit seinem ganzen Gewicht aufs Hinterrad lehnte und der Fahrer alle Kraft nutzte, um das Vorderrad auf dem Boden zu halten. Das alles spielte sich im ersten Gang ab. Auf der Paßhöhe waren schließlich beide schweißüberströmt.
Mit einem 25-PS-Gespann war die Turrach kein Problem, wenigstens was die Leistung betraf. Fahrerisch blieb sie dennoch für lange Zeit eine Herausforderung. Denn der Beiwagen versuchte ständig, die Fuhre nach rechts zum Berg hin zu zerren, nach links ging's steil in eine kleine Schlucht. Armschmalz des Fahrers war gefordert, auch wenn der Vortrieb nur durchs Gasgeben sicher war.
Seit etlichen Jahren ist die Turracher Höhe beidseitig geteert und relativ gut ausgebaut. Hinauffahren ist keine Kunst mehr, reine Sache der Motorleistung.
Seit einigen Jahren sind auch die Gespanne um so viele PS stärker als in den sogenannten guten alten Zeiten, daß 27 Prozent Steigung keine rechte Prüfung mehr sind.

Teure Gespanne

Ein wesentlicher Unterschied gegenüber den alten Zeiten: das Geld. 1964 kostete eine gespanntaugliche BMW R 60/2 mit 26 PS rund 3500 Mark. Der passende Beiwagen dazu war neu für höchstens 1700 Mark zu haben. Heute kostet das billigste BMW-Gespann rund 10 000 Mark, die besseren Gespanne liegen bei 22 000 bis zu 30 000 Mark.

Beiwagen-Technik

Technisch hat sich Wesentliches geändert. Zwar sind auch heute noch Beiwagen-Fahrwerk und das eigentliche Boot getrennt aufgebaut, das Boot liegt auf dem Rahmen und ist dort mit Gummi-Unterlagen angeschraubt. Aber schon die Seitenradfederung ist deutlich besser. Und während es früher genügte, an die BMW einfach den zugekauften Seitenwagen selbst anzuschließen, sind die heutigen BMW-Fahrwerke nicht mehr für Gespannbetrieb zugelassen. Da muß ein Hilfsrahmen her, der die Kräfte des Anhängsels auf den Fahrzeugrahmen überträgt, ohne ihn gleich zu zerreißen.
Es gibt in Deutschland allein rund 50 Spezialisten, die Gespanne aus allen möglichen Motorrädern bauen, rund 20 davon sind auf BMW-Boxer geeicht. Die Anschriften stehen im Kapitel Adressen.
Ein Gespann-Hersteller kann besonders als Beispiel genannt werden: Firma Heidenwag und Krautter GmbH, Siechenfeldstraße 28 in 7060 Schorndorf. Seit 1982 wird dort mit dem Namen Troika ein BMW-Gespann gebaut, das im Grunde sämtliche Ansprüche hervorragend erfüllt. Zudem hat es den Vorteil, daß Heidenwag und Krautter die Motoren und Getriebe direkt von BMW beziehen und daß BMW das Gespann gutgeheißen hat. Für Motoren und Getriebe dieser Gespanne gibt BMW die übliche Garantie-Unterstützung.

Was es können muß

Für den Interessenten sind hier ein paar Forderungen an ein brauchbares Gespann genannt, die ihm Richtlinie für den Kauf sein können.
Die Räder sollten weder Drahtspeichenräder noch Leichtmetall-Gußräder sein. Es gibt Speichen aus Stahlrohr, die mit Felge und Nabe zusammengeschweißt sind, auch Verbundräder und etliche Arten von Scheibenrädern sind im Angebot. Wer auf Drahtspeichenrädern besteht, muß dafür in Kauf nehmen, daß sie bei Motorleistungen ab etwa 40 PS ständig überwacht werden müssen. Denn Drahtspeichen pflegen im Gespannbetrieb häufig zu reißen, auch wenn sie fünf Millimeter dick sind.
Die Vordergabel sollte eine geschobene Langschwinge sein. Telegabeln sind zwar brauchbar, sie verwinden sich aber unter den seitlichen Beanspruchungen bei scharfer Kurvenfahrt. Dann federn sie auch nicht mehr richtig. Auch hier liegt die Grenze etwa bei Motorleistungen um die 40 PS.

Die Lenkgeometrie

Ein wesentlich wichtigeres Argument gegen die Telegabel ist die Lenkgeometrie. Für Solobetrieb sind Nachlaufwerte um die 100 Millimeter und darüber nötig. Ein Gespann braucht viel weniger Nachlauf des Vorderrads, etwa 20 Millimeter reichen. Das kann mit der serienmäßigen Telegabel nicht klappen. So ist der Gedanke, heute mit Beiwagen und morgen solo zu fahren, eine Illusion.

Bremse am Beiwagen

Bremse am Beiwagenrad ist gut und unbedingt zu empfehlen. Immerhin darf ein beladenes Gespann rund 600 Kilogramm wiegen, da ist jeder Quadratzentimeter Bremsfläche bitter nötig. Es gibt viele verschiedene Möglichkeiten, die Beiwagenbremse zu betätigen. Entweder völlig getrennt, mit zweitem Fußhebel neben dem Maschinen-Bremshebel. So kann der Fahrer durch seitliches Kippen des Bremsfußes sogar die Wirkung der Beiwagenbremse regulieren. Das funktioniert allerdings eher theoretisch. Deshalb sind meist die Maschinen-Hinterradbremse und die Beiwagenbremse hydraulisch gekoppelt. Welches Rad zuerst blockiert, ist dabei Einstellungssache.
Eine andere Methode ist, die Beiwagenbremse hydraulisch mit der Handbremse zu koppeln. Nach Erkenntnissen des Autors ist das Gespann auf diese Weise ganz hervorragend mit den Bremsfingern zu regieren. Die Bauart sollte sich durchsetzen.

Die Baubreite

Die Baubreite des Gespanns hat starken Einfluß auf die Fahreigenschaften. Maßstab ist die sogenannte Spur, nämlich der Abstand von Maschinenrad-Mitte bis Beiwagenrad-Mitte. 1100 Millimeter sind wenig, machen das Gespann superhandlich, fördern aber auch das Hochkommen des Beiwagens. 1250 Millimeter sind schon recht viel, da bleibt der Beiwagen, vor allem wenn er besetzt ist, recht stur unten. Allerdings fordert die breitere Spur auch beim Kurvenreißen die höhere Muskelkraft vom Fahrer.

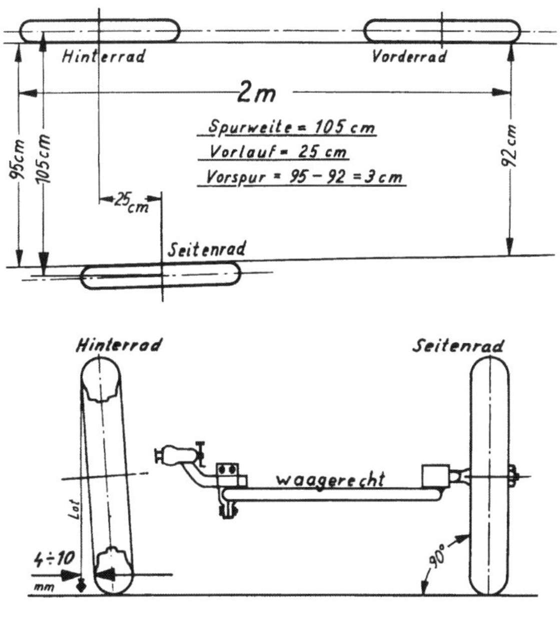

Die wichtigsten Einstellmaße eines Gespanns sind auch heute noch wie vor 20 Jahren. Günstige Spurweite für ein handliches, wendiges Gespann liegt bei 105 Zentimetern, bis 125 bleibt das Gespann noch mit normaler Armkraft beherrschbar. Breiter sollte es nicht sein. Der Vorlauf wird auch heute noch um die 25 Zentimeter vorgesehen, selten bis zu 30 Zentimeter. Die Vorspur muß im Fahrversuch ermittelt werden, so daß die Fuhre bei gleichmäßiger Geschwindigkeit gut geradeaus läuft. Wichtig ist, daß die Maße zwischen Meßpunkten im Abstand von zwei Metern abgenommen werden. Die untere Zeichnung zeigt den Sturz der Maschine, das ist heute nicht mehr üblich, die Maschine steht allgemein senkrecht.

Das einzige Gespann, das mit BMW-Motorengarantie geliefert werden kann, ist das Troika, Hersteller Heidenwag und Krautter. Neuerdings wirkt die Handbremse auf die vordere Scheibe und das Seitenrad, eine glückliche Kombination. Beachten: Die Rohrspeichen der Räder und die Vorderschwinge.

Der Geradeauslauf

Bei Geradeausfahrt hängt die Güte eines Gespanns stark von der Einstellung ab. Das heißt ganz konkret: Der Gespannbauer muß die Lage des Beiwagenrades zur Maschine sehr genau austüfteln, damit guter Geradeauslauf erzielt wird. Wieweit das Seitenrad vor dem Hinterrad der Maschine läuft, heißt Vorlauf. Dieser Wert lag früher um die 250 Millimeter, heute gehen etliche Gespannbauer deutlich darüber hinaus.
Der nächste wichtige Wert ist die Vorspur. Damit wird ausgesagt, wie das Seitenrad in Richtung Maschinen-Vorderrad zielt. Die Skizze macht es deutlich. Gemessen wird grundsätzlich auf einer Länge von zwei Metern. Hier sind Werte von rund drei Zentimetern üblich gewesen, abhängig freilich von der Spurweite des Gespanns. Das breitere braucht mehr Vorspur. Ob schließlich die Maschine Sturz bekommt, das heißt etwas nach außen, zur Maschinenseite hin, geneigt sein muß, um guten Geradeauslauf zu erzielen, ist heute nicht mehr so sicher.

Rad und Reifen

Welche Radgrößen für das Gespann am besten sind, ist noch nicht in eine allgemeingültige Faustregel zu fassen. Bewährt haben sich schmale Pkw-Reifen, die auch eher flaches Profil haben. Reine Motorradreifengrößen werden nur selten verwendet. Schön wären speziell im Winter leichte Trialprofile, die das Gespann durch dick und dünn ziehen und aus ihm eines der sichersten Straßenfahrzeuge überhaupt machen. Es soll aber auch nicht verschwiegen werden, daß speziell der Hinterreifen eines Gespanns nur sehr kurze Lebensdauer hat. Ab 2500 Kilometer Fahrstrecke heißt es für den Fahrer, öfter mal nach der Profiltiefe zu sehen.

Gespann-Fahrtips

Schräglage ist nicht mehr

Alle genannten Abmessungen beeinflussen das Fahrgefühl sehr stark. An eine leichte Sturz-Stellung der Maschine nach links gewöhnt sich der Fahrer innerhalb weniger Kilometer. Was der Solofahrer hingegen erst

Von Hartmann/Ingelheim erdachtes Supergespann namens HAI. Beiwagen- und Maschinenkarosserie sind eines, glatte Außenhaut, bequem breiter Sitz und kleiner Überrollbügel. Sehr gutes Finish.

ziemlich mühsam lernen muß, ist das Lenken. Auf keinen Fall darf ein Solofahrer nur mal schnell im normalen Verkehr das Gespann eines Bekannten ausprobieren, das geht schief. Bei der ersten Rechtskurve landet der Solo-Gewöhnte auf der Gegenfahrbahn, vor Anstrengung (und Angst) zitternd. Denn er hat versucht, den Lenker nach rechts unten zu drücken, wie vom Solofahren eingeübt. Das klappt aber nun mal beim Gespann nicht.

Im Stand üben

Erste Anfänger-Übung sollte ruhig im Stand geschehen. Denn es kommt darauf an, daß der Fahrer in den Fingerspitzen etwas spürt. Arme locker lassen, Hände locker auf den Lenkergriffen. Wenn jetzt ein zweiter Mann den rechten Oberarm nach hinten drückt, merkt der Fahrer den Zug in den Fingern. So muß es sich immer anfühlen, wenn eine Kurve eingelenkt wird.
Auf einem leeren Parkplatz kann dann dieses Gefühl in den Fingerspitzen auch mal im Fahren ausprobiert werden. Vorsichtig und ruhig angehen lassen. Denn zu scharfe Kurven bergen nicht nur die Überraschung des hochkommenden Seitenwagens. Wer aus dem Stand mit zu forschem Schwung nach links herum fahren will, kann mit etwas Pech die gesamte Fuhre umwerfen. Das Hinterrad geht hoch, dagegen ist fast kein Kraut gewachsen, wenn man überrascht wird.

Hochkommendes Boot

Nach den ersten paar Metern wird jeder Gespann-Neuling praktisch allein gelassen, er muß selbst in dieses Fahrgefühl hineinwachsen. Und während der Anfänger in Rechtskurven noch vergeblich versucht, den hochkommenden Beiwagen durch Abstützen mit dem linken Fuß auf den Boden abzufangen, weiß der Routinier, daß nur ein winziges Bißchen weniger Tempo das Seitenrad wieder auf den Boden holt, also bremsen. Der alte Ratschlag, Rechtskurven mit etwas mehr Gas zu durchfahren, ist nur solange gut, wie die Kurvengrenzgeschwindigkeit noch nicht erreicht ist. Nur dann erleichtert Gasgeben das Lenken ein wenig. Im Grenzbereich hingegen, wenn das Seitenrad sowieso nur noch den Boden antippt, bringt ein wenig mehr Gasgeben das Boot erst richtig hoch.

Welche Körperhaltung?

Soll der Fahrer turnen, sich in Rechtskurven in Richtung Beiwagen hinüberlehnen? Wenn es ihm Spaß macht, ja. Vor allem ist dabei aber wichtig, daß er sich bereits vor dem Einlenken in die Kurve hinüberlehnt. Wer sich beim Hinüberlehnen auch noch nach unten bückt, die Fliehkraft nicht mit den Armen am Lenker sondern mit den Füßen auf den Rasten oder den Knien am Tank abfängt, kann noch ein wenig schneller sein, ohne daß das Seitenrad Bodenkontakt verliert.

Passagier ins Boot!

In der Kurve ist Stillsitzen Pflicht, und zwar auch für den Passagier im Seitenwagen. Ganz besonders wichtig ist übrigens: Wenn mit Passagier gefahren wird, gehört der unbedingt und auf jeden Fall nur in den Beiwagen. Niemals bei leerem Boot den Mitfahrer auf den Soziusplatz der Maschine setzen. Und wenn im Beiwagen wegen der Sicherheit ein Kind sitzt, die Sozia wegen des Platzes auf der Maschinen-Sitzbank hocken muß, dann nur langsam fahren, in Rechtskurven noch langsamer.

Tricks der alten Hasen

Wer schon drei Jahre lang Motorrad fährt, ist kein Neuling mehr. Aber ein sogenannter alter Hase wird er erst nach mindestens weiteren drei Jahren. Warum? Weil zum Lernen Erfahrungen gehören, und die brauchen nun mal ihre Zeit.
Der Führerschein heißt zwar Fahrerlaubnis, ist aber eher eine Erlaubnis, im Verkehr seine eigenen Erfahrungen zu sammeln. Erlaubnis also zum Weiterlernen.

Die Schräglage

War die Ausbildung gut, dann sind die Grundlagen wie Bremsen, Beschleunigen und ein bißchen Kurvenfahren in Fleisch und Blut übergegangen. Aber schon beim Kurvenfahren zeigen sich die Grenzen der Ausbildungs-Möglichkeiten. Rennfahrer schaffen Schräglagen um die 50 Grad zur Senkrechten, der durchschnittliche Tourenfahrer ist bei 25 Grad oft bereits seelisch überfordert, er bekommt Angst. Er hätte rein physikalisch noch Reserven, traut sich aber nicht, die Maschine so weit hinunterzuwinkeln. Vielleicht hat er gehört, daß die BMW-Boxer frühzeitig mit den Zylinderkopfdeckeln aufsetzen und will das nicht mit Gewalt ausprobieren.
Meist jedoch ist es nur ein unbeschreibbares ungutes Gefühl, das die Schräglage begrenzt. Da wird dann instinktiv das kurveninnere Knie hinausgestreckt, weil es die Rennfahrer ja auch tun, der kurveninnere Fuß wird seitlich von der Raste abgeschwenkt, um den Boden zu fühlen. Kurz: Alle Aktivitäten des Gehirns werden genutzt, um dem immer näher kommenden Asphalt fernzubleiben. Dabei wäre das Gehirn wichtiger, um die Augen-Eindrücke zu verarbeiten, nämlich die Straße und den Kurvenverlauf abzuschätzen.

Wissen erforderlich

Ein bißchen Wissen gehört auch dazu, wenn Ängste gebändigt werden sollen. Zum Beispiel ist ganz wichtig, die Reifen-Fahrbahn-Kräfte zu kennen. Da kommt in vielen Abhandlungen ein Umstand immer etwas zu kurz: Wieviel Kräfte kann ein Reifen auf die Fahrbahn übertragen? Wir kennen das vom Gasgeben: Wenn zu heftig beschleunigt wird, dreht das Hinterrad durch. Und bei zu hartem Bremsen rutscht es genauso. Oberhalb einer bestimmten Kraft verliert das Rad die Bodenhaftung. Dabei ist es gleichgültig, ob die Kraft nun aus der reinen Bremswirkung besteht, oder sich aus mehreren verschiedenen Einzelwirkungen zusammensetzt. Sobald diese zusammen den reifentypischen Wert überschreiten, beginnt der Reifen zu rutschen.

Warum Schräglage?

Schräglage heißt, daß der Reifen sich mit einer bestimmten Kraft gegen die Fahrbahn abstützt, um die Gewalt der Fliehkraft abzufangen. Angenommen, bei den oben erwähnten 50 Grad sei diese Kraft zwischen Reifen und Fahrbahn so hoch, daß der Reifen zu rutschen beginnt. Bei 49 Grad geht es noch ohne Schlupf ab. Nehmen wir weiter an, daß der Fahrer bei 49 Grad Schräglage zu bremsen beginnt. Der Reifen kann dann nur noch ganz winzige Kräfte zusätzlich zur Fliehkraftabstützung übertragen, er wird blitzschnell durch die Bremskraft überfordert. Genauso rutscht der Reifen weg, wenn der Fahrer in der Kurve im Grenzbereich den Gasgriff aufdreht. Da reicht einfach die Haftung des Reifens nicht mehr, um alle Kräfte gemeinsam zu übertragen.
Grundregel also: In der Kurve nur sanft bremsen oder sanft beschleunigen. Wenn die Schräglage sehr groß, die Maschine also schon sehr weit hinuntergewinkelt ist, nicht mehr bremsen oder beschleunigen.
Das macht den guten Rennfahrer aus: Er kennt die Grenze fürs Hinunterwinkeln, er weiß, wann der Reifen allein durch die Schräglage wegrutscht. Und solange dieser Punkt nicht erreicht ist, weiß er gefühlsmäßig auch genau, wieviel Gas oder Bremse er zusätzlich einsetzen kann. Er kann also in Kurven noch bremsen oder schon beschleunigen, wo ein weniger routinierter Fahrer noch voll mit der Schräglage und sich selbst beschäftigt ist.

Tourenfahrer und Sportfahrer

BMW-Boxer-Fahrer wollen meist nicht unbedingt Rennfahrer spielen. Aber auch der normale Tourenfahrer sollte sich ein wenig mit großen Schräglagen befassen, sollte sie üben. Denn auf seinen Touren kommt er bestimmt an unbekannte Kurven, die sich zuziehen, für die er also deutlich zu schnell ist, wenn er nicht auf Rennfahrer-Können zurückgreifen kann. Ein guter Tourenfahrer braucht dasselbe Können wie ein Sportfahrer, nur nutzt er es nicht ständig aus.

Schräglagen sind kein Problem, wenn die Kurve mit etwas Gas durcheilt wird. Dieses Bild ist zudem ein besonderer Beweis: Auch ein 45-Kilogramm-Mädchen hat selbst mit der R 100 RS keine Schwierigkeiten, ganz frech zu fahren. Hier natürlich auf abgesperrter Strecke, im Straßenverkehr tut der feine Mensch so etwas nicht.

Ein guter Motorradfahrer wird man aber noch lange nicht dadurch, daß man große Schräglagen fährt. Der wirklich schnelle Mann fährt unauffällig. Und er fällt nicht mehr auf die kleinen Tücken des Verkehrs rein. Das ist heutzutage mindestens ebenso wichtig wie die Maschinenbeherrschung.

Reaktionen erfahren

Unfälle allein auf weiter Flur lassen sich mit Fahrkönnen vermeiden. Wer Unfälle im Verkehr verhüten will, muß unzählige Verkehrssituationen kennen, um auf jede Gefahr die richtige Reaktion bereit zu haben. Da ist das Fahrkönnen zwar auch gefordert, aber nicht ausschlaggebend. Wichtiger ist das Erkennen einer tückischen Situation noch bevor sie sich so richtig zusammenbraut.

Ebenso wichtig ist, Beobachtungsgabe und Phantasie zu schulen. Musterfall: Zwischen zwei Dörfern ist eine etwa zwei Kilometer lange gerade Verbindungsstraße. Schön romantisch gesäumt von unregelmäßig stehenden Obstbäumen. Dahinter Wiesen und Felder. Alles scheint friedlich, weil übersichtlich, also gefahrlos. Statt der erlaubten 100 km/h stehen vielleicht schon 120 auf der Uhr. Jetzt müßten sämtliche Alarmglocken schrillen. War da nicht ein Traktor mit Anhänger auf dem Feld? Wie ist der dahingekommen? Über einen Feldweg natürlich. Wo ist die Einmündung des Feldwegs in die Landstraße? Himmel, der Traktor fährt ja in Richtung Straße, der wird doch nicht...

Grundsätze einhämmern

Grundsatz: Nicht darauf vertrauen, daß der andere Verkehrsteilnehmer den Motorradfahrer sieht oder gar dessen Tempo richtig einschätzt. Auch dann nicht, wenn die Vorfahrtsregeln einem recht geben.

Grundsatz: Wenn es brenzlig wird, nicht allein durch Bremsen reagieren. Vielleicht ist seitlich doch noch genug Platz, um vorbeizuwischen.

Grundsatz: Wenn es doch unweigerlich zum Zusammenstoß kommen wird, unbedingt versuchen, über das Hindernis hinwegzufliegen.

Normal flotte Fahrt, Sitzhaltung eher aufrecht, der Kopf bleibt bei Schräglage fast senkrecht, so daß die Augen weiter in die Kurve hineinsehen können. Die Knie des Fahrers sollten aber ruhig hinter der Verkleidung bleiben.

Harte Landung auf der Straße ist immer besser als Frontalaufprall. Die Schutzwirkung von allen Sturzhelmen beruht schließlich darauf, daß die wenigsten Zusammenstöße genau rechtwinklig aufs Hindernis verlaufen, sondern seitliches Abgleiten möglich ist. Senkrecht gegen eine Wand ist schon mit 50 bis 70 km/h tödlich, auch mit Helm.

Das Aufstellmoment

Speziell für BMW-Boxer-Fahrer kann noch ein Rat gegeben werden, der nicht für alle anderen Motorräder gilt. Dazu im Kapitel Kardan nachlesen: Die BMW geht beim Gasgeben hinten etwas in die Höhe, die Hinterradfederung wird auseinandergezogen. Das setzt der alte Hase instinktiv in Fahrstil um. Er wird die Maschine nicht einfach durch Kurven durchrollen lassen, sondern sein Kurventempo so einrichten, daß er mit etwas Gas durchziehen kann. Also vor der Kurve bremsen und hinunterschalten, ab Kurveneingang dann den Motor am Gas halten und aus der Kurve mit Gas hinaus. Das ist eine ganz besondere Fahrweise, die erst geübt werden muß. Wer eine BMW in der Kurve in Schräglage bremst, verringert die Bodenfreiheit, der Zylinder setzt früher auf.
Grundsatz: In Kurven nicht bremsen, sondern Gas geben. Aber eben mit Gefühl und nicht im Grenzbereich.

Das Rückdrehmoment

Eine weitere BMW-Eigenart ist das Rückdrehmoment des Motors. Auf das Kommando Gasgeben schwenkt das ganze Motorrad nach links um seine Längsachse. Und beim Gaswegnehmen schwenkt es umgekehrt. Wer also in Kurven hektisch am Gasgriff dreht, bringt durch das Rückdrehmoment noch zusätzliche Unruhe ins Fahrwerk.
Bleibt am Schluß eine Bemerkung, die nicht allein für BMW-Fahrer gilt. Wer auf ein neues, ungewohntes Motorrad umsteigt, braucht eine gewisse Umlernzeit, um sich an die Eigenarten zu gewöhnen. Dazu eine alte afrikanische Buschweisheit: »Wenn man glaubt, endlich die neue Maschine zu beherrschen, dann wirft sie einen ab.«

Gute Reise

Auf der Autobahn lassen sich an einem Tag durchaus mal 1000 Kilometer abspulen. Das ist keine fahrerische Leistung, sondern eine Geduldfrage. Ein bißchen Selbstdisziplin gehört auch dazu, denn eine so lange Tour klappt nicht, wenn bei jedem Tanken umständlich und langwierig eine Pause zum Essen gemacht wird. Und wenn der Tank leergefahren wurde, weil der Fahrer sich bei der Planung verrechnet hat, geht unwahrscheinlich viel Zeit verloren, um zu Fuß irgendwoher Benzin zu holen.
Kleiner Tip: Tageskilometerzähler bei jeder Tankung auf Null stellen. So weiß man beim Fahren auf einen Blick, wie viele Kilometer noch im Tank sind.

Verbrauch und Tankfüllung

Das bedingt natürlich, daß einmal ausprobiert wurde, wie lange eine Tankfüllung reicht. Das muß jeder für sich einmal durchziehen, weil der Verbrauch je nach Fahrweise sehr unterschiedlich ist. Der eher sportliche Fahrer wird deutlich mehr Kraftstoff verbrauchen als ein ruhiger Vertreter.
Zusätzlich sollte für eine Autobahn-Langstrecke höherer Verbrauch einkalkuliert werden. Etwa 1,5 bis gegen 2,0 Liter auf 100 Kilometer laufen bei ständiger Höchstgeschwindigkeit mehr durch die Düsen als bei normaler Landstraßenfahrt. Für das Räubern auf Alpenpässen ist eine ähnliche Verbrauchsspitze anzunehmen.

Landstraße oder Autobahn?

Wer es ruhiger angehen lassen will, fährt auf Landstraßen in den Urlaub. Er genießt schon die Anreise zum Ferienparadies. Allerdings dauert es dann von Norddeutschland in die Alpen nicht zehn Stunden, sondern drei Tage. Rund 400 Kilometer am Stück sind auf Landstraßen ohne allzugroße Nervenanspannung zu schaffen.

Tagesstrecken

Spezielle Alpen-Pässe-Touren sollten nicht nach höchstmöglicher Fahrleistung geplant werden. Um die 200 bis 300 Kilometer sind realistisch, wenn es nur von A nach B gehen soll, wenn also ein Ziel zu erreichen ist. Genießen der Ausblicke auf Berge und Täler ist dann aber nur in Kurzform zu machen. Wer auch gelegentlich anhalten will, um Fotos für die Erinnerung zu schießen, der sollte sich am Tag nicht mehr als 200 Kilometer vornehmen.

Der Ölverbrauch

Außer dem Benzinverbrauch ist auch der Ölkonsum auf Langstrecke einzukalkulieren. Ein halber Liter auf 1000 Kilometer ist normal, aber erstens braucht der Motor auf langer Strecke oft etwas mehr als daheim, zweitens sind die 1000 Kilometer eben viel schneller abgespult als auf dem täglichen Weg zur Arbeit. Der Ölstand ist also häufiger zu kontrollieren.

Vorbereitungen

Die Reisevorbereitungen erstrecken sich demnach nicht nur darauf, die Zahnbürste und das Scheckbuch nicht zu vergessen, sondern auch auf die Maschine. Deren Vorbereitung ist im Grunde einfach. Es wird eine ganz normale Inspektion durchgezogen, auch wenn sie laut Kilometerzähler noch gar nicht an der Reihe wäre. Wer in Hamburg mit Ölstand auf Minimum losfährt, der kommt nicht bis nach Wien ohne Kolbenklemmer.

Welche Teile?

Welche Werkzeuge, welche Ersatzteile sind unbedingt mitzunehmen? Für die meisten Unterwegs-Reparaturen genügt das große BMW-Bordwerkzeug. Ein 500-Gramm-Hammer zusätzlich gibt mehr Sicherheit für verzwickte Fälle. Spezialwerkzeuge, Schraubstock und Eisensäge sind nichts für die Reise, denn wenn derart schlimme Pannen auftreten, ist sowieso ohne Werkstatt, ohne Ersatzteile nichts mehr zu machen.
Mitzunehmen wären heutzutage höchstens Kerzen und Kerzenstecker, dazu ein Satz Unterbrecherkontakte (wenn die Maschine noch nicht die Transistorzündung mit Hall-Geber hat), dazu noch ein paar Speichen für Modelle mit Drahtspeichenrädern, ein Reserveschlauch für Maschinen, die noch nicht schlauchlos bereift sind. Diese brauchen den Reifen-Reparaturkit von BMW mit den kleinen Gaspatronen. Ob man sich mit Reserveschräubchen und -Muttern herumschleppen soll, ist zweifelhaft. Die eine Schraube, die im Pechfalle verlorengeht, ist bestimmt nicht dabei. Dann hilft nur noch Bindedraht, vielleicht sogar Isolierband. Wenn eine Glühlampe ausfällt, weil das Kabel durchgescheuert ist, hilft ein Meter elektrische Leitung. Glühlampen in Reserve gehören unbedingt ins Gepäck.

Die Zeiten sind aber auch glücklicherweise vorbei, in denen vor der Langstreckenfahrt daheim die verschiedensten Päckchen mit Ersatzteilsortimenten vorgepackt wurden, so daß auf Anruf etwa »Päckchen 7 mit zwei Kolben« auf den Weg geschickt wurde. Es gibt im europäischen Ausland genug BMW-Werkstätten, siehe BMW-Liste. Sie ist ein richtiges kleines Buch, vor der Reise beim Händler holen.

Gewichtsverteilung

Allzuviele Ersatzteile lassen sich auch deshalb nicht mitnehmen, weil der Gepäckraum sicher durch Wäsche und Kosmetik-Utensilien vollgestopft ist. Packtaschen oder -Koffer nicht allzuvoll laden, sonst wird das Vorderrad zu leicht, die Fuhre ist dann nicht mehr auf Alpenpässen Richtung aufwärts zu regieren.
Wenn zusätzliches Gepäck aufgeladen wird, dann sollte es möglichst in der Mitte zwischen den Rädern, also etwa auf dem Tank aufgeschnallt werden. Sozius und Top-Case ganz hinten bringen zuviel Last aufs Hinterrad, und die fehlt dann für die Bodenhaftung des Vorderrads. Ein Tankrucksack sieht zwar altmodisch aus, ist aber für die Lastverteilung ideal.
Wichtig ist noch, daß niemand auf die Idee kommt, die Belastung des Vorderrads zu übertreiben. Spezialtaschen neben dem Rad an der Gabel zu befestigen, ist nicht nur verboten, sondern bodenloser Leichtsinn. Die Lenkung darf nicht beeinträchtigt werden, das Gewicht um die Lenkachse muß so gering wie möglich bleiben.

Geschwindigkeit und Drehzahl

Bleibt noch die Frage nach der besten Langstreckengeschwindigkeit. Eine Maschine, die 200 km/h geht, ist auf der Autobahn sicher nicht ständig auszufahren. Da bleibt der Reisende von selbst deutlich unterm Limit. Ständig Vollgas ist also nicht gut. Es gibt je nach Modell Drehzahlbereiche, die der routinierte Fahrer meidet. Grob gesagt sind es die Bereiche, in denen der Motor die stärksten Vibrationen erzeugt. Bei den R 60-Modellen lag diese Drehzahl etwa um die 6000/min, bei anderen Baumustern sogar bei 4500/min. Der Fahrer muß sein Motorrad soweit kennen, daß er diese speziellen Bereiche bei Langstrecken meidet. Vibrationen sind Zeichen für Resonanzerscheinungen, und diese bringen meist höhere Belastungen für einzelne Bauteile mit sich als der Betrieb außerhalb der Resonanzdrehzahlen.
Im Grunde sind die modernen Motorräder jedoch so zuverlässig, daß sie auch Langstreckenreisen ohne große Umstände überstehen. Es gibt eine Menge Weltenbummler, deren Uralt-BMW bereits mehrfach die 100 000 Kilometer hinter sich gebracht haben. Pannenfrei, bis auf den natürlichen Verschleiß von Reifen, Bremsen, Kupplung.

Sicher ist sicher

Wer am öffentlichen Fahrzeugverkehr teilnimmt, muß versichert sein. Denn schon ein leichter Unfall kann derart viel Geld kosten, daß ein Privatmann blitzschnell für sein Leben verschuldet wäre. Es gibt insgesamt vier Arten von Versicherungen.

Haftpflicht

Erstens: Die Haftpflicht ist, das sagt der Name schon, eine Pflicht, ein Zwang. Ohne Haftpflichtversicherung darf kein Fahrzeug auf öffentlichen Straßen herumkutschieren. Die Haftpflicht zahlt den Schaden, den der Versicherte am Unfallgegner anrichtet. Die Frage der Schuld ist wichtig. Die Versicherung des Schuldigen zahlt grundsätzlich.

Geteilte Schuld ist allerdings die Regel, so daß bei einem Unfall zumeist beide Versicherungen bei zwei Gegnern zur Kasse gefordert werden. Wegen der sogenannten Betriebsgefahr wird übrigens auch der Unschuldige mit einigen Prozenten an den Gesamtschadenkosten beteiligt. Zwischen fünf und zehn Prozent sind einzukalkulieren. Das sind aber versicherungsinterne Abrechnungen. Der Fahrer merkt davon zumeist nichts.

Teilkasko

Zweitens und drittens gibt es die sogenannte Teilversicherung, auch Teilkasko genannt. Sie ist freiwillig. Sie zahlt auch nicht den Schaden, den man irgendwo angerichtet hat, sondern eigene Schäden. Und zwar bei Diebstahl, Glasbruch, Brand und Explosion, bei Sturm, Hagel, Blitz und Überschwemmungsschäden und bei Zusammenstoß mit Haarwild die Reparaturkosten der eigenen Maschine.

Es gibt zwei Versionen der Teilversicherung. Die erste tritt erst dann ein, wenn der Schaden einen bestimmten Betrag überschreitet. Der Fahrer zahlt also bis zu 300 Mark seine Kosten selbst. Teilversicherung mit Selbstbeteiligung ist das Kennwort.

Die zweite Version: Teilversicherung ohne Selbstbeteiligung. Sie tritt auch schon für geringere Schäden am eigenen Fahrzeug ein. Wichtiger Unterschied für die eigene Entscheidung: Mit Selbstbeteiligung ist die Versicherungsprämie billiger. Ohne Selbstbeteiligung wird sie deutlich teurer.

Vollkasko

Viertens schließlich gibt's die Vollkaskoversicherung. Sie zahlt im Schadensfall am meisten, nämlich nicht nur gestohlene Maschinen oder Teile, sondern auch Reparaturen (außer Verschleiß und Bruch). Die Vollkasko deckt also jedes Risiko ab, ist aber auch am teuersten. Für Motorradfahrer lohnt sie sich nur in seltenen Fällen. Am Beispiel einer 50-PS-Maschine wird das deutlich: Die Vollkaskoversicherung schlägt hier mit bis zu 2200 Mark zu Buch, und das auch nur mit einer Selbstbeteiligung von 1000 Mark. Für eine Maschine über 98 PS werden sogar bis zu 10945 Mark verlangt. Im Jahr. Nach drei Jahren wäre also spätestens der Kaufpreis einer neuen Maschine allein an Versicherungskosten bezahlt.

Klassen-Gesellschaft

Die Versicherungsgesellschaften teilen die Risiken auf. Wer eine starke Maschine fährt, sagen sie, kann mehr Schaden anrichten als ein anderer mit einem schwachen Motorrad. So gibt es inzwischen sieben verschiedene Leistungs-Klassen, dazu noch drei Klassen für Mofa/Moped, 80er Roller und Leichtkrafträder.

Motorleistung bis 10 PS (7 kW), bis 17 PS (13 kW), bis 27 PS (20 kW), bis 50 PS (37 kW), bis 78 PS (57 kW), bis 98 PS (72 kW) und über 98 PS (72 kW).

Diese Klasseneinteilung ist zur Zeit (Anfang 1994) immer noch umstritten, speziell die magische Grenze bei 98 PS steht im Kreuzfeuer der Kritik. Am billigsten ist die Klasse bis 10 PS (7 kW), am teuersten die für Motorräder mit einer Leistung über 98 PS (72 kW).

Um einen Überblick zu geben, welche festen Versicherungskosten ein Motorrad verursacht, als Anhalt hier eine Liste mit Preisbeispielen der Jahresprämien 1994.

Versicherungskosten

Haftpflichtprämien, Deckungssumme 2 Millionen Mark:
Klasse bis 10 PS (7 kW) kostet zwischen 104 und 55 Mark.
Klasse bis 17 PS (13 kW) kostet zwischen 125 und 180 Mark.
Klasse bis 27 PS (20 kW) kostet zwischen 285 und 395 Mark.
Klasse bis 50 PS (37 kW) kostet zwischen 318 und 395 Mark.
Klasse bis 78 PS (57 kW) kostet zwischen 390 und 498 Mark.
Klasse bis 98 PS (72 kW) kostet zwischen 510 und 625 Mark.
Klasse über 98 PS (72 kW) kostet zwischen 843 und 1060 Mark.

Durchschnittswerte sind:
Bis 10 PS: 127 Mark
Bis 17 PS: 150 Mark
Bis 27 PS: 357 Mark
Bis 50 PS: 358 Mark
Bis 78 PS: 452 Mark
Bis 98 PS: 575 Mark
Über 98 PS: 988 Mark

Teilkasko mit 300 Mark Selbstbeteiligung

Bis 10 PS zwischen 23 und 87 Mark
Bis 17 PS zwischen 55 und 130 Mark
Bis 27 PS zwischen 67 und 160 Mark
Bis 50 PS zwischen 85 und 183 Mark
Bis 78 PS zwischen 228 und 532 Mark
Bis 98 PS zwischen 228 und 532 Mark
Über 98 PS zwischen 499 und 1140 Mark

Teilkasko ohne Selbstbeteiligung

Bis 10 PS zwischen 50 und 109 Mark
Bis 17 PS zwischen 125 und 188 Mark
Bis 27 PS zwischen 167 und 256 Mark
Bis 50 PS zwischen 209 und 309 Mark
Bis 78 PS zwischen 531 und 977 Mark
Bis 98 PS zwischen 531 und 977 Mark
Über 98 PS zwischen 927 und 2090 Mark

Geld ist nicht alles

Wer seine Versicherung klug wählt, kann also ganz deftig Geld sparen. Doch wie stets: Geld ist nicht alles. Guter Service läßt sich zwar nicht in Mark und Pfennig beziffern, kann aber durchaus wertvoll sein. Wenn es mit der Zustellung der Versicherungsdoppelkarte zum Anmelden der Maschine mal schnell gehen soll, dann ist guter Service z. B., daß die Karte am Tag nach der telefonischen Anforderung bereits im Briefkasten steckt. Ein guter Versicherungsvertreter rät zum Beispiel auch in Sonderfällen: Wie lange man höchstens abmelden sollte, wie man mit einer zweiten Maschine in einer kleineren und billigeren Klasse (etwa bis 10 PS, das kostet nur rund 150 Mark) den Schadenfreiheitsrabatt erwerben kann, der nach wenigen Jahren die Prämie für die Große senken hilft. Die beste Versicherung ist aber immer die, die nie in Anspruch genommen werden muß.

Risiko für Versicherer

Zur Sparte Vollkaskoversicherung: Die Versicherungsgesellschaften halten das Risiko für so groß, daß sie Motorräder nur sehr ungern vollversichern. Eine Verpflichtung dazu haben die Unternehmen nicht, genausowenig wie sie etwa die Pflicht hätten, Teilversicherung-Verträge anzunehmen.
Schadenfreiheits-Rabatt ist für Motorradfahrer ebenfalls ein wichtiges Stichwort. Wer statt 600 Mark nur noch 300 Mark im Jahr bezahlen muß, kann für viele Kilometer mehr Benzin verfahren.

Schadenfreiheitsrabatt

SF 0 = Prämie 100 Prozent	SF 1/2 = Prämie 95 Prozent	SF 1 = Prämie 90 Prozent
SF 2 = Prämie 70 Prozent	SF 3 = Prämie 50 Prozent	

Der Schadenfreiheitsrabatt wird etwas anders berechnet als die Versicherungsprämie. Während die Versicherungsdauer mit der Anmeldung der Maschine beginnt, läuft der Rabatt nach Kalenderjahren. Die Berechnung fängt also am 1. Januar des Jahres an.

Ab- und Anmelden

Für den Anfänger heißt das, er muß vernünftigerweise seine Maschine in der ersten Hälfte des Jahres anmelden. Und er darf sie nicht länger als sechs Monate lang abmelden. Dann bekommt er im folgenden Kalenderjahr die nächsthöhere Rabattstufe. Motorräder können mit dem sogenannten SF 3 soweit gelangen, daß sie nur noch die halbe Prämie zahlen müssen.
Wer sich das durchrechnet, vielleicht mit einem Automobil bereits eine hohe Schadenfreiheitsklasse erreicht hat und sie aufs Motorrad übernehmen will, der wird nicht mehr so sehr auf die möglichst niedrige Leistung seiner Maschine achten, sondern sich die ungedrosselte Version gönnen.
Speziell bei BMW-Motorrädern zahlt sich die scheinbare Vernunft, am Anfang eine gedrosselte Version zu wählen, selten aus. Wenn die SF 3-Klasse erreicht ist, wird das Umrüsten auf mehr Leistung in der Regel recht teuer. Ohne Schaden ist der SF 3 bereits in der fünften Saison zu erreichen, auch wenn die Maschine über Winter abgemeldet wird.
Wichtig ist dabei: In jeder Saison muß die Maschine mindestens sechs Monate angemeldet sein. Die vierte Saison beginnt dann mit SF 2 (30 Prozent Rabatt), und die fünfte Saison wird zum halben Preis gefahren.
Alle diese Regeln gelten natürlich nur dann, wenn kein Schaden aufgetreten ist, für den die Versicherung zahlen oder Rücklagen bilden mußte.
Schadenfreiheitsrabatt kann dennoch trotz eines Schadens behalten werden, wenn der Fahrer den Schaden selbst bezahlt, was auch nachträglich möglich ist.
Derart komplizierte Zusammenhänge sind es, die den direkten Kontakt zum guten Versicherungsvertreter so wichtig machen.

Kalkulations-Hilfe

Die hohen Zahlen schrecken. Wer mit mehr als 50 PS unterwegs sein will, sieht anfangs die rund 500 Mark Haftpflicht, dazu nochmal 500 Mark für die Teilversicherung. Das sind 1000 Mark, immerhin pro Monat rund 83 Mark. Die Zahlen sind aber doch abhängig davon, wie lange die Maschine angemeldet ist. Wer mit einer sechsmonatigen Saison zufrieden ist, kommt mit diesen 83 Mark für jeden Monat seiner kurzen Saison aus. Bei Schadenfreiheitsrabatt SF 3 sind es nur noch rund 42 Mark monatlich, übers Jahr gerechnet also nur noch 21 Mark. Das sieht doch schon viel freundlicher aus, nicht wahr?

Prüfungsängste

Alle zwei Jahre, wie man weiß, muß die Maschine zum Technischen Überwachungsverein (TÜV). Dort wird geprüft, ob sie noch verkehrssicher ist. Was der Sachverständige kontrolliert, sind Beleuchtung, Hupe, Bremsen und Allgemeinzustand des Motorrads.
Zum Allgemeinzustand gehört unter anderem, ob die Maschine serienmäßig ist. Wenn Teile angebaut sind, die nicht schon ab Werk montiert waren, dann wird's etwas kompliziert. Hier zunächst die Erklärung einiger einschlägiger Begriffe:

Allgemeine Betriebserlaubnis

Sie wird auch abgekürzt ABE genannt. Es ist die Genehmigung der Behörde, daß der Motorradhersteller dieses Modell in einer genau beschriebenen Form in den öffentlichen Verkehr bringen darf.
Die genaue Form wird in der sogenannten Typprüfung festgelegt. Zur Typprüfung sind unter anderem Beschreibungen und Zeichnungen der Maschine vorzulegen, zum Beispiel Seitenansicht, Frontansicht, Bremsschema mit Übersetzungsverhältnissen, Leistungskurve des Motors, Geräuschmeßwerte, Getriebedaten, Reifenabmessungen oder Tankinhalt.
Ein Motorrad, das in diesen Werten von der Typprüfungsbeschreibung abweicht, braucht für die Abweichungen Sondergenehmigungen. Sonst ist die Betriebserlaubnis erloschen. Ohne Betriebserlaubnis kein Versicherungsschutz, das kann also bei Unfall teuer werden, weil die Versicherung nicht zahlen wird.

ABE für Teile

Eine ABE kann auch für Fahrzeugteile nötig sein, etwa Scheinwerfer und die Bremsen. Im Paragraph 19 der Straßen-Verkehrs Zulassungs Ordnung (StVZO) ist aufgeführt, welche Teile bauartgenehmigungspflichtig sind. Dazu gibt es noch den Beispielkatalog, der den Paragraph 19 näher erläutert.
Zusätzlich dazu hat der TÜV Bayern eine umfassende Erklärung unter dem Titel »Änderungen an Auto und Motorrad« herausgegeben. Wer Umbauten plant, sollte sich erst mal mit diesen Unterlagen vertraut machen.

Mustergutachten

Mustergutachten oder Musterbericht sind die nächsten Stichworte. Sie bezeichnen eine Bescheinigung dafür, daß ein bestimmtes Zubehörteil an einem bestimmten Motorradtyp unter bestimmten Bedingungen angebaut werden darf.
Ein Zubehörhersteller hat also diesen Umbau einmal einem Sachverständigen vorgeführt und von ihm bestätigt bekommen, daß sein Umbauteil in Ordnung ist.

Umbauten müssen in den meisten Fällen durch den TÜV genehmigt werden. Speziell diese Vierventilköpfe von Krauser sind so schwerwiegende Eingriffe, daß der Hersteller ein Gutachten mitliefert, nach dem der TÜV die Daten eintragen kann.

Unbedenklichkeitsbescheinigung

Das ist das nächste Stichwort. In diesem Papier bestätigt der Motorradhersteller oder -Importeur, daß gegen eine bestimmte Änderung unter bestimmten Voraussetzungen nichts einzuwenden ist.
Motorradfahrer sollten, wenn sie ihre Maschine umbauen wollen, grundsätzlich erst einmal zum TÜV gehen und fragen, bevor sie Umbauteile kaufen oder gar schon umbauen. Da gibt es genügend Hürden, über die ein leichtgläubiger Schrauber durchaus stolpern kann.

Die TÜV-Prüfung

Der normale TÜV-Besuch zur Paragraph 29-Kontrolle bereitet kaum Probleme. Wer allerdings mit einer schmutzigen und vernachlässigten Maschine vorfährt, darf sich nicht wundern, wenn der Prüfer besonders kritisch hinschaut.
Die Fahrgestellnummer und die Motornummer müssen sauber zu erkennen sein, damit der Sachverständige feststellen kann, ob er wirklich die Maschine prüft, für die er die Unterlagen (Kraftfahrzeugschein, Kraftfahrzeugbrief) vorgelegt bekommen hat.
Zum TÜV-Besuch sollte sich der Fahrer vorher anmelden. Den Termin so wählen, daß er zum Beispiel nicht kurz vor Ferienbeginn liegt, wenn die Prüfer sowieso schon viel Arbeit haben. Der Termin, der auf der Plakette des Kennzeichens (Nummernschildes) durch den ganz oben stehenden Monat bestimmt ist, darf nicht um mehr als zwei Monate überzogen werden.

Vorher selber prüfen

Vernünftig ist erfahrungsgemäß, die Maschine vorher selbst durchzuprüfen. Also hupen, Licht an, auf- und abblenden, rechts und links blinken, die Bremsleuchte muß funktionieren, die Bremsen müssen ordentlich verzögern, die Reifen noch genug Profil aufweisen.
Kurz: Fehler, die man selbst vorher repariert, können nicht mehr angekreidet werden. Ist der Prüfer nicht zufrieden, so muß die Maschine innerhalb von sechs Wochen nochmal vorgeführt werden. Die Mängel hat der Prüfer auf dem Prüfbogen angekreuzt.
Verweigert der nächste Prüfer aber wiederum die Plakette, wird's eilig. Denn die zweite Nachprüfung muß immer noch innerhalb der sechs Wochen nach der ersten Kontrolle geschehen. Die Frist verlängert sich also nicht.

Zwischen-TÜV-Prüfungen

Bei Änderungen an der Maschine muß ein anerkannter Sachverständiger den Umbau begutachten, die Zulassungsstelle trägt dann die Änderung im Kraftfahrzeugbrief ein.
Speziell bei Motorrädern gibt es soviel umzubauen, daß für den Laien nicht mehr so recht überschaubar ist, welche Umbauten er nun eintragen lassen muß.
Deshalb hier eine Tabelle mit den wichtigsten Änderungen, die eingetragen werden müssen.
1) Erforderlich sind ABE oder Musterbericht und zusätzlich Unbedenklichkeitsbescheinigung des Fahrzeugherstellers:

- Änderungen an den Gabelbrücken
- Änderungen an der Lenkung
- Andere Reifengröße (nicht, wenn nur höhere Geschwindigkeitsklasse aufgezogen werden soll, also H statt S-Reifen)
- Anbau eines Seitenwagens

2) Erforderlich sind nur ABE oder Musterbericht:

- Andere Ansaugtrichter
- Änderung an Bremsscheiben
- Einbau anderer Federbeine
- Anbau anderer Fußrastenanlage
- Änderungen an der Hinterradschwinge
- Leistungsänderung (nötig sind meist Leistungs-, Geschwindigkeits- und Geräuschmessung nach dem Umbau)
- Anbau eines anderen Lenkers
- Einbau anderer Räder
- Änderungen am Rahmen
- Änderungen an der Schalldämpferanlage
- Montage einer völlig anderen Sitzbank (bei gleichartiger Bank und gleichen Befestigungspunkten keine Eintragung)

- Anbau von Spoilern (Bug-, Heck- und Kotflügelspoiler)
- Anbau eines anderen Tanks
- Änderungen am Vergaser
- Anbau einer Verkleidung oder deren Änderung
- Änderungen an der Gabel (etwa Standrohrverlängerung)
- Anbau einer Wetterschutzscheibe

3) Nicht eintragungspflichtig sind unter anderem:
- Anbau eines Gepäckträgers
- Montage eines Luftverbinderschlauchs zwischen den Gabelholmen bei luftunterstützten Gabeln
- Rückenlehne, wenn sie nicht höher als 200 mm über der vorderen Sitzfläche ist und keine scharfen Kanten hat
- Anbau von Sturzbügeln
- Einbau anderer Stoßdämpfer
- Anbau von Zusatzscheinwerfern.

Das sind die wichtigsten Umbauten. Wer zum Beispiel die Leistung ändert, muß damit rechnen, daß die Leistung nach dem Umbau nachgemessen werden soll.

TÜV-Tips

Die TÜV-Stellen nennen zumeist Werkstätten, deren Prüfstandswerte vom TÜV anerkannt werden. Geräuschmessungen nimmt der TÜV selbst vor (dafür gibt es dann einen gesonderten Termin), gelegentlich will der TÜV-Sachverständige auch die Höchstgeschwindigkeit selbst nachprüfen.
Alle diese Messungen kosten Geld, deshalb vor den Umbauten anfragen.
Tip am Schluß: Wer sich mit den Prüfern vom TÜV sachlich unterhält und einen freundlichen Umgangston pflegt, hat selten Probleme. Sollte es dennoch mal Ärger geben, kann der Fahrer den TÜV wechseln. Die Prüfungen darf jeder Sachverständige abnehmen, man ist also nicht auf eine bestimmte Prüfstelle angewiesen.

Wertverlust

Ein Unsicherheitsfaktor beim Umgang mit Gebrauchten ist der Preis. Ein Verkäufer hat immer bestimmte Vorstellungen davon, was er für seine bisherige treue Gefährtin noch bekommen müßte. Der Käufer hingegen weiß genau, daß ausgerechnet diese Maschine überall viel billiger gehandelt wird.

Der Prozent-Maßstab

Es gibt ein paar einfache Faustregeln zur Bewertung. Im Jahr der Erstzulassung sind zwischen 15 und 20 Prozent vom Neupreis abzuziehen. Dabei mindestens zehn Prozent, wenn der Tacho weniger als 5000 Kilometer zeigt. Im ersten Jahr danach müssen zwischen 30 und 35 Prozent vom Neupreis abgezogen werden. Zwei Jahre nach der Erstzulassung ist die Maschine noch etwa 55 Prozent vom Neupreis wert, nach drei Jahren nur noch die Hälfte.
Ältere Motorräder halten sich mit den Preisen lange Zeit an der 50 Prozent-Grenze, aber nach etwa fünf Jahren sind nur noch 30 Prozent vom Neupreis zu erzielen.

DAT-Tabelle

Würde diese Prozentrechnerei konsequent weitergeführt, müßte der Verkäufer nach zehn Jahren noch draufzahlen, um die Maschine loszuwerden. Deshalb sind die Gebrauchtpreise für Motorräder, die älter als fünf Jahre sind, ziemlich frei von irgendwelchen Faustregeln auszuhandeln. Eine gute Hilfe beim Abschätzen des Wertes geben die Tabellen der DAT (Deutsche Automobil-Treuhand, Wollgrasweg 45, 7000 Stuttgart), an deren Entstehung der Autor maßgeblich beteiligt war. Sie beruhen zum einen Teil auf den Rückmeldungen von tatsächlich erzielten Preisen durch Privatleute, zum anderen Teil auf Meldungen der vielen DAT-Sachverständigen und von Händlern.
BMW-Motorräder gelten als sehr preisstabil, gegenüber den Faustregeln lassen sich für Maschinen in gutem Allgemeinzustand immer noch rund 500 bis 1500 Mark mehr erzielen.

Prüfung im Schnellverfahren

Die Technik ist im allgemeinen einfacher zu durchschauen als die Preisbildung. Zum Beispiel haben viele Langstreckentests ergeben, daß Motoren bis etwa 25000 Kilometer Laufzeit spielend aushalten. Und unter etwas günstigeren Bedingungen als bei den doch ruppigen Testfahrern von Zeitschriften, halten BMW-Motoren mindestens 50000 Kilometer ohne Beschwerden.
Der erste Blick bei einer Gebrauchten gilt dem Allgemeinzustand. Rostspuren an Schweißnähten wird der Verkäufer bereits vorher beseitigt haben. Verdorbene Schrauben- und Muttern-Sechskante sollten auch nicht mehr vorkommen. Sonst muß der Verdacht aufkommen, daß die Maschine womöglich kaputtrepariert wurde.
Der nächste Blick zielt auf die Reifen. Zwar sind das sowieso Verschleißteile, aber wenn sie schon völlig abgefahren sind, müssen rund 500 Mark vom Preis abgezogen werden.
Bei den /S, /RS und /RT-Modellen kommt noch ein Punkt hinzu: Die Verkleidung muß rißfrei sein. Und ob der Käufer eine Beule im Tank hinnehmen will oder nicht, macht einen Preisunterschied von deutlich über 500 Mark aus. Wenn die Verkleidung durch Sturz eingerissen ist, sind Verhandlungen über wesentlich höheren Preisnachlaß angesagt.
Ähnlich teuer ist auch ein zerrissener Sitzbankbezug. Das ist kein Schönheitsfehler, sondern macht die Bank zum Wassersammelbecken.

Spur prüfen

Ohne das Motorrad anzufassen sind noch mehrere wichtige Punkte zu prüfen. Spuren muß sie zum Beispiel. Zur Kontrolle wird die Maschine aufgebockt, der Lenker muß möglichst genau geradeaus stehen. Wer jetzt rechts und links am Hinterreifen entlang nach vorn peilt, kann feststellen, ob beide Räder noch genau hintereinander herlaufen. Zu beachten ist dabei, daß der Hinterreifen stets breiter als der vordere ist, er muß also nach beiden Seiten etwas mehr herausstehen.
Mit erhobenem Zeigefinger kann der Käufer nach etwaigen Stürzen fragen, wenn er Kratzspuren an den Achsmuttern, den Lenkerenden und den Handhebeln findet. Dann sind meist auch die Spiegel und die Blinker ersetzt oder repariert worden. Ist das alles ordentlich und ohne Zwischenlagen von Isolierband geschehen? Ein 50-Mark-Schein ist für derartige Kleinreparaturen schnell ausgegeben.

TÜV-Prüfung durchspielen

Schließlich sollten die ganz normalen TÜV-Kontrollen mal durchgespielt werden. Also Scheinwerfer auf- und abblenden (ist der Spiegel sauber, die Glühlampe in Ordnung?), blinken, hupen und die Bremse ziehen und treten zur Bremsleuchtenprüfung. Brennt auch die Lampe in der Rückleuchte noch? Elektrische Prüfung ist insofern wichtig, als es bei verzwickteren elektrischen Pannen oft nicht damit getan ist, bloß die Lampe auszuwechseln. Und wenn wirklich nur die Lampe durchgebrannt sein sollte, warum wurde sie nicht vor der Vorführung ersetzt?

Sitzprüfung

Sind die Kaufverhandlungen bis jetzt noch nicht ernsthaft ins Stocken geraten, sollte sich der Interessent einfach mal auf die Maschine draufsetzen. Paßt sie überhaupt? Sind Schalt- und Fußbremshebel gut zu betätigen? Stimmt die Handhebellage? Haben die Hebel vielleicht auffällig viel Spiel in seitlicher Richtung? Klappern gehört hier nicht zum Handwerk.

Beim Ausprobieren der Handhebel ist gleich auch noch mehr zu prüfen. Zum Beispiel wird die Handbremse angezogen und die Maschine kräftig vor- und zurückbewegt. Defekte Lenklager sind für gefühlvolle Prüfer dabei durchaus zu spüren, es klackt dann beim Richtungswechsel. Und wenn Zweifel aufkommen, wird das Vorderrad durch Gewichtsverlagerung vom Boden abgehoben, so daß der Lenker sanft von Anschlag zum Anschlag geführt werden kann. Dabei darf sich kein Ruckeln bemerkbar machen.

Seitliches Spiel der Radlager ist durch einen einfachen Fußtritt von der Seite an den Reifen zu spüren. Wenn's dabei klappert, sind Zweifel angebracht. Und ob die Schwingenlagerung noch spielfrei ist, läßt sich durch kräftiges Ruckeln von rechts nach links merken, wenn das Rad nicht auf dem Boden feststeht. Nur ist die Wirkung von Dämpfern nicht im Stand zu beurteilen. Das ist selbst bei der anschließenden Probefahrt kaum exakt zu schaffen, also reine Glückssache.

Der Motorlauf

Soweit der Trockenkurs als Vorspiel. Jetzt wird der Motor angelassen. Klappergeräusche sind selten genau zu diagnostizieren, jeder Motor klingt anders. Nur ganz grobe Geräusche sind überall gleich, zum Beispiel das Poltern von ausgelaufenen Kurbelwellenlagern, siehe das Motorenkapitel. Auch dieses Geräusch kann jedoch ein Laie kaum richtig beurteilen, also sollte die Faustregel gelten: Wenn etwas im Motor sehr ausgeprägt klappert, lieber die Finger weg von dieser Maschine. Es sei denn, der Ehrgeiz packt den Interessenten, den Fehler selbst herauszufinden und auf billige Art zu reparieren. Hinweis: Einmal Motor zerlegen und wieder zusammenbauen kostet in der Werkstatt rund 1500 Mark, und zwar nur für die Arbeitszeit.

Es ist die Tücke des Objekts, daß niemand ins Material hineinsehen kann. Weder der Verkäufer noch der Käufer kann sicher sein, daß eine Diagnose der Gebrauchten stimmt. So bleibt denn viel dem Zufall überlassen.

Rätselraten

Pannen unterwegs sind heutzutage selten. Wer das Buch bis hierher gelesen hat, dürfte auch gegen alle Tücken gewappnet sein. Aber für die schnelle Diagnose sind ein paar Tips sicher hilfreich, dann weiß der Fahrer, in welches Kästchen im Gedächtnis er greifen muß, um die Abhilfe zu finden.
Es gibt vier Arten von Pannen, nämlich:
1. Im elektrischen System
2. Im Kraftstoffsystem
3. In der Mechanik
4. Durch Verschleiß

Störung einkreisen

Zu Diagnose unterwegs ist als erstes wichtig, die Störung nach diesem Schema richtig einzuordnen. Dazu ist Aufmerksamkeit nötig, und zwar schon bevor der Schaden selbst eintritt. Wenn zum Beispiel der Motor auf der Autobahn zuerst ein paarmal ruckelt, bevor er endlich stehenbleibt, sollte man wissen, ob beim Ruckeln die Generator-Kontrolleuchte geflackert hat. Dann ist der Schaden wahrscheinlich in der Elektrik zu suchen. Ansonsten dürfte bloß der Kraftstoff zuende sein.
Wenn etwa der Motor schon ein paar Wochen lang nicht mehr so richtig angesprungen ist, bleibt er eines Tages ganz still, obwohl der Anlasser ihn munter durchdreht. Dann sind die Kerzen verdächtig. Und wenn der Anlasser bereits in den letzten 14 Tagen nur noch mühsam seinen Dienst tat, zudem grauslige Kälte herrscht, ist es kein Wunder, daß er eines Morgens überhaupt keine Kraft mehr hat. Die Batterie ist endlich leer. Tritt dasselbe aber bei voller Batterie und schönem Sommerwetter auf, könnte zum Beispiel eine der Lagerbuchsen des Anlassers so ausgelaufen sein, daß sich der Rotor nur mehr mühsam dreht. Oder das Schneckengewinde fürs Anlasser-Ritzel ist verdreckt.

Seltene Schäden

So wird klar, daß schematische Suchhilfen immer nur die wichtigsten, häufigsten Pannen erwähnen können. Ausgefallene, seltene Schäden lassen sich in kein Schema pressen. Wenn der Motor etwa nach einem heftigen Knall vollständig blockiert stehenbleibt, ist vom Pleuelbruch bis zum abgerissenen Ventil vieles als Ursache möglich. In beiden Fällen kann der routinierte Schrauber aber gelegentlich auf einem Zylinder noch bis zur nächsten Werkstatt kommen, wenn im Motor nicht zuviel Metall zerschlagen ist. Beide Zylinder herunternehmen, das Pleuel des beschädigten läßt sich ausbauen. Alles wieder zusammenbauen und ganz langsam weiterfahren. Wer jetzt eine Eisensäge dabei hat, sollte den Pleuelrest absägen, so daß nur der Pleuelfuß auf der Kurbelwelle läuft. Auf diese Weise bleibt der Öldruck erhalten. Und wenn nur das Ventil abgerissen ist, sollte sogar der Kolben im Zylinder bleiben, sofern er nicht zu sehr zerschlagen ist. Nur der Vergaser wird stillgelegt, der Benzinschlauch ist abzuziehen und zu verschließen. Die Kerze bleibt drin und auch angeschlossen, die Stoßstangen und die Stößel müssen raus.
Derart grobe Brüche sind aber selten. Wer soviel Pech hat, wird vielleicht sogar besser fahren, wenn er einfach die nächstgelegene BMW-Werkstatt anruft und seine Maschine mit dem Anhänger abholen läßt. Abschleppen, gleich auf welche Weise, ist heute nämlich verboten.

Die Störung	– ihre Ursache	– ihre Abhilfe
1. Motor springt nicht an	Anlasser dreht sich nicht	Druckknopf oder Relais prüfen Batterie leer, laden
	Gang eingelegt	Kupplung ziehen, Leerlauf einschalten
	Tank leer	tanken
	Benzinhahn geschlossen	öffnen
	Not-Ausschalter steht falsch	einschalten
	Choke nicht gezogen	Choke ziehen
	Luftfilter verschmutzt	reinigen
	Kraftstoffleitung undicht oder verschmutzt	abdichten oder reinigen
	Schwimmerventil klemmt	Schwimmerkammer abnehmen, Ventil reinigen
	Leerlaufdüse verstopft	reinigen, durchblasen
	Kerzenstecker defekt oder naß	sauberwischen, auswechseln
	Kerze innerlich naß	ausschrauben, sauberwischen
	Kerzen-Elektrodenabstand falsch	ausschrauben, justieren
	Batterie leer	laden. Plus- und Minuskabel abnehmen, dann erst Ladegerät anschließen.
2. Motor springt an, läuft im Leerlauf unregelmäßig	Vergasereinstellung zu mager oder fett	Vergaser neu einstellen, Undichtigkeiten (Nebenluft) suchen
	Ventilspiel zu eng	einstellen
	Ventile undicht	einschleifen oder wechseln
	Leerlaufdüse verschmutzt	ausblasen, Schwimmerkammer reinigen.
3. Motor läuft unregelmäßig, setzt aus	Kerzen-Elektrodenabstand zu groß	Neu justieren
	Kerze verölt, verrußt	reinigen, trocknen, wechseln
	Kerzenkabel oder -Stecker naß	trockenwischen oder wechseln
	Zündanlage defekt	Leitungen auf Wackelkontakt prüfen, defekte Teile wechseln
	Vergaserdüsen verschmutzt	Schwimmerkammer und Düsen reinigen
4. Motor wird übermäßig heiß, läuft nach Ausschalten weiter	Kraftstoffgemisch zu mager	Vergaser prüfen, Nebenluft
	Zündzeitpunkt verstellt	kontrollieren, einstellen
	Kühlrippen verschmutzt	Motorrad waschen
	Kerzen-Wärmewert falsch	vorgeschriebene Kerze nehmen
5. Motor klingelt beim Beschleunigen	Benzin mit zu geringer Oktanzahl	zur Probe Super tanken
	Viele Ölrückstände im Brennraum	Zylinderköpfe abnehmen, Kohle entfernen
	Zündzeitpunkt zu früh	kontrollieren, einstellen

Individual-Verkehr

Hier geht es um Umrüstungen, Leistungs-Drosselungen und Verbesserungen
Grundsätzlich kann von einem aufs andere Baumuster umgerüstet werden. Zum Beispiel kann nachträglich aus einer R 50/5 durch Einbau von Zylindern, Köpfen, Kolben, Nockenwelle und Vergasern plus Kleinteilen eine R 75/7 aufgebaut werden.
Und auf ähnliche Art läßt sich auch aus der R 90 eine R 100 machen. In diesem Falle ist es freilich bequemer, gleich den gesamten Motor zu wechseln.
Schließlich ist es ebenso erlaubt, die R 100/7 mit dem Motor der R 100 RS zu versehen.

Umrüstungs-Bedingungen

Alle diese Umbauten sind an einzelne kleine Bedingungen gebunden. Werden diese erfüllt, gibt es keine Probleme mit der Zulassung.
BMW hat im Herbst 1988 alle genehmigten Umrüstungen in einem dicken Ordner zusammengefaßt. Dieses Buch steht allen TÜV-Dienststellen zur Verfügung, so daß der interessierte Fahrer gar nicht erst eine Unbedenklichkeitsbescheinigung von BMW erbitten muß, sondern anhand des Buches seine Umrüstung dem TÜV vorführt. Dabei muß er freilich nachweisen, daß er alle Bedingungen für den Umbau erfüllt hat.
Zu den Bedingungen gehört unter anderem, daß die leistungssteigernden Umbauten erst ab Fahrwerken mit bestimmten Fahrgestellnummern möglich sind. Bei den /6-Modellen sind nämlich ab diesen Nummern in die Oberrohre des Rahmens Verstärkungen eingezogen worden.

Liste der Bedingungen

R 60/6 ab Nummer 2 920 001 (die Serie begann mit 2 910 001)
R 75/6 ab Nummer 4 020 001 (die Serie begann mit Nummer 4 010 001)
R 90/6 ab Nummer 4 050 001 (die Serie begann mit Nummer 4 040 001)
R 90 S unbeschränkt, hier sind keine Fahrwerksänderungen nötig, wenn ein modernerer, stärkerer Motor eingebaut werden soll.
Berücksichtigt werden muß freilich, daß zu den Auflagen auch recht teure Änderungen gehören. So muß die Zweischeibenbremsanlage in die R 75/6 gebaut werden, wenn der R 100/7 Motor verwendet werden soll. Und die Getriebe sind bei einigen Umbauten ebenfalls zu wechseln, vom Hinterachsgetriebe und der Tachoanpassung ganz abgesehen.
Umbauten sind also möglich, aber nicht immer billig. Wer zu diesem Komplex ganz spezielle Fragen hat, beschaffe sich von BMW das oben erwähnte Buch für 49 Mark über den BMW-Händler. Da steht alles drin, bis hin zu den Bestellnummern der einzelnen Bauteile. Vor allem sind auch sämtliche erlaubten Umbauten für frühere Modelle, etwa die Vollschwingen-Maschinen ab Baujahr 1955 darin enthalten, eine Fundgrube für den Liebhaber von Oldtimern.

Gespann umrüsten

Speziell die Gespannfreunde würden es zu schätzen wissen, wenn zum Beispiel etliche der modernen Gleitlagermotoren in die gespanntauglichen Vollschwingenfahrwerke hineinpassen würden. Das hieße also, daß in die R 50 bis R 69 S Motoren bis hin zur R 75/7 eingebaut werden dürften. Aber leider sind Fahrwerksänderungen nötig, so muß der Kugelkopf am Rahmen (Seitenwagenanschluß) abgesägt werden. Aus der Traum vom starken, modernen Gespann. Außerdem ist die Gelenkwelle mit der Kupplungsglocke (im Schwingenarm) zu wechseln, das Getriebe des moderneren Motors wird gebraucht, die Telegabel muß verwendet werden mitsamt der moderneren Bremse. Zum Schluß: Selbstverständlich sind auch die alten Reifen nicht mehr zulässig, es müssen unbedingt S-Reifen sein. Da bleibt für den Privatmann nicht viel Raum für Eigeninitiative. Professionelle Gespannbauer müssen ran (siehe Kapitel Gespanne).

Leistungsdrosselung

Nach der Umstellung der Versicherungs-Grundlagen im Jahr 1977 waren Leistungsdrosselsätze besonders gefragt. So hat auch BMW eine Vielzahl an Drosselmöglichkeiten für nahezu alle Modelle entwickelt und dem TÜV vorgeführt.

Vierventilkopf von innen, hier noch ohne die Ventilsitzringe, aufgenommen im Versuchsstadium 1982. Ein Musterbeispiel dafür, wie man eine ganz individuelle BMW zusammenbauen lassen kann, wenn das Geld reicht. Die Mehrleistung ist in diesem Fall nicht so sonderlich wichtig, etwas Besonderes soll's sein.

Das beginnt mit den Schwingenmodellen und geht sogar bis hin zur Einzylinder R 27. Sie wird durch Einbau einer 1,2 mm dicken Zylinderfußdichtung (erkennbar am nach außen überstehenden Lappen mit BMW-Zeichen) von 18 auf 17 PS gedrosselt.
Bei der R 50/5 geht zum Beispiel die Drosselung von 32 auf 27 PS durch einen Vergaser-Schraubstutzen zwischen Vergaser und Zylinderkopf. Diese Stutzen sind aus gehärtetem Stahl, haben innen einen Durchlaß von 20 mm und außen am Sechskant ein BMW-Zeichen mit Teilenummer.

Umrüstteile

Andere Umrüstteile hält BMW für nahezu alle Modelle bereit, so daß das Thema Drosselung damit eigentlich abgehakt werden kann. Gelegentlich wird's freilich teuer, wenn etwa Hinterachsgetriebe und Auspuffanlage gebraucht werden. Dann doch lieber vorher überlegen, ob die zahme Version wirklich nötig ist. Meist glaubt der Käufer ja, er sei klug und gebe sich zu Anfang mit der kleineren, schwächeren Maschine zufrieden. Nach spätestens einem halben Jahr wächst dann so langsam der Frust, und es wird übers Schnellermachen nachgedacht. Lieber gleich was Richtiges, man kann auch eine sehr schnelle Maschine mit wenig Gasgeben langsam fahren, sofern der eigene Charakter stimmt. Und die Einsparung an Versicherungsprämie für die schwächere Maschine ist nicht so groß, daß sie den späteren, teuren Umbau aufwiegen könnte, siehe Kapitel Versicherungen.
Bei den Modellen R 65 und R 65 LS sind einige Änderungen im Ansaugsystem für bessere Motorcharakteristik im Teillastbereich vorgenommen worden. Ein Ansaugrohr im Luftfiltergehäusedeckel wird durch ein größeres ersetzt, das jetzt lichte Weite von 30 × 19 mm hat. Die Hauptdüsen der Vergaser werden auf 135 oder 138 oder 140 umgerüstet. Die Düsennadel wird in die dritte Kerbe von oben gehängt.
Diese Änderungen sind ab den Modellen des Baujahres 1981 nachrüstbar. Weil sie leistungsbestimmende Bauteile betreffen, muß der TÜV seinen Segen dazu geben. Maschinen ab Baujahr Ende 1982 brauchen natürlich diese Bescheinigung nicht, da gehört der Umbau zur Serienfertigung.

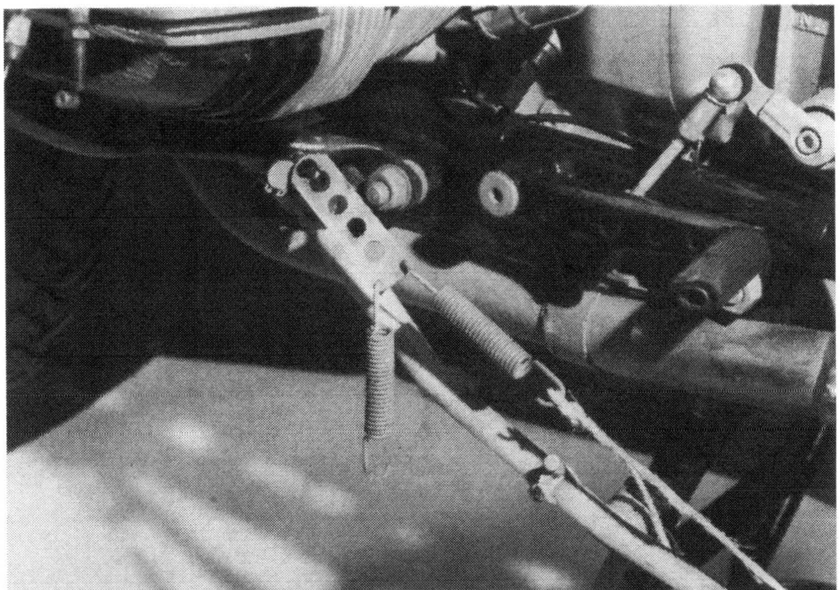

Die neue Seitenstütze, hier an der R 100 GS von 1989. Erkennbar auch die Hebelei des Schaltgestänges. Die Federn der Seitenstütze lassen sich mit Hilfe eines Stückchens Schnur aus- und wieder einhängen.

Hinterachs-getriebe

1982 wurde die Form des Hinterachsgetriebes geändert. Das neue Gehäuse hat eine Verrippung. Bei Maschinen mit Scheibenbremsen ist eine Umrüstung auf das neue Hinterachsgetriebe möglich, indem die 12 Angüsse an der Nabe des Rades abgefräst werden, allerdings ohne die Wandung zu schwächen, sie muß mindestens 4 mm dick bleiben. Bei Maschinen mit Trommelbremsen müssen im Ersatzfall außer dem Hinterachsgetriebe auch noch Bremsschlüssel, Bremsbacken und vier Runddichtringe gewechselt werden. Außerdem wird ein Besuch beim TÜV zur Begutachtung des Umbaus fällig.

Fahrwerks-änderungen

1983 gab es eine etwas tiefgreifendere Neuerung am Fahrwerk. Alle Rahmen wurden mit anderen Mittelkippständern ausgerüstet. Und die Seitenstützen wurden ebenfalls anders angebaut. Die neuen Seitenstützen haben kein Kugelgelenk mehr, eine geänderte Federkinematik und einen anderen Anschweißbock am Rahmen. Umrüstung ist ab Baujahr 1981 möglich, außer bei R80 G/S und R80 ST. Die Kippständer sind genauso umrüstbar ab Baujahr 1981.
Wie sehr sich BMW immer noch um die Besitzer der ältesten Maschinen kümmert, wird an einem anderen Beispiel deutlich. Es ist möglich, alle Maschinen ab der alten R 50/5 mit modernen Gußrädern zu versehen. Die haben dann statt der Felgen 1,85 B × 19 die Größe 2,15 B × 19 und dürfen mit Niederquerschnittreifen der Größe 100/90 H 19 gefahren werden. Eines ist zu beachten: der Reifen darf nicht zu eng am Gabelbügel laufen. Das könnte bei einem Teil der /6 und /7 Modelle zutreffen. Abhilfe: Gabelbügel neuerer Bauart einbauen.

Frisieren und schöner machen

Von der Befestigung der Ventildeckel bis hin zu Titanpleueln für Wettbewerbsfahrer gibt es nahezu alles für die BMW-Boxer. Kleine und große Handwerksbetriebe bieten alle nur denkbaren Umbauten an. Da lohnt es sich für den Interessierten, zuerst einmal verschiedene Angebote einzuholen, um die finanziellen Möglichkeiten auszuloten. Eine Liste der bekanntesten Veredler steht im Kapitel Adressen.
Was sinnvoll ist, bleibt zum großen Teil Glaubensfrage. Denn im Grunde sind die BMW-Boxer serienmäßig vollständig und ausgewogen. Verändern oder gar Frisieren setzt vielleicht in manchem nur noch den Punkt aufs i.

Ventildeckel

Zum Beispiel bei den Ventildeckeln. Wer sich schon darüber geärgert hat, daß er die zwei Muttern M 6 zwischen den Rippen festhalten muß, der wird empfänglich für den Tip, den Ventildeckel zu durchbohren, mit einer zylindrischen Ansenkung für einen Schraubenkopf zu versehen, und die Bohrungen im Zylinderkopf mit Heli-Coil auszubuchsen. Jetzt werden die Ventildeckel mit Innensechskantschrauben festgehalten. Das ist eine Arbeit, die ein geschickter Handwerker selbst machen kann, aber derart umgebaute Ventildeckel und Zylinderköpfe sind auch käuflich, zum Beispiel bei der Firma Lottmann.

Frisieren im Auftrag

Sportnockenwellen, polierte Kipphebel, geänderte Kolben, andere Getriebe-Radsätze, andere Laufräder und andere Bremsen sind die Domäne der Tuner. Zumeist ist es sinnvoll, die Maschine einfach hinzufahren, genauen Auftrag zu geben, was gemacht werden soll, und dann eben vier Wochen ohne Motorrad auszukommen.

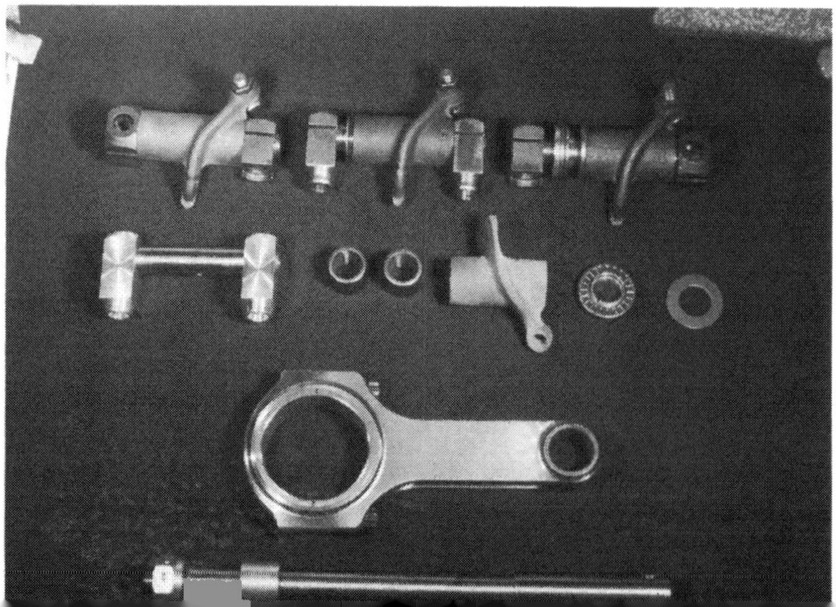

Tuningteile auf Samt: Oben eine Reihe verschiedener Kipphebel mit unterschiedlicher Lagerung. Darunter hochfeine Sport-Kipphebel mit Axial-Nadellager gegen seitliches Anlaufen. Darunter Titan-Pleuel und Titan-Achse. Das sieht nicht nur gut aus, sondern kostet auch gutes Geld. Aber damit kann eine BMW zur Battle-of-Twins Rennmaschine avancieren.

Grundsätzlich muß der Umbauer auch die Zulassung besorgen, die umgebaute Maschine per TÜV absegnen lassen. Vor der Auftragserteilung also schriftlich zusichern lassen, daß die Maschine fix und fertig mit Zulassung wieder ausgeliefert wird.
Wenn es nur darum geht, eine andere Auspuffanlage anzubauen, etwa eine aus nichtrostendem Edelstahl, dann muß dieser Umrüstanlage eine Bescheinigung für den TÜV beiliegen, sonst ist sie wertlos.
Sonderfälle sind die GS-Maschinen. Hier gibt es viele nützliche Zubehörteile für Langstreckentouren. Vom großen Tank mit 35 Litern Inhalt bis zu besonderen Packtaschenträgern und zu Spezial-Federbeinen reicht die Palette.

Federbeine

Stichwort Federbeine: Verschiedene Federbein-Hersteller bieten Sonderanfertigungen an, die zwar teurer als das Original sind, dafür aber auf ganz besondere Betriebsbedingungen zugeschnitten sind. Zu nennen sind: Fournales, White Power und andere. Das Fournales-Bein hat keine Stahlfeder, hier federt Luft. Sie wird ins Federbein mit etwa 18 bis 24 bar Druck eingepumpt. Das Federungsverhalten ist etwas weicher, komfortabler als beim Serienbein. Wenn innen genügend Luftdruck herrscht, schlägt es auch bei groben Stößen nicht durch. Für den hohen Preis, er beträgt etwa das Dreifache des Serienteils, hat das Fournales auch noch den Vorteil, daß es vollständig zerlegbar und mit Ersatzteilen wieder reparierbar ist, falls es mal durch Verschleiß ausfällt. Das White Power Bein ist mehr auf schlechte Fahrbahn eingestellt, also härter als das Serienbein. Gut geeignet für Wüsten-Touren mit viel Gepäck. Es kostet aber auch rund doppelt soviel wie das Original-Ersatzteil.

Paris – Dakar

Stichwort Paris-Dakar: BMW selbst bietet seit 1988 für die R 100 GS einen Umrüstsatz an, der aus der serienmäßigen R 100 GS das Paris-Dakar-Modell macht. Dazu gehört auch eine Verkleidung, deren Haltebügel außen vor dem Kunststoffteil liegt, was zusätzlich zum optischen Gag auch noch den Vorteil besserer Haltbarkeit bietet.
So sind dem Spieltrieb keine Grenzen gesetzt. Wer eine ganz individuelle BMW fahren will, findet mit Sicherheit genügend Angebote für Umrüstteile. Und selbst für die Teilnahme an Battle of the Twins Rennen muß ein begabter Fahrer nicht mehr selbst schlossern, die Tuner stellen ihm, sofern er genügend Geld hinlegt, fix und fertige Wettbewerbsmaschinen hin.

Winterschlaf

Etwas mehr als nur gründliche Motorradwäsche ist fürs sichere Überwintern schon nötig. Wieviel mehr, das hängt von der Dauer der Pause ab. Normalerweise wird das Motorrad nur für ein knappes halbes Jahr abgemeldet, damit einerseits Versicherungsprämien gespart werden, andererseits aber nicht der Anspruch auf Schadenfreiheitsrabatt verlorengeht, siehe Versicherungs-Kapitel.

Nicht übertreiben

Ein paar Grundregeln sind für die kurze Winterpause angebracht. Aber im allgemeinen wird des Guten viel zu viel getan, und alle möglichen Leute melden gute Ratschläge an. Zum Beispiel ist der Rat, Konservierungsöl in den Motor zu geben, völlig sinnlos für nur sechs Monate Pause. So schlecht sind die normalen Motorenöle heute wirklich nicht mehr. Ebenso ist nicht einzusehen, warum etwa der Reifen-Luftdruck um 0,3 bar gegenüber dem normalen erhöht werden sollte, wenn die Maschine doch sowieso aufgebockt werden muß, damit die Reifen nicht den Boden berühren.

Reinigungskur

Die Reihenfolge der Vorbereitungen für den Winter hängt ein wenig vom Wetter ab. Es kommt darauf an, daß die Maschine sehr gründlich gewaschen und gesäubert wird. Außerdem sollte das Motoröl gewechselt werden. Bleibt die Frage: Erst warmfahren für den Ölwechsel und dann waschen oder umgekehrt? Bei schönem Wetter wird eben erst gewaschen und danach noch einmal eine knappe Stunde gefahren.

Tank und Auspuff

Wichtig ist auch, daß der Tank innerlich nicht verrostet. Für kurze Lagerung genügt es durchaus, den Tank einfach bis obenhin mit Benzin zu füllen. Für Langzeitlagerung (ab etwa 2 Jahren aufwärts) wäre sicher besser, den Tank leerlaufen zu lassen und mit Konservierungsöl auszuschwenken.

Wird der Tank gefüllt, muß der Benzinzulauf für die Schwimmerkammern der Vergaser gesperrt werden, denn der Benzinhahn ist selten ganz dicht. Also Benzinschläuche von den Vergasern abziehen und mit einem metallischen Bolzen verstopfen. Schwimmerkammern abnehmen und reinigen. Wieder ansetzen, Ansaugschläuche abnehmen und mit Öl getränkte Lappen hineinstopfen.

Die Auspuffkrümmer können auch kurz abgeschraubt und mit öligen Lappen verstopft werden. Wie wichtig allerdings zusätzliches Verstopfen der Auspuff-Schalldämpfer ist, darum streiten sich noch die Erfahrenen. Denn Rost ist in den Dämpfern allgegenwärtig, ein halbes Jahr Ruhe macht nicht viel Schaden. Erst bei Langzeitlagerung lohnt Ausschwenken mit Konservierungsöl.

Der Motor

Der Motor wird nach dem Ölwechsel nicht mehr angelassen. Nur durchdrehen mit dem Anlasser bei ausgeschraubten Zündkerzen ist erlaubt. Denn wenn der Motor nur kurz läuft, bildet sich im Kurbelgehäuse aus den Verbrennungsrückständen und Kondenswasser unter anderem schweflige Säure, genau das soll aber durchs vorherige Warmfahren verhütet werden.

Sind die Kerzen ausgeschraubt, müssen sie in die Stecker gesteckt und an Masse gelegt werden. So funkt es zwischen den Elektroden, und die Zündelektronik kann nicht überlastet werden. In die Kerzenbohrungen kann etwas Öl geträufelt werden, das dann beim Durchdrehen des Motors an den Zylinderwandungen verteilt wird. So rosten die Kolbenringe nicht. Für Langzeitlagerung nimmt man hier auch Konservierungsöl, sonst normales Motorenöl.

Getriebe und Kupplung

Getriebe, Schwingenholm und Hinterachsgetriebe haben ihren eigenen Ölinhalt. Da ist Wechsel nicht erforderlich, erfahrungsgemäß bleibt ein Getriebe sogar über mehrere Jahre rostfrei.

Spezialtip für die Kupplung. Sie läuft zwar als Trockenkupplung, wenn jedoch die Maschine nicht im trockenen Raum überwintert, kann es sein, daß die Reibscheibe mit den zwei Druckplatten zusammenrostet. Deshalb im Laufe der Lagerzeit gelegentlich Kupplung ziehen, Gang einlegen und am Hinterrad drehen. Bei Maschinen mit Kickstarter wird einfach beim Durchtreten die Kupplung gezogen.

Bleibt noch die Batterie. Hier sind Ausbauen und gezielte Pflege angebracht, siehe Batterie-Kapitel. Am billigsten ist ein Mini-Erhaltungs-Ladegerät, das nur den normalen Selbstentladungs-Verlust ausgleicht. Steht ein großes Ladegerät zur Verfügung, wird die Batterie eben alle vier Wochen spätestens neu geladen, und zwar kontrolliert unter Aufsicht, nicht blind über Nacht. Warum, steht im Batterie-Kapitel.
Allgemeine Pflege vor und während der Lagerung beschränkt sich aufs Putzen. Es gibt sehr viele Pflegemittel für Chrom und Lack und Kunststoff, da wird die Zeit in den langen Winterabenden nicht lang.
Im Winter ist außerdem Zeit genug, um beispielsweise kleinere Reparaturen zu erledigen. Oder etwa die Bremsflüssigkeit zu wechseln. Auch die Seilzüge können jetzt in Ruhe mit Öl durchgespült werden, ebenso sind alle Gelenke an Hand- und Fußhebeln mit ein paar Tropfen Öl zu versorgen.
Alle diese Kleinarbeiten könnten natürlich auch vor dem Überwintern schon gemacht sein. Warum alles auf einmal tun?

Wo es was gibt

Aus 30jähriger Zeitschriften-Erfahrung wissen wir, daß eine der größten Schwierigkeiten für den Selbermacher darin besteht, Adressen ausfindig zu machen, wo die gewünschten Werkzeuge oder Dienstleistungen zu beziehen sind. Deshalb folgt hier eine Liste mit Namen und Anschriften von Tunern, Reparatur-Spezialisten, Chemie-Herstellern, Reifenfabrikanten, Werkzeug- und Zubehörfabriken und Gespann-Spezialisten.

Fachhändler erfragen

Wichtig zu wissen: Viele Hersteller können sich keineswegs um den einzelnen Kunden kümmern, sondern überlassen das dem sogenannten Fachhandel. Lieferung ab Fabrik ist zum Beispiel bei Werkzeugen nicht möglich. Aber die Fabriken geben sehr gern auf Anfrage einen Bezugsquellen-Hinweis. Da genügt fast immer eine einfache Postkarte mit der Bitte, einen Vertreter oder Händler in der heimatlichen Umgebung zu nennen. Etliche Produkte werden über verschiedene Bau- und Heimwerkermärkte vertrieben, auch da gibt der Hersteller Rat und manchmal sogar freiwillig Prospekte oder Kataloge und Preislisten.
Diese Liste hier kann aber nicht vollständig sein. Sie stammt aus dem Erfahrungsschatz des Autors und aus seiner Computerdatei. Wer zusätzliche Lieferanten weiß, wird gebeten, uns zu schreiben. Wir danken herzlich für Ihre Hinweise.

Tuner aufsuchen

Von den Tunern gibt es verständlicherweise zwar Preislisten und Komplett-Angebote, aber darüber hinaus noch unzählige Möglichkeiten für spezielle Veredelungen. Da hilft kein Briefwechsel, da muß der Interessent einfach mal hinfahren und sich beraten lassen. Gelegentlich ergibt sich sogar die Möglichkeit, ein Musterexemplar des Tunerkönnens im Stadium der Entstehung oder gar fertig zu begutachten oder mal hinzuhören, wie zum Beispiel eine von 800 auf 1000 cm^3 aufgebohrte BMW klingt.
Und noch etwas ist in diesem Zusammenhang ganz besonders wichtig: Man muß Vertrauen zu dem Manne haben, dem oft mehr als ein Monatsverdienst für sein handwerkliches Können hingeblättert wird. Wenn die Chemie nicht stimmt, der sogenannte Nasenfaktor falsch ist, wird der Kunde nie recht glücklich mit der umgebauten Maschine werden, einfach weil er den Monteur nicht leiden kann. Und dann finden sich bestimmt auch handwerkliche Fehler und Schwachstellen.

Hier also die Adressen-Liste:

Tuner und Spezial-Reparaturbetriebe

Werner Fallert, Fautenbacherstraße 15, 77855 Achern, Telefon 07841/3008. Tuner.
Fleckenstein, Mühlgasse 1, 97717 Euerdorf, Telefon 09704/6348. Radspannerei, Felgen und Speichen.
Firma Israel, 56335 Neuhäusel, Telefon 02620/8800. Kurbelwellen, Motorüberholung, Bleifrei-Umrüstung.
Kexel-Präzision, Flughafenstraße 10, 56459 Ailertchen, Telefon 02663/6823. Kurbelwellen-Reparatur, Zylinderschleiferei, Zylinderkopfbearbeitung.
Motorrad Lamers, Münchner Straße 1 c, 82178 Puchheim/Bahnhof, Telefon 089/800 2582. Teile-Reparaturbetrieb.
Harmut Lohmann, Oberkölnbach 20 1/2, 84103 Postau. Tuner.
Fritz Lottmann (Dipl.-Ing. FH), Josef-Frankl-Straße 42, 80995 München, Telefon 089/3143223. Tuner.
Martinek, Barth.-Schink-Straße 75, 50825 Köln, Telefon 0221/553077. Tuner.
Günter Michel Racing, Kreuzstraße 42, 67583 Guntersblum, Telefon 06249/8797. Tuner.
Ondrak, Echinger Straße 4, 85646 Neufahrn, Telefon 089/325428. Teile-Reparaturbetrieb.
Schek Fahrzeughaus, Südring 2, 88239 Wangen, Telefon 07522/6056. Tuner.
Fritz Scherb, Paul-Heyse-Straße 17, 80336 München, Telefon 089/534528. Tuner.
Ulis Motorradladen, Ulrich Seiwert, Gutleutstraße 144, 60327 Frankfurt, Telefon 069/239319. Ersatzteillieferant, Reparaturbetrieb.
Jochen Siebenrock, Kaindlstraße 9, 70569 Stuttgart, Telefon 0711/6871984. Ersatzteillieferant, Reparaturen.
Franz Thalhammer, 84130 Dingolfing-Friedenheim, Telefon 08731/4853. Teile-Reparaturbetrieb.
Wüdo, Deutsche Straße 98, 44339 Dortmund-Eving, Telefon 0231/852281 und 850091. Tuner.

Zubehör und Spezialisten

Binder & Wöhrle, Postfach, 77756 Hausach, Telefon 07831/557. Bowdenzüge, auch Meterware.
BK Moto, Edelstahlteile GmbH, Potsdamer Straße 84, 33719 Bielefeld, Telefon 0521/335657. Edelstahl-Auspuffanlagen.
Motorrad Burchard GmbH, Rosmarinweg 7, 32657 Lemgo, Telefon 05261/71575. Zubehör.
DAT, Deutsche Automobil Treuhand, Wollgrasweg 43, 70599 Stuttgart, Telefon 0711/4503264. Gebrauchtpreislisten.
Fecht GmbH, Harth 8, 53809 Ruppichteroth, Telefon 02295/1206 oder 6488. Leistungs-Drosselteile.
Theofried Jeckel, Schützenhausstraße 11A, 65510 Idstein, Telefon 06126/4177. Ersatzteile, Tanks, Verkleidungen (»Heinrich«).
Kahrmann & Ellerbrock, Feldstraße 60, 33609 Bielefeld, Telefon 0521/3090. Schrumpfschläuche.
Ka-Ja Tacho-Dienst, Industriestraße 4, 91077 Neunkirchen, Telefon 09134/368. Reparaturen von Instrumenten.
Kautex Werke, Reinhold Hagen GmbH, 53222 Bonn, Telefon 0228/4880. Hersteller von Schrumpfschläuchen.
Wolfgang Kayser, Kirschblütenweg 11, 71384 Weinstadt-Strümpfelbach, Telefon 07151/64212. Reparaturen, Getriebespezialist.
Kerb-Konus Vertriebs GmbH, 92224 Amberg, Telefon 09621/8990. Zündkerzen-Gewindeeinsätze, Grip und Gewindeeinsätze Ensat.
Korrodin Schraubenwerke GmbH, Duisburger Straße 46, 90451 Nürnberg, Telefon 0911/642010. Nichtrostende Schrauben.
Krauser KFZ-Zubehör, Hörmannsberger Straße 18, 86415 Mering, Telefon 08233/1053. Koffer und Kofferträger.
Moto Spezial, Uracher Straße 23, 72532 Gomadingen, Telefon 07385/1678. Fournales Federbeine.
Petri, Waldhauserstraße 34/1, 72459 Albstadt 16, Telefon 07435/1389. Polstert Sitzbänke neu, auch niedriger.
Werner Reinschlüssel, Falkenstraße 6, 72119 Ammerbuch-Pfäffingen, Telefon 07073/6488. Baut Leichtmetall-Tanks.
Martin Sauer, Beethovenstraße 12, 77704 Oberkirch. Alu-Tanks, baut auch nach Vorgaben.
Emil Schwarz, Weilerstraße 6, 73614 Schorndorf, Telefon 07181/41766. Lenkungslager und Speziallagerungen.
Schwarz Fix Nippel GmbH & Co, Felderbachstraße 79, 45529 Hattingen, Telefon 02052/5015. Bowdenzugnippel, auch schraubbar.
Stadtler, Hohler Weg 19, 58636 Iserlohn, Telefon 02371/13314. Verchromungen und andere galvanische Veredelungen.
R. Wegertseder, Postfach 1036, 94081 Fürstenzell, Telefon 08502/1425. Schrauben und Normteile aus nichtrostendem Stahl.
Wi-Wo Bremsensysteme GmbH, Asternweg 3, 56766 Ulmen-Vorpochten.
Adolf Würth GmbH & Co KG, Postfach 1261, 74653 Künzelsau. Werkzeuge und Zündkerzen-Gewindewerkzeuge.

Chemische Hilfsmittel

Asperg GmbH & Co KG, Steiermärker Straße 43, 70469 Stuttgart. Reifenreparaturmaterial.
Elring Dichtungswerke, Höhenstraße 24, 70736 Fellbach. Dichtungen und Dichtungsmaterial Dirko.
Caramba Chemie GmbH, Wanheimer Straße 334-336, 47055 Duisburg, Telefon 0203/77860. Rostlöser, chemische Hilfsmittel.
Dow Corning GmbH, Pelkovenstraße 152, 80992 München, Telefon 089/14860. Spezial-Schmiermittel.
A.W. Faber-Castell GmbH & Co Postfach, 90547 Stein. Thermochrom-Stifte.
Hartje KG, Deichstraße 122, 27318 Hoya. Spezial-Zweikomponentenlacke.
Klüber Lubrication München KG, Geisenhausenerstraße 7, 81379 München, Telefon 089/78760. Spezial-Schmiermittel.
Liqui Moly GmbH, Jerg-Wieland-Straße 4, 89081 Ulm, Telefon 0731/14200. Spezial-Schmiermittel.
Loctite Deutschland GmbH, Arabellastraße 17, 81925 München. Chemische Schraubensicherungen, Kleber und Dichtmittel.
Optimol Ölwerke Industrie KG, Friedenstraße 7, 81671 München, Telefon 089/41830. Spezial-Schmiermittel.
Reiner Chemische Fabrik GmbH & Co, Raiffeisenstraße 9 - 13, 67685 Weilerbach. Reinol-Handwaschpaste.
Take Ölschadendienst, Trumppstraße 2, 80997 München, Telefon 089/811172. Ölbinder flüssig.
Tip Top Stahlgruber, Otto Gruber GmbH & Co, Einsteinstraße 130, 81675 München, Telefon 089/41511. Reifen-Reparaturmaterial.
Weyer GmbH & Co KG, Dieselstraße 26, 42579 Heiligenhaus. Chemische Hilfsmittel, Rostvernichter.
F. A. Wider, Eibenweg 18, 71364 Winnenden, Telefon 07195/2074. Rost-Entfernungsmittel Fix Widder auf Basis Phosphorsäure.

Karl Wörwag, Lack- und Farbenfabrik, Strohgäustraße 28, 70435 Stuttgart. Spezial-Tanklacke zum Einbrennen.
Adolf Würth GmbH & Co KG, Postfach 1261, 74653 Künzelsau. Werkzeuge und chemische Hilfsmittel.

Werkzeugfabriken und -Händler

Böllhoff & Co., Archimedesstraße 1-4, 33649 Bielefeld. Heli Coil Gewindewendel.
Boehm-Computer, Peter-Kreuder-Straße 21, 81245 München, Telefon 089/888591. Unterdruck-Meßuhren, Vergaser-Synchrontester.
Camping-Gaz, Am Eisernen Steg 20, 65795 Hattersheim, Telefon 06190/89070. Gaslötbrenner und Zubehör.
Cartool, Schubert, Alfred-Brehm-Straße 5, 85053 Ingolstadt, Telefon 0841/69028. BMW-Spezialwerkzeuge.
Conrad-Elektronik, Klaus-Conrad-Straße 1, 92240 Hirschau, Telefon 09622/30111. Elektrische Meßgeräte.
Eldi Werkzeugcompagnie, Am Schützenplatz 5, 42899 Remscheid, Telefon 02191/5854. Werkzeuge.
Ersa, Ernst Sachs KG, Postfach, 97877 Wertheim, Telefon 09342/8000. Lötkolben und Zubehör.
Facom GmbH, Leipziger Straße 67, 42109 Wuppertal, Telefon 0202/751071. Qualitätswerkzeuge.
Gedore, Otto Dowidat, Postfach 120361, 42873 Remscheid, Postanschrift: Remscheider Straße 149, 42899 Remscheid, Telefon 02191/5960. Qualitätswerkzeuge.
Hasberg Schneider KG, Postfach 1160, 83233 Bernau, Telefon 08051/7286. Fühlerlehren in Meterware.
Hazet Werk, Hermann Zerver, Postfach 100461, 42804 Remscheid, Telefon 02191/7920. Qualitätswerkeuge.
Heyco Werk, Heynen GmbH & Co KG, Birgden III/1, 42855 Remscheid, Postfach 1501 39, 42828 Remscheid, Telefon 02191/2050. Qualitätswerkzeuge.
Kayser-Werk GmbH, Untere Brinkstraße 66, 44141 Dortmund, Telefon 0231/519000. Gaslötbrenner, Gasheizbrenner.
Knipex Werk Gustav Putsch, Oberkamper Straße 13, 42349 Wuppertal. Spezialfabrik für Zangen.
Kukko, Kleinbongartz & Kaiser, Herderstraße 10, 42853 Remscheid, Telefon 02191/8568. Abziehwerkzeuge, Spezialwerkzeuge.
Lötring, Werner Bittmann, Windscheidstraße 18, 10627 Berlin. Lötkolben und Zubehör.
Nexus, Justus Schmidt, Königstraße 61, 42853 Remscheid, Telefon 02191/70007. Spezialwerkzeuge, Abziehwerkzeuge.
Perkeo-Werke GmbH, Postfach 849, 71608 Ludwigsburg, Schönbeinstraße 5, 71636 Ludwigsburg, Telefon 07141/47520. Gas- Lötbrenner.
Rothenberger GmbH & Co, Industriestraße 7, 65779 Kelkheim. Werkzeuge und Gaslötbrenner.
Schneider Druckluft GmbH, Ferdinand-Lasalle-Straße 43, 72770 Reutlingen, Telefon 07121/9590. Druckluftgeräte, Kompressoren, Sandstrahl- und Lackierzubehör.
Stahlgruber, Otto Gruber GmbH & Co, Einsteinstraße 130, 81675 München, Telefon 089/41511. Werkzeuge, Reifen-Flickzeug.
Steinel, Postfach, 33442 Herzebrock-Clarholz, Telefon 05245/3021. Feine Gaslötgeräte.
VBW, Vereinigte Beckersche Werkzeugfabriken, Postfach 101007, 42855 Remscheid. Qualitätswerkzeuge.
Weller Elektrowerkzeuge GmbH, Postfach, 74354 Besigheim, Telefon 07143/7063. Lötkolben und Zubehör.

Versandhandel

Hein Gericke GmbH & Co KG, Reisholzer Werftstraße 19, 40589 Düsseldorf, Telefon 0211/9898. Zubehör, Kleidung, Werkzeuge.
Wilhelm Krawehl GmbH, Grossmannstraße 70, 20539 Hamburg, Telefon 040/78919450.
Detlev Louis, Postfach 800672, Rungedamm 35, 21035 Hamburg, Telefon 040/73419360. Kleidung, Werkzeuge und Zubehör.

Teile-Hersteller

Beru Ruprecht GmbH, Wernerstraße 35, 71636 Ludwigsburg, Telefon 07141/1320. Kerzen und Kerzenstekker, Unterbrecher.
Bing, Fritz Hintermayr GmbH, Senefelder Straße 7, 90409 Nürnberg, Telefon 0911/51980. Vergaser.
Boge AG, Bogestraße 50, Postfach 1162, 53783 Eitorf, Telefon 02243/120. Federbeine (Nivomat).
Champion Zündkerzen Deutschland GmbH, Nehringstraße 16, 61352 Bad Homburg v.d.H., Telefon 06172/12920. Zündkerzen.
Hella KG, Hueck & Co, Rixbecker Straße 75, 59557 Lippstadt, Telefon 02941/381. Scheinwerfer und Elektronik.
Karcoma Armaturen GmbH, Stuttgarter Straße 51, 71069 Sindelfingen, Telefon 07031/33056. Benzinhähne.

Koni, de Koning Deutschland GmbH, Industriegebiet, 56424 Ebernhahn, Telefon 02623/6020. Federbeine, Stoßdämpfer.
Magura, Gustav Magenwirth GmbH & Co, Stuttgarter Straße 48, 72574 Bad Urach, Telefon 07125/1530. Lenker und Lenkerarmaturen.
Merit-Werk Merten & Co KG, Postfach 100665, 51606 Gummersbach, Kaiserstraße 179, 51643 Gummersbach, Telefon 02261/30050. Elektrische Schalter.
Moto Meter AG, Postfach 1661, Daimlerstraße 6, 71229 Leonberg, Telefon 07152/2080. Cockpit-Instrumente.
PVM Braun & Bögel, Steubenstraße 132, 68199 Mannheim. Leichtmetall-Gußräder.
White Power Holland Veringstechniek BV. Leeuwstraat 68 -78, NL 5408 ZH Volkel. Federbeine.

Reifen-Hersteller

Avon Reifen Deutschland GmbH, Roßstraße 8, 40476 Düsseldorf, Telefon 0211/484541.
Bridgestone Reifen GmbH, Bredowstraße 20, 22113 Hamburg, Telefon 040/733650.
Continental AG, Königsworther Platz 1, 30167 Hannover, Telefon 0511/7651.
Dunlop SP Reifenwerke GmbH, Dunlopstraße 2, 63450 Hanau, Telefon 06181/3071.
Metzeler Reifen GmbH, Gneisenaustraße 15, 80992 München, Telefon 089/149080-0.
Michelin Reifenwerke KG aA., Bannwaldallee 60, 76185 Karlsruhe, Telefon 0721/8600357.
Pirelli Reifenwerke GmbH, Postfach 20, 64739 Höchst/Odenwald, Telefon 06163/710.

Komplette Gespanne und Seitenwagen

Johann Berglar, In den Telgen 46, 58730 Fröndenberg-Hohenheide, Telefon 02373/77344.
Bünger, 38312 Heiningen, Telefon 05334/6815.
Carell, Emmelner Straße 3, 49733 Haren, Telefon 05932/4730.
EML Techniek Holland B.V., Magnoliastraat 20, NL 7161 BW Neede. Seitenwagen. Telefon 003154/502595.
EML-Importeure: Falk Hartmann, Alte Gasse 4 - 6, 55218 Ingelheim, Telefon 06132/2373.
Heidenwag & Krautter, Siechenfeldstraße 28, 73614 Schorndorf, Telefon 07181/70040. Troika-Gespanne.
Hermeling, Steinstraße 35, 53945 Blankenheim, Telefon 02697/1211.
Peter Horn, Karl-Arnold-Straße 111, 58644 Iserlohn, Telefon 02371/50050.
Theofried Jeckel, Schützenhausstraße 11 A, 65510 Idstein, Telefon 06126/4177. Spezialteile, Seitenwagen.
Ralph Kalich, Hirschgartenstraße 5, 75053 Gondelsheim, Telefon 07252/85969.
MMO, Mailhammer Motorräder, Marktplatz 21, 94496 Ortenburg, Telefon 08542/470.
Peter Sauer, Eckernförder Straße 1 a, 24398 Karby, Telefon 04644/893.
Schajor, Altöttinger Straße 2, 84577 Tüßling, Telefon 08633/1479.
Manfred Stahmer, Meiereistraße 6 - 8, 25873 Rantrum, Telefon 04848/269.
Motorrad Stemler GmbH, Garschager Heide 29, 42899 Remscheid, Telefon 02191/53067.
Walter Gespanntechnik, 34590 Wabern-Harle, Telefon 05665/2655 und 05683/7271.

Technische Daten

Bauteil/Baumuster	R 50/5	R 60/5	R 75/5
Bohrung (mm)	67	73,5	82
Hub (mm)	70,6	70,6	70,6
Hubraum eff. (cm^3)	497,82	599,1	745,68
Verdichtung	8,6	9,2	9,0
Leistung/Drehzahl (kW)	23,6/6400	29,4/6400	37/6200
Steuerzeiten bei Ventilspiel	2 mm	2 mm	2 mm
Einlaß öffnet	in OT	6° vor OT	6° vor OT
Einlaß schließt	40° nach UT	47° nach UT	47° nach UT
Auslaß schließt	in OT	6° vor OT	6° vor OT
Auslaß öffnet	40° vor UT	47° vor UT	47° vor UT
Einlaß Ventilspiel (mm)	0,15	0,15	0,15
Auslaß Ventilspiel (mm)	0,2	0,2	0,2
Kraftstoff/Oktanzahl (ROZ)	Normal/92	Super/99	Super/99
Bleifrei (ja/nein)	nein	nein	nein
Bing-Vergaser Nr. links	1/26/113	1/26/11	64/32/4
Bing-Vergaser Nr. rechts	1/26/114	1/26/112	64/32/3
Hauptdüse Nr.	130	130	140
Nadeldüse Nr.	2,68	2,68	2,73
Düsennadel Nr.	3	4	46–241
Nadelstellung, Kerbe von oben	2.	2.	2.
Leerlaufdüse (Kraftstoff)	35	35	45
Leerlauf-Luftdüse	–	–	1,0
Leerlauf-Luftschraube offen	0,5	0,5–1	–
Leerlaufgemisch Schraube offen	–	–	1–1,5
Bypass-Bohrung (mm)	0,8	0,8	0,7
Schwimmerventil Durchmesser (mm)	2,2	2,2	2,5
Schwimmergewicht	10 g	10 g	10 g
Starthilfsdüse Durchmesser	–	–	0.6 mm
Starthilfs-Luftdüse	–	–	2,0 mm
Gemischbohrung im Drehschieber	–	–	2,0 mm
Drehschiebermembran Nr.	–	–	65-811
Steuerschiebergewicht	–	–	102 g
Gasschieber Nr.	22-570	20-570	–
Zündspulen (Bosch) Nr.	E 6 V	E 6 V	E 6 V
Funkenlänge bei 3 Volt (Start)	8 mm	8 mm	8 mm
Funkenlänge bei 3600/min	13,5 mm	13,5 mm	13,5 mm
Zündkerzengewinde	M 14×1,25	M 14×1,25	M 14×1,25
Zündkerzen-Typ Bosch	W 230 T 30	W 230 T 30	W 200 T 30
Zündkerzen-Typ Beru	230/14/3A	230/14/3A	200/14/3A
Zündkerzen-Typ Champion	N7Y	N7Y	N7Y
Elektrodenabstand	0,7 mm	0,7 mm	0,7 mm
Zündzeitpunkt max. spät	9° vor OT	9° vor OT	9° vor OT
Fliehkraft-Verstellbereich	31°	31°	31°
Schließwinkel	110°	110°	110°
Verstellbeginn/Ende bei x/min	800/2500	800/2500	800/2500
Unterbrecher-Kontaktabstand (mm)	0,35–0,4	0,35–0,4	0,35–0,4
Kontaktfederdruck (g)	450	450	450
Drehstromgenerator Bosch Nr.	G1 14 V 13 A 19	G1 14 V 13 A 19	G1 14 V 13 A 19
Nennspannung	12 Volt	12 Volt	12 Volt
Höchstleistung	180 Watt	180 Watt	180 Watt
Ladebeginn bei	980/min	980/min	980/min
Max. Drehzahl (x/min)	10000	10000	10000
Max. Schlag an Schleifring (mm)	0,06	0,06	0,06
Mindestdurchmesser Schleifringe	26,8	26,8	26,8
Regulierspannung ohne Last	13,5–14,2 Volt	13,5–14,2 Volt	13,5–14,2 Volt
Regulierspannung mit Last	13,9–14,8 Volt	13,9–14,8 Volt	13,9–14,8 Volt
Anlasser Bosch Nr.	DF12V 0,5PS	DF12V 0,5PS	DF12V 0,5PS
Anlaßkurzschlußstrom (Ampere)	290	290	290
Relais Wiederholsperre Stribel	SR 9570	SR 9570	SR 9570
Batterie Volt/Ampere	12 V 15 Ah	12 V 15 Ah	12 V 15 Ah
Ladegerät Strom für 10 Std.	1,5 Ampere	1,5 Ampere	1,5 Ampere
Getriebe-Gangzahl	4	4	4
Übersetzung:			
1. Gang	3,896	3,896	3,896
2. Gang	2,578	2,578	2,578
3. Gang	1,875	1,875	1,875
4. Gang	1,5	1,5	1,5
5. Gang	–	–	–
Hinterachsgetriebe Übersetzung	3,56	3,36	2,91/3,2
Hinterachsgetriebe Zähnezahl	9:32	11:37	11:32/10:32
Felgengröße vorn	1,85B×19	1,85B×19	1,85B×19
Felgengröße hinten	1,85B×18	1,85B×18	1,85×18
Reifengröße vorn	3.25 S 19	3.25 S 19	3.25 S 19
Reifengröße hinten	4.00 S 18	4.00 S 18	4.00 S 18
Reifenluftdruck vorn solo	1,9	1,9	1,9
Reifenluftdruck hinten solo	2,0	2,0	2,0
Reifenluftdruck vorn maximal	2,2	2,2	2,2
Reifenluftdruck hinten maximal	2,4	2,4	2,4
Bremsenbauart vorn	Duplex-Trommel	Duplex-Trommel	Duplex-Trommel
Bremsenbauart hinten	Simplex-Trommel	Simplex-Trommel	Simplex-Trommel
Bremsendurchmesser vorn	200	200	200
Bremsendurchmesser hinten	200	200	200
Bremsbelagbreite	30 mm	30 mm	30 mm
Mindestdicke Bremsbelag	1,5 mm	1,5 mm	1,5 mm
Radstand	1385/1435	1385/1435	1385/1435
Leergewicht, fahrfertig	205 kg	210 kg	210 kg
Zul. Gesamtgewicht	398 kg	398 kg	398 kg
Motoröl mit/ohne Filterwechsel	2,25/2,0 Liter	2,25/2,0 Liter	2,25/2,0 Liter
Ölsorte SAE	SAE 30	SAE 30	SAE 30
Ölsorte für Sportfahrten	SAE 40	SAE 40	SAE 40

Bauteil/Baumuster	R 50/5	R 60/5	R 75/5
Getriebe Hypoidöl SAE/cm^3	90/800	90/800	90/800
Schwingarm rechts SAE/cm^3	90/100	90/100	90/100
Hinterachsgetriebe SAE/cm^3	90/250	90/250	90/250
Telegabelöl pro Holm cm^3	280	280	280
Telegabel Ölsorte SAE	5/Shell 4001	5/Shell 4001	5/Shell 4001
Ölwechsel Motor alle km	5000	5000	5000
Ölwechsel Getriebe alle km	10000	10000	10000
Ölwechsel Hinterachsgetriebe km	10 000	10 000	10 000
Ölwechsel Telegabel alle km	10 000	10 000	10 000
Kompressionsdruck normal	8,5–10 bar	8,5–10 bar	8,5–10 bar

Anziehdrehmomentwerte

Zylinderkopfmuttern	35–39 Nm	35–39 Nm	35–39 Nm
Pleuelschrauben, Stifte nach vorn	48–52 Nm	48–52 Nm	48–52 Nm
Schwungscheibe an Kurbelwelle	58–62 Nm	58–62 Nm	58–62 Nm
Ölwanne an Kurbelgehäuse	12 Nm	12 Nm	12 Nm
Kontermutter Ventileinstellung	18–22 Nm	18–22 Nm	18–22 Nm
Sternmutter für Auspuff	180–220 Nm	180–220 Nm	180–220 Nm
Lichtmaschinenankerschraube	23–27 Nm	23–27 Nm	23–27 Nm
Anlasserbefestigung	47,5 Nm	47,5 Nm	47,5 Nm
Zündkerzen	23–30 Nm	23–30 Nm	23–30 Nm
Kupplung an Schwungscheibe	15–20 Nm	15–20 Nm	15–20 Nm
Kontermutter Kupplungshebel	20–23 Nm	20–23 Nm	20–23 Nm
Getriebe an Motor	20–23 Nm	20–23 Nm	20–23 Nm
Flansch Abtriebswelle	220–240 Nm	220–240 Nm	220–240 Nm
Getriebedeckel an Gehäuse	8–9 Nm	8–9 Nm	8–9 Nm
Mutter an Kickstarter	20–23 Nm	20–23 Nm	20–23 Nm
Öleinfüllschraube	28–31 Nm	28–31 Nm	28–31 Nm
Ölablaßschraube	23–26 Nm	23–26 Nm	23–26 Nm
Mutter auf Kardanwelle	240–260 Nm	240–260 Nm	240–260 Nm
Ritzel an Hinterachsgetriebe	100–110 Nm	100–110 Nm	100–110 Nm
Gewindering vorm Ritzel	100–120 Nm	100–120 Nm	100–120 Nm
Öleinfüllschraube	28–31 Nm	28–31 Nm	28–31 Nm
Ölablaßschraube	23–26 Nm	23–26 Nm	23–26 Nm
Öleinfüllschraube Schwinge	14 Nm	14 Nm	14 Nm
Ölablaßschraube Schwinge	14–17 Nm	14–17 Nm	14–17 Nm
Muttern Gehäusedeckel	18–21 Nm	18–21 Nm	18–21 Nm
Schwingen-Lagerbolzen	10–12 Nm	10–12 Nm	10–12 Nm
Kontermutter Lagerbolzen	100–110 Nm	100–110 Nm	100–110 Nm
Telegabel Zentriermutter	120–130 Nm	120–130 Nm	120–130 Nm
Klemmschraube an Klemmring	10–12 Nm	10–12 Nm	10–12 Nm
Federlager oben	120 Nm	120 Nm	120 Nm
Klemmung untere Gabelbrücke	33–35 Nm	33–35 Nm	33–35 Nm
Verschluß Dämpferrohr unten	25–27 Nm	25–27 Nm	25–27 Nm
Bodenverschraubung Gleitrohr	120–130 Nm	120–130 Nm	120–130 Nm
Mutter M 8×1 Gleitrohr unten	23–26 Nm	23–26 Nm	23–26 Nm
Schutzblechbügel	23 Nm	23 Nm	23 Nm
Achsmutter vorn/hinten	45–48 Nm	45–48 Nm	45–48 Nm
Rahmenheckbefestigung	25 Nm	25 Nm	25 Nm
Kippständerbefestigung	35 Nm	35 Nm	35 Nm
Schutzblechhaltebügel unten	2,5 Nm	2,5 Nm	2,5 Nm

Laufspielwerte und Toleranzen

Zylinderbohrung »A«/»B«	67,00/67,01	73,50/73,51	82,00/82,01
»C«	67,02	73,52	82,02
Bohrung 1. Übermaß »A«/»B«	67,50/67,51	74,00/74,01	82,50/82,51
»C«	67,52	74,02	82,52
Bohrung 2. Übermaß »A«/»B«	68,00/68,01	74,50/74,51	83,00/83,01
»C«	68,02	74,52	83,02
Oberflächenrauhheit in μ	2,5–4	2,5–4	2,5–4
Zul. Unrundheit der Bohrung	0,01 mm	0,01 mm	0,01 mm
Zul. Konizität der Bohrung	0,01 mm	0,01 mm	0,01 mm
Zul. Gesamtverschleißspiel	0,12 mm	0,12 mm	0,12 mm
Kolbeneinbauspiel normal	0,035–0,045	0,035–0,045	0,035–0,045
Kolbendurchmesser »A«/»B«	66,96/66,97	73,46/73,47	81,96/81,97
»C«	66,98	73,48	81,98
Kolben 1. Übergröße »A«/»B«	67,46/67,47	73,96/73,97	82,46/82,47
»C«	67,48	73,98	82,48
Kolben 2. Übergröße »A«/»B«	67,96/67,97	74,46/74,47	82,96/82,97
»C«	67,98	74,48	82,98
Kolbenbolzen desachsiert	1,5 mm	1,5 mm	1,5 mm
1. Kolbenring Höhenspiel	0,06–0,07 mm	0,06–0,07 mm	0,06–0,07 mm
2. Kolbenring Höhenspiel	0,05–0,06 mm	0,05–0,06 mm	0,05–0,06 mm
3. Kolbenring Höhenspiel	0,03–0,04 mm	0,03–0,04 mm	0,03–0,04 mm
Ringhöhen 1./2./3. Ring	1,75/2,0/4,0 mm	1,75/2,0/4,0 mm	1,75/2,0/4,0 mm
1. Ring Stoßspiel	0,25–0,4 mm	0,25–0,4 mm	0,3–0,45 mm
2. Ring Stoßspiel	0,25–0,4 mm	0,25–0,4 mm	0,3–0,45 mm
3. Ring Stoßspiel	0,2–0,35 mm	0,2–0,35 mm	0,25–0,4 mm
Kolbenbolzen Markierung weiß	0/–0,003 mm	0/–0,003 mm	0/–0,003 mm
Kolbenbolzen Markierung schwarz	–0,003/–0,006 mm	–0,003/–0,006 mm	–0,003/–0,006 mm
Bolzenauge im Kolben Marke »W«	+0,003/0	+0,003/0	+0,003/0
Bolzenauge im Kolben, Marke »S«	–0,003/0	–0,003/0	–0,003/0
Bolzenspiel im Kolben	0–0,006 mm	0–0,006 mm	0–0,006 mm
Laufspiel Bolzen »W« im Pleuel	0,015–0,023 mm	0,015–0,023 mm	0,015–0,023 mm
Laufspiel Bolzen »S« im Pleuel	0,018–0,026 mm	0,018–0,026 mm	0,018–0,026 mm
Ventilteller Einlaß/Auslaß	34/32 mm	38/34 mm	42/38 mm

Bauteil/Baumuster	R 50/5	R 60/5	R 75/5
Ventillänge Einlaß	103/-0,4 mm	98,5/-0,3 mm	98,8/-0,4 mm
Ventillänge Auslaß	102,5/-0,4 mm	97,5/-0,3 mm	98,8/-0,4 mm
Ventilschaft Einlaß 8 mm	-0,04/-0,055	-0,05/-0,065	-0,05/-0,065
Ventilschaft Auslaß 8 mm	-0,05/-0,065	-0,065/-0,08	-0,05/-0,065
Min. Randdicke des Ventiltellers	1,0 mm	1,0 mm	1,0 mm
Max. Schlag des Ventiltellers	0,025 mm	0,025 mm	0,025 mm
Schrumpfsitz Ring im Kopf	+0,15-0,20 mm	+0,15-0,20 mm	+0,15-0,20 mm
Ventilsitzwinkel + 20'	45°	45°	45°
Korrekturwinkel innen/außen	75/15°	75/15°	75/15°
Ventilsitzbreite Einlaß/Auslaß	1,5/2,0 mm	1,5/2,0 mm	1,5/2,0 mm
Ventilsitzringe mit Übermaß	+0,02 mm	+0,02 mm	+0,02 mm
Ventilführung außen/innen	14/8 mm	14/8 mm	14/8 mm
Ventilführungslänge	54 mm	54 mm	54 mm
Schrumpfsitz Führung im Kopf	0,032-0,061 mm	0,032-0,061 mm	0,032-0,061 mm
bei Temperatur	240° C	240° C	240° C
Übermaßgröße Führung	14,1 mm	14,1 mm	14,1 mm
Laufspiel Ventil in Führung E	0,04-0,07 mm	0,05-0,08 mm	0,05-0,08 mm
Laufspiel Ventil in Führung A	0,05-0,08 mm	0,065-0,095 mm	0,05-0,08 mm
Max. Verschleißspiel	0,15 mm	0,15 mm	0,15 mm
Abmessung Steuerkette L/B	3/8x7/32"	3/8x7/32"	3/8x7/32"
Rollendurchmesser/Gliederzahl	6,35 mm/50	6,35 mm/50	6,35 mm/50
Ventilfederdrahtdicke	4,25 mm	4,25 mm	4,25 mm
Ventilfeder Außendurchmesser	31,9 mm	31,9 mm	31,9 mm
Ventilfederlänge entspannt	43,5 mm	43,5 mm	43,5 mm
Federkraft bei Prüflänge 37,6 mm	29 kg	29 kg	29 kg
Federkraft bei Prüflänge 28,5 mm	70 kg	70 kg	70 kg
Laufspiel Kipphebel	0,002-0,047 mm	0,002-0,047 mm	0,002-0,047 mm
Ölpumpenrotorspiel in Gehäuse	0,1-0,17 mm	0,1-0,17 mm	0,1-0,17 mm
Seitenspiel Rotor im Gehäuse	0,05-0,091 mm	0,05-0,091 mm	0,05-0,091 mm
Spalt Innen-/Außenrotor	0,12-0,30 mm	0,12-0,30 mm	0,12-0,30 mm
Einlauftiefe im Deckel max.	0,05 mm	0,05 mm	0,05 mm
Länge Überdruckfeder entspannt	68 mm	68 mm	68 mm
Öffnungsdruck Überdruckventil	5,0 bar	5,0 bar	5,0 bar
Kontrolle leuchtet wenn unter	0,2-0,5 bar	0,2-0,5 bar	0,2-0,5 bar
Laufspiel Nockenwelle	0,02-0,062 mm	0,02-0,062 mm	0,02-0,062 mm
Axialspiel Nockenwelle Flansch	0,1 ± 0,02 mm	0,1 ± 0,02 mm	0,1 ± 0,02 mm
Nockenhub	6,198 mm	6,198 mm	6,756 mm
Laufspiel Stößel/Motorgehäuse	0,01-0,051 mm	0,01-0,051 mm	0,01-0,051 mm
Kurbelwellenhauptzapfen			
Original »rot« 60 mm	-0,01/-0,02	-0,01/-0,02	-0,01/-0,02
Original »blau« 60 mm	-0,02/-0,029	-0,02/-0,029	-0,02/-0,029
Schleifmaß »rot« 59,75 mm	-0,01/-0,02	-0,01/-0,02	-0,01/-0,02
Schleifmaß »blau« 59,75 mm	-0,02/-0,029	-0,02/-0,029	-0,02/-0,029
Schleifmaß »rot« 59,50 mm	-0,01/-0,02	-0,01/-0,02	-0,01/-0,02
Schleifmaß »blau« 59,50 mm	-0,02/-0,029	-0,02/-0,029	-0,02/-0,029
Dreistofflager-Stärke			
Original 2,5 mm	+0,003/-0,009	+0,003/-0,009	+0,003/-0,009
1. Aufmaß 2,75 mm	+0,003/-0,009	+0,003/-0,009	+0,003/-0,009
2. Aufmaß 3,00 mm	+0,003/-0,009	+0,003/-0,009	+0,003/-0,009
Hauptlagerzapfen Radialspiel	0,029-0,091 mm	0,029-0,091 mm	0,029-0,091 mm
Pleuellagerzapfen Original 48 mm	0,009/-0,025	0,009/-0,025	0,009/-0,025
Original-Ausweichgröße 48 mm	-0,034/-0,05	-0,034/-0,05	-0,034/-0,05
1. Schleifstufe 47,75 mm	-0,009/-0,025	-0,009/-0,025	-0,009/-0,025
2. Schleifstufe 47,50 mm	-0,009/-0,025	-0,009/-0,025	-0,009/-0,025
Kurbelwellen Axialspiel max. 0,2	0,08-0,15 mm	0,08-0,15 mm	0,08-0,15 mm
Anlaufscheibe »rot« Dicke	2,483-2,53 mm	2,483-2,53 mm	2,483-2,53 mm
Anlaufscheibe »blau« Dicke	2,53-2,578 mm	2,53-2,578 mm	2,53-2,578 mm
Anlaufscheibe »grün« Dicke	2,578-2,626 mm	2,578-2,626 mm	2,578-2,626 mm
Anlaufscheibe »gelb« Dicke	2,626-2,673 mm	2,626-2,673 mm	2,626-2,673 mm
Max. Schlag vord. Hauptzapfen	0,02 mm	0,02 mm	0,02 mm
Max. Seitenschlag Schwungscheibe	0,1 mm	0,1 mm	0,1 mm
Pleuellagerdicke Original	1,982-1,993 mm	1,982-1,993 mm	1,982-1,993 mm
Ausweichgröße	1,995-2,005 mm	1,995-2,005 mm	1,995-2,005 mm
1. Stufe	2,108-2,118 mm	2,108-2,118 mm	2,108-2,118 mm
2. Stufe	2,233-2,243 mm	2,233-2,243 mm	2,233-2,243 mm
Pleuellagerspiel radial	0,023-0,069 mm	0,023-0,069 mm	0,023-0,069 mm
Pleuel-Gewichtunterschied max.	± 3 g	± 3 g	± 3 g
Kuppl.-Tellerfeder Marke /Druck	'-'150-165 kg	'+'166-180 kg	ohne/180-220 kg
Stärke Reibscheibe/Mindestdicke	6 ± 0,25/4,5 mm	6 ± 0,25/4,5 mm	6 ± 0,25/4,5 mm
Höhe Tellerfeder entspannt	17,5 ± 0,5 mm	17,5 ± 0,5 mm	19 ± 0,5 mm
Max. Seiten-/Höhenschlag Scheibe	0,15/0,3 mm	0,15/0,3 mm	0,15/0,3 mm
Max. Schlag/Mitnehmer-Membran	0,1 mm	0,1 mm	0,1 mm
Max. Unwucht Kupplungsscheibe	6 cmg	6 cmg	6 cmg

Bauteil/Baumuster	R 50/5	R 60/5	R 75/5

Getriebe

Axialspiel Antrieb/Abtriebwelle	0,1 mm	0,1 mm	0,1 mm
Axialspiel Nebenwelle	0,1 mm	0,1 mm	0,1 mm
Laufspiel Gangräder/Buchsen			
1. und 4. Gang	0,04-0,082 mm	0,04-0,082 mm	0,04-0,082 mm
2. und 3. Gang	0,025-0,075 mm	0,025-0,075 mm	0,025-0,075 mm
Laufspiel Buchsen/Abtriebwelle			
1. Gang	0,005-0,035 mm	0,005-0,035 mm	0,005-0,035 mm
4. Gang	0,005-0,047 mm	0,005-0,047 mm	0,005-0,047 mm
Radial/Planschlag Abtriebflansch	0,05/0,05 mm	0,05/0,05 mm	0,05/0,05 mm
Axialspiel Fußschalthebelwelle	0,2 mm	0,2 mm	0,2 mm
Überschaltspiel Sperrklinke	ca. 2 mm	ca. 2 mm	ca. 2 mm

Hinterachsgetriebe

Zahnflankenspiel	0,15-0,2 mm	0,15-0,2 mm	0,15-0,2 mm
Seitenspiel Tellerrad			
ohne Dichtung	spielfrei	spielfrei	spielfrei
Hinterrad-Federweg	125 mm	125 mm	125 mm
Feder-Einbaulänge/entspannt	199,1/251 mm	199,1/251 mm	199,1/251 mm
Federdurchmesser außen/innen	49,6/41,8+0,3 mm	49,6/41,8+0,3 mm	49,6/41,8+0,3 mm
Federdraht-Dicke	7,5 ± 0,04 mm	7,5 ± 0,04 mm	7,5 ± 0,04 mm
Federdruck bei 120 mm Weg	105 kg	105 kg	105 kg

Vordergabel und Räder

Nachlauf	85 mm	85 mm	85 mm
Prüf-Einbaulänge Oberkante			
Tragrohr/O-Kante Gabelbrücke	160 mm	160 mm	160 mm
Laufspiel Gleitrohr/Standrohr	0,05-0,1 mm	0,05-0,1 mm	0,05-0,1 mm
Laufspiel Kolben in Standrohr	0,05-0,55 mm	0,05-0,55 mm	0,05-0,55 mm
Federlänge entspannt	540 mm	540 mm	540 mm
Max. Höhenschlag Felgenhorn	0,5 mm	0,5 mm	0,5 mm
Max. Seitenschlag am Felgenhorn	0,2 mm	0,2 mm	0,2 mm
Max. Reifenunwucht Felgendurchm.	170 cmg/8-9 g	170 cmg/8-9 g	170 cmg/8-9 g
Max. Bremstrommel-Unrundheit	0,02 mm	0,02 mm	0,02 mm

Bauteil/Baumuster	ab Baujahr 81 R 45/20 kW (26 kW-Werte)	ab Baujahr 81 R 65 (ab 83-Werte)	R 65 (20 kW) R 65 (35 kW) (Stand 1985)	R 80 / R 80 RT (Stand 1985)	R 80 G/S	R 100 bis R 100 RS Stand ab 1981
Bohrung (mm)	70	82	82	84,8	84,8	94
Hub (mm)	61,5	61,5	61,5	70,6	70,6	70,6
Hubraum eff. (cm³)	473,36	649,56	649,56	797,47	797,47	979,9
Verdichtung	8,2 (9,2)	9,2	8,4 (8,7)	8,2	8,2	R 100 = 8,2, sonst 9,5
Leistung/Drehzahl (kW)	20/6500 (26/7250)	37/7250	20/6200 (35/7250)	37/6500	37/6500	51/7000 (R 100 = 49)
Drehmoment/Drehzahl (Nm)	31/5000 (38/5500)	53/6500	45,5/3500 (47,8/3500)	58/4000	56,7/5000	76/6000 (R 100 = 72/5500)
Steuerzeiten bei Ventilspiel	2 mm	2 mm	2 mm	2 mm	2 mm	2 mm
Einlaß öffnet	6° vor OT	16° vor OT	1° nach OT (16° vor OT)	16° vor OT	16° vor OT	16° vor OT
Einlaß schließt	34° nach UT	44° nach UT	17° nach UT (44° vor UT)	44° vor UT	44° vor UT	44° vor UT
Auslaß öffnet	46° vor UT	56° vor UT	29° vor UT (56° vor UT)	56° vor UT	56° vor UT	56° vor UT
Auslaß schließt	6° vor OT	4° nach OT	13° vor OT (4° nach OT)	4° nach OT	4° nach OT	4° nach OT
Einlaß-Ventilspiel (mm)	0,1–0,15	0,1–0,15	0,10–0,15	0,10	0,10	0,10
Auslaß-Ventilspiel (mm)	0,2–0,25	0,2–0,25	0,20–0,25	0,20	0,15	0,20
Kraftstoff/Oktanzahl (ROZ)	Normal (Super 98)	Super 98	Normal/91	Normal 91	Normal/91	Super (R 100 = Normal)
Bleifrei (ja/nein)	nein	nein	ja	ja	ab 1985 ja	ab 1985 ja
Bing-Vergaser Nr. links	64/26/303 (64/28/303)	64/32/307 (64/32/347)	64/26/317 (64/32/359)	64/32/353	64/32/305	94/40/111
Bing-Vergaser Nr. rechts	64/26/304 (64/28/304)	64/32/308 (64/32/348)	64/26/318 (64/32/360)	64/32/354	64/32/306	94/40/112
Vergaserdurchlaß (mm)	26 (28)	32	26 (32)	32	32	40
Hauptdüse Nr.	98 (105)	145 (138)	102 (130)	135	145	160
Nadeldüse Nr.	2,66	2,64	2,64 (2,66)	2,68	2,64	2,66
Düsennadel Nr.	46-241	46-241 (46-242)	46-251	46-251	46-241	46-341
Nadelstellung, Kerbe von oben	2	4 (3)	2 (3)	3	4	3
Leerlaufdüse (Kraftstoff)	45	45	45	45	45	45
Leerlauf-Luftdüse	1,0 mm	1,0 mm	1,0 mm	1,0 mm	1,0 mm	1,0 mm
Leerlaufgemisch Schraube offen	0,5	0,5	¾	¾	¾	1–1¼
Bypass-Bohrung (mm)	0,8 (0,7/0,65)	0,7/0,65	0,9/(0,7	1 = 0,7; 2 = 0,65	1 = 0,7; 2= 0,65	1 = 0,8; 2 = 0,65
Schwimmerventil Durchmesser (mm)	2,5	2,5	2,5	2,5	2,5	2,5
Starthilfsdüse Durchmesser	60	60	66	66	60	80
Starthilfs-Luftdüse	2,0 mm	2,0 mm	2,0 mm	2,0 mm	2,0 mm	2,0 mm
Gemischbohrung im Drehschieber	2,0/1,2/0,7 mm	2,0/1,2/0,7 mm	2/1,2/0,7/0,6 mm	2/1,2/0,7/0,6 mm	2/1,2/0,7/0,6 mm	2/1,2/0,7 mm
Zündspule (Bosch)	Zweifunken/12 Volt	Zweifunken/12 Volt	Zweifunken/12 Volt	Zweifunken/12 Volt	Zweifunken/12 Volt	E 6 V
Zündkerzengewinde	M 14×1,25 mm	M 14×1,25 mm	M 14×1,25 mm	M 14×1,25 mm	M 14×1,25 mm	M 14×1,25
Zündkerzen-Typ Bosch	W7D (W5D)	W5D	W7DC	W7DC	W7D	W5D
Zündkerzen-Typ Beru	14-7D (14-5D)	14-5D	14-7D	14-7D	14-7D	14-5D
Zündkerzen-Typ Champion	N10Y (N6Y)	N6Y	N9YC	N9YC	N10Y	N6Y
Elektrodenabstand	0,7 mm	0,7 mm	0,6–0,7 mm	0,6–0,7 mm	0,6–0,7 mm	0,6–0,7 mm
Zündzeitpunkt max. spät	6° vor OT	6° vor OT	6° vor OT	6° vor OT	6° vor OT	6° vor OT
Fliehkraft-Verstellbereich	26°	26°	26°	26°	26°	26°
Verstellbeginn/Ende bei x/min	1500/3000	1500/3000	1500/3000	1500/3000	1500/3000	1550/3000
Drehstromgenerator Bosch Nr.	G1 14V20A21/280W	G1 14V20A21/280W	G1 14V20A21/280W	G1 14V20A21/280W	G1 14V20A21/280W	G1 14V18A21/280W
Nennspannung	12 Volt	12 Volt	12 Volt	12 Volt	12 Volt	12 Volt
Höchstleistung	280 Watt/14 Volt	280 Watt/14 Volt	280 Watt/14 Volt	280 Watt/14 Volt	280 Watt/14 Volt	280 Watt
Ladebeginn bei x/min	980	980	980	980	980	980
Max. Drehzahl (x/min)	10000	10000	10000	10000	10000	10000
Max. Schlag an Schleifring (mm)	0,06	0,06	0,06	0,06	0,06	0,06
Mindestdurchmesser Schleifringe	26,8 mm	26,8 mm	26,8 mm	26,8 mm	26,8 mm	26,8 mm
Regulierspannung ohne Last	13,55–14,25 Volt	13,55–14,25 Volt	13,5–14,2 Volt	13,5–14,2 Volt	13,5–14,2 Volt	13,5–14,2 Volt
Regulierspannung mit Last	13,9–13,4Volt	13,9–13,4 Volt				
Spannungsregler (Wehrle)	E 1051 B/14V	E 1051 B/14V	E 1051 B/14V	E 1051 B/14V	E 1051 B/14V	E 1051 B/14V
Anlasser Bosch Nr.	DF 12 V	DF 12 V	DF 12 V	DF 12 V	DF 12 V	DF 12 V
Anlaßkurzschlußstrom	320 Ampere	320 Ampere	320 Ampere	320 Ampere	320 Ampere	320 Ampere
Batterie Volt/Ampere	12 V/16 A	12 V/16 A	12 V/20 oder 30 Ah	12 V/20 oder 30 Ah	12 V 9 (m. Anl. 16) Ah	12 V/28 Ah
Ladegerät Strom für 10 Std.	1,6 A	1,6 A	2,0 oder 3,0 Ampere	2,0 oder 3,0 Ampere	0,9 A/1,6 A	2,8 A
Getriebe-Gangzahl	5	5	5	5	5	5
Übersetzung:						
1. Gang	4,40	4,40	4,40	4,40	4,40	4,40 (Sport 3,38)
2. Gang	2,86	2,86	2,86	2,86	2,86	2,86 (Sport 2,43)
3. Gang	2,07	2,07	2,07	2,07	2,07	2,07 (Sport 1,93)
4. Gang	1,67	1,67	1,67	1,67	1,67	1,67 (Sport 1.67)
5. Gang	1,50	1,50	1,50	1,50	1,50	1,50 (Sport 1,50)
Hinterachsgetriebe Übersetzung	4,25 (3,89)	3,44	3,44 (3,36)	3,2 (RT = 3,36)	3,36	3,0 (CS = 2,91)
Hinterachsgetriebe Zähnezahl	8:34 (9:35)	9:31	9:31 (11:37)	10:32 (RT = 11:37)	11:37	11:33 (CS = 11:32)
Felgengröße vorn	1,85 B×18	1,85 B×18 (LS = 2,15 B×18)	MTH 2,50×18 E	MTH 2,50×18 E	1,85 B×21	2,15 B×19
Felgengröße hinten	2,50 B×18	2,50 B×18	MTH 2,50×18 E	MTH 2,50×18 E	2,15B×18	2,50 B×18 RT+RS 2,750×18)
Reifengröße vorn	3,25-18 (3,25 S 18)	3,25 H 18	90/90-18 51 HTL	90/90-18 51 HTL	3,00-21 48 R	3,25 H19
Reifengröße hinten	4,00-18 (4,00 S 18)	4,00 H 18	120/90-18 65 HTL	120/90-18 65 HTL	4,00-18 64 R	4,00 H 18
Reifenluftdruck vorn solo	1,9–2,1 bar	1,9–2,1 bar	2,2 bar	2,2 bar	1,9 bar	1,9–2,1 bar
Reifenluftdruck hinten solo	1,8–2,2 bar	1,8–2,2 bar	2,5 bar	2,5 bar	1,8 bar	1,8–2,2 bar
Reifenluftdruck vorn maximal	2,1 bar	2,1 bar	2,4 bar	2,4 bar	2,1 bar	2,1 bar
Reifenluftdruck hinten maximal	2,3 bar	2,3 bar	2,9 bar	2,9 bar	2,2 bar	2,3 bar
Bremsenbauart vorn	eine Scheibe	eine Scheibe	Einscheibenbremse	Einscheibenbremse	Einscheibenbremse	Zweischeiben
Bremsenbaurt hinten	Simplex-Trommel	Simplex-Trommel	Simplex-Trommel	Simplex-Trommel	Simplex-Trommel	Trommel (RT + RS Scheibe)
Bremsendurchmesser vorn	260 mm	260 mm	285 mm	285 mm	260 mm	260 mm
Bremsendurchmesser hinten	200 mm	200 mm	200 mm	200 mm	200 mm	200 mm
Bremsbelagbreite	hinten 30 mm	hinten 30 mm	hinten 25 mm	hinten 25 mm	25 mm	hinten 30 mm
Mindestdicke Bremsbelag	1,5 mm	1,5 mm	v. u. h. 1,5 mm	v. u. h. 1,5 mm	1,5 mm	v. u. h. 1,5 mm
Radstand	1390 mm	1390 mm	1439 mm	1439 mm	1465 mm	1465 mm
Leergewicht, fahrfertig	205 kg	205 (LS = 207) kg	205 kg	210 (RT = 227) kg	186 kg	218 bis 237 kg
Zul. Gesamtgewicht	398 kg	398 kg	440 kg	440 kg	398 kg	440 kg
Motoröl mit/ohne Filterwechsel	2,25/2,0 Liter	2,25/2,0 Liter	2,50/2,25 Liter	2,50/2,25 Liter	2,25/2,0 Liter	2,5/2,25 Liter (RS 2,75/2,5) Liter

Bauteil/Baumuster	ab Baujahr 81 R 45/20 kW (26 kW-Werte)	ab Baujahr 81 R 65 (ab 83-Werte)	R 65 (20 kW) R 65 (35 kW) (Stand 1985)	R 80 / R 80 RT (Stand 1985)	R 80 G/S	R 100 bis R 100 RS Stand ab 1981
Ölsorte SAE	20W 50	20W 50	20W 40 oder 15W 50	20W 40 oder 15W 50	20W 40 oder 15W 50	20W 40 oder 15W 50
Getriebeöl Hypoidöl SAE/cm^3	90/800	90/800	90 GL5/800	90 GL5/800	90 GL5/800	90 GL5/800
Schwingarm rechts SAE cm^3	90/100	90/100	90 GL5/150	90 GL5/150	90 GL5/150	90 GL5/150
Hinterachsgetriebe SAE cm^3	90/350	90/350	90 GL5/350	90 GL5/350	90 GL5/350	90 GL5/350
Telegabelöl pro Holm cm^3	190	190	300	300 (RT = 320)	220+0,01	220+0,01
Telegabel Ölsorte SAE	Spez. Gabelöl	Spez. Gabelöl	Dämpferöl spezial	Dämpferöl spezial	Dämpferöl spezial	Dämpferöl spezial
Ölwechsel Motor alle km	7500	7500	7500	7500	7500	7500
Ölwechsel Getriebe alle km	15000	15000	15000	15000	15000	15000
Ölwechsel Hinterachsgetriebe km	15000	15000	15000	15000	15000	15000
Ölwechsel Telegabel alle km	15000	15000	15000	15000	15000	15000
Bremsflüssigkeit/Wechsel	DOT 4	DOT 4	DOT 4/jährlich	DOT 4/jährlich	DOT 4/jährlich	DOT 4/jährlich
Kompressionsdruck normal	8,5–10 bar	8,5–10 bar	7,5–9,0 bar	7,5–9,0 bar	7,5–9,0 bar	8,5–10 bar

Anziehdrehmomentwerte

Zylinderkopfmuttern	35–39 Nm	35–39 Nm	35–38 Nm	35–39 Nm	35–39 Nm	35–39 Nm
Pleuelschrauben, Stifte nach vorn	48–52 Nm	48–52 Nm	48–52 Nm	48–52 Nm	48–52 Nm	48–52 Nm
Schwungscheibe an Kurbelwelle	100–105 Nm	100–105 Nm	100–105 Nm	100–105 Nm	100–105 Nm	95–105 Nm
Kontermutter Ventileinstellung	18–22 Nm	18–22 Nm	18–22 Nm	18–22 Nm	18–22 Nm	18–22 Nm
Sternmutter für Auspuff	200–220 Nm	200–220 Nm	160 Nm	160 Nm	200–220 Nm	160 Nm
Lichtmaschinenankerschraube	23–27 Nm	23–27 Nm	23–27 Nm	23–27 Nm	23–27 Nm	23–27 Nm
Anlasserbefestigung	47,5 Nm	47,5 Nm				
Zündkerzen	20–25 Nm	20–25 Nm	22–28 Nm	22–28 NM	20–25 Nm	22–28 Nm
Kupplung an Schwungscheibe	20–22 Nm	20–22 Nm	20–22 Nm	20–22 Nm	20–22 Nm	20–22 Nm
Getriebe an Motor	33 Nm	33 Nm	31–35 Nm	31–35 Nm	33 Nm	31–35 Nm
Flansch Abtriebswelle	221,5 Nm	221,5 Nm	206–236 Nm	206–236 Nm	221,5 Nm	206–236 Nm
Lagerbock	19 Nm	19 Nm	22–26 Nm	22–26 Nm	19 Nm	22–26 Nm
Flansch Zwölfkantschrauben	40 Nm	40 Nm	31,6–39,6 Nm	31,6–39,6 Nm	40 Nm	32–40 Nm
Getriebedeckel an Gehäuse	8 Nm	8 Nm	7–9 Nm	7–9 Nm	7–9 Nm	7–9 Nm
Mutter an Kickstarter	22,5 Nm	22,5 Nm				
Öleinfüllschraube	31 Nm	31 Nm	29–33 Nm	29–33 Nm	29–33 Nm	29–33 Nm
Ölablaßschraube	26 Nm	26 Nm	25–27 Nm	25–27 Nm	25–27 Nm	25–27 Nm
Ritzel an Hinterachsgetriebe	165 Nm	165 Nm	130–160 Nm	130–160 Nm	165 Nm	130–164 Nm
Gewindering vorm Ritzel	118 Nm	118 Nm	93–117 Nm	93–117 Nm	118 Nm	106–130 Nm
Öleinfüllschraube	10 Nm	10 Nm	6,5–8,5 Nm	6,5–8,5 Nm	10 Nm	18–22 Nm
Ölablaßschraube	25,5 Nm	25,5 Nm	19,7–25,7 Nm	19,7–25,7 Nm	25,5 Nm	21–25 Nm
Muttern Gehäusedeckel	17,7 Nm	17,7 Nm	13–17 Nm	13–17 Nm	17,7 Nm	13–17 Nm
Federbeinauge an Kolbenstange	36–40 Nm	36–40 Nm	11,3–15,3 Nm	11,3–15,3 Nm	15 Nm	11–15 Nm
Muttern Gehäuse/Schwinge	47 Nm	47 Nm	51,7–65,7 Nm	51,7–65,7 Nm	65 Nm	53–65 Nm
Schraube für Federbein	35–40 Nm	35–40 Nm	25,3–33,3 Nm	25,3–33,3 Nm	43–48 Nm	25–33 Nm
Öleinfüllschraube Schwinge	locker handfest	locker handfest	12–16 Nm	12–16 Nm	locker handfest	12–16 Nm
Ölablaßschraube Schwinge	15,7 Nm	15,7 Nm	12–16 Nm	12–16 Nm	15,7 Nm	12–16 Nm
Schwingen-Lagerbolzen	10–12 Nm	10–12 Nm	10–12 Nm	10–12 Nm	10–12 Nm	10 Nm
Kontermutter Lagerbolzen	100–120 Nm	100–120 Nm	94–120 Nm	94–120	100–120 Nm	94–120 Nm
Lenkung Abschlußschraube	80–90 Nm	80–90 Nm	106,8 Nm	106,8 Nm	120 Nm	107 Nm
Klemmschrauben Gabelbrücken	40–45 Nm	40–45 Nm	25,3–33,3 Nm	25,3–33,3 Nm	40 Nm	30 unten, 15 oben
Dämpfer in Gleitrohr	30–40 Nm	30–40 Nm	13–17 Nm	13–17 Nm	35 Nm	13–17 Nm
Öleinfüllschraube	9 Nm	9 Nm	8–10 Nm	8–10 Nm	9 Nm	8–10 Nm
Ölablaßschrauben	8 Nm	8 Nm	5,2–7,2 Nm	5,2–7,2 Nm	8 Nm	5–7 Nm
Schutzblechbügel	20–25 Nm	20–25 Nm	13–17 Nm	13–17 Nm	13–17 Nm	13–17 Nm
Achsklemmschraube vorn	15–17 Nm	15–17 Nm	13–17 Nm	13–17 Nm	14–16 Nm	13–17 Nm
Innensechskant Vorderachse			30–36 Nm	30–36 Nm	44–48 Nm	30–36 Nm
Radschrauben hinten			98–112 Nm	98–112 Nm	85 Nm	98–112 Nm
Achsmutter vorn und hinten	48 Nm	48 Nm				
Befestigung Rahmenheck	25 Nm	25 Nm	22–24 Nm	22–24 Nm	22–24 Nm	22–24 Nm
Kippständerbefestigung	43–48 Nm	43–48 Nm	26,3–32,3 Nm	26,3–32,3 Nm	43–48 Nm	25–33 Nm
Bremssattelschrauben			30–34 Nm	30–34 Nm	30–34 Nm	30–34 Nm
Bremsleitungen Bremsschlauch	12–15 Nm	12–15 Nm	7,3 Nm	7,3 Nm	12–15 Nm	6,3–8,3 Nm
Bremsleitungen Hauptzylinder	8–10 Nm	8–10 Nm	7,3 Nm	7,3 Nm	8–10 Nm	6,3–8,3 Nm
Bremsleitungen Bremssattel	8–10 Nm	8–10 Nm	7,3 Nm	7,3 Nm	8–10 Nm	6,3–8,3 Nm

Laufspielwerte und Toleranzen

Bauteil/Baumuster	ab Baujahr 81 R 45/20 kW (26 kW-Werte)	ab Baujahr 81 R 65 (ab 83-Werte)	R 65 (20 kW) R 65 (35 kW) (Stand 1985)	R 80 / R 80 RT (Stand 1985)	R 80 G/S	R 100 bis R 100 RS Stand ab 1981
Zylinderbohrung »A«	69,995–70,005 mm	81,995–82,005 mm	81,985–81,995 mm	84,795–84,805 mm	84,795–84,805 mm	93,978–93,988 mm
Zylinderbohrung »B«	70,005–70,015 mm	82,005–82,015 mm	81,995–82,005 mm	84,805–84,815 mm	84,805–84,815 mm	93,988–93,998 mm
Zylinderbohrung »C«	70,015–70,025 mm	82,015–82,025 mm	–	84,815–84,825 mm	84,815–84,825 mm	93,998–94,008 mm
Zul. Gesamtverschleißspiel	0,08 mm maximal	0,08 mm maximal	0,08 mm maximal	0,08 mm maximal	0,08 mm maximal	0,08 mm maximal
Kolbeneinbauspiel normal	0,03–0,04 mm	0,03–0,04 mm	0,03–0,04 mm	0,03–0,04 mm	0,03–0,04 mm	0,011–0,035 mm
Kolbendurchmesser »A«	69,955–69,965 mm	81,955–81,965 mm	81,955–81,965 mmm	84,765 mm	84,765 mm	93,960–93,974 mm
Kolbendurchmesser »B«	69,965–69,975 mm	81,965–81,975 mm	81,965–81,975 mm	84,775 mm	84,775 mm	93,970–93,984 mm
Kolbendurchmesser »C«	69,975–69,985 mm	81,975–81,985 mm	–	84,785 mm	84,785 mm	93,980–93,994 mm
Kolbenbolzen desachsiert	1,0 mm	1,5 mm	1,0 mm	1,0 mm	1,0 mm	1,0 mm
1. Kolbenring Höhenspiel	0,05–0,082 mm	0,05–0,082 mm	0,05–0,082 mm	0,05–0,082 mm	0,05–0,82 mm	0,06–0,09 mm
2. Kolbenring Höhenspiel	0,04–0,072 mm	0,04–0,072 mm	0,04–0,072 mm	0,04–0,072 mm	0,04–0,072 mm	0,04–0,07 mm
3. Kolbenring Höhenspiel	0,03–0,062 mm	0,03–0,062 mm	0,03–0,062 mm	0,03–0,062 mm	0,03–0,062 mm	0,03–0,06 mm
Ringhöhen 1./2./3. Ring	1,5/2,0/3,5 mm	1,75/2,0/4,0 mm	1,75/2,0/4,0 mm	1,75/2,00/3,5 mm	1,75/2,00/3,5 mm	1,75/2,0/4,0 mm
1. Ring Stoßspiel	0,25–0,45 mm	0,3–0,5 mm	0,3–0,5 mm	0,3–0,5 mm	0,3–0,5 mm	0,3–0,5 mm
2. Ring Stoßspiel	0,25–0,45 mm	0,3–0,45 mm	0,3–0,5 mm	0,3–0,5 mm	0,3–0,5 mm	0,3–0,45 mm
3. Ring Stoßspiel	0,2–0,45 mm	0,25–0,4 mm	0,25–0,4 mm	0,25–0,4 mm	0,25–0,4 mm	0,25–0,4 mm
Kolbenbolzendurchmesser	22/–0,005 mm	22/–0,005 mm	22/–0,005 mm	22 –0,004 mm	22 –0,004 mm	22 –0,004 mm
Bolzenspiel im Kolben	0,002–0,012 mm	0,005–0,015 mm	0,005–0,015 mm	0–0,008 mm	0–0,008 mm	0–0,008 mm
Laufspiel Bolzen in Pleuel	0,015–0,025 mm	0,015–0,025 mm	0,015–0,025 mm	0,015–0,025 mm	0,015–0,025 mm	0,015–0,024 mm
Ventilteller Einlaß/Auslaß	34/32 mm	38/34 mm	34 (38)/32 (34) mm	42/38 mm	42/38 mm	42/40 mm
Ventillänge Einlaß	103 ± 0,2 mm	100 ± 0,2 mm	103 ± 0,2 (100 ± 0,2) mm	98,8 ± 0,4 mm	98,8 ± 0,4 mm	98,4 ± 99,2 mm
Ventillänge Auslaß	102,5 ± 0,2 mm	99,3 ± 0,2 mm	102,5 ± 0,2 (99,3 ± 0,2) mm	98,6 ± 0,2 mm	98,6 ± 0,2 mm	98,5 ± 98,9 mm
Ventilschaft Einlaß	6,96–0,015 mm	6,96–0,015 mm	6,96–6,945 mm	7,95–7,935 mm	7,95–7,935 mm	7,95–7,935 mm
Ventilschaft Auslaß	6,96–0,015 mm	6,96–0,015 mm	6,96–6,945 mm	7,95–7,935 mm	7,95–7,935 mm	7,95–7,935 mm
Mind. Randdicke des Ventiltellers	E = 1–1,5 / A = 1–1,2 mm	E = 1–1,5 / A = 1–1,2 mm	1–1,5 mm	0,8 mm	0,8 mm	1,2 mm
Max. Schlag des Ventiltellers	0,02 mm	0,02 mm	0,02 mm	0,02 mm	0,02 mm	0,02 mm
Ventilsitzring Durchmesser E	36,2 h7	39,2 h7	36,2 (39,2)–0,025 mm	43,2–0,025 mm	43,2–0,025 mm	45,2–0,025 mm
Ventilsitzring Durchmesser A	36,2 e6	39,2 h7	36,195–36,211 (39,2) mm	43,15–43,134 mm	43,15–43,134 mm	45,209–45,225 mm
Ventilsitzwinkel –20′	90°	90°	90°	90°	90°	E = 90 / A = 60°
Ventilsitzbreite Einlaß/Auslaß	1,2–1,4 /1,4–1,6 mm	1,2–1,4 /1,4–1,6 mm	1,2–1,5 /1,4–1,7 mm	1,2–1,5 /1,4–1,7 mm	1,2–1,5 /1,4–1,7 mm	1,2–1,8 /1,2–2,7 mm
Ventilsitzringe mit Übermaß	+0,2 mm	+0,2 mm	+0,2 / +0,4 mm	+0,2 / 0,4 mm	+0,2 / +0,4 mm	+0,2 / +0,4 mm
Ventilführung außen/innen	14 z6 / 7H7	14 z6 / 7H7	14,05–14,06 / 7–7,015 mm	14,05–14,06 / 8,0–8,015 mm	14,05–14,06 / 8,0–8,015 mm	14,05–14,06 / 7–7,015 mm
Ventilführungslänge	42 mm	42 mm	42 mm	44 mm	44 mm	42 mm
Bohrung im Zylinderkopf	14 H7	14 H7	14+0,018 mm	14+0,018 mm	14+0,018 mm	14–14,018 mm
Übermaßgröße Führung	14,1 z6 / 14,2 z6 mm	14,1 z6 / 14,2 z6 mm	14,1 / 14,2 mm	14,1 / 14,2 mm	14,1 / 14,2 mm	14,105 / 14,205 mm
Laufspiel Ventil in Führung E	0,025–0,055 mm	0,025–0,055 mm	0,025–0,055 mm	0,05–0,08 mm	0,05–0,08 mm	0,05–0,08 mm
Laufspiel Ventil in Führung A	0,04–0,07 mm	0,04–0,07 mm	0,04–0,07 mm	0,05–0,08 mm	0,05–0,08 mm	0,05–0,08 mm
Max. Verschleißspiel	0,1 mm am ob. Ende	0,1 mm am ob. Ende	0,1 mm	0,15 mm	0,15 mm	E 0,11 / A 0,17 mm
Abmessung Steuerkette L/B	3/8×7/32″	3/8×7/32″	3/8×7/32″	3/8×7/32″	3/8×7/32″	3/8×7/32″
Gliederzahl	50	50	50	50	50	50
Ventilfederlänge entspannt	braun 46 / blau 43,5 mm	braun 46 / blau 43,5 mm	braun 43,5 / blau 46 mm	braun 43,5 / blau 46 mm	braun 43,5 / blau 46 mm	braun 43,5 / blau 46 mm
Federkraft bei Prüflänge 37,6 mm	29 kp	29 kp	29 ± 1,2 kp / 5,9 mm	29 ± 1,2 kp / 5,9 mm	29 kp / 37,6 mm	–
Federkraft bei Prüflänge 28,6 mm	70 kp	70 kp	70+2,8 kp / 15 mm	70+2,8 kp / 15 mm	70 kp / 28,5 mm	–
Laufspiel Kipphebel	Nadellager spielfrei	Nadellager spielfrei	0,03–0,07 mm	0,03–0,07 mm	spielfrei	0,03–0,07 mm
Ölpumpenrotorspiel im Gehäuse	0,15–0,29 mm	0,15–0,29 mm	0,15–0,29 mm	0,15–0,29 mm	0,15–0,29 mm	0,2–0,3 mm
Seitenspiel Rotor im Gehäuse	0,025–0,07 mm	0,025–0,07 mm	0,025–0,07 mm	0,025–0,07 mm	0,025–0,07 mm	0,025–0,07 mm
Spalt Innen-/Außenrotor	0,12–0,2 mm	0,12–0,2 mm	0,12–0,2 mm	0,12–0,2 mm	0,12–0,2 mm	0,12–0,2 mm
Einlauftiefe im Deckel max.	0,05 mm	0,05 mm	0,05 mm	0,05 mm	0,05 mm	0,05 mm
Länge Überdruckfeder entspannt	68 mm	68 mm	68 mm	68 mm	68 mm	68 mm
Öffnungsdruck Überdruckventil	5 bar	5 bar	ca. 5 bar	ca. 5 bar	ca. 5 bar	ca. 5 bar
Kontrolle leuchtet, wenn unter	0,2–0,5 bar	0,2–0,5 bar	0,2–0,5 bar	0,2–0,5 bar	0,2–0,5 bar	0,2–0,5 bar
Laufspiel Nockenwelle	0,02–0,046 / 0,02–0,054	0,02–0,046 / 0,02–0,054	0,02–0,046 / 0,02–0,054	0,02–0,046 / 0,02–0,054	0,02–0,046 / 0,02–0,054	0,02–0,046 / 0,02–0,054
Axialspiel Nockenwelle Flansch	0,08–0,12 mm	0,08–0,12 mm	0,1–0,02 mm	0,1–0,02 mm	0,1–0,02 mm	0,1–0,02 mm
Nockenhub	6,198 (6,756) mm	6,756 mm	6,756 mm	6,756 mm	6,756 mm	6,756 mm
Laufspiel Stößel/Motorgehäuse	0,01–0,051 mm	0,01–0,051 mm	0,01–0,051 mm	0,01–0,051 mm	0,01–0,051 mm	0,01–0,051 mm
Hauptlagerzapfen Radialspiel	0,017–0,066 rot	0,019–0,067 blau	0,017–0,067	0,017–0,067	0,017–0,067	0,017–0,067
Kurbelwellen Axialspiel max. 0,2	0,08–0,15 mm	0,08–0,15 mm	0,08–0,15 mm	0,08–0,15 mm	0,08–0,15 mm	0,08–0,15 mm
Anlaufscheibe »rot« Dicke	2,483–2,53 mm	2,483–2,53 mm	2,483–2,53 mm	2,483–2,53 mm	2,483–2,53 mm	2,483–2,53 mm
Anlaufscheibe »blau« Dicke	2,53–2,578 mm	2,53–2,578 mm	2,53–2,578 mm	2,53–2,578 mm	2,53–2,578 mm	2,53–2,578 mm
Anlaufscheibe »grün« Dicke	2,578–2,626 mm	2,578–2,626 mm	2,578–2,626 mm	2,578–2,626 mm	2,578–2,626 mm	2,578–2,626 mm
Anlaufscheibe »gelb« Dicke	2,626–2,673 mm	2,626–2,673 mm	2,626–2,673 mm	2,626–2,673 mm	2,626–2,673 mm	2,626–2,673 mm
Max. Schlag vord. Hauptzapfen	0,02 mm	0,02 mm	0,02 mm	0,02 mm	0,02 mm	0,02 mm
Max. Seitenschlag Schwungscheibe	0,1 mm	0,1 mm				
Pleuellagerspiel radial	0,023–0,069 mm	0,023–0,069 mm	0,023–0,069 mm	0,023–0,069 mm	0,023–0,069 mm	0,023–0,069 mm
Pleuellagerspiel axial	0,13–0,266 mm	0,13–0,266 mm	0,13–0,266 mm	0,13–0,266 mm	0,13–0,266 mm	0,13–0,266 mm
Pleuel-Gewichtunterschied max.	± 3 g	± 3 g	2 g	2 g	2 g	2 g
Kupplung-Tellerfeder ∅	plan 163 mm	plan 163 mm	–	–	–	–
Stärke Reibscheibe	5,5 ± 0,25 mm	5,5 ± 0,25 mm	5,5 ± 0,25 mm	5,5 ± 0,25 mm	5,5 ± 0,25 mm	5,5 ± 0,25 mm

Bauteil/Baumuster	ab Baujahr 81 R 45/20 kW (26 kW-Werte)	ab Baujahr 81 R 65 (ab 83-Werte)	R 65 (20 kW) R 65 (35 kW) (Stand 1985)	R 80 / R 80 RT (Stand 1985)	R 80 G/S	R 100 bis R 100 RS Stand ab 1981
Getriebe						
Axialspiel aller Wellen	0–0,1 mm	0–0,1 mm	0–0,1 mm	0–0,1 mm	0–0,1 mm	0–0,1 mm
Axialspiel Losräder auf Welle	0,15–0,30 mm	0,15–0,30 mm	0,15–0,30 mm	0,15–0,30 mm	0,15–0,30 mm	0,15–0,30 mm
Buchsen auf Abtriebswelle	0,005–0,035 mm	0,005–0,035 mm	0,005–0,035 mm	0,005–0,035 mm	0,005–0,035 mm	0,005–0,035 mm
Mitnehmerflansch Radialschlag	± 0,05 mm	± 0,05 mm	± 0,05 mm	± 0,05 mm	± 0,05 mm	± 0,05 mm
Mitnehmerflansch Planschlag	± 0,05 mm	± 0,05 mm	± 0,05 mm	± 0,05 mm	± 0,05 mm	± 0,05 mm
Axialspiel Schalthebelwelle	0,1 mm	0,1 mm	0,1 mm	0,1 mm	0,1 mm	0,1 mm
Hinterachsgetriebe						
Zahnflankenspiel	0,08–0,15 mm	0,08–0,15 mm	0,08–0,14 mm	0,08–0,14 mm	0,08–0,14 mm	0,07–0,16 mm
Seitenspiel Tellerrad	0,10 mm	0,10 mm	max. 0,2 mm bei 100 N	max. 0,2 mm bei 100 N	0,5 mm an Felgenhorn	
Hinterrad-Federweg	110 mm	110 mm	175 mm	175 mm	170 mm	175 mm
Feder Einbaulänge/entspannte	190,5 / 244 ± 4 mm	190,5 / 244 ± 4 mm	210–214 mm	210–214 mm	274 ± 2 mm	212 ± 2 mm
Federdurchmesser außen/innen	57,5 / 42,5 mm	57,5 / 42,5 mm	72,6 / 51,8 mm	72,6 / 51,8 mm	68 / 46 mm	–
Drahtdicke	7,5 mm	7,5 mm	10,4 mm	10,4 mm	11 mm	10,4 mm
Vordergabel und Räder						
Nachlauf	96 mm	96 mm	120 mm	120 mm	114 mm	101 mm
Federweg	175 mm	175 mm	185 mm	185 mm	200 mm	175 mm
Gabelstandrohrdurchmesser 36 mm	–0,05 / –0,075 mm	–0,05 / –0,075 mm	38,5 e7	38,5 e7	35,925–35,95 mm	38,5 mm
Prüfeinbaulänge bis Gabelbrücke	190 mm	190 mm	162 mm	162 mm	161 mm	ca. 162 mm
Laufspiel Gleitrohr/Standrohr	0,05– max. 0,1 mm	0,05– max. 0,1 mm	0,05–0,114 mm	0,05–0,114 mm	0,05–0,1 mm	0,05–0,114 mm
Spiel Dämpferkolben/Standrohr	0,15–0,62 mm	0,15–0,62 mm	–	–	0,15–0,62 mm	–
Federlänge entspannt	490/+12 mm	490/+12 mm	472+12 mm	472+12 mm	539–551 mm	472+10 mm
Drahtdurchmesser Feder	4,25 mm	4,25 mm	4,3 mm	4,3 mm	4,25 mm	4,3 mm
Max. Höhenschlag am Felgenhorn	0,9 mm	0,9 mm	0,5 mm	0,5 mm	0,9 mm	0,9 mm
Max. Seitenschlag am Felgenhorn	0,5 mm	0,5 mm	0,5 mm	0,5 mm	0,5 mm	0,5 mm
Max. Reifenunwucht Felge innen	170 cmp	170 cmp	–	–	1,7 Ncm / 8–9 g	170 cmp / 8–9 g
Max. Reifenunwucht in g	8–9 g	8–9 g	60	60	–	–
Mindest Bremsscheibendicke	4,6 mm	4,6 mm	5 mm	5 mm	4,6 mm	4,6 mm
Seitenschlag Bremsscheibe	max. 0,1 mm	max. 0,1 mm	0,3 mm	0,3 mm	0,1 mm	0,2 mm
Max. Bremstrommeldurchmesser	201,5 mm	201,5 mm	201,5 mm	201,5 mm	201,5 mm	201,5 mm
Max. Bremstrommel Unrundheit	0,02 mm	0,02 mm				
Max. Spurversatz der Räder	4 mm	4 mm	5 mm	5 mm	4 mm	5 mm

FSC
www.fsc.org
MIX
Papier | Fördert gute Waldnutzung
FSC® C083411

Kolibri 360 GmbH
Ferdinand-Jühlke-Straße 7
99095 Erfurt, Deutschland
produktsicherheit@kolibri360.de